电 气 消 防

（第三版）

孙景芝　韩永学　编著

中国建筑工业出版社

图书在版编目（CIP）数据

电气消防/孙景芝，韩永学编著. —3版. —北京：
中国建筑工业出版社，2015.8（2023.2重印）
ISBN 978-7-112-18427-9

Ⅰ.①电… Ⅱ.①孙… ②韩… Ⅲ.①建筑物-电气
设备-防火系统 Ⅳ.①TU892

中国版本图书馆 CIP 数据核字（2015）第 209776 号

《电气消防》第三版是根据目前消防业的快速发展，为适应电气消防
领域新技术、新设备的运用而编写的。全书共分9个单元，内容是：建筑
消防工程概论；火灾自动报警系统；消防灭火系统；消防联动系统；消防
系统的供电、安装接地与布线；消防系统的调试、验收及维护运行；消防
系统设计及典型工程设计案例；消防工程造价；消防系统资质考试辅导及
模拟训练。

本书作者由从教多年的老教师牵头，汇聚了消防界的精英（设计、施
工和厂家的专家）共同完成本书的编写工作，可以说是校企合作的结晶。

本书根据电气消防职业岗位需求，结合真实的工作过程所需要的消防
知识、专业技能，以及资质考试等方面，针对工程项目的实际设计、安装
施工及运行维护中所需要的知识点展开分析，全面诠释了电气消防技术领
域的技术内容，有理有据，图文并茂，案例典型，深入浅出，具有实用
性，学后可从事消防工程的设计、施工、调试、预算、运行与维护工作。

另外，为便于读者参与消防资质考试，书中给出了相应的题型。

本书为电气消防从业人员职业所需和继续教育提供参考。

责任编辑：唐炳文
责任设计：张　虹
责任校对：姜小莲　刘　钰

电 气 消 防
（第三版）

孙景芝　韩永学　编著

*

中国建筑工业出版社出版、发行（北京西郊百万庄）
各地新华书店、建筑书店经销
霸州市顺浩图文科技发展有限公司制版
北京建筑工业印刷厂印刷

*

开本：787×1092毫米　1/16　印张：36　插页：14　字数：940千字
2016 年 2 月第三版　　2023 年 2 月第二十二次印刷
定价：**75.00** 元
ISBN 978-7-112-18427-9
（27496）

编 写 人 员

主　编：孙景芝　韩永学

副主编：孙景翠　孙继文　韩　翀

参　编：王丽君　孙　岩　孙智江　张　越　孙　明

主　审：赵玉全　曹龙飞

第三版前言

《电气消防》在 2000 年出版时，填补了我国无专门电气消防书的空白，受到全国各界读者的广泛关注和选用，它在大中专院校是教材，更是工程技术人员的参考书。作者在经历教学、设计、检测验收、施工调试等一系列实践中，对于电气消防的新设备、新技术不断学习和提升。本书也经历到第三版的修改，本次修改，尽量囊括了电气消防的最新技术，将目前顶尖的消防厂家的典型产品、典型工程设计案例编进书中，以适应现代电气消防工程领域工程技术人员的需求。

《电气消防》内容包括两9个单元：单元 1　建筑消防工程概论，主要介绍消防系统组成、火灾形成研究与分析、消防系统相关区域的划分、消防系统设计、施工及维护技术依据；单元 2　火灾自动报警系统，主要任务有火灾自动报警系统概述，火灾探测器选择与布置，消防系统其他配套附件选用，火灾报警控制器，火灾自动报警系统及应用示例，漏电火灾报警系统，火灾自动报警系统识图方法指导；单元 3　消防灭火系统，内容有消防灭火系统概述，室内消火栓系统，自动喷洒水灭火系统，消防水泡灭火系统，卤代烷灭火系统，二氧化碳灭火系统；单元 4　消防联动系统，介绍防排烟设备的设置与监控，消防指挥系统设计与安装，智能火灾应急照明与疏散指示标志设置，消防电梯联动设计应用；单元 5　消防系统的供电、安装接地与布线，内中有消防系统供电，消防系统设备安装，消防系统接地与布线要求；单元 6　消防系统的调试、验收及维护运行，分为消防系统开通与调试，消防系统的检测与验收，消防系统的维护保养；单元 7　消防系统设计及典型工程设计案例，介绍消防系统设计的基本知识、典型工程设计应用案例；单元 8　消防工程造价，叙述工程预算基础知识，消防预算案例解析；单元 9　消防系统资质考试辅导及模拟训练，阐述消防专业技术，消防管理综合能力，消防咨询评估实务与案例分析。

本书技术先进，涵盖了电气消防领域的全部内容，主要特色是：

1. 根据电气消防职业岗位需要安排书中内容。
2. 采用结合实际工程由浅入深的方法阐述。
3. 预算案例是作者独创。
4. 工程案例来自设计单位、厂家等典型工程，真实而适用。

本书在编写的过程中注重突出针对性和实用性，可作为高等职业技术院校建筑电气工程技术专业、楼宇智能化专业及建筑院校非电专业教材，同时也是建筑电气控制工程技术人员的一本好参考书。

本书单元 1 由孙景芝编写，单元 2 由孙岩编写，单元 3 由孙智江编写，单元 4 由韩翀编写，单元 5 由张越编写，单元 6 由孙明编写，单元 7 由韩永学编写，单元 8 中任务 8-1由王丽君编写，单元 8 中任务 8-2 由孙景翠编写，单元 9 由孙继文编写，全书由孙景芝、韩永学主编，孙景翠、韩翀为副主编，并负责统一定稿及完成文前、文后的内容，海湾安全技术有限公司赵玉全、曹龙飞对本书进行了认真的审阅，提出了宝贵的意见，黑龙江建

目　录

筑设计研究院陈永江提供了相应的图纸和许多技术支持，在此，一并表示感谢。

本书参考了大量的书刊资料，并引用了部分资料，除在参考文献中列出外，在此谨向这些书刊资料作者表示衷心谢意！

消防技术迅猛发展，我们的专业水平有限，书中必有不当之处，恳请广大读者批评指正。

编者：2014 年 1 月 18 日

单元1 建筑消防工程概论

【学习引导与提示】

单元学习目标	结合实际工程,明白三个系统的内涵(区域报警系统、集中报警系统、控制中心报警系统);能进行消防工程图分类、识图;会用消防工程常用名词及专业术语;学会应用相关规范、标准及相关手册
单元学习内容	任务1-1 建筑消防系统组成 任务1-2 火灾形成及原因分析 任务1-3 高层建筑的特点及相关区域的划分 任务1-4 电气消防系统设计、施工及维护技术依据
单元知识点	明白系统的构成、会划分各种区域;熟悉建筑电气消防工程的相关图纸中的基本内容;懂得设计程序和方法
单元技能点	具有对消防工程的认知和会划分各种区域的能力;具有使用相关手册、法规和规范的能力;能够运用设计程序和方法
单元重点	消防系统相关规范及设计程序
单元难点	消防系统相关区域的划分

伴随着我国城市化、现代化建设的迅猛发展,各种类型工业建筑建设正在加快发展,在建设过程中,尤其是对火灾的防范越来越被人们所重视。火是人类生存重要的条件,它即可造福于人类,也会给人们带来巨大的灾难。因此,在使用火的同时一定要注意对火的控制,就是对火的科学管理。"以防为主,防消结合"的消防方针是相关的工程技术人员必须遵循执行的。"预防为主",就是在消防工作的指导思想上把预防火灾的工作摆在首位,动员社会力量并依靠广大群众贯彻和落实各项防火的行政措施、组织措施和技术措施,从根本上防止火灾的发生。工程建设中对火灾的防范被提高到法律的高度。

高层建筑或智能化建筑电气设计的内容较为广泛,其重点是强调"消防"和"管理"两个面。所谓"消防"主要是指建筑物火灾的早期预防与发生火灾后的扑救及疏散问题;所谓"管理"主要是指空调、电梯、供水、供电等机电设备的自动化运行、管理及其节能控制问题。这两个方面的问题对于多功能建筑来说是必须注意的问题,但对于高层建筑或智能化建筑而言,由于其自身起火因素多、火势蔓延快、火灾扑救和人员物资疏散困难等特点,决定了消防安全问题比管理自动化问题更为重要。基于这一基本思想,高层建筑或智能化建筑电气设计必须包含火灾自动报警系统设计内容并构成消防安全集成中心,同时,其配电和照明系统、机电设备控制系统、节能控制系统等也必须符合消防安全要求。

有效监测建筑火灾、控制火灾、迅速扑灭火灾,保障人民生命和财产的安全,保障国民经济建设,是建筑消防系统的任务。建筑消防系统就是为完成上述任务而建立的一套完整、有效的体系,该体系就是在建筑物内部,按国家有关规范规定设置必需的火灾自动报警及消防设备联动控制系统、建筑灭火系统、防烟排烟系统等建筑消防设施。

"消防"作为一门专门学科,正伴随着现代科学技术的发展进入到高科技综合学科的行列，是现代建筑中的重要内容。

任务 1-1　建筑消防系统组成

1.1.1　消防系统的现状及发展趋势

1. 消防系统的组成

消防系统，包括火灾探测设备、信息传输设备、报警分析控制器、消防控制联动，是物理传感技术、自动控制、计算机技术、数据传输和管理、智能楼宇等技术的综合集成，属于高新技术。依托中国多年基本建设的大发展，消防行业也得到了迅猛发展，具备了和国外知名企业抗衡的能力。

消防系统无论从消防器件、线制，还是类型的发展大体经历可分为传统型和现代型两种。

传统型主要指开关量多线制系统，而现代型主要是指可寻址总线制系统及模拟量智能系统。

目前自动化消防系统，在功能上可实现自动检测现场、确认火灾、发出声光报警信号、启动灭火设备自动灭火、排烟、封闭火区等，还能实现向城市或地区消防队发出救灾请求，进行通讯联络。

在结构上，组成消防系统的设备、器件结构紧凑，反应灵敏，工作可靠，同时还具有良好的性能指标。智能化设备及器件的开发与应用，使自动化消防系统的结构趋向于微型化及多功能化。

自动化消防系统的设计，已经大量融入微机控制技术、电子技术、通讯网络技术及现代自动控制技术，并且消防设备及仪器的生产已经系列化，标准化。

在消防报警产品的技术含量上，国内产品和国外产品差距不是很大，许多指标已经超越，存在的问题是：类似于国外消防报警产品的大批量规模化的生产才刚起步，有待于积累经验和技术；也因此在产品一致性和长期稳定性上有一些差距；国内正在形成权重的大型企业和集团，这样可以带领国内的各家企业去冲击海外市场，并最终占领海外的消防报警市场。

2. 消防系统的发展趋势

消防系统应用技术向着高可靠、低误报和网络化、智能化方向发展。当前，国外火灾自动报警应用技术的发展趋势主要表现为 7 个方面。

（1）网络化。消防系统网络化是用计算机技术将控制器之间、探测器之间、系统内部、各个系统之间以及城市"119"报警中心等通过一定的网络协议进行相互连接，实现远程数据的调用，对消防系统实行网络监控管理，使各个独立的系统组成一个大的网络，实现网络内部各系统之间的资源和信息共享，使城市"119"报警中心的人员能及时、准确掌握各单位的有关信息，对各系统进行宏观管理，对各系统出现的问题能及时发现并及时责成有关单位进行处理。

（2）智能化。消防系统智能化是使探测系统能模仿人的思维，主动采集环境温度、湿度、灰尘、光波等数据模拟量并充分采用模糊逻辑和人工神经网络技术等进行计算处理，对各项环境数据进行对比判断，从而准确地预报和探测火灾，避免误报和漏报现象。

发生火灾时，能依据探测到的各种信息对火场的范围、火势的大小、烟的浓度以及火的蔓延方向等给出详细的描述，甚至可配合电子地图进行形象提示，对出动力量和扑救方法等给出合理化建议，以实现各方面快速准确反应联动，最大限度地降低人员伤亡和财产损失，而且火灾中探测到的各种数据可作为准确判定起火原因、调查火灾事故责任的科学依据。

（3）多样化。是指火灾探测技术的多样化和设备连接方式的多样化。

火灾探测技术的多样化。我国目前应用的火灾探测器按其响应和工作原理基本可分为感烟、感温、火焰、可燃气体探测器以及两种或几种探测器的组合等，其中，感烟探测器一枝独秀，但光纤线性感温探测技术、火焰自动探测技术、气体探测技术、静电探测技术、燃烧声波探测技术、复合式探测技术代表了火灾探测技术发展和开发应用研究的方向。此外，利用纳米粒子化学活性强、化学反应选择性好的特性，将纳米材料制成气体探测器或离子感烟探测器，用来探测有毒气体、易燃易爆气体、蒸气及烟雾的浓度并进行预警，具有反应快、准确性高的特点，目前已列为我国消防科研工作者的重点研究开发课题。

设备连接方式的多样化。随着无线通讯技术的成熟、完善和新型有线通讯材料的研制，设备间、系统间可根据具体的环境、场所的不同而选择方便可靠的通讯方式和技术，设备间可以用无线技术进行连接，形成有线、无线互补，同时新型通讯材料的研制开发可弥补铜线连接存在的缺陷。而且各探测器之间也可进行数据信息传递和交流，使探测器的设置从枝状变成网状，探测器不再是各自独立的，使系统间、设备间的信息传递更方便、更可靠。

（4）小型化。是指探测部分或者说网络中的"子系统"小型化。如果火灾自动报警系统实现网络化，那么系统中的中心控制器等设备就会变得很小，甚至对较小的报警设备安装单位就可以不再独立设置，而依靠网络中的设备、服务资源进行判断、控制、报警，这样火灾自动报警系统安装、使用、管理就变得简洁、省钱、方便。

（5）普及化。目前我国火灾自动报警系统只安装在重要建筑上，而在美国、日本等发达国家，包括许多居民家庭都安装了火灾自动报警系统。随着我国经济的不断发展、人们安全意识的增强、火灾自动报警系统的进一步完善以及智能化程度的提高，在社区家庭特别是高级住宅积极推广，用于防盗、防火联动报警装置或独立式感烟探测器，对于预防居民家庭火灾是非常必要和行之有效的措施。

（6）蓝牙技术无线化。同有线火灾自动报警系统相比，蓝牙技术无线火灾自动报警系统具有施工简单、安装容易、组网方便、调试省时省力等特点，而且对建筑结构损坏小，便于与原有系统集成且容易扩展，系统设计简单且可完全寻址，便于网络化设计，可广泛应用于医院、古建筑、机场、综合建筑和不便联网、建筑物分散、规模较大、干扰较小的建筑。对正在施工或正在进行重新装修的场所，在未安装有线火灾自动报警系统前，这种临时系统可以充分保障建筑物的防火安全，一旦施工结束，蓝牙技术无线系统可以很容易转移到别的场所。

（7）高灵敏化。以早期火灾智能预警系统为代表。该系统除采用先进的激光探测技术和独特的主动式空气采样技术以外，还采用了人工神经网络算法，具有很强的适应能力、学习能力、容错能力和并行处理能力，近乎人类的神经思维。

此外，该系统的子机与主机可以进行双向智能信息交流，使整个系统的响应速度及运行能力空前提高，误报率几乎接近零，灵敏度比传统探测器高 1000 倍以上，能探测到物质高热分解出的微粒子，并在火灾发生前的 30～20min 预警，确保了系统的高灵敏性和高可靠性，实现早期报警。

针对当前火灾自动报警系统存在的通讯协议不一致，系统误报、漏报频繁，智能化程度低、网络化程度低、特殊恶劣环境的火灾探测报警抗干扰等问题较为突出的现象，提出在符合国家消防规范的基础下采用统一、标准、开放的通讯协议，通过对新技术、新工艺、新材料和新设备的应用研究，对系统方案、设备选型的优化组合，改进火灾自动报警系统的工作性能，减少维护费用和维护要求，向着高可靠性、高灵敏性、低误报率、系统网络化、技术智能化方向发展，为更好的预防和遏制建筑火灾提供强有力的保障，从而更好地保护国家和人民的生命、财产安全。这是火灾自动报警应用技术的研究发展趋势。

1.1.2　消防系统的组成及分类

1.1.2.1　消防系统的组成

"消防系统"实际上就是"火灾探测报警和消防设备联动控制系统"的简称，它是依据主动防护对策，以被监测的各类建筑物、油库为警戒对象，通过自动化手段实现早期火灾探测、火灾自动报警和消防设备连锁联动控制。其核心是对报警区域中发生的任何火情及时地感知，并根据其报警级别分别在控制中心给予报警或进行相应的联动处理。消防系统主要由三大部分构成：一部分为感应机构，即火灾自动报警系统；另一部分为执行机构，即灭火自动控制系统；还有避难诱导系统（后两部分也可称消防联动系统）。

1. 火灾自动报警系统

火灾自动报警系统由探测器、手动报警按钮、报警器和警报器等构成，以完成检测火情并及时报警的任务。

2. 消防联动系统

消防联动系统从功能上可分为三大类：第一类是灭火系统，包括各种介质，如液体、气体、干粉以及喷洒装置，是直接用于扑火的；第二是灭火辅助系统，是用于限制火势、防止灾害扩大的各种设备；第三类是信号指示系统，用于报警并通过灯光与声响来指挥现场人员的各种设备。对应于这些现场消防设备需要有关的消防联动控制装置，主要有：室内消火栓灭火系统的控制装置；自动喷水灭火系统的控制装置；气体灭火等控制装置；电动防火门、防火卷帘等防火区域分割设备的控制装置；通风、空调、防烟、排烟设备及电动防火阀的控制装置；电梯的控制装置、断电控制装置；备用发电控制装置；火灾事故广播系统及其设备的控制装置；消防通讯系统，火警电铃、火警灯等现场声光报警控制装备；疏散指示、事故照明装置等。

在建筑物防火工程中，消防联动系统可由上述部分或全部控制装置组成。

综上所述，消防系统的主要功能是：自动捕捉火灾探测区域内火灾发生时的烟雾或热气，从而发出声光报警并控制自动灭火系统，同时联动其他设备的输出接点，控制事故照明及疏散标记、事故广播及通讯、消防给水和防排烟设施，以实现监测、报警和灭火的自动化。

消防系统的组成用框图 1-1 (a) 所示，组成示意如图 1-1 (b) 所示，其基本结构如

图 1-1（c）所示，动作传递用图 1-1（d）描述。

在消防系统中，火灾探测器长年累月地监测被警戒的现场或对象，当监测场所或对象发生火灾时，火灾探测器检测到火灾产生的烟雾、高温、火焰及火灾特有的气体等信号并转换成电信号，经过与正常状态阈值或参数模型分析比较，给出火灾报警信号，通过火灾报警控制器上的声光报警显示装置显示出来，通知消防人员发生了火灾。同时，火灾自动报警系统通过火灾报警控制器启动警报装置，告诫现场人员投入灭火操作或从火灾现场疏

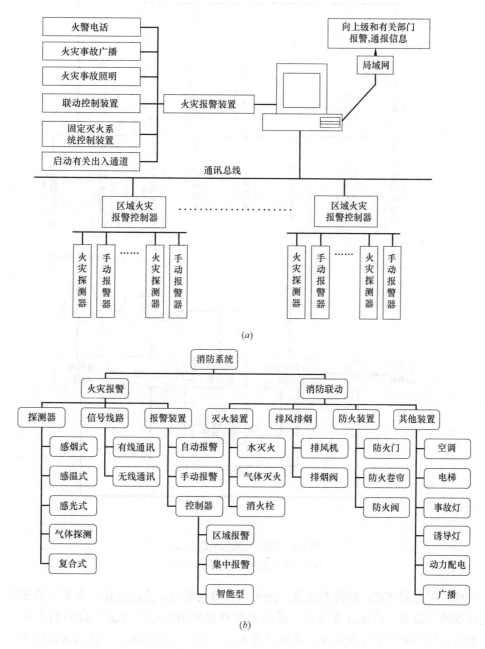

图 1-1　消防系统的组成

（a）框图；（b）组成示意图；

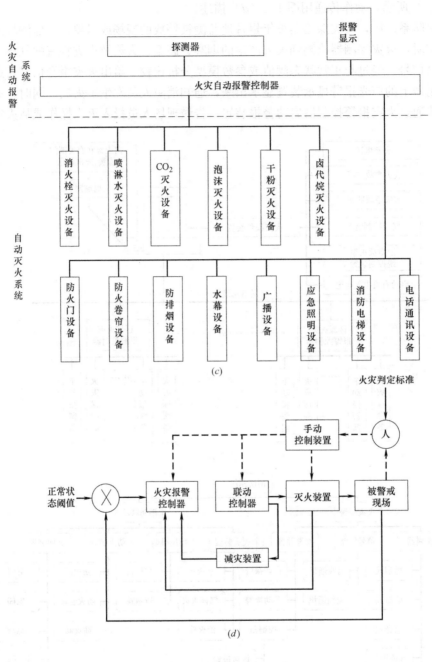

图 1-1 消防系统的组成（续）
(c) 结构示意图；(d) 动作传递图

散；启动断电控制装置、防排烟设备、防火门、防火卷帘、消防电梯、火灾应急照明、消防电话等减灾装置，防止火灾蔓延、控制火势和求助消防部门支援；启动消火栓、水喷淋、水幕、气体灭火系统及装置，及时扑灭火灾，减少火灾损失。一旦火灾被扑灭，整个火灾自动报警系统又回到正常监控状态。

必须指出，在火灾自动报警系统中起主导作用的是人，要求借助系统并尽可能通过值

班人员的大脑思维判断，作出发生
火灾的结论并启动相应连锁联动装
置，控制火势、扑救火灾。

1.1.2.2　消防系统的分类

消防系统的类型，如按报警和
消防方式可分为自动报警、人工消
防和自动报警、自动消防两种。

1. 自动报警、人工消防

中等规模的旅馆在客房等处设
置火灾探测器，当火灾发生时，在
本层服务台处的火灾报警器发出信
号（即自动报警），同时在总服务台
显示出某一层（或某分区）发生火
灾，消防人员根据报警情况采取消
防措施（即人工灭火）。自动报警、
人工消防见图 1-2 示。

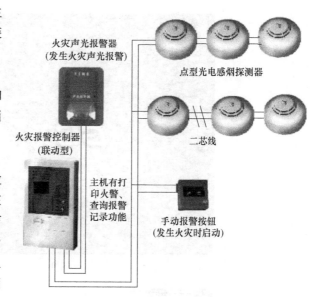

图 1-2　自动报警、人工消防

2. 自动报警、自动消防

此种系统与上述不同点是：在火灾发生时自动喷洒水，进行消防。而且在消防中心的
报警器附设有直接通往消防部门的电话。消防中心在接到火灾报警信号后，立即发出疏散
通知（利用紧急广播系统），并开动消防泵和电动防火门等消防设备，从而实现自动报警、
自动消防。典型的自动报警、自动消防（针对单体建筑物内的）见图 1-3（a）及针对整
个城市范围内的自动报警自动消防例子，如图 1-3（b）、（c）、（d）、（e）海湾安全技术有
限公司（以下简称海湾公司）设计的演示光盘。

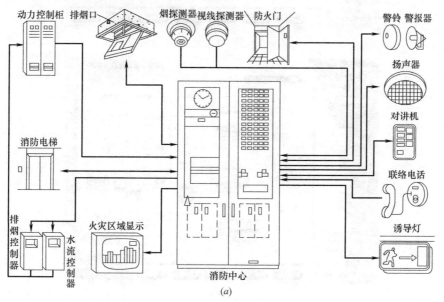

(a)

图 1-3　海湾公司设计的自动报警、自动消防演示光盘

(b)

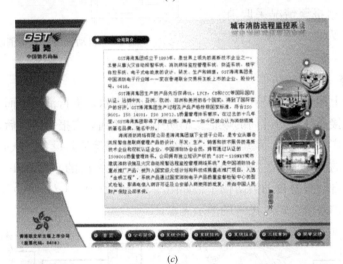

(c)

(d)

图 1-3　海湾公司设计的自动报警、自动消防演示光盘（续）

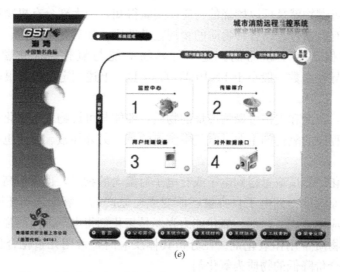

(e)

图 1-3　海湾公司设计的自动报警、自动消防演示光盘（续）

任务 1-2　火灾形成及原因分析

火灾在诸多灾害中发生频率最高，给社会造成巨大损失，特别是造成人员的重大伤亡。目前世界各国已对火灾的探测、逃生、扑救、材料阻燃等研究给予了极大的关注，取得了许多重要成果，并已形成了相对较完整的理论体系。但由于火灾燃烧过程的极度复杂性（涉及高分子燃料、燃烧空间大、空间结构复杂）以及不同燃烧行为会产生表面上相似的后果等原因，使得这类研究变得极为困难。火灾形成的过程及其形成火灾原因的研究一直是消防产品研发人员的重要依据，它是建立消防系统的理论基础，是人们研发各种消防设施的重要依据。

1.2.1　火灾形成条件、定义及分类

1.2.1.1　燃烧的定义、条件和类型

1. 燃烧的定义

燃烧，俗称着火，系指可燃物与氧化剂作用发生的放热反应，通常伴有火焰、发光和（或）发烟的现象。

燃烧具有三个特征，即化学反应、放热和发光。燃烧可分为：闪燃、着火、自燃、爆炸。

2. 燃烧的条件

燃烧的必要条件——物质燃烧过程的发生和发展，必须具备以下三个必要条件，即：可燃物、氧化剂和温度（引火源）。只有这三个条件同时具备，才可能发生燃烧现象，无论缺少哪一个条件，燃烧都不能发生。但是，并不是上述三个条件同时存在，就一定会发生燃烧现象，还必须这三个因素相互作用才能发生燃烧。

（1）可燃物：凡是能与空气中的氧或其他氧化剂起燃烧化学反应的物质称为可燃物。可燃物按其物理状态分为气体可燃物、液体可燃物和固体可燃物三种类别。可燃烧物质大多是含碳和氢的化合物，某些金属如镁、铝、钙等在某些条件下也可以燃烧，还有许多物质如肼臭氧等在高温下可以通过自己的分解而放出光和热。

顾名思义，可燃物就是可以燃烧的物质。实验得知，绝大部分有机物和少部分无机物都是可燃物。还有人通过总结各种物质的物理化学性质，如氧化反应性、燃烧热和导热系数等，对可燃物做出如下粗略的判定：可燃物应能与氧化合，其燃烧热一般大于418.68kJ/mol，导热系数一般小于 1×10^3 W/(m·J)。上述判定指标是很粗糙的，有很多例外的情况。

（2）氧化剂：帮助和支持可燃物燃烧的物质，即能与可燃物发生氧化反应的物质称为氧化剂。燃烧过程中的氧化剂主要是空气中游离的氧，另外如氟、氯等也可以作为燃烧反应的氧化剂。

氧化剂是氧化还原反应里得到电子或有电子对偏向的物质，也即由高价变到低价的物质。氧化剂从还原剂处得到电子自身被还原变成还原产物。氧化剂和还原剂是相互依存的。氧化剂在反应中表现氧化性。氧化能力强弱是氧化剂得电子能力的强弱，含有容易得到电子的元素的物质常用作氧化剂。在分析具体反应时，常用元素化合价的升降进行判断：所含元素化合价降低的物质为氧化剂。

（3）温度（引火源）：是指供给可燃物与氧或助燃剂发生燃烧反应的能量来源。常见的是热能，其他还有化学能、电能、机械能等转变的热能。

（4）链式反应：有焰燃烧都存在链式反应。当某种可燃物受热，它不仅会气化，而且该可燃物的分子会发生热裂解作用从而产生自由基。自由基是一种高度活泼的化学形态，能与其他的自由基和分子反应，使燃烧持续进行下去，这就是燃烧的链式反应。

燃烧的充分条件：一定的可燃物浓度；一定的氧气含量；一定的点火能量；未受抑制的链式反应。例如：汽油的最小点火能量为 0.2mJ，乙醚为 0.19mJ，甲醇为 0.215mJ。对于无焰燃烧，前三个条件同时存在，相互作用，燃烧即会发生。而对于有焰燃烧，除以上三个条件外，燃烧过程中也存在未受抑制的游离基（自由基），形成链式反应，使燃烧能够持续下去，亦是燃烧的充分条件之一。

3. 燃烧的类型

燃烧按其形成的条件和瞬间发生的特点一般分为闪燃、着火、自燃和爆炸四种类型。闪燃是物质遇火能产生一闪既灭的燃烧现象。着火是可燃物质在空气中与火源接触，达到某一温度时，开始产生有火焰的燃烧，并在火源移去后仍能继续燃烧的现象。自燃是可燃物质在没有外部火花、火焰等火源的作用下，因受热或自身发热积热不散引起的燃烧。爆炸是由于物质急剧氧化或分解反应产生温度、压力增加或两者同时增加的现象。爆炸可分为：物理爆炸、化学爆炸和核爆炸。

物理爆炸是由于液体变成蒸气或者气体迅速膨胀，压力急速增加，并大大超过容器的极限压力而发生的爆炸。如蒸汽锅炉、液化气钢瓶等的爆炸。

化学爆炸是因物质本身起化学反应，产生大量气体和高温而发生的爆炸。如炸药的爆炸，可燃气体、液体蒸气和粉尘与空气混合物的爆炸等。化学爆炸是消防工作中防止爆炸的重点。热传播除了火焰直接接触外，通常是以热传导、热辐射和热对流三种方式向外传播的。

1.2.1.2　火灾的定义及形成过程

1. 火灾定义

火灾系指在时间或空间上失去控制的燃烧所造成的灾害。

2. 火灾形成过程

火灾形成过程如下：例如有固体材料、塑料、纸及布等，当它们处在被热源加热升温的过程中，其表面会产生挥发性气体，这就是火灾形成的开始阶段。一旦挥发性气体被点燃，就会与周围的氧气起反应，由于可燃物质被充分燃烧，从而形成光和热，即形成火焰。一旦挥发性气体被点燃，如果设法隔离外界供给的氧气，则不可能形成火焰。这就是说，在断氧的情况下，可燃物质不能充分燃烧而形成烟，所以烟是火灾形成的初期象征。火焰的形成，说明火灾就要发生。

众所周知。烟是一种包含一氧化碳（CO）、二氧化碳（CO_2）、氢气（H_2）、水蒸气及许多有毒气体的混合物。由于烟是一种燃烧的重要产物，是伴随火焰同时存在的一种对人体十分有危害的产物，所以人们在叙述火灾形成的过程时总要提到烟。火灾形成过程也就是火焰和烟的形成过程。

综上所述，火灾形成的过程是一种放热、发光的复杂化学现象，是物质分子游离基的一种连锁反应。不难看出，存在有能够燃烧的物质，又存在可供燃烧的热源及助燃的氧气或氧化剂，便构成了火灾形成的充分而必要条件。

物体燃烧一般经阴燃、充分燃烧和衰减熄灭等三个阶段。在阴燃阶段（即 AB 段），主要是预热温度升高，并生成大量可燃气体的烟雾，由于局部燃烧，温度不高，易灭火。在充分燃烧阶段（即 BC 段）除产生烟以外，还伴有光、热辐射等，火势猛且蔓延迅速，室内温度急速升高，可达 1000℃左右，难于扑灭，火灾造成的损失严重。在衰减熄灭阶段（即 CD 段），室内可燃物已基本燃尽而自行熄灭。燃烧过程特征曲线（也称温度-时间曲线）如图 1-4（a）所示，也可用图 1-4（b）所示框图描述燃烧特征。

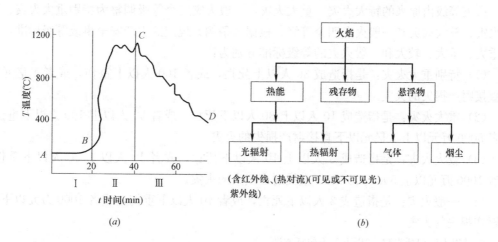

图 1-4　燃烧过程特征
（a）燃烧过程特征曲线（温度-时间曲线）；（b）燃烧特征框图

火灾发展的三个阶段、每段持续的时间以及达到某阶段的温度值，都是由燃烧的当时条件决定的。为了科学实验及制定防火措施，世界各国都相继做了建筑火灾实验，并概括地制定了一个能代表一般火灾温度发展规律的标准——"温度-时间曲线"。我国制定的标准火灾温度-时间曲线为制定防火措施以及设计消防系统提供了参考依据，曲线的形状已经表示在图 1-4 中，曲线的值由表 1-1 列出。

标准火灾温度曲线值 表 1-1

时间(min)	温度(℃)	时间(min)	温度(℃)	时间(min)	温度(℃)
5	535	30	840	180	1050
10	700	60	925	240	1090
15	750	90	975	360	1130

掌握了火灾的形成规律，就为防火提供了理论基础。分析知：燃烧必须具备三个条件，即可燃物、氧化剂、引火源（温度）。

1.2.1.3 火灾的分类及级别

1. 火灾的分类

火灾依据物质燃烧特性，可划分为 A、B、C、D、E 五类。

A 类火灾：指固体物质火灾。这种物质往往具有有机物质性质，一般在燃烧时产生灼热的余烬。如木材、煤、棉、毛、麻、纸张等火灾。

B 类火灾：指液体火灾和可熔化的固体物质火灾。如汽油、煤油、柴油、原油、甲醇、乙醇、沥青、石蜡等火灾。

C 类火灾：指气体火灾。如煤气、天然气、甲烷、乙烷、丙烷、氢气等火灾。

D 类火灾：指金属火灾。如钾、钠、镁、铝镁合金等火灾。

E 类火灾：指带电物体和精密仪器等物质的火灾

2. 火灾的级别

根据《生产安全事故报告和调查处理条例》，火灾等级标准分为四级。

火灾等级由原来的特大火灾、重大火灾、一般火灾三个等级调整为特别重大火灾、重大火灾、较大火灾和一般火灾四个等级。根据《条例》规定的生产安全事故等级标准，特别重大、重大、较大和一般火灾的等级标准分别为：

（1）特别重大火灾：是指造成 30 人以上死亡，或者 100 人以上重伤，或者 1 亿元以上直接财产损失的火灾。

（2）重大火灾：是指造成 10 人以上 30 人以下死亡，或者 50 人以上 100 人以下重伤，或者 5000 万元以上 1 亿元以下直接财产损失的火灾。

（3）较大火灾：是指造成 3 人以上 10 人以下死亡，或者 10 人以上 50 人以下重伤，或者 1000 万元以上 5000 万元以下直接财产损失的火灾。

（4）一般火灾：是指造成 3 人以下死亡，或者 10 人以下重伤，或者 1000 万元以下直接财产损失的火灾。

注："以上"包括本数，"以下"不包括本数。

1.2.2 造成火灾的原因

建筑物起火的原因多种多样，主要可归纳为由于生活用火不慎引起火灾、生产活动中违规操作引发火灾、化学或生物化学的作用造成的可燃和易燃物自燃，以及因为用电不当造成的电气火灾等。其中，随着我国经济的飞速发展，人民生活水平日益提高，用电量剧增，电气火灾在建筑火灾中所占的比重越来越大。

1. 人为火灾

由于工作中疏忽，是造成火灾的直接原因。

例如：电工带电维修设备，不慎产生的电火花造成火灾；焊工不按规程操作，动用气焊或电焊工具进行野蛮操作造成火灾；在建筑内乱接临时电源、滥用电炉等电加热器造成火灾；乱扔火柴梗、烟头等造成的火灾更为常见；人为纵火也是火灾形成的最直接原因。

2. 可燃固体燃烧造成火灾

可燃固体从受热到燃烧需经历较长时间。可燃固体受热时，先蒸发水分，当达到或超过一定温度时开始分解出可燃气体。此时，如遇明火，便开始与空气中的氧气进行激烈地化合，并产生热、光和二氧化碳气体等，即称之为燃烧。用明火点燃可燃固体时燃烧的最低温度，称为该可燃物体的燃点。部分可燃固体的燃点如表1-2所示。

可燃性固体的燃点 表1-2

名　称	燃点(℃)	名　称	燃点(℃)
纸张	130	粘胶纤维	235
棉花	150	涤纶纤维	390
棉布	200	松木	270～290
麻绒	150	橡胶	130

有些可燃固体还具有自燃现象。如木材、稻草、粮食、煤炭等。以木材为例：当受热超过100℃时就开始分解出可燃气体，同时释放出少量热能，当温度达到260～270℃时，释放出的热能剧烈增加，这时即使撤走外界热源，木材仍可依靠自身产生的热能来提高温度，并使其温度超过燃点温度而达自燃温度——发焰燃烧。

3. 可燃液体的燃烧

可燃液体在常温下挥发的快慢不同。可燃液体是靠蒸发（气化）燃烧的，所以挥发快的可燃液体要比挥发慢的危险。在低温条件下，可燃液体与空气混合达到一定浓度时，如遇到明火就会出现"闪燃"，此时的最低温度叫做闪点温度。部分易燃液体的闪点温度如表1-3所示。

部分易燃液体的闪点温度 表1-3

名　称	闪点(℃)	名　称	闪点(℃)
石油醚	−50	吡啶	20
汽油	−58～10	丙酮	−20
二硫化碳(CS_2)	−45	苯(C_6H_6)	−14
乙醚(CH_3OCH_3)	−45	醋酸乙醇	1
氯乙烷(CH_3CH_2Cl)	38	甲苯	1
二氯乙烷(CH_2ClCH_2Cl)	21	甲醇(CH_3OH)	7

从表中可见，易燃液体的闪点温度都很低。如小于或等于闪点温度，液体蒸发气化的速度还供不上燃烧的需要，故闪燃持续时间很短。如温度继续上升，到大于闪点温度时，挥发速度加快，这时遇到明火就有燃烧爆炸的危险。由此可见，闪点是可燃、易燃液体燃烧的前兆，是确定液体火灾危险程度的主要依据。闪点温度越低，火灾的危险性越大，越要注意加强防火措施。

为了加强防火管理，消防规范规定：将闪点温度小于或等于45℃的液体称易燃性液体,闪点温度大于45℃的液体称为可燃性液体。

4. 可燃气体的燃烧

可燃性气体(包括上述的可燃、易燃性液体蒸气)与空气混合达到一定浓度时,如遇到明火就会发生燃烧或爆炸。遇到明火发生爆炸时的最低混合气体浓度称作该混合气体的爆炸下限;而遇明火发生爆炸时的最高混合气体浓度称该混合气体的爆炸上限。可燃性气体发生爆炸的上、下限值如表1-4所示。在爆炸下限以下时不足以发生燃烧;在爆炸上限以上时则因氧气不足(如在密闭容器内的可燃性气体)遇明火也不会发生燃烧或爆炸,但如重新遇到空气,仍有燃烧或爆炸的危险。

部分可燃气体(包括可燃、易燃液体的蒸汽)的爆炸上、下限   表 1-4

气体名称	爆炸极限(%)		自燃点(℃)
	下 限	上 限	
甲烷(CH_4)	5.0	15	537
乙烷(C_2H_6)	3.22	12.5	472
丙烷(C_3H_8)	2.37	9.5	446
丁烷(C_4H_{10})	1.9	8.5	430
戊烷(C_5H_{12})	1.4	8.0	309
乙烯(C_2H_4)	2.75	34.0	425
丙烯(C_3H_6)	2.0	11.0	410
丁烯(C_4H_8)	1.7	9.4	384
硫化氢(H_2S)	4.3	46.0	246
一氧化碳(CO)	12.5		

当混合气体浓度在爆炸上、下限之间时,遇到明火就会燃烧或爆炸。为防爆安全,应避免爆炸性混合气体浓度在爆炸上、下限值之间,一般多强调爆炸性混合气体浓度的爆炸下限值。

多种可燃混合气体的燃烧或爆炸极限值可用下式计算:

$$t = \frac{100}{\sum_{i=1}^{n} \dfrac{V_i}{N_i}}\% \tag{1-1}$$

式中 t——可燃混合气体的燃烧或爆炸极限;

    V_i——可燃混合气体中各成分所占的体积百分数;

    N_i——可燃混合气体中各成分的爆炸极限(下限或上限)。

例:已知液化石油气中,丙烷占体积的50%,丙烯占体积的10%,丁烷占体积的35%,戊烷占体积的5%,求该液化石油气的燃烧(爆炸)浓度极限。

解:由表1-4分别查得丙烷、丙烯、丁烷、戊烷的爆炸下限值及上限值代入式(1-1)得:

$$t_1 = \frac{100}{\dfrac{50}{2.37} + \dfrac{10}{2.0} + \dfrac{35}{1.9} + \dfrac{5}{1.4}}\% = 2\%$$

$$t_h = \frac{100}{\dfrac{50}{9.5} + \dfrac{10}{11.0} + \dfrac{35}{8.5} + \dfrac{5}{8.0}}\% = 9.16\%$$

由计算可知，该液化石油气的燃烧（爆炸）极限为 2%～9.16%。

在高层建筑和建筑群体中，可燃物多、用电量大、配电管线集中等，电气绝缘损坏或雷击等都可能引起火灾。所以在消防系统设计中，应针对可燃物燃烧条件和现场实际情况，采取防火、防爆的具体措施。

5. 电气事故造成的火灾

在现代高层建筑中，用电设备复杂，用电量大，电气管线纵横交错，火灾隐患多。如电气设备安装不良，长期带病或过载工作，破坏了电气设备的电气绝缘，电气线路一旦短路就会造成火灾。防雷接地不合要求，接地装置年久失修等也能造成火灾。

1.2.3 抑制火灾的措施

为了抑制火势的蔓延和发展，主要措施是在消防系统设计中注意以下几点：

（1）尽量选用不燃、难燃性建筑材料，以减小火灾荷载，即可燃物数量；

（2）保证必要的防火间距，减小火源对周围建筑的威胁，切断火灾蔓延途径。

（3）合理划分防火分区，各分区间用防火墙、防火卷帘门、防火门等进行分隔，一旦某一分区失火，可将火势控制在本防火分区内，不致蔓延到其他分区，以减小损失并便于扑救。

（4）合理设计疏散通道，确保发生火灾时灾区人员安全逃生。

（5）合理设计承重构件及结构，保证建筑构件有足够的耐火极限，使其在火灾中不致倒塌、失效，确保人员疏散及扑救安全，防止重大恶性倒塌事故的发生。

（6）在布置建筑物总平面时，还应保留足够的消防通道，便于城市消防车辆靠近着火建筑展开扑救。

总之，只要堵住火灾蔓延的路径，将火灾控制在局部地区，就可避免形成大火而殃及整个建筑物。

任务 1-3 高层建筑的特点及相关区域的划分

1.3.1 高层建筑的定义及特点

1.3.1.1 高层建筑的定义

1. 国际高层定义情况

高层建筑的定义范围，1972 年联合国教科文组织下属的世界高层建筑委员会讨论过这个问题，提出将 9 层及 9 层以上的建筑定义为高层建筑，并建议按建筑的高度将其分为 4 类，即：9～16 层（最高到 50m），为第一类高层建筑；17～25 层（最高到 75m），为第二类高层建筑；26～40 层（最高到 100m），为第三类高层建筑；40 层以上（高度在 100m 以上），为第四类高层建筑（亦称超高层建筑）。

然而，目前各国对高层建筑的起始高度规定不尽一致，如法国规定为住宅 50m 以上，其他建筑 28m 以上；德国规定为 22 层（从室内地面算起）；日本规定为 8 层，31m；美国规定为 24.6m 或 7 层以上。在英国，把等于或大于 24.3m 得建筑视为高层建筑。

2. 中国高层建筑定义

中国自 2005 年起规定超过 10 层的住宅建筑和超过 24m 高的其他民用建筑为高层建筑。这里，建筑高度为建筑物室外地面到檐口或屋面面层高度，屋顶上的瞭望塔、水箱间、电梯机房、排烟机房和楼梯出口小间等不计入建筑高度和层数内，住宅建筑的地下室、半地下室的顶板面高出室外地面不超过 1.5m 者也不计入层数内。

1.3.1.2 高层建筑的特点

1. 建筑结构特点

建筑结构跨度大、复杂、建筑环境要求高、内部装修材料多、电气设备多、监控要求高、人员多且集中、建筑功能复杂多样、管道竖井多。高层建筑由于其层数多，高度高，风荷载大，为了抗倾浮，采用骨架承重体系，为了增加刚度均有剪力墙，梁板柱为现浇钢筋混凝土，为了方便必须设有客梯及消防电梯。

2. 高层建筑的火灾危险性及特点

（1）火势蔓延快、烟气扩散快。高层建筑一旦起火，建筑内的楼梯间、管道井、电缆井、风道等各种竖井烟囱效应十分显著。据实测，火灾时的烟气水平流速为 0.3～0.8m/s，垂直流速为 2～4m/s。这表明在无阻挡的情况下，对 200m 高的建筑，垂直方向不到 1min，烟气可到达顶部。

高层建筑所承受的风力也是火灾蔓延的主要因素。建筑物越高，风速越大，火灾蔓延越迅速。据实测在正常风压的状态下，建筑物高度 10m 处的风速为 5m/s，90m 高处的风速为 15m/s，相应在 300～400m 处，风力将更加强大，风速可达 30m/s 以上。风力通常能使微弱的火源变得十分危险，可使蔓延可能性很小的火势急剧扩大成灾难。

（2）人员疏散困难，伤亡惨重。高层建筑层数多，垂直疏散距离长，疏散引入地面或其他安全场所的时间也会长些，再加上人员集中，烟气由于竖井的拔气，向上蔓延快，都增加了疏散难度。因此，很多人员密集的高层建筑，当火势涌起，短时间内疏散更是困难。如果楼梯设计不合理，烟火窜入后，人员根本无法疏散，往往会造成巨大的伤亡事故。

（3）火灾扑救难度大。由于高层建筑过高，消防人员无法接近着火点，一般应立足自救。进攻困难。一方面缺少地面消防行动展开的场地；另一方面，外部灭火进攻受到限制。通常配备的消防云梯仅达 53m，若超高层建筑上部楼层发生火灾，消防队员无法进行外攻。登高困难。50m 以下楼层发生火灾，消防队员尚可利用消防云梯车登高，在 50m 以上部位发生火灾，则登高困难。供水困难。超高层建筑发生火灾，灭火用水量较大，有时需要 100L/s 以上。经灭火演练测试，三辆大功率消防车串联，通过水泵结合器供水，高度只能达到 160m，而通过水带直接供水，高度只有 150m。排烟困难。火灾发生时，因受登高设备和玻璃幕墙的限制以及风向风力的影响，难以破拆玻璃窗进行自然排烟。采用机械排烟系统，也会受到风力、气压等气候条件的影响，难以实现设计理想的排烟效果。

（4）火险隐患多、火灾损失重。高层建筑功能复杂，设备繁多，装修量大，存在大量引火物和点火源。同时，其电气化和自动化程度高，用电设备多，用电量大，漏电、短路等故障几率增加，容易形成点火源。另外，由于人员密集，人为因素引发火灾几率也会相应增加，火灾损失大。

1.3.1.3 高层建筑电气设备特点

1. 用电设备多

用电设备多，如弱电设备、空调制冷设备、厨房用电设备、锅炉房用电设备、电梯用电设备、电气安全防雷设备、电气照明设备、给排水设备、洗衣房用电设备、客房用电设备和消防用电设备等。

2. 电气系统复杂

除电气子系统外，各子系统也相当复杂。

3. 电气线路多

根据高层系统情况，电气线路分为火灾自动报警与消防联动控制线路、音响广播线路、通讯线路、高压供电线路及低压配电线路等，电气线路多而复杂。

4. 电气用房多

为确保变电所设置在负荷中心，除了把变电所设置在地下层、底层外，有时也设置在大楼的顶部或中间层。而电话站、声控室、消防中心、监控中心等都要占用一定房间。另外，为了解决种类繁多的电气线路，在竖向上的敷设，以及干线至各层的分配，必须设置电气竖井和电气小室。

5. 供电可靠性要求高

因为高层建筑中大部分电力负荷为二级负荷，也有相当数量的负荷属一级负荷，所以，高层建筑对供电可靠性要求高，一般均要求有两个及以上的高压供电电源。为了满足一级负荷的供电可靠性要求，很多情况下还需设置柴油发电机组（或燃气轮机发电机组）作为备用电源。

6. 用电量大，负荷密度高

高层建筑的用电设备多，空调负荷大，约占总用电负荷的 $40\%\sim50\%$，显而易见，高层建筑的用电量大，负荷密度高。例如：高层综合楼、高层商住楼、高层办公楼、高层旅游宾馆和酒店等负荷密度都在 $60\mathrm{W/m^2}$ 以上，有的高达 $150\mathrm{W/m^2}$，即便是高层住宅或公寓，负荷密度也有 $10\mathrm{W/m^2}$，有的也达到 $50\mathrm{W/m^2}$。

7. 自动化程度高

根据高层建筑的实际情况，为了降低能量损耗、减少设备的维修和更新费用、延长设备的使用寿命、提高管理水平，就要求对高层建筑的设备进行自动化管理，对各类设备的运行、安全状况，能源使用状况及节能等实行综合自动监测、控制与管理，以实现对设备的最优化控制和最佳管理。特别是计算机与光纤通讯技术的应用，以及人们对信息社会的需求，高层建筑正沿着自动化、节能化、信息化和智能化方向发展。高层建筑消防应"立足自防、自救，采用可靠的防火措施，做到安全适用、技术先进、经济合理"。

1.3.2　高层建筑的相关规范及相关区域的划分

1.3.2.1　高层建筑相关规范

1. 高层建筑防火分类

高层建筑应根据其使用性质、火灾危害性、疏散和扑救难度等分为一类、二类防火，见表 1-5 所示。

建筑防火分类　　　　　　　　　　　　　　　　　表 1-5

名称	一　类	二　类
居住建筑	高级住宅 十九层及十九层以上的普通住宅	十层至十八层的普通住宅

续表

名称	一　类	二　类
公共建筑	(1)医院 (2)高级旅馆 (3)建筑高度超过 50m 或每层建筑面积超过 1000m 的商业楼、展览楼、综合楼、电信楼、财贸金融楼 (4)建筑高度超过 50m 或每层建筑面积超过 1500m 的商住楼 (5)中央级和省级(含计划单列市)广播电视楼 (6)网局级和省级(含计划单列市)电力调度楼 (7)省级(含计划单列市)邮政楼、防灾指挥调度楼 (8)藏书超过 100 万册的图书馆、书库 (9)重要的办公楼、科研楼、档案楼等 (10)建筑高度超过 50m 的教学楼和普通的旅馆、办公楼、科研楼、档案楼等	(1)除一类建筑以外的商业楼、展览楼、综合楼、电信楼、财贸金融楼、商住楼、图书馆、书库 (2)省级以下的邮政楼、防灾指挥调度楼、广播电视楼、电力调度楼 (3)建筑高度不超过 50m 的教学楼和普通的旅馆、办公楼、科研楼、档案楼等

注：1. 高级住宅是指建筑装修复杂、室内满铺地毯、家具和陈设高档、设有空调系统的住宅。
2. 高级旅馆指建筑标准高、功能复杂、火灾危险性较大和设有空气调节系统的具有星级条件的旅馆。
3. 综合楼是指由两种及两种以上用途的楼层组成的公共建筑，常见的组成形式有商场加办公写字楼层加高级公寓、办公加旅馆加车间仓库、银行金融加旅馆加办公等等。
4. 商住楼指底部作商业营业厅、上面作普通或高级住宅的高层建筑。
5. 网局级电力调度楼指可调度若干个省（区）电力业务的工作楼，如东北电力调度楼、中南电力调度楼、华北电力调度楼等。
6. 重要的办公楼、科研楼、档案楼指这些楼的性质重要，如有关国防、国计民生的重要科研楼等。
7. 火灾危险性、发生火灾后损失大、影响大，一般指可燃物多，火源或电源多，发生火灾后也容易造成重大损失和影响。

2. 高层建筑耐火等级的划分

（1）名词解释

① 耐火极限（Fire resistance rating）：建筑构件按时间-温度曲线进行耐火试验，从受到火的作用时起，到失去支持能力或完整性被破坏或失去隔火作用时止这段时间，用小时表示。

② 不燃烧体（Non-combustible component）：用不燃烧材料做成的建筑构件。

③ 难燃烧体（Difficult-combustible component）：用难燃烧材料做成的建筑构件。

④ 燃烧体（Combustible component）：用燃烧材料做成的建筑构件。

（2）建筑物耐火等级的划分。建筑物耐火等级根据规范规定应分为四级，其建筑构件的燃烧性能和耐火极限不应低于表 1-6 的规定。其他场所耐火等级规定详见规范。

建筑构件的燃烧性能和耐火极限　　　　　　　　　　表 1-6

	燃烧性能和耐火极限(h) 等级构件名称	一级	二级	三级	四级
墙	防火墙	非燃烧体 4.00	非燃烧体 4.00	非燃烧体 4.00	非燃烧体 4.00
	承重墙、楼梯间、电梯井的墙	非燃烧体 3.00	非燃烧体 2.00	非燃烧体 2.50	难燃烧体 4.00
	非承重外墙、疏散走道两侧隔墙	非燃烧体 1.00	非燃烧体 1.00	非燃烧体 0.50	难燃烧体 0.25
	房间隔墙	非燃烧体 0.75	非燃烧体 0.50	难燃烧体 0.50	难燃烧体 0.25
柱	支撑多层的柱	非燃烧体 3.00	非燃烧体 2.50	非燃烧体 2.50	难燃烧体 0.50
	支撑单层的柱	支撑单层的柱	非燃烧体 2.00	非燃烧体 2.00	燃烧体

续表

燃烧性能和耐火极限(h) 等级构件名称	一级	二级	三级	四级
梁	非燃烧体 2.00	非燃烧体 1.50	非燃烧体 1.00	难燃烧体 0.50
楼板	非燃烧体 1.50	非燃烧体 1.00	非燃烧体 0.50	难燃烧体 0.25
屋顶承重构件	非燃烧体 1.50	非燃烧体 0.50	燃烧体	
疏散楼梯	非燃烧体 1.50	非燃烧体 1.00	非燃烧体 1.00	燃烧体
吊顶(包括吊顶搁栅)	非燃烧体 0.25	难燃烧体 0.25	难燃烧体 0.15	燃烧体

3. 火灾自动报警系统保护对象级别的划分

火灾自动报警系统保护的对象应根据其使用性质、火灾危险性、疏散和扑救难度等分为特级、一级和二级。超高层（建筑高度超过 100m）为特级保护对象，高层中的一类建筑为一级保护对象，高层中的二类建筑和低层中的一类建筑为二级保护对象，并宜符合表1-7 的规定。

火灾自动报警系统保护对象分级　　　　　　　**表 1-7**

等级	保护对象	
特级	建筑高度超过 100m 的高层民用建筑	
一级	建筑高度不超过 100m 的高层民用建筑	一类建筑
	建筑高度不超过 24m 的高层民用建筑及超过 24m 的单层公共建筑	(1)200 床及以上的病房楼，每层建筑面积 1000m² 及以上的门诊楼 (2)每层建筑面积 1000m² 及以上的百货楼、展览楼、高级旅馆、财贸金融楼、电信楼、高级办公楼 (3)藏书超过 100 万册的图书馆、书库 (4)超过 300 座位的体育馆 (5)重要的科研楼、资料档案楼 (6)省级(含计划单列)的邮政楼、广播电视楼、电力调度楼、防灾指挥调度楼 (7)重点文物保护场所 (8)大型以上的影剧院、会堂、礼堂
	工业建筑	(1)甲、乙类生产厂房 (2)甲、乙类物品库房 (3)占地面积或总面积超过 1000m² 的丙类物品库房 (4)总建筑面积超过 1000m 的地下丙、丁类生产车间或物品库房
	地下民用建筑	(1)地下铁道、车站 (2)地下影剧院、礼堂 (3)使用面积超过 1000m² 的地下商场、医院、旅馆、展览厅及其他商业或公共活动场所 (4)重要的实验室和图书、资料、档案库
二级	建筑高度不超过 100m 的高层民用建筑	二类建筑
	建筑高度不超过 24m 的高层民用建筑	(1)设有空气调节系统的或每层建筑面积超过 2000²m 的、但不超过 3000m² 的商业楼、财贸金融楼、电信楼、展览楼、旅馆、办公楼、车站、海河客运站、航空港等公共建筑及其他商业或公共活动场所 (2)市、县级的邮政楼、广播电视楼、电力调度楼、防灾指挥调度楼 (3)中型以下的影剧院 (4)高级住宅 (5)图书馆、书库、档案楼

等级		保 护 对 象
二级	工业建筑	(1)丙类生产厂房 (2)建筑面积大于 50m²，但不超过 1000m² 的丙类物品库房 (3)总建筑面积大于 50m²，但不超过 1000m² 的丙、丁类生产车间及地下物品库房
	地下民用建筑	(1)长度超过 500m 的城市隧道 (2)使用面积不超过 1000m 的地下商场、医院、旅馆、展览厅及其他商业或公共活动场所

1.3.2.2　高层建筑相关区域的划分

1. 报警区域

报警区域将火灾自动报警系统的警戒范围按防火分区或楼层划分的部分空间，是设置区域火灾报警控制器的基本单元。一个报警区域可以由一个防火分区或同楼层相邻几个防火分区组成；同一个防火分区不能在两个不同的报警区域内；同一报警区域也不能保护不同楼层的几个不同的防火分区。

2. 探测区域

(1) 探测区域定义：将报警区域按探测火灾的部位划分的单元称探测区域。

(2) 探测区域的划分。

1) 探测区域的划分应符合如下规定：

① 探测区域应按独立房（套）间划分。一个探测区域的面积不宜超过 500m²；从主要入口能看清其内部，且面积不超过 1000m² 的房间，也可划为一个探测区域。

② 红外光束线型感烟火灾探测器的探测区域长度不宜超过 100m；缆式感温火灾探测器的探测区域长度不宜超过 200m；空气管差温火灾探测器的探测区域长度宜在 20～100m 之间。

2) 符合下列条件之一的二级保护对象，可将几个房间划分为一个探测区域。

① 相邻房间不超过 5 间，总面积不超过 400m²，并在门口设有灯光显示装置。

② 相邻房间不超过 10 间，总面积不超过 1000m²，在每个房间门口均能看清其内部，并在门口设有灯光显示装置。

3) 下列场所应分别单独划分探测区域：

① 敞开或封闭楼梯间；

② 防烟楼梯间前室、消防电梯前室、消防电梯与防烟楼梯间合用的前室；

③ 走道、坡道、管道井、电缆隧道；

④ 建筑物闷顶、夹层。

3. 防火分区

(1) 防火分区定义。是指采用防火分隔措施划分出的、能在一定时间内防止火灾向同一建筑的其余部分蔓延的局部区域（空间单元）。

(2) 防火分区分类。按照防止火灾向防火分区以外扩大蔓延的功能可分为两类：其一是竖向防火分区，用以防止多层或高层建筑物层与层之间竖向发生火灾蔓延；其二是水平防火分区，用以防止火灾在水平方向扩大蔓延。

竖向防火分区：竖向防火分区是指用耐火性能较好的楼板及窗间墙（含窗下墙），在建筑物的垂直方向对每个楼层进行的防火分隔。

水平防火分区：水平防火分区是指用防火墙或防火门、防火卷帘等防火分隔物将各楼层在水平方向分隔出的防火区域。它可以阻止火灾在楼层的水平方向蔓延。防火分区应用防火墙分隔，如确有困难时，可采用防火卷帘加冷却水幕或闭式喷水系统，或采用防火分隔水幕分隔。

（3）防火分区的划分。在建筑物内采用划分防火分区这一措施，可以在建筑物一旦发生火灾时，有效地把火势控制在一定的范围内，减少火灾造成的损失，同时可以为人员安全疏散、消防扑救提供有利条件。不同场所防火分区划分原则如下：

1）对厂房防火分区的划分应按表 1-8 执行。

厂房的耐火等级、层数和占地面积（m²）　　　表 1-8

生产类别	耐火等级	最多允许层数	防火分区最大允许占地面积			
			单层厂房	多层厂房	高层厂房	厂房的地下室和半下室
甲	一级	除生产外必须采用多层者外，宜采用单层	4000	3000	—	—
	二级		3000	2000	—	—
乙	一级	不限	5000	4000	2000	—
	二级	6	4000	3000	1500	—
丙	一级	不限	不限	6000	3000	500
	二级	不限	8000	4000	2000	500
	三级	2	1000	2000	—	—
丁	二级	不限	不限	不限	4000	1000
	三级	3	4000	2000	—	—
	四级	1	1000	—	—	—
戊	一、二级	不限	不限	不限	6000	1000
	三级	3	5000	3000	—	—
	四级	1	1500	—	—	—

注：1. 防火分区间应用防火墙分隔．一、二级耐火等级的单层厂房（甲类厂房除外）如面积超过本表，设置防火墙有困难时，可用防火水幕带或防火卷帘加水幕分隔。

2. 一级耐火等级的多层及二级耐火等级的单层、多层纺织房（麻纺厂除外）可按本表的规定面积增加 50%，但上述厂房的原棉开包、清花车间均应设防火墙分隔。

3. 一、二级耐火等级的单层、多层造纸生产联合厂房，其防火分区最大允许占地面积可按本表的规定增加 1.5 倍。

4. 甲、乙、丙类厂房装有自动灭火设备时，防火分区最大允许占地面积可按本表的规定增加 1 倍；丁、戊类厂房装设自动灭火设备时，其占地面积不限，局部设置时，增加面积可按该局部面积的 1 倍计算。

5. 一、二级耐火等级的谷物筒仓工作塔，且每层人数不超过 2 人时，最多允许层数可不受本表限制。

6. 邮政楼的邮件处理中心可按丙类厂房确定。

2）对库房的防火分区按表 1-9 执行。

库房的耐火等级、层数和建筑面积（每个防火分区）（m²）　　　表 1-9

储存物品类别		耐火等级	最多允许层数	最大允许建筑面积（m²）					
				单层库房		多层库房		高层库房		库房地下室半地下室
				每座库房	防火墙间	每座库房	防火墙间	每座库房	防火墙间	防火墙间
甲	3、4 项	一级	1	180	60	—	—	—	—	—
	1、2、5、6 项	二级	1	750	250	—	—	—	—	—

续表

储存物品类别		耐火等级	最多允许层数	最大允许建筑面积(m²)						
				单层库房		多层库房		高层库房		库房地下室半地下室
				每座库房	防火墙间	每座库房	防火墙间	每座库房	防火墙间	防火墙间
乙	1、3、4项	一、二级	3	2000	500	900	300	—	—	—
		三级	1	500	250	—	—	—	—	—
	2、5、6项	一、二级	5	2800	700	1500	500	—	—	—
		三级	1	900	300	—	—	—	—	—
丙	1项	一、二级	5	4000	1000	2800	700	—	—	150
		三级	1	1200	400	—	—	—	—	—
	2项	一、二级	不限	6000	1500	4800	1200	4000	1000	300
		三级	3	2100	700	1200	400	—	—	—
丁		一、二级	不限	不限	3000	不限	1500	4800	1200	500
		三级	3	3000	1000	1500	500	—	—	—
		四级	1	2100	700	—	—	—	—	—
戊		一、二级	不限	不限	不限	不限	2000	6000	1500	1000
		三级	3	3000	1000	2100	700	—	—	—
		四级	1	2100	700	—	—	—	—	—

3）对汽车库建筑防火分区的划分应为：

① 汽车库应设防火墙划分防火分区，每个防火分区的最大允许建筑面积应符合表1-10的规定。

② 汽车库内设有自动灭火系统时，其防火分区的最大允许建筑面积可按表1-10的规定增加一倍。

③ 机械式立体汽车库的停车数超过50辆时，应设防火墙或防火隔墙进行分隔。

④ 甲、乙类物品运输车的汽车库、修车库，其防火分区最大允许建筑面积不应超过500m²。

⑤ 修车库防火分区最大允许建筑面积不应超过2000m²，当修车部位与相邻的使用有机溶剂的清洗和喷漆工段采用防火墙分隔时，其防火分区最大允许建筑面积不应超过4000m²。

汽车库防火分区最大允许建筑面积（m²）　　　　　表1-10

耐火等级	单层汽车库	多层汽车库	地下汽车苦活高层汽车库
一、二级	3000	2500	2000
三级	1000		

4）对民用建筑防火分区的划分为：

① 民用建筑的耐火等级、层数、长度和面积应符合表1-11的规定。

② 建筑物内如设有上下层相连通的走廊、自动扶梯等开口部位时，应按上下连通层作为一个防火分区。

③ 建筑物的地下室、半地下室应采用防火墙分隔成面积不超过500m²的防火分区。

5）对于高层民用建筑防火分区的划分为：

① 高层建筑内应采用防火墙等划分防火分区，每个防火分区的允许最大建筑面积不应该超过表1-12的规定。

民用建筑的耐火等级、层数、长度和面积（m²）　　　　　　　　表 1-11

耐火等级	层数允许层数	防火分区间		
		最大允许长度（m）	每层最大允许建筑面积(m²)	备　注
一、二级	按相关规定处理	150	2500	(1)体育馆、剧院的长度和面积可以放宽 (2)托儿所、幼儿园的儿童用房不应设四层及四层以上
三级	5 层	100	1200	(1)托儿所、幼儿园的儿童用房不应设三层及三层以上 (2)电影院、剧院、礼堂、食堂不应超过二层 (3)医院、疗养院不应超过三层
四级	2 层	60	600	学校、食堂、菜市场、托儿所、幼儿园、医院等不应超过一层

每个防火分区的最大建筑面积（m²）　　　　　　　　　　　　表 1-12

建筑类别	每个防火分区建筑面积
一类建筑	1000
二类建筑	1500
地下室	500

注：设有自动灭火的防火分区，其允许最大建筑面积可按本表增加一倍；当局部设置自动灭火系统时，增加面积可按该局部面积的一倍计算；一类建筑的电信楼，其防火分区允许最大建筑面积可按表增加 50%。

② 高层建筑内的商业营业厅、展览厅等，当设有火灾自动报警系统和自动灭火系统，且采用不燃烧或难燃烧材料装修时，地上部分防火分区的允许最大建筑面积为 4000m²，地下部分防火分区的允许最大面积为 2000m²。

③ 当高层建筑与其裙房之间设有防火墙等防火分隔设施时，其裙房的防火分区允许最大建筑面积不应大于 2500m²；当设有自动喷水灭火系统时，防火分区允许最大建筑面积可增加 1 倍（裙房：与高层建筑相连的建筑高度不超过 24m 的附层建筑）。

④ 高层建筑内设有上下层相连通的走廊、敞开楼梯、自动扶梯、传送带等开口部位时，应按上下连通层作为一个防火分区，其允许最大建筑面积之和不应超过表 1-12 的规定，当上下开口部位设有耐火极限大于 3.00h 的防火卷帘或水幕等分隔设施时，其面积可不叠加计算。

6）高层建筑中庭防火分区面积应按上、下连通的面积叠加计算，当超过一个防火区面积时，应符合下列规定：

① 房间与中庭相通的门、窗，应设自行关闭的乙级防火门、窗。

② 与中庭相通的过厅、通道等，应设乙级防火门或耐火极限大于 3.00h 的防火卷帘分隔。

③ 中庭每层回廊应设有自动喷水灭火系统。

④ 中庭每层回廊应设火灾自动报警系统。

4. 防烟分区

（1）防烟分区的定义和作用

定义：防烟分区是指采用挡烟垂壁、隔墙或从顶棚下突出不小于 50cm 的梁划分的防烟空间。

作用：保证一定时间内，把高温烟气控制在一定范围内，并进而加以排除，从而达到控制烟气扩散和火灾蔓延的目的。

（2）划分防烟分区的条件

需设排烟设施的部位：一类高层建筑和建筑高度超过 32m 的二类高层建筑的下列部位应设排烟设施。

① 长度超过 20m 的内走道；

② 面积超过 100m²，且经常有人停留或可燃物较多的房间；

③ 高层建筑的中庭和经常有人停留或可燃物较多的地下室。

划分防烟分区的条件：需设排烟设施的走道、净高不超过 6m 的房间。注意：

① 不设排烟设施的房间，不划分防烟分区；

② 当走道和房间按规定设排烟设施时，可根据具体情况分设或合设排烟设施，并按分设或合设的情况划分防烟分区；

③ 一座建筑物的某几层需设排烟竖井进行排烟时，如增加投资不多，可考虑扩大设置范围，其余各层宜设排烟设施，划分防烟分区。

（3）划分构件

① 挡烟梁：突出顶棚不小于 50cm。

② 挡烟隔墙：从底到楼板下面。

③ 挡烟垂壁：用不燃材料制成，从顶棚下垂不小于 50cm 固定的或活动的挡烟设施。

（4）防烟分区的设置原则

① 每个防烟分区的建筑面积不宜超过 500m²，当建筑物顶棚高度在 3m 以上时，防烟分区面积可适当扩大，但不宜超过 1000m²；

② 防烟分区不能跨越防火分区；

③ 对有特殊要求的场所，如地下室、防烟楼梯间及前室、消防电梯及其前室、避难层（间）等，应单独划分防烟分区。

任务 1-4   电气消防系统设计、施工及维护技术依据

消防系统的设计、施工及维修必须根据国家和地方颁布的有关消防法规及上级批准的文件的具体要求进行。从事消防系统的设计、施工及维护人员应具备国家公安消防监督部门规定的有关资质证书，在工程实施过程中还应具备建设单位提供的设计要求和工艺设备清单，在基建主管部门主持下，由设计、建筑单位和公安消防部门协商确定的书面意见。对于必要的设计资料，建筑单位又提供不了的，设计人员可以协助建筑单位调研后，由建设单位确认为其提供的设计资料。

1.4.1   消防法规与设计规范

1.4.1.1   消防法规

1. 消防法规的概念、特征及作用

（1）消防法规的概念

指国家机关按照法定程序指定的具有普遍约束力的有关消防工作的规范性文件总称。

其包括：消防法律、消防行政法规、消防行政规章和地方法规及消防技术标准等。

（2）消防法规的特征

① 消防法规与其他法规共有的基本特征是：调整行为关系的规范；由国家专门机关制定或认可；规定社会成员的权利和义务；由国家强制力保证实施。

② 消防法规的独有特征是：分散性；广泛性；专业性和技术性。

（3）消防法规的作用

① 消防法规的规范作用。作为国家机关制定的社会行为规范，消防法规具有指引、评价、预测、教育和强制等规范作用。

② 消防法规的社会作用。行政程序是规范行政权，体现法制形式合理化的行为过程，行政程序法制化是衡量一个国家行政法制程度的重要标志。行政程序法制化具有诸多的功能与作用，它完善程序法律制度，实现公正与效益等价值的有机整合，保护公民、法人和其他组织的合法权益不受行政机关的非法侵害，监督和保障行政机关依法行政。推行消防程序法制化，将使传统的执法观念发生深刻的转变，使消防行政与 WTO 规则相适应，将推进改革消防监督管理机制，推进改革消防审批制度，精简行政管理的繁琐手续，加快消防工作社会管理的进程，保护行政对人的权益。

2. 消防法规体系

我国现行消防法规体系由消防法律、消防法规、消防规章和消防技术标准几部分构成。

（1）消防法律。法律是全国人大或其常委会经一定立法程序制定或批准施行的规范性文件。《消防法》是我国目前唯一一部正在实施的具有国家法律效力的专门消防法律。此外，《行政处罚法》、《治安管理处罚条例》、《行政复议法》、《行政诉讼法》、《刑法》、《国家赔偿法》等法律中有关消防行为的条款，也是消防法律规范的基本法源。

（2）行政法规、行政规章。国务院有权根据宪法和法律，规定行政措施，制定行政法规，发布决定和命令。国务院各部、委有权根据法律和行政法规，在本部门的权限内，发布命令、指示和规章。

在这些行政法规、规章中的有关规范，也是消防法规的基本法源。如 2002 年 2 月 1 日国务院发布的《化学危险物品安全管理条例》就属于行政法规，2001 年 11 月 14 日公安部发布的《机关、团体、企业、事业单位消防安全管理规定》就属于行政规章。

（3）地方性法规、政府规章。我国宪法规定，省、自治区、直辖市的人大及其常委会，在不同宪法、法律、行政法规相抵触的前提下，有权制定和颁布地方性法规。省、自治区人民政府所在地的市和经国务院批准的较大市的人大，在不同宪法、法律、行政法规和本省、自治区的地方性法规相抵触的前提下，可以制定地方性法规；省、自治区、直辖市的人民政府，省会城市，以及经国务院批准的较大的市人民政府，根据法律和国务院的行政法规的规定有权制定、发布政府规章。上述地方性法规和政府规章中有关消防的规定，也是消防法规的法源。

（4）消防技术标准。消防技术标准是由国务院有关主管部门单独或联合发布的，用以规范消防技术领域中人与自然、科学、技术关系的准则和标准。它的实施主要以法律、法规和规章的实施作为保障。我国现行的消防技术标准主要包括两大体系：一是消防产品的标准体系，如《钢质防火门通用技术条件》、《火灾报警设备检验规则》等；二是工程建筑消防技术规范，如《建筑设计防火规范》、《石油库设计规范》和《火灾自动报警系统施工验收规范》等。

1.4.2 设计依据

消防系统的设计，在公安消防部门的政策、法规指导下，根据建筑单位给出的设计资料及消防系统的有关规程、规范和标准进行。有关规范如下：

1.4.2.1 通用规范

《高层民用建筑设计防火规范》GB 50045

《建筑设计防火规范》GB 50016—2014

《火灾自动报警系统设计规范》GB 50116—2013

《民用建筑电气设计规范》JGJ 16

《自动喷水灭火系统设计规范》GB 50084

《国家建筑标准设计图集》10D303-2～3

1.4.2.2 专项规范

《汽车库、修车库、停车场设计防火规范》GB 50067；

《人民防空工程设计防火规范》GB 50098；

《洁净厂房设计规范》GB 50073。

1.4.3 施工与验收依据

在消防系统施工过程中，除应按设计图纸外，还应执行下列规则、规范：

(1)《火灾自动报警系统施工及验收规范》GB 50166；

(2)《自动喷水灭火系统施工及验收规范》GB 50261；

(3)《气体灭火系统施工及验收规范》GB 50263；

(4)《钢质防火卷帘通用技术条件》GB 14102；

(5)《钢质防火门通用技术条件》GB 12955；

(6)《电气装置安装工程接地装置施工及验收规范》GB 50169；

(7)《电气装置安装工程1kV及以下配线工程施工及验收规范》GB 575。

1.4.4 新火灾自动报警设计规范相关内容说明

在本书即将截稿时正赶上《火灾自动报警设计规范》GB 50116—2013刚刚推出并实施，为让广大读者更深入地了解该规范的最新内容，更好的消化、吸收新规范的特点及精神，特加入此章节。

1.4.4.1 主要特点

《火灾自动报警设计规范》GB 50116—2013（以下简称新规范）的推出主要包含以下特点：

1. 新规范所涵盖的新消防产品的种类更加丰富，如：空气采样探测器（吸气式探测器）、光纤感温探测器、图像式探测器、电气火灾报警器、主机的数据传输接口（网络监控器）等等；

2. 新规范所涉及的使用场所增多，如：隧道、地铁、火车、油罐、高层住宅室内等等；

3. 新规范规定的内容更细化更全面，如：隔离器的设置、住宅内探测器的设置、主机回路的容量限制、主机联动编程的具体要求等等；

4. 新规范改正了老规范中的问题，如：消火栓报警按钮不再需要加直起了、壁挂机改成主显示屏距地 1.5m 等等；

5. 新规范强调不要大而全，要功能细化，各子系统不要集成到一起，要分散开来各司其职。

1.4.4.2　主要变化

1. 限定了主机容量、回路容量及隔离器后所带设备数量

例如：每只短路隔离器保护的火灾探测器、手动火灾报警按钮和模块等消防设备的总数不应超过 32 点，任一台火灾报警控制器所连接的火灾探测器、手动火灾报警按钮和模块等设备总数和地址总数，均不应超过 3200 点，其中每一总线回路连接设备的总数不宜超过 200 点，且应留有不少于额定容量 10% 的余量；任一台消防联动控制器地址总数或火灾报警控制器（联动型）所控制的各类模块总数不应超过 1600 点，每一联动总线回路连接设备的总数不宜超过 100 点，且应留有不少于额定容量 10% 的余量。

2. 其他要求的变化

（1）水泵、风机控制柜不能加变频启动；

（2）消防设备应急电源输出功率应大于火灾自功报警及联动控制系统全负荷功率的 120%，蓄电池组的容量应保证联动时 3h 以上的供电时间；

（3）消防控制室要独立设置，不能共用，控制中心主机要增加接入城市网的数据传输接口；

（4）编码可燃气体探测器的信号线要独立开来，不能与报警总线共用；

（5）压力开关要直接启动喷淋泵，预作用、水幕及雨淋系统要加直起；

（6）消防广播与声光报警器要交替启动，同时消防广播可以以楼为单位全部启动；

（7）增加了车库道闸、单元门出入口的消防控制要求，火灾时车库道闸和单元门出入口自动开启；

（8）增加了固定电话分机的设置场，如计算机机房、灭火控制器附近等；

（9）控制模块严禁放置在控制柜内；

（10）高层住宅室内的卧室和起居室需要设置火灾探测器，别墅设置独立式探测器；

（11）配电柜要设置电气火灾探测器；

（12）消防供电线路（包括 24V 电源线和 220V 电源线）采用耐火电缆，其他线可以使用阻燃电缆。

为设计者考虑，海湾集团特推出与新规范配套使用的火灾自动报警及消防联动控制系统图设计模板图纸样本，见图 1-5 所示。

单元归纳总结

本单元是消防系统的入门知识，主要任务是使读者对消防系统有一个综合的了解，以使后续课程学习中在明确的目标中进行。

本单元对建筑消防系统的形成、发展及分类进行了说明，对火灾的形成条件和原因进行了阐述，对高层建筑的特点及相关区域如报警区域、探测区域、防火分区、防烟分区及防火类别、耐火等级、耐火极限等给出了较准确的定义，同时对消防法规的作用体系、消防系统的设计、施工及验收规范进行概括阐述。其主要知识点与技能点如下：

1. 消防系统的形成、内容与分类；

2. 高层建筑的定义（中国）、特点及火灾形成原因；

3. 报警区域定义及划分、防火分区定义及划分、探测区域的定义及划分、防烟分区的划分、高层建筑的耐火等级划分、高层建筑电气设备特点、每个防火分区的允许最大建筑面积、火灾自动报警系统保护对象分级。

4. 消防方针及相关消防规范的作用。

【习题与思考题】

1. 简述我国的消防方针。

2. 消防系统有几种类型？

3. 消防系统由几部分组成？每部分的基本作用是什么？

4. 造成火灾的原因来自几个方面？

5. 什么叫火灾？火灾形成的条件是什么？

6. 什么叫高层建筑？高层建筑的特点是什么？

7. 耐火极限的概念是什么？耐火等级分为几级？

8. 火灾自动报警系统保护对象级别分为几级？

9. 叙述报警区域、探测区域、防火分区、防烟分区定义，比较四个区域的大小。

10. 高层建筑防火分为几类？如 41m 的普通住宅应属几类防火？

11. 探测区域如何划分？

12. 概述消防系统设计的内容。

13. 说明消防法规的概念、特征及作用。

14. 概述消防法规的体系。

15. 简述燃烧定义及燃烧条件。

16. 火灾级别分为几级？分别称为什么火灾？

单元2 火灾自动报警系统

单元学习目标	明白火灾报警系统的组成、分类及原理;能完成报警设备的使用、选择和布置;能识读工程图,进行火灾自动报警系统的设计使用相关规范
单元学习内容	任务 2-1　火灾自动报警系统概述 任务 2-2　火灾探测器的选择及布置 任务 2-3　消防系统其他配套附件的选用 任务 2-4　火灾报警控制器 任务 2-5　火灾自动报警系统及应用示例 任务 2-6　火灾自动报警系统识图及图纸会审方法指导
单元知识点	熟悉火灾报警系统的组成、分类及原理;学会报警设备的使用、选择和布置;懂得火灾自动报警系统工作过程及相关设计知识
单元技能点	具有报警设备的使用、选择和布置能力;具有火灾自动报警系统工作过程及相关设计知识;具有独立操作火灾自动报警系统工作过程的能力;具有识读工程图、设计火灾自动报警系统和使用相关规范的能力
单元重点	火灾自动报警系统工程图的识读
单元难点	火灾自动报警系统设计

任务 2-1　火灾自动报警系统概述

随着现代建筑消防系统的发展,火灾自动报警系统的结构、形式更加灵活多样,尤其近年来,各科研单位与厂家合作推出了一系列新型火灾报警设备,同时由于在楼宇智能化系统中的集成及不同的网络需求又开发出一些新的系统。火灾报警系统将越来越向智能化系统方向发展,这就为系统组合创造了更加方便的条件,可构成不同的网络结构。

2.1.1　火灾自动报警系统的形成和发展

2.1.1.1　火灾自动报警系统的形成

1847 年美国牙科医生坎宁(Chamling)和缅甸大学教授法莫(Farmer)研究出世界上第一台城镇火灾报警发送装置,拉开了人类开发火灾自动报警系统的序幕。此阶段主要是感温探测器。20 世纪 40 年代末期,瑞士物理学家埃斯特·迈里(Ernst Meili)博士研究离子型感烟探测器获得成功,感烟火灾探测器开始登上历史舞台。70 年代末,光电感光探测器形成。80 年代随着电子技术、计算机应用及火灾自动报警技术的不断发展,各种类型的探测器在不断的形成,同时也在线制上有了很多的改观。

2.1.1.2　火灾自动报警系统的发展

火灾自动报警系统的发展大体可分为五个阶段。

(1)第一代产品称传统的(多线制开关量式)火灾自动报警系统(主要是 20 世纪 70

年代以前）。其特点是：简单、成本低。但有明显的不足：一是因为火灾判断依据仅仅是根据所探测的某个火灾现象参数是否超过其自身设定值（阈值）来确定是否报警，因此无法排除环境和其他干扰因素。它是以一个不变的灵敏度来面对不同使用场所、不同使用环境的变化，这是不科学的。灵敏度选低了，会使报警不及时或漏报，灵敏度选高了，又会形成误报。另外由于探测器的内部元器件失效或漂移现象等因素，也会发生误报。根据国外统计数据表明误报与真实火灾报警之比达 20：1 之多；二是性能差、功能少，无法满足发展需要。例如：多线制系统费钱费工；不具备现场编程能力；不能识别报警的个别探测器（地址编码）及探测器类型；无法自动探测系统重要组件的真实状态；不能自动补偿探测器灵敏度的漂移；当线路短路或开路时，不能切断故障点，缺乏故障自诊断、自排除能力；电源功耗大等等。

（2）第二代产品称总线制可寻址开关量式火灾探测报警系统（在 20 世纪 80 年代初形成）。其优点是：省钱、省工；所有的探测器均并联到总线上；每只探测器设置一地址编码；使用多路传输的数据传输法；还可连接带地址码模块的手动报警按钮、水流指示器及其他中继器等；增设了可现场编程的键盘；系统自检和复位功能；火灾地址和时钟记忆与显示功能；故障显示功能；探测点开路、短路时隔离功能；准确地确定火情部位，增强了火灾探测或判断火灾发生的能力等。但对火灾的判断和处置无大改进。

（3）第三代产品称模拟量传输式智能火灾报警系统（20 世纪 80 年代后期出现）。其特点是：在探测处理方法上做了改进，即把探测器的模拟信号不断地送到控制器去评估或判断，控制器用适当的算法辨别虚假或真实火灾及其发展程度，或探测器受污染的状态。可以把模拟量探测器看作一个传感器，通过一个串联发讯装置，不仅能提供探测器位置信号，还能将火灾敏感现象参数（如：烟雾浓度、温度等）以模拟值（一个真实的模拟信号或者等效的数字编码信号）传送给控制器，对火警的判断和发送由控制器决定，报警方式有多火灾参数复合式、分级报警式和响应阈值自动浮动式等，还能降低误报，提高系统的可靠性。在这种集中智能系统中，探测器无智能，属于初级智能系统。

（4）第四代产品称分布智能火灾报警系统（亦称多功能智能火灾自动报警系统）。探测器具有智能，相当于人的感觉器官，可对火灾信号进行分析和智能处理，做出恰当的判决，然后将这些判决信息传给控制器，控制器相当于人的大脑，即能接收探测器送来的信息，也能对探测器的运行状态进行监视和控制，由于探测部分和控制部分的双重智能处理，使系统运行能力大大提高。此类系统分三种，即：智能侧重于探测部分、智能侧重控制部分和双重智能型。

（5）第五代产品称无线火灾自动报警系统、空气样本分析系统（同时出现在 20 世纪 90 年代）和早期可视烟雾探测火灾报警系统（VSD）。无线式火灾自动报警系统由传感发射机、中继器以及控制中心三大部分组成。以无线电波为传播媒体。探测部分与发射机合成一体，由高能电池供电，每个中继器只接收自己组内的传感发射机信号。当中继器接到组内某传感器的信号时，进行地址对照，一致时判读接收数据并由中继器将信息传给控制中心，中心还应显示信号。此系统具有节省布线费及工时，安装开通容易的优点，适于不宜布线的楼宇、工厂、仓库等，也适于改造工程。空气样本分析系统中采用高灵敏吸气式感烟探测器（HSSD 探测器），主要抽取空气样本并进行烟粒子探测，还采用了特殊设计的检测室，高强度的光源和高灵敏度的光接收器件，使感烟灵敏度增加了几百倍。这一阶段还相继产生了光纤温度探测报警系统和载波系统等。早期可视烟雾探测火灾报警系统（VSD）是利用计算机对标准 CCTV 摄像机提供的图像进行分析，采用先进的图像处理技术，加之广角探测和已知的误报现象算法，自动识别烟雾的特定方式，并提醒操作人员在最短时间内到达现场。总之，火灾报警产品不断更新换代，使火灾报警系统发生了一次次革命，为及时而准确地报警提供了重要保障。

2.1.2　火灾自动报警系统的组成、特点及适用场所

2.1.2.1　火灾自动报警系统的组成

火灾自动报警系统由触发器件（探测器、手动报警按钮）、火灾报警装置（火灾报警控制器）、火灾警报装置（声光报警器）、电源等组成，如图 2-1 所示。

2.1.2.2　火灾自动报警系统各部分的作用

火灾探测器的作用：它是火灾自动探测系统的传感部分，能在现场发出火灾报警信号或向控制和指示设备发出现场火灾状态信号的装置，可形象地称之为"消防哨兵"，俗称"电鼻子"。

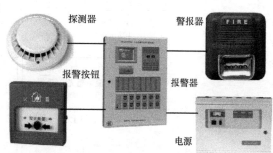

图 2-1　火灾自动报警系统组成实物图

1. 触发器件的作用

在火灾自动报警系统中，自动或手动产生火灾报警信号的器件称为触发器件，主要包括火灾探测器和手动火灾报警按钮。

2. 警报器的作用

当发生火情时，能发出区别环境声光的声或光报警信号。

3. 火灾报警装置

用以接收、显示和传递火灾报警信号，并能发出控制信号和具有其他辅助功能的控制指示设备称为火灾报警装置，是火灾自动报警系统中的核心组成部分。

4. 电源

火灾自动报警系统属于消防用电设备，其主电源应当采用消防电源，备用电源一般采用蓄电池组。系统电源除为火灾报警控制器供电外，还为与系统相关的消防控制设备等供电。

2.1.2.3　区域报警系统（Local Alarm System）

1. 区域报警系统组成

由区域火灾报警控制器和火灾探测器等组成，或由火灾区域显示器和火灾探测器等组成，是功能简单的火灾自动报警系统。其构成如图 2-2 所示。

2. 区域火灾报警控制系统特点及适用场所

（1）区域火灾报警控制系统特点

① 系统保护对象仅为某一区域或某一局部范围；

② 系统中只有一台区域报警控制器；

③ 系统具有独立处理火灾事故的能力，具有基本的火灾报警与联动控制系统，可以实现楼层的纵向火灾报警及纵向联动控制。

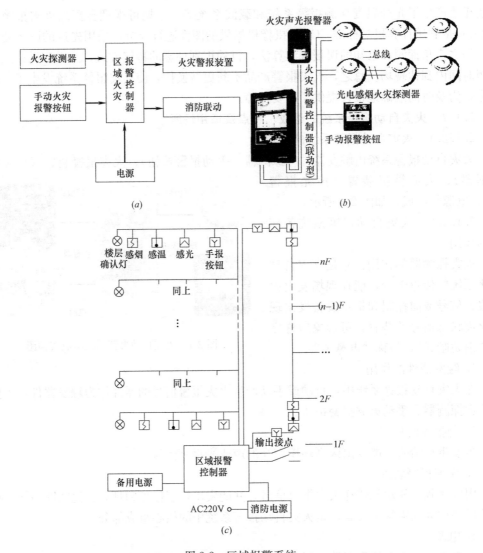

图 2-2　区域报警系统

(a) 方框图；(b) 实物图；(c) 大厦火灾报警系统示意图

（2）区域火灾报警控制系统适用场所

适用于建筑规模小、控制设备（被保护对象）不多的二级保护对象的建筑物。

2.1.2.4　集中报警系统（Remote Alarm System）

1. 集中火灾报警控制系统组成

集中火灾报警控制系统由集中火灾报警控制器、区域火灾报警控制器和火灾探测器等组成，或由火灾报警控制器、区域显示器和火灾探测器等组成的功能较复杂的火灾自动报警系统。其构成如图 2-3 所示。

2. 集中火灾报警控制系统特点及适用场所

（1）集中火灾报警控制系统特点

① 系统报警和联动控制一般采用总线的方式；

② 系统应设置消防控制室，集中报警控制器及其附属设备应安装在消防控制室内，

系统可以实现按每个监控区域由区域报警控制器控制的横向联动灭火控制；

③ 火灾报警是由各区域报警控制器实现，并由区域报警控制器纵向发送至集中报警器；

④ 消防通讯及广播系统由总机控制各层分机及广播扬声器，实现按楼层或区域的纵向控制。

（2）集中火灾报警控制系统使用场所

集中火灾报警控制系统适用于建筑规模较大、保护对象较多、有条件设置区域报警控制器且需要集中管理或控制的场所。

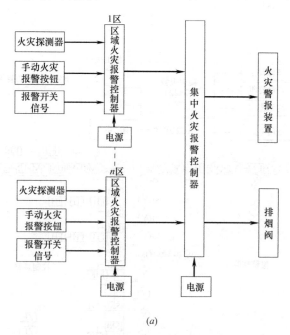

(a)

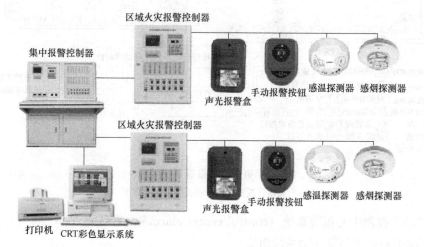

(b)

图 2-3　集中火灾报警系统

(a) 方框图；(b) 实物图；

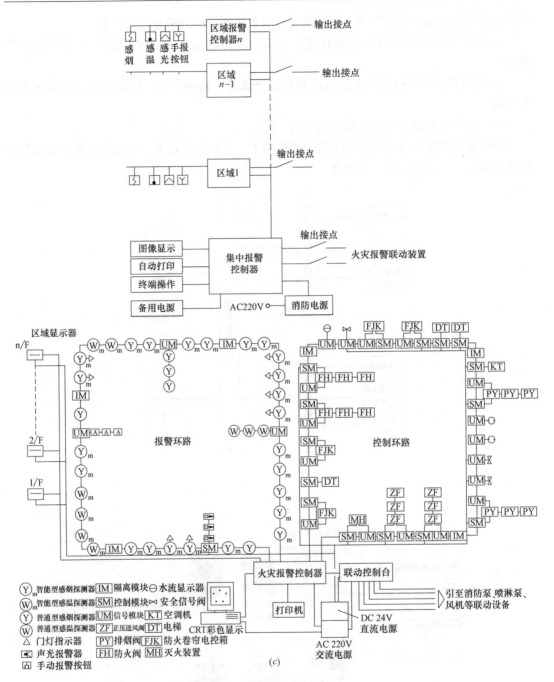

图 2-3 集中火灾报警系统（续）

(c) 宾馆、饭店火灾自动报警系统示意图

2.1.2.5 控制中心报警系统（control center alarm system）

1. 控制中心火灾报警控制系统组成

控制中心火灾报警控制系统由消防控制室的消防设备、集中火灾报警控制器、区域火灾报警控制器和火灾探测器等组成，或由消防控制室的消防控制设备、火灾报警控制器、区域显示器和火灾探测器等组成的功能复杂的火灾自动报警系统。其构成如图 2-4 所示。

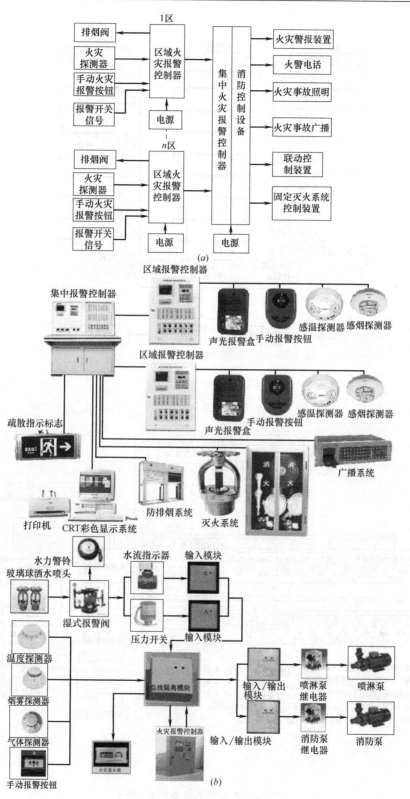

图 2-4　控制中心报警系统

(a) 方框图；(b) 实物图；

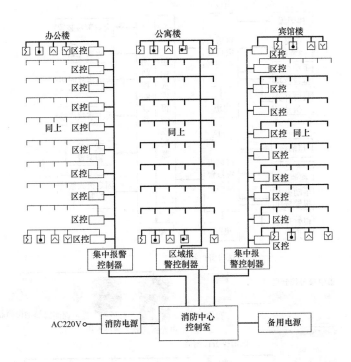

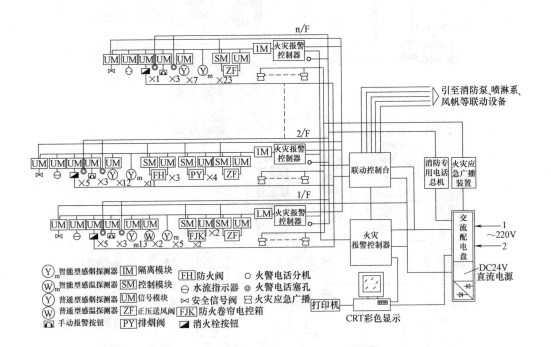

(c)

图 2-4　控制中心报警系统（续）

(c) 大型建筑群消防中心控制室的系统示意图

2. 控制中心火灾报警控制系统特点及适用场所

（1）控制中心火灾报警控制系统特点

① 系统能显示各消防控制室的总状态信号并负责总体灭火的联络与调度；

② 系统一般采用二级管理制度。

（2）控制中心火灾报警控制系统适用场所

建筑规模大、系统的容量较大，消防设施控制功能较全、需集中管理的大型建筑群体及超高层建筑。

综上所述，火灾自动报警系统的作用是：能自动（手动）发现火情并及时报警，以不失时机地控制火情的发展，将火灾的损失减到最低限度，可见火灾自动报警系统是消防系统的核心部分。

任务 2-2　火灾探测器的选择及布置

20 世纪 40 年代末，瑞士的耶格（W. C. Jaeger）和梅利（E. Meili）等人根据电离后的离子受烟雾粒子影响会使电离电流减小的原理，发明了离子感烟探测器，极大地推动了火灾探测技术的发展。20 世纪 70 年代末，人们根据烟雾颗粒对光产生散射效应和衰减效应发明了光电感烟探测技术。由于光电感烟探测器具有无放射性污染、受风流和环境湿度变化影响小、成本低等优点，光电感烟探测技术逐渐取代离子感烟探测技术。随着消防技术的飞速发展，各种新型探测器不断问世，将火灾探测推向新阶段。

火灾探测器是火灾自动报警系统的"感觉器官"，它能对火灾参数（如烟、温度、火焰辐射、气体浓度等）响应，并自动产生火灾报警信号，或向控制和指示设备发出现场火灾状态信号的装置。火灾探测器是系统中的关键元件，火灾探测是以探测物质燃烧过程中产生的各种物理现象为机理，实现早期发现火灾这一目的。火灾的早期发现，是充分利用灭火措施、减少火灾损失、保护生命财产的重要保障。探测器是火灾自动报警系统中应用最多的器件，对于不同建筑的不同场所、不同高度如何选择探测器的种类，怎样确定其数量，如何把探测器布置在不同的场所，采用什么接线方式和编码，安装怎样进行，都是本任务中要解决的问题，因此，选择合适的火灾探测器来探测火情是一个首要问题。火灾探测器的选择和布置应该严格按照规范进行。

2.2.1　火灾探测器的分类、型号及符号

2.2.1.1　火灾探测器分类

火灾探测器因为其在火灾报警系统中用量最大同时又是整个系统中最早发现火情的设备，因此地位非常重要，自然其种类多、科技含量高。因此根据对可燃固体、可燃液体、可燃气体及电气火灾等的燃烧试验，为了对不同物体的火灾进行准确无误的探测，目前研制出来的常用探测器有感烟、感温、感光、复合及可燃气体探测器五种系列，另外，根据探测器警戒范围的不同又分为点型和线型两种型式，具体分类如下：

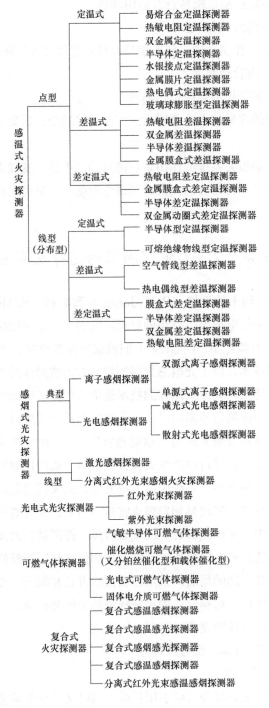

2.2.1.2 探测器型号及图形符号

1. 探测器的型号命名

火灾报警产品种类较多，附件更多，但都是按照国家标准编制命名的。国标型号均是按汉语拼音字头的大写字母组合而成，只要掌握规律，从名称就可以看出产品类型与特征。

火灾探测器的型号意义：

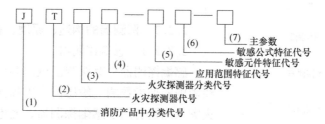

（1）J（警）——火灾报警设备。

（2）T（探）——火灾探测器代号。

火灾探测器分类代号，各种类型火灾探测器的具体表示方法：

Y（烟）——感烟火灾探测器；

W（温）——感温火灾探测器；

G（光）——感光火灾探测器；

Q（气）——可燃气体探测器。

（3）F（复）——复合式火灾探测器。

（4）应用范围特征代号表示方法：

B（爆）——防爆型（无"B"即为非防爆型，其名称亦无须指出"非防爆型"）；

C（船）——船用型。

非防爆或非船用型可省略，无需注明。

（5）探测器特征表示法（敏感元件、敏感方式特征代号）：

LZ（离子）——离子；MD（膜，定）——膜盒定温；

GD（光，电）——光电；MC（膜，定）——膜盒差温；

SD（双，定）——双金属定温；MCD（膜差定）——膜盒差定温；

SC（双，差）——双金属差温；GW（光温）——感光感温；

GY（光烟）——感光感烟；YW（烟温）——感烟感温；

YW——HS（烟温-红束）——红外光束感烟感温；

BD（半，定）——半导体定温；ZD（阻，定）——热敏电阻定温

BC（半，差）——半导体差定温；ZC（阻，差）——热敏电阻差温；

BCD（半差定）——半导体差温；ZCD（阻，差，定）——热敏电阻差定温；

HW（红，外）——红外感光；ZW（紫，外）——紫外感光。

（6）主要参数：表示灵敏度等级（1、2、3级），对感烟感温探测器标注（灵敏度：对被测参数的敏感程度）。

例：JTY-GD-G3 智能光电感烟探测器（海湾安全技术有限公司生产）

　　JTY-HS-1401 红外光束感烟火灾探测器（北京核仪器厂生产）。

　　JTW-ZD-2700/015 热敏电阻定温火灾探测器（国营二六二厂生产）。

　　JTY-LZ-651 离子感烟火灾探测器（北京原子能研究院电子仪器厂生产）

2. 探测器的图形符号

在国家标准中消防产品图形符号不全，目前在设计中图形符号的绘制有两种选择，一种按国家标准绘制，另一种根据所选厂家产品样本绘制，这里仅给出几种常用探测器的国

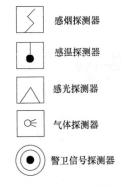

感烟探测器

感温探测器

感光探测器

气体探测器

警卫信号探测器

图 2-5　探测器的图形符号

家标准画法供参考,如图 2-5 所示为探测器的图形符号。

2.2.2　探测器的构造、原理、参数及用途

2.2.2.1　感烟探测器

感烟探测器是对探测区域内某一点或某一连续路线周围的烟参数响应敏感的火灾探测器。常用的感烟火灾探测器有离子感烟探测器、光电感烟探测器及红外光束感烟探测器。感烟探测器对火灾前期及早期报警很有效,应用最广泛,应用数量居首位。

1. 感烟探测器的作用及构造

感烟探测器有双源双室和单元双室之分,双源双室探测器是由两块性能一致的放射源片(配对)制成相互串联的两个电离室及电子线路组成的火灾探测装置。探测器实物见图 2-6 (a),电路框图见图 2-6 (b)。

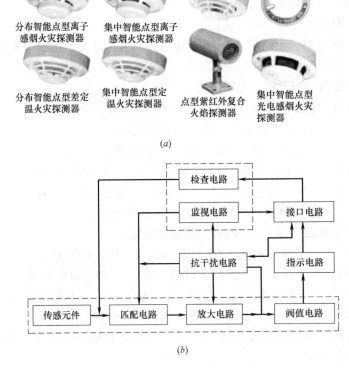

(a)

(b)

图 2-6　探测器实物及电路框图

(a) 实物图;(b) 探测器电路框图

一个电离室开孔称采样电离室(或称作外电离室)K_M,烟可以顺利进入,另一个是封闭电离室,称参考电离室(或内电离室)K_R,烟无法进入,仅能与外界温度相通,如图 2-7 (a) 所示。两电离室形成一个分压器。两电离室电压之和 $U_M + U_R$ 等于工作电压 U_B(例如 24V)。流过两个电离室的电流相等,同为 I_k。采用内、外电离室串联的方法,是为了减少环境温度、湿度、气压等自然条件对电离电流的影响,提高稳定性,防止误

报。把采样电离室等效为烟敏电阻 R_M，参考电离室等效为固定或预调电阻 R_R，S 为电子线路，等效电路如图 2-7 (b) 所示。两个电离室的特征如图 2-7 (c) 所示，图中，一为无烟存在时采样室的特征曲线，B（B_1，B_2，B_3，）为有烟时采样时的特征曲线，C（C_1，C_2，C_3）为参考室的特征曲线，特征曲线 C_1 对应低灵敏度，C_2 对应中灵敏度，C_3 对应高灵敏度。

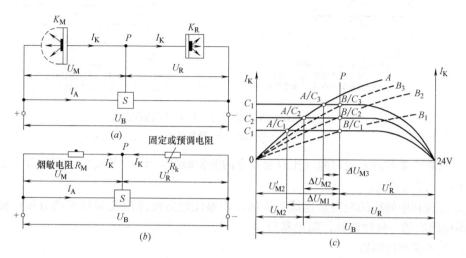

图 2-7　双源双室探测器

(a) 双源双电离室电路；(b) 等效电路；(c) 探测器 I-U 特性曲线

单元双室探测器：构造及外形如图 2-8 所示。图中进烟孔既不敞开也不节流，烟气流通过防虫网从采样室上方扩散到采样室内部。采样电离室和参考电离室内部的构造及特性曲线见图 2-9。两电离室共用一块放射源，参考室包含在采样室中，参考室小，采样室大。采样室的 α 射线是通过中间电极的一个小孔放射出来的。在电路上，内外电离室同样是串联，在相同的大气条件下，电离室的电离平衡是稳定的，与双源双室探测器类似。当发生火灾时，烟的绝大部分进入采样室，采样室两端的电压变化为 $\Delta U = U_0' - U_0$，当 ΔU 达到预定值（即阈值）时，探测器便输出火警信号。

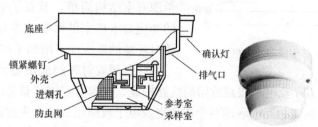

图 2-8　单元双室探测器的构造及外形

单源双室与双源双室探测器比较特点如下：

① 内电离室与外电离室联通，有利于抗温、抗潮、抗气压变化对探测器性能的影响；

② 抗灰尘污秽的能力增强，当有灰尘轻微沉积在放射源源面上时，采样室分压的变化不明显；

③ 能作成超薄型探测器，具有体积小、重量轻及美观大方的特点；

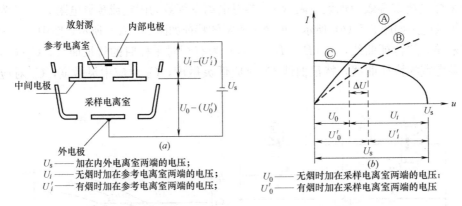

图 2-9　单元双室探测器的构造及 I—U 特性曲线

(a) 内部构造；(b) 特性曲线

④ 只需较微弱的 α 放射源（比双源双室的源强减少一半），并克服了双源双室要求两源片相互匹配的缺点；

⑤ 源极和中间极的距离是连续可调的，能够比较方便地改变采样室的分压，便于探测器响应阈值的一致性调整，简单易行。

2. 离子感烟探测器

它主要是利用烟雾粒子改变电离室电流原理而设计的火灾探测器。图 2-10 是离子感烟探测器的方框图。探测器内部装有 α 放射源的电离室为传感器件，离子感烟探测器有双源双室和单元双室之分，现今使用大多为双源双室结构，再配上相应的电子电路或 CPU 芯片所构成。其实物如图 2-11 (a) 所示，构造如图 2-11 (b) 所示。

单源双室结构与双源双室结构完全不同，双源双室结构利用两个放射源形成两个电离室，单源双室结构简单，节省了一块放射源，环境的变化对电离室的影响基本相同，提高了探测器对环境的适应性，增加了抗潮湿能力。

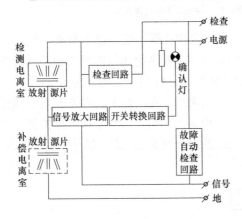

图 2-10　离子感烟探测器方框图

它利用放射源制成敏感元件，并由内电离室 K_R 和外电离室 K_M 及电子线路或编码线路构成。双源双室探测器是由两块性能一致的放射源片（配对）制成相互串联的两个电离室及电子线路组成的火灾探测装置。一个电离室开孔称测量室（或称作外电离室），烟可以顺利进入，另一个是封闭电离室，称补偿室（或内电离室），烟无法进入，仅能与外界温度相通，如图 2-11 (c) 所示。在串联两个电离室两端直接接入 24V 直流电源，两电离室形成一个分压器。两电离室电压之和 $U_M + U_R$ 等于工作电压 U_B（例如 24V）。流过两个电离室的电流相等，同为 I_k。采用内、外电离室串联的方法，是为了减少环境温度、湿度、气压等自然条件对电离电流的影响，提高稳定性，防止误报。把测量室等效为烟敏电阻 RM，补偿室等效为固定或预调电阻 R_R，S 为电子线路，等效电路如图 2-11 (d) 所示，方框图见图 2-11 (e)。

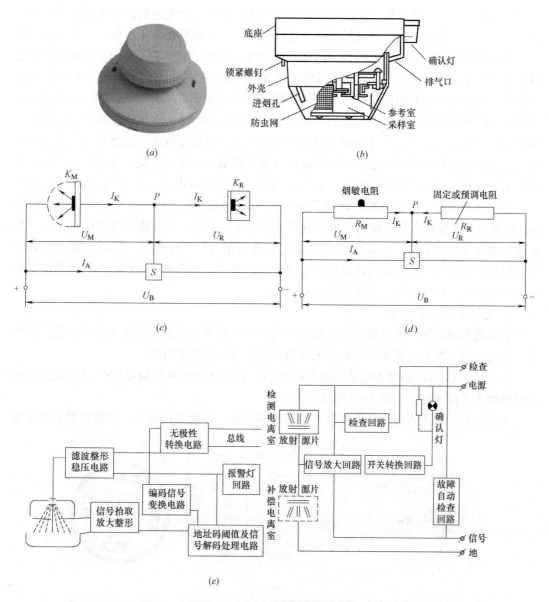

图 2-11 双源双室探测器电路示意

(a) 实物图;(b) 构造图;(c) 双源双电离室;(d) 等效电路;(e) 方框图

放射源由物质镅241（241Am）α 放射源构成。放射源产生的 α 射线使内外电离室内空气电离，形成正负离子，在电离室电场作用下，形成通过两个电离室的电流。这样可以把两电离室看成两个串联的等效电阻，两电阻交接点与"地"之间维持某一电压值。

当发生火灾时，烟雾进入外电离室后，镅241 产生的 α 射线被阻挡，使其电离能力降低率增大，因而电离电流减小。正负离子被体积比其大得多的烟粒子吸附，外电离室等效电阻变大，而内电离室因无烟进入，电离室的等效电阻不变，因而引起两电阻交接点电压变化。当交接点电压变化到某一定值，即烟密度达到一定值时（由报警阈值确定）交接点的超阈部分经过处理后开关电路动作，发出报警信号。

　　当火灾发生时，烟雾粒子进入测量室，部分正负离子会被吸附到比离子重许多倍的烟雾粒子上。一方面将使离子在电场中的速度降低，另一方面增加了正负离子互相复合的几率，其结果是电离电流减小，相当于测量室的空气等效阻抗增加了。补偿室结构上几乎是封闭的，烟雾粒子很难进入，空气可以缓慢进入。测量室结构上是敞开的，烟雾粒子很容易进入，这样补偿室的阻抗几乎未变，其结果是测量电极上的电压因分压比而发生变化，经高阻抗的场效应管取样后放大整形。信号放大拾取整形电路将电离室里的微弱电流信号转变成较大的电压信号，通过高输入阻抗的场效应管进行耦合放大，地址码预置及信号解码处理电路如是开关量探测器直接将其电压变化与阈值电压进行比较，判别是否报警，如是模拟量探测器，则将电压变化传到报警控制器，如探测器内置有 CPU 芯片，则其自身可以进行智能处理，利用内置的智能算法进行判断，同时探测器至报警器间发生电路断线，探测器安装接触不良或探测器内部电路元件损坏等都能够发出故障报警信号。滤波整形稳压电路是给离子源、集成电路和 CPU 等芯片提供直流工作电压，总线上发送的各种编码信息需经编码信号变换电路处理后发送给解码电路，并将解码电路发送的状态信息和值（烟雾浓度）传至总线上供报警器接收处理。

　　3. 光电式感烟探测器

　　它是能影响红外、可见和紫外电磁波频谱区辐射的吸收或散射的燃烧物质敏感的探测器。光电式感烟探测器根据其结构和原理分为遮光型和散射型两种。

　　（1）JTY-GD-G3 点型光电感烟火灾探测器。它是采用红外散射原理研制而成的点型光电感烟火灾探测器，如图 2-12 所示。

　　工作原理：探测器采用红外线散射原理探测火灾，在无烟状态下，只接收很弱的红外

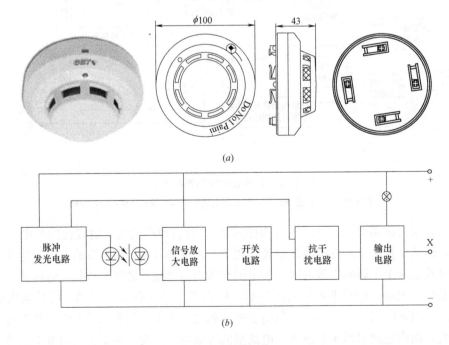

图 2-12　光电感烟探测器

(a) 外形示意；(b) 电路原理框图

光,当有烟尘进入时,由于散射作用,使接收光信号增强,当烟尘达到一定浓度时,可输出报警信号。为减少干扰及降低功耗,发射电路采用脉冲方式工作,可提高发射管使用寿命。

JTY-GD-G3 探测器特点:地址编码可由电子编码器事先写入,也可由控制器直接更改,工程调试简便可靠;单片机实时采样处理数据,并能保存 14 个历史数据,曲线显示跟踪现场情况;具有温度、湿度漂移补偿,灰尘积累程度及故障探测功能;极性二总线信号。

JTY-GD-G3 点型光电感烟火灾探测器技术特性见表 2-1。

JTY-GD-G3 点型光电感烟火灾探测器技术参数　　　　表 2-1

品牌	海湾牌	型号	JTY-GD-G3
类型	点型光电感烟探测器	工作电源	24V
探测方式	2 总线无极性	环境温度	−10～+55℃
环境湿度	≤95(%)	尺寸	直径 100mm,高 56mm(带底座)
使用面积	保护面积:当空间高度为 6～12m 时,一个探测器的保护面积,对一般保护场所而言为 80m²。空间高度为 6m 以下时,保护面积为 60m²。具体参数应以《火灾自动报警系统设计规范》(GB 50116)为准	工作电流	监视电流≤0.6mA,报警电流≤1.8mA
编码方式	电子编码(编码范围为 1～242)	指示灯	报警确认灯,红色,巡检时闪烁,报警时常亮

JTY-GD-G3 点型光电感烟火灾探测器布线方式:探测器二总线宜选用截面积≥1.0mm² 的 RVS 双绞线,穿金属管或阻燃管敷设。

JTY-GD-G3 点型光电感烟火灾探测器使用及操作:本探测器的编码方式为电子编码,该编码方式简便快捷,现场编码时可利用公司生产的 GST-BMQ-1B 型或 GST-BMQ-2 型电子编码器进行,编码时将电子编码器与探测器的总线端子接好,即可以进行地址码的写入和读出。

(2) 散射光型感烟探测器。光电感烟探测器由传感器 (光学探测室和其他敏感器件)、火灾算法及处理电路构成。光学探测室是光电感烟探测器的重要部件,是烟雾传感器。它主要由发射管、接收管、聚焦透镜、保证光学暗室的遮光窗、防虫网组成。光学探测室主要决定着探测器的烟雾探测性能 (探测烟雾的种类、火灾灵敏度、一致性、方位性)、抗误报性能 (抗灰尘特性、抗纤维特性、防虫特性、抗环境光干扰特性、抗气流特性),如图 2-13 所示。

基本原理:在敏感空间无烟雾粒子存在时,探测器外壳之外的环境光线被迷宫阻挡,基本上不能进入敏感空间,红外光敏二极管只能接收到红外光束经多次反射在敏感空间形成的背景光。当烟雾颗粒进入由迷宫所包围的敏感空间时(烟雾颗粒吸收入射光并以同样的波长向周围发射光线)部分散射光线被红外光敏二极管接收后,形成光电流。当光电流大到一定程度时,探测器即发出报警信号。

发射器:为了保证光电接收器有足够的输入信号,又要使整机处于低功耗状态,延长光电器件的寿命,通常采用间隙发光方式,为此将发光元件串接于间隙振荡电路中,每隔

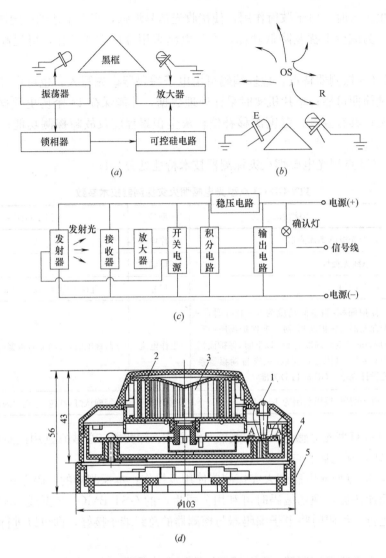

图 2-13 散射光型光电感烟探测器结构示意图
(a) 结构图框图;(b) 工作原理示意;(c) 工作原理框图;(d) 结构图
1—导光柱;2—迷宫;3—敏感空间;4—外壳;5—底座

3 到 5s 发出脉宽为 $100\mu s$ 左右的脉冲光束,脉冲幅度可根据需要调整。

放大接收器:光源发射的脉冲光束受烟粒子作用后,发出光的散射作用。当光接收器的敏感元件接收到散射辐射能时,阻抗降低,光电流增加,信号电流经放大后送出。

开关电路:本电路实际上是一个与门电路,只有收、发信号同时到达时,门电路才打开,送出一个信号。为此发射器的间隙振荡电路不仅为发光元件间隙提供电源,同时也为开关电路提供控制信号,这样可减少干扰光的影响。

积分电路:此电路保证连续接收到两个以上的信号才启动输出电路,发出报警信号,这大大提高了探测器的抗干扰性能。

此外,为了现场判断火灾探测器的动作情况和调试开通的方便,在探测器上均设确定灯和确认电路。为使火灾探测器在较大的电压波动范围内工作,探测器内设有稳压电路。

在有些探测器中，为日常检查探测器的运行情况，在电路设计上还增加了模拟火灾检查电路和线路故障自动监测电路等。

（3）遮光型（或减光型）光电式感烟型探测器。由一个光源（灯泡或发光二极管）和一个光敏元件（硅光电池）对应装置在小暗室（即型腔密室或称采样室）里构成，在正常（无烟）情况下，光源发出的光通过透镜聚成光束，照射到光敏元件上，并将其转换成电信号，使整个电路维持正常状态，不发生报警。发生火灾有烟雾存在时，光源发出的光线受烟粒子的散射和吸收作用，使光的传播特性改变，光敏元件接收的光强明显减弱，电路正常状态被破损，则发出声光报警。遮光型（或减光型）光电式感烟型探测器如图 2-14 所示。

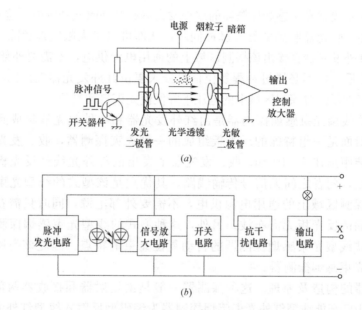

图 2-14　遮光型光电感烟探测器
(a) 原理示意图；(b) 电路原理方框图

散射型和遮光型光电感烟探测器区别：散射型探测器，在烟粒子进入探测室内时，发光元件发出的光则被烟粒子散射或反射到光敏元件上，并在收到充足光信号时，便发出火灾报警。遮光型探测器，里面有一对发射和接收的光束，当烟雾进去后达到一定的浓度会把这条光线给遮住，发出报警。两者构造和原理不同。

（4）激光感烟探测器。主要是应用烟雾粒子吸收激光光束原理制成的线型感烟火灾探测器，其实物如图 2-15 所示。

应用在高灵敏度吸气式感烟火灾报警系统，点型激光感烟探测器，其灵敏度高于目前光电感烟探测器灵敏度的 50 倍。点型激光感烟探测的原理主要采用了光散射基本原理，

图 2-15　激光感烟探测器

但又与普通散射光探测器有很大区别，激光感烟探测器的光学探测室的发射激光二极管和组合透镜使光束在光电接收器的附近聚焦成一个很小亮点，然后光线进入光阱被吸收掉。当有烟时，烟粒子在窄激光光束中的散射光通过特殊的反光镜（作用像一个光

学放大器）被聚到光接收器上，从而探测到烟雾颗粒。在点型的光电感烟探测器中，烟粒子向所有方向散射光线，仅一小部分散射到光电接收上，灵敏度较差，而激光探测器采用光学放大器器件，将大部分散射光汇聚到光电接收器上，极大的提高了灵敏度，同时降低了误报率。

4. 红外光束线型火灾探测器

（1）红外光束线型火灾探测器分类：线型光束感烟探测器主要有下述三种：

第一种型式是线型光束感烟探测器的两端都设有电源，即设有 2 个电源，而且每个电源都要有主电和备电，还设有一个低电平控制器。该系统需要定期维护和检查，因而，其成本或造价较高。

第二种型式是线型光束感烟探测器的红外发光器有红外收光器供电。这意味着发光器发出的红外脉冲与收光器收到的红外脉冲同步，从而可以最大限度地免除外部光源的干扰，其优点是红外发光器直接由该探测区域上的通用电源供电，不需要外部电源。另外，在报警状态解除后，可不必通过远程复位信号线来复位红外发光器发出的红外光束。相反，在火灾报警盘复位时探测区域上的电压下降便使光束自动复位。

第三种型式线型光束感烟探测器是由红外发光器和红外收光器集成到一起组成的收、发光器，对面是一组特殊的反光板组成的一种火灾探测器，收、发光器和反光板两者之间的安装距离在 5～100m，收、发光器上发出的红外光线经反光板反射后再由收、发光器接收，两者之间无信号传输线路。其优点是该型式的线型光束感烟探测器同样直接由该探测区域上的通用电源供电，不需要外部电源，同时只需在收、发光器侧布线，而对面的反光板无需布线。另外，这种型式的线型光束感烟探测器同样具有上述第二种型式线型光束感烟探测器的自动复位光束的特点，因此该类探测器是目前最流行的线型光束感烟探测器。

（2）探测器的构造及原理。这种探测器一般是由发射器和接收器两部分组成，而 JTY-HM-GST102 智能线型红外光束感烟探测器为编码型反射式线型红外光束感烟探测器，探测器将发射部分、接收部分合二为一，探测器可直接与火灾报警控制器连接，通过总线完成两者间状态信息的传递。探测器必须与反射器配套使用，但需要根据两者间安装距离的不同决定使用反射器的块数。其外形示意如图 2-16 所示。将探测器与反射器相对安装在保护空间的两端且在同一水平直线上，安装示意如图 2-17 所示。

图 2-16　线型红外光束感烟火灾探测器
（左侧为新式反射型，右侧为老式对射型）

其工作原理：在正常情况下红外光束探测器的发射器发送一个不可见的波长为 940mm 脉冲红外光束，它经过保护空间不受阻挡地射到接收器的光敏元件上。当发生火

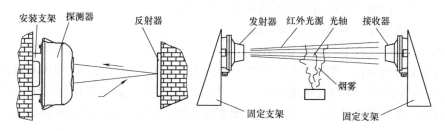

图 2-17　探测器安装示意图（左侧是新式反射型的，右侧为老式的）

灾时，由于受保护空间的烟雾气溶胶扩散到红外光束内，使到达接收器的红外光束衰减，接收器接收的红外光束辐射通量减弱，当辐射通量减弱到预定的感烟动作阈值（响应阈值）（例如，有的厂家设定在光束减弱超过 40％，且小于 93％）时，如果保持衰减 5s（或 10s）时间，探测器立即动作，发出火灾报警信号。

（3）特点及适用范围。线型火灾探测器是响应某一连续线路附近的火灾产生的物理和（或）化学现象的探测器。红外光束线型感烟火灾探测器是应用烟粒子吸收或散射红外光束强度发生变化的原理而工作的一种探测器。

特点是：具有安装简单、方便，光路准直性好；具有自动校准功能，确保可以由单人在短时间内完成调试；具有火警、故障无源输出触点；具有自诊断功能，可以监测探测器；保护面积大，安装位置较高；具有自动补偿功能，对于一定程度上的灰尘污染、位置偏移及发射管的老化等致使接收信号减小的因素可自动进行补偿；可现场设置三个级别的灵敏度，适用于不同扬尘程度的场所；电子编码，地址码可现场设定；探测光路设计巧妙，抗干扰性能强；密封设计，具有防腐、防水性能。在相对湿度较高和强电场环境中反应速度快，适宜保护较大空间的场所，尤其适宜保护难以使用点型探测器甚至根本不可能使用点型探测器的场所，主要适合下列场所：

① 古建筑、文物保护的厅堂馆所等；

② 变电站、发电厂等；

③ 隧道工程；

④ 遮挡大空间的库房、飞机库、纪念馆、档案馆、博物馆等。

⑤ 不宜使用线型光束探测器的场所：有剧烈振动的场所；有日光照射或强红外光辐射源的场所；在保护空间有一定浓度的灰尘、水气粒子且粒子浓度变化较快的场所。

线型定温探测器的选择，应保证其不动作温度高于设置场所的最高环境温度。

5. 吸气式感烟探测器（又称空气采样火灾探测器）

空气采样火灾探测器又名极早期火灾探测器报警系统、吸气式烟雾探测器。

（1）吸气式感烟探测器分类及组成。空气采样火灾探测器可分为单管型、双管型、四管型（多管型），根据环境要求不同选用不同规格的空气采样火灾探测器。其实物如图 2-18（a）所示。

吸气式烟雾探测器的灵敏度通常被定义为"百分之遮光率每米"（％obs/m），也就是说，这样浓度的烟雾才能在一米的距离上，遮挡住通过光线的对应百分比。

按照国家标准吸气式火灾探测系统定义了三种不同的吸气式烟雾探测系统的灵敏度：

普通：等同传统点式探测器的灵敏度 2%obs/m；

灵敏：灵敏度在 0.8%~2% obs/m；

高灵敏：灵敏度高于 0.8% obs/m。

采用主动吸气方式，相对于传统火灾报警技术产生了质的飞跃。这种探测器灵敏度非常高，如 AVA 产品，探测灵敏度可达 0.001% obs/m。吸气式感烟探测系统包括探测器和采样网管。探测器由吸气泵、过滤器、激光探测腔、控制电路、显示电路等组成，见图 2-18 (b)。

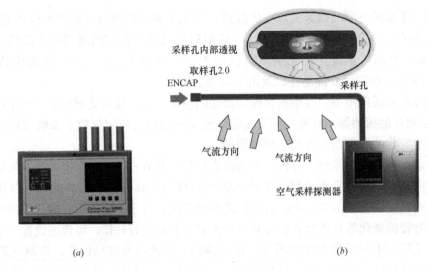

图 2-18　吸气式感烟探测器

(a) 实物图；(b) 原理图

吸气泵通过 PVC 管或钢管所组成的采样管网，从被保护区内连续采集空气样品放入探测器。空气样品经过过滤器组件滤去灰尘颗粒后进入探测腔，探测腔有一个稳定的激光光源。烟雾粒子使激光发生散射，散射光使高灵敏的光接收器产生信号，经过系统分析，完成光电转换，烟雾浓度值及其报警等级由显示器显示出来。主机通过继电器或通讯接口将电信号传送给火灾报警控制中心和集中显示装置。

吸气式感烟探测系统跟常规的（点型）烟雾探测器不同。吸气式感烟探测系统由在顶棚上方或下方每隔几米平行安装的管道组成。在每根管子的上面，每隔几米就钻有一个小孔，这些小孔很均匀地分布在顶棚上，形成了一组矩阵型的空气采样孔。利用探测主机内部抽气泵所产生的吸力，空气样品或烟雾通过这些小孔被吸入管道中并传送到达探测主机内部的高灵敏度烟雾探测腔检测空气样品中的烟雾颗粒浓度。

（2）吸气式感烟探测系统原理。探测器使用吸气泵/风扇通过预先布置好的采样孔和采样管道抽取保护区内的空气，并将空气样本送入激光腔，在激光腔内利用激光照射空气样本，其中烟雾粒子所造成的散射光被阵列式接收器接收，接收器将光信号转换成电信号后送到控制器的控制电路，信号经处理后转换为烟雾浓度以及设定的报警阀值，产生一个适宜的输出信号，并在符合条件的时候发出报警信号。空气采样火灾探测器有四个工作阶段，分别是警告、行动、火警 1、火警 2。

6. 探测器底座

一般探测器分为探头和底座两部分，其接线主要在底座上完成，底座上有 4 个导体片，片上带接线端子，底座上不设定位卡，便于调整探测器报警指示灯的方向。预埋管内的探测器总线分别接在任意对角的两个接线端子上（不分极性），另一对导体片用来辅助固定探测器。待底座安装牢固后，将探测器底部对正底座顺时针旋转，即可将探测器安装在底座上。探测器底座外型如图 2-19 所示

图 2-19　通用探测器底座 DZ-02 外形图

7. 感烟探测器的灵敏度

（1）灵敏度定义及分级。感烟灵敏度（或称响应灵敏度）是探测器响应烟参数的敏感程度。感烟探测器分为高 、中 、低（或Ⅰ、Ⅱ、Ⅲ）级灵敏度，在烟雾相同的情况下，高灵敏度意味着可对较低的烟粒子数浓度响应。灵敏度等级上用标准烟（试验气溶胶）在烟箱中标定感烟探测器几个不同的响应阈值的范围。

（2）灵敏度的测评。灵敏度的测评实验均在火灾科学国家重点实验室研究的大型模拟实验平台（FE/DE）上进行，主体为一个环形通风管道，外加一个操作控制台及数据采集系统。火灾探测综合模拟实验平台根据其不同功能分为两段：模拟段与测试段。模拟段主要对火灾参量进行模拟发生，从图 2-20（a）可见，依次装有轴流分机、大功率加热模块、灰尘发生注入模块、标注气体接入模块、气溶胶接入模块、集烟罩等，为减小负压，装有小风机。如图 2-20（b）所示，测试段中除了安装各种火灾探测器外，还装有针对各种火灾参量的测试仪器，包括电阻、风速计、温度计及气体成分分析仪等，跟踪测量探测器近旁各参数变化。实验时，根据安装的探测器类型及实验目的，选择开启模拟段中一项或几项功能进行模拟，模拟产生混合物后，经过均流板形成较稳定、规则的流动状态后进入测试段。

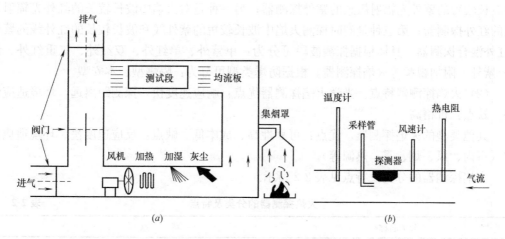

图 2-20　火灾探测综合模拟实验平台
(a) 整体架构图；(b) 测试段正视图

木材热解阴燃火（SH1）、棉绳阴燃火（SH2）、聚氨酯塑料火（SH3）及正庚烷火（SH4）这四种国家标准火代表了各种典型燃料、不同燃烧状态（阴燃、明火）的模拟火灾，其所生产的烟包括了各种类型烟粒子，具有典型的代表意义。

利用火灾探测综合模拟实验平台（FE/DE），通过在集烟罩下方发生四种缩小的模拟标准火，将收集烟气进入实验管道后，通过管道内流动的气流输送至测试段，在装有火灾探测器的测试段中模拟出一烟气浓度不断升高的变化过程，测出两种感烟探测器随其周围烟浓度升高而产生的响应输出，依据两种感烟火灾探测器对不同型烟气的响应输出情况，得出不同类型感烟火灾探测器对不同类型烟气的响应灵敏度。

（3）感烟灵敏度等级的调整。感烟灵敏度等级的调整有两种方法，一种是电调整法，另一种是机械调整法。

电调整法：将双源双室或单源双室探测器的触发电压按不同档次响应阈值的设定电压调准，从而得到相应等级的烟粒子数浓度。这种方法增加了电子元件，使探测器可靠性下降。

机械调整法：这种方法是改变放射源片对中间电极的距离，电离室的初始阻抗 R_0 与极间距离 L 成正比。L 小时，R_0 小，灵敏度高；当 L 大时，R_0 大，灵敏度低。不同厂家根据产品情况确定的灵敏度等级所对应的烟浓度是不一致的。

一般来讲，高灵敏度用于禁烟场所，中级灵敏度用于卧室等少烟场所，低级灵敏度用于多烟场所。高、中、低级灵敏度的探测器的感烟动作率为 10%、20%、30%。

2.2.2.2　火焰探测器

火焰探测器（flame detector）是探测在物质燃烧时，产生烟雾和放出热量的同时，也产生可见的或大气中没有的不可见的光辐射。

火焰探测器又称感光式火灾探测器，它是用于响应火灾的光特性，即探测火焰燃烧的光照强度和火焰的闪烁频率的一种火灾探测器。

1. 火焰探测器分类及特点

（1）火焰探测器分类。根据火焰的光特性，使用的火焰探测器有三种：一种是对火焰中波长较短的紫外光辐射敏感的紫外探测器；另一种是对火焰中波长较长的红外光辐射敏感的红外探测器；第三种是同时探测火焰中波长较短的紫外线和波长较长的红外线的紫外/红外混合探测器。具体根据探测波段可分为：单紫外、单红外、双红外、三重红外、红外/紫外、附加视频等火焰探测器。根据防爆类型可分为：隔爆型、本安型。

（2）火焰探测器特点。光学火焰探测器优点：响应速度快，探测距离远，环境适应性好。缺点：价格高。

其他类型的火焰探测器。优点：可靠性高、成本低。缺点：反应速度慢、环境适应性差（室内、风、烟、雾、热源等）。

火焰探测器的分类及特点见表 2-2 所示。

火焰探测器的分类及特点　　　　　　　　　　　　　　　　表 2-2

序号	分类名称	特　点
1	单通道红外火焰探测器	优点：对大多数含碳氢化合物的火灾响应较好；对弧焊不敏感；通过烟雾及其他许多污染能力强；日光盲；对一般的电力照明、人工光源和电弧不响应；其他形式辐射的影响很小 缺点：透镜上结冰可造成探测器失灵，对受调制的黑体热源敏感。由于只能对具有闪烁特征的火灾响应，因而使得探测器对高压气体火焰的探测较为困难

序号	分类名称	特　点
2	双通道火焰探测器	优点：对大多含碳氢化合物的火灾响应较好；对电弧焊不敏感；能够透过烟雾和其他许多污染；日光盲；对一般的电力照明、人工光源和电弧不响应；其他形式辐射影响很小；对稳定的或经调制的黑体辐射不敏感，误报率较低 缺点：灵敏度低
3	紫外火焰探测器	优点：对绝大多数燃烧物质能够响应，但响应的快慢有不同，最快响应可达 12ms，可用于抑爆等特殊场合。不要求考虑火焰闪烁效应。在高达 125℃ 的高温场合下，可采用特种型式的紫外探测器。对固定的或移动的黑体热源反应不灵敏，对日光辐射和绝大多数人工照明辐射不响应，可带自检机构，某些类型探测器可进行现场调整，调整探测器的灵敏度和响应时间，具有较大的灵活性 缺点：易产生误报
4	紫外/红外火焰探测器	优点：对大多含碳氢化合物的火灾响应较好。对电弧焊不敏感。比单通道红外火焰探测器响应稍快，但比紫外火焰探测器稍慢。对一般的电力照明、大多数人工光源和电弧不响应。其他形式辐射的影响很小。日光盲。对黑体辐射不敏感。即使背景正在进行电弧焊，但经过简单的表决单元也能响应一个真实的火灾。同样，即使存在高的背景红外辐射源，也不能降低其响应真实火灾的灵敏度。带简单表决单元的紫外/红外探测器的火焰灵敏度可现场调整，以适合特殊安装场合的应用 缺点：火焰灵敏度可能受紫外和红外吸收物质沉积的影响

2. 构造及原理

（1）火焰探测器构造。常用的有 JTG-ZM-GST9614 隔爆型紫外火焰探测器、JTG-UM-GST9616 双波段隔爆红外火焰探测器和民用紫外火焰探测器。以紫外火焰探测器为例说明之。紫外火焰探测器由圆柱型紫外充气光敏管、自检管、屏蔽套、反光环、石英窗口等组成，外形如图 2-21（a）所示，结构如图 2-21（b）所示，工作原理如图 2-21（c）所示。

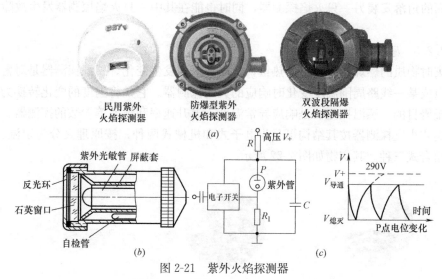

图 2-21　紫外火焰探测器
（a）外形图；（b）结构示意图；（c）工作原理示意图

对于火焰燃烧中产生的 $0.185\sim0.260\mu m$ 波长的紫外线，可采用一种固态物质作为敏感元件，如碳化硅或硝酸铝，也可使用一种充气管作为敏感元件，如盖革－弥勒管（简称

G—M 管）。

对于火焰中产生的 2.5～3μm 波长的红外线，可采用硫化铝材料的传感器。

对于火焰产生的 4.4～4.6μm 波长的红外线可采用硒化铅材料或钽酸铝材料的传感器。

根据不同燃料燃烧发射的光谱可选择不同的传感器，三重红外（IR3）应用较广。

（2）火焰探测器工作原理。当光敏管接收到 185～245nm 的紫外线时，产生电离作用而放电，使其内阻变小，导电电流增加，使电子开关导通，光敏管工作电压降低，当电压降低到 $V_{熄灭}$ 电压时，光敏管停止放电，使导电电流减小，电子开关断开，此时电源电压通过 RC 电路充电，又使光敏管的工作电压重新升高到 $V_{导通}$ 电压，于是又重复上述过程，这样便产生了一串脉冲，脉冲的频率与紫外线强度成正比，同时与电路参数有关。

3. 应用场所及安装要点

（1）应用场所。石油和天然气的勘探、生产、储存与卸料；海上钻井的固定平台、浮动生产贮存和装卸；陆地钻井的精炼厂、天然气重装站、管道；石化产品的生产、储存和运输设施，油库，化学品；易燃材料储存仓库，汽车的制造、油漆喷雾房；飞机的工业和军事，炸药和军需品；汽车的喷漆房；医药业；粉房等高风险工业染料的生产、储存、运输等。

（2）安装要点。一般原则是将探测器安装在该保护区域内最高的目标高度两倍的地方。在探测器的有效范围内，不能受到阻碍物的阻挡，其中包括玻璃等透明的材料和其他的隔离物，能够涵盖所有目标和需要保护的地区，而且方便定期维护；探测器安装时一般向下倾斜 30°～45°角，即能向下看又能向前看，同时又减低镜面受到污染的可能。应该对保护区内各可能发生的火灾均保持直线入射，避免间接入射和反射；为避免探测盲区，一般在对面的角落安装另一只火焰探测器，同时也能在其中一只火焰探测器发生故障时提供备用。

2.2.2.3　感温探测器

火灾时物质的燃烧产生大量的热量，使周围温度发生变化。感温探测器是对警戒范围中某一点或某一线路周围温度变化时响应的火灾探测器。它是将温度的变化转换为电信号以达到报警目的。感温探测器是响应异常温度、温升速率和温差等参数的探测器。

感温式火灾探测器按其结构可分为电子式和机械式两种；按原理又分为定温、差温、差定温组合式三种。其实物如图 2-22 所示。

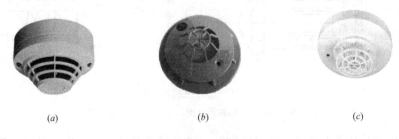

(a)　　　　　　　　　　(b)　　　　　　　　　　(c)

图 2-22　感温探测器实物图

(a) 定温探测器；(b) 差温探测器；(c) 差定温探测器

1. 定温式探测器

定温式探测器是在规定时间内，火灾引起的温度上升超过某个定值时启动报警的火灾探测器。它有线型和点型两种结构。其中线型是当局部环境温度上升达到 规定值时，可熔绝缘物熔化使两导线短路，从而产生火灾报警信号；点型定温式探测器利用双金属片、易熔金属、热电偶热敏半导体电阻等元件，在规定的温度值上产生火灾报警信号。

（1）双金属型定温探测器。双金属定温火灾探测器是以具有不同热膨胀系数的双金属片为敏感元件的一种定温火灾探测器，常用的结构形式有圆筒状和圆盘状两种。圆筒状的结构如图 2-23（a）、（b）所示，由不锈钢管、铜合金片以及调节螺栓等组成。两个铜合金片上各装有一个电接点，其两端通过固定块分别固定在不锈钢管上和调节螺栓上。由于不锈钢管的膨胀系数大于铜合金片，当环境温度升高时，不锈钢外筒的伸长大于铜合金片，因此铜合金片被拉直。在图 2-23（a）中两接点闭合发出火灾报警信号；在图 2-15（b）中两接点打开发出火灾报警信号。图 2-23（c）所示为双金属圆盘状定温火灾探测器结构示意图。

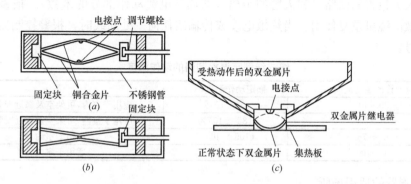

图 2-23　定温火灾探测器结构示意图

（2）缆式线型定温探测器。是采用线缆式结构的线型定温探测器。

① 热敏电缆线型定温探测器的构造及原理

该探测器由两根弹性钢丝、热敏绝缘材料、塑料色带及塑料外护套组成，如图 2-24 所示，智能线型缆式感温探测器如图 2-25 所示，在正常时，两根钢丝间呈绝缘状态。该探测器主要由智能缆式线型感温探测器编码接口箱、热敏电缆及终端模块三部分构成一个报警回路，此报警回路再通过智能缆式线型感温探测器编码接口箱与报警总线相连，以便传输火灾信息到报警主机上。其系统构成示意见图 2-26。

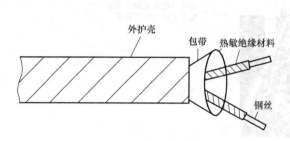

图 2-24　缆式线型定温探测器图

图 2-25　智能线型缆式感温探测器

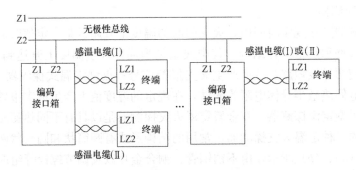

图 2-26　智能线型缆式感温探测器系统示意图

　　在每一热敏电缆中有一极小的电流流动。当热敏电缆线路上任何一点的温度（可以是"电缆"周围空气或它所接触物品的表面温度）上升达额定动作温度时，其绝缘材料熔化，两根钢丝互相接触，此时报警回路电流骤然增大，报警控制器发出声、光报警的同时，数码管显示火灾报警的回路号和火警的距离（即热敏电缆动作部分的米数）。报警后，经人工处理热敏电缆可重复使用。当热敏电缆或传输线任何一处断线时，报警控制器可自动发出故障信号。

缆式线型定温探测器的动作温度　　　　　　　　　　　　　　　　表 2-3

安装地点允许的温度范围(℃)	额定动作温度(℃)	备注
−30~40	(68±10)%	应用于室内,可架空及靠近安装使用
−30~55	(85±10)%	应用于室内,可架空及靠近安装使用
−40~75	(105±10)%	适用于室内、外
−40~100	(138±10)%	适用于室内、外

　　② 探测器的适用场所

a. 控制室、计算机室的闷顶内、地板下及重要设施隐蔽处等。

b. 配电装置：包括电阻排、电机控制中心、变压器、变电所、开关设备等。

c. 灰尘收集器、高架仓库、市政设施、冷却塔等。

d. 卷烟厂、造纸厂、纸浆厂及其他工业易燃的原料垛等。

e. 各种皮带输送装置、生产流水线和滑道的易燃部位等。

f. 电缆桥架、电缆夹层、电缆隧道、电缆竖井等。

g. 其他环境恶劣不适合点型探测器安装的危险场所。

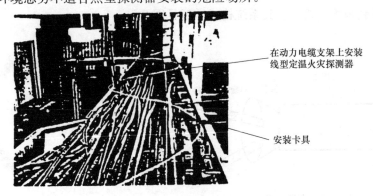

图 2-27　热敏电缆在动力电缆上表面接触安装

③ 探测器的动作温度及热敏电缆长度的选择

a. 探测器动作温度：应按表 2-3 选择。

b. 热敏电缆长度的选择：热敏电缆托架或支架上的动力电缆上表面接触安装时，如图 2-27 所示，热敏电缆的长度按下列公式计算：

热敏电缆的长度＝托架长× 倍率系数，倍率系数可按表 2-4 选定。

倍率系数的确定　　　　　　　　　　　　　　　　　表 2-4

托架宽(m)	倍率系数	托架宽(m)	倍率系数
1.2	1.75	0.5	1.15
0.9	1.50	0.4	1.10
0.6	1.25		

热敏电缆以正弦波方式安装在动力电缆上时，其固定卡具的数目计算方法如下：

固定卡具数目＝正弦波半波个数 ×2＋1

2. 差温探测器

差温式探测器是在规定时间内，火灾引起的温度上升速率超过某个规定值时启动报警的火灾探测器。它也有线型和点型两种结构。线型差温探测器是根据广泛的热效应而动作的，点型差温探测器是根据局部的热效应而动作的，主要感温器件是空气膜盒、热敏半导体电阻元件等。按其工作原理又分机械式、电子式和空气管线型几种。

(1) 点型差温火灾探测器。当火灾发生时，室内局部温度将以超过常温数倍的异常速率升高。差温火灾探测器就是利用对这种异常速率产生感应而研制的一种火灾探测器。

当环境温度以不大于 1℃/min 的温升速率缓慢上升时，差温火灾探测器将不发出火灾报警信号，较为适用于产生火灾时温度快速变化的场所。点型差温火灾探测器主要有膜盒差温、双金属片差温、热敏电阻差温火灾探测器等几种类型。常见的是膜盒差温火灾探测器，它由感温外壳、波纹片、漏气孔及电接点等几部分构成，其结构如图 2-28 所示。

这种探测器具有灵敏度高，可靠性好，不受气候变化影响的特点，因而应用非常广泛。

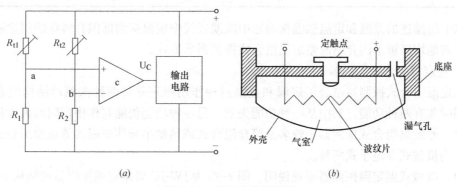

图 2-28　差温火灾探测器

(a) 电子差温火灾探测器原理图；(b) 膜盒差温火灾探测器结构示意图

(2) 空气管线型差温探测器。它是一种感受温升速率的火灾探测器。由敏感元件空气管为 Φ3mm×0.5mm 紫铜管（安装于要保护的场所）、传感元件膜盒和电路部分（安装在保护现场或装在保护现场之外）组成，如图 2-29 所示。

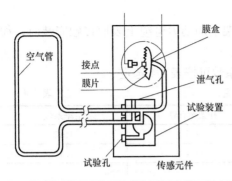

图 2-29　空气管线式差温探测器

其工作原理是：当正常时，气温正常，受热膨胀的气体能从传感元件泄气孔排出，不推动膜盒片，动、静结点不闭合；当发生火灾时，灾区温度快速升高，使空气管感受到温度变化，管内的空气受热膨胀，从泄气孔无法立即排出，膜盒内压力增加推动膜片，使之产生位移，动、静接点闭合，接通电路，输出报警信号。

空气管式线型差温探测器的灵敏度为三级，如表 2-5 所列。由于灵敏度不同，其使用场所也不同，如表 2-6 所列给出了不同灵敏度空气管式差温探测器的适用场合。

空气管式线型差温度探测器灵敏度　　　表 2-5

规格	动作温度速率 （℃/min）	不动作温升速率	规格	动作温升速率 （℃/min）	不动作温升速率
1 种	7.5	1℃/min 持续上升 10min	3 种	30	3℃/min 持续上升 10min
2 种	15	2℃/min 持续上升 10min			

说明：以第 2 种规格为例，当空气管总长度的 1/3 感受到以 15℃/min 速率上升的温度时，1min 之内会给出报警信号。而空气管总长度的 2/3 感受到以 2℃/m 速率上升的温度时，10min 内不应发出报警信号。

3 种不同灵敏度的使用场合　　　表 2-6

规　格	最大空气管长度(m)	使　用　场　合
1 种	＜80	书库、仓库、电缆隧道、地沟等温度变化率较小的场所
2 种	＜80	暖房设备等温度变化较大的场所
3 种	＜80	消防设备中要与消防泵自动灭火装置联动的场所

以上所描述的差温和定温感温探测器中除缆式线型定温探测器因其特殊的用途还在使用外，其他均已被下面介绍的差定温组合式探测器所取代。

3. 差定温组合式探测器

差定温组合式探测器结合了定温和差温两种作用原理并将两种探测器结构组合在一起，同时兼有两种功能。其中某一种功能失效，另一种功能仍能起作用，因而大大提高了可靠性。差定温组合式探测器一般多是膜盒组合式或热敏半导体电阻式等点型组合式探测器，分为机械式和电子式两种。

（1）机械式差定温探测器原理说明。图 2-30 为 JW-JC 型差定温探测器的结构示意图。它的温差探测部分与膜盒形基本相同，而定温探测部分与易熔金属定温探测器相同。其工作原理是：差温部分，当发生火情时，环境温升速率达到某一数值，波纹片在受热膨胀的气体作用下，压迫固定在波纹片上的弹性接触片向上移动与固定触头接触，发出报警。定温部分，当环境温度达到一定值时，易熔金属熔化，弹簧片弹回，也迫使弹性接触片和固定触点接触，发出报警信号。

（2）电子式差定温探测器原理说明。由感温电阻将现场的温度信号传至探测器内部的单片机，再由单片机根据其内部的火灾特征曲线判断现场是否着火，并将结果通过总线传至火灾报警主机上。这也是现在普遍使用的一种差定温感温探测器，其接线方式与感烟探测器相同，其外型和电气原理如图2-31所示。

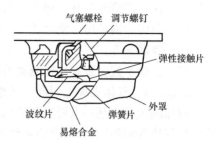

图 2-30 JW-JC 型差定温探测器结构图

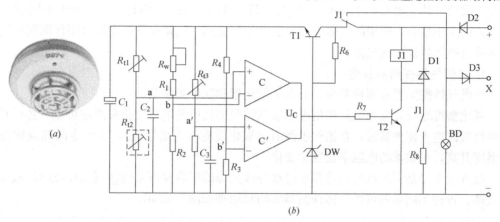

图 2-31 智能电子差定温感温探测器
（a）实物图；（b）电气原理图

4. 感温探测器灵敏度

火灾探测器在火灾条件下响应温度参数的敏感程度称感温探测器的灵敏度。

感温探测器对火灾发生时温度参数的敏感，其关键是由组成探测器核心部件的热敏元件决定。热敏元件是利用某些物体的物理性质随温度变化而发生变化的敏感材料制成。例如：易熔合金或热敏绝缘材料、双金属片、热电偶、热敏电阻、半导体材料等。

感温探测器分为Ⅰ、Ⅱ、Ⅲ级灵敏度。定温、差定温探测器灵敏度级别标志如下：

Ⅰ级灵敏度（62℃）：绿色；

Ⅱ级灵敏度（70℃）：黄色；

Ⅲ级灵敏度（78℃）：红色。

5. 感温探测器的适用场所

感温式火灾探测器适宜安装于起火后产生烟雾较小的场所。平时温度较高的场所不宜安装感温式火灾探测器。

根据《火灾自动报警设计规范》GB 50116—2013，符合下列条件之一的场所，宜选择感温探测器：

（1）相对湿度经常大于95%。

（2）无烟火灾。

（3）有大量粉尘。

（4）在正常情况下有烟和蒸气滞留。

（5）厨房、锅炉房、发电机房、烘干车间等。

（6）吸烟室等。

（7）其他不宜安装感烟探测器的厅堂和公共场所。

2.2.2.4　气体火灾探测器（又称可燃气体探测器）

对探测区域内某一点周围的特殊气体参数敏感响应的探测器称为气体火灾探测器（又称可燃气体探测器）。其探测的主要气体种类有天然气、液化气、酒精、一氧化碳等。

气体是火灾的早期特征之一，研究气体探测器对于防治火灾有重要意义。目前，用于检测火灾的气体主要有 CO、CO_2、NO_X、H_2、H_2O、胺（$-NH_2$）等。对于不同的气体和不同的应用场合，所用的气体检测方法也不尽相同。气体火灾探测器可用作探测可燃性气体或可燃物燃烧生成气体。

1. 可燃气体探测器分类

可燃气体探测器有两种类型，分别是催化型和红外光学型。

催化型可燃气体探测器是利用难熔金属铂丝加热后的电阻变化来测定可燃气体浓度。当可燃气体进入探测器时，在铂丝表面引起氧化反应（无焰燃烧），其产生的热量使铂丝的温度升高，而铂丝的电阻率便发生变化。

红外光学型是利用红外传感器通过红外线光源的吸收原理来检测现场环境的碳氢类可燃气体。各种不同系列可燃气体探测器实物和原理如图 2-32 示。

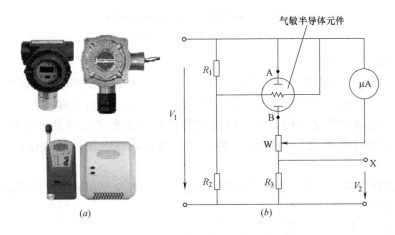

图 2-32　可燃气体探测器实物

（a）实物图；（b）原理图

2. 可燃气体探测器适用场所及作用

用于电子、石油、石化、化工、冶金、电力、锅炉房、宾馆饭店以及其他各种工业及民用环境。探测溶剂仓库、压气机站、炼油厂、输油输气管道的可燃性气体方面，用于预防潜在的爆炸或毒气危害的工业场所及民用建筑（煤气管道、液化气罐等），起防爆、防火、监测环境污染的作用。

3. 可燃气体探测器构造及原理

（1）敏感元件。敏感元件有金属氧化物半导体元件和催化燃烧元件。

① 金属氧化物半导体元件：当氧化物暴露在温升到 200～300℃ 的还原性气体中时，大多数氧化物的电阻将明显地降低。由于半导体表面接触的气体的氧化作用，被离子吸收的氧从半导体表面移出，自由形成的电子对于电传导有贡献。由特殊的催化剂，例如 Pt、Pd 和 Gd 的掺和物可加速表面反应。这一效应是可逆的，即当除掉还原性气体时，半导体恢复到它的初始的高阻值。

应用较多的是以二氧化锡（SnO_2）材料适量掺杂［添加微量钯（Pd）等贵金属做催化剂］，在高温下烧结成多晶体为 N 型半导体材料，在其工作温度 250～300℃ 下，如遇可燃性气体，例如大约 1×10^{-5} 的一氧化碳气体，是足够灵敏的，因此，它们能够构成用来研制探测器初期火灾的气体探测器的基础。

其他类型的可燃气体探测器还有氧化锌系列，它是在氧化锌材料中掺杂铂（Pt）做催化剂，对煤气具有较高的灵敏度；掺杂钯（Pd）做催化剂，对一氧化碳和氢气比较敏感。

有时还采用其他材料做敏感元件，例如 $\gamma\text{-}Fe_2O_3$ 系列，它不使用催化剂也能获得足够的灵敏度，并因不使用催化剂而大大延长其使用寿命。

各类半导体可燃气体敏感材料如表 2-7 所列。

半导体可燃气体敏感材料　　　　　　　　　　表 2-7

检测元件	检出成分	检测元件	检出成分
ZnO 薄膜	还原性、氧化性气体	氧化物（WO_3、MoO_3、Gr_2O_3 等）+催化剂（Pt、Ir、Rh、Pd 等）	还原性气体
氧化物薄膜（ZnO、SnO_2、CdO、Fe_2O_3、NiO 等）	还原性、氧化性气体	SnO_2+Pd	还原性气体
SnO_2	可燃性气体		
In_2O_3+Pt	H_2 碳化氢	SnO_2+Sb_2O_3+Au	H_2
混合氧化物（$LanNiO_3$ 等）	C_2H_2OH 等	$MgFe_2O_4$	还原性气体
V_2O_5+Ag	NO_2	$\gamma\text{-}Fe_2O_3$	C_2H_8、C_4H_{10} 等
CoO	O_2	SnO_2+ThO_2	CO
ZnO+PtZnO+Pd	C_3H_8、C_4H_{10} 等 H_2、CO		

② 催化燃烧元件：一个很小的多孔的陶瓷小珠（直径约为 1mm），例如氧化铝和一个 Pt 加热线圈结到一起，如图 2-33 所示，把小珠浸渍一种催化剂（Pt、Th、Pd 等）以加速某些气体的氧化作用。该催化的活性小珠在电路中是桥式连接，其参考桥臂由一类似结构的惰性小珠构成。两个小珠相邻地放于探测器壳体中，Pt 线圈加热到 500℃ 左右的温度。

可氧化的气体在催化的活性小珠热表面上氧化，但在惰性小珠上不氧化。因此，活性小珠的温度稍高于惰性小珠的温度。两个小珠的温差可由 Pt 加热线圈电阻的相应变化测出。对于低气体浓度来说，电路输出信号

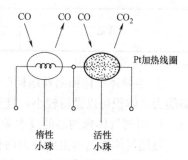

图 2-33　催化燃烧气敏感元件示意

与气体浓度 C 成正比，即

$$S = A \cdot C \tag{2-1}$$

式中　S——电路输出信号；

　　　A——系数（A 与燃烧热成正比）；

　　　C——气体浓度。

催化燃烧气体敏感元件制成的探测器仅对可氧化的气体敏感。它主要用于监测易爆气体（其浓度在爆炸下限的 1/100 到 1/10，即大于 1×10^{-4}）。探测器的灵敏度可勉强探出典型火灾初期阶段的气体浓度，而且探测器的功能较大（约 1W），在大多数情况下，由于在 1 年左右时间内将有较大的漂移，所以它需要重新进行电气调零。

（2）气体火灾探测器的响应性能。气体火灾探测器的响应性能有以下 4 方面说明。

① 火灾包括有机物质的不完全燃烧，产生大量的一氧化碳气体。一氧化碳往往先于火焰或烟出现，因此，可能提供最早期的火灾报警。

② 使用半导体气体探测器探测低浓度的一氧化碳（体积比在百万分之几数量级），这一浓度远小于一般火灾产生的浓度。一氧化碳气体按扩散方式到达到探测器，不受火灾对流气流的影响，对探测火灾是一个有利的因素。

③ 一氧化碳半导体气体探测器对各种火灾具有较普通的响应性，这是其他火灾探测器无法比拟的。可燃气体探测器的主要技术性能如表 2-8 所列。

可燃气体探测器的主要技术性能　　　　　　　表 2-8

项　目	型　号	
	HRB-15 型	RH-101 型
测量对象	一般可燃性气体	一般可燃性气体
测量范围	0%～120% LEL	0%～100% LEL
防爆性能	BH₄ IIIe	B₃d
测量精度	混合档±30% LEL 专用档±10% LEL	满刻度的±5%
指定稳定时间	5s	
警报起动点	20%LEL 或自定	25%LEL 或自定
被测点数	1 点	15 点
环境条件	温度—20～40℃ 环境湿度 0%～98%	—30～40℃
重量	小于 2kg	检测器：9kg 显示器：46kg

注：LEL 指爆炸下限。

④ 半导体气体探测器结构简单，由较大表面积的陶瓷元件构成，对大气有一定的抵御能力，体积可以做得较小，且坚固，成本较低。

4. 可燃气体探测器的技术参数及安装接线方式

可燃气体探测器主要分为两种存在形式：一种是编码可燃气体探测器，该可燃气体探测器可直接接到报警总线上，与其他类型报警设备一同构成综合型的报警网络；另一种为独立型的可燃气体探测器，该探测器本身不带编码，且有一个独立可燃气体报警控制器与之配套（电源为 24V 或 220V），自成系统。下面以海湾牌编码型可燃气体探测器 GST-BF003M 为例具体加以说明。

（1）可燃气体探测器的技术参数。GST-BF003M 隔爆点型可燃气体探测器通过四芯电缆与处在安全区的 GST 系列火灾报警控制器连接，其中两根线为 DC24V 电源线，另两根为总线。本探测器防爆标志为 ExdIICT6，适用于石油、化工、机械、医药、储运等行业爆炸危险环境的 1 区和 2 区。其主要技术参数如下：

① 工作电压：DC24V。

② 使用电压范围：DC19～DC29V。

③ 工作电流≤40mA。

④ 传感原理：催化燃烧。

⑤ 取样方式：自然扩散。

⑥ 检测范围：0～100％LEL。

⑦ 线制：四线——两根 DC24V 电源线，两根为总线，传输距离可达到 1000m。

⑧ 检测气体：天然气、液化气、酒精。

⑨ 使用环境：温度：−40～+70℃　相对湿度≤95％，不结露。

⑩ 外壳防护等级：IP43。

防爆标志：ExdIICT6。

（2）可燃气体探测器的安装接线方式。GST-BF003M 隔爆点型可燃气体探测器外形及接线端子示意图分别如图 2-34 和图 2-35 所示。

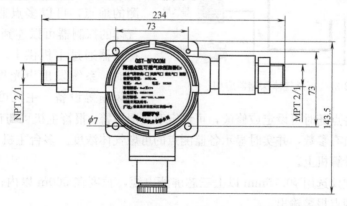

图 2-34　GST-BF003M 隔爆点型可燃气体探测器外型图

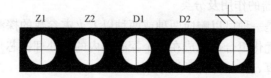

图 2-35　GST-BF003M 隔爆点型可燃气体探测器端子图

图中 Z1、Z2 为接火灾报警控制器信号二总线的端子，无极性；D1、D2 为接 DC24V 电源的端子，无极性；为探测器机壳保护地端子。GST-BF003M 隔爆点型可燃气体探测器安装方式有两种，一种是安装到钢管上，另一种是安装到墙上。当被探测气体比空气重时，探测器应安装在低处；反之，则应安装在高处。在室外安装时应加装防雨罩，防止雨水溅湿探测器。该隔爆点型可燃气体探测器必须和海湾公司的 GST 系列火灾报警控制器配接。每一只探测器和控制回路使用四芯电缆连接，具体接线方法如图 2-36 所示。

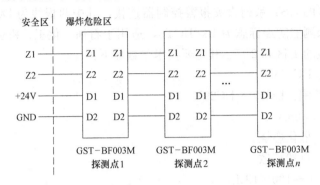

图 2-36　GST-BF003M 隔爆点型可燃气体探测器连接示意图

5. 可燃气体探测器应用案例

可燃气体探测器具有：采用进口催化燃烧式传感器，反应时间短，使用寿命长；防爆外壳，坚固耐用；高可靠性和准确性，良好的抗干扰性；良好的性能价格比等特点。其应用如图 2-37 所示。

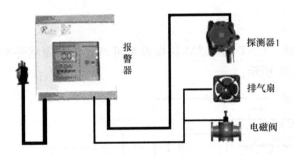

图 2-37　可燃气体探测器应用

将可燃气体探测器安装于需要监测的地点，可以多点监控，检测不同气体的探测器可以连到同一个主机上，探测器通过主机供电，当发生燃气泄漏时，系统发出声光报警，同时启动排风扇等设备。主机可实时显示可燃气体浓度，报警点随时可设定或修改，可设定双高限报警。报警主机可与计算机相连，通过计算机设定所有参数，并实时显示各监测点的可燃气体浓度。多台主机可以同时以 485 总线连到一台计算机上。

连接线缆建议选用 $\phi 0.75$mm 以上三芯屏蔽电缆，长度在 300m 以内；控制器对每个探测器可以有两点报警输出。

2.2.2.5　复合火灾探测器

1. 复合火灾探测器的作用及分类

复合火灾探测器是一种可以响应两种或两种以上火灾参数的探测器，是两种或两种以上火灾探测器性能的优化组合，集成在每个探测器内的微处理机芯片，对相互关联的每个探测器的测值进行计算，从而降低了误报率。

复合火灾探测器通常有感烟感温型、感温感光型、感烟感光型、红外光束感烟感光型、感烟感温感光型及复合型智能火灾探测器等。其中以烟温复合探测器使用最多，其外型如图 2-38 所示。

2. 复合火灾探测器的工作原理

对一般探测器而言，发生火灾时，无论是温度信号还是烟气信号（光信号），只要有

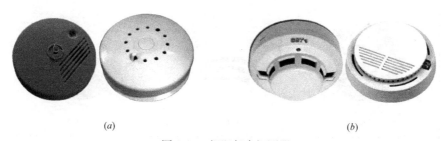

(a)　　　　　　　　　　　　　　　　　(b)

图 2-38　烟温复合探测器

(a) 烟温复合火灾探测器；(b) 智能烟温复合探测器

一种火灾信号达到相应的阀值时探测器即可报警。

智能复合火灾探测器由感温探测、光电感烟探测和 CO 气体探测三部分组成，探测到的各种火灾信息，经单片机进行综合判断，在软件设计加入神经网络智能算法，MAT-LAB 仿真实现了多元同步智能探测。

智能复合火灾探测器是将多元探测与探测智能汇集于一起，实现了高智能、高可靠性和多功能，从而，更有效地探测各类早期火情和减少火灾发生。

复合火灾探测器接线方式同光电感烟探测器，这里不叠叙。

2.2.2.6　智能型火灾探测器

1. 智能型火灾探测器的分类与原理

（1）智能型火灾探测器的分类。智能型火灾探测器分为智能型定温火灾探测器、智能型差温火灾探测器、智能型差定温火灾探测器等。不同智能型火灾探测器如图 2-39 所示。

（2）智能型火灾探测器的工作原理。智能型火灾探测器为了防止误报，预设了针对常规及个别区域和用途的火情判定计算规则，探测器本身带有微处理信息功能，可以处理由环境所收到的信息，并针对这些信息进行计算处理，统计评估。结合火势很弱——弱——适中——强——很强的不同程度，再根据预设的有关规则，把这些不同程度的信息转化为适当的报警动作指标。如"烟不多，但温度快速上升——发出警报"，又如"烟不多，且温度没有上升——发出预警报"等。

例如：SLF11-JTY-GD-3002 感烟型智能探测器，能自动检测和跟踪由灰尘积累而引起的工作状态的漂移，当这种漂移超出给定范围时，自动发出故障信号，同时这种探测器跟踪环境变化，自动调节探测器的工作参数，因此可大大降低由灰尘积累和环境变化所造成的误报和漏报。

2. 智能型火灾探测器技术参数、特点及用途（AD8001 智能光电感烟探测器）

（1）智能型火灾探测器的技术指标

① 工作电压：DC19～26V 总线提供，脉冲调制型；

② 工作电流：≤0.3mA；

③ 报警电流：≤3mA；

④ 工作环境：温度-10～50℃，相对湿度≤95％不凝露；

⑤ 外性形尺寸：$\phi100\times44mm$；

⑥ 线制：二总线制、无极性；

⑦ 确认灯：高透 LED 正常状态瞬间微亮，火警点亮（红色）。

（2）智能型火灾探测器的特点

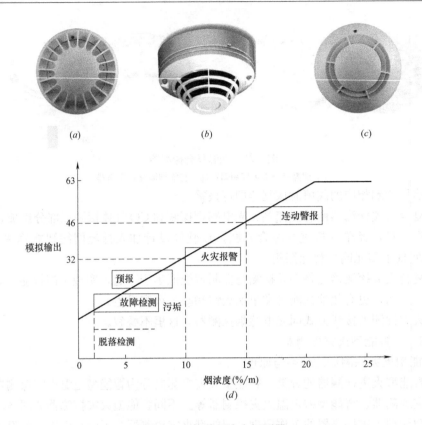

图 2-39　智能型火灾探测器

(a) 智能型定温火灾探测器；(b) 智能型差定温火灾探测器；

(c) 智能型光电感烟火灾探测器；(d) 探测器传输特性

① 采用高质量的感烟迷宫结构，稳定性高，清洗简便，维护等费用低；

② 新型的智能光电感烟结构，对不同类型的火灾烟雾（黑、白烟）均可响应；

③ 内置微处理器 CPU 及智能探测调整程序，自动适应环境变化，可靠性极高；

④ 采用 SMT 表面贴装工艺生产，自动化程度高，质量可靠；

⑤ 烟浓度模拟量输出，可通过控制器随时查看现场烟浓度曲线；

⑥ 电子编码方式，抗潮湿能力强，编码快捷可靠。

（3）智能型火灾探测器的用途。适用于火灾初期有阴燃阶段，产生大量的烟和少量的热，很少或者没有火焰辐射的场所；饭店、旅馆、教学楼、办公楼的厅室、卧室、办公室等；计算机房、通讯机房、电影或电视放映室等；楼梯、走道、电梯机房等；书库、档案库等；有电器火灾危险的场所。

2.2.2.7　探测器的编码

1. 传统的编码方式

编码探测器是最常用的探测器。传统的编码探测器是由编码电路通过两条、三条或四条总线（即 P、S、T、G 线）将信息传到区域报警器。现以离子感烟探测器为例，如图 2-40 所示为离子感烟探测器编码电路的方框图。

四条总线用不同的颜色，其中 P 为红色电源线，S 为绿色讯号线，T 为蓝色或黄色巡

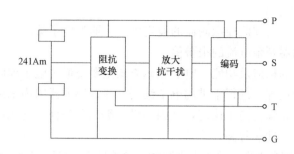

图 2-40　离子感烟编码探测器方框图

检线，G 为黑色地线。探测器的编码简单容易，一般可做到与房间号一致。编号是用探测器上的一个七位微型开关来实现的，该微型开关每位所对应的数见表 2-9 所列。探测器编成的号，等于所有处于"ON"（接通）位置的开关所对应的数之和。例如，当第 2、3、5、6 位开关处于"ON"时，该探测器编号为 54，探测器可编码范围为 1～127。

七位编码开关位数及所对应的数　　　　　　　表 2-9

编码开关位 n	1	2	3	4	5	6	7
对应数 2^{n-1}	1	2	4	8	16	32	·64

可寻址开关量报警系统比传统系统能够较准确地确定着火地点，增强了火灾探测或判断火灾发生的及时性，比传统的多线制系统更加节省安装导线的数量。同一房间的多只探测器可用同一个地址编码，如图 2-41 所示，这样不影响火情的探测，方便控制器信号处理。但是在每只探测器底座（编码底座）上单独装设地址编码（编码开关）的缺点是：编码开关本身要求较高的可靠性，以防止受环境（潮湿、腐蚀、灰尘）的影响；因为需要进制换算，编码难度相对较大，所以在安装和调试期间，要仔细检查每只探测器的地址，避免几只探测器

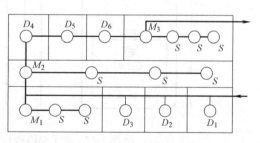

图 2-41　可寻开关量报警系统探测器编码示意
（D_1～D_6）及地址号码（M_1～M_3）

误装成同一地址编码（同一房间内除外）；在顶棚或不容易接近的地点，调整地址编码不方便，浪费时间，甚至不容易更换地址编码；同时因为任何人均可对编码进行改动，所以整个系统的编码可靠性较差。

2. 多线路传输技术编码方式

为了克服传统地址编码的缺点，多线路传输技术即不专门设址而采用链式结构。探测器的寻址是使各个开关顺序动作，每个开关有一定延时，不同的延时电流脉动分别代表正常、故障和报警三种状态。其特点是不需要拨码开关，也就是不需要赋予地址，在现场把探测器一个接一个地串入回路即可。

首先将报警点进行回路划分，本着就近原则，一般 180 左右个点划分在一个回路里面，然后将每个探测设备的地址按照 1～180 进行编码。

3. 现代电子编码方式

电子编码器是电气火灾监控探测器的设定工具。通过电子编码器，可以读写探测器的地址编码，读写探测器剩余电流的报警值。

（1）电子编码器的构造及功能。电子编码方式主要是通过电子编码器对与之配套的编码设备（如探头、模块等）进行十进制电子编码。该编码方式因为采用的是十进制电子编码不用进行换算，所以编码简单快捷，又因为没有编码器任何人均无法随便改动编码，所以整个系统的编码可靠性非常高。

电子编码器利用键盘操作，输入十进制数，简单易学，可以用电子编码器读写探测器的地址和灵敏度，读写模块类产品的地址和工作方式，并可以用电子编码器浏览设备批次号，电子编码器还可以用来设置图形式火灾显示盘地址、灯的总数及每个灯所对应的用户编码，现场调试维护十分方便。其电子编码器的外形如图 2-42 所示，实物如图 2-43 所示。

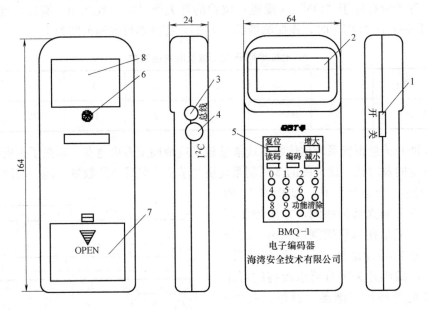

图 2-42 电子编码器 GST-BMQ-1 的外形示意
1—电源；2—液晶屏；3—总线插口；4—火灾显示盘接口（I2C）；
5—复位健；6—固定螺钉；7—电池盒盖；8—铭牌

图 2-43 电子编码器实物示意

电子编码器部分功能说明如下：

① 电源开关：完成系统硬件开机和关机操作。

② 液晶屏：显示有关设备的一切信息和操作人员输入的相关信息，并且当电源欠电压时给出指示。

③ 总线插口：电子编码器通过总线插口与探测器、现场模块或指示部件相连。

④ 火灾显示盘接口（I2C）：电子编码器通过此接口与火灾显示盘相连，进行各指示灯的二次码的编写。

⑤ 复位键：当电子编码器由于长时间不使用而自动关机后，按下复位键可以使系统重新通电并进入工作状态。

（2）电子编码器的操作。将编码器的两根线（带线夹）夹在探测器底座的两斜对角接点上，开机，按下所编号码对应的数字键后，再按"编码"键，待出现"P"时即表示编码成功，需确定是否成功时按下"读码"键，所编号码即显示出来。然后将编号写在探测器底座上，再进行安装即可。

（3）编码操作案例

所需的设备：感烟探测器一只，配套的底座一只，编码器一只，7号电池4节。

操作流程与步骤：编码器与底座连接→电池装入编码器→编码读数→检验。

将编码器红色线接到底座的S+上，黑色的线接到底座的S-上，用一根线把S-和信号端子短接起来；

打开编码器的后背，把4节7号电池装入（注意是4节，不是2节电池）；

把感烟探测器卡在底座上，打开电子编码器的开关，在编码器的操作面板上，按住编码，比如要编18号，按18，按P，此时会有一个小点，小点跳到最左边的时候，就表示编码成功；

检验编码是否成功：先按复位，再按读码，如果出现的数字是18的话就表示成功，如果没有的话就有可能没有成功，需要再操作一次。

（4）主要技术指标

适用范围：可进行电子编码的各类探测器、现场模块、指示部件及部分火灾显示盘；

工作电压：DC9V；

工作电流≤8mA；待机电流≤100μA；

使用环境：温度：−10～+50℃；相对湿度≤95%，不结露。

2.2.3 探测器的选择及数量确定

在火灾自动报警系统中，探测器的选择是否合理，关系到系统能否正常运行，因此探测器种类及数量的确定十分重要。另外，选好后的合理布置是保证探测质量的关键环节，为此在选择及布置时应符合国家规范。

2.2.3.1 探测器种类的选择

应根据探测区域内的环境条件、火灾特点、房间高度、安装场所的气流状况等，选用其所适宜类型的探测器或几种探测器的组合。

1. 根据火灾特点、环境条件及安装场所确定探测器的类型

火灾受可燃物质的类别、着火的性质、可燃物质的分布、着火场所的条件、火载荷重、新鲜空气的供给程度以及环境温度等因素的影响。一般把火灾的发生与发展分为四个

阶段：前期→早期→中期→晚期。

前期：火灾尚未形成，只出现一定量的烟，基本上未造成物质损失。

早期：火灾开始形成，烟量大增，温度上升，已开始出现火，造成较小的损失。

中期：火灾已经形成，温度很高，燃烧加速，造成了较大的物质损失。

晚期：火灾已经扩散。

根据以上对火灾特点的分析，对探测器选择如下：

（1）对火灾初期有阴燃阶段，产生大量的烟和少量的热，很少或没有火焰辐射的场所，应选择感烟探测器。

感烟探测器适用场所：饭店、旅馆、教学楼、办公楼的厅堂、卧室、办公室；电子计算机房、通讯机房、电影或电视放映室等；楼梯、走道、电梯机房等。

无遮挡大空间或有特殊要求的场所，宜选择红外光束感烟探测器。

感烟探测器不适于选用的场所有：正常情况下有烟的场所，经常有粉尘及水蒸气等物体。液体微粒出现的场所，发火迅速、产生烟极少爆炸性场合。

（2）感温型探测器作为火灾形成早期（早期、中期）报警非常有效。因其工作稳定，不受非火灾性烟雾汽尘等干扰。凡无法应用感烟探测器、允许产生一定的物质损失非爆炸性的场合都可采用感温型探测器，特别适用于经常存在大量粉尘、烟雾、水蒸气的场所及相对湿度经常高于95％的房间，但不宜用于有可能产生阴燃火的场所。

定温型允许温度的变化较大，比较稳定，但火灾造成的损失较大，在零摄氏度以下的场所不宜选用。

差温型适用于火灾早期报警，火灾造成损失较小，但火灾温度升高过慢则无反应而漏报。

差定温型具有差温型的优点，又比差温型更可靠，所以最好选用差定温探测器。

电缆隧道、电缆竖井、电缆夹层、电缆桥架等宜选择缆式线型定温探测器。

（3）对于有强烈的火焰辐射而仅有少量烟和热产生的火灾，如轻金属及它们的化合物的火灾，应选用感光探测器，但不宜在火焰出现前有浓烟扩散的场所及探测器的镜头易被污染、遮挡以及受电焊、X 射线等影响的场所中使用。

（4）对火灾发展迅速，有强烈的火焰辐射和少量的烟、热的场所应选择火焰探测器。

火焰探测器适用场所：火灾时有强烈的火焰辐射；液体燃烧等无阴燃阶段的火灾；需要对火焰做出快速反应。

（5）对火灾发展迅速，可产生大量的热、烟和火焰辐射的场所，可选择感温探测器、感烟探测器、火焰探测器或其组合。

在工程实际中，在危险性大又很重要的场所即需设置自动灭火系统或设有联动装置的场所，均应采用感烟、感温、火焰探测器的组合即复合型探测器。

综上可知，感烟探测器具有稳定性好、误报率低、寿命长、结构紧凑、保护面积大等优点，得到广泛应用。其他类型的探测器，只在某些特殊场合作为补充才用到。为选用方便，点型探测器的适用场所或情形归纳为表 2-10 所示。

下列场所可不设火灾探测器：

（1）厕所，浴室等；

（2）不能有效探测火灾者；

点型探测器的适用场所或情形一览表　　　　　　表 2-10

序号	场所或情形	感烟		感温			火焰		说明
	探测器类型	离子	光电	定温	差温	差定温	红外	紫外	
1	饭店、宾馆、教学楼、办公楼的厅堂、卧室、办公室等	○	○						厅堂、办公室、会议室、值班室、娱乐室、接待室等,灵敏度档次为中、低,可延时;卧室、病房、休息厅、衣帽室、展览室等,灵敏度档次为高
2	电子计算机房、通讯机房、电影电视放映室等	○	○						这些场所灵敏度要高或高、中档次联合使用
3	楼梯、走道、电梯、机房等	○	○						灵敏度档次为高、中
4	书库、档案库	○	○						灵敏度档次为高
5	有电器火灾危险	○	○						早期热解产物,气溶胶微粒小,可用离子型;气溶胶微粒大,可用光电型
6	气温速度大于 5m/s	×	○						
7	相对湿度经常高于 95% 以上	×				○			根据不同要求也可选用定温或差温探测器
8	有大量粉尘、水雾滞留	×	×	○	○	○			
9	有可能发生无烟火灾	×	×	○	○	○			根据具体要求选用
10	在正常情况下有烟和蒸汽滞留	×	×	○	○	○			
11	有可能产生蒸汽和油雾		×						
12	厨房、锅炉房、发电机房、茶炉房、烘干车间等			○		○			在正常高温环境下,感温探测器的额定动作温度值可定得高些,或选用高温感温探测器
13	吸烟室、小会议室等				○	○			若选用感烟探测器则应选低灵敏度档次
14	汽车库				○	○			
15	其他不宜安装感烟探测器的厅堂和公共场所	×	×	○	○	○			
16	可能产生阴燃火或者如发生火灾不及早报警将造成重大损失的场所	○	○	×	×	×			

序号	探测器类型 场所或情形	感烟		感温			火焰		说明
		离子	光电	定温	差温	差定温	红外	紫外	
17	温度在 0℃以下			×					
18	正常情况下,温度变化较大的场所				×				
19	可能产生腐蚀性气体	×							
20	产生醇类、醚类、酮类等有机物质	×							
21	可能产生黑烟		×						
22	存在高频电磁干扰		×						
23	银行、百货店、商场、仓库	○	○						
24	火灾时有强烈的火焰辐射						○	○	如:含有易燃材料的房间、飞机库、油库、海上石油钻井和开采平台;炼油裂化厂
25	需要对火焰作出快速反映						○	○	如:镁和金属粉末的生产,大型仓库、码头
26	无阴燃阶段和火灾						○	○	
27	博物馆、美术馆、图书馆	○	○				○	○	
28	电站、变压器间、配电室	○	○				○	○	
29	可能发生无焰火灾						×	×	
30	在火焰出现前有浓烟扩散						×	×	
31	探测器的镜头易被污染						×	×	
32	探测器的"视线"易被遮挡						×	×	
33	探测器易受阳光或其他光源直接或间接照射						×	×	

续表

序号	探测器类型 场所或情形	感烟		感温			火焰		说明
		离子	光电	定温	差温	差定温	红外	紫外	
34	在正常情况下有明火作业以及 X 射线、弧光等影响						×	×	
35	电缆隧道、电缆竖井、电缆夹层							○	发电厂、发电站、化工厂、钢铁厂
36	原料堆垛							○	纸浆厂、造纸厂、卷烟厂及工业易燃堆垛
37	仓库堆垛							○	粮食、棉花仓库及易燃仓库堆垛
38	配电装置、开关设备、变压器、电控中心						○		
39	地铁、名胜古迹、市政设施								
40	耐碱、防潮、耐低温等恶劣环境								
41	皮带运输机生产流水线和滑道的易燃部位								
42	控制室、计算机室的闷顶内、地板下及重要设施隐蔽处等								
43	其他环境恶劣不适合点型感烟探测器安装场所								

注：符号说明：在表中"○"适合的探测器，应优先选用；"×"不适合的探测器，不应选用；空白，无符号表示，须谨慎使用；

（3）不便维修、使用（重点部位除外）的场所。

2. 根据房间高度选探测器

由于各种探测器特点各异，其适于房间高度也不一致，为了使选择的探测器能更有效地达到保护之目的，表 2-11 列举了几种常用的探测器对房间高度的要求，仅供学习及设计参考。

根据房间高度选探测器　　　　表 2-11

房间高度 h(m)	感烟探测器	感温探测器			火焰探测器
		一级	二级	三级	适合
12<h≤20	不适合	不适合	不适合	不适合	适合
8<h≤12	适合	不适合	不适合	不适合	适合
6<h≤8	适合	适合	不适合	不适合	适合
4<h≤6	适合	适合	适合	不适合	适合
h≤4	适合	适合	适合	适合	适合

当高出顶棚的面积小于整个顶棚面积的 10% 时，只要这一顶棚部分的面积不大于 1 只探测器的保护面积，则该较高的顶棚部分同整个顶棚面积一样看待。否则，较高的顶棚部分应如同分隔开的房间处理。

在按房间高度选用探测器时，应注意这仅仅是按房间高度对探测器选用的大致划分，具体选用时尚需结合火灾的危险度和探测器本身的灵敏度档次来进行。如判断不准时，需做模拟试验后最后确定。

探测器选择技巧：在感烟、感温探测器都满足要求的情况下选择哪种？应选感烟探测器，因单只探测器保护面积大，可减少数量，降低成本。

2.2.3.2 探测器数量的确定

1. 探测器数量确定的计算式

在实际工程中房间功能及探测区域大小不一，结构形状也不同，房间高度、棚顶坡度也各异，那么探测器的数量怎样确定呢？火灾自动报警系统规范规定：每个探测区域内至少设置一只火灾探测器。一个探测区域内所设置探测器的数量应按下式计算：

$$N \geqslant S/KA（只） \tag{2-2}$$

式中 N——一个探测区域内所设置的探测器的数量，单位用"只"表示，N 应取整数（既小数进位取整数，以确保有效探测）；

S——一个探测区域的地面面积（m^2）；

A——探测器的保护面积（m^2），指一只探测器能有效探测的地面面积。由于建筑物房间的地面通常为矩形，因此，所谓"有效"探测器的地面面积实际上是指探测器能探测到矩形地面面积。探测器的保护半径 R（m）是指一只探测器能有效探测的单向最大水平距离；

K——称为安全修正系数。特级保护对象 k 取 0.7~0.8，一级保护对象 k 取值为 0.8~0.9，二级保护对象 k 取 0.9~1.0。

选取时根据设计者的实际经验，并考虑发生火灾对人和财产的损失程度、火灾危险性大小、疏散和扑救火灾的难易程度及对社会的影响大小等多种因素。

对于一个探测器而言，其保护面积和保护半径的大小与探测器的类型、探测区域的面积、房间高度及屋顶坡度都有一定的联系。表 2-12 以两种常用的探测器反映了保护面积、保护半径与其他参量的相互关系。

感烟、感温探测器的保护面积和保护半径 表 2-12

火灾探测器种类	地面面积 $S/(m^2)$	房间高度 $h(m)$	一只探测器的保护面积 A 和保护半径 R					
			屋顶坡度 θ					
			$\theta \leqslant 15°$		$15° < \theta \leqslant 30°$		$\theta > 30°$	
			A(m^2)	R(m)	A(m^2)	R(m)	A(m^2)	R(m)
感烟探测器	$S \leqslant 80$	$h \leqslant 12$	80	6.7	80	7.2	80	8.0
	$S > 80$	$6 < h \leqslant 12$	80	6.7	100	8.0	120	9.9
		$h \leqslant 6$	60	5.8	80	7.2	100	9.0
感温探测器	$S \leqslant 30$	$h \leqslant 8$	30	4.4	30	4.9	30	5.5
	$S > 30$	$h \leqslant 8$	20	3.6	30	4.9	40	6.3

另外，通风换气对感烟探测器的面积有影响，在通风换气房间，烟的自然蔓延方式受到破坏。换气越频，燃烧产物（烟气体）的浓度越低，部分烟被空气带走，导致探测器接受烟量的减少，或者说探测器感烟灵敏度相对地降低。常用的补偿方法有两种：一是压缩每只探测器的保护面积；二是增大探测器的灵敏度，但要注意防误报。感烟探测器的换气系数如表 2-13 所列。可根据房间每小时换气次数（N），将探测器的保护面积乘以一个压缩系数。

感烟探测器的换气系数表　　　　　　　　　　　　　　　表 2-13

每小时换气次数 N	保护面积的压缩系数	每小时换气次数 N	保护面积的压缩系数
$10 < N \leqslant 20$ $20 < N \leqslant 30$ $30 < N \leqslant 40$	0.9 0.8 0.7	$40 < N \leqslant 50$ $50 < N$	0.6 0.5

2. 探测器数量计算案例

【案例 1】　设房间换气系数为 $20/h$，感烟探测器的保护面积为 $80m^2$，考虑换气影响后，探测器的保护面积为多少？

解：设房间换气系数为 $20/h$，查表 2-13 知，保护面积的压缩系数为 0.9，所以探测器的保护面积为：$A = 80 \times 0.9 = 72$（m^2）

【案例 2】　某高层教学楼中的阶梯教室被划为一个探测区域，其地面面积为 $30m \times 40m$，房顶坡度为 $13°$，房间高度为 $8m$，属于二级保护对象。试求：（1）应选用何种类型的探测器？（2）探测器的数量为多少只？

解：（1）根据使用场所从表 2-10 知选感烟或感温探测器均可，但按房间高度表 2-11 中可知，仅能选感烟探测器。

（2）因属二级保护对象故 k 取 1，地面面积 $S = 30m \times 40m = 1200m^2 > 80m^2$，房间高度 $h = 8m$，即 $6m < h \leqslant 12m$，房顶坡度 θ 为 $13°$ 即 $\theta \leqslant 15°$，于是根据 S、h、θ 查表 2-12 得，保护面积 $A = 80m^2$，保护半径 $R = 6.7m^2$。

$$\therefore N = S/KA = 1200/1 \times 80 = 15（只）$$

从案例可知：对探测器类型的确定必须全面考虑。确定了类型，数量也就被确定了。那么数量确定之后如何布置及安装，在有梁等特殊情况下探测区域怎样划分？则是我们以下要解决的课题。

2.2.4　探测器的布置

火灾探测器布置是否合理，不仅关系到能否成功实现报警，而且可能导致不必要地增加探测器的数量，造成经济浪费。因此，研究火灾探测器的优化布置，对于火灾自动报警设计具有重要意义。所谓合理地布置探测器，应满足以下原则：

（1）安全性，即所有探测区均在探测器的保护范围之内，不存在"死空间"；

（2）经济性，充分利用保护空间，在保证安全性的前提下，探测器的用量最少。

为满足上述条件，探测器布置时应进行优化，即既能满足安全性要求，又最经济。

影响火灾探测器优化布置的关键参数是火灾探测器的列间距 a 和行间距 b。

在布置探测器时，首先考虑如何确定安装间距，再考虑梁的影响及特殊场所探测器安装要求，下面分别叙述。

2.2.4.1　安装间距的确定

1. 火灾自动报警系统设计相关规范

（1）探测器周围 0.5m 内，不应有遮挡物（以确保探测效果）。

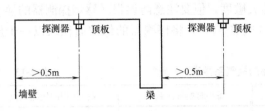

图 2-44　探测器在顶棚上安装时与墙或梁的距离

（2）探测器至墙壁，梁边的水平距离，不应小于 0.5m，如图 2-44 所示

2. 安装间距的确定

探测器在房间中布置时，如果是多只探测器，那么两探测器的水平距离和垂直距离称安装间距，分别用 a 和 b 表示。安装间距 a 和 b 的确定方法有如下五种。

（1）计算法。根据已知条件：探测器类型、房间高度、房顶坡度及保护对象级别，从表 2-12 中查得保护面积 A 和保护半径 R，计算直径 $D=2R$ 值，根据所算 D 值大小对应保护面积 A 在图 2-45 曲线粗实线上即由 D 值所包围部分上取一点，此点所对应的数即为安装间距 a 和 b 值。注意实际应不大于查得的 a 和 b 值。具体布置后，再检验探测器到最远点水平距离是否超过了探测器的保护半径，如超过时应重新布置或增加探测器的数量。

图 2-45 曲线中的安装间距是以二维坐标的极限曲线的形式给出的，即给出感温探测器的 3 种保护面积（20m²、30m² 和 40m²）及其 5 种保护半径（3.6m、4.4m、4.9m、5.5m 和 6.3m）所适宜的安装间距极限曲线 $D_1 \sim D_5$。给出感烟探测器的 4 种保护面积（60m²、80m²、100m² 和 120m²）及其 5 种保护半径（5.8m、6.7m、7.2m、8.0m 和 9.9m）所适宜的安装间距极限曲线 $D_6 \sim D_{11}$（含 D_9'）。

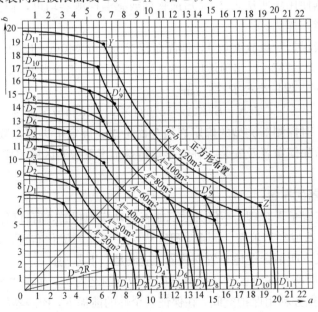

图 2-45　探测器安装间距的极限曲线

注：A—探测器的保护面积（m²）；a、b—探测器的安装间距（m）；

$D_1 \sim D_{11}$（含 D_9'）—在不同保护面积 A 和保护半径 R 下确定探测器安装间距 a 和 b 的极限曲线；

Y、Z—极限曲线的端点（在 Y 和 Z 两点间的曲线范围内，保护面积可得到充分利用）。

【案例 3】　对案例 2 中确定的 15 只感烟探测器的布置如下：

由表 2-12 查得：$A=80\text{m}^2$，$R=6.7\text{m}$

解：计算得：$D=2R=2\times6.7=13.4\text{m}$

根据 $D=13.4\text{m}$，由图 2-46 曲线中 D_7 所包围的范围，查得的 Y、Z 线段上选取探测器安装间距 a 和 b 的数值，并根据现场实际情况选取 $a=8\text{m}$，$b=10\text{m}$，横向距墙 $a_1=a/2=8/2=4\text{m}$，纵向距墙 $b_1=b/2=10/2=5\text{m}$，其中布置方式如图 2-46 所示。

那么这种布置是否合理呢？回答是肯定的，因为只要是在极限曲线内取值一定是合理的。其验证如下：

本案例中所采用的探测器 $R=6.7\text{m}$，只要每个探测器之间的半径都

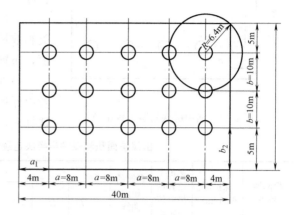

图 2-46　探测器的布置示例

小于或等于 6.7m 即可有效地进行保护。图 2-47 中，探测器间距最远的半径 $R=\sqrt{4^2+5^2}=6.4\text{m}$，小于 6.7m，距墙的最大值为 5m，小于安装间距 10m 的一半。显然布置合理。

（2）经验法：一般点型探测器的布置为均匀布置法，根据工程实际总结经验法计算如下：

$$横向间距\ a=\frac{该房间（该探测区域）的长度}{横向安装间距个数+1}=\frac{该房间的长度}{横向探测器个数}$$

$$纵向间距\ =\frac{该房间（该探测区域）的宽度}{纵向安装间距个数+1}=\frac{该房间的宽度}{纵向探测器个数}$$

因为距墙的最大距离为安装间距的一半，两侧墙为 1 个安装间距。上例中按经验法布置如下：

$$a=\frac{40}{4+1}=8\text{m}，\qquad b=\frac{30}{2+1}=10\text{m}$$

由此可见，这种方法不需要查表可非常方便地求出 a、b 值。布置同上。

在较小面积的场所（$S\leqslant80\text{m}^2$）时，探测器尽量居中布置，使保护半径较小，探测效果较好。

【案例 4】　某锅炉房地面长为 20m，宽为 10m，房间高度为 3.5m，房顶坡度为 10°，属于二级保护对象。试：①选探测器类型；②确定探测器数量；③进行探测器的布置。

解：① 由表 2-10 及表 2-11 查得应选用感温探测器，二级保护对象，k 取 1。

② 由表 2-12 查得 $A=20\text{m}^2$，$R=3.6\text{m}$

$$N\geqslant\frac{S}{k\cdot A}=\frac{20\times10}{1\times20}=10（只）$$

③ 布置。采用经验法布置：

横向间距　　　　　　　　　　　　　$a=\frac{20}{5}=4\text{m}，\ a_1=2\text{m}$

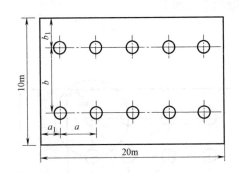

图 2-47　锅炉房探测器布置示意

纵向间距　$b=\dfrac{10}{2}=5\mathrm{m}$，$b_1=2.5\mathrm{m}$

布置如图 2-47 所示，可见满足要求，布置合理

（3）查表法。所谓查表法是根据探测器种类和数量直接从表中查得适当的安装间距 a 和 b 值，布置既可。

另外，根据人们的实际工作经验，这里推荐由保护面积和保护半径决定最佳安装间距的选择表，供设计使用，如表 2-14 所列。

由保护面积和保护半径决定最佳安装间距选择表　　　　表 2-14

探测器种类	保护面积 $A(\mathrm{m}^2)$	保护半径 R 的极限值 (m)	参照的极限曲线	最佳安装间距 a、$b(\mathrm{m})$							
				$a_1\times b_1$	R_1	$a_2\times b_2$	R_2	$a_3\times b_3$	R_3	$a_4\times b_4$	R_4	$a_5\times b_5$
感温探测器	20	3.6	D_1	4.5×4.5	3.2	5.0×4.0	3.2	5.5×3.6	3.3	6.0×3.3	3.4	6.5×3.1
	30	4.4	D_2	5.5×5.5	3.9	6.1×4.9	3.9	6.7×4.8	4.1	7.3×4.1	4.2	7.9×3.8
	30	4.9	D_3	5.5×5.5	3.9	6.5×4.6	4.0	7.4×4.1	4.2	8.4×3.6	4.6	9.2×3.2
	30	5.5	D_4	5.5×5.5	3.9	6.8×4.4	4.0	8.1×3.7	4.5	9.4×3.2	5.0	10.6×2.8
	40	6.3	D_6	6.5×6.5	4.6	8.0×5.0	4.7	9.4×4.3	5.2	10.9×3.7	5.8	12.2×3.3
感烟探测器	60	5.8	D_5	7.7×7.7	5.4	8.3×7.2	5.5	8.8×6.8	5.6	9.4×6.4	5.7	9.9×6.1
	80	6.7	D_7	9.0×9.0	6.4	9.6×8.3	6.3	10.2×7.8	6.4	10.8×7.4	6.5	11.4×7.0
	80	7.2	D_8	9.0×9.0	6.4	10.0×8.0	6.4	11.0×7.3	6.6	12.0×6.7	6.9	13.0×6.1
	80	8.0	D_9	9.0×9.0	6.4	10.6×7.5	6.5	12.1×6.6	6.9	13.7×5.8	7.4	15.1×5.3
	100	8.0	D_9	10.0×10.0	7.1	11.1×9.0	7.1	12.2×8.2	7.3	13.3×7.5	7.6	14.4×6.9
	100	9.0	D_{10}	10.0×10.0	7.1	11.8×8.5	7.3	13.5×7.4	7.7	15.3×6.5	8.3	17.0×5.9
	120	9.9	D_{11}	11.0×11.0	7.8	13.0×9.2	8.0	14.9×8.1	8.5	16.9×7.1	9.2	18.7×6.4

（4）正方形组合布置法。这种方法的安装间距 $a=b$，且完全无"死角"，但使用时受到房间尺寸及探测器数量多少的约束，很难合适。

【案例 5】　某学院吸烟室地面面积为 $9\mathrm{m}\times13.5\mathrm{m}$，房间高度为 3m，平顶棚，属于二级保护对象，试：①确定探测器类型；②求探测器数量；③进行探测器布置。

解：① 由表 2-10 及表 2-11 查得应选感温探测器

② 二级保护对象 k 取 1，由表 2-12 查得 $A=20\mathrm{m}^2$，$R=3.6\mathrm{m}$

$$N=\frac{9\times13.5}{1\times20}=6.075 \text{ 只，取 6 只（因有些厂家}$$

产品 K 可取 1～1.2，为布置方便取 6 只）

③ 布置：采用正方形组合布置法，从表 2-14 中查得 $a=b=4.5\text{m}$（基本符合本题材各方面要求），布置如图 2-48 所示。

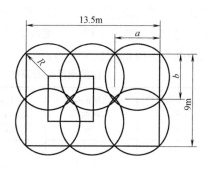

图 2-48　正方形组合布置法

校检：由图 2-48 看出，根据勾股定理 $R=\frac{\sqrt{a^2+b^2}}{2}=3.18\text{m}$，小于 3.6，合理。

本题是将查表法和正方形组合布置法混合使用的。如果不采用查表法怎样得到 a 和 b 呢？

$$a=\frac{\text{房间长度}}{\text{横向探测器个数}}$$

$$b=\frac{\text{房间宽度}}{\text{纵向探测器个数}}$$

如果恰好 $a=b$ 时可采用正方形组合布置法。

④ 矩形组合布置法。具体做法是：当求得探测器的数量后，用正方形组合布置法的 a、b 求法公式计算，如 $a\neq b$ 时可采用矩形组合布置法。

【案例 6】 某开水间地面面积为 3m×8m，平顶棚，属特级保护建筑，房间高度为 2.8m，试：①确定探测器类型；②求探测器数量；③布置探测器。

解：① 由表 2-10 及表 2-11 查得应选感温探测器

② 由表 2-12 查得 $A=30\text{m}^2$，$R=4.4\text{m}$　二级保护对象取 $K=0.7$

$$N=\frac{8\times3}{0.7\times30}=1.1 \text{ 只，取 2 只}$$

③ 采用矩形组合布置如下：

$a=\frac{8}{2}=4\text{m}$，$b=\frac{3}{1}=3\text{m}$，于是布置如图 2-49 所示。

校检：$R=\frac{\sqrt{a^2+b^2}}{2}=2.5\text{m}$，小于 4.4m，满足要求。

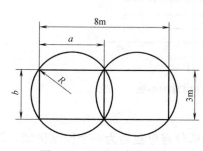

图 2-49　矩形组合布置法

综上所述可知正方形和矩形组合布置法的优点是：可将保护区的各点完全保护起来，保护区内不存在得不到保护的"死角"，且布置均匀美观。上述五种布置法可根据实际情况选取。

2.2.4.2　梁对探测器的影响

在顶棚有梁时，由于烟的蔓延受到梁的阻碍，探测器的保护面积会受梁的影响，如果梁间区域的面积较小，梁对热气流（或烟气流）形成障碍，并吸收一部分热量，因而探测器的保护面积必然下降。

1. 梁突出顶棚的高度在 200～600mm 时对探测器的影响

查表 2-15 可以决定一只探测器能够保护的梁间区域的个数，减少了计算工作量，按

图 2-50 规定房间高度在 5m 以下，感烟探测器在梁高小于 200mm 时，无需考虑其梁的影响；房间高度在 5m 以上，梁高大于 200m 时，探测器的保护面积受房高的影响，可按房间高度与梁高的线性关系考虑。

按梁间区域面积确定一只探测器能够保护的梁间区域的个数　　　　　　　表 2-15

探测器的保护面积 A （m²）		梁隔断的梁间区域面积 Q（m²）	一只探测器保护的梁间区域的个数	探测器的保护面积 A （m²）		梁隔断的梁间区域面积 Q（m²）	一只探测器保护的梁间区域的个数
感温探测器	20	$Q>12$	1	感烟探测器	60	$Q>36$	1
		$8<Q\leqslant12$	2			$24<Q\leqslant36$	2
		$6<Q\leqslant8$	3			$18<Q\leqslant24$	3
		$4<Q\leqslant6$	4			$12<Q\leqslant18$	4
		$Q\leqslant4$	5			$Q\leqslant12$	5
	30	$Q>18$	1		80	$Q>48$	1
		$12<Q\leqslant18$	2			$32<Q\leqslant48$	2
		$9<Q\leqslant12$	3			$24<Q\leqslant32$	3
		$6<Q\leqslant9$	4			$16<Q\leqslant24$	4
		$Q\leqslant6$	5			$Q\leqslant16$	5

由图 2-50 可查得三级感温探测器房间高度极限值为 4m，梁高限度 200mm，二级感温探测器房间高度极限值为 6m，梁高限度为 225mm，一级感温探测器房间极限值为 8m，梁高限度为 275m；感烟探测器房间高度极限值为 12m，梁高限度为 375mm。在线性曲线左边部分均无需考虑梁的影响，可见当梁突出顶棚的高度在 200～600mm 时，应按图 2-50 和表 2-15 确定梁的影响和一只探测器能够保护的梁间区域的数目。

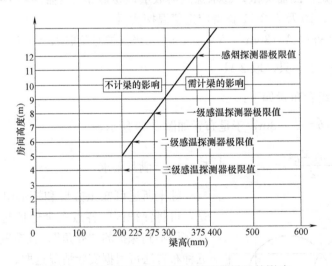

图 2-50　不同高度的房间梁对探测器设置的影响

2. 梁突出顶棚的高度超过 600mm

当梁突出顶棚的高度超过 600mm 时，被梁阻断的部分需单独划为一个探测区域，即每个梁间区域应至少设置一只探测器。

当被梁阻断的区域面积超过一只探测器的保护面积时，则应将被阻断的区域视为一个探测区域，并应按规范有关规定计算探测器的设置数量。探测区域的划分如图 2-51 所示。

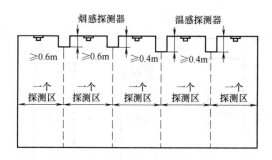

图 2-51　探测区域的划分

3. 梁间净距小于 1m

当梁间净距小于 1m 时，可视为平顶棚。

4. 探测器梁上安装要求

如果探测区域内有过梁，定温型感温探测器安装在梁上时，其探测器下端到安装面必须在 0.3m 以内，感烟型探测器安装在梁上时，其探测器下端到安装面必须在 0.6m 以内，如图 2-52 所示。

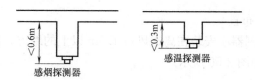

图 2-52　探测器在梁下端安装时至顶棚的尺寸

2.2.4.3　探测器在一些特殊场合安装时注意事项

1. 宽度小于 3m 的内走道探测器布置

在宽度小于 3m 的内走道的顶棚设置探测器时，应居中布置，感温探测器的安装间距不应超过 10m，感烟探测器安装间距不应超过 15m，探测器至端墙的距离，不应大于安装间距的一半，在内走道的交叉和汇合区域上，必须安装 1 只探测器，如图 2-53 所示。

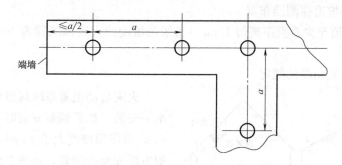

图 2-53　探测器布置在内走道的顶棚上

2. 被书架贮藏架阻断的房间探测器布置

房间被书架、贮藏架或设备等阻断分隔，其顶部至顶棚或梁的距离小于房间净高的 5% 时，则每个被隔开的部分至少安装一只探测器，如图 2-54 所示。

【案例 7】 如果书库地面面积为 35m²，房间高度为 3m，内有两书架分别安置在房

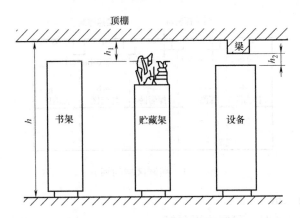

图 2-54 房间有书架，设备分时，探测器设置 $h_1 \geqslant 5\%$，h 或 $h_2 \geqslant 5\% h$

间，书架高度为 2.9m，问选用感烟探测器应几只？

房间高度减去架高度等于 0.1m，为净高的 3.3%，可见书架顶部至顶棚的距离小于房间净高 5%，所以应选用 3 只探测器。即每个被隔开的部分均应安一只探测器，如图 2-55 所示。

3. 空调机房探测器布置

在空调机房内，探测器应安装在离送风口 1.5m 以上的地方，离多孔送风顶棚孔口的距离不应小于 0.5m，如图 2-56 所示。

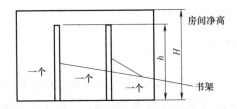

图 2-55 被两书架隔开的房间探测器的布置

图 2-56 探测器装于有空调房间时的位置示意

4. 楼梯或斜坡道探测器布置

楼梯或斜坡道至少垂直距离每 15m.（Ⅲ级灵敏度的火灾探测器为 10m）应安装一只探测器。

5. 探测器安装角度的规定

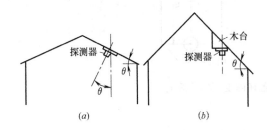

图 2-57 探测器安装角度

(a) $\theta \leqslant 45°$ 时；(b) $\theta > 45°$ 时

（θ 为屋顶的法线与垂直方向的交角）

火灾自动报警系统规范规定：探测器宜水平安装，如需倾斜安装时，角度不应大于 45°，当屋顶坡度大于 45° 时，应加木台或类似方法安装探测器，如图 2-57 所示。

6. 电梯井、升降机井探测器布置

火灾自动报警系统规范规定：在建筑物的电梯井、升降机井设置探测器时，其位置宜在井道上方的机房顶棚上，如图 2-58 所示。这种设置既有利于井道中火灾的探测，又便于日常检验维修。因为通常在电梯井、升降机井的提升井绳索的井道盖上有一定的开口，烟会顺着井绳冲到机房内部，为尽早探测火灾，规定用感烟探测器保护，且在顶棚上安装。

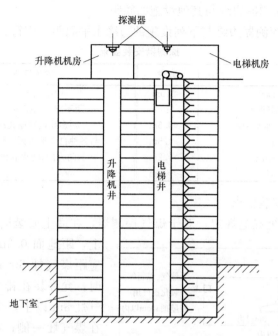

图 2-58　探测器在井道上方机房顶棚上的设置

7. 房屋顶部有热屏障时探测器布置

火灾自动报警系统规范规定：当房屋顶部有热屏障时，感烟探测器下表面距顶棚的距离应符合表面 2-16 所列。

感烟探测器下表面距顶棚（或屋顶）的距离　　　　　　　　　　表 2-16

探测器的安装高度 h (m)	感烟探测器下表面距顶棚（或屋顶）的距离 d(mm)					
	$\theta \leqslant 15°$		$15° < \theta \leqslant 30°$		$\theta > 30°$	
	最小	最大	最小	最大	最小	最大
$h \leqslant 6$	30	200	200	300	300	500
$6 < h \leqslant 8$	70	250	250	400	400	600
$8 < h \leqslant 10$	100	300	300	500	500	700
$10 < h \leqslant 12$	150	350	350	600	600	800

8. 顶棚低且面积小的房间探测器布置

火灾自动报警系统规范规定：顶棚较低（小于 2.2m）、面积较小（不大于 $10m^2$）的房间，安装感烟探测器时，宜设置在入口附近。

9. 楼梯间、走廊等探测器布置

火灾自动报警系统规范规定：在楼梯间、走廊等处安装感烟探测器时，宜安装在不直接受外部风吹入的位置处。安装光电感烟探测器时，应避开日光或强光直射的位置。

10. 在湿度较大的房间连接的走廊探测器布置

火灾自动报警系统规范规定：在浴室、厨房、开水房等房间连接的走廊，安装探测器时，应避开其入口缘 1.5m。

11. 顶棚安装的探测器边缘与其他设施的间距

安装在顶棚上的探测器边缘与下列设施的边缘水平间距，应符合表 2-17 要求。

探测器安装要求   表 2-17

安装场所	要求	安装场所	要求
走廊感温探测器间距	<10m	距电风扇净距	≥1.5m
走廊内感烟探测器间距	<15m	距不突出的扬声器净距	≥0.1m
探测器至墙壁、梁边的水平距离	≥0.5m	距多孔送顶棚孔净距	≥0.5m
至调、送风口边水平距离	≥1.5m	与各种自动喷水灭火喷头净距	≥0.3m
与照明灯具水平距离	≥0.2m	与防火门、防火卷帘间距	1~2m
距高温光源灯具	≥0.5m		

12. 煤气探测器安装要求

火灾自动报警系统规范规定：对于煤气探测器，在墙上安装时，应距煤气灶 4m 以上，距地面 0.3m；在顶棚上安装时，应距煤气灶 8m 以上；屋内有排气口时，允许装在排气口附近，但应距煤气灶 8m 以上，当梁高大于 0.8m 时，在煤气灶一侧；在梁上安装时，与顶棚的距离小于 0.3m。还要经常注意检查探测器是否被油烟封住，如图 2-59 所示。

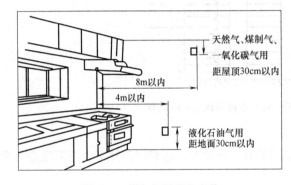

图 2-59 煤气探测器的安装

探测器在厨房中的设置：饭店的厨房常有大的煮锅、油炸锅等，具有很大的火灾危险性，如果过热或遇到高的火灾荷载更易引起火灾。定温式探测器适宜厨房使用，但应预防煮锅喷出的一团团蒸汽，即在顶棚上使用隔板可防止热气流冲击探测器，以减少或根除误报。而当发生火灾时的热量足以克服隔板使探测器发生报警信号，如图 2-60 所示。

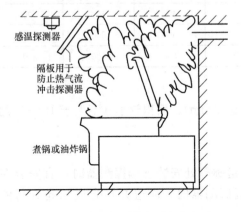

图 2-60 感温探测器在厨房中布置

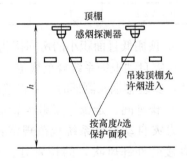

图 2-61 探测器在吊装顶棚中定位

13. 带有网格结构的吊装顶棚探测器布置

在宾馆等较大空间场所，有带网格或格条结构的轻质吊装顶棚，起到装饰或屏蔽作用。这种吊装顶棚允许烟进入其内部，并影响烟的蔓延，在此情况下设置探测器应谨慎。

（1）如果至少有一半以上网格面积是通风的，可把烟的进入看成是开放式的。如果烟可以充分地进入顶棚内部，则只在吊装顶棚内部设置感烟探测器，探测器的保护面积除考虑火灾危险性外，仍按保护面与房间高度的关系考虑，如图 2-61 所示。

（2）如果网格结构的吊装顶棚开孔面积相当小（一半以上顶棚面积被覆盖），则可看成是封闭式顶棚，在顶棚上方和下方空间须单独地监视。尤其是当阴燃火发生时，产生热量极少，不能提供充足的热气流推动烟的蔓延，烟达不到顶棚中的探测器，此时可采取二级探测方式，如图 2-62 所示。在吊装顶棚下方采用光电感烟探测器对阴燃火响应较好，在吊装顶棚上方采用离子感烟探测器，对明火响应较好，每只探测器的保护面积仍按火灾危险度及地板和顶棚之间的距离确定。

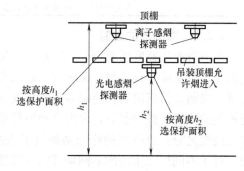

图 2-62　吊装顶棚探测阴燃火的改进方法

14. 不宜设置探测器的场所

（1）厕所、浴室及其类似场所；

（2）因气流影响，使探测器不能有效地发现火灾的场所；

（3）不便维修、使用（重点部位除外）的场所；

（4）火灾探测器的安装高度距地面大于 12m（感烟）、大于 8m（感温）的场所；

（5）闷顶和夹层间距小于 0.5m 的场所；

（6）闷顶和相关吊顶内的构筑物壁装修材料是难燃型或已装有自动喷淋灭火系统的闷顶或吊顶的场所。

关于常用探测器不宜装设的场所见表 2-18 所示。

探测器不宜装设的场所一览表　　　　　　　　　　　　表 2-18

探测器种类	不宜装设的场所
离子感烟探测器	相对湿度长期大于 95% 气流速度大于 5m/s 在大量粉尘、水雾滞留 正常情况下有烟滞留 产生严重腐蚀气体 产生醇类、醚类、酮类等有机物质
感温探测器	有可能产生阴燃火或如发生火灾不及早报警可以造成重大损失的场所，温度常在 0℃ 以下的场所，不宜设定温探测器 正常情况下温度变化较大的场所，不宜装设差温探测器
光电感烟探测器	可能产生黑烟 可能产生蒸汽或油雾 大量积聚粉尘 在正常情况下有烟滞留 存在高频电磁干扰 在大量昆虫充斥的场所

续表

探测器种类	不宜装设的场所
火焰探测器	可能发生无焰火灾 探测器易被污染 在火焰出现前有浓烟扩散 探测器的"视线"被遮挡 探测器易受阳光或其他光源直接或间接照射 在正常情况下有明火作业以及 X 射线、弧光等影响

2.2.5 探测器的线制

在消防业快速发展的今天，探测器的接线形式变化很快，特别是火灾报警控制器由早期的多线制发展为总线制，又从四总线制发展为二总线制，大大节省了布线，技术更先进可靠。线制是指探测器和控制器间的导线数量。更确切地说，线制是火灾自动报警系统运行机制的体现。按线制分，火灾自动报警系统有多线制和总线制之分，总线制又有有极性和无极性之分。总线制的好处是提高了系统的可靠性，节约电缆，施工、检修、更换方便。对于不同厂家生产的不同型号的探测器其线制各异，从探测器到区域报警器的线数也有很大差别。多线制是传统的控制模式，布线量庞大，结构复杂，已逐步退出市场。但已运行的工程大部分为多线制系统，因此以下分别叙述。

2.2.5.1 火灾自动报警系统的技术特点

火灾自动报警系统包括四部分：火灾探测器、配套设备（中继器、显示器、模块总线隔离器、报警开关等）、报警控制器（又叫报警主机）及导线，从而形成了系统本身的技术特点。

1. 系统不间断且安全可靠运行

系统必须保证长期不间断地运行，在运行期间不但发生火情能报出着火点，而且应具备自动判断系统设备传输线的断路、短路、电源失电等情况的能力，并给出有相应的声光报警，以确保系统的高可靠性。

2. 确保信号准确传输

探测部位之间的距离可以从几米至几十米。控制器到探测部位间可以从几十米到几百米、上千米。一台区域报警控制器可带几十或上百只探测器，有的通报警控制器做到了带上千个点，甚至上万点。无论什么情况，都要求将探测点的信号准确无误地传输到控制器中。

3. 系统应具有低功耗运行性能

探测器对系统而言是无源的，它只是从控制器上获取正常运行的电源。探测器的有效空间是狭小有限的，要求设计时电子部分必须是简练的。探测器必须低功耗，否则给控制器供电带来问题，也就是给控制探测点的容量带来限制。主电源失电时，应有备用电源可连续供电 8h，并在火警发生后，声光报警能长达 50min，这就要求控制器亦应低功耗运行。

2.2.5.2 火灾自动报警系统的线制

1. 传统的多线制系统（两线制，也称 $n+1$ 线制）

所谓多线制是指每个探测器与控制器之间都有独立的信号回路，探测器之间是相对独立的，所有探测信号对于控制器是并行输入的。这种方法又称点对点连接。多线制又分为 $n+4$ 线制与两线制（又称 $n+1$）两种，n 为 n 个探测器中每个探测器都要独立设置的一条线，共 n 条；而 4 或 1 是指探测器的公用线。

探测器采用两线制时，可完成电源供电故障检查、火灾报警、断线报警（包括接触不良、探测器被取走）等功能。

火灾探测器与区域报警器的最少接线是 $n+n/10$，其中 n 为占用部位号的线数，即探测器信号线的数量，$n/10$（小数进位取整数）为正电源线数（采用红线导线），也就是每 10 个部位合用一根正电源线。

另外也可以用另一种算法，即 $n+1$，其中 n 为探测器数目（准确地说是房号数），如探测器数 $n=50$，则总线为 51 根。

前一种计算方法是 $50+50/10=55$ 根，这是已进行了巡检分组的根数，与后一种分组后是一致的。

（1）单个探测器的连接

例如有 10 只探测器，占 10 个部位，无论采用哪种计算方法其接线及线数均相同，如图 2-63 所示。

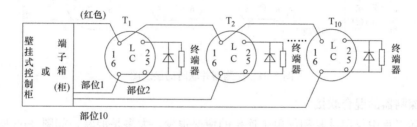

图 2-63　探测器各占一个部位时的接线方法

在施工中应注意：

为保证区域控制器的自检功能，布线时每根连接底座 L1 的正电源红色导线，不能超过十个部位数的底座（并联底座时作为一个看待）。

每台区域报警器容许引出的正电源线数为 $n/10$（小数进位取整数），n 为区域控制器的部位数。当管道较多时，要特别注意这一情况，以便 10 个部位分成一组，有时某些管道要多放一根电源正线，以利分组。

探测器底座安装好并确定接线无误后，将终端器接上，然后用小塑料袋罩紧，防止损坏和污染，待装上探测器时才除去塑料罩。

终端器为一个半导体硅二极管（2CK 或 2CZ 型）和一个电阻并联，安装时注意二极管负极接 +24V 端子或底座 L2 端，其终端电阻值大小不一，一般取 5～36kΩ 之间。凡是没有接探测器的区域控制器的空位，应在其相应接线端子上接上终端器，如设计时有特殊要求可与厂家联系解决。

（2）探测器的并联

同一部位上，为增大保护面积，可以将探测器并联使用，这些并联在一起的探测器仅占用一个部位号，不同部位的探测器不宜并联使用。

如比较大的会议室，使用一个探测器保护面积不够，假如使用 3 个探测器并联才能满足时，则这 3 个探测器中的任何一个发出火灾信号时，区域报警器的相应部位信号灯亮，但无法知道哪一个探测器报警，需要现场确认。

某些同一部位但情况特殊时，探测器不应并联使用，如大仓库，由于货物堆放较高，当探测器发生火灾信号后，到现场确认困难，所以从使用方便，准确角度看，应尽量不使用并联探测器为好。不同的报警控制器所允许探测器并联的只数也不一样，如 JB-O_B^T-10～50-101 报警控制器只允许并联 3 只感烟探测器和 7 只感温探测器；JB-Q_B^T-10～50-101A 允许并联感烟、感温探测器分别为 10 只。

探测器并联时，其底座配线是串联式配线连接，这样可以保证取走任何一只探测器时，火灾报警控制器均能报出故障。当装上探测器后，L1 和 L2 通过探测器连接起来，这时对探测器来说就是并联使用了。

探测器并联时，其底座应依次接线，如图 2-64 所示，不应有分支线路，这样才能保证终端器接在最后一只底座的 L2—L5 两端，以保证火灾报警控制器的自检功能。

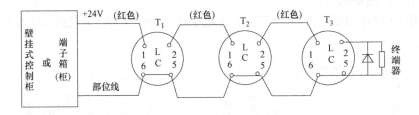

图 2-64 探测器并联时的接线图

（3）探测器的混合联接

在实际工程中仅用并联和仅单个连接的情况很少，大多是混联，如图 2-65 所示。

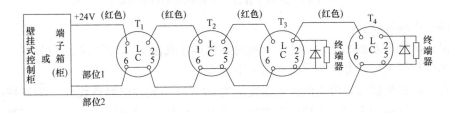

图 2-65 探测器混合联接

多线制的优点是探测器的电路比较简单，但缺点是线多，配管直径大，穿线复杂，线路故障不好查找。显然这种多线制方式只适用于小型报警系统。

2. 总线制系统

总线制是指采用两条至四条导线构成总线回路，所有的探测器都并接在总线上，每只探测器都有自己的独立地址码，报警控制器采用串行通讯的方式按不同的地址信号访问每只探测器。总线制用线量少，设计施工方便，因此被广泛使用。

总线是火灾自动报警系统信号传输线路与消防联动系统合二为一，即在一个回路中既有探测器、手动报警按钮，又有控制消防联动设施动作与接受动作回授信号的控制模块回路，也就是设备是并联在一根总线上的。采用地址编码技术，整个系统只用几根总线，建筑物内布线极其简单，给设计、施工及维护带来了极大的方便，因此被广泛采用。

（1）四总线制

四条总线为 P、T、S、G。P 线给出探测器的电源、编码、选址信号；T 线给出自检信号以判断探测部位传输线是否有故障；控制器从 S 线上获得探测部位的信息；G 为公共地线。P、T、S、G 均为并联方式连接，S 线上的信号对探测部位而言是分时的，如图 2-66 所示。

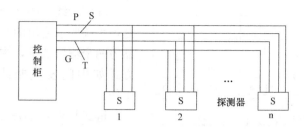

图 2-66　四总线制连接方式

由图可见，从探测器到区域报警器只用四根全总线，另外一根 V 线为 DC24V，也以总线形式由区域报警控制器接出来，其他现场设备也可使用（见后述）。这样控制器与区域报警器的布线为 5 线，大大简化了系统，尤其是在大系统中，这种线制的优点尤为突出。

（2）二总线制

二总线是一种高可靠性、自动同步编码解码通信，可以将现场节点的多个模拟量转换成数字量并进行远距离串行传输。其特点如下：

a. 智能跟踪自动编码；

b. 远距离监测，监测距离 2km；

c. 同时传输信号和功率，节点无需单独供电；

d. 回路节点数目可根据规模增减，最多 64 个。

二总线非常适宜于井下配电馈线出口多及馈线线路逐渐增长的现状，可抵制井下各种干扰的影响。二总线进行通信，2 条总线之间的电压为 24V，发送端的二总线通信芯片将需要传输的数字量以电流形式串行输出到二总线上，接收端从总线获得功率的同时接收信号，实现了功率和信号公用总线的要求。

常用的总线接口有 QA840159 等，提供单片机和总线的接口，通过电路和数据总线与 CPU 进行数据交换。总线接口从 CPU 中取得编码地址、控制码等信息后向总线回路发出标准串行码，包括地址段、地址校验段、控制段和模拟量返回段。地址段和地址校验段完全相同，以保证通信的可靠性。二总线通讯编解码芯片位于分支出口处，可以自动同步编解码和片内 A/D 转换，它不需进行频率和同步调整，可对总保护的编码数据进行智能化分析并自动跟踪对位，片内高速 A/D 转换电路仅在地址符合时加电，大大降低了系统总电流，可很方便地实现模拟量采集。

二总线系统结构简单，可靠性非常高，基于二总线的漏电保护系统，全面提高了矿用检漏装置的性能，缩短了总保护初跳闸时间，保证了井下的供电安全。

二总线制是一种最简单的接线方法，用线数量更少，但技术的复杂性和难度也提高了。二总线中的 G 线为公共地线，P 线则完成供电、选址、自检、获取信息等功能。目前，二总线制应用最多，新型智能火灾报警系统也建立在二总线的运行机制上。二总线系统有树枝型和环型、链接式及混合型几种方式，同时又有有极性和无极性之分，相比之下无极性二总线技术最先进。

树枝型接线：图 2-67 为树枝型接线方式。这种方式应用广泛，这种接线如果发生断线，可以报出断线故障点，但断点之后的探测器不能工作。

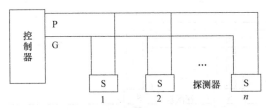

图 2-67 树枝型接线（二总线制）

环型接线：图 2-68 为环型接线方式。这种系统要求输出的两根总线再返回控制器另两个输出端子，构成环形。这种接线方式如中间发生断线不影响系统正常工作。

链式接线：如图 2-69 所示。这种系统的 P 线对各探测器是串联的，对探测器而言，变成了三根线，而对控制器还是两根线。

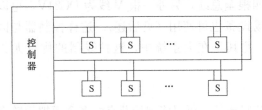

图 2-68 环型接线（二总线制）

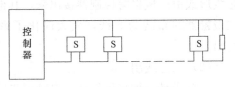

图 2-69 链式连接方式

在实际工程设计中，应根据情况选用适当的线制。

2.2.5.3 探测器工程图绘制

在工程图中，探测器如何绘制是很重要的环节，主要包括系统图和平面图。根据经验把施工图绘制总结为平面图设计步步深入法。设计步步深入法步骤：设备选择布置→布线标注线条数→标注回路等→完善图面，见如下示例。

1. 探测器系统图绘制

根据产品样本中系统图，在确定每层探测器数量、线制的基础上，每层设有接线端子箱，并应接短路隔离器，在二总线系统中，探测器应接到报警总线上，绘制见图 2-70 所示。

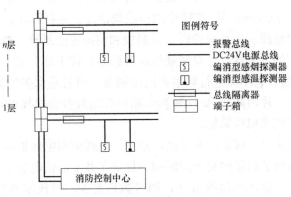

图 2-70 探测器接线系统图

2. 探测器平面图绘制（以二总线为例）

（1）探测器平面图绘制的基本顺序。探测器平面图绘制时一般建议采用设计步步深入法，即选设备→确定数量→布置→选线制→确定回路→布线及敷设，采用软件辅助设计，具体内容见后续。以二总线探测器平面图布置如图 2-71 所示，图中采用环型及树枝型混合布线方式。

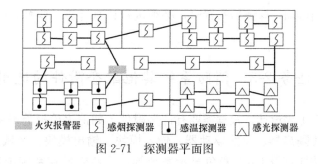

图 2-71 探测器平面图

（2）探测器平面图工程设计案例。以某工程地下一层一个柱网土建条件如图 2-72 所示为例，试选择和布置探测器。

设计方案 1：如果场所是车库：根据表 2-10 和表 2-11 查得选感温探测器，根据网柱结构特点确定数量为 4 只，采用均匀布置如图 2-73 所示，从图可见，满足要求。

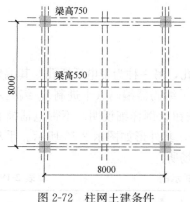

图 2-72 柱网土建条件

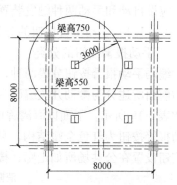

图 2-73 车库——采用感温探测器

设计方案 2：如果场所是风机房：根据前表 2-10 和表 2-11 查得选用感烟探测器，如果按照感烟探测器保护面积确定选 1 只，布置如图 2-74 所示，经过验证不满足要求，有没有保护到的地方。

当验证发现不合理时，应重新布置或增加探测器数量。对以上风机房采用感烟探测器，增加探测器数量，确定 2 只探测器，布置如图 2-75 所示，验证发现满足要求。

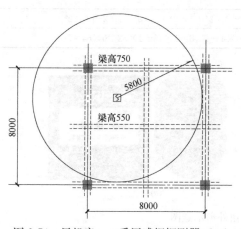

图 2-74 风机房——采用感烟探测器（一）

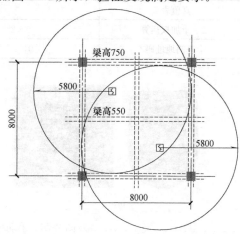

图 2-75 风机房——采用感烟探测器（二）

综上工程案例可知，探测器布置时，必须进行认真计算、验算，确保无"死角"，保证可靠探测。

任务 2-3 消防系统其他配套附件的选用

在消防系统中工程设计，根据需要有许多附件，如消火栓报警按钮、手动报警按钮、总线中继器、总线隔离器、总线驱动器、输入模块、输出模块、区域显示器、声光报警盒、报警门灯、诱导灯及 CRT 彩色显示系统等，这些附件在系统中起着各自应有的作用，有的是必备设备（系统中必须具有的设备），有的是选用设备（根据条件选用），下面分别阐述。

2.3.1 手动报警按钮的选用

手动报警按钮（亦称手动报警开关，俗称手报）是手动触发的报警装置。火灾报警系统中应设自动和手动两种触发装置。

2.3.1.1 手动报警按钮的分类及应用原理

1. 手动报警按钮的分类

编码手动报警按钮分成两种，一种为不带电话插孔，另一种为带电话插孔，其编码方式如前面所述分为微动开关编码（二、三进制）和电子编码器编码（十进制），编码示意图如表 2-19 所示。下面以海湾牌电子编码手动报警按钮为例详细说明。不带电话插孔的手动报警按钮为红色全塑结构，分底盒与上盖两部分，其外形如图示 2-76 所示。手动报警按钮设置在公共场所如走廊、楼梯口及人员密集的场所。

消防按钮编码开关编址方式示例 表 2-19

		0 1 2 3 4 5 6
n 次幂数		0　1　2　3　4　5　6
拨码 状态	ON=1 ↑ ↓ OFF=0	
2^n 值		1　2　4　8　16　32　64
真值表		0　0　0　1　1　1　0
二一十加权运算		$0\times2^0+0\times2^1+0\times2^2+1\times2^3+1\times2^4+1\times2^5+0\times2^6$
十进制地址码		$0\times1+0\times2+0\times4+1\times8+1\times16+1\times32+0\times64=56$

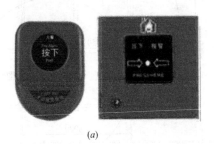
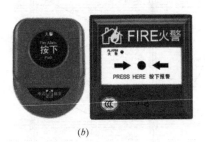

(a) (b)

图 2-76 手动报警按钮外形示意图

(a) 不带电话插孔手动报警按钮；(b) 带电话插孔手动报警按钮

2. 手动报警按钮的作用原理

手动火灾报警按钮是当有人员现场发现火灾时，而火灾报警探测器还没有检测到火灾的情况下，现场人员手动按下手动火灾报警按钮上的有机玻璃片，其内部触点动作，报告火灾信号。正常情况下当手动启动报警按钮时，几乎没有误报的可能。因为手动火灾报警按钮的报警发出条件是必须人工按下按钮启动。按下手动报警按钮的时候过 3～5s 手动报警按钮上的火警确认灯会点亮，控制器接收到报警信号后，显示出报警按钮的编号或位置，并发出报警音响。手动报警按钮和前面介绍的各类编码探测器一样，可直接接到控制器总线上，具体说明以下几点：

（1）无源常开输出端子，用来接外部设备（或空置）。（接外部设备时）报警按钮按下，输出触点闭合信号，可直接控制外部设备。

（2）按下报警按钮后，通过二总线向火灾报警控制器发出火灾报警信号，控制器接收到报警信号后，显示报警按钮的编码信息并发出报警声响。

（3）手动报警按钮是主动报警装置，必须靠人工现场控制。火灾控制器只能读取和显示按钮状态，不能对其进行控制和复位。

2.3.1.2   手动报警按钮的选择原则、设计要求、安装与布线

1. 手动报警按钮的选择原则与设计要求

（1）选择原则

应考虑如下条件：

① 工作电压；

② 报警电流；

③ 使用环境；

④ 编码方式；

⑤ 外形尺寸。

这些技术参数均能从产品样本中获取。

（2）设置场所及设计要求

手动火灾报警按钮宜设置在公共活动场所的出入口处，如走廊、楼梯口及人员密集的场所。

每个防火分区应至少设置一只手动火灾报警按钮。从一个防火分区内任何位置到最邻近的一只手动火灾报警按钮的距离不应大于 30m。

手动火灾报警按钮应设置在明显的和便于操作的部位，且应有明显的标志。

（3）手动报警按钮的工程设计案例

手动报警按钮工程设计案例如图 2-77 所示。

2. 手动报警按钮的施工与安装要点

（1）手动报警按钮的安装应符合《火灾自动报警系统设计规范》GB 50116—2013 和《火灾自动报警系统施工及验收规范》GB 50166 及产品说明书的要求。

（2）手动报警按钮的安装应参考标准图《火灾报警及消防控制》04X501 相关

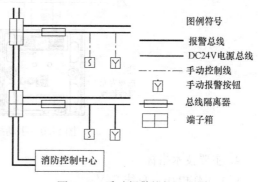

图 2-77   手动报警按钮工程图

内容。

（3）当安装在墙上时，其底边距地高度宜为 1.3～1.5m，且应有明显标志。

（4）安装时应牢固，不应倾斜。

（5）外接导线应留不小于 150mm 的余量。

3. 手动报警按钮的布线要求及应用

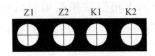

图 2-78　手动报警按钮（不带插孔）接线端子示意

（1）手动报警按钮的布线要求

手动报警按钮接线端子如图 2-78 及图 2-79 所示。

各端子的意义为（不带插孔）：

Z1、Z2：无极性信号＝总线端子；

K1、K2：无源常开输出端子。

布线时要求：Z1、Z2 采用 RVS 双绞线，导线截面 $\geqslant 1.0mm^2$。

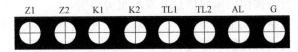

图 2-79　手动报警按钮（带消防电话插孔）接线端子示意

各端子的意义为（带消防电话插孔）：

Z1、Z2：与控制器信号二总线连接的端子；

K1、K2：DC24V 进线端子及控制线输出端子，用于提供直流 24V 开关信号；

TL1、TL2：与总线制编码电话插孔或多线制电话主机连接音频接线端子；

AL、G：与总线制编码电话插孔连接的报警请求线端子。

布线时要求：信号 Z1、Z2 采用 RVS 双绞线，截面积 $\geqslant 1.0mm^2$；消防电话线 TL1、TL2 采用 RVVP 屏蔽线，截面积 $\geqslant 1.0mm^2$；报警请求线 AL、G 采用 BV 线，截面积 $\geqslant 1.0mm^2$。

（2）手动报警按钮的应用及工程设计

手动报警按钮直接接入报警总线时，电话线接入电话系统，应用接线如图 2-80 所示。

在工程设计时，手动报警按钮直接与报警总线连接，如前图 2-77 所示。

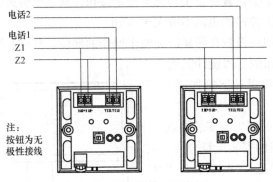

图 2-80　手动报警按钮应用

4. 主要技术指标

（1）工作电压：总线 24V；

（2）监视电流 $\leqslant 0.8mA$；

（3）动作电流≤2mA；

（4）线制：与控制器无极性信号二总线连接；

（5）使用环境：温度：−10～+50℃，相对湿度≤95%，不结露；

（6）外形尺寸：90mm×122mm×44mm。

2.3.2　消火栓报警按钮的选用

消火栓按钮已由普通型发展为编码型，具有启泵、报警、反馈显示等功能，在消火栓报警系统中起着主令的重要作用。

2.3.2.1　消火栓报警按钮的分类、原理及主要技术指标

1. 消火栓报警按钮分类及组成

消火栓报警按钮（俗称消报）作为火灾时启动消防水泵的设备在消防水系统控制中起重要作用。按操作不同分为小锤敲击式和嵌按有机玻璃式两种，按有无电话插孔又分有电话插孔和无电话插孔两种。小锤敲击式的消防按钮，外带敲击小锤，内部有两对触点，如图 2-81 所示。嵌按有机玻璃的消防按钮，按钮表面装有一有机玻璃片，内部有两对触点，如图 2-82 所示。消防报警按钮由外壳、按钮、指示灯、启动件、电器等组成。

通常每一个按钮开关有两对触点。每对触点由一个常开触点和一个常闭触点组成。

消火栓敲击按钮接线图颜色有红、绿、黑、黄、蓝、白等。如，红色表示停止按钮，绿色表示启动按钮等。

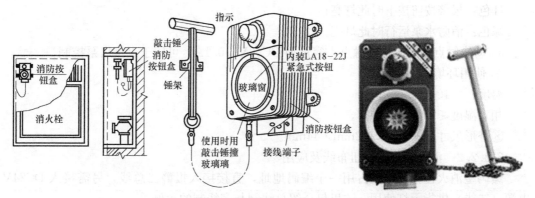

图 2-81　老式的带小锤的消防按钮

2. 消防按钮的工作原理及编码

（1）消防按钮的工作原理。目前消火栓按钮有总线型和多线型两种，这里以海湾产品为例加以说明。J-SAM-GST9123 型智能消火栓按钮为编码型，可直接接入控制器总线，占一个地址编码。按钮表面装有一有机玻璃片，火灾发生时，人员现场发现火灾时，而火灾报警探测器还没有检测到火灾的情况下，现场人员可直接按下有机玻璃片，此时按钮的红色指示灯亮，

图 2-82　新式编码消火栓报警按钮
J-SAM-GST9123 示意图

表明已向消防控制室外发出了报警信息，控制器在确认了消防水泵已启动运行后，就向消火栓报警按钮发出命令信号点亮泵运行指示灯。消火栓报警按钮上的泵运行指示灯既可由控制器点亮，也可由泵控制箱引来的指示泵运行状态的开关信号点亮，可根据具体设计要

求来选用。

（2）消防按钮的编码。消防按钮可电子编码，密封及防水性能优良，安装调试简单、方便。按钮还带有一对常开输出控制触点，可用来做直接启泵开关。

J-SAM-GST9124 型为智能编码消火栓报警按钮，可直接接入海湾公司生产的各种火灾报警控制器或联动控制器，编码采用电子编码方式，编码范围在 1～242 之间，可通过电子编码器在现场进行设定。按钮有两个指示灯，红色指示灯为火警指示，当按钮按下时点亮；绿色指示灯为动作指示灯，当现场设备动作后点亮。本按钮具有 DC24V 有源输出和现场设备无源回答输入，采用三线制与设备连接，可完成对设备的直接启动及监视功能，此方式可独立于控制器。

3. 主要技术指标

以 J-SAM-GST9123 型消火栓报警按钮为例：

① 工作电压：总线 24V；

② 监视电流≤0.8mA；

③ 报警电流≤2mA；

④ 线制：消火栓报警按钮与控制器信号二总线连接，若需实现直接启泵控制及由泵控制箱动作点亮泵运行指示灯，需将消火栓报警按钮与泵控制箱用三总线连接；

⑤ 动作指示灯：

红色：报警按钮按下时此灯亮；

绿色：消防水泵运行时此灯亮。

⑥ 动作触点：无源常开触点，容量为 DC60V、0.1A，可用于直接启泵控制；

⑦ 使用环境：

温度：—10～+50℃；

相对湿度≤95%，不结露。

⑧外形尺寸：90mm×122mm×44mm。

2.3.2.2 消火栓报警按钮布线及应用

编码型消火栓报警开关占用一个编码地址，直接接入报警二总线，另需接入 DC24V 电源（二线）供指示灯使用。这里仅介绍总线制与多线制的示例。

1. 采用总线制启泵方式布线及应用

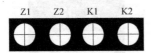

图 2-83 J-SAM-GST9123 型消消火栓
报警按钮接线端子示意

消火栓按钮直接和信号二总线连接，（以 J-SAM-GST9123 型智能编码消火栓报警按钮为案例）消火栓报警按钮接线端子示意如图 2-83 所示。

其中：

Z1、Z2：与控制器信号二总线连接的端子，不分极性；

K1、K2：无源常开触点，用于直接启泵控制时，需外接 24V 电源；

布线要求：信号线 Z1、Z2 采用阻燃 RVS 双绞线，导线截面≥1.0mm²。

总线制启泵方式应用示例：如图 2-84 所示为消火栓报警按钮直接和信号二总线连接的总线方式。按下消防按钮，向报警器发出报警信号，控制器发出启泵命令并确认泵已启动后，点亮按钮上的信号运行灯。采用直接启泵方式需要向泵控制箱及报警按钮提供

DC24V 电源线。

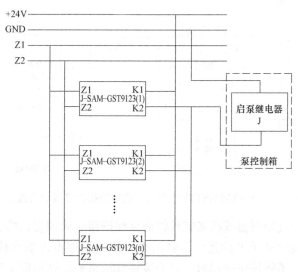

图 2-84　J-SAM-GST9123 型消火栓报警按钮总线制方式

2. 采用消火栓按钮直接启泵方式应用接线

以 J-SAM-GST9124 型智能型消火栓报警按钮为案例，消防按钮接线端子示意如图 2-85所示。

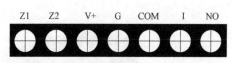

图 2-85　J-SAM-GST9124 消火栓报警
按钮接线端子示意

其中：

Z1、Z2：接控制器信号总线，无极性；

V＋、G：24VDC 电源输入端，有极性；24VDC 由泵控制箱提供时不用；

COM：DC24V 启泵信号输出端；

I：无源常开触点回答信号输入端；

NO：输出常开触点信号，额定容量 24VDC/100mA。

布线要求：信号线 Z1、Z2 采用阻燃 RVS 型双绞线，截面积≥1.0mm²；其他采用BV 线或 RVS 线，截面积≥1.0mm²。

J-SAM-GST9124 按钮可采用总线启泵方式，可见前图 2-85。也可采用多线制直接启泵方式，如图 2-86 所示。

J-SAM-GST9124 消火栓按钮可以采用多线制方式直接启动消防泵，启泵电源由泵控制箱提供并仅将 24V 正极线接到按钮的 V＋端。此时如果按下按钮则 COM 端子输出DC24V 电压信号，同时总线上报按钮动作；泵控制箱上的无源动作触点信号通过 I 端反馈致按钮，可以点亮按钮上的绿色回答指示灯。

2.3.2.3　消火栓报警按钮的安装要求与工程设计

1. 消火栓报警按钮安装要求

按设计规范规定：每个防火分区应至少设置一只手动火灾报警按钮。从一个防火分区内任何位置到最邻近的一只手动火灾报警按钮的距离不应大于 30m。安装在距消火栓箱200mm 处，底边距地 1.3～1.5m，留有 150mm 余量。安装前应首先检查消火栓按钮外壳是否完好无损，配件、标识是否齐全。确认消火栓按钮与设计图纸上所注类型及位置一

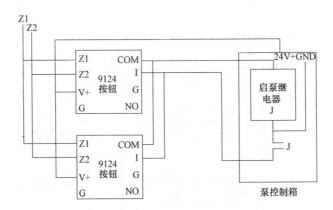

图 2-86　J-SAM-GST9124 型消火栓报警按钮多线制直接启泵

致。布线施工后，通过预埋盒或膨胀螺栓将消火栓按钮底壳固定在墙上。按照总线接线要求接好消火栓按钮接线端子上的连线。将消火栓按钮上盖卡入消火栓按钮下外壳上的卡簧，即可完成安装。消防按钮使用时，其安装接线很重要，这里配上实物模拟端子与模拟接线图，如图 2-87 所示。

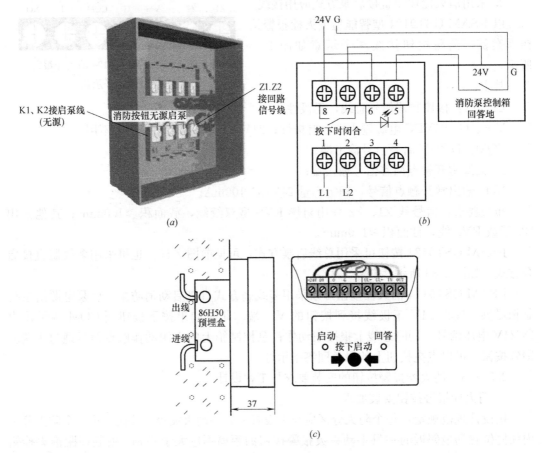

图 2-87　消防按钮模拟接线及安装图
(a) 实物模拟端子图；(b) 模拟接线图；(c) 安装示意图

2. 消火栓报警按钮工程设计案例

消防报警按钮直接接在系统总线上，消防泵控制柜要通过强电切换模块和控制模块与系统连接，工程设计时，要考虑联动设计关系。消防报警按钮在工程设计时，设计案例如图 2-88 所示。

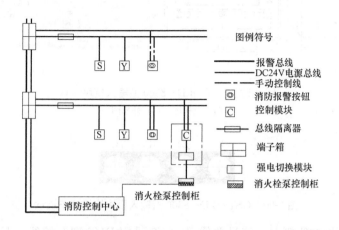

图 2-88　消防按钮工程设计案例

2.3.3　现场模块

根据用途不同模块可分为多种不同形式。下面分别阐述输入模块（亦称监视模块）、单输入/输出模块、双输入/双输出模块、切换模块的作用、适用范围、结构、安装与布线及应用案例。

2.3.3.1　输入模块（亦称监视模块）的选用

1. 输入模块作用及适用范围

（1）输入模块的作用：就是一个开关量信号，是接收现场装置的报警信号，实现信号向火灾报警控制器的传输，可接收到某个设备的动作信号。单输入模块只有一个地址码，只可监控一个设备。

（2）输入模块的适用范围：适用于现场各种主动型设备，如：水流指示器、压力开关、信号阀、防火阀等。输入模块接入到消防控制系统的总线上，这些设备动作后，输出的动作开关信号可由模块送入控制器，产生报警，并可通过控制器来联动其他相关设备动作。

本模块可采用电子编码器完成编码设置。当模块本身出现故障时，控制器将产生报警并可将故障模块的相关信息显示出来。

2. 输入模块结构、安装与布线

（1）输入模块结构。输入模块连接在控制器的回路总线上，采用电子写码，可以现场编程。输入模块结构及外形如图 2-89 所示。其外形端子如图 2-90 所示。

其中：

Z1、Z2：与控制器信号二总线连接的端子；

I1、G：与设备的无源常开触点（设备动作闭合报警型）连接的端子，也可通过电子编码器设置常闭输入。

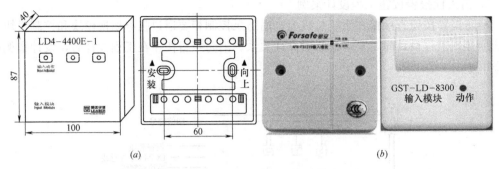

图 2-89　GST—LD—8300 型输入模块示意

(a) 结构图；(b) 外形图

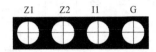

图 2-90　GST—LD—8300 型输入模块接线端子示意

（2）输入模块布线要求：信号总线 Z1、Z2 采用 RVS 型双绞线，截面积 $\geq 1.0\text{mm}^2$；I1、G 采用 RV 软线，截面积 $\geq 1.0\text{mm}^2$。

（3）输入模块安装：可安装在所控制设备附近，也可以安装在楼层端子模块箱内，采用明装，一般是墙上安装，当进线管预埋时，先用 M4 螺钉将底座固定在 DH86 型预埋盒上，接线完毕后，将模块扣合在底座上。底盒与盖间采用拔插式结构安装，拆卸简单方便，便于调试维修，具体安装如图 2-91 所示。

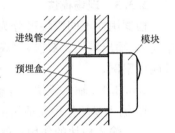

图 2-91　GST-LD-8300 型模块安装示意图

3. 输入模块应用案例

输入模块 GST—LD-8300 与无需供电的现场设备连接方法如图 2-92（a）所示，输入模块 GST—LD-8300 与需供电的现场设备连接方法如图 2-92（b）所示。

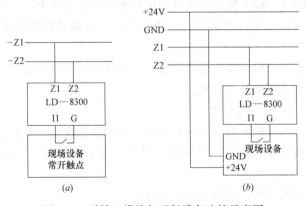

图 2-92　单输入模块与现场设备连接示意图

(a) 与无需供电设备连接示意图；(b) 与需供电设备的连接示意图

4. 主要技术指标（GST-LD-8300 型单输入模块）

（1）工作电压：总线 24V；

（2）平均电流≤1mA；

（3）线制：与控制器的信号二总线连接；

（4）使用环境：

温度：-10～+50℃；

相对湿度≤95%，不结露。

（5）外形尺寸：120mm×80mm×43mm。

2.3.3.2　输入/输出模块（也称为控制模块）的选用

输入/输出模块，在有控制要求时可以输出信号，或者提供一个开关量信号，使被控设备动作，同时可以接收设备的反馈信号，以向主机报告，是火灾报警联动系统中重要的组成部分。市场上的输入/输出模块都可以提供一对无源常开/常闭触点，用以控制被控设备，部分厂家的模块可以通过参数设定，设置成有源输出（如海湾 GST-LD-8301），相对应的还有双输入/输出模块、多输入/输出模块等等。

1. 单输入/输出模块

（1）作用及适用场所

单输入/输出模块可发出一个有源（24V）或无源开关量信号，并且可监控被控设备的动作情况。

单输入/输出模块，用于现场各种一次动作并有动作信号输出的被动型设备，如排烟阀、送风阀、防火阀、防火卷帘、风机、警铃、强电切换、广播切换。

输出模块连接在控制器的回路总线上，可安装在所控制设备附近，也可以安装在楼层端子模块箱内，采用电子写码，可以现场编程。模块内有一对常开、常闭触点，容量为 DC24V、5A。模块具有直流 24V 电压输出，用于与继电器触点接成有源输出，满足现场的不同需求。另外模块还设有开关信号输入端，用来和现场设备的开关触点连接，以便对现场设备是否动作进行确认。输出模块的输出控制逻辑组可以根据工程情况编程完成，当控制器接收到控制器的报警信号后，根据预先编入的程序，控制器通过总线将联动控制信号输送到输出模块，输出模块启动需要联动的消防设备。输出模块为无源输出方式，可以输出一对常开/常闭触点，接收一个信号回答。其实物如图 2-93所示。

图 2-93　单输入/输出模块实物图

应当注意的是，不应将模块触点直接接入交流控制回路，以防强交流干扰信号损坏模块或控制设备。

（2）结构特征、安装与布线（以海湾 GST—LD-8301 模块为例）

其外形尺寸及结构、安装方法均与 LD-8300 模块相同，其对外接线端子如图 2-94 示。

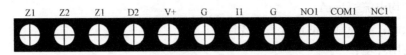

| Z1 | Z2 | Z1 | D2 | V+ | G | I1 | G | NO1 | COM1 | NC1 |

图 2-94　GST—LD-8301 型模块接线端子示意图

其中：

Z1、Z2：与无极性信号二总线连接的端子；

D1、D2：与控制器的 DC24V 电源连接的端子，不分极性；

V+、G：DC24V 输出端子，用于向输出触点提出供 +24V 信号，以便实现有源 DC24V 输出，输出触点容量为 5A，DC24V；

I1、G：与被控制设备无源常开触点连接的端子，用于实现设备动作回答确认（可通过电者按码器设为常闭输入）；

NO1，COM1、NC1：模块的常开常闭输出端子。

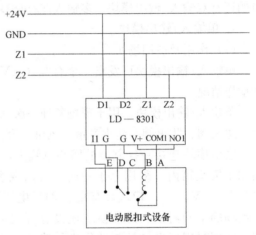

布线要求：信号总线 Z1、Z2 采用 RVS 型双绞线，截面积 $\geqslant 1.0\text{mm}^2$；电源线 D1、D2 采用 BV 线，截面积 $\geqslant 1.5\text{mm}^2$；V+、I1、G、NO1、COM1、NC1 采用 RV 线，截面积 $\geqslant 1.0\text{mm}^2$。

（3）应用

该模块直接驱动排烟口或防火阀等。（电磁脱扣式）设备的接线示意如图 2-95 所示。

图 2-95　GST—LD-8301 型单输入输出模块控制电动脱扣式设备接线示意图

2. 双输入/双输出模块（以 GST-LD-8303 型双输入/双输出工业模块为例）

（1）作用及适用场所

双输入/双输出模块可在恶劣的工业环境下稳定工作，是一种总线制控制接口，主要用于双动作消防联动设备的控制，同时可接收联动设备动作后的回答信号，实物如图 2-96 所示。

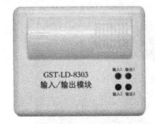

图 2-96　双输入/双输出模块实物图（右边为工业型）

双输入/输出模块具有两个编码地址，两个编码地址连续，最大编码为 242，可接收来自控制器的二次不同动作的命令，具有控制二次不同输出和确认两个不同回答信号的功能。此模块所需输入信号为常开开关信号，一旦开关信号动作，GST—LD-8303 模块将此开关信号通过联动总线送入控制器，联动控制器产生报警并显示出动作的地址号，当模块本身出现故障时，控制器也将产生报警并将模块编号显示出来。本模块具有两对常开、常闭触点，容量为 5A、DC24V，有源输出时可输出 1A、DC24V。

　　GST—LD-8303 模块的编码方式为电子编码，在编入一编码地址后，另一个编码地址自动生成为：编入地址＋1。该编码方式简便快捷，现场编码时使用海湾公司生产的 BMQ—1 型电子编码器进行。

　　（2）特征、安装与布线

　　该模块外形尺寸结构及安装方法与 GST—LD-8300 模块相同。其对外端子示意如图 2-97 所示。

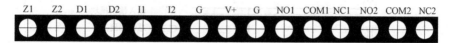

图 2-97　GST—LD-8303 型编码双输入/双输出模块接线端子示意

其中：

Z1、Z2：控制器来的信号总路线，无极性；

D1、D2：DC24V 电源，无极性；

I1、G：第一路无源输入端；

I2、G：第二路无源输入端；

V＋、G：DC24V 输出端子，用于向输出控制触点提供＋24 信号，以便实现有DC24V 输出，有源输出时可输出 1A、DC24V；

NC1、COM1、NO1：第一路常开常闭无源输出端子；

NC2、COM2、NO2：第二路常开常闭无源输出端子。

　　布线要求：信号总线 Z1、Z2 采用 RVS 双绞线，截面积≥1.0mm²；电源线 D1、D2 采用 BV 线，截面积≥1.5mm².

　　（3）应用示例

　　该模块与防火卷帘门电气控制箱（标准型）接线示意如图 2-98 所示

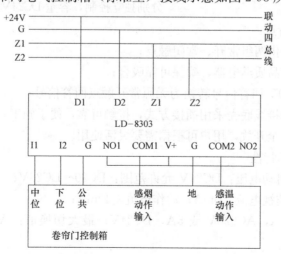

图 2-98　GST—LD-8303 型编码双输入/双输出模块与防火卷帘门电气控制箱接线示意

3. 输入/输出模块工程设计案例

输入/输出模块工程设计案例如图 2-99 所示。当感烟探测器探测到有火情时，传输信息给消防中心的报警控制器，报警控制器通过输入/输出模块的输出端给消防泵信号，启动消防泵，消防泵启动后通过输入/输出模块的输入端将启动信息传送给报警控制器。

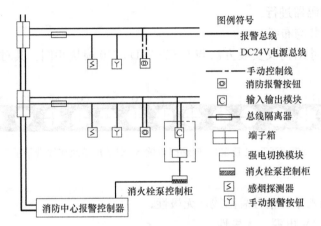

图 2-99　输入/输出模块工程设计案例

2.3.3.3　切换模块（以 GST-LD-8302A 为例）

图 2-100　GST—LD-8302A 切换模块实物示意

1. 切换模块的作用

GST—LD—8302A 双动作切换模块是一种专门设计用于与 GST—LD—8302 双输入/双输出模块连接，它是在控制器与被控设备之间作交流直流隔离及启动、停止双作控制的接口部件，防止强电造成的系统总线危险，实物如图 2-100 所示。

本模块为一种非编码模块，不可与控制器的总线连接。模块有一对常开、常闭输出触点，可分别独立控制，容量 DC24V、5A，AC220V、5A。

2. 切换模块的特点

（1）切换模块提供两组常开、常闭触点；

（2）输出采用高品质继电器，确保可靠吸合；

（3）可将 AC220V 回答信号转换为无源常开触点回答信号；

（4）电路部分和接线底壳采用插接方式，接触可靠，便于施工；

（5）输出触点完全开放，用户可根据需要灵活使用。

3. 切换模块技术特性

① 工作电压：启动电压：DC24V 允许范围：DC20～DC28V；

② 工作电流：监视电流：0mA；动作电流≤40mA；

③ 输出容量：5A，AC220V 或 5A，DC24V；最大切换值：AC250V，10A（NO），6A（NC）；

④ 输出控制方式：电平方式，继电器始终吸合；

⑤ 线制：输入端采用五线制与 GST-LD-8303 模块连接；输出端采用六线与受控设备连接，其中三线用于控制设备，三线用于接收回答信号；

⑥ 使用环境：温度：－10～＋50℃；相对湿度≤95％，不凝露；

⑦ 外形尺寸：120mm×80mm×43mm；

⑧ 壳体材料和颜色：ABS，象牙白；

⑨ 重量：约 201g（带底壳）；

⑩ 安装孔距：65mm。

4. 切换模块安装与布线

切换模块外形尺寸、结构及安装均与 GST—LD—8300 型模块相同。其对外接线端子如图 2-101 所示。

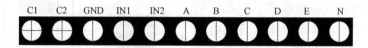

图 2-101　LD-8302A 型双动作切换模块接线端子示意图

其中：

弱电端子如下：

C1：启动命令信号输入端子；

C2：停止命令信号输入端子；

GND：地线端子；

IN1：启动回答信号输出端子；

IN2：停止回答信号输出端子。

强电端子如下：

A、B：启动命令信号输出端子，为无源常开触点；

C、B：停止命令信号输出端子，为无源常闭触点；

D：启动回答信号输入端子，取自被控设备 AC220V 常开触点；

E：停止回答信号输入端子，取自被控设备 AC220V 常闭触点；

N：AC220 零线端子。

5. 切换模块的应用

切换模块要直接与 GST—LD-8303 型双输入/双输出模块连接使用，如图 2-102 所示。

综上几种模块介绍可知，模块对不同厂家来说型号各异，归纳为以下要点：

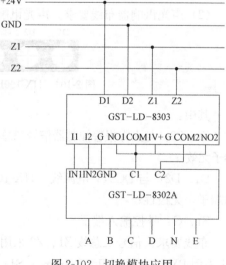

图 2-102　切换模块应用

（1）不同需要的选择。需要将被监控的开关量信号转换为报警主机可识别的报警信号，就要用输入模块；需要联动控制或启动其他设备，用输出模块；需要在控制器与被控设备之间作交流直流隔离及启动、停动双作控制，就要用切换模块。

（2）各自特点。单输入模块只有一个地址码，只可监控一个设备，双输入/输出模块有两个地址码，单输入/输出模块可发出一个有源（24V）或无源开关量信号，并且可监控被控设备的动作情况。

（3）共同点。具有信号传递功能及主动控制功能，是所有联动设备与报警主机的桥梁。在实际的工程设计中一定要注意模块的正确选用。

2.3.4　声光报警盒（亦称声光讯响器）的选用

1. 声光讯响器的分类与作用

声光讯响器是一种安装在现场的声光报警设备，声光讯响器一般分为非编码型与编码型两种。编码型可直接接入报警控制器的信号二总线（需由电源系统提供两根 DC24V 电源线），非编码型可直接由有源 24V 常开触点进行控制，例如用手动报警按钮的输出触点控制等，实物及外形尺寸如图 2-103 所示。

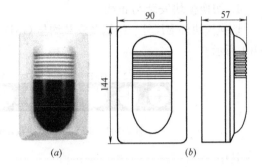

图 2-103　HX-100B 型声光讯响器外形尺寸示意
(a) 实物图；(b) 外形尺寸示意

声光讯响器的作用：当现场发生火灾并确认后，安装在现场的声光警报器可由消防控制中心的火灾报警控制器启动，发出强烈的声光警报信号，以达到提醒现场人员注意的目的。

2. 声光讯响器安装与布线要求

（1）声光讯响器安装。主要安装在公共走廊、楼梯间以及气体灭火场所，采用壁挂式安装，在普通高度空间下，以距顶棚 0.2m 处为宜安装在现场。

（2）声光讯响器布线要求。声光讯响器接线端子如图 2-104 所示。

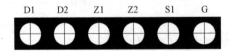

图 2-104　HX-100B 型声光讯响器接线端子示意

其中：

Z1，Z2：与火灾报警控制器信号二总线连接的端子，对于 HX-100A 型声光讯响器，此端子无效；

D1、D2：与 DC24V 电源线（HX-100B）或 DC24V 常开控制触点（HX-100A）连接的端子，无极性；

S1、G：外控输入端子。

布线要求：信号二总线 Z1、Z2 采用 RVS 型双绞线，截面积$\geqslant 1.0 mm^2$；电源线 D1、D2 采用 BV 线，截面积$\geqslant 1.5 mm^2$；S1、G 采用 RV 线，截面积$\geqslant 0.5 mm^2$。

编码型火灾声光警报器接入报警总线和 DC24V 电源线，共四线。

3. 声光讯响器设置要求

按报警规范规定，声光讯响器设置要求有如下几点：

（1）未设置火灾应急广播的火灾自动报警系统，应设置火灾警报装置。

（2）每个防火分区至少应设置一个火灾警报装置，警报装置宜采用手动或自动控制方式。

（3）在环境噪声大于 60dB 的场所设置火灾警报装置时，其声警报的声压级应高于背景噪声 15dB。

（4）火灾警报装置应安装在安全出口附近明显处，一般宜设置在各楼层走道靠近楼梯出口处，距地面 1.8m 以上。光警报器与消防应急疏散标志不宜在同一面墙上，安装在同一面墙上时，距离应大于 1m。

4. 声光讯响器主要技术指标（JH8032 声光讯响器）

1）工作电压：DC18～DC26V；

2）静态电流：5mA；

3）报警音量：≥85dB；

4）环境温度：−10～＋50℃；

5）湿度范围：≤95％RH（40±2℃）；

6）外型尺寸：160×116×47（mm）。

5. 声光讯响器应用示例

声光讯响器在使用中可直接与手动报警接钮的无源常开触点连接，如图 2-105 所示。当发生火灾时，手动报警按钮可直接启动讯响器。

2.3.5 报警门灯及诱导灯的应用

1. 报警门灯

（1）报警门灯安装场所。门灯一般安装在巡视观察方便的地方，如会议室、餐厅、房间等门口上方，便于从外部了解内部的火灾探测器是否报警。

（2）报警门灯的作用及布线。门灯可与对应的探测器并联使用，并与该探测器编码一致。当探测器报警时，门灯上的指示灯闪亮，在不进入室内的情况下就可知道室内的探测器已触发报警。门灯中处有一红色高亮度发光区，当对应的探测器触发时，该区红灯闪亮。其外形及对外端子示意如图 2-106 所示。

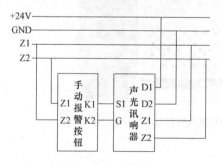

图 2-105 手动报警按钮直接控制
编码声光讯响器示意

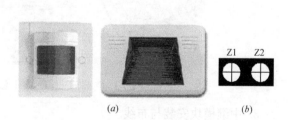

图 2-106 LD-8314 型编码探测器门灯
（*a*）外形示意；（*b*）接线端子示意

其中：

Z1、Z2 为与对应探测器信号二总线的接线端子。

布线要求：直接接入信号二总线，无需其他布线。

2. 诱导灯（引导灯）

引导灯安装在各疏散通道上，均与消防控制中心控制器相接。当火灾时，在消防中心手动操作打开有关的引导灯，指示人员疏散通道，实物见图 2-107。

图 2-107　疏散诱导灯（引导灯）

2.3.6　总线中继器的选用（以下简称中继模块，以 GST-LD-8321 为例）

1. 中继模块的作用

中继模块采用 DC24V 供电，总线信号输入与输出间电气隔离，完成了探测器总线的信号隔离传输，可增强整个系统的抗干扰能力，并且具有扩展探测器总线通讯距离的功能。中继模块主要用于总线处在有比较强的电磁干扰的区域及总线长度超过 1000m 需要延长总线通讯距离的场合。

2. 中继模块的主要技术指标

（1）总线输入距离：≤1000m；

（2）总线输出距离：≤1000m；

（3）电源电压：DC18～DC24V；

（4）静态功耗：静态电流＜20mA；

（5）带载能耗及兼容性：可配接 1～242 点总线设备，兼容所有探测器总线设备；

（6）隔离电压：总线输入与总线输出间隔离电压＞1500V；

（7）使用环境：温度：−10～＋50℃；相对湿度：≤95％，不结露；

（8）外形尺寸：85mm×128mm×56mm，外型如图 2-108 所示。

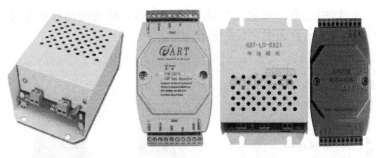

图 2-108　GST—LD-8321 总线中继器外形示意

3. 中继模块安装与布线

（1）中继模块安装。中继模块用于抗干扰使用时，应安装于存在干扰的现场以外，如直接安装于控制器内；中继模块作为延长总线通讯距离使用时，应安装于控制器总线距离小于或等于 1000m 处；采用 M4 螺钉固定，室内安装。

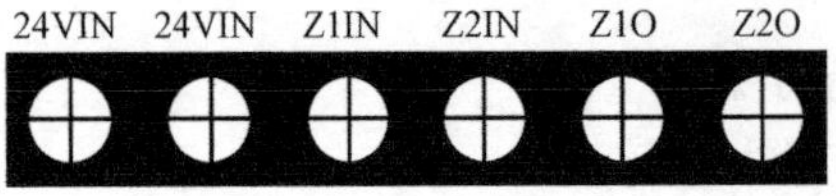

24VIN	24VIN	Z1IN	Z2IN	Z1O	Z2O

（2）中继模块的布线。中继模块对外接线端子如图 2-109 所示。

图 2-109　GST—LD-8321 总线中继器接线端子示意

其中：

24VIN：DC18～DC30V 电压输入端子；

Z1IN、Z2IN：无极性信号二总线输入端子，与控制器无极性信号二总线输出连接，距离应小于 1000m；

Z1O、Z2O：隔离无级性两总线输出端子。

布线要求：无极性信号二总线采用 RVS 双绞线，截面积$\geqslant 1.0 \text{mm}^2$；24V 电源线采用 BV 线，截面积$\geqslant 1.5 \text{mm}^2$。

4. 编码中继器和终端

在消防系统中为了降低造价，偶尔会使用一些非编码设备，如非编号感烟探测器、非编号感温探测器等，但因为这些设备本身不带地址，无法直接与信号总线相连，为此需要加入编码中继器（编码中继器为编码设备）和终端，以便使非编码设备能正常地接入信号总线中。下面以 GST—LD-8319 编码中继器和 GST—LD-8320 有源终端为例对其接线方式和功能加以说明。

(1) GST-LD-8320/GST-LD-8320A 型终端器。在非编码火灾自动报警系统中，传统方式都是通过在回路终端连接一只电阻来维持系统的正常工作，一旦匹配不当将使整个报警系统工作不正常，甚至会产生误报警等问题。GST-LD-8320/ GST-LD-8320A 终端器与 GST-LD-8319 输入模块配套使用，取代了终端电阻，当报警系统输出回路中有现场设备被取下时，GST-LD-8319 中继模块可向控制器报出故障，但不影响其他现场设备正常工作，有效地解决了上述问题，大大提高了非编码报警系统的可靠性。终端器如图 2-110 (a) 所示。

(2) GST-LD-8319 编码中继模块。是一种编码模块，只占用一个编码点，地址编码采用电子编码方式，用于连接非编码探测器等现场设备，当接入编码中继器输出回路中的任何一只现场非编码设备报警后，编码中继器都会将报警信息传给报警控制器，控制器产生报警信号并显示出编码中继器的地址编号。编码中继器可配接公司生产的 JTFB-GOF-GST601 非编码感烟感温复合探测器、JTY-GF-GST104 非编码光电感烟探测器及 JTWB-ZCD-G1（A）非编码电子差定温感温探测器等。编码中继器具有输出回路断路检测功能，输出回路的末端连接 GST—LD-8320 有源终端，当输出回路断路时，编码中继器将故障信息传送给报警控制器，控制器显示出编码中继器的编码地址；当输出回路中有现场设备被取下时，编码中继器会报故障但不影响其他现场设备正常工作。一个编码中继器可带多只非编码型探测器，也可多种探测器混用，但混用数量不超过 15 只。其具体接线方式如图 2-110 (b) 所示。

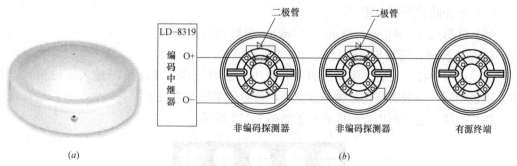

图 2-110　编码中继器和终端器与非编码设备的接线示意图
(a) 终端器；(b) 编码中继器

5. 中继模块特点

（1）用数字信号与控制器进行通讯，工作稳定可靠，对电磁干扰有良好的抑制能力；

（2）输出信号采用光电隔离技术，使用安全，对工频干扰有良好的抑制能力。

6. 中继模块测试

（1）中继模块安装结束后或在使用过程中至少每年都必须进行测试。

（2）中继模块在进行测试之前，应通知有关管理部门，系统将进行维护会因此而临时停止工作。同时应切断将进行维护的区域或系统的逻辑控制功能，以免造成不必要的报警联动。

（3）使火灾报警控制器发码，中继模块红色指示灯应点亮；使连接在此总线上的探测器报火警，控制器应能指示出该火警的正确位置。

2.3.7　总线隔离器的应用（以 GST-LD-8313 为例）

1. 总线隔离器的作用

图 2-111　总线隔离器实物示意

总线隔离器用在传输总线上，对各分支线作短路时的隔离作用。它能自动使短路部分两端呈高阻态或开路状态，使之不损坏控制器，也不影响总线上其他部件的正常工作，当这部分短路故障消除时，能自动恢复这部分回路的正常工作。这种装置又称短路隔离器，如图 2-111 所示。

当总线发生故障时，将发生故障的总线部分与整个系统隔离开来，以保证系统的其他部分能够正常工作，同时便于确定出发生故障的总线部位。当故障部分的总线修复后，隔离器可自行恢复工作，将被隔离出去的部分重新纳入系统。

2. 总线隔离器主要技术指标

（1）工作电压：总线 24V；

（2）动作电流：≤100mA；

（3）动作确认灯：黄色；

（4）使用环境：温度：−10～+50℃，相对湿度≤95%，不结露；

（5）外壳防护等级：IP30；

（6）外形尺寸：86mm×86mm×43mm（带底壳）。

3. 结构特征、安装与布线

（1）结构特征、安装。隔离器的外形尺寸及结构与 GST-LD-8319 输入模块相同，安装方法也相同，一般安装在总线的分支处，可直接串联在总线上。

（2）布线。总线隔离器的接线端子如图 2-112 所示

图 2-112　GST—LD-8313 总线隔离器接线端子示意

其中：

Z1、Z2：无极性信号二总线输入端子；

ZO1、ZO2：无极性信号二总线输出端子，最多可接入 50 个编码设备（含各类探测器或编码模块）；

A：动作电流选择端子，与 ZO1 短接时，隔离器最多可接入 100 个编码设备（含各类探测器或编码模块）。

布线要求：直接与信号二总线连接，无需其他布线。可选用截面积 $\geqslant 1.0\text{mm}^2$ 的 RVS 双绞线。

4. 应用示例

总线隔离器应接在各分支回路中起到短路保护作用，如图 2-113 所示。工程设计案例前面图中均有示之。

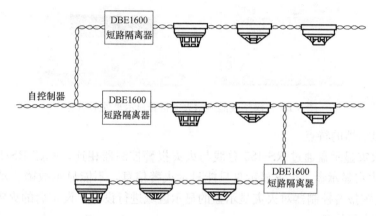

图 2-113　短路隔离器的应用示例

2.3.8　总线驱动器的使用

1. 总线驱动器作用

计算机有地址、数据、控制三总线。第一由于总线上需要驱动的负荷多，CPU 是大规模集成电路，不具备功率驱动能力，总线驱动器的作用是提供功率驱动；第二个是 CPU 常常是分时复用总线，就是说在不同时段，管脚上出现的信号功能不同，需要锁存器存储并分离信号，起锁存器的作用。总之，总线驱动器的作用是增强线路的驱动能力，同时起锁存器的作用。总线驱动器实物如图 2-114 所示。

图 2-114　总线驱动器实物图

2. 总线驱动器应用场所

总线驱动器不属于消防系统必选设备，只有当以下三种情况出现时，才需要选用。

（1）当一台报警控制器监控的部件超过 200 件以上，每 200 件左右用一只；

（2）所监控设备电流超过 200mA，每 200mA 左右用一只；

（3）当总线传输距离太长，太密，超长（500m）安装一只（也有厂家超过 1000m 安一只，应结合厂家产品而定）。

2.3.9 区域显示器的应用（又叫火灾显示盘或层显，以 ZF-500 为例）

1. 区域显示器作用及适用范围

当一个系统中不安装区域报警控制器时，应在各报警区域安装区域显示器，其作用是显示来自消防中心报警器的火警信息，适用于各防火监视分区或楼层，实物如图 2-115 所示。

ZF-500 火灾显示盘是用单片机设计开发的汉字式火灾显示盘，用来显示已报火警的位置编号及其汉字信息并同时发出声光报警信号。它通过通讯总线与 GST200、GST500 及 GST5000 等火灾报警控制器相连，处理并显示控制器传送过来的数据。当用一台报警控制器同时监控数个楼层或防火分区时，可在每个楼层或防火分区设置火灾显示盘以取代区域报警控制器。

图 2-115 汉字液晶显示火灾报警显示盘外形示意

2. 区域显示器的特点

ZF-500 火灾显示盘通过 RS-485 总线与火灾报警控制器相连，每路 RS-485 总线最多可配接 64 台火灾显示盘。火灾显示盘只能显示火警信息，不能显示故障、动作等其他信息。可通过火灾报警控制器对火灾显示盘的显示区域进行设定，设定后的火灾显示盘只能显示本区域的火警信息。

3. 区域显示器主要技术指标

（1）工作电压：DC16.8～DC27.6V；

（2）显示容量：最多不超过 126 条火警信息；

（3）显示范围：每屏显示 2 条火警信息，第一条为首警信息，第二条为最新火警信息；按调显键时，第一条为首警信息，第二条为调显火警信息；

（4）线制：与火灾报警控制器采用有极性二总线连接，另需两根 DC24V 电源供电线，不分极性；

（5）使用环境：温度：0～+40℃，相对湿度≤95%，不凝露；

（6）静态功耗：≤2W；最大功耗≤5W；

（7）执行标准：GB 17429。

4. 区域显示器布线

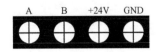

图 2-116 ZF-500 火灾显示盘接线端子图

火灾显示盘接线端子如图 2-116 所示。

其中：

A、B：连接火灾报警控制器的通讯总线端子；

+24V、GND：DC24V 电源线端子。

布线要求：DC24V 电源线采用 BV 线，截面积≥2.5 mm²；

通讯线 A、B 采用 RVVP 屏蔽线，截面积≥1.0 mm²。

2.3.10 CRT 彩色显示系统

在大型的消防系统的控制中必须采用微机显示系统即 CRT 系统，它包括系统的接口板、计算机、彩色监视器、打印机，是一种高智能化的显示系统。该系统采用现代化手段、现代化工具及现代化的科学技术代替以往庞大的模拟显示屏，其先进性对造型复杂的建筑群体更加突出，其外形如图 2-117 所示。

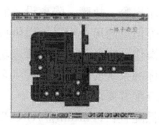

图 2-117　GSTCRT2001 彩色 CRT 显示系统示意

1. CRT 报警显示系统的作用

CRT 报警显示系统是把所有与消防系统有关的建筑物的平面图形及报警区域和报警点存入计算机内，在火灾时，CRT 显示屏上能自动用声光显示部位，如用黄色（预警）和红色（火警）不断闪动，同时用不同的音响来反映各种探测器、报警按钮、消火栓、水喷淋等各种灭火系统和送风口、排烟口等的具体位置。用汉字和图形来进一步说明发生火灾的部位、时间及报警类型，打印机自动打印，以便记忆着火时间，进行事故分析和存档，给消防值班人员更直观更方便地提供火情和消防信息。

2. 对 CRT 报警显示系统的要求

随着计算机的不断更新换代，CRT 报警显示系统产品种类不断更新，在消防系统的设计过程中，选择合适的 CRT 系统是保证系统正常监控的必要条件，因此要求所选用的 CRT 系统必须具备下列功能：

① 报警时，自动显示及打印火灾监视平面中火灾点位置、报警探测器种类、火灾报警时间；

② 所有消火栓报警开关、手动报警开关、水流指示器、探测器等均应编码，且在 CRT 平面上建立相应的符号。利用不同的符号不同的颜色代表不同的设备，在报警时有明显的不同音响。

③ 当火灾自动报警系统需进行手动检查时，显示并打印检查结果。

④ 所具有的火警优先功能，应不受其他以及按用户的要求所编制软件的影响。

3. CRT 彩色显示系统案例

（1）案例简介

GSTCRT2001 彩色显示系统是海湾安全技术有限公司最新一代消防控制中心火警监控、管理系统，它用于火灾报警及消防联动设备的管理与控制以及设备的图形化显示，可与海湾安全技术有限公司所生产的 GST200、GST500/5000、GST9000 等系列火灾报警控制器（联动型）组成功能完备的图形化消防中心监控系统，并且 CRT 之间可以通过局域网、普通电话线（通过调制解调器）、RS-232 等方式进行联网，接收、发送、显示设备的异常信息及主机信息，从而实现了火灾报警系统的远程中央监控。

　　系统可以同时管理多台不同类型的控制器；自动维护系统的数据通讯，且用户可以通过通讯测试功能随时测试系统数据通讯状态，保证系统可靠运行；简单、直观、完整的用户图形监控界面，可在不同监视区的设备布置图上切换显示，并通过不同的颜色显示现场设备的报警及动作、故障、隔离等异常信息，对于指挥现场灭火十分有益；可在 CRT 彩色显示系统上完成相关设备控制操作，提供与火灾报警控制器（联动型）相同的控制方式；实时打印报警、故障、隔离设备的位置、类型、时间；同时可按条件查询并打印各种报警、故障等信息的历史记录；提供报警辅助处理方案，在紧急情况下提示值班人员完成必要的应急操作；完备的数据库管理功能，并具有数据备份功能，可将你的数据损失降到最低，保证你的系统安全；系统提供多级密码，便于系统安全管理，防止误操作。

　　（2）系统配置要求

　　硬件最低配置：PentiumⅢ1G CPU；512M 内存；硬件推荐配置：PentiumⅢ2G 以上CPU；512M 以上内存；4G 以上硬盘可用空间；操作系统：Windows 98、Windows2000、Windows XP 视窗操作系统；依据现场情况选配局域网网卡或调制解调器。GSTCRT 彩色显示系统的操作使用方法参见《GSTCRT 彩色显示系统用户手册》。

　　（3）系统窗口页面示例

　　系统提供各种相关主题的在线帮助，如图 2-118 所示。

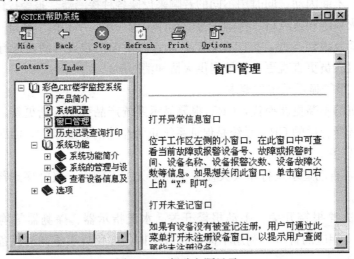

图 2-118　帮助主题目录

　　清晰详明的监控功能：若需手动启动系统时，请双击屏幕上的 CRT 监控系统快捷方式或通过开始菜单启动监控系统，如图 2-119 所示。

　　初始化成功后，出现在用户面前的画面由菜单区、客户工作区组成，客户工作区中是图形监控窗口，如图 2-120 所示。

　　菜单区提供各种功能操作菜单；图形监控窗口中自动循环显示各楼层画面，用户可以通过单击"手动"按钮来实现手动查看感兴趣楼层。

　　动态查询设备状态：欲查看工作区内某一设备，双击该设备将弹出设备对话框，如图 2-121 左所示。如果所查询设备是模块等可启动设备，还可对设备进行启停操作，如图 2-121 右所示。但只有管理员才能进行此操作，如果此时是一般用户管理状态，将要求输入管理员密码。

图 2-119　清晰详明的监控功能

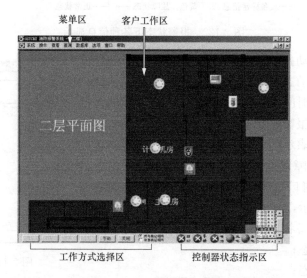

图 2-120　工作界面的组成

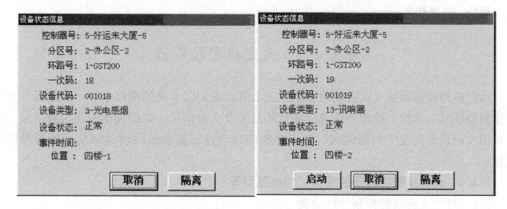

图 2-121　动态查询设备

报警状态下各种信息显示：初始化时若无报警和故障产生，系统将以每 4s 切换一个画面的速度逐层切换画面。当有报警或故障产生，画面可自动切换为报警或故障画面，如

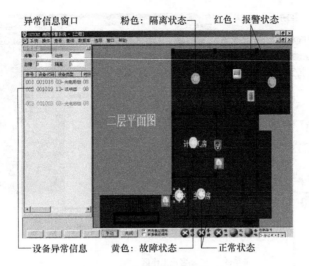

图 2-122　报警状态下各种信息显示

果此时系统为"自动打开异常窗口",则设备状态信息窗口将自动弹出,并动态显示报警或故障设备位置、名称、编号及报警或故障时间,如图 2-122 所示,打印机同时打印该设备的编号、报警或故障时间。画面中的设备,不同状态用不同的颜色表示。

　　若该报警或故障设备没被登记注册,且此时系统为"自动打开未登记窗口",系统将会自动弹出一个警告窗口,如图 2-123 所示,以提示用户查阅是否为误报设备。

　　设备颜色与设备状态映射方式:

原色:正常状态;

红色:报警状态;

黄色:故障状态;

粉色:隔离状态。

图 2-123　误报警告

任务 2-4　火灾报警控制器

　　火灾报警控制器是火灾自动报警系统的心脏,是消防系统的指挥中心,控制器可为火灾探测器供电,接收、处理和传递探测点的故障及火警信号,并能发出声光报警信号,同时显示及记录火灾发生的部位和时间,并能向联动控制器发出联动通知信号的报警控制装置。

2.4.1　火灾报警控制器的分类、功能及型号

2.4.1.1　火灾报警控制器的分类

　　火灾报警控制器种类繁多,从不同角度有不同分类,控制器按结构形式、技术性能、设计使用、使用环境及应用方式分为各种类型,具体分类如图 2-124 所示,外型如图 2-125 所示。

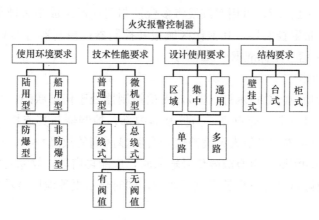

图 2-124　火灾报警控制器的分类

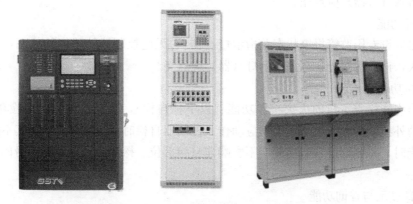

图 2-125　壁挂式、立柜式及台式报警控制器外形图

2.4.1.2　火灾报警控制器的基本功能

根据 GB 4717 国家标准，火灾报警控制器的基本功能有：火灾报警功能、火灾报警控制功能、故障报警功能、屏蔽功能、监管功能、自检功能、信息显示与查询功能、系统兼容功能、电源功能、软件控制功能等。

1. 火灾报警及火警优先功能

控制器应能直接或间接地接收来自火灾探测器及其他火灾报警触发器件的火灾报警信号，发出火灾报警声光信号，指示火灾发生部位，记录火灾报警时间，并予以保持，直至手动复位。当收到探测器、手动报警开关、消火栓开关及输入模块所配接的设备所发来的火警信号时，均可在报警器中发出似警车的变调报警。

在系统存在故障的情况下出现火警，则报警器能由报故障自动转变为报火警，而当火警被清除后又自动恢复报原有故障。当系统存在某些故障而又未被修复时，会影响火警优先功能，如下列情况下：a. 电源故障；b. 当本部位探测器损坏时本部位出现火警；c. 总线部位故障（如信号线对地短路、总线开路与短路等）均会影响火警优先。

2. 火灾报警控制功能

控制器在火灾报警状态下应有火灾声和/或光警报器控制输出。控制器中有 V 端子，VG 端子间输出 DC24V、2A。向本控制器所监视的某些现场部件和控制接口提供 24V 电源；控制器有端子 L1、L2，可用双绞线将多台控制器连通组成多区域集中报警系统，系统中有一台作集中报警控制器，其他作区域报警控制器；控制器有 GTRC 端子，用来同CRT 联机，其输出信号是标准 RS232 信号。

3. 故障报警功能

控制器应设专用故障总指示灯（器），无论控制器处于何种状态，只要有故障信号存在，该故障总指示灯（器）应点亮。当控制器内部、控制器与其连接的部件间发生故障时，控制器应在 100s 内发出与火灾报警信号有明显区别的故障声（长音响）光信号，故障声光信号应能手动消除，再有故障信号输入时，应能再启动；故障光信号应保持至故障排除。报警时，故障灯亮并发出长音故障音响，同时显示报警地址号及类型号。

4. 屏蔽功能

控制器应有专用屏蔽总指示灯（器），无论控制器处于何种状态，只要有屏蔽存在，该屏蔽总指示灯（器）应点亮。

5. 监管功能

控制器应设专用监管报警状态总指示灯（器），无论控制器处于何种状态，只要有监管信号输入，该监管报警状态总指示灯（器）应点亮。

6. 自检功能

控制器应能检查本机的火灾报警功能（以下称自检），控制器在执行自检功能期间，受其控制的外接设备和输出接点均不应动作。控制器自检时间超过 1 min 或其不能自动停止自检功能时，控制器的自检功能应不影响非自检部位、探测区和控制器本身的火灾报警功能。

7. 信息显示与查询功能

控制器信息显示按火灾报警、监管报警及其他状态顺序由高至低排列信息显示等级，高等级的状态信息应优先显示，低等级状态信息显示不应影响高等级状态信息显示，显示的信息应与对应的状态一致且易于辨识。当控制器处于某一高等级状态显示时，应能通过手动操作查询其他低等级状态信息，各状态信息不应交替显示。

8. 系统兼容功能（仅适用于集中、区域和集中区域兼容型控制器）

区域控制器应能向集中控制器发送火灾报警、火灾报警控制、故障报警、自检以及可能具有的监管报警、屏蔽、延时等各种完整信息，并应能接收、处理集中控制器的相关指令。

集中控制器应能接收和显示来自各区域控制器的火灾报警、火灾报警控制、故障报警、自检以及可能具有的监管报警、屏蔽、延时等各种完整信息，进入相应状态，并应能向区域控制器发出控制指令。

9. 电源功能

在控制器中备有浮充备用电池，控制器的电源部分应具有主电源和备用电源转换装置。在控制器投入使用时，应将电源盒上方的主、备电开关全打开，当主电网有电时，控制器自动利用主电网供电，同时对电池充电，当主电源断电时，能自动转换到备用电源；主电源恢复时，能自动转换到主电源；应有主、备电源工作状态指示，主电源应有过流保护措施，主、备电源的转换不应使控制器产生误动作。

10. 软件控制功能（仅适用于软件实现控制功能的控制器）

控制器应有程序运行监视功能，当其不能运行主要功能程序时，控制器应在 100 s 内发出系统故障信号。

11. 操作级别

控制器的操作级别应符合表 2-20 要求。

控制器操作级别划分表　　　　　　　　　　　　　　　　表 2-20

序号	操作项目	I	II	III	IV
1	查询信息	O	M	M	
2	消防控制器的声信号	O	M	M	
3	消除和手动启动声和/或光警报器的声信号	P	M	M	
4	复位	P	M	M	
5	进入自检状态	P	M	M	
6	调整计时装置	P	M	M	
7	屏蔽和解除屏蔽	P	O	M	
8	输入或更改数据	P	P	M	
9	分区编程	P	P	M	
10	延时功能设置	P	P	M	
11	接通、断开或调整控制器主、备电源	P	P	M	M
12	修改或改变软、硬件	P	P	P	M

注：1. P—禁止本级操作；O—可选择是否由本级操作；M—可进行本级及本级以下操作。

　　2. 进入 II 、III 级操作功能状态应采用钥匙、操作号码，用于进入 III 级操作功能状态的钥匙和号码可用于进入 II 级操作功能状态，但用于进入 II 级操作功能状态的钥匙或号码不能进入 III 操作功能状态。

　　3. IV 级操作功能不能仅通过控制器本身进行。

12. 自动打印

当有火警、部位故障或有联动时，打印机将自动打印记录火警、故障或联动的地址号，此地址号同显示地址号一致，并打印出故障、火警、联动的月、日、时、分。当对系统进行手动检查时，如果控制正常，则打印机自动打印正常（OK）。

2.4.1.3　报警器型号

火灾报警产品型号是按照《中华人民共和国专业标准》ZBC81002 编制的，其型号意义如下：

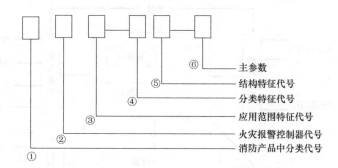

① J（警）——消防产品中的分类代号（火灾报警设备）；

② B（报）——火灾报警控制器代号；

③ 应用范围特征代号 { B（爆）——防爆型　C（船）——船用型

非防爆型和非船用型可以省略，无需指明；

④分类特征代号：D（单）——单路；Q（区）——区域；J（集）——集中；T（通）——通用，既可作集中报警，又可作区域报警；

⑤结构特征代号：G（柜）——柜式；T（台）——台式；B（壁）——壁挂式；

⑥主参数：一般表示报警器的路数。例如：40，表示 40 路。

型号举例：

JB-TB8-2700/063B：8 路通用火灾报警控制器。

JB-JG-60-2700/065：60 路柜式集中报警控制器。

JB-QB-40：40 路壁挂式区域报警控制器。

2.4.2 火灾报警控制器的构造及工作原理

2.4.2.1 火灾报警控制器的构造

火灾报警控制器已完成了模拟化向数字化的转变，下面以二总线火灾报警控制器为例介绍其构造。二总线火灾报警控制器集先进的微电子技术、微处理技术于一体，性能完善，控制方便、灵活。硬件结构包括微处理机（CPU）、电源、只读存储器（ROM）、随机存储器（RAM）及显示、音响、打印机、总线、扩展槽等接口电路。JB-QT-GST5000型汉字液晶显示火灾报警控制器的外型结构为琴台式，如图 2-126（a）所示。用框图描

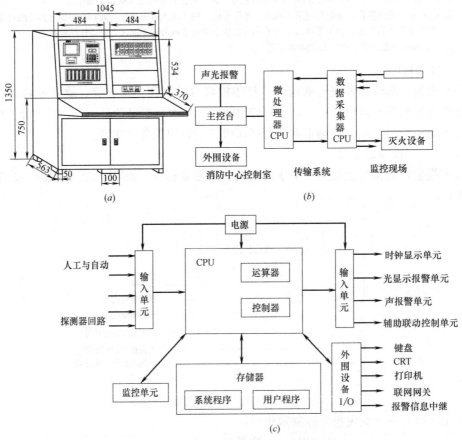

图 2-126 JB-QT-GST5000 型火灾报警控制器构造

（a）外型尺寸；（b）构成框图；（c）内部构造

述由信息获取与传送电路、中央处理单元、输出电路三大部分组成，见图 2-126（b），其内部构造如图 2-126（c）所示。

2.4.2.2　火灾报警控制器的工作原理

火灾报警以单片机为核心，将地址编码信号和火警、故障信号叠加到探测器电源中，实现控制器与探测器之间的二总线并联。

正常无火灾状态下，液晶显示 CPU 内部软件电子时钟的时间，控制器为探测器供 24V 直流电。探测器二线并联是通过输出接口控制探测器的电源电路发出探测器编码信号和接收探测器回答信号而实现的。

火灾时，控制器接收到探测器发来的火警信号后，液晶显示火灾部位、电子钟停在首次火灾发生的时刻，同时控制器发出声光报警信号，打印机打印出火灾发生的时间和部位。当探测器编码电路故障，例如短路、线路断路、探头脱落等，控制器发出故障声光报警，显示故障部位并打印。

2.4.3　火灾报警控制器的特点、技术参数及布线（以 JB-QT-GST5000 为例）

2.4.3.1　火灾报警控制器的特点

（1）控制器采用琴台式结构，各信号总线回路板采用拔插设计，系统容量扩充简单、方便。

（2）采用大屏幕汉字液晶显示器，各种报警状态信息均可以直观地以汉字方式显示在屏幕上，便于用户操作使用。

（3）控制器设计高度智能化，与智能探测器一起可组成智能式火灾报警系统，极大降低误报，提高系统可靠性。

（4）火灾报警及消防联动控制可按多机分体、分总线回路设计，也可以单机共总线回路设计，同时控制器设计了具有短线、断线检测及设备故障报警功能的多线制控制输出点，专门用于控制风机、水泵等重要设备，可以满足各种设计要求。

（5）控制器可完成自动及手动控制外接消防被控设备，其中手动控制方式具备直接手动操作键控制输出及编码组合键手动控制输出两种方式，系统内的任一地址编码点既可由各种编码探测器占用，也可由各类编码模块占用，设计灵活方便。考虑到控制器自身电源系统容量较低，当控制器接有被控设备时，需另外设置 DC24V 电源系统。

（6）控制器具有极强的现场编程能力，各回路设备间的交叉联动、各种汉字信息注释、总线制设备与多线制控制设备之间的相互联动等均可以现场编程设定。

（7）控制器可外接火灾报警显示盘及彩色 CRT 显示系统等设备，满足各种系统配置要求。

（8）进一步加强了控制器的消防联动控制功能，可配置多块 64 路手动消防启动盘，完成对总线制外控设备的手动控制，并可配置多块 14 路多线制控制盘，完成对消防控制系统中重要设备的控制。

（9）控制器可加配联动控制用电源系统，标准化电源盘可提供 DC24V、6A 电源二总线。

（10）控制器容量内的任一地址编码点，可由编码火灾探测器占用，也可由编码模块占用。

（11）控制器可扩充消防广播控制盘和消防电话控制盘，组成消防广播和消防电话系统。

2.4.3.2　火灾报警控制器的主要技术指标

1. 容量

容量是指能够接收火灾报警信号的回路数，以"M"表示。一般区域报警器 M 的数值等于探测器的数量。对于集中报警控制器，容量数值等于 M 乘以区域报警器的台数 N，即 M·N。

2. 使用环境条件

使用环境条件主要指报警控制器能够正常工作的条件，即温度、湿度、风速、气压等项。要求陆用型环境条件为：温度 $-10 \sim 50℃$；相对湿度 $\leqslant 92\%$（40℃）；风速 $< 5m/s$；气压为 $85 \sim 106kPa$。

3. 工作电压

工作时，电压可采用 220V 交流电和 24～32V 直流电（备用）。备用电源应优先选用 24V。

4. 满载功耗

满载功耗指当火灾报警控制器容量不超过 10 路时，所有回路均处于报警状态所消耗的功率；当容量超过 10 路时，20% 的回路（最少按 10 路计）处于报警状态所消耗的功率。使用时要求在系统工作可靠的前提下，尽可能减小满载功耗；同时要求在报警状态时，每一回路的最大工作电流不超过 200mA。

5. 输出电压及允差

输出电压即指供给火灾探测器使用的工作电压，一般为直流 24V，此时输出电压允差不大于 0.48V，输出电流一般应大于 0.5A。

6. 空载功耗

指系统处于工作状态时所消耗的电源功率。空载功耗表明了该系统的日常工作费用的高低，因此功耗应是愈小愈好；同时要求系统处于工作状态时，每一报警回路的最大工作电流不超过 20mA。

2.4.3.3　接线端子及布线要求

1. 接线端子

控制器接线端子如图 2-127 所示。

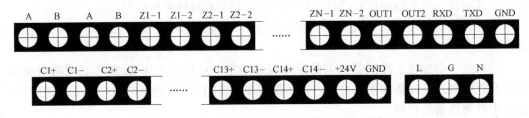

图 2-127　JB-QT-GST5000 控制器接线端子示意

其中：

A、B：连接其他各类控制器及火灾显示盘的通讯总线端子；

ZN-1、ZN-2（N＝1～18）：无极性信号二总线；

OUT1、OUT2：火灾报警输出端子（无源常开控制点，报警时闭合）；

RXD、TXD、GND：连接彩色 CRT 系统的接线端子；

CN＋、CN－（N＝1～14）：多线制控制输出端子；

＋24V、GND：DC24V、6A 供电电源输出端子；

L、G、N：交流 220V 接线端子及机柜保护接地线端子。

2. 布线要求

DC24V、6A 供电电源线在竖井内采用 BV 线，截面积≥4.0mm²，在平面采用 BV 线，截面积≥2.5 mm²。

2.4.4　区域与集中报警控制器的区别

2.4.4.1　区域报警控制器

区域报警控制器是负责对一个报警区域进行火灾监测，具有向其他控制器传递信息功能的火灾报警控制器。区域型火灾报警控制器直接连接火灾探测器，处理各种报警信息，同时还与集中型火灾报警器相连接，向其传递火警信息。区域型火灾报警控制器与集中型火灾报警控制器构成分散或大型火灾自动报警场合。区域火灾报警控制器一般安装在所保护区域现场。比如说一个房间用一台区域火灾报警控制器，另一个房间也用一台区域火灾报警控制器，这两个房间的控制器又可以被集中报警控制器控制。

一个报警区域包括很多个探测部位。一个探测区域可有一个或几个探测器进行火灾监测，同一个探测区域的若干个探测器是互相并联的，共同占用一个部位编号，同一个探测区域允许并联的探测器数量视产品型号不同而有所不同，少则五六个，多则二三十个。

1. 区域报警控制器组成

区域报警控制器由输入回路、光报警单元、声报警单元、自动监控单元、手动检查试验单元、输出回路和稳压电源及备用电源等组成，如图 2-128 所示。

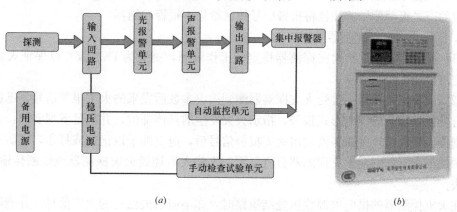

(a)　　　　　　　　　　　　　　　　　　　　　*(b)*

图 2-128　区域报警控制器组成

(a) 电路原理方框图；*(b)* 实物图

由图知，输入回路接收各火灾探测器送来的火灾报警信号或故障信号，由声光报警单元发出声响报警信号和显示其发生的部位，并通过输出回路控制有关的消防设备，向集中火灾报警控制器传送报警信号。自动监控单元起着监控各类故障的作用。通过手动检查试验单元，可以检查整个火灾报警系统是否处于正常工作状态。

2. 区域报警器的工作原理

一台区域报警控制器的容量（即其所能监测的部位数）视产品型号不同而不同，一般为几十个部位。区域报警控制器平时巡回检测该报警区内各个部位探测器的工作状态，发现火灾信号或故障信号，及时发出声光警报信号。如果是火灾信号，在声光报警的同时，有些区域报警控制器还有联动继电器触点动作，启动某些消防设备的功能。这些消防设备有排烟机、防火门、防火卷帘等。如果是故障信号，则只是声光报警，不联动消防设备。

区域报警控制器接收到来自探测器的报警信号后，在本机发出声光报警的同时，还将报警信号传送给位于消防控制室内的集中报警控制器。自检按钮用于检查各路报警线路故障（短路或开路），发出模拟火灾信号，检查探测器功能及线路情况是否完好。当有故障时便发出故障报警信号（只进行声光报警，而记忆单元和联动单元不动作）。

信号选择单元又称为信号识别单元。火灾信号的电平幅度值高于故障信号的电平幅度值，可以触发导通门级输入管（而低幅度的故障信号则不会使输入管导通），使继电器动作，切断故障声光报警电路，进行火灾声光报警，时钟停走，记下首次火警时间，同时经过继电器触点，联动其他报警或消防设备。电源输入电压 220V，交流频率 50Hz，内部稳压电源输出 24V 直流电压供给探测器使用。

现代火灾报警控制器为了减少误报，方便安装与调试，降低安装与维修费用，减少连接线数，及时准确地知道发出报警的火灾探测器的确切位置（部位编号），都普遍采用脉冲编码控制系统，组成少线制的总线结构，由微型电子计算机或单片计算机作为主控核心单元，配以存储器和数字接口器件等。因此现代报警控制器有较强的抗干扰能力和灵活应变的能力。

这种区域报警控制器不断向各探测部位的编码探测器发送编码脉冲信号。当该信号与某部位的探测器编码相同时，探测器响应，返回信息，判断该部位是否正常。若正常，主机（CPu）继续巡检其他部位的探测器；若不正常，则判断是故障信号还是火警信号，发出对应的声光报警信号，并且将报警信号传送给集中报警控制器。

3. 区域火灾报警控制器主要功能

（1）供电功能：供给火灾探测器稳定的工作电源，一般为 DC24V，以保证火灾探测器稳定可靠地工作。

（2）火警记忆功能：接受火灾探测器测到火灾参数后发来的火灾报警信号，迅速准确地进行转换处理，以声光形式报警，指示火灾发生的具体部位，并满足下列要求：火灾报警控制器一接收到火灾探测器发出火灾报警信号后，应立即予以记忆或打印，以防止随信号来源的消失（如感温火灾探测器自行复原、火势大后烧毁火灾探测器或烧断传输线等）而消失。

在火灾探测器的供电电源线被烧结短路时，亦不应丢失已有的火灾信息，并能继续接受其他回路中的手动按钮或机械火灾探测器送来的火灾报警信号。

（3）消声后再声响功能：在接收某一回路火灾探测器发来的火灾报警信号，发出声光报警信号后，可通过火灾控制器上的消声按钮人为消声。如果火灾报警控制器此时又接收到其他回路火灾探测器发来的火灾报警信号时，它仍能产生声光报警，以及时引起值班人员的注意。

（4）输出控制功能：具有一对以上的输出控制接点，供火警时切断空调通风设备的电源，关闭防火门或启动自动消防施救设备，以阻止火灾的进一步蔓延。

（5）监视传输线切断功能：监控连接火灾探测器的传输导线，一旦发生断线情况，立即以区别于火警的声光形式发出故障报警信号，并指示故障发生的具体部位，以便及时维修。

（6）主备电源自动转换功能：火灾报警控制器使用的主电源是交流 220V 市电，其直流备用电源一般为镍镉电池或铅酸维护电池。当市电停电或出现故障时能自动地转换到备用直流电源工作。当备用直流电源电压偏低时，能及时发出电源故障报警。

（7）熔丝烧断报警功能：火灾报警控制器中任何一根熔丝烧断时，能及时以各种形式发出故障报警。

（8）火警优先功能：火灾报警控制器接收到火灾报警信号时，能自动切除原先可能存在的其他故障报警信号，只进行火灾报警，以免引起值班人员的混淆。只有当火情排除后，人工将火灾报警控制器复位时，若故障仍存在，才再次发出故障报警信号。

（9）手动检查功能：自动火灾报警系统对火警和各类故障 均进行自动监视。但平时该系统处于监视状态，在无火警、无故障时，使用人员无法知道这些自动监视功能是否完好，所以在火灾报警控制器上都设置了手动检查试验装置，可随时或定期检查系统各部分、各环节的电路和元器件是否完好无损，系统各种自动监控功能是否正常，以保证自动火灾报警系统处于正常工作状态。手动检查试验后，能自动或手动复原。

4. 区域火灾报警控制器案例

JB-QB-GST100 型区域火灾报警控制器是海湾公司为适应国内外小工程、小点数的需求而推出的新一代火灾报警控制器，特别适合洗浴、歌舞中心、餐厅、酒吧、小型图书馆、超市、变电站等小型工程的应用。

JB-QB-GST100 区域火灾报警控制器主要具有以下特点：

（1）本控制器体积小，极大方便了工程安装，同时外形设计美观，可很好地与安装场所融合为一体；

（2）控制器具有汉字液晶显示，可同时显示两种信息；

（3）引入消防防火分区的概念，最大容量为 8 个独立分区 1 个公共区；每一独立分区可单独指示报警、故障、屏蔽状态；具有分区注释信息卡片，可手写或打印；指示直观；

（4）系统调试简单，本控制器可自动识别总线设备；具有自动分区功能，也可手动调整分区；

（5）控制器每一分区均具有预警功能，使用预警功能可以有效地减少在恶劣环境下误报警；

（6）具有现场提示功能，每个区域发生火警后，自动联动本区和公共区域的警报器，可分别设置本区和公共区域联动警报器的延时时间，最大延时均为 600s。

主要技术指标：

（1）液晶屏规格：122×32 点；

（2）控制器容量：最大 128 个总线设备，8 个警报器；

（3）线制：控制器与探测器间采用无极性信号二总线连接；

（4）使用环境：温度：0～+40℃，相对湿度≤95%，不结露；

（5）电源：主电：AC220V；备电：DC24V 2.3Ah 密封铅酸电池；

（6）功耗：监控功耗≤10W；最大功耗≤15W；

（7）辅助电源输出：24V/1A；

（8）控制器外形尺寸：300mm×210mm×91mm。

2.4.4.2 集中报警控制器

1. 集中报警控制器组成

集中报警控制器由输入控制接口单元、自动监控单元、输出控制接口单元、时钟显示单元、声报警单元、光报警显示单元、辅助指示单元、辅助控制单元、报警信息中继等电源组成，如图 2-129 所示。

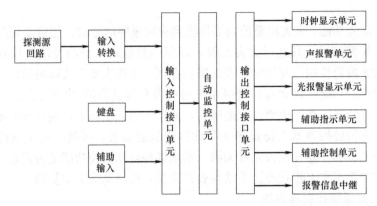

图 2-129 集中火灾报警控制器电路原理方框图

集中火灾报警控制器的电路除输入单元和显示单元的构成和要求与区域火灾报警控制器有所不同外，其基本组成部分与区域火灾报警控制器大同小异。

输入单元的构成和要求，是与信号采集与传递方式密切相关的。目前国内火灾报警控制器的信号传输方式主要有以下四种。

（1）对应的有线传输方式。这种方式简单可靠。但在探测报警的回路数多时，传输线的数量也相应增多，带来工程投资大、施工布线工程工作量大等问题，故只适用于范围较小的报警系统使用。当集中报警控制器采用这种传输方式时，它只能显示区域号，不能显示探测部位号。

（2）分时巡回检测方式。采用脉冲分配器，将振荡器产生的连续方波转换成有先后时序的选通信号，按顺序逐个选通每一报警回路的探测器，选通信号的数量等于巡检的点数，从总的信号线上接受被选通探测器送来的火警信号。这种方式减少了部分传输线路，但由于采用数码显示火警部位号，在几个火灾探测回路同时送来火警信号时，其部位的显示就不能一目了然了，而且需要配接微型机或复示器来弥补无记忆功能的不足。

（3）混合传输方式。这种传输方式可分为两种形式：

1）区域火灾报警控制器采用一一对应的有线传输方式，所有区域火灾报警控制器的部位号与输出信号并联在一起，与各区域火灾报警控制器的选通线全部连接到集中火灾报警控制器上；而集中火灾报警控制器采用分时巡回检测方式，逐个选通各区域火灾报警控制器的输出信号。这种形式，信号传输原理较为清晰，线路适中，在报警速度和可靠方面能得到较好的保证。

2）区域火灾报警控制器采用分时巡回检测方式，采用区域选通线加几根总线的总线断续传输方法。这种形式，使区域火灾报警控制器到集中火灾报警控制器的集中传输线大大减少。

3) 总线制编码传输方式。总线制地址编码传输方式的火灾报警控制器，其信号传输方式的最大优点是大大减少了火灾报警控制器和各火灾探测器的传输线。区域火灾报警控制器到所有火灾探测器的连线总共只有 2~4 根，连接上百只火灾探测器，能辨别是哪一个火灾探测器处于火灾报警状态或故障报警状态。

这种传输方式使火灾报警控制器在接受某个火灾探测器的状态信号前，先发出该火灾探测器的串行地址编码。该火灾探测器将当时所处的工作状态（正常监视、火灾报警或故障告警）信号发回，由火灾报警控制器进行判别、报警显示等。

在区域火灾报警控制器和集中火灾报警控制器信号传输上，采用数据总线方式或 RS232、RS424 等标准串行接口，用几根线就满足了所有区域火灾报警控制器到集中火灾报警控制器的信号传输。

这个传输方式使传输线数量大大减少，给整个火灾自动报警系统的施工安装带来了方便，降低了传输线路的投资费用和安装费用。

2. 集中火灾报警器的工作原理

火灾报警控制器也称消防报警主机，在火灾报警系统中火灾报警控制器起到了一个核心的地位，接受探测器发出火灾信号的同时发出火灾报警的信号，运作其他的报警设备。

火灾探测器通过对火灾发出燃烧气体、烟雾粒子等将探测到的火情信号转化为火警信号，现场的人员若发现火情后，应立即按动手动报警按钮，发出火警信号。火灾报警控制器接收到信号，经确认后，发出预警、声光报警信号，同时显示并记录火警的具体地址和时间。另一方面火灾报警控制器根据火灾报警信号发生位置，根据预先编程设置好的控制逻辑向相应的控制点发出联动控制信号并发出提示声光信号，经过执行器去控制相应的外控消防设备，如排烟阀、排烟风机、防火卷帘门等防火设备，警铃、警笛和声光报警器等警报设备，进而关闭空调、电梯迫降等联动动作。

3. 集中报警器的功能

集中报警控制器可分为主要功能和辅助功能。

（1）集中报警控制器主要功能。主要功能分两类：一类集中火灾报警控制器仅反映某一区域火灾报警控制器所监护的范围内有无火警或故障，具体是哪一个部位号不显示。这类集中火灾报警控制器实际功能与区域火灾报警控制器相同，只是使用级别不同而已。采用这种集中火灾报警控制器构成的火灾自动报警系统，线路较少，维护方便，但不能知道具体是哪一个部位有火警。另一类集中报警控制器，不但能反应区域号，还能显示部位号。这类集中火灾报警控制器一般不能直接连接探测器，不提供火灾探测器使用的工作电源，而只能与相应配套的区域火灾报警控制器连接。集中报警控制器能对它与各区域火灾报警控制器之间的传输线进行断线故障监视，其他功能与区域报警器相同。

（2）集中报警控制器辅助功能。辅助功能有以下四个方面：

① 计时：记录探测器发来的第一个火灾报警信号时间，为公安消防部门调查火因提供准确的时间依据。

② 打印：为了查阅文字记录，采用打印机将火灾或故障发生的时间、部位及性质打印出来。

③ 事故广播：发生火灾时，为减少二次灾害，仅接通火灾层及上、下各一层，以便于指挥人员疏散和扑救。

④ 电话：火灾时，控制器能自动接通专用电话线路，以尽快组织扑救，减少损失。

2.4.4.3 集中报警控制器与区域报警控制器区别

集中报警控制器与区域报警控制器不同，其区别如下：

1. 构造不同

由于两者的传输特性不同，响应接口单元的接口电路也不同。

2. 接收处理信号不同

区域报警控制器处理的探测信号可以是各种火灾探测器、手动报警按钮或其他探测单元的输出信号，而集中报警控制器处理的是区域报警控制器输出的信号。

3. 原理不同

由于构造和接收信号不同，自然故障原理也同样有区别。

4. 用途与作用不同

区域报警控制器用于各防火分区，起接受报警信息和传递给集中报警控制器作用。而集中报警控制器用于消防控制中心，是消防系统的心脏。

2.4.5 火灾报警控制器的选择

2.4.5.1 火灾报警控制器的选择原则

火灾报警控制器选择原则应考虑如下条件：

1) 工作电压；

2) 报警电流；

3) 使用环境；

4) 编码方式；

5) 外形尺寸；

6) 控制器容量。

以上条件满足时，合适的火灾报警控制器就可以选定。

2.4.5.2 报警控制器容量的选择

1. 报警控制器容量选择的原则

区域报警控制器的容量应不小于报警区域的探测区域总数；集中报警控制器的部位号（M）应不小于系统内最大容量的区域报警控制器的容量。区域号（层号 N）应不小于系统内所连接区域报警控制器的数量。

2. 报警控制器容量选择的方法

（1）报警区域的划分。报警区域按照建筑的保护等级、耐火等级，合理正确的划分。规范规定"报警区域应根据防火分区或楼层划分"。也就是说，在报警区域也可以将同层的几个防火分区划为一个报警区域。将几个防火分区设为同一报警区域时，只能在同一楼层而不得跨越楼层。在机房的防火划分时应注意把防火区与机房的空调区划分结合起来，一般防火区与空调区应该一致。如果在机房的空调区跨越防火区时，应该在防火区分隔的隔墙上设置防火阀，并与火灾报警系统联动。由于机房的火灾报警控制器为机房的区域火灾报警控制器，在火灾发生时，应将机房报警控制器的报警信号传送到上一级火灾报警控制器，使整个建筑的火灾报警系统融为一体。

（2）确定机房火灾报警控制器的容量。机房一般是与其他用途房间合用一幢建筑，机房内的火灾报警控制器一般为区域火灾报警控制器。火灾报警控制器一般按防火分区设置，其容量的确定，主要取决于本报警区域内编址探测设备的数量。报警区域编址探测设备除包括感烟火灾探测器、感温火灾探测器的数量外，还包括该报警区域内手动报警按钮等。

一般火灾报警控制器标示容量都是单台控制器的最大容量，为了保证火灾自动报警系统既能高效率又能高可靠性的工作，实际设计的各回路探测点要考虑一定的信息余量。综合考虑建筑结构与建筑施工等因素影响，火灾自动报警系统中区域火灾报警器每回路实际设计容量应为标称容量的 $80\% \sim 50\%$。

机房火灾报警控制器在选型时应考虑机房内的消防相关设备的联动接口、机房集中监控的接口，如有气体灭火系统的机房还应选用有气体灭火控制器联动的控制器。

2.4.5.3　报警控制器安装位置的选择

1. 区域报警控制器安装位置的选择

区域报警控制器宜安装在经常有人值班的房间或场所，如值班室、警卫室、楼层服务台等。其环境条件应清洁、干燥、凉爽、外界干扰少，同时考虑管理、维修方便等条件。

2. 集中报警控制器安装位置的选择

集中报警控制器应设置在专用的房间或消防值班室内，并有直接通向户外的通道，门应向疏散方向开启，入口处要设有明显标志，房间要有较高的耐火等级。其环境条件与区域火灾报警控制器安装场所的要求相同。

2.4.6　火灾报警控制器的接线

接线形式根据不同产品有不同线制，如三线制、四线制、两线制、全总线制及二总线制等，这里仅介绍传统的两线制及现代的全总线制两种。

2.4.6.1　两线制（多线制）

1. 两线制（多线制）接线方式

两线制的接线计算方法因不同厂家的产品有所区别，以下介绍的计算方法具有一般性。

区域报警器的输入线数等于 $N+1$ 根，N 为报警部位数。

区域报警器的输出线数等于 $10+\dfrac{n}{10}+4$，式中：n 为区域报警器所监视的部位数目；10 为部位显示器的个数；$n/10$ 为巡检分组的线数；4 包括：地线一根，层号线一根，故障线一根，总检线一根。

集中报警器的输入线数为 $10+n/10+S+3$，式中：S 为集中报警器所控制区域报警器的台数；3 为故障线一根，总检线一根，地线一根。

2. 两线制接线案例

某高层建筑的层数为 50 层，每层一台区域报警器，每台区域报警器带 50 个报警点，每个报警点有一只探测器，试计算报警器的线数并画出布线图。

解：区域报警器的输入线数为 $50+1=51$ 根，区域报警器的输出线数为 $10+\dfrac{50}{10}+4=19$ 根；

集中报警器的输入线数为 $10+\dfrac{50}{10}+50+3=68$ 根。

两线制接线如图 2-130 所示。这种接线大多在小系统中应用，目前已很少使用。

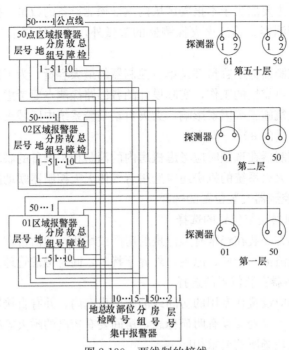

图 2-130　两线制的接线

2.4.6.2　四（全）总线火灾自动报警系统

1. 四（全）总线火灾自动报警系统接线方式

这种接线方式大系统中显示出其明显的优势，接线非常简单，给设计和施工带来了较大的方便，大大减少了施工工期。

区域报警器输入线为 5 根，即 P、S、T、G 及 V 线，即电源线、讯号线、巡检控制线、回路地线及 DC24V 线。

区域报警器输出线数等于集中报警器接出的六条总线，即 P_0、S_0、T_0、G_0、C_0、D_0，C_0 为同步线，D_0 为数据线。所以称之为四（全）总线（或称总线）是因为该系统中所使用的探测器、手动报警按钮等设备均采用 P、S、T、G 四根出线引至区域报警器上。

2. 四（全）总线火灾自动报警系统接线案例

四（全）总线火灾自动报警系统接线案例，其布线如图 2-131 所示。

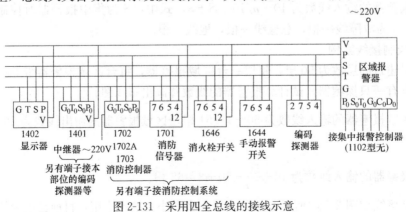

图 2-131　采用四全总线的接线示意

2.4.6.3　二总线火灾自动报警

1. 二总线火灾自动报警系统接线方式

因为是无极性二总线安装接线，因此这种接线方式使用更加简便，需要 24V 电源的部位可引入无极性 24V 电源总线即可。因为整个火灾报警系统中主要以报警设备为主，所以在施工布线中一般只敷设一对电线即可。

2. 二总线火灾自动报警系统接线案例

二总线火灾自动报警系统接线案例，其布线大致如图 2-132 所示。

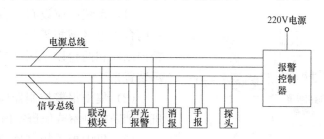

图 2-132　采用二总线布线的接线示意图

任务 2-5　火灾自动报警系统及应用示例

火灾自动报警系统由传统火灾自动报警系统向现代火灾报警系统发展。虽然生产厂家较多，其所能监控的范围随不同报警设备各异，但设备的基本功能日趋统一，并逐渐向总线制、智能化方向发展，使得系统误报率、漏报率降低。由于用线数大大减少，使系统的施工和维护非常方便。

2.5.1　传统型火灾自动报警系统

传统型火灾自动报警系统仍是一种有效、实用的重要消防监控系统，下面分别叙述。

2.5.1.1　区域火灾自动报警系统

1. 报警控制系统的设计要求

（1）一个报警区域宜设置一台区域火灾报警控制器；

（2）区域火灾报警系统报警器台数不应超过两台；

（3）当一台区域报警器垂直方向警戒多个楼层时，应在每个楼层的楼梯口或消防电梯前室等明显部位设置识别楼层的灯光显示装置，以便发生火警时，能及时找到火警区域，并迅速采取相应措施。

（4）区域报警器安装在墙上时，其底边距地高应在 1.3～1.5m，靠近其门轴的侧面距墙不应小于 0.5m，正面操作距离不应小于 1.2m。

（5）区域报警器应设置在有人值班的房间或场所。

（6）区域报警器的容量应大于所监控设备的总容量。

（7）系统中可设置功能简单的消防联动控制设备。

2. 区域报警控制系统应用实例

区域报警系统简单且使用广泛，一般在工矿企业的计算机房等重要部位和民用建筑的塔楼公寓、写字楼等处采用区域报警系统，另外，还可作为集中报警系统和控制中心系统

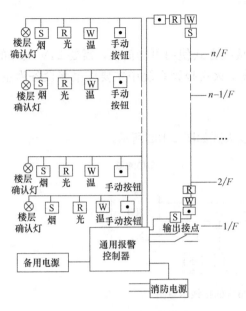

中最基本的组成设备。塔楼式公寓火灾自动报警系统如图 2-133 所示。目前区域系统多数由环状网络构成（如右边所示），也可能是支状线路构成（如左边所示），但必须加设楼层报警确认灯。

2.5.1.2 集中火灾自动报警系统

1. 集中报警控制系统的设计要求

（1）系统中应设有一台集中报警控制器和两台以上区域报警控制器，或一台集中报警控制器和两台以上区域显示器（或灯光显示装置）。

（2）集中报警控制器应设置在有专人值班的消防控制室或值班室内。

（3）集中报警控制器应能显示火灾报警部位信号和控制信号，亦可进行联动控制。

（4）系统中应设置消防联动控制设备。

图 2-133 公寓火灾自动报警示意图

（5）集中报警控制器及消防联动设备等在消防控制室内的布置应符合下列要求：

① 设备面盘前操作距离，单列布置时不应小于 1.5m，双列布置时不应小于 2m。

② 在值班人员经常工作的一面，设备面盘至墙的距离不应小于 3m。

③ 设备面盘的排列长度大于 4m 时，其两端应设置宽度不小于 1m 的通道。

④ 设备面盘后的维修距离不宜小于 1m。

⑤ 集中火灾报警控制器安装在墙上时，其底边距地高度为 1.3～1.5m，靠近其门轴的侧面距墙不应小于 0.5m，正面操作距离不应小于 1.2m。

2. 集中报警控制器应用实例

集中报警控制系统在一般中档宾馆、饭店用得比较多。根据宾馆、饭店的管理情况，集中报警控制器（或楼层显示器）设在各楼层服务台，管理比较方便。宾馆、饭店火灾自动报警系统如图 2-134 所示。

2.5.1.3 控制中心报警系统

控制中心报警系统适用于特级和一级保护对象。高层建筑和大型建筑主要采用控制中心报警系统，如用于大型宾馆、饭店、商场、办公楼等。此外，多用在大型建筑群和大型综合楼工程中。

这是一种复杂的火灾自动报警系统，控制中心报警系统指由消防控制室的消防控制设备、集中火灾报警控制器、区域火灾报警控制器和火灾探测器等组成；或由消防控制室的消防控制设备、火灾报警控制器、区域显示器和火灾探测器等组成，功能复杂的火灾自动报警系统。系统的容量较大，消防设施控制功能较全，适用于大型建筑的保护。

1. 系统的设计要求

（1）系统中至少应设置一台集中火灾报警控制器、一台专用消防联动控制设备和两台及以上区域火灾报警控制器；或至少设置一台火灾报警控制器、一台消防联动控制设备和两台及以上区域显示器；

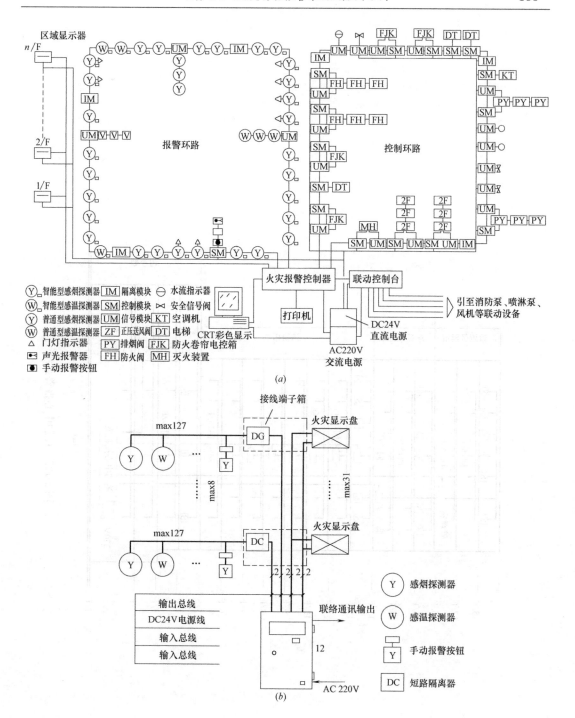

图 2-134　集中火灾报警系统

（2）系统应能集中显示火灾部位信号和联动状态控制信号；

（3）系统中设置的集中火灾报警控制器或火灾报警控制器和消防联动控制设备在消防控制室内的布置应符合下列要求：

① 设备面盘前操作距离，单列布置时不应小于 1.5m，双列布置时不应小于 2m。

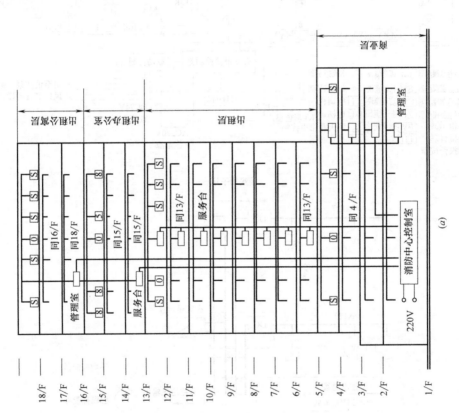

图 2-135　控制中心报警系统

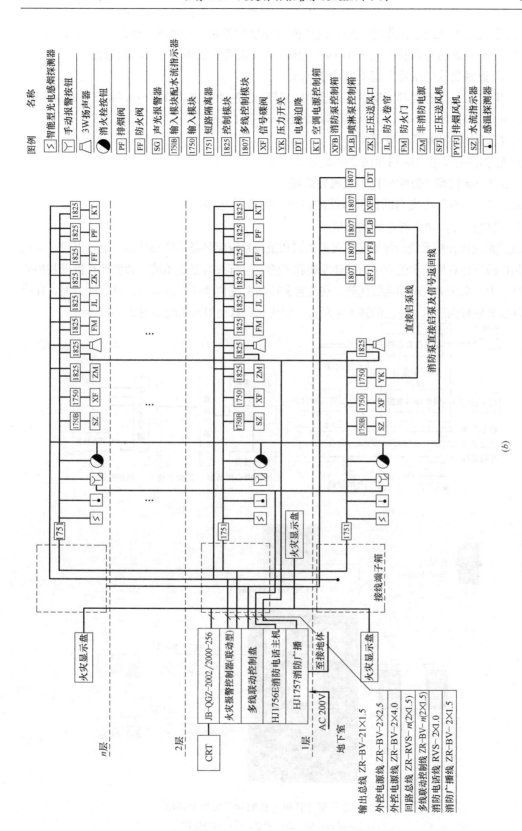

图 2-135 控制中心报警系统（续）

(b)

② 在值班人员经常工作的一面，设备面盘至墙的距离不应小于 3m。

③ 设备面盘的排列长度大于 4m 时，其两端应设置宽度不小于 1m 的通道。

④ 设备面盘后的维修距离不宜小于 1m。

⑤ 集中火灾报警控制器安装在墙上时，其底边距地高度为 1.3～1.5m，靠近其门轴的侧面距墙不应小于 0.5m，正面操作距离不应小于 1.2m。

2. 控制中心报警系统应用实例

控制中心报警系统应用如图 2-135 所示。

2.5.2　现代型（智能型）火灾报警系统

2.5.2.1　现代火灾自动报警系统的组成、特点及功能

1. 现代火灾自动报警系统的组成

现代系统比传统系统较好地完成火灾探测和报警系统应具备的各项功能。也可以说，现代系统是以微型计算机技术的应用为基础发展起来的一门新兴的专业领域。微型计算机以其极强的运算能力、众多的逻辑功能等优势，在改善和提高系统快速性、准确性、可靠性方面，在火灾探测报警领域内展示了自己的强大生命力。现代火灾自动报警系统如图 2-136 所示。

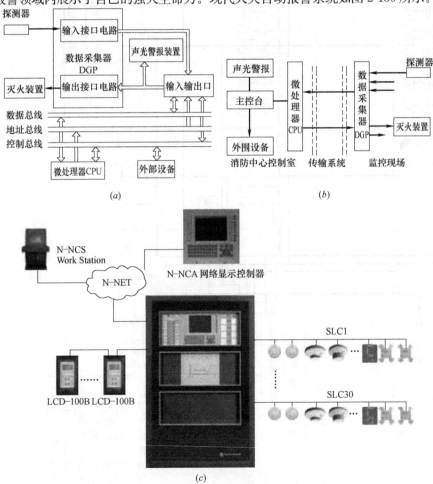

图 2-136　以微型计算机为机制的火灾报警系统

(a) 基本原理；(b) 结构示意；(c) 实物连接

2. 现代火灾自动报警系统的优点

（1）识别报警的个别探测器（地址编码）及探测器的类型。

（2）节省电缆、节省电源功率。

（3）使用方便，降低维修成本。

（4）误报低，系统可靠性高。

3. 现代火灾自动报警系统的功能

（1）长期记录探测器特性。

（2）提供为火灾调查用的永久性的年代报警记录等。

（3）提供火灾部位的字母——数字显示的设备。该设备安装在建筑的关键位置上，至少可指示四种状态，即故障、正常运行、预报警和火警状态。在控制器上调整探测器参量、线路短路和开路时，系统准确动作，用隔离器可方便地切除或拆换故障的器件，扩大了对系统故障的自动监控能力。

（4）自动补偿探测器灵敏度漂移。

（5）自动地检测系统重要组件的真实状态，改进火灾探测能力。

（6）具有与传统系统的接口。

2.5.2.2　现代火灾自动报警系统的应用案例

1. 智能型火灾报警系统

智能型火灾报警系统是一个集信号检测、传输、处理和控制于一体的控制系统，代表了当前火灾报警系统的发展方向。随着科学技术的迅猛发展以及国内外经济的迅速增长，市场上迫切需要一种容量大、性能优越、可靠性高，便于安装、使用和维护的智能型火灾报警控制系统。

智能型火灾自动报警系统分为两类：主机智能系统和分布式智能系统。

（1）主机智能系统。该系统是将探测器阈值比较电路取消，使探测器成为火灾传感器，无论烟雾影响大小，探测器本身不是报警，而是将烟雾影响产生的电流、电压变化信号通过编码电路和总线传给主机，由主机内置软件将探测器传回的信号与火警典型信号比较，根据其速率变化等因素判断出是火灾信号还是干扰信号，并增加速率变化、连续变化量、时间、阈值幅度等一系列参考量的修正，只有信号特征与计算机内置的典型火灾信号特征相符时才会报警，这样就极大减少了误报。

主机智能系统的主要优点有：灵敏度信号特征模型可根据探测器所在环境特点来设定；可补偿各类环境中干扰和灰尘积累对探测器灵敏度的影响，并能实现报脏功能；主机采用微处理机技术，可实现时钟、存储、密码自检联动、联网等多种管理功能；可通过软件编程实现图形显示、键盘控制、翻译高级扩展功能。

尽管主机智能系统比非智能系统优点多，由于整个系统的监测、判断功能不仅全部要控制器完成，而且还要一刻不停地处理上千个探测器发回的信息，因而系统软件程序复杂、量大，并且探测器巡检周期长，导致探测点大部分时间失去监控，系统可靠性降低和使用维护不便等缺点。

（2）分布式智能系统。该系统是在保留智能模拟探测系统优点的基础上形成的，它将主机智能系统中对探测信号的处理、判断功能由主机返回到每个探测器，使探测器真正有智能功能，而主机由于免去了大量的现场信号处理负担，可以从容不迫地实现多种管理功能，从根本上提高了系统的稳定性和可靠性。

智能型火灾报警系统布线可按其主机线路方式分为多总线制和二总线制等等。智能型火灾报警系统的特点是软件和硬件具有相同的重要性，并在早期报警功能、可靠性和总成本费用方面显示出明显的优势。

AD8000 系统分布智能火灾报警联动系统是计算机集散系统理论与计算机网络通讯技术相结合的产物，系统如图 2-137 所示。

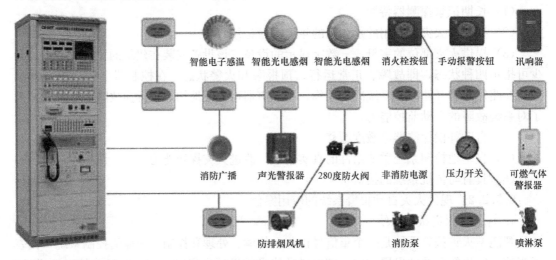

图 2-137　AD8000 系统分布智能火灾报警联动系统

AD8000 系统分布智能火灾报警联动系统具有集中管理、分散控制的全新概念，系统由子站各自完成、设定、控制和操作，主站担任各子站之间的数据流通和相互协调工作；分级阶段的控制方式，各子站之间相互独立、互不干扰，使系统在整体上增强了对恶劣环境的适应能力，大大提高了故障风险的分解能力和实时控制的快速反应能力；灵活多样的系统结构可以在集中式结构和分布式结构之间或两者共存当中自由选择；开放性的系统特征使系统的功能和容量都具有可扩展性，可适用各种规模的消防联动编程及黑匣子查询功能，更能满足现代智能楼宇和不同工程的需要。

（3）智能型火灾报警系统的组成及特点：

① 智能型火灾报警系统的组成。

智能型火灾报警系统由智能探测器、智能手动按钮、智能模块、探测器并联接口、总线隔离器、可编程继电器卡等组成。下面简单介绍以上这些编址单元的作用及特点。

智能探测器：探测器将所在环境收集的烟雾浓度或温度随时间变化的数据，送回报警控制器，报警控制器再根据内置的智能资料库内有关火警状态资料收集回来的数据进行分析比较，决定收回来的资料是否显示有火灾发生，从而作出报警决定。报警资料库内存有火灾实验数据。智能报警系统的火警状态曲线如图 2-138 所示。智能报警系统将现场收回来的数据变化曲线与如图 2-138 所示曲线比较，若相符，系统则发出报警信号。如果从现场收集回如图 2-139 所示的非火灾信号（因昆虫进入探测器或探测器内落入粉尘），则不发报警信号。

图 2-138 与图 2-139 比较，图 2-139 中由昆虫和粉尘引起的烟雾浓度超过火灾发生时

的烟雾浓度，如果是非智能型报警系统必然发出误报信号，可见智能系统判断火警的方法使误报率大大降低，减少了由于误报启动各种灭火设备所造成的损失。

智能探测器的种类随着不同厂家的不断开发而越来越多，目前比较常用的有智能离子感烟探测器、智能感温探测器、智能感光探测器等。

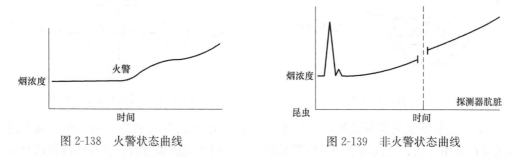

图 2-138　火警状态曲线　　　　　　图 2-139　非火警状态曲线

② 智能火灾报警系统的特点。

a. 为全面有效地反映被监视环境的各种细微变化，智能系统采用了设有专用芯片的模拟量探测器，对温度和灰尘等影响实施自动补偿，对电干扰及分布参数的影响进行自动处理，从而为实现各种智能特性，解决无灾误报和准确报警奠定了技术基础。

b. 系统采用了大容量的控制矩阵和交叉查寻软件包，以软件编程替代了硬件组合，提高了消防联动的灵活性和可修改性。

c. 系统采用主—从式网络结构，解决了对不同工程的适应性，又提高了系统运行的可靠性。

d. 利用全总线计算机通讯技术，既完成了总线报警，又实现了总线联动控制，彻底避免了控制输出与执行机构之间的长距离穿管布线，大大方便了系统布线设计和现场施工。

e. 具有丰富的自动诊断功能，为系统维护及正常运行提供了有利条件。

（4）智能火灾报警系统：

① 由复合探测器组成的智能火灾报警系统：据报道，日本已研制出由光电感烟、热敏电阻感温、高分子固体电解质电化电池感一氧化碳气体三种传感器制成一体的实用型复合探测器组成的现代系统。复合探测器的形状如图 2-140 所示。

该系统配有确定火灾现场是否有人的人体红外线传感器和电话自动应答系统（也可用电视监控系统），使系统误报率进一步下降。

判断火灾和非火灾现象用专家系统与模糊技术结合而成的模糊专家系统进行，如图 2-141 所示。判断结论用全部成员函数形式表示。判断的依据是各种现象（火焰、阴燃、吸烟、水蒸气）的确信度和持续时间。全部成员函数是用在建筑物中收集的现场数据和在实验室取得的火灾、非火灾实验数据编制的。

复合探测器、人体红外线传感器用数字信号传输线与中继器连接。建筑物每层设一个中继器，与中央报警控制器相连。当中继器推论、判断火灾、非火灾时，同时把信息输入中央报警控制器。如果是火灾，则要分析火灾状况。为了实用和小型化，中央报警控制器采用液晶显示器。在显示器上，中继器送来的薰烟浓度、温度、一氧化碳浓度的变化，模糊专家系统推论计算出火灾、非火灾的确信度，用曲线和圆图分割形式显示，现场是否有人也一目了然。电话自动应答系统还可把情况准确地通知防灾中心。

图 2-140　复合火灾探测器　　　　　　　　图 2-141　模糊专家系统框图

② Algo Rex 火灾探测系统：1994 年，瑞士推出 Algo Rex 火灾探测系统。该系统技术关键是采用算法、神经网络和模糊逻辑结合，共同实现决策过程。它在探测器内补偿了污染和温度对散射光传感器的影响，并对信号进行了数字滤波，用神经网络对信号的幅度、动态范围和持续时间等特点进行处理后，输出四种级别的报警信号。可以说，Algo Rex 系统代表了当今火灾探测系统的最高水平。

该系统由火灾报警控制器和感温探测器、光电感烟探测器、光电、感温复合的多参数探测器、显示器和操作终端机、手动报警按钮、输入和输出线性模块及其他现代系统所需的辅助装置组成。

火灾报警控制器是系统的中央数据库，负责内外部通讯，通过"拟真试验"确认来自探测器的信号数据，并在必要时发出报警。

该系统的一个突出优点是设有公司多年实验和现场试验收集的火灾序列提问档程序库，既中央数据库，可利用这些算法、神经网络和模糊逻辑的结合识别和解释火灾现象，同时排除环境特性。该系统的其他优点是控制器体积小、控制器超薄、小口径、造形美观、自纠错、减少维修、系统容量大、可扩展，即使在主机处理机发生故障时，系统仍可继续工作等。

2. 高灵敏度空气采样报警系统（GST-HSSD）

（1）GST-HSSD 在火灾预防上的重要作用：

① 提前作出火灾预报中的重要作用。据英国的火灾统计资料表明，着火后，发现火灾的时间与死亡率呈明显的倍数关系。如在 5min 内发现，死亡率是 0.31%；5～30min 内发现，死亡率是 0.81%；30min 以上发现，死亡率高达 2.65%。因此，着火后，尽量提前作出准确预报，对挽救人的生命和减少财产损失显得非常重要。

GST-HSSD 可以提前一个多小时发出三级火警信号（一、二级为预警信号，三级为火警信号），使火灾事故及时消灭于萌芽之中。英国《消防杂志》曾刊载了该系统使用中两个火警事故的实例，很能说明问题。一个是发生在一般的写字楼内，在一把靠近暖炉口的塑料软垫椅子，因塑料面被稍微烤煳（宽约 1cm），放出少量的烟气，被 GST-HSSD 系统探测到，发生了第一级火警预报信号，这一预警时间比塑料面被引燃提前一个多小时。这是我们现有的感烟探测器望尘莫及的。另一个例子是涉及一台大型计算机电路板的故障。HSSD 管路直接装到机柜顶部面板内，当电路板因故障刚刚过热，释放出微量烟气分子后，就被 HSSD 探测到，并发出第一级火警预报信号。这时，夜间值班人员马上电话通知工程技术人员来处理。当处理人员赶到机房时，系统又发出第二级火警预报信号。此时，计算机房内仍未见到有烟，只是微微感到一些焦煳气味。打开机柜，才发现电路板上有三个元件已碳化。这起事故因提前一个多小时预报，损失只限于电路板，及时避免了昂贵的整台计算机毁于一旦。

GST-HSSD 在世界范围内已得到广泛应用，现已成为保护许多重要企业、政府机构以及各种重要场所如计算机房、电信中心、电子设备与装置和艺术珍品库等处的火灾防御系统的重要组成部分。澳大利亚政府甚至明文规定所有计算机场所都必须安装这种探测系统。

② 在限制哈龙使用中的重要作用。1987 年 24 国签署的关于保护臭氧层的蒙特利尔议定书，对五种制冷剂和三种哈龙（既卤代烷 1211、1301、2402）灭火剂作出限制使用的规定，其最后使用期限只允许延至 2010，这必引起世界消防工业出现一场重大的变革。一方面，世界各国，尤其是发达国家都在相继采取措施，减少其使用量，并大力开发研究哈龙的替代技术和代用品；另一方面，为了减少哈龙在贮存和维修中的非灭火性排放，各国也特别重视哈龙的回收和检测新技术的研究。

近年来，由于各国的积极努力，在哈龙替代和回收技术的研究方面已取得了一些可喜的进展。但是，哈龙具有高度有效的灭火特性、破坏性小、毒性低、长期存放不变质以及灭火不留痕迹等优点。因此，任何一个系统或代用品都不大可能迅速成为其理想的替代物。

采用 GST-HSSD 与原有的哈龙灭火系统结合安装的方案。由于前者能在可燃物质引燃之前就能很好地探测其过热，提供了充足的预警时间，可进行有效的人为干预，而不急于启动哈龙灭火。因此，使哈龙从第一线火灾防御的重要地位降格为火灾的备用设备。这样，就有效地限制和减少了哈龙的使用，充分发挥了 GST-HSSD 提前预报的重要作用。

（2）GST-HSSD 火灾探测器：

空气采样感烟探测报警器在探测方式上，完全突破被动式感知火灾烟气、温度和火焰等参数特性的局面，跳跃到通过主动进行空气采样，快速、动态地识别和判断可燃物质受热分解或燃烧释放到空气中的各种聚合物分子和烟粒子。它通过管道抽取被保护空间的样本到中心检测室，通过测试空气样本了解烟雾的浓度，在火灾预燃阶段报警。空气采样式感烟火灾探测报警器采用独特的激光技术，是新技术引发的消防技术革命，它为您赢得宝贵的处理时间，最大限度地减少了损失。

火情的发展一般分为四个阶段：不可见烟（阴燃）阶段、可见烟阶段、可见火光阶段和剧烈燃烧阶段。图 2-142 展示了火灾的整个演变过程。传统的火灾报警系统通常是在可见烟阶段才能探测到烟雾，发出警报，此时火情所造成巨大的经济和财产损失已不可避免。空气采样式感烟火灾探测报警器在火灾的初始阶段（即不可见烟阶段）就可提供报警信号，从而给我们提供了充裕的时间避免火灾的发生。

空气采样感烟探测报警器的基本工作原理是其内部有激光束射向空气样品气流通过的光学探测腔，光学探测腔内的光电探测器用于监测光的散射。清洁的空气样品仅会造成很少量的光散射，随着空气样品中烟雾浓度的增加，散射到探测器的光也会增加。探测器对光信号进行处理得到减光率数值。来自所有入口的空气样品混合在一起，过滤后进入探测器，当探测到的烟雾浓度增加到设定的报警阈值时，系统产生报警信号，并将报警信号传

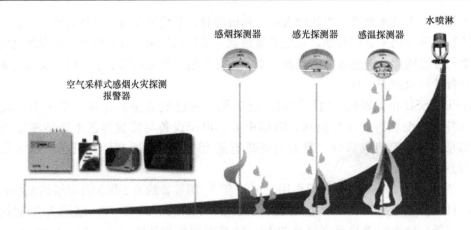

图 2-142　火灾演变过程示意

递至主控制器，驱动报警显示单元和输出单元。

空气采样式感烟探测器采用独特的激光技术和当代最先进的人工神经网络技术 CLASSIFIRE，灵敏度是传统探测器的 1000 倍，能根据不同的环境持续的调整系统的最高灵敏度设定和性能。因此能够区别"肮脏"和"洁净"的工作环境，如白天和夜晚，自动根据环境使用合适的灵敏度和报警阀值。其系统结成如图 2-143 所示。

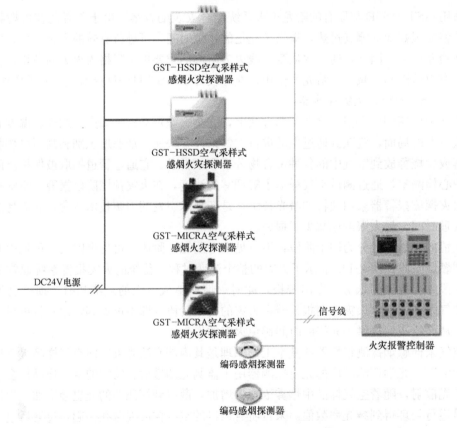

图 2-143　GST-HSSD 型空气采样式感烟火灾探测报警器系统构成

3. 早期可视烟雾探测火灾报警系统（VSD）

在高大空间或具有高速气流的场合，尤其是在户外，早期火灾探测一直是火灾安全专业人士需要面对的一个非常头痛的难题。因为在这些特殊的场所中我们或者是因为空间过高不能将探测器放置在足够靠近火灾发生的区域，或者是即使能放置也会因为高速气流的影响而大大降低其作用，更有甚者像诸如广场、露天的电站、铁路站台、森林这样的户外场所根本就没办法安装传统的探测装置，在这样的背影下早期可视烟雾探测火灾报警系统（VSD）便诞生了。

早期可视烟雾探测火灾报警系统（VSD）的工作原理是利用高性能计算机对标准闭路电视摄像机（CCTV）提供的图像进行分析。采用高级图像处理技术、复合探测及已知误报现象的自动识别各种烟雾模型的不同特性，系统内构建了丰富的工业火灾烟雾信号模型，使得 VSD 系统能够快速准确地锁定烟雾信号，系统烟雾判断的准确性甚至可以区分水蒸气和烟雾。通过有效探测烟源，VSD 不必等待烟雾接近探测器即能进行探测，因而不受距离的限制。不论摄像头是安装在距危险区域 10m 或是 100m，系统都能够在相同的时间内探测到烟雾。因此能够在以上所说的特殊场所里迅速发现火情，降低损失。

下面以海湾公司独家引进的英国 D—TEC 公司的 VSD 产品为例，介绍早期可视烟雾探测火灾报警系统（VSD），如图 2-144 所示。

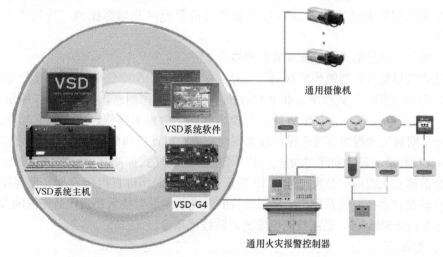

图 2-144　早期可视烟雾探测火灾报警系统（VSD）结构示意图

主要特点是：

➢ 火灾早期的探测；

➢ 直接探测火源，可以检测到人眼看不到的细微烟雾颗粒；

➢ 可以检测所有种类的烟雾；

➢ 不受高速气流运动的影响；

➢ 目前唯一的户外烟雾探测解决方案；

➢ 先进的烟雾运动模式分析算法及可视化警报验证，极大地消除了误报的发生；

➢ 硬件设备能够同时对来自 8 台摄像机的信号进行实时处理，不会有任何信息丢失或延误；

➤ 能够对现场以外危险场所、爆炸性场所、有毒场所进行探测；

➤ 能够利用现有的闭路电视（CCTV）系统，方便地搭建火灾报警控制系统，降低了系统安装维护的复杂性；

➤ 报警监视屏幕区域可被任意定制为防火分区，每个分区报警响应可独立编程；

➤ 16 组无源触点输出，5000 个视频及图像报警纪录；

➤ 支持时滞录像机；

➤ 独立和可编组点屏蔽区域定义，消除高反射平面干扰；

➤ 摄像机振动补偿，最高灵敏度自适应补偿；

➤ 自动检查信号丢失、模糊、低亮度和低对比度。

4. 采用吸气式火灾探测器对古建筑的保护实例

我国古建筑要求火灾自动报警系统能在火灾早期阶段第一时间报警；探测器等现场设备安装符合古建筑结构形式，尽量不影响古建筑外观和风格；火灾报警分区灵活简单，综合造价低。下面以采用海湾安全技术有限公司生产的吸气式极早期火灾智能预警探测器和 JB-QB-GST500 智能火灾报警控制器（联动型）构成的火灾自动报警系统为例，论述采用该系统在古建筑应用的方案。该方案由一台 JB-QB-GST500 智能火灾报警控制器（联动型）、吸气式极早期火灾智能预警探测器系列产品和少量点型感烟火灾探测器构成。由吸气式极早期火灾智能预警探测器系列产品实现报警分区和烟雾探测。其具体方案如图 2-145 所示。

（1）吸气式极早期火灾智能预警探测器

吸气式极早期火灾智能预警探测器包括：GST-MICRA 空气采样式感烟火灾探测器、GST-HSSD 极早期吸气式探测器和 ICOM 极早期吸气式探测器，如图 2-146 所示。GST-MICRA 空气采样式感烟火灾探测器适合较小空间，单根采样管，具有联网功能。GST-HSSD 极早期吸气式探测器适合保护较大空间，最大可连接四根采样管，采样管总距离可达 200m，具有液晶显示和联网功能。ICOM 极早期吸气式探测器适合保护各分区空间布局稍微分散的较大空间，最大可连接 15 根采样管。它们均可直接接入火灾报警控制器构成火灾自动报警系统。该系列产品采用独特的激光前向散射技术和当代最先进的人工神经网络技术 CLASSIFIRE，是新技术引发的消防技术革命。

1）灵敏度高

吸气式极早期火灾智能预警探测器是将空气由管道经过过滤器、吸气泵送入激光探测腔，探测信号送到显示和输出单元。它一改传统点式感烟探测器需烟雾扩散到探测室再进行探测的方式，主动对空气进行采样探测，使保护区内的空气样品被探测器内部的吸气泵吸入采样管道，送到探测器进行分析，如果发现烟雾颗粒，即发出报警。因其主动吸气优于传统产品被动感烟，而有效克服了寺庙大空间上空因烟雾稀释浓度带来的报警延迟问题，同时由于采用了激光前向散射技术，散射光信号得到放大，与普通红外发射管的点型光电感烟探测器相比灵敏度可大大提高。

2）环境适应性强

探测器采用激光散射技术，将各个散射角度的光汇聚到接收器上，能响应各类烟雾颗粒，软件采用人工神经网络技术 ClassiFire，能监测探测器迷宫和灰尘隔离器是否被污染，按照预设的最低误报率计算和调整灵敏度和报警阈值。此系统还能够区别"肮脏"和"洁

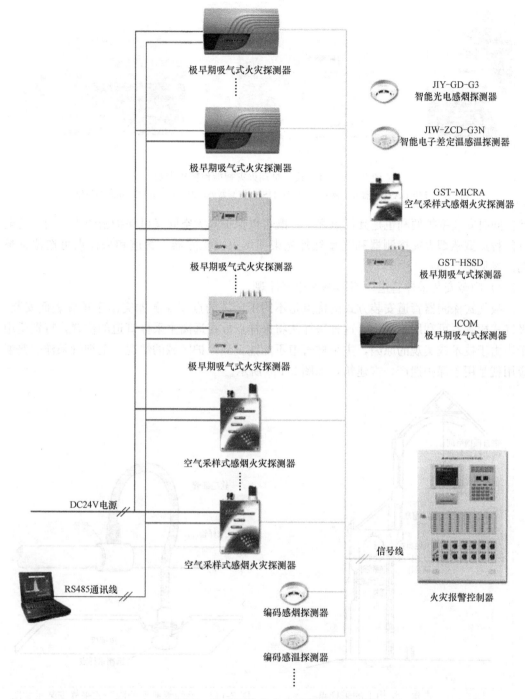

图 2-145　古建筑火灾自动报警系统方案图

净"的工作阶段，如白天和夜晚，自动根据古建筑环境使用合适的灵敏度和报警阈值。所以探测器对燃烧成分较复杂和灰尘较大的古建筑场所也能很好地运行。

3）安装灵活简单，与建筑物的结构形式相协调

采样管布置灵活多样，空气采样管网按照需要可以水平（多层水平）或垂直布置在探测区域内，可根据古建筑结构设计管网走向。灵活的布管方式将极大满足古建筑个性化设

 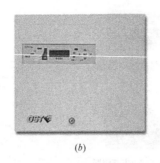 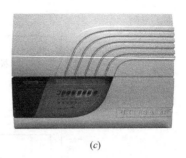

(a)　　　　　　　　　　　(b)　　　　　　　　　　　(c)

图 2-146　吸气式极早期火灾智能预警探测器

(a) GST-MICRA 探测器外形图；(b) GST-HSSD 探测器外形图；(c) ICOM 探测器外形图

计。同时安装维护便利也是其优点之一。既可以保护高大空间又可保护密闭小空间，完全可代替点型感烟火灾探测器和线型红外光束感烟火灾探测器。管道和采样点可选位置举例，参见图 2-147。

4）隐藏安装采样管道，不影响古建筑外观

吸气式探测器管道安装方式的优点是不同于传统的点型探测器突出于顶棚表面安装。吸气式探测器可利用毛细管，这种采样法将采样点放在远离主采样管道的位置，特别适用于当由于技术或美观的原因，主采样管道不能铺设到保护区域的情况。毛细管采样的典型应用就是用于保护遗产、古建筑，如图 2-148 所示。

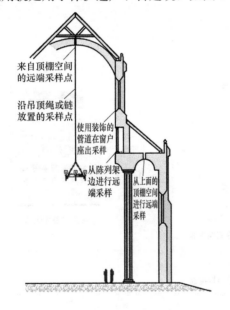

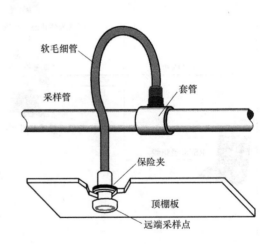

图 2-147　古建筑结构上的采样点　　　　图 2-148　毛细管典型的隐蔽式采样安装示意图

5）满足古建筑中的防火分区要求

针对古建筑地域广阔，殿堂分散，建筑布局、形式、色调等跟周围的环境相适应，构成为一个大空间的环境特点，因地制宜地划分防火分区，采用不同的吸气式极早期火灾智能预警系统产品应用在各防火分区内满足《火灾自动报警系统设计规范》GB 50116 要求。

GST-MICRA 空气采样式感烟火灾探测器连接采样管一根，总长度不超过 50m，一台 GST-MICRA 探测器最大保护面积为 500m²，适合保护空间较小的防火分区；GST-HSSD 极早期吸气式探测器最多可接四根采样管，每根管长度不应超过 100m，总长度不超过 200m，一台 GST-HSSD 探测器最大保护面积为 2000m²，适合保护空间较大的防火分区；ICOM 极早期吸气式探测器最多可接 15 根采样管，每根管长度不应超过 50m，适合保护空间分散的防火分区。三种产品都可与火灾报警控制器连接。依据现场情况灵活地设计，选用不同产品，更容易满足《火灾自动报警系统设计规范》GB 50116 中防火分区要求。防火分区方案举例如图 2-149 所示。

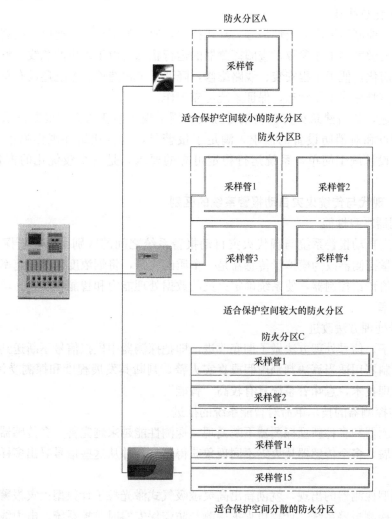

图 2-149　防火分区方案示意图

（2）JB-QB-GST500 智能火灾报警控制器（联动型）

JB-QB-GST500 智能火灾报警控制器（联动型）具有以下特点：

1）火灾报警控制器智能化

火灾报警控制器采用大屏幕汉字液晶显示，清晰直观。除可显示各种报警信息外，还可显示各类图形。报警控制器可直接接收火灾探测器传送的各类状态信号，通过控制器可将现场火灾探测器设置成信号传感器，并对传感器采集到的现场环境参数信号进行数据及曲线分析，为更准确地判断现场是否发生火灾提供了有利的工具。

2）报警及联动控制一体化

控制器采用内部并行总线设计，积木式结构，容量扩充简单方便。系统可采用报警联动共线式布线，也可采用报警和联动分线式布线，适用于目前各种报警系统的布线方式，彻底解决了变更产品设计带来的原设计图纸改动的问题。各类控制器全部通过 GB 4717 及 GB 16806 双项标准检验。

3）数字化总线技术

探测器与控制器采用无极性信号二总线技术，通过数字化总线通讯，控制器可方便设置探测器的灵敏度等工作参数，查阅探测器的运行状态。由于采用两总线，整个报警系统的布线极大简化，便于工程安装、线路维修，降低了工程造价。系统还设有总线故障报警功能，随时监测总线工作状态，保证系统可靠工作。

综上所述，该古建筑火灾自动报警方案采用了现代最新的火灾报警技术，紧紧贴近古建筑的特点和对消防设备的需求，满足了报警早，对古建筑外观影响小。报警分区设置灵活，设计施工简单，系统运行稳定可靠的要求，是一个较优化的古建筑火灾报警方案。

2.5.3　现代与传统火灾自动报警系统的区别

1. 探测器本身性能

传统火灾自动报警系统与现代火灾自动报警系统之间的区别主要在于探测器本身性能。由开关量探测器改为模拟量传感器是一个质的飞跃，将烟浓度、上升速率或其他感受参数以模拟值传给控制器，使系统确定火灾的数据处理能力和智能程度大为增加，减少了误报警的概率。

2. 信号处理方法改进

区别在于，信号处理方法做了彻底改进，即把探测器中模拟信号不断送到控制器评估或判断，控制器用适当算法判别虚假或真实火警，判断其发展程度和探测受污染的状态。这一信号处理技术，意味着系统具有较高“智能”。

3. 新型探测器的技术革命对智能系统的推进

复合探测器和多种新型探测器不断涌现，探测性能越来越完善。多传感器、多判据探测器技术发展，多个传感器从火灾不同现象获得信号，并从这些信号寻出多样的报警和诊断判据。

由于新型探测器的出现，就创新出高灵敏吸气式激光粒子计数型火灾报警系统、分布式光纤温度探测报警系统、计算机火灾探测与防盗保安实时监控系统、电力线传输火灾自动报警系统，实现了传统系统向现代智能系统的转型升级，实现了消防系统新的革命。

2.5.4　智能消防系统的集成和联网

2.5.4.1　智能消防系统的集成

消防自动化（FA）对楼宇自动化（BA）系统的子系统安全运行非常关键，对消防系统进行集成化控制是保证其安全运行、统一管理和监控的必要手段。

所谓消防系统的集成就是通过中央监控系统，把智能消防系统和供配电、音响广播、电梯等装置联系在一起实现联动控制，并进一步与整个建筑物的通讯、办公和保安系统联网，以实现整个建筑物的综合治理自动化。

目前，智能建筑中消防自动化系统大多呈独立状态，自成体系，并未纳入 BA 系统中。这种自成体系的消防系统与楼宇、保安等系统相互独立，互联性差，当发生全局事件时，不能与其他系统配合联动，影响集中解决事件的功能。

由于近几年来内含 FAS 的 BAS 进口产品进入国内市场，且已被采用，故国内智能建筑中已将消防智能自动化系统作为 BA 系统的子系统纳入，例如，上海金茂大厦的消防系统，包括 FAS 在内的 20 个弱电子系统，从设计方案上实现了一体化集成的功能。

建筑智能化的集成模式有一体化集成模式、以 BA 和 OA 为主面向物业管理的集成电路模式、BMS 集成模式和子系统集成模式四种，这里仅以 BMS 集成为例说明。

BMS 实现 BAS 与火灾自动报警系统、安全检查防范系统之间的集成。这种集成一般基于 BAS 平台，增加信息通讯协议转换、控制管理模块，主要实现对 FAS 和 SAS 的集中监视与联动。各子系统均以 BAS 为核心，运行在 BAS 的中央监控计算机上。这种系统简单，造价低，可实现联动功能。国内大部分智能建筑采用这种集成模式。BMS 集成模式示意如图 2-150 所示。

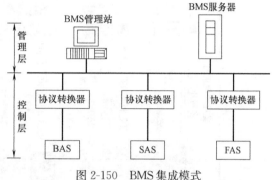

图 2-150　BMS 集成模式

2.5.4.2　智能消防系统的联网案例

1. 智能消防系统的联网形式

智能消防系统的联网一般分为两种形式：一类是同一厂家消防报警主机之间内部的联网；另一类是不同厂家消防报警主机之间进行统一联网。第一类因为是同一厂家内部的产品，主机与主机之间的接口形式和协议等都彼此兼容，所以实现起来相对要简单，联网后可实现火情的统一管理。第二类因为是在不同厂家消防报警主机之间联网，主机与主机之间的接口形式和协议等彼此都不兼容，所以实现起来非常困难。但在实际应用中需要在不同厂家报警主机之间进行联网的情况又非常多，比如建立城市火灾报警网络时因为在不同建筑物中所用的报警主机种类繁多，自然其联网的技术难度就非常大。

2. 智能消防系统的联网组成

下面就以主流消防网络产品海湾公司研发的 GST-119Net 城市火灾自动报警监控管理网络系统为例简单加以介绍（图 2-151）。

GST-119Net 城市火灾自动报警监控管理网络系统主要由以下四部分组成。

（1）消防自动预警监控管理中心。消防自动预警监控管理中心设立在消防支队，负责联网用户消防自动预警信号的接收、确认及对不符合要求的防火单位下达隐患通知书和限期整改通知书。119 确认火警信息显示查询终端设在 119 调度指挥中心，通过计算机局域网数据专线与消防自动预警监控管理中心进行数据通讯，接收经过确认的自动火警信息并可以查询消防自动预警监控管理中心的历史火警信息，查询联网用户的历史预警信息及数据资源。

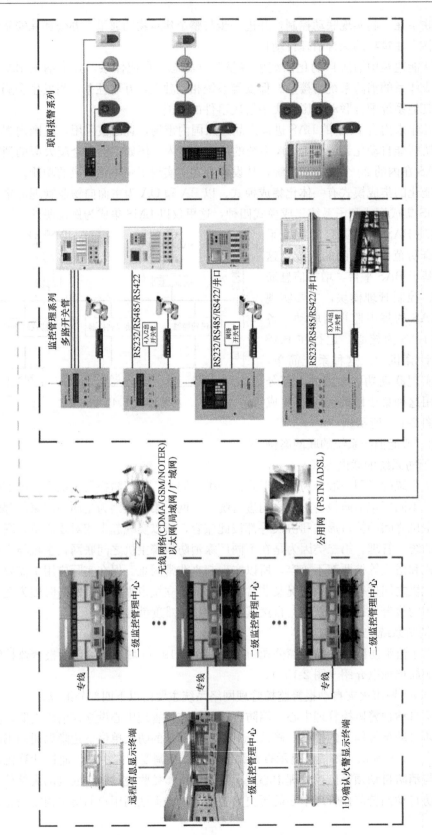

图 2-151　GST-119Net 城市火灾自动报警监控管理网络系统

（2）消防自动预警巡检维护中心。设在预警服务公司，负责对联网用户的 JK-TX-GST5000 消防预警网络监控器或 JB-QB-GST100 型消防预警联网控制器进行自动巡检、运行记录统计、分析、管理及故障处理。

（3）传输介质。根据使用和监控单位的实际需要和条件，灵活选用有线（电话线或局域网）、无线（专缆、光纤、DDN 专线、无线扩频、微波及电力截波等）及两者结合的预警信息传输方式。

（4）联网用户设备。联网用户设备根据被监控单位的规模、消防危险性级别分为两种：JK-TX-GST5000 消防预警网络监控器、JB-QB-GST100 消防预警联网控制器。

用户端传输设备也就是指网络监控器，它一般就近安装在所监控报警控制器旁边，并通过传输介质负责把所监控报警控制器的各种情况传输到消防网络监控管理中心。它是不同厂家报警控制器与 GST-119Net 系统进行信息传输的主要桥梁，负责不同协议的翻译与不同接口的转换工作，同时还要负责信息的调制解调工作，是整个系统的关键环节。JK-TX-GST5000 消防网络监控器（含视频传输功能）外形如图 2-152（*a*）所示。基于工业级 ARM 技术平台的新一代消防网络监控设备 JK-TX-GST6000D 如图 2-152（*b*）所示。

ARM 是目前业界公认技术领先的 32 位嵌入式 RISC 结构处理器内核，具有体积小、功耗低、速度高、价格适中等优点，可方便移植到各种主流的嵌入式操作系统中，现已广泛应用于手机、PDA、DV、DVD、MP3、ADSL、高速路由器、机顶盒等多种领域，并在包括工业控制、下一代智能多媒体、高端智能仪表等更为广泛的应用领域持续扩张。JK-TX-GST5000 消防网络监控器核心控制板如图 2-152（*c*）所示。

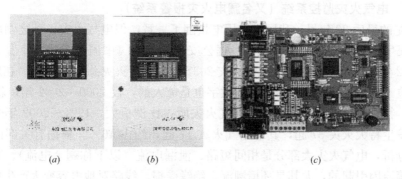

图 2-152 消防网络监控器
（*a*）JK-TX-GST5000 消防网络监控器；（*b*）JK-TX-GST6000D 消防网络监控器
（*c*）JK-TX-GST5000 消防网络监控器核心控制板

该消防网络监控器是火灾自动报警联网监控领域率先采用 ARM 处理器的产品，其充分发挥了 ARM 强大的处理能力和丰富的资源优势，核心为 32 位的工控级 ARM 处理器，外围采用 16 位总线结构，大屏幕液晶显示。该产品极大扩充了系统资源和对外接口，具有多路开关量输入/输出接口、多路模拟量接口、双串口和一个 10/100M 的网络通讯接口，并具有防盗功能，显著提高了产品的技术含量，为火灾自动报警联网监控系统向多功能综合性监控方向扩展提供了可靠的技术保证。同时，该产品可完全满足消防监控、环境监控、安防监控、视频监控等综合性联网需求，尤其适用于通讯机房、基站等对监控要求较高的场合。

JK-TX-GST5000 消防网络监控器是一款先进的网络化产品——其网络接口支持 TCP、UDP、IP、IGMP、ARP、TELNET、HTTP 等网络协议。该网络接口可同时建立多条 TCP 连接，除了传送报警数据外，还能以 WEB 访问方式对系统实现远程浏览、远程控制及远程配置等管理功能。由于其存储、I/O、中断等资源丰富，可以满足用户不断的升级需求，延长产品的生命线。

图 2-153　消防自动预警监控管理中心建成效果图

通过网络监控器，用户或相关主管部门可以方便地在消防自动预警监控管理中心实时监视自身管理范围内的消防控制器（管理范围可以是以城市为单位，也可以是以企业为单位），这样足不出户就可以了解各个不同厂家消防控制器上的火警、故障、动作信息，同时还可以实时监控控制器的开关机状态、值班人员值班状态。在长期的使用中该系统还可以根据用户自身使用需要和习惯，辅助用户自动对各种使用情况进行决策，如对需清洗设备进行自动评估，对火灾发生地点附近的水源使用情况给出提示等。通过该系统的使用可以真正实现人防到技防的大跨越。消防自动预警监控管理中心建成效果如图 2-153 所示。

2.5.5　电气火灾监控系统（又名漏电火灾报警系统）

20 世纪的最后 20 年里，我国人均用电量翻了一番，但电气火灾也随之剧增，给国家经济和人民生命财产造成了巨大损失。据公安部消防局《中国火灾统计年鉴》统计，自 1993~2002 年全国范围内共发生电气火灾 203780 起，占火灾总数近 30%，在所有火灾起因中居首位。电气火灾造成人身伤亡的数字也是惊人的，仅 2000~2002 年，就造成 3215 人的伤亡。特别在重、特大火灾中，电气火灾所占比例更大，1991~2002 年全国公共聚集场所共发生特大火灾 37 起，其中电气火灾 17 起，约占 46%。根据有关部门电气火灾统计数据分析，电气火灾大部分是相间短路、泄漏电流（以下称剩余电流）、断路器或线路超负荷等原因引起的，尤其是环境潮湿、绝缘受损、线路对地电容变大产生的剩余电流引起的火灾更是频繁发生。对于严峻的电气火灾形势，国内外都采取了有效的措施。例如：日本早在 1978 年在其《内线规程》JEAC 8001—1978 第 190 条明确要求建筑面积在 150m^2 以上的旅馆、饭店、公寓、集体宿舍、家庭公寓、公共住宅、公共浴室等场所必须安装能自动报警的漏电火灾报警器。此规程为日本电气火灾的控制起了重要作用，对于人均用电量为我国大约八倍的日本来说，电气火灾只占总火灾的 2%~3%。IEC 国际电工委员会 1994 1200-53 中 593.3 条明确要求采用两级或三级剩余电流保护装置，防止由于漏电引起的电气火灾和人身触电事故。我国 20 世纪 90 年代开始在一些电气规范中对接地故障火灾作出了防范规定。例如《漏电保护器安装和运行》GB 13955、《低压配电设计规范》GB 50054、《住宅设计规范》GB 50096、《民用建筑电气设计规范》JGJ/T 16。尤其最近两年，我国加大了剩余电流动作保护装置和电气火灾监控系统的推广应用，陆续修订批准实施了《剩余电流动作保护装置安装和运行》GB 13955、《建筑设计防火规范》GB 50016、《高层民用建筑设计防火规范》GB 50045、《电气火灾监控系统》GB 14287 等标准规范，为降低建筑电气火灾风险提供了有效的技术措施和技术法规保证。为了预防和减少电气火灾，应在线监测 220/380 V 供电线路的绝缘状态，可以使用电气火灾监控系统进行漏电检测并实施报警。电气线路或电气设备一旦漏电并超过额定值时，报警器立即发出声光报警信号并显示漏电电流大小。从发生接地电弧到引起火灾以至火势蔓延，需要一段时间，这有足够时间去检查并排除故障提前预报，能有效地避免电气火灾的发生。报警但不切断电源，可以避免电源开关跳闸引起整个建筑物的停电，既保证了用电安全又保证了供电的不间断性。

《剩余电流动作保护装置的安装和运行》GB 13955 强调了剩余电流动作保护装置在防止因接地故障而引起的电气火灾的防护作用，要求在建筑物内安装剩余电流动作火灾监控系统。可以说，预防建筑电气火灾，设置漏电火灾报警系统的国家标准和规范已经基本齐全（还有有关的其他规范正在报批中），今后有关场所设计应用漏电火灾报警系统将越来越多。

最新国家标准为 GB 14287，将漏电火灾报警系统正式定名为电气火灾监控系统。

2.5.5.1　电气火灾监控系统组成及功能

国家标准 GB 14287 中：第 1 部分：电气火灾监控设备；第 2 部分：剩余电流式电气火灾监控探测器；第 3 部分：测温式电气火灾监控探测器。

1. 电气火灾监控系统组成

电气火灾监控系统由主机、系统总线和现场器件构成的用于电力配电线路检测与电气火灾相关联的异常电参数，并具有显示、报警、操作和记录等功能的数字化实时监控系统。系统包含以下组成部分：计算机、集中控制器、监控探测器（以下简称探测器）、互感器、总线隔离器，如图 2-154 所示。

一台计算机至多可以接 8 个二总线网络，一台集中控制器（AP-J1）可以接 1 个二总线网络；一个二总线网络可以接至多 128 只探测器（编号从 0 至 127，大于 127 的编号系统不识别。AP-J1 内有一个二总线网络）。

2. 电气火灾监控系统相关设备及名词解释

（1）剩余电流互感器 residual current mutual inductor

以检测监控回路剩余电流的方法按特定比率输出电力线路漏电流信号的电气火灾监控系统专用互感器，如图 2-155（a）示。

（2）电气火灾探测器（以下简称探测器）explorer for electric fire

由漏电、温度等信号传感器单独或组合构成的电气异常信号检测的现场探测器件，如图 2-155（b）示。

（3）电气火灾监控器（以下简称监控器）monitor for electric fire

具有现场操作、显示和报警功能，可与探测器组成一个或多个电气火灾监控节点，并能与中央监控主机实时通信的现场监控器件，如图 2-155（c）示。

（4）电气火灾监控探测器（以下简称监控探测器）detectors for electric fire

兼具监控和探测功能，集信号检测、操作显示和声光报警于一体，并能与中央监控主机实时通信的现场器件，如图 2-155（d）示。

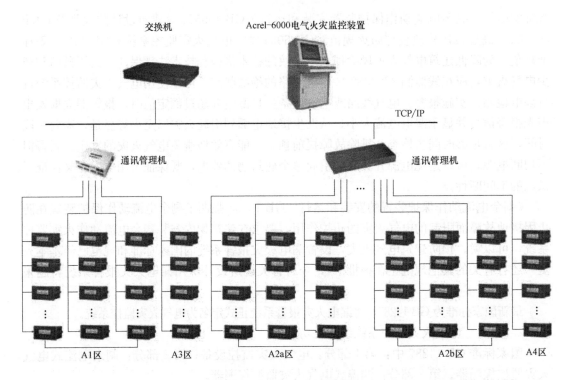

图 2-154 电气火灾监控系统

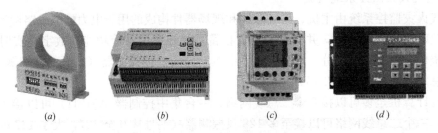

图 2-155 电气火灾监控系统设备实物

(a) 剩余电流互感器；(b) 电气火灾探测器；(c) 电气火灾监控器；(d) 电气火灾监控探测器

（5）现场监控器件（以下简称现场器件）monitoring device of the scene

剩余电流互感器、探测器、监控器和监控探测器的总称。

（6）监控报警 alarm and monitoring

被监控电力线路的漏电等电气火灾探测参数达到动作设定值时发出的声光报警。

（7）预警 pre-alarm

被监控电力线路的某项参数达到监控报警设定值 50％时发出的声光报警，是一种区别于监控报警的较缓的警报声，目的是提醒值班人员注意，以早期排除故障。

（8）故障报警 trouble alarm

按一定周期定时对电气火灾监控系统自身进行巡检时检测到系统某环节发生故障（如总线开路等）所发出的较缓的声光报警。

（9）监控节点 monitorpoint

对电气火灾实时监控系统而言，是系统传输总线上的一个点，节点的总和决定了系统的监控规模。在物理意义上，一个监控节点是由监控器和一个探测器组成，可实现对一条配电回路和开关设备的电气火灾监控报警及信息上传功能。

（10）单回路监控器 single circuit monitor

与一个探测器组成一个电气火灾监控节点的电气火灾监控器，用于对一条配电回路（即单回路）的电气火灾监控报警。

（11）多回路监控器 multiple circuit monitor

在配电箱柜内由一台监控器与多个探测器组成多个电气火灾监控节点的电气火灾监控器，用于多条配电回路（即多回路）的电气火灾监控报警。

（12）中央监控主机（以下简称主机）main unit for centralized control

能接收来自电气火灾监控器或监控探测器的报警信号，发出声光报警，指示报警部位，记录并保存报警信息的系统上位监控管理机。

（13）电气火灾监控系统（以下简称监控系统）Alarm and control system for electric fire prevention

由主机、系统总线和现场器件构成的用于电力配电线路检测与电气火灾相关联的异常电参数，并具有显示、报警、操作和记录等功能的数字化实时监控系统。

（14）系统总线（以下简称总线）system communication bus

电气火灾监控系统中用以连接主机和现场监控器件，以规定的标准格式进行信息通讯传输的物理媒介。

3. 电气火灾监控系统的工作原理

电气火灾监控系统又称剩余电流报警系统，通过探测线路中的漏电流的大小来判断火灾发生的可能性，漏电是通过探测电气线路三相电流瞬时值的矢量和（用有效值表示）。探测器的传感器为零序电流互感器，零序电流互感器探测剩余电流的基本原理是基于基尔霍夫电流定律即流入电路中任一节点的复电流的代数和等于零，即 $\Sigma I = 0$。在测量时，三相线 A、B、C 与中性线 N 一起穿过零序电流互感器，通过检测三相的电流矢量和，即零序电流 Io，$Io = IA + IB + IC$。在线路与电气设备正常的情况下（对零序电流保护假定不考虑不平衡电流，无接地故障，且不考虑线路、电器设备正常工作的泄漏电流），理论上各相电流的矢量和等于零，零序电流互感器二次侧绕组无电压信号输出。当发生绝缘下降或接地故障时的各相电流的矢量和不为零，故障电流使零序电流互感器的环形铁芯中产生磁通，二次侧绕组感应电压并输出电压信号，从而测出剩余电流。考虑电气线路的不平衡电流、线路和电气设备正常的泄漏电流，实际的电气线路都存在正常的剩余电流，只有检测到剩余电流达到报警值时才报警。

电气火灾监控系统安装在配电室和配电箱处，实时检测供电线路干线、次干线的剩余电流，如超过剩余电流报警值立即发出声光报警信号，提示检修，主要用于预防漏电引起的电气火灾。

4. 电气火灾监控系统功能及特点

（1）提供 2 条探测总线回路，总线上可以接入探测器的最大地址节点数为 128 点。

（2）采用全中文 10.4in 彩色触摸液晶显示屏，显示直观，操作方便。

（3）可选装中文微型打印机，用于打印报警记录和故障记录。

（4）具有黑匣子功能，电子硬盘存储防磁防震，不惧高温潮湿，数据安全系数高，除满足标准10000条数据存储能力外还可以保存一年的电气火灾报警及故障记录，并可实时图表模式查询。

（5）支持报警阈值连续调节和在线设定。

（6）具有2路无源报警信号输出端子，容量DC24V/1A。

（7）配置了UPS不间断电源供电，自动实现主/备电供电电源切换，具有电池充放电智能管理功能。

（8）控制器为不同用户设定不同的操作权限，满足各层次管理操作人员的需要。

（9）提供标准的RS232扩展接口，可以设置为楼控系统通讯接口或者手机短信报警平台，标准接口可以接驳打印设备，标准的以太网接口用于系统互联。

（10）通讯采用RS485总线方式，最大通讯距离小于1200m，超过1200m可以通过中继器灵活扩展。

（11）具有内嵌机箱设计，安装调试方便、适用性强、可靠性高的特点。

2.5.5.2　电气火灾监控系统功能模块设计

采用分层分布式结构设计，按间隔单元划分，应用功能模块化设计，整个监控系统分为三层：系统管理层、通讯接口层、现场监控层。

1. 系统管理层

由ZEpower SCADA电气火灾监控软件、监控主机、显示器、打印机、不间断电源（UPS）等组成。

单主机系统：一个服务器兼客户端

多主机系统：一个服务器和多个客户端

2. 通讯接口层

通讯接口层是指现场监控层设备与系统管理层主机系统实现数据交换的通讯设备和通讯链路，包括ZEpower-NET以太网关、工业以太网交换机、光纤转换器及光缆、通讯电缆等。

3. 现场监控层

现场监控层是指现场安装的各种智能装置，完成测量、监视、通讯等功能。

现场监控层设备包括：SWL500电气火灾监控探测装置和其他第三方设备（PLC\烟雾传感设备等）。

4. 系统功能

（1）系统运行监视和控制。监视界面显示整个电力监控系统的网络图，动态刷新各电气设备的实时运行参数和运行状态，并且支持现场设备的远程控制功能。监控系统的画面根据现场实际状况进行组态。

（2）电能质量监视和分析。对整个监控系统范围内的电能质量和电能可靠性、漏电电流及线缆温度状况进行实时监视。实时监视系统电压偏差、频率偏差、不平衡度、功率因数、谐波含量、电压闪变、剩余电流及温度等电能质量问题，评估电能质量是否符合标准。记录扰动时的波形，作为电能质量分析和故障分析的依据。

（3）电能消耗统计和分析。系统为用户提供了综合的电能和需量统计报表功能，用户也可以定制符合需求的电能统计功能，包含不同用电设备在不同费率时段的电量消耗，可以按照日、月、季度、年的时间段进行统计和记录，并可以查询、显示和打印。

（4）预防性电气火灾监视。连续监视用电设备泄漏电流的变化、线缆接头温度的变化，为配电设备的预防性维护提供依据，有效预防电气火灾的发生，保障用户财产的安全

（5）报警和事件管理。系统在电能质量事件发生、设备状态改变、电网扰动、电气故障时触发并记录报警。系统报警时自动弹出报警画面并进行语音提示，同时可以将报警信息通过 Email、手机短信等方式通知相关人员并与消防监控系统联网，数据实时传送消防控制中心。

（6）历史数据管理。系统基于 SQL server 数据库完成历史数据管理，所有实时采样数据、事件顺序记录（SOE）等均可保存到历史数据库。能够自定义需要查询的参数，查询的时间段或选择查询最近更新的记录数，显示并绘制成曲线图。

（7）报表管理。可基于系统已有模板，或自定义新的模板生成报表。可以手动或根据预设时间表定时生成，或通过事件触发生成 xml 格式报表。例如：电能消耗统计报表、电能趋势报表等。报表能通过 Email 或 HTML 格式进行发送、手动打印或自动打印。

（8）用户权限管理。用户权限管理能够防止未经许可的操作，保障系统安全稳定运行。用户可以定义不同级别用户的登录名、密码及操作权限，为系统维护管理提供可靠的安全保障。

（9）第三方通讯功能。支持工业 OPC 接口，可作为 OPC 服务器为其他程序提供数据（如 DCS 系统、BA 系统），也可作为 OPC 客户端，从其他系统获取数据。系统兼容常用配电领域规约 IEC60870-5-101、IEC60870-5-103、CDT 等，可以兼容所有 Modubs 协议的第三方设备。

（10）支持 Web 客户端。系统提供 Web 服务，客户端可以在办公室等其他场所通过 IE 浏览器查看电力监控现场画面、查阅电能消耗统计报表等。

5. 设置依据及范围

《建筑设计防火规范》GB 50016—2014 规定"按二级负荷供电的剧院、电影院、商店、展览馆、广播电视楼、电信楼、财贸金融楼和室外消防用水量大于 25L/s 的其他公共建筑"宜设置剩余电流动作电气火灾监控系统。

根据国标《剩余电流动作保护装置的安装和运行》GB 13955 中关于分级保护的规定，安装剩余电流火灾监控装置时，应对建筑物内防火区域作出合理的分布设计，确定适当的保护范围、预定的剩余电流动作值和动作时间，并应满足分级保护的动作特性要求，缩小故障切断电源时引起的停电范围。而《民用建筑电气设计规范》中 13.12.5 条规定"剩余电流检测点宜设置在楼层配电箱（配电系统第二级开关）进线处，当回路容量较小线路较短时，宜设在变电所低压柜的出线端。"第 13.12.6 条规定"防火剩余电流动作报警值宜为 500mA。当回路的自然漏电流较大，500mA 不能满足测量要求时，宜采用门槛电平连续可调的剩余电流动作报警器或分段报警方式抵消自然泄漏电流的影响"。

6. 系统组成

电气火灾监控系统由电气火灾监控主机及电气火灾探测器两部分组成。电气火灾探测器由电气火灾监控模块和温度传感器、剩余电流传感器等组成。

一般电气火灾监控模块可带 1～8 个传感器，但模块与传感器之间的距离不能大于

10m（不同产品的性能不尽相同，设计前时应详细了解产品的特点）。为充分利用这种性质，节约投资，对一级保护，在每台低压配电柜内设一个测温式电气火灾监控模块（个别进、出线回路较少的柜，则两～三台柜共用一个监控模块），每个出线回路设电缆温度传感器，将温度传感器直接压接在电缆的绝缘材料外表面，取样为绝缘材料的温度，检测线路的长期过电流温升，每路只需一个温度传感器。

对二级保护，在集中的每层强电井内各设一个电气火灾监控模块，各二级配电箱设剩余电流传感器做剩余电流采样，L1、L2、L3、N 四线均同穿过传感器。传感器信号接至该监控模块后，传送至电气火灾监控主机上。其余分散设置的二级配电箱（柜），不满足共用模块距离要求的，则分别设监控模块。监控模块安装于配电箱内，电源由配电箱内就近驳接，采用熔断器保护。

电气火灾监控主机具有显示、报警、联动输出、事件储存记录、故障报警、复位、消声等功能，并具有自动巡检功能，24h 不停顿地对系统内所有受控点的状态进行巡回检测，当有异常时迅速报警并显示异常受控点的地址和信息，提示值班人员或专业技术人员检查系统，排除故障，使整个系统安全可靠地运行。

电气火灾监控系统一般采用二级保护模式：在所有一级配电柜设置缆温监控，动作温度为 65℃，动作并报警，动作时间 30～60s，所有的二级配电箱总开关处安装剩余电流探测器，动作电流为 500mA，动作并报警，动作时间为 30s。末端根据用电设备的使用性质，如插座及部分设备分回路设置 30mA 漏电保护开关。

电气火灾监控系统主机设在 24h 有人值班的监控中心内，当发生电气火灾故障时值班人员可以及时处理，通知电工或专业技术人员到故障现场排除隐患。

电气火灾监控系统定位是服务于常规的供电网络，所以以报警为主。

7. 系统的设置安装及布线设计

电气火灾监控设备以及系统的报警信号，应设在消防控制室或有人值班的场所。主机电源应取自控制中心的消防供电（AC220V）。各监控探测器采用现场供电，电源接入点应在该级断路器的上端。

（1）配电柜（箱）内部形式的安装设计。一般新工程在楼层设有专门楼层配电柜（箱），可将探测控制器放在配电柜（箱）内，且离导电母线尽量远的导轨上安装，再将剩余电流互感器安套在电源母线上，固定牢靠，探测控制器与互感器之间的连线应采用屏蔽导线。

（2）配电柜（箱）外部形式的安装设计。在配电柜（箱）外安装探测控制器，则无论是对新工程还是改造工程，都是适用的。若有专门安装探测控制器的防火监控箱，装入探测控制器后可放在配电柜（箱）附近。同理，剩余电流互感器安套在电源母线上，固定牢靠，探测控制器与互感器之间的连线应采用设置范围屏蔽导线。

对于改造工程，因互感器为闭合型的，所以在安装时不仅要注意施工安全，还应尽量避免断电时间过长，影响用户用电。

（3）配电柜（箱）成套形式的安装设计。若是在配电柜（箱）面板上嵌入探测控制器，剩余电流互感器依然固定牢靠在其内，不增加防火监控箱，也不想改动配电柜（箱）内部结构，既美观又方便，则应在设计中明确提出要求，由有关各方在施工图纸会审确认批准后，可由配电柜（箱）成套厂家充分考虑预留面板上嵌入探测控制器孔的问题。

（4）安装布线设计及注意事项。产品在安装布线时应采取三防措施；产品应按消防用电的规定执行；各个安装接线端，接线时不得反接，数量不得超过 2 根；安装布线时，必须严格区分 N 线和 PE 线，穿过剩余电流互感器的 N 线，不得作为 PE 线，不得重复接地或接设备外露接近导体；PE 线不得穿过剩余电流互感器；二总线安装走线时，注意强弱电线分开走线，不允许交叉和搭线；严禁与动力线、照明线、视频线、广播线、电话线等穿入同一金属管内。配线应整齐，导线应绑扎成束，穿线可用阻燃 PVC 管、金属管及金属线槽。在穿管、线槽后，应将管口、槽口封堵；监控设备与探测器之间的通讯线应采用双绞线，建议线截面不得小于 $1.5mm^2$，当系统应用在强干扰场所时，通讯线应采用屏蔽双绞线，屏蔽双绞线的屏蔽层应良好接大地。

2.5.5.3　电气火灾监控系统设计案例（Acrel-6000 电气火灾监控系统）

1. 概述

Acrel-6000 电气火灾监控系统用于接收剩余电流式电气火灾探测器等现场设备信号，以实现对被保护电气线路的报警、监视、控制、管理的工业级硬件/软件系统。本系统应用于大型商场、生活小区、基础设施、办公大楼、商场酒店等区域的消防控制中心，对分散在建筑内的探测器进行遥测、遥调、遥控、遥信，方便实现监控与管理。

2. 参照标准

《电气火灾监控系统》GB 14287；

《剩余电流保护装置安装与运行》GB 13955；

《建筑设计防火规范》GB 50016—2014；

《消防控制室通用技术要求》GB 25506—2010。

3. 系统结构

Acrel-6000 电气火灾监控系统采用分层分布、开放式结构设计，主要由监控设备、监控探测器等组成。

监控设备能接收来自电气火灾监控探测器的报警信号，发出声光报警信号和控制信号，指示报警部位，记录并保存报警信息，是系统的管理中心。监控设备具有主、备电源自动切换功能，保证系统的稳定性。

监控探测器探测被保护线路中的剩余电流、温度等电气火灾危险参数，并可直接将本地采集的信号处理为数字信号，通过标准通讯协议进行传输，提高了信号传输过程中的抗干扰能力，提升了系统的可靠性指标。设备如图 2-156 所示。

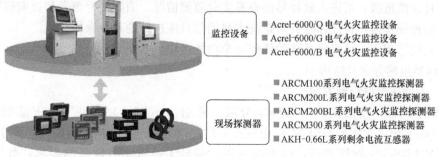

图 2-156　Acrel-6000 电气火灾监控系统设备

4. 系统功能

（1）监控报警

1）被监控回路开关的实时状态：分闸/合闸。

2）剩余电流型故障：故障单元属性（部位、探测器型号）。

3）联动输入：1 路无源触点。

4）监控报警响应时间：≤30s。

5）监控报警声信号：手动消除，当再次有报警信号输入时，能再次启动。

6）监控报警光信号：红色 LED 指示灯。

（2）故障报警

1）监控设备与探测器之间的连接线断路、短路。

2）监控设备主电源欠压（≤80％主电源电压）或过压（≥110％主电源电压）

3）当监控设备出现以上故障时，能发出与监控报警信号有明显区别的声光故障报警信号。

4）故障报警响应时间：≤100s。

5）故障报警声信号：手动消除，当再次有报警信号输入时，能再次启动。

6）故障报警光信号：黄色 LED 指示灯。

7）故障期间，非故障回路的正常工作不受影响。

（3）控制输出

1）对个别或全部被监控单元的分闸、合闸进行遥控操作。

2）报警控制输出：常开无源触点，容量：AC250V 3A 或 DC30V 3A。

3）控制输出：常开无源触点，容量：AC250V 3A 或 DC30V 3A。

（4）自检

1）连接检查：通讯线路的断路、短路。

2）设备自检：手动检查或系统自检。

3）自检耗时：≤60s。

（5）报警记录

1）报警类型：故障事件类型、发生时间、故障描述。

2）报警事件查询：根据记录日期、故障类型等条件查询。

3）报警记录打印：存储、查询及打印报警记录（选配）。

（6）操作分级

1）日常值班级：可进入软件界面查看实时监测情况、消除报警声音和查询报警记录。

2）监控操作级：可操作除针对系统本身的信息维护外的其他操作。

3）系统管理级：可操作系统的任何一个功能模块。

5. 典型组网方案及结构

（1）大型建筑群组网方案。

大型建筑群，楼层高，多栋楼体分散，采用 Acrel-6000/Q 电气火灾监控设备＋Acrel-6000/B 电气火灾监控设备 ＋ 电气火灾监控探测器三层结构组网模式，便于区域化管理，采用 RS-485 网络通讯，以太网通讯，满足了通讯实时性高的要求，如图 2-157 所示。

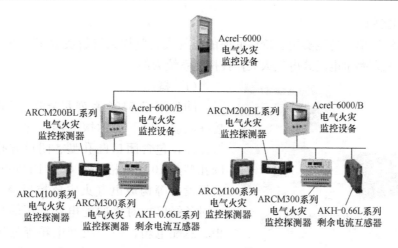

图 2-157　群体建筑电气火灾监控系统

（2）中型建筑组网方案

中型单体建筑，采用 Acrel-6000/Q 电气火灾监控设备＋电气火灾监控探测器两层结构组网模式，造价经济，性价比高，采用 RS-485 网络通讯，满足了通信实时性高的要求，如图 2-158 所示。

（3）小型建筑电气火灾监控系统

小型建筑，采用 Acrel-6000/B 电气火灾监控设备进行监控，造价经济，性价比高，如图 2-159 所示。

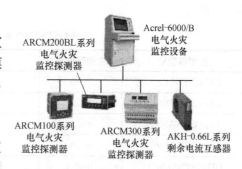

图 2-158　单体建筑电气火灾监控系统

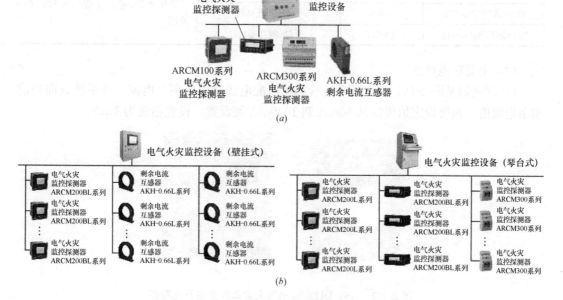

图 2-159　小型单体建筑区域型电气火灾监控系统

6. 应用案例

一种布线简单、功能实用、价格低廉的电气火灾监控系统解决方案（以海湾牌 DH-GSTN5100 系列剩余电流式电气火灾监控探测系统为例）。

（1）概述

图 2-160 剩余电流式的实时监测

DH-GSTN5100 系列剩余电流式电气火灾监控探测器（以下简称探测器）均为一体式单路探测器，包含闭口圆孔型、闭口方孔型和开口圆孔型共 10 种规格，与 GST-DH9000 电气火灾监控设备等构成电气火灾监控报警系统，适用于对各级保护对象的配电室低压输出侧或配电柜、总配电箱、一二级配电箱等处供电线路的

剩余电流的实时监测，如图 2-160 所示。DH-GSTN5100 系列探测器各规格产品见表 2-21 所示。

DH-GSTN5100 系列探测器各规格产品列表　　　　　　　　表 2-21

探测器型号	主回路电流	穿线孔径(mm)	说　明
DH-GSTN5100/3	100A	闭口、圆孔 Φ31	适用电缆
DH-GSTN5100/5	225A	闭口、圆孔 Φ50	
DH-GSTN5100/7	400A	闭口、圆孔 Φ73	
DH-GSTN5100/9	800A	闭口、圆孔 Φ93	
DH-GSTN5100/11	1000A	闭口、圆孔 Φ112	
DH-GSTN5100/12F	800A	闭口、方孔 128×56	适用电缆或母排
DH-GSTN5100/22F	1250A	闭口、方孔 225×56	
DH-GSTN5100/5K	225A	开口、圆孔 Φ56	适用电缆，适合工程追加和改造使用
DH-GSTN5100/7K	400A	开口、圆孔 Φ71	
DH-GSTN5100/11K	1000A	开口、圆孔 Φ111	

（2）主要功能特点

1）探测器见图 2-161（a）所示，检测低压配电线路中的剩余电流，可系统查询当前剩余电流值；报警设定值可以从 50mA 到 1000mA 间设置，设置精度为 1mA。

（a）　　　　　　　　　　　　　（b）

图 2-161 GST-DH9000 电气火灾监控设备及探测器

（a）探测器；（b）电气火灾监控设备

2）通过电子编码器和 GST-DH9000 电气火灾监控设备（图 2-161b）都可以实现地址编码和报警剩余电流值的设置，方便工程调试和维护。

3）探测器和电气火灾监控设备采用无极性两线制连接方式，布线极其简便（与安装传统火灾探测器的方式一致），每个回路可连接 128 只探测器。

4）探测器通讯采用海湾公司专利数字化技术和电子编码技术，报警响应快，调试简便。

5）探测器分开口和闭口两种，可适应现场不同需要。

（3）技术指标

1）工作电压：总线 24V，无极性。

2）工作电流：<DC3mA。

3）剩余电流报警设定值：50mA 到 1000mA（步进 1mA）。

4）主回路：电流 0A～1250A 多种规格可选，电压<AC660V。

5）报警响应时间：≤30s。

6）使用环境：温度：−10～+40℃，相对湿度≤95%，不凝露，海拔<3000m。

7）外壳防护等级：IP20。

8）总线通讯地址：采用电子编码器编码方式，占 1 个编码点（1～242）。

9）壳体材料和颜色：ABS，象牙白。

10）执行标准：GB 14287.2。

（4）接线端子

接线端子如图 2-162 所示，Z1、Z2 与电气监控设备的总线连接，无极性，采用阻燃双绞线，导体截面积在 1.0～2.5mm² 之间。

图 2-162　接线端子

综上可知，电气火灾监控系统能准确监控电气线路的故障和异常状态，能发现电气火灾的火灾隐患，把低压配电系统中尚未造成火灾发生的隐患，事先有效地通过对漏电、温度的异常变化以及它们可能引起的火灾进行预报、监控，及时报警，提醒人员去消除这些隐患，大大地降低火灾事故的发生。

任务 2-6　火灾自动报警系统识图及图纸会审方法指导

2.6.1　高层住宅消防案例

1. 工程名称及规模

鹤岗文化博园住宅楼 1 号楼消防工程，本工程建筑面积约 36843m²，建筑高度为 88.05m。地下 1 层，地上 29 层，地下 1 层为设备用房，1 层为门市等公建，2～29 层为住宅，顶层为电梯机房等设备用房．为一类高层防火建筑，各层均为钢筋混凝土结构现浇楼板。

2. 工程图纸

工程图 8 张，其中电气消防设计说明图纸目录一张，如图 2-163 所示；火灾自动报警系统图两张，如图 2-164 和图 2-165 所示；地下室火灾自动报警平面图，如图 2-166 所示；1 层火灾自动报警平面图，如图 2-167 所示；2 层～18 层火灾自动报警平面图，如图 2-168 所示；19 层～29 层火灾自动报警平面图，如图 2-169 所示；87.0m 设备层火灾自动报警平面图，如图 2-170 所示。

3. 识图要求

根据以上工程图纸，全面对火灾自动报警系统进行识读，达到对图纸从设计说明、图纸目录、系统图、平面图全面掌握，通过对系统图与平面图的对比，找出图中存在问题和改进建议，从而训练图纸会审的初步能力。

2.6.2　工程图识读指导和图纸会审

2.6.2.1　工程图识读指导

1. 识图的意义

工程识图，涉及内容较为广泛，图纸中有建筑、结构、暖通空调及电气给出条件，必须弄清，否则影响识图效果。

工程识图，也是锻炼图纸会审的一个重要环节，通过识图训练，为图纸会审奠定了基础。

工程识图，是从事消防工程工作的必要条件，会识图可指导消防施工，可进行消防预算，还可编写施工方案及工程内业等，因此识图是重中之重。

2. 识图方法与步骤

看图纸目录、熟悉图例符号，在已认识图例符号的基础上，阅读设计说明，看本设计包括哪些设计内容、设计依据及产品样本，再从系统图入手查对火灾自动报警系统的各层平面图设备，并与平面图对应，找出设备名称、数量、线制，看每层设备数量平面与系统图是否一致，如不一致时以平面图为主，修改系统图，再看管线布置、敷设方式、回路划分等，研究工作原理，最后总结出设计特点并找出存在的问题及改进措施。

2.6.2.2　图纸会审内容、程序及记录

1. 图纸会审主要内容

（1）是否无证设计或越级设计；图纸是否经设计单位正式签署。

（2）地质勘探资料是否齐全。

（3）设计图纸与说明是否齐全，有无分期供图的时间表。

（4）设计地震烈度是否符合当地要求。

（5）几个设计单位共同设计的图纸相互间有无矛盾；专业图纸之间、平立剖面图之间有无矛盾；标注有无遗漏。

（6）总平面与施工图的几何尺寸、平面位置、标高等是否一致。

（7）防火、消防是否满足要求。

（8）建筑结构与各专业图纸本身是否有差错及矛盾；结构图与建筑图的平面尺寸及标高是否一致；建筑图与结构图的表示方法是否清楚；是否符合制图标准；预埋件是否表示清楚；有无钢筋明细表；钢筋的构造要求在图中是否表示清楚。

（9）施工图中所列各种标准图册，施工单位是否具备。

（10）材料来源有无保证，能否代换；图中所要求的条件能否满足；新材料、新技术的应用有无问题。

（11）地基处理方法是否合理，建筑与结构构造是否存在不能施工、不便于施工的技术问题，或容易导致质量、安全、工程费用增加等方面的问题。

（12）工艺管道、电气线路、设备装置、运输道路与建筑物之间或相互间有无矛盾，布置是否合理，是否满足设计功能要求。

（13）施工安全、环境卫生有无保证。

（14）图纸是否符合监理大纲所提出的要求。

2. 图纸会审的程序

图纸会审应开工前进行。如施工图纸在开工前未全部到齐，可先进行分部工程图纸会审。

（1）图纸会审的一般程序：业主或监理方主持人发言→设计方图纸交底→施工方、监理方代表提问题→逐条研究→形成会审记录文件→签字、盖章后生效。

（2）图纸会审前必须组织预审。阅图中发现的问题应归纳汇总，会上派一代表为主发言，其他人可视情况适当解释、补充。

（3）施工方及设计方专人对提出和解答的问题作好记录，以便查核。

（4）整理成为图纸会审记录，由各方代表签字盖章认可。

（5）参加图纸会审的单位：GB 50319 第 5.2.2 条"项目监理人员应参加由建设单位组织的设计技术交底会，总监理工程师应对设计技术交底会纪要进行签认。"由此可见，图纸会审和设计交底由建设单位主持。

3. 监理工程师对施工图审核的原则和重点

（1）监理工程师对施工图审核的主要原则（监理机构的）

1）是否符合有关部门对初步设计的审批要求。

2）是否对初步设计进行了全面、合理的优化。

3）安全可靠性、经济合理性是否有保证，是否符合工程总造价的要求。

4）设计深度是否符合设计阶段的要求。

5）是否满足使用功能和施工工艺要求。

（2）监理工程师进行施工图审核的重点

1）图纸的规范性；

2）建筑功能设计；

3）建筑造型与立面设计；

4）结构安全性；

5）材料代换的可能性；

6）各专业协调一致情况；

7）施工可行性。

4. 图纸会审记录

图纸会检后应有施工图会审记录。其中应标明：

（1）工程名称：所在工程名称，图纸中应注明。

（2）工程编号：所在工程名称，图纸中应注明。

（3）表号：图纸会审表的表号。

（4）图纸卷册名称：所审图纸的卷册名称，图纸中应注明。

（5）图纸卷册编号：所审图纸的卷册编号，图纸中应注明。

（6）主持人：此处为监理人员签名，主持。

（7）时间：图纸会审时间，应注明年月日。

（8）地点：图纸会审场所。

（9）参加人员：所有参与人员，包括工程各参建单位（建设单位、监理单位、设计单位、施工单位）的与会人员。

（10）提出意见包括：

图号：有问题的图纸编号。

提出单位：提出的问题的单位（一般填写施工单位）。

提出意见：提出的问题（一般由施工单位提出）。

处理意见：对提出的问题做出的回复（由设计单位出回复）。

（11）签字、盖章：表底应有设计单位代表、建设单位代表、施工单位代表、监理单位代表的签字，以及各单位盖章。

为了便于读者对火灾自动报警系统的了解，便于课程设计，给出图 2-171～图 2-187，火灾报警产品见附录。

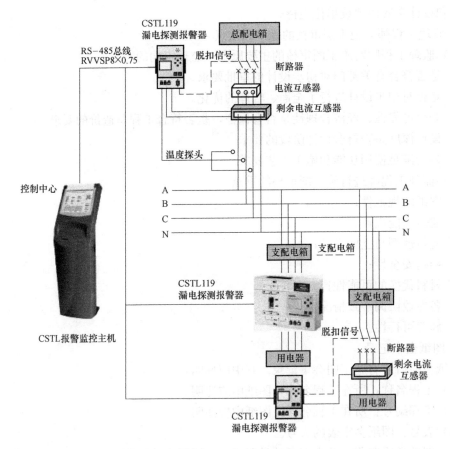

断路器内置式漏电探测报警器与断路器外置式漏电探测报警器混合搭配使用。
该系统具有较大的灵活性，满足不同的需求场合。

图 2-171　混合式电气火灾监控系统

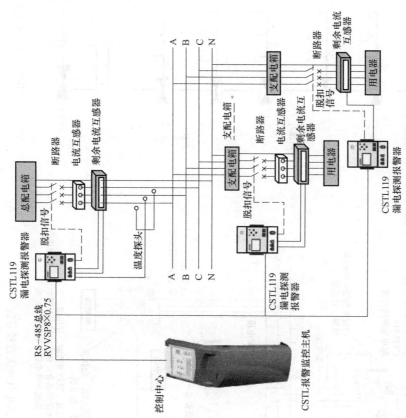

图 2-172 断路器外置式电气火灾监控系统

系统中所选用的漏电探测报警器均与断路器分体设置，漏电探测报警器通过发送脱扣信号来控制断路器。

本系统适用于断路器型号已经确定或确定断路器已经存在的情况，特别有利于强电、弱电分期施工或增补设计。

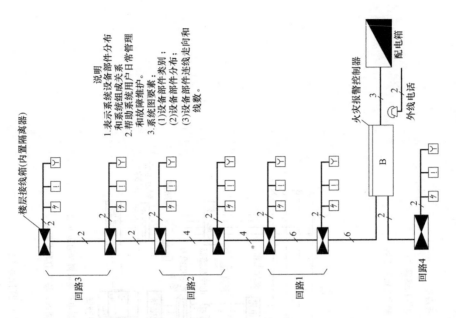

图 2-174　火灾自动报警系统图

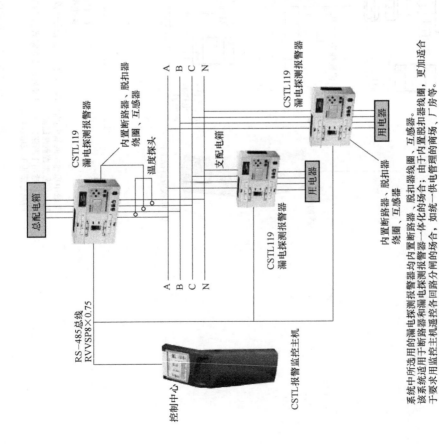

系统中所选用的漏电探测报警器均为内置断路器、脱扣器、互感器。
该系统适用于断路器和漏电探测报警器一体化的场合；由于内置脱扣器线圈，更加适合
于要求用监控主机遥控各回路分闸的场合，如统一供电管理的商场、厂房等。

图 2-173　断路器外置式电气火灾监控系统

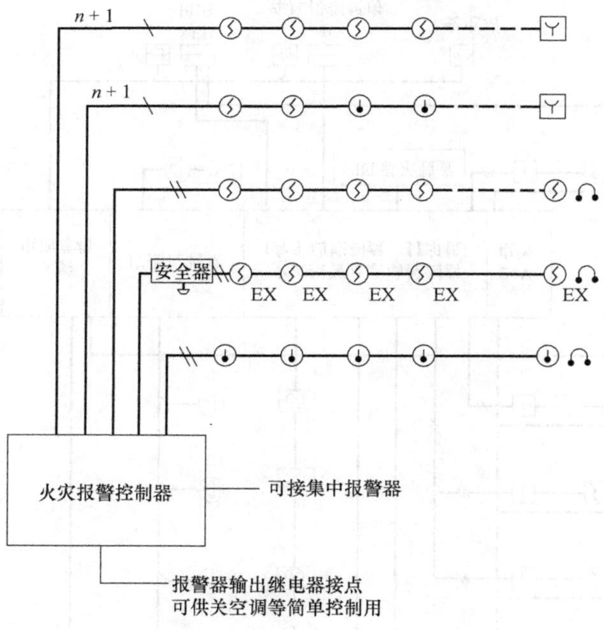

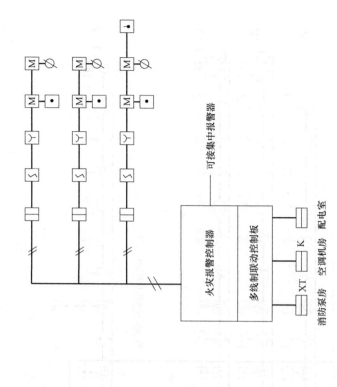

图 2-176　火灾自动报警与消防控制系统（二）

说明：1. 本图采用总线制多线制可编程控制方式，适用于小系统，使用方便，节省投资。

2. 对于多个小型建筑，可实现区域、集中两地报警、就地控制方式，可靠性较高。

图 2-175　火灾自动报警与消防控制系统（一）

说明：1. 本图采用 $n+1$ 多线制报警方式，适用于小系统，节省投资。

2. 在车库、仓库等大开间房间，可数个同类探测器并接，全占一个点。

3. 连接防爆类探测器较方便。

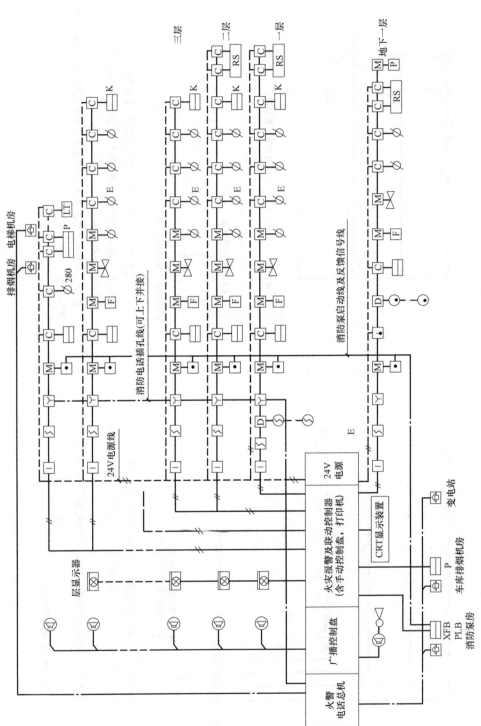

图 2-177　火灾自动报警与消防控制系统（三）

说明：1. 本图采用总线报警，总线控制方式。
　　　2. 报警与控制合用总线，以分支型连接。

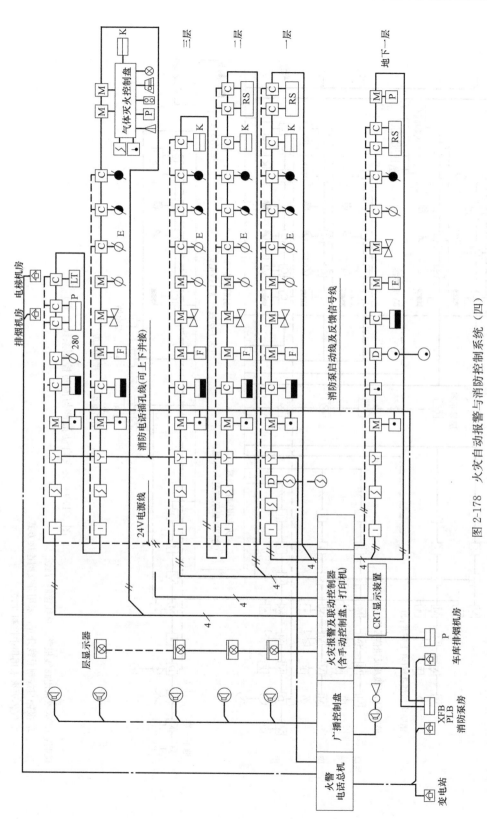

图 2-178　火灾自动报警与消防控制系统（四）

说明：1. 本图采用总线制报警，总线控制方式。

2. 报警与控制合用总线，采用环型连接方式，可靠性较高。

3. 气体灭火采用就地控制方式。

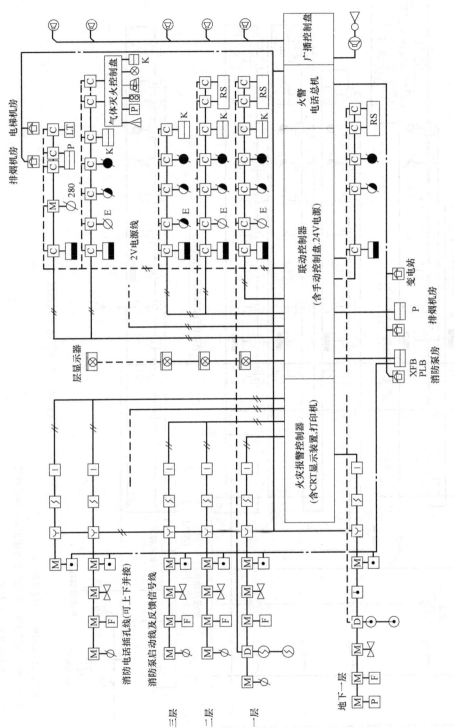

图 2-179　火灾自动报警与消防控制系统（五）

说明：1. 本图采用总线报警、总线控制方式。

2. 报警与控制总线分开，采用分支型连接方式。

3. 气体灭火采用集中控制方式。

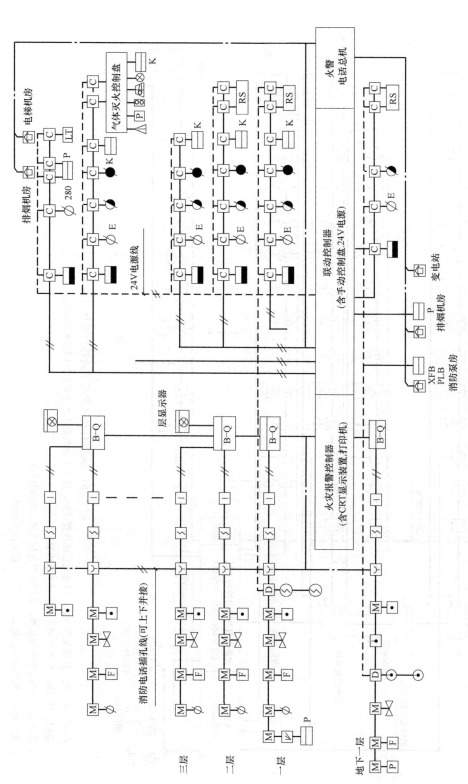

图 2-180　火灾自动报警与消防控制系统（六）

说明：1. 本图采用区域、集中两级报警，总线控制方式，适用于较大系统。
　　　2. 消火栓按钮经输入模块报警，并经控制器编程启动消防泵。
　　　3. 气体灭火采用集中控制方式，设可燃气体报警及控制。
　　　4. 此类建筑一般另设有广播系统，紧急广播见该系统。

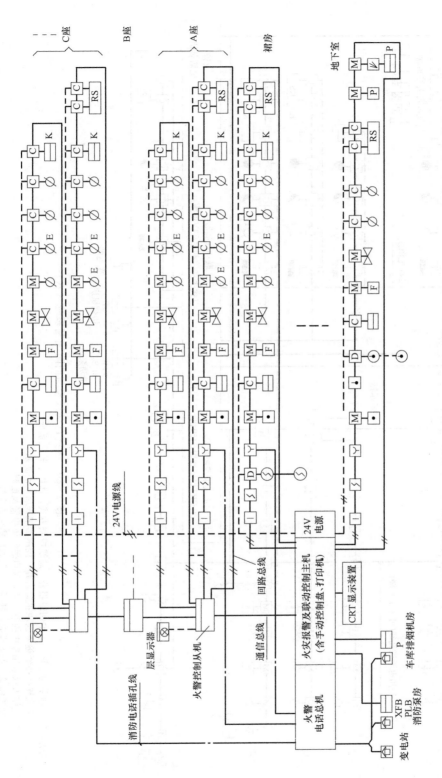

图 2-181　火灾自动报警与消防控制系统（七）

1. 本图采用主机、从机报警方式，以通信总线连接成网，适用于建筑群或多个建筑联网的大型系统。

2. 根据产品不同，通信线可连成主干型或环型。

3. 各回路报警与控制全用总线，采用环型连接方式，可靠性较高。

4. 此类建筑一般另设有广播系统，紧急广播见该系统图。

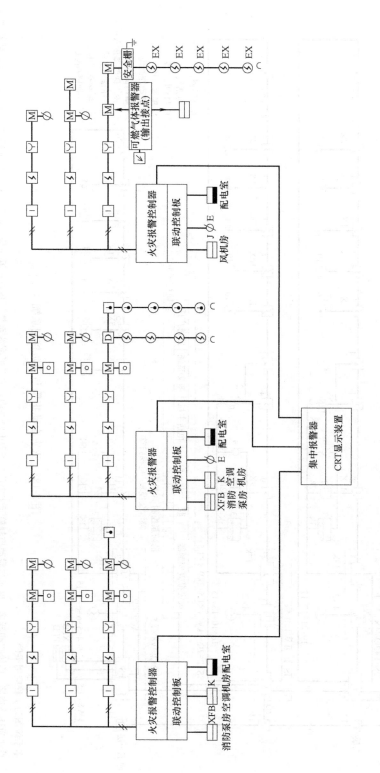

图 2-182　火灾自动报警与消防控制系统（八）

1. 本图采用总线制报警，就地编程控制方式。根据产品不同，有总线制控制和多线制控制方式。可实现区域、集中两地报警，就地控制，可靠性较高。

2. 本图适用于比较分散的工业厂房、中小型民用建筑等，使用方便，节省投资。

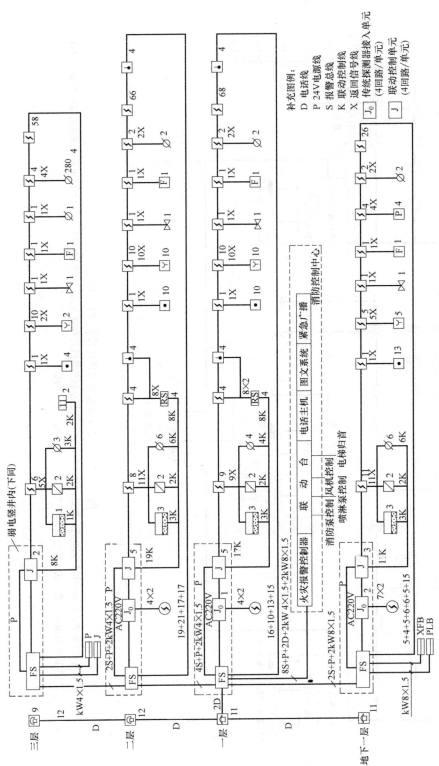

图 2-183 火灾自动报警与消防控制系统（九）

补充图例：
D 电话线
P 24V电源线
S 报警总线
K 联动控制线
X 返回信号线

J_0 传统探测器接入单元（4回路/单元）

J 联动控制单元（4回路/单元）

本系统图为工程应用举例。

总线为环路连接；传统探测器接入单元与联动控制单元集中放置于弱电竖井内，放射形配线至楼层层点；返回信号均就近接至地址码探测器；消防泵与防排烟风机均由消防联动控制台直接配线控制。

本建筑另设有广播系统，紧急广播见该系统。

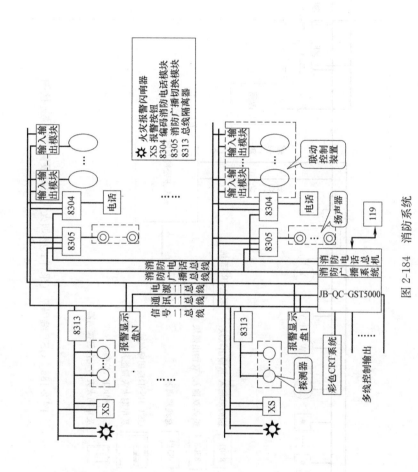

图 2-184　消防系统

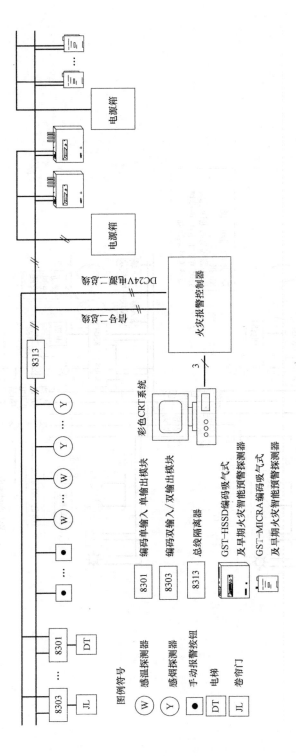

图 2-185 GST 编码空气采样感烟火灾探测报警器系统连接图

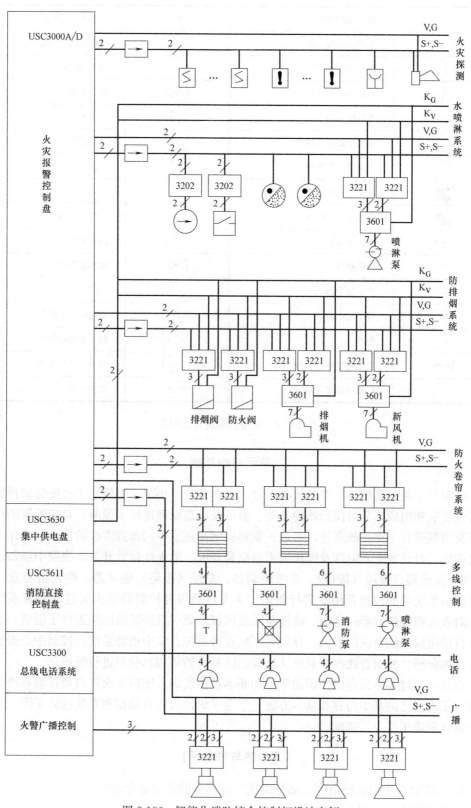

图 2-186　智能化消防综合控制柜设计实例

图例	名称	图例	名称
⟨S⟩	编码感烟探测器	消防泵、喷淋泵	消防泵、喷淋泵
⟨S⟩	普通感烟探测器	排烟机、送风机	排烟机、送风机
⟨!⟩	编码感温探测器	防火、排烟阀	防火、排烟阀
⟨!⟩	普通感温探测器	 防火卷帘	防火卷帘
⟨↙⟩	煤气探测器	防火阀	防火阀
⟨Y⟩	编码手动报警按钮	T	电梯迫降
⟨Y⟩	普通手动报警按钮	空调断电	空调断电
编码消火栓按钮	编码消火栓按钮	压力开关	压力开关
普通消火栓按钮	普通消火栓按钮	水流指示器	水流指示器
→	短路隔离器	湿式报警阀	湿式报警阀
电话插口	电话插口	电源控制箱	电源控制箱
声光报警器	声光报警器	电话	电话
楼层显示器	楼层显示器	3202	报警输入中继器
警铃	警铃	3221	控制输出中继器
气体释放灯、门灯	气体释放灯、门灯	3203	红外光束中继器
广播扬声器	广播扬声器	3601	双切换盒

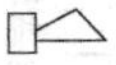

图 2-187　常用消防设备图例符号

单元归纳总结

　　火灾自动报警系统是本书的核心部分。本章共分 6 小节。先概述了火灾自动报警系统的形成发展和组成，又对探测器的分类、型号及构造原理进行了说明，对探测器的选择和布置及线制进行了详细的阐述，通过一系列实例验证了不同布置方法的特点，确保读者设计时选用。对现场配套附件及模块如手动报警开关、消火栓报警开关、报警中继器、楼层（区域）显示器、模块（接口）、总线驱动器、总线（短路）隔离器、声光报警盒、CRT彩色显示系统等的构造及用途进行叙述。火灾自动报警控制器是火灾自动报警系统的心脏，对火灾报警控制器的构造、功能布线及区域和集中报警器的区别进行了说明，最后是火灾自动报警系统及应用示例，分别对区域报警系统、集中报警系统、控制中心报警系统进行详细分析、并对智能报警系统及智能消防系统的集成和联网进行概述。

　　总之，通过本单元理论知识的学习和基本技能实训，明白了火灾自动报警系统的相关规范、工程设计的基本内容和基本方法，学会了识读火灾自动报警系统的施工图，为从事消防设计和施工打下了基础。

【习题与思考题】

　　1. 火灾自动报警系统由哪几部分组成？各部分的作用是什么？

　　2. 探测器分为几种？

3. 下列型号代表的意义如何：

(1) JTY-LZ-101；

(2) JTW-DZ-262/062；

(3) JTW-BD-C-KA-II。

4. 什么叫灵敏度？什么叫感烟（温）探测器的灵敏度？

5. 感烟、温、光探测器有何区别？

6. 选择探测器主要应考虑哪些方面的因素？

7. 智能探测器的特点是什么？

8. 布置探测器时应考虑哪些方面的问题？

9. 已知某计算机房，房间高度为 8m，地面面积为 15m×20m，房顶坡度为 11°，属于二级保护对象。

试：（1）确定探测器种类；（2）确定探测器的数量；（3）布置探测器。

10. 已知某锅炉房，房间高度为 4m，地面面积为 10m×20m，房顶坡度为 13°，属于二级保护对象。

试：（1）确定探测器种类；（2）确定探测器的数量；（3）布置探测器。

11. 怎样用电子编码器编出 19、28。

12. 已知某高层建筑规模为 30 层，每层为一个探测区域，每层有 46 只探测器，手动报警开关等有 20 个，系统中设有一台集中报警控制器，试问该系统中还应有什么其他设备？为什么？

13. 已知某综合楼为 18 层，每一层一台区域报警控制器，每台区域报警器所带设备为 30 个报警点，每个报警点安装一只探测器，如果采用两线、总线制布线，看布线图绘出会有何不同？

14. 报警器的功能是什么？

15. 手动报警按钮与消火栓报警按钮的区别是什么？

16. 区域报警器与区域显示器的区别是什么？

17. 输入模块、输出模块、总线驱动器、总线隔离器的作用是什么？

18. 火灾报警控制器有哪些种类？

19. 分别在七位、八位编码开关中编出 102、26、68 号。

20. 区域及集中报警控制器的设计要求有哪些？

21. 模块、总线隔离器、手动报警开头安装在什么部位？

22. 简述 HSSD 激光探测器的工作原理及特点。

单元 3　消防灭火系统

【学习引导与提示】

单元学习目标	明白自动灭火系统的分类、灭火的基本方法及执行灭火的基本功能；对消防灭火类型进行阐述，知道不同系统的应用场所；具有消火栓灭火系统的安装与调试能力；具有自动喷洒水灭火系统的安装与调试能力；具有正确选择其他气体灭火设施能力；具有维护运行能力；具有使用相关手册、法规和规范的能力
单元学习内容	任务 3-1　消防灭火系统概述 任务 3-2　室内消火栓系统 任务 3-3　自动喷洒水灭火系统 任务 3-4　消防水炮灭火系统 任务 3-5　卤代烷灭火系统 任务 3-6　二氧化碳灭火系统 任务 3-7　泡沫灭火系统 任务 3-8　干粉灭火系统
单元知识点	了解消防灭火类型，知道不同系统的应用场所；学会消火栓灭火系统和自动喷洒水灭火系统的设计与安装
单元技能点	具有消火栓灭火系统的设计与安装能力；具有自动喷洒水灭火系统的设计与安装能力
单元重点	消火栓灭火系统设计与安装
单元难点	自动喷洒水灭火系统的设计与安装

高层建筑或建筑群体着火后，主要做好两方面的工作：一是有组织有步骤的紧急疏散；二是进行灭火。为将火灾损失降到最低限度，必须采取最有效的灭火方法。灭火方式有两种：一种是人工灭火，动用消防车、云梯车、消火栓、灭火弹、灭火器等器械进行灭火。这种灭火方法具有直观、灵活及工程造价低等优点，缺点是：消防车、云梯车等所能达到的高度十分有限，灭火人员接近火灾现场困难、灭火缓慢、危险性大；另一种是自动灭火，自动灭火又分为自动喷水灭火系统和固定式喷洒灭火剂系统两种。

任务 3-1　消防灭火系统概述

消防灭火系统是最基本最常用的灭火方式，在现代化的智能大楼中也少不了消火栓灭火。在消防栓灭火系统中，为了使喷水枪在灭火时具有相当的压力，需要加压设备。加压设备通常有消防水泵和气压给水装置两种。现代建筑，尤其是高层建筑和智能化建筑物的消火栓供水系统在屋面上设有高位水箱，消火栓的供水箱网与高位水箱相连。高位水箱的储水量足够可供灭火初期消防泵投入前的灭火用水，消防系统投入使用后的灭火用水主要依靠消防泵从低位储水池或市区供水管网把水注入消防管网。

3.1.1　消防灭火系统分类及灭火方法

3.1.1.1　消防灭火系统分类及基本功能

1. 灭火系统的分类

灭火系统，根据被保护建筑物的性质和火灾发生、发展特性的不同，可以有许多不同的系统形式，但主要分两大类，即自动喷水灭火系统和固定式喷洒灭火剂系统。

自动喷水灭火系统，通常根据系统中所使用的喷头形式的不同，分为闭式自动喷水灭火系统和开式自动喷水灭火系统两大类。

闭式自动喷水灭火系统采用闭式喷头，它是一种常闭喷头，喷头的感温、闭锁装置只有在预定的温度环境下才会脱落，开启喷头。因此，在发生火灾时，这种喷水灭火系统只有处于火焰之中或临近火源时喷头才会开启灭火。

开式自动喷水灭火系统采用的是开式喷头，开式喷头不带感温、闭锁装置，处于常开状态。发生火灾时，火灾所处的系统保护区域内的所有开式喷头一起出水灭火。其具体分类如下：

（1）自动喷水灭火系统的分类

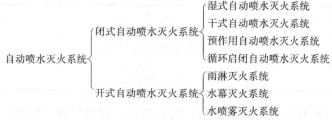

（2）固定式喷洒灭火剂系统的分类

2. 灭火系统的基本功能

（1）能在火灾发生后，自动地进行喷水灭火。

（2）能在喷水灭火的同时发出警报。

3.1.1.2　消防灭火系统的基本方法及灭火器具使用

1. 消防灭火系统的基本方法

燃烧是一种发热放光的化学反应。要达到燃烧必须同时具备三个条件，即：有可燃物（汽油、甲烷、木材、氢气、纸张等）；有助燃物（如高锰酸钾、氯、氯化钾、溴、氧等）；有火源（如高热、化学能、电火、明火等）。一般灭火有以下四种方法。

（1）隔离法　将正在发生燃烧的物质与其周围可燃物隔离或移开，燃烧就会因为缺少可燃物而停止。如将靠近火源处的可燃物品搬走，拆除接近火源的易燃建筑，关闭可燃气体、液体管道阀门，减少和阻止可燃物质进入燃烧区域等。

（2）窒息法　阻止空气流入燃烧区域，或用不燃烧的惰性气体冲淡空气，使燃烧物得不到足够的氧气而熄灭。如用二氧化碳、氮气、水蒸气等惰性气体灌注容器设备，用石棉毯、湿麻袋、湿棉被、黄沙等不燃物或难燃物覆盖在燃烧物上，封闭起火的建筑或设备的门窗、孔洞等。

（3）冷却法 将灭火剂（水、二氧化碳等）直接喷射到燃烧物上把燃烧物的温度降低到可燃点以下，使燃烧停止；或者将灭火剂喷洒在火源附近的可燃物上，使其不受火焰辐射热的威胁，避免形成新的着火点。此法为灭火的主要方法。

（4）抑制法（化学法）将有抑制作用的灭火剂或介质喷射到燃烧区，并参加到燃烧反应过程中去，使燃烧反应过程中产生的游离基消失，形成稳定分子或低活性的游离基，使燃烧反应终止。目前使用的二氧化碳、卤代烷、干粉灭火剂、1211 等均属此类灭火剂。

总之，灭火剂的种类很多，目前应用的灭火剂有泡沫（低倍数泡沫、高倍数泡沫）、卤代烷 1211、二氧化碳、四氯化碳、干粉、水等。但比较而言用水灭火具有方便、有效、价格低廉的优点，因此被广泛使用。然而由于水和泡沫都会造成设备污染，在有些场所下（如档案室、图书馆、文物馆、精密仪器设备、电子计算机房等）应采用卤素和二氧化碳等灭火剂灭火。常用的卤代烷（卤素）灭火剂如表 3-1 所示。

一般常用的卤代烷灭火剂　　　　　　　　　　表 3-1

介质代号	名称	化学式
1101	一氯一溴甲烷	CH_2BrCl
1211	二氟一氯一溴甲烷	$CBrClF_2$
1202	二氯二溴甲烷(红 P912)	CBr_2F_2
1301	三氟一溴甲烷	$CBrF_3$
2404	四氟二溴乙烷	$CBrF_3CBrF$

从表 3-1 中可见有五种卤素灭火剂，最常用的"1211"和"1301"灭火剂具有无污染、毒性小、易氧化、电器绝缘性能好、体积小、灭火能力强、灭火迅速、化学性能稳定等优点。

在实际工程设计中，应根据现场的实际情况来选择和确定灭火方法和灭火剂，以达到最理想的灭火效果。

2. 正确使用灭火器具

（1）干粉灭火器 是学校目前配备数量最多、适用范围广泛且较经济实用的灭火器具，可用于扑灭带电物体（电压低于 5000V）火灾、液体火灾、气体火灾、固体火灾等。使用时要注意以下几点：喷射前最好将灭火器颠倒几次，使筒内干粉松动，但喷射时不能倒置，应站在上风一侧使用；在保障人身安全情况下尽可能靠近火场；按动压把或拉起提环前一定去掉保险装置；使用带喷射软管的灭火器时，一只手一定要握紧软管前部喷嘴后再按动压把或拉起提环；灭液体火（汽油、酒精等）时不能直接喷射液面，要由近向远，在液面上 10cm 左右快速摆动，覆盖燃烧面切割火焰；灭火器存放时不能靠近热源或日晒，防止作为喷射干粉剂动力的二氧化碳受热自喷，并注意防潮，防止干粉剂结块。

（2）二氧化碳灭火器 适用于扑灭精密仪器、带电物体及液体、气体类火灾。使用时应注意：露天灭火在有风时灭火效果不佳；喷射前应先拔掉保险装置再按下压把；灭火时离火不能过远（2m 左右较好）；喷射时手不要接触喷管的金属部分，以防冻伤；在较小的密闭空间喷射后人员要立即撤出以防止窒息；灭火器存放时严禁靠近热源或日晒。

（3）1211 灭火器 特别适用于扑灭精密仪器、电器设备、计算机房等火灾。其使用注意事项与二氧化碳灭火器相同。

(4) 消火栓　是消防灭火中主要的水源，分室内和室外两种。室内消火栓一般设在楼层或房间内的墙壁上，用玻璃门或铁门封挡，内配有水枪、水龙带。使用水龙带时应防止扭转和折弯，否则会阻止水流通过。使用消火栓灭火应先将水龙带一头接在消火栓上，同时将水龙带打开，另一头接水枪，一个人紧握水枪对准着火部位，另一个人打开消火栓阀门。对于灭火来讲，用水灭火是最经济的，但应注意扑灭带电火灾前，必须先断电再用水灭火；还应注意防止用水灭火会给珍藏典籍、精密仪器等造成水渍侵害；有的金属类火灾禁止用水扑灭。

3.1.2　消防灭火系统附件

水流指示器（亦称水流报警启动器或水流开关），是消防水泵控制启泵的方法之一，当发生火灾时，高位箱向管网供水时，水流冲击水流报警启动器，于是即可发出火灾报警，又可快速发出控制消防泵启动信号。

水流指示器是自动喷水灭火系统的组成部分，一般安装在配水管上，是靠管道内压力水流动，推动浆片动作，微动开关闭合，给控制器发出信号报告失火区域，从而起到检测和指示报警区域的作用。

另外，也可与系统的其他组成部件联动，可控制消防泵的开启动作。

水流指示器适用于闭式系统（湿式、干式、预作用、重复启闭预作用）及闭式自动喷水－泡沫联用系统中。

1. 水流指示器分类与构造

水流指示器分类：按叶片形状分为板式和浆式两种。按安装基座分为管式、法兰连接式和鞍座式三种。ZSJZ 系列法兰式水流指示器用于自动喷水灭火系统，它可以安装在主供水管或横杆水管上，给出某一分区域小区域水流动的电信号，此电信号可送到电控箱，也可用于启动消防水泵的控制开关。其有带延时电路 ZSJZ（A 型）和不带延时电路的ZSJZ（B 型），每种型号有：DN50-DN300 八种规格，供不同管道使用。带延时电路的水流指示器，出厂时延迟时间调为 30s，如用户需要其他时间，厂方可按要求供货，连接方法有：管螺纹、焊接、法兰三种型式供用户选择，介质温度：0～80℃。ZSJZ 型水流指示器是自动喷淋灭火系统的组成部件，借助于供水管网内的板式叶片控测水流信号，并将水流信号与控制器连接，以启动电报警系统或其他设备，并确定火灾发生区域。水流指示器适用于湿式、干式、预作用系统。

这里仅以浆式水流指示器为例进行说明。浆式水流指示器又分为电子接点方式和机械接点方式两种。浆式水流指示器的构造如图 3-1 所示，主要由浆片、法兰底座、螺栓、本体和电接点等组成。

2. 水流指示器的作用及构造原理

(1) 水流指示器的作用。水流指示器的作用是把水的流动转换成电信号报警。其电接点即可直接启动消防水泵，也可接通电警铃报警。在保护面积小的场所（如小型商店、高层公寓等），可以用水流指示器代替湿式报警阀，但应将止回阀设置于主管道底部，一是可防止水污染（如和生活用水同水源），二是可配合设置水泵接合器的需要。

在多层或大型建筑的自动喷水系统中，在每一层或每分区的干管或支管的始端安装一个水流指示器。为了便于检修分区管网，水流指示器前端装设安全信号阀。

(2) 浆式水流指示器的工作原理。当发生火灾时，报警阀自动开启后，流动的消防水

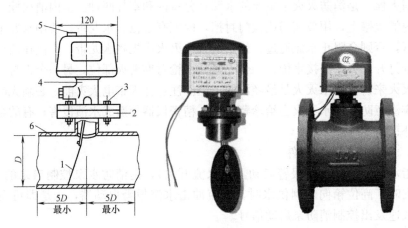

图 3-1　水流指示器示意

1—桨片；2—法兰底座；3—螺栓；4—本体；5—接线孔；6—喷水管道

使桨片摆动，带动其电接点动作，通过消防控制室启动水泵供水灭火。

3. 水流指示器技术参数（ZSJZ 系列）

① 电压：DC24V。

② 控制容量：10W。

③ 动作流量：15～37.5L/min。

④ 额定工作压力：1.2MPa。

⑤ 延迟时间：2～90s（可调）。

⑥ 耗电：＜200mA（报警时）。

4. 水流指示器施工、安装要点

1）一般安装在每层的水平分支干管或某区域的分支干管上。

2）应水平立装，倾斜度不宜过大，保证叶片活动灵敏，水流指示器前后应保持有 5 倍安装管径长度的直管段，安装时注意水流方向与指示器的箭头一致。

3）信号阀应安装在水流指示器前的管道上，与水流指示器的距离不宜小于 300mm。

4）水流指示器适用于直径为 50～150mm 的管道上安装。

5. 水流指示器的接线及应用

水流指示器在应用时应通过模块与系统总线相连。水流指示器的接线如图 3-2 所示。

综上可知，水流指示器一般是由铜铸件、微动开关、波纹管、桨片、冲压件等组成。水流指示器大多应用在自动喷水灭火系统之中，通常安装在每层楼宇的横干管或分区干管上，对干管所辖区域作监控及报警作用。当某区域发生火警时，输水管中的水流推动水流指示器的桨片，通过波纹管组件，推动微动开关，使其触点接通，将信号传至消防报警控制屏。水流指示器应水平安装于系统管路上，不应侧装或倒装，以免影响水流指示器灵敏度。连接水流指示器的管路必须保证其前后直管长度不小于管路直径的 5 倍，选用水流指示器时应根据管路公称直径按技术参数表对应选择，安装时应注意水流方向。水流指示器出厂时延迟时间调定为 15s，如果用户有特殊要求时，可调整，调整范围为 2～90s。

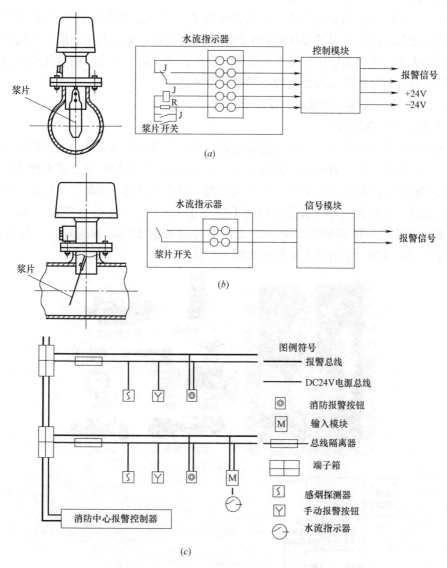

图 3-2 水流指示器接线及应用设计图

(*a*) 电子接点方式；(*b*) 机械接点方式；(*c*) 应用设计图

任务 3-2 室内消火栓系统

室内消火栓给水系统是由消防给水管网，设有消火栓、水带、水枪的消火栓箱柜、消防水池、消防水箱、增压设备等组成的移动式灭火系统。根据目前我国广泛使用的建筑消防登高器材的性能及消防车供水能力，对高、低层建筑的室内消防给水系统有不同的要求。

9 层及 9 层以下的住宅建筑（包括底层设置商业服务网点的住宅）和建筑高度不超过 24m 的其他民用建筑厂房、库房和单层公共建筑为低层建筑。低层建筑利用室外消防车从室外水源取水，直接扑灭室内火灾。

对于 10 层及 10 层以上的建筑、建筑高度为 24m 以上的其他民用和工业建筑为高层建筑。高层建筑的高度超过了室外消防车的有效灭火高度，无法利用消防车直接扑救高层建筑上部的火灾，所以高层建筑发生火灾时，必须以"自救"为主。高层建筑室内消火栓给水系统是扑灭高层建筑室内火灾的主要灭火设备之一。

3.2.1   室内消火栓系统组成、原理及分类

1. 室内消火栓系统组成

消火栓灭火系统由蓄水池、加压送水装置（水泵）及室内消火栓等主要设备构成，室内消火栓给水系统主要设备包括：消防水箱、给水主泵、给水稳压泵、消火栓接口、维修用区域控制阀门、区域压力显示表、区域减压阀、湿式报警阀与消防报警按钮、水枪、水龙带、消火栓、消防管道等。水枪嘴口径不应小于 19mm，水龙带直径有 50mm、65mm 两种，水龙带长度一般不超过 25m，消火栓直径应根据水的流量确定，一般有口径为 50mm 与 65mm 两种。室内消火栓系统如图 3-3 所示。

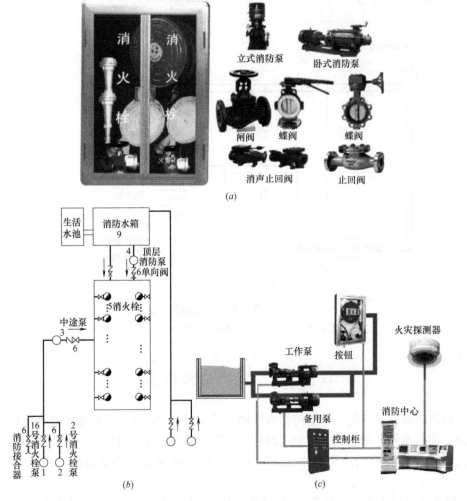

图 3-3   室内消火栓系统

(a) 消火栓实物图；(b) 消火栓系统示意图；(c) 消火栓系统工作原理图

2. 室内消火栓系统的基本工作原理

水位控制应能显示出水位的变化情况和高、低水位报警及控制水泵的启停。为保证喷水枪在灭火时具有足够的水压，需要采用加压设备，常用的加压设备两种：消防水泵和气压给水装置。

采用消防水泵时，在每个消火栓内设置消防按钮，灭火时用小锤击碎按钮上的玻璃小窗，按钮不受压而复位，从而通过控制电路启动消防水泵，水压增高后，灭火水管有水，用水枪喷水灭火。

采用气压给水装置时，由于采用了气压水罐，并以气水分离器来保证供水压力，所以水泵功率较小，可采用电接点压力表，通过测量供水压力来控制消防水泵的启动。

高位水箱与管网构成水灭火的供水系统，在没有火灾情况下，规定高位水箱的蓄水量应能提供火灾初期消防水泵投入前 10min 的消防用水。10min 后的灭火用水要由消防水泵从低位蓄水池或市区供水管网将水注入室内消防管网。

消防水箱应设置在屋顶，宜与其他用水的水箱合用，使水处于流动状态，以防消防用水长期静止而使水质变坏发臭。

3. 室内消火栓系统的给水方式分类

室内消火栓给水系统的给水方式有 5 种，见表 3-2 示。

室内消火栓给水系统的给水方式分类　　　　　表 3-2

序号	分　类
1	水泵和水箱的室内消火栓给水系统
2	仅设水箱的室内消火栓给水系统
3	设消防水泵和水箱的室内消火栓给水系统
4	区域集中的室内高压消火栓给水系统及室内临时高压消火栓给水系统
5	分区给水的室内消火栓给水系统

3.2.2　室内消防水泵的电气控制

3.2.2.1　对室内消防水泵的控制要求

室内消火栓灭火系统的框图如图 3-4 所示。从图中显而易见消火栓灭火系统属于闭环控制系统。当发生火灾时，控制电路接到消火栓泵启动指令发出消防水泵启动的主令信号后，消防水泵电动机启动，向室内管网提供消防用水，压力传感器用以监视管网水压，并将监测水压信号送至消防控制电路，形成反馈的闭环控制。

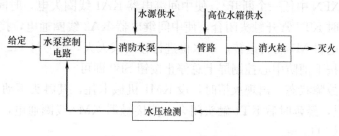

图 3-4　消火栓火系统框图

1. 消防水泵控制方法

（1）由消防按钮控制消防水泵的启停：当火灾发生时，用小锤击碎消防按钮的玻璃罩，按钮盒中按钮自动弹出，接通消防泵电路。

（2）由水流报警启动器，控制消防水泵的启停：当发生火灾时，高位箱向管网供水，水流冲击水流报警启动器，于是即可发出火灾报警，又可快速发出控制消防泵启动信号。

（3）由消防中心发出主令信号控制消防泵启停：当发生火灾时，灾区探测器将所测信号送至消防中心报警控制器，再由报警控制器发出启动消防水泵的联动信号。

2. 对消火栓灭火系统要求

（1）消防按钮必须选用打碎玻璃才能启动的按钮，为了便于平时对断线或接触不良进行监视和线路检测，消防按钮应采用串联（常闭接点）接法或并联（常闭接点）接法。

（2）消防按钮启动后，消火栓泵应自动投入运行，同时应在建筑物内部发出声光报警，通告住户。在控制室的信号盘上也应有声光显示，应能表明火灾地点和消防泵的运行状态。

（3）为了防止消防泵误启动使管网水压过高而导致管网爆裂，需加设管网压力监视保护，当水压达到一定压力时，压力继电器动作，使消火栓泵自动停止运行。

（4）消火栓泵发生故障需要强投时，应使备用泵自动投入运行，也可以手动强投。

（5）泵房应设有检修用开关和启动、停止按钮，检修时，将检修开关接通，切断消火栓泵的控制回路以确保维修安全，并设有开关信号灯。

3.2.2.2　消火栓泵的控制电路工作情况

1. 全电压启动的消火栓泵的控制电路

全电压启动的消火栓泵控制电路如图 3-5 所示。图中 BP 为管网压力继电器，SL 为低位水池水位继电器，QS3 为检修开关，SA 为转换开关。

管网压力继电器 BP 的作用：当管网压力正常时，压力继电器 BP 的电磁吸力不足，其电接点不动作，当管网压力过高时，压力继电器 BP 的电接点动作。

水位继电器 SL 的作用：当低位水池水位低于设定水位时，水位继电器 SL 电接点动作，当水池水位高于低水位时，水位继电器 SL 电接点不动作。

全电压启动的消火栓泵的控制电路工作情况分析如下：

（1）正常启泵。1 号为工作泵，2 号为备用泵：将 QS4、QS5 合上，转换开关 SA 转至左位，即 "1 自，2 备"，检修开关 QS3 放在右位，电源开关 QS1 合上，QS2 合上，为启动做好准备。

如某楼层出现火情，用小锤将楼层的消防按钮玻璃击碎，内部按钮因不受压而断开（即 SBXF1～SBXFN 中任一个断开），使中间继电器 KA1 线圈失电，时间继电器 KT3 线圈通电，经过延时 KT3 常开触头闭合，使中间继电器 KA2 线圈通电，接触器 KM1 线圈通电，消防泵电机 M1 启动运转，拿水枪进行移动式灭火，信号灯 H2 亮。

需停止时，按下消防中心控制屏上总停止按钮 SB9 即可。

（2）工作泵故障状态。出现火情时，设 KM1 机械卡住，其触头不动作，使时间继电器 KT1 线圈通电，经延时后 KT1 触头闭合，使接触器 KM2 线圈通电，2 号备用泵电机启动运转，信号灯 H3 亮。

（3）其他状态下的工作情况分析：

如需手动强投时，将 SA 转至"手动"位置，按下 SB3（SB4,）KM1 通电动作，1 号泵电机运转。如需 2 号泵运转时，按 SB7（SB8）即可。

当管网压力过高时，压力继电器 BP 闭合，使中间继电器 KA3 通电动作，信号灯 H4 亮，警铃 HA 响。同时，KT3 的触头使 KA2 线圈失电释放，切断电动机。

当低位水池水位低于设定水位时，水位继电器 SL 闭合，中间继电器 KA4 通电，同时信号灯 H5 亮，警铃 HA 响。

当需要检修时，将 QS3 置左位，切断电动机启动回路，中间继电器 KA5 通电动作，同时信号灯 H5 亮，警铃 HA 响。

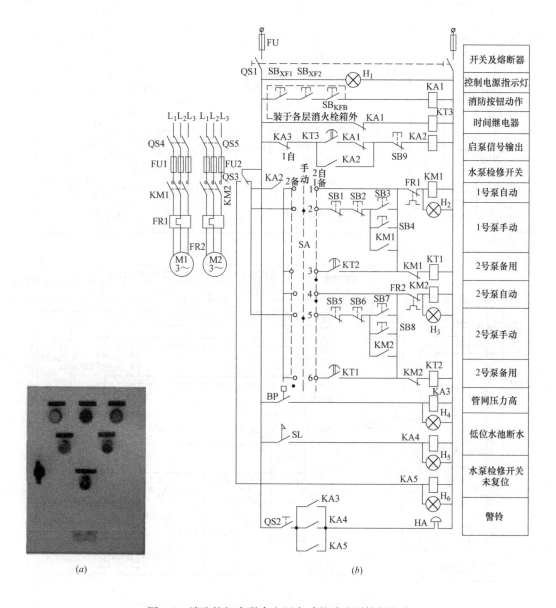

图 3-5　消防按钮串联全电压启动的消防泵控制电路

(a) 控制箱实物；(b) 控制原理图

2. 降压启动的消火栓泵控制电路

带备用电源自投的 Y-△降压启动消防泵控制电路如图 3-6 所示。图中公共电源自动切换是由双电源互投自复电路，其组成如图 3-7 所示。

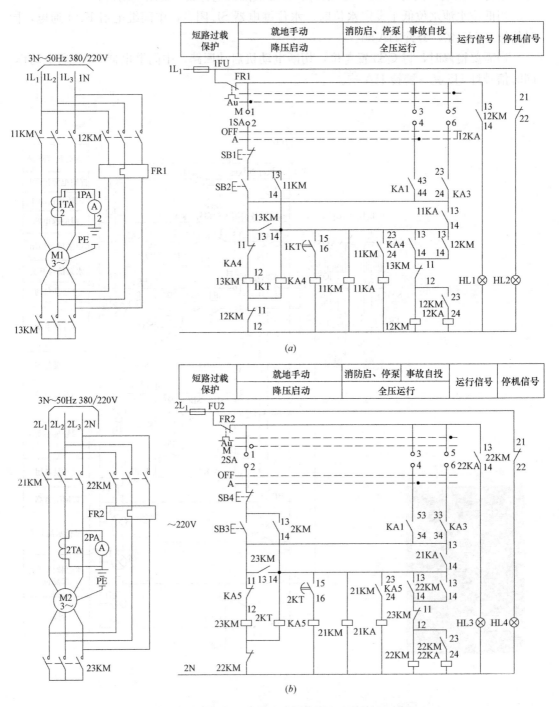

图 3-6　带备用电源自投的 Y-△降压启动的消防控制电路

（a）2 号泵正常运行电路；（b）故障控制电路；

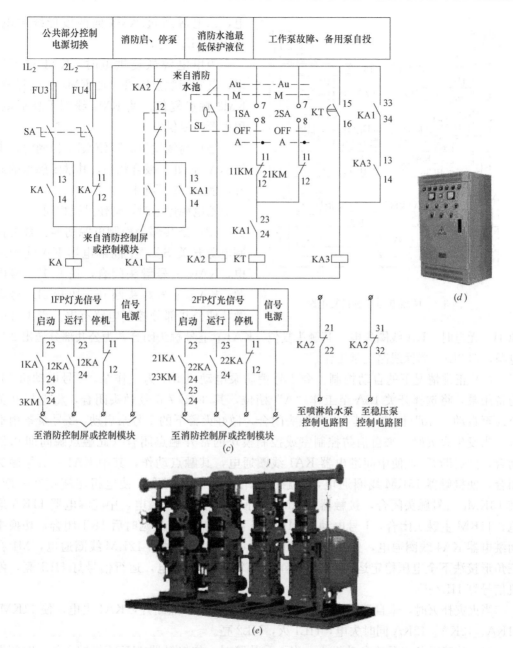

图 3-6 带备用电源自投的 Y-△降压启动的消防控制电路（续）

(c) 故障控制电路；(d) 控制柜实物；(e) 全自动消防给水设备

（1）双电源互投自复电路原理：甲、乙电源正常供电时，指示灯 HL1、HL2 均亮，中间继电器 KA1、KA2 线圈通电，合上自动开关 QF1、QF2、QF3，合上旋钮开关 SA1，接触器 KM1 线圈通电，甲电源向 KM1 所带母线供电，指示灯 HL3 亮。

合上旋按钮开关 SA2，接触器 KM2 线圈通电，乙电源向 KM2 所带负荷供电，指示灯 HL4 亮。

当甲电源停电时，KA1、KM1 线圈失电释放，其触头复位，使接触器 KM3 线圈通

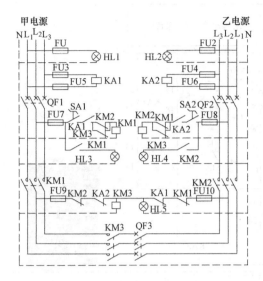

图 3-7　两路电源互投自复电路

电，乙电源通过 KM3 向两段母线供电，指示灯 HL5 亮．

当甲电源恢复供电时，KA1 重新通电，其常闭触点断开，使 KM3 失电释放，KM3 触点复位，使 KM1 线圈重新通电，甲电源恢复供电。

当负荷侧发生故障使 QF1 掉闸时，由于 KA1 仍处于吸合状态，其常闭触点的断开，使 KM3 不通电。

乙电源停电时，动作过程相同。

（2）公共部分控制电源切换：合上控制电源开关 SA，中间继电器 KA 线圈通电，KA$_{13-14}$ 号触头闭合，送上 1L$_2$ 号电源，KA$_{11-12}$ 号触头断开，切断 2L$_2$ 号电源，使公共部分控制电路有电。当 1 号电源 1L$_2$ 无电时，KA 线圈失电，其触头复位，KA1$_{11-12}$ 号触头闭合，为公共部分送出 2 号电源，即 2L$_2$，确保线路正常工作。

（3）正常情况下的自动控制：令 1 号消防泵电动机 M1 为工作泵，2 号电动机 M2 为备用泵，将选择开关 1SA 至工作"A"档位，其 3-4、7-8 号触头闭合，将选择开关 2SA 至自动"Au"档位，其 5-6 号触头闭合，做好火警下的 1 号泵启动，2 号泵备用准备。当发生火灾时，来自消防控制室或控制模块的常开触点闭合（此触点瞬间即 0.2s 闭合，然后断开），使中间继电器 KA1 线圈通电，其触点动作，其中 KA1$_{43-44}$ 号触头闭合，使接触器 13KM 线圈通电，其触头动作，主触头闭合，使电机尾端接在一起，其 13KM$_{13-14}$ 号触头闭合，接触器 11KM、时间继电器 1KT 通电，中间继电器 11KA 通电，11KM 主触头闭合，1 号电动机 M1 星接下降压启动。经延时后 1KT 闭合，切换中间继电器 KA4 线圈通电，使接触器 13KM 失电释放，接触器 12KM 线圈通电，M1 在三角形接法下全电压稳定运行，中间继电器 12KA 线圈通电，运行信号灯 HL1 亮，停机信号灯 HL2 灭。

当火灾扑灭时，来自消防控制室或控制模块的常闭触点断开，KA1 失电，使 11KM、11KA、12KA、12KA 同时失电，HL1 灭，HL2 亮。

（4）故障下备用泵的自动投入：当 1 号故障时，如接触器 11KM 机械卡住，时间继电器 KT 线圈通电，经延时后中间继器 KA3 线圈通电，使接触器 23KM 通电，将电机尾端相接，接触器 21KM 和时间继电器 2KT 同时通电，21KM 通电，2 号备用电动机 M2 在星接下降压启动。经延时后，切换继电器 KA5 通电，使 23KM 失电，接触器 22KM 通电，电动机 M2 在三角形接法下全电压稳定运行。中间继电器 22KA 通电，2 号泵运行信号灯 HL3 亮，停泵信号灯 HL4 灭。

综上分析知，如果 2 号泵工作，1 号泵备用，只要将 1SA 至"Au"档位，2SA 至"A"档位，其他同上，不再叙述。

（5）消防水池低水位保护：当消防水池水位达最低保护水位时，液位开关 SL 闭合，中间继电器 KA2 线圈通电，其触头 KA2$_{11-12}$ 号断开，使中间继电器 KA1 失电，电动机停止，实现自动控制情况下的断水保护。

　　(6) 手动控制：将 1SA、2SA 至手动"M"档位，其 1-2 号触头闭合，需要启动 1 号电动机 M1 时，按下启动按钮 SB1，13KM 通电，使 11KM 和 1KT 同时通电，M1 在星接下启动，经延时，KA4 通电，13KM 失电，12KM 通电，电动机 M1 在三角形接法下全电压稳定运行，12KA 通电，HL1 亮，HL2 灭。停止时按下 SB2 即可。

　　2 号电动机启、停应按 SB3 和 SB4，其他类同。

3. 消防按钮的连接方式

　　消防按钮因其内部一对常开、一对常闭触电，可采用按钮串联式，如前图 3-3 所示，也可采用按钮并联式，如图 3-8 所示。无论哪种都可构成或逻辑关系，但建议优选串联接法，原因是：消防按钮有长期不用也不检查的现象，串联接法可通过中间继电器的失电去发现按钮接触不好或断线故障的情况，以便及时处理。图 3-8 中 KA1 是压力开关动作后由消防中心发指令闭合，可启动消防泵，其他原理自行分析。

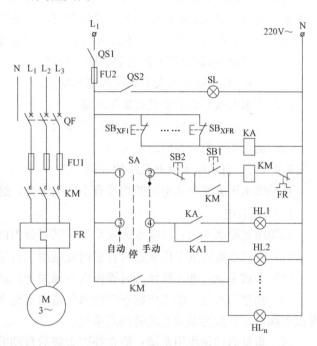

图 3-8　常闭触点并联的全电压启动消防水泵控制电路

4. 消火栓系统设计案例

　　在消防系统工程图设计中，消火栓系统设计时，要考虑消火栓报警按钮及消防泵控制柜，消火栓报警按钮直接与报警总线和 DC24V 电源总线连接，而消防泵控制柜需要通过控制模块及强电切换模块与系统报警总线和 DC24V 电源总线连接，具体设计如图 3-9 方式。

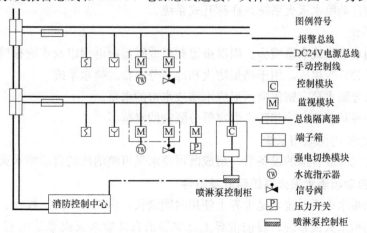

图例符号
报警总线
DC24V 电源总线
手动控制线
控制模块
监视模块
总线隔离器
端子箱
强电切换模块
水流指示器
信号阀
压力开关
喷淋泵控制柜

喷淋泵控制柜
消防控制中心

图 3-9　消火栓系统工程图

任务 3-3 自动喷洒水灭火系统

自动喷水灭火系统是目前世界上采用最广泛的一种固定式设施。从 19 世纪中叶开始使用，至今已有 100 多年的历史，其具有价格低廉，灭火效率高的特点。据统计，灭火成功率在 96% 以上，有的达 99%。在一些发达国家（如美、英、日、德等）的消防规范中，几乎所有的建筑都要求安装自动喷水灭火系统。有的国家（如美、日等）已将其应用在住宅中了。我国随着工业和民用建筑的飞速发展，消防法规正逐步完善，自动喷水灭火系统在宾馆、公寓、高层建筑、石油化工中得到了广泛的使用。

3.3.1 自动喷洒水灭火系统的功能及分类

3.3.1.1 自动喷洒水灭火系统的基本功能

自动喷水灭火系统主要具有如下功能：

(1) 能在火灾发生后，自动地进行喷水灭火。

(2) 能在喷水灭火的同时发出警报。

3.3.1.2 自动喷水灭火系统的分类

自动喷水灭火系统从不同的角度有不同的分类，这里分为以下 4 类。

1. 闭式系统

采用闭式喷洒水的自动喷水灭火系统。其可分为以下四个系统：

(1) 湿式系统：准工作状态时管道内充满用于启动系统的有压水的闭式系统。

(2) 干式系统：准工作状态时管道内充满用于启动系统的有压气体的闭式系统。

(3) 预报用系统：准工作状态时配水管道内不充水，由火灾自动报警系统自动开启雨淋报警阀后，转换为湿式系统的闭式系统。

(4) 重复启动预作用系统：能在扑灭火灾后自动关阀，复燃时再次开阀喷水的预作用系统。

2. 雨淋系统

由火灾自动报警系统或传动管控制，自动开启雨淋报警阀和启动供水泵后，向开式洒水喷头供水的自动喷水灭火系统，亦称开式系统。

3. 水幕系统

由开式洒水喷头或水幕喷头、雨淋报警阀组或感温雨淋阀以及水流报警装置（水流指示器或压力开关）等组成，用于挡烟防火和冷却分隔物的喷水系统。

(1) 防火分隔水幕：密集喷洒形成水墙或水帘的水幕。

(2) 防护冷却水幕：冷却防火卷帘等分隔物的水幕。

4. 自动喷水-泡沫联用系统

配置供给泡沫混合液的设备后，组成既可喷水又可喷泡沫的自动喷水灭火系统。

3.3.2 自动喷洒水灭火系统组成及附件

湿式自动喷水灭火系统，是世界上使用时间最长，应用最广泛，控火、灭火率最高的一种闭式自动喷水灭火系统，目前世界上已安装的自动喷水灭火系统中有 70% 以上采用了湿式自动喷水灭火系统。

3.3.2.1　自动喷洒水灭火系统的组成

自动喷水灭火系统（简称花洒系统）属于固定式灭火系统。它分秒不离开值勤岗位，不怕浓烟烈火，随时监视火灾，是最安全可靠的灭火装置，适用于温度不低于 4℃（低于 4℃ 受冻）和不高于 70℃（高于 70℃ 失控，会误动作造成误喷）的场所。

湿式自动喷水灭火系统一般包括：闭式喷头、管道系统、湿式报警阀组和供水设备。湿式报警阀的上下管网内均充以压力水。当火灾发生时，火源周围环境温度上升，导致水源上方的喷头开启、出水、管网压力下降，报警阀阀后压力下降致使阀板开启，接通管网和水源，供水灭火。与此同时，部分水由阀座上的凹形槽经报警阀的信号管，带动水力警铃发出报警信号。如果管网中设有水流指示器，水流指示器感应到水流流动，也可发出电信号。如果管网中设有压力开关，当管网水压下降到一定值时，也可发出电信号，消防控制室接到信号，启动水泵供水。

湿式喷水灭火系统是由喷头、报警止回阀、延迟器、水力警铃、压力开关（安装于管上）、水流指示器、管道系统、供水设施、报警装置及控制盘等组成，如图 3-10 所示，主要部件如表 3-3 所列。其相互关系如图 3-11（a）、原理图如图 3-11（b）所示。报警阀前后的管道内充满压力水。

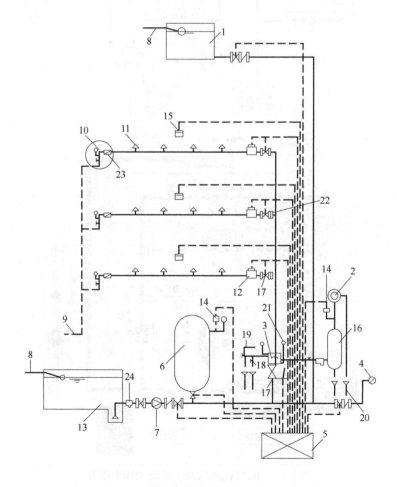

图 3-10　湿式自动喷水灭火系统示意图

湿式喷水系统主要部件表　　　表 3-3

编号	名　称	用　途	编号	名　称	用　途
1	高位水箱	储存初期火灾用水	13	水池	储存 1h 火灾用水
2	水力警铃	发出音响报警信号	14	压力开关	自动报警或自动控制
3	湿式报警阀	系统控制阀,输出报警水流	15	感烟探测器	感知火灾,自动报警
4	消防水泵接合器	消防车供水口	16	延迟器	克服水压液动引起的误报警
5	控制箱	接收电信号并发出指令	17	消防安全指示阀	显示阀门启闭状态
6	压力罐	自动启闭消防水泵	18	放水阀	试警铃阀
7	消防水泵	专用消防增压泵	19	放水阀	检修系统时,放空用
8	进水管	水源管	20	排水漏斗(或管)	排走系统的出水
9	排水管	末端试水装置排水	21	压力表	指示系统压力
10	末端试水装置	实验系统功能	22	节流孔板	减压
11	闭式喷头	感知火灾,出水灭火	23	水表	计量末端实验装置出水量
12	水流指示器	输出电信号,指示火灾区域	24	过滤器	过滤水中杂质

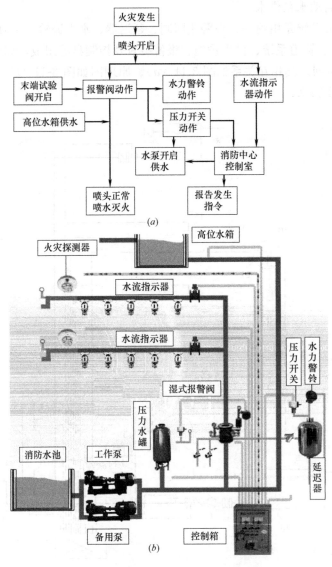

图 3-11　湿式自动喷水灭火系统动作程序图

(*a*) 相互关系图；(*b*) 工作原理图

3.3.2.2　自动喷洒水灭火系统附件

自动喷洒水灭火系统常用附件有洒水喷头、压力开关、湿式报警阀、放水阀、警铃管阀门、水力警铃、延迟器、试警铃阀、末端试水装置及水流指示器等，水流指示器前已叙及。

1. 洒水喷头

喷头可分为开启式和封闭式两种。它是喷水系统的重要组成部分，因此其性质、质量和安装的优劣会直接影响火灾初期灭火的成败，选择时必须注意。

（1）封闭式喷头。可以分为易熔合金式、双金属片式和玻璃球式三种。应用最多的是玻璃球式喷头，如图 3-12 所示。喷头布置在房间顶棚下边，与支管相连。喷头主要技术参数如表 3-4 所列，动作温度级别如表 3-5 所列。

在正常情况下，喷头处于封闭状态，火灾时，开启喷水是由感温部件（充液玻璃球）控制，当装有热敏液体的玻璃球达到动作温度（57℃、68℃、79℃、93℃、141℃、182℃、227℃、260℃）时，球内液体膨胀，使内压力增大，玻璃球炸裂，密封垫脱开，喷出压力水，喷水后，由于压力降低而使压力开关动作，将水压信号变为电信号向喷淋泵控制装置发出启动喷淋泵信号，保证喷头有水喷出。同时流动的消防

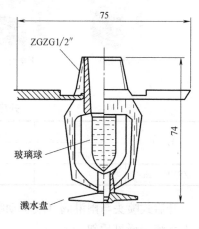

图 3-12　玻璃球式喷淋头

水使主管道分支处的水流指示器电接点动作，接通延时电路（延时 20～30s），通过继电器触点发出声光信号给控制室，以识别火灾区域。

综上可知，喷头具有探测火情、启动水流指示器、扑灭早期火灾的重要作用。其特点是：结构新颖、耐腐蚀性强、动作灵敏、性能稳定；适用范围：高（多）层建筑、仓库、地下工程、宾馆等适用水灭火的场所。

玻璃球式喷淋头主要技术参数　　　　　　　　　　　　　　　　　　　　表 3-4

型号	直径 （mm）	通水口径 （mm）	接口螺纹 （in）	温度级别 （℃）	炸裂温度范围	玻璃球 色标	最高环境 温度℃	流量系数 K（%）
ZST-15 系列	15	11	1/2	57 68 79 93	+15%	橙 红 黄 绿	27 38 49 63	80

玻璃球式喷淋头动作温度级别　　　　　　　　　　　　　　　　　　　　表 3-5

动作温度（℃）	安装环境最 高允许温度（℃）	颜　色	动作温度（℃）	安装环境最 高允许温度（℃）	颜　色
57	38	橙	141	121	蓝
68	49	红	182	160	紫
79	60	黄	227	204	黑
93	74	绿	260	238	黑

（2）开启式喷头。按其结构可分为双臂下垂型、单臂下垂型、双臂直立型和双臂边墙型及隐蔽型等，如图 3-13 所示，其主要参数见表 3-6。

双臂直立型　　下垂型　　边墙型　　隐蔽型

图 3-13 启式喷淋头

开启式喷淋头的主要技术参数 表 3-6

型号名称	直 径	接管螺纹	外型尺寸(mm)		流量系统
	(mm)	(in)	高	宽	K(%)
ZSTK—15	15	ZG1/2	74	46	80

开启式喷头与雨淋阀（或手动喷水阀）、供水管网以及探测器、控制装置等组成雨淋灭火系统，详见后叙。

开启式喷头的特点是：外形美观，结构新颖，价格低廉，性能稳定，可靠性强；适用范围：易燃、易爆品加工现场或储存仓库以及剧场舞台上部的葡萄棚下等处。

2. 压力开关

（1）压力开关用途及组成

压力开关是各种自动喷水灭火系统中不可缺少的重要组成部件，其作用是将系统的压力信号转为电信号，安装在湿式报警阀组的报警管路或预作用系统的管网侧，常与湿式报警阀、雨淋阀、预作用等系统配套使用，传递报警动作信号，与消防水泵控制箱切换时，可启动消防水泵，通常安装于报警管路上的延迟器的上方，ZSJY 型、ZSJY25 型和 ZSJY50 型三种压力开关的外形及结构如图 3-14 所示。

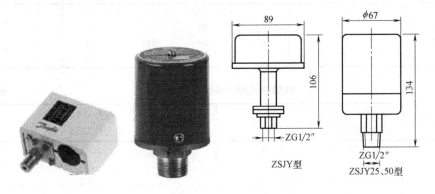

图 3-14 压力开关外形及结构图

（2）压力开关分类及原理

① 压力开关分类。压力开关分为不可调式及可调式两种。依据产品在不同消防系统

的应用可分为：水系统压力开关、气体灭火剂压力开关、通用型压力开关、不可调式压力开关和记忆式压力开关等类型。

② 压力开关其工作原理为：当水压或气压达到规定的数值时，当湿式报警阀阀瓣开启后，压力开关中的微动开关触点动作，输出电信号至消防控制室，从而启动喷淋泵。

以上三种压力开关都有一对常开触点，作自动报警式自动控制用。

（3）压力开关的特点（以 ZSJY 型为例）。

① 膜片驱动，工作压力为 0.07～1MPa 之间可调。

② 适用于空气 \ 水介质。

③ 可用交直流电，工作电压为：AC220V、380V；DC12V、24V、36V、48V；触点所能承受的电容量：AC220V、5A；DC12V、3A，接电缆外径 20mm。ZSJY25、ZSJY50型：工作压力为 0.02～0.025MPa 及 0.04～0.05MPa。用弹簧接线柱给接线带来了方便，触点容量为 AC220V、5A。

（4）压力开关的技术要求

① 压力开关的额定工作压力为 1.2、2.5、4.2、14.7（MPa）。

② 当管路内压力达到或超过压力开关动作压力时，压力开关常开触点应可靠闭合，而常闭触点应可靠断开。

③ 压力开关应能承受额定工作压力的 2 倍实验压力，而不发生损坏及泄露。

（5）压力开关的应用接线

压力开关用在系统中需经模块与报警总线连接，如图 3-15 所示。

3. 湿式报警阀

（1）湿式报警阀构造。湿式报警阀在湿式喷水灭火系统中是非常关键的，

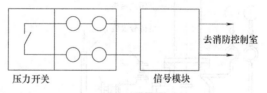

图 3-15　压力开关控制图

安装在总供水干管上，连接供水设备和配水管网。其构造和实物如图 3-16 所示。

它必须十分灵敏，当管网中即使有一个喷头喷水，破坏了阀门上下的静止平衡压力，就必须立即开启，任何延迟都会耽误报警的发生，它一般采用止回阀的形式，即只允许水流向管网，不允许水流回水源。其作用：一是防止随着供水水源压力波动而开闭，虚发警报；二是因为管网内水质因长期不流动而腐化变质，如让它流回水源将产生污染。当系统开启时报警阀打开，接通水源和配水源，同时部分水流通过阀座上的环形槽，经信号管道送至水力警铃，发出音响报警信号。

（2）湿式报警阀的分类。分为导阀型和隔板座圈型两种，导阀型如图 3-17 所示，隔板座圈型如图 3-18 所示。

导阀型湿式报警阀特点是：除主阀芯外，还有一个弹簧承载式导阀，在压力正常波动范围内此导阀是关闭的，在压力波动小时，不致使水流入报警阀而产生误报警，只有在火灾时，管网压力迅速下降，水才能不断流入，使喷头出水并由水力警铃报警。

隔板座圈型报警阀特点是：主阀瓣铰接在阀体上，并借自重坐落在阀座上，当阀板上下产生很小的压力差时，阀板就会开启。为了防止由于水源水压波动或管道渗漏而引起的隔板座圈型湿式报警阀的误动作，往往在报警阀和水力警铃之间的信号管上设延迟器。

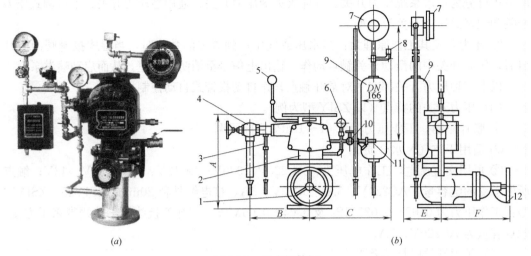

图 3-16 湿式报警阀

(a) 外形图；(b) 构造

1—控制阀；2—报警阀；3—试警铃阀；4—防水阀；5、6—压力表；
7—水利警铃；8—压力开关；9—延时器；10—警铃管阀门；11—滤网；12—软锁

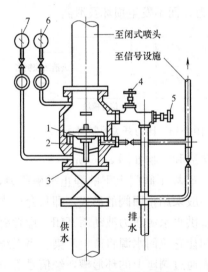

图 3-17 导阀型湿示报警阀

1—报警阀及阀芯；2—阀座凹槽；3—总闸阀；
4—试铃阀；5—排水阀；6—阀后压力表；
7—阀前压力表

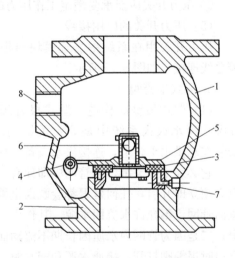

图 3-18 隔板座圈型报警阀构造示意图

1—阀体；2—铜座圈；3—胶垫；4—锁轴；
5—阀瓣；6—球形止回阀；7—延时器接口；
8—防水阀接口

（3）湿式报警阀各部分设备作用

① 控制阀的作用：上端连接报警阀，下端连接进水立管，是检修管网及灭火后更换喷头时关闭水源的部件。它应一直保持开状态，以确保系统使用。因此用环行软锁将闸门手轮锁在开启状态，也可以用安全信号阀显示其开启状态。

② 湿式报警阀的作用：平时阀芯前后水压相等，水通过导向杆中的水压平衡水孔保持阀板前后水压平衡，由于阀芯的自重和阀芯前后所受水的总压力不同，阀芯处于关闭状态（阀芯上面的总压力大于阀芯下面的总压力）。发生火灾时，闭式喷头喷水，由于水压

平衡小孔来不及补水，报警阀上面的水压下降，此时阀下水压大于阀上水压，于是阀板开启，向洒水管网及洒水喷头供水，同时水沿着报警阀的环形槽进入延迟器、压力继电器及水力警铃等设施，发出火警信号并启动消防水泵等设施。

③ 放水阀的作用：进行检修或更换喷头时放空阀后管网余水。

④ 警铃管阀门的作用：检修报警设备，应处于常开状态。

⑤ 水力警铃的作用：火灾时报警。水力警铃宜安装在报警阀附近，其连接管的长度不宜超过 6m，高度不宜超过 2m，以保证驱动水力警铃的水流有一定的水压，并不得安装在受雨淋和曝晒的场所，以免影响其性能。电动报警不得代替水力警铃。

⑥ 延迟器的作用：它是一个罐式容器，安装在报警阀与水力警铃之间，用以防止由于水源压力突然发生变化而引起报警阀短暂开启，或对因报警阀局部渗漏而进入警铃管道的水流起一个暂时容纳作用，从而避免虚假报警。只有在火灾真正发生时，喷头和报警阀相继打开，水流源源不断地大量流入延迟器，经 30s 左右充满整个容器，然后冲入水力警铃。

⑦ 试警铃阀的作用：进行人工试验检查，打开试警铃阀泄水，报警阀能自动打开，水流应迅速充满延迟器，并使压力开关及水力警铃立即动作报警。

4. 末端试水装置

（1）末端试水装置的构造。喷水管网的末端应设置末端试水装置，宜与水流指示器一一对应，其外形及构造如图 3-19 所示。图中流量表直径与喷头相同，连接管道直径不小于 20mm。

（2）末端试水装置的作用：对系统进行定期检查，以确定系统是否正常工作。

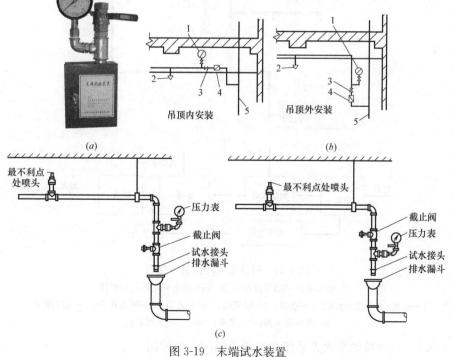

图 3-19 末端试水装置

（a）外型；（b）构造；（c）推荐安装图

1—压力表；2—闭式喷头；3—末端试验阀；4—流量计；5—排水管

末端试验阀可采用电磁阀或手动阀。如设有消防控制室时，若采用电磁阀可直接从控制室启动试验阀，给检查带来方便。

3.3.3　自动喷洒水灭火系统的电气控制原理

3.3.3.1　自动喷洒水灭火系统的基本工作原理

1. 正常状态

在无火灾时，管网压力水由高位水箱提供，使管网内充满不流动的压力水，处于准工作状态。

2. 火灾状态

当发生火灾时，灾区现场温度快速上升，使闭式喷头中玻璃球炸裂，喷头打开喷水灭火。管网压力下降，使湿式报警阀自动开启，准备输送喷淋泵（消防水泵）的消防供水。管网中设置的水流指示器感应到水流动时，发出电信号，同时压力开关检测到降低了的水压，并将水压信号送入湿式报警控制箱，启动喷淋泵，消防控制室同时接到信号，当水压超过一定值时，停止喷淋泵，动作如图 3-20（a）所示。

从上述喷淋泵的控制过程可见，它是一个闭环控制过程，可用图 3-20（b）描述。

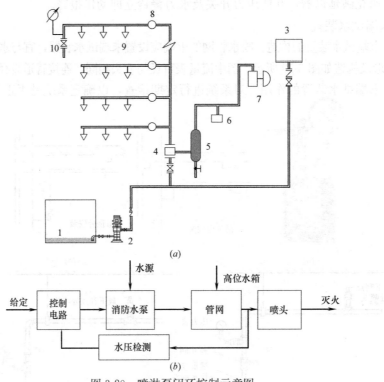

图 3-20　喷淋泵闭环控制示意图

（a）喷淋泵控制动作设备示意；（b）喷淋泵闭环控制框图

1—水池；2—消防水泵；3—水箱；4—报警阀；5—延迟器；6—压力开关；7—水力警铃；
8—水流指示器；9—喷头；10—末端试水装置

3.3.3.2　自动喷洒水灭火系统全电压启动的电气控制

1. 电气线路的组成

在高层建筑及建筑群体中，每座楼宇的喷水系统所用的泵一般为 2～3 台。采用两台泵时，平时管网中压力水来自高位水池，当喷头喷水，管道里有消防水流动时，水流指示器启动消防泵，向管网补充压力水。平时一台工作，一台备用，当一台因故障停转，接触器触点不动作时，备用泵立即投入运行，两台可互为备用。图 3-21 为两台泵的全电压启动的喷淋泵电路，图中 B1、B2、Bn 为区域水流指示器的电结点。如果分区较多可有 n 个水流指示器及 n 个继电器与之配合。

采用三台消防泵的自动喷水系统也比较常见，三台泵中其中两台为压力泵，一台为恒压泵。恒压泵一般功率很小，在 5kW 左右，其作用是使消防管网中水压保持在一定范围之内。此系统的管网不得与自来水或高位水池相连，管网消防用水来自消防贮水池，当管网中的渗漏压力降到某一数值时，恒压泵启动补压。当达到一定压力后，所接压力开关断开恒压泵控制回路，恒压泵停止运行。

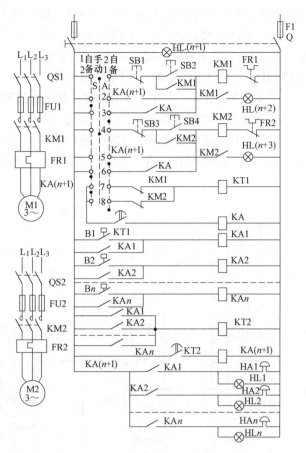

图 3-21　全电压启动的喷淋泵控制电路

2. 电路的工作原理

（1）正常（即 1 号泵工作，2 号泵备用）时：将开关 QS1、QS2、QS3 合上，将转换开关 SA 至"1 自、2 备"位置，其 SA 的 2、6、7 号触头闭合，电源信号灯 HL（$n+1$）亮，做好火灾下的运行准备。

如二层着火，且火势使灾区现场温度达到热敏玻璃球发热程度时，二楼的喷头爆裂并喷出水流。由于喷水后压力降低，压力开关动作，向消防中心发去信号（此图中未画出），同时管网里有消防水流动时，水流指示器 B2 闭合，使中间继电器 KA2 线圈通电，时间继电器 KT2 线圈通电，经延时后，中间继电器 KA（$n+1$）线圈通电，使接触器 KM1 线圈通电，1 号喷淋消防泵电动机 M1 启动运行，向管网补充压力水，信号灯 HL1 亮，同时警铃 HA1 响，信号灯 HL2 亮，即发出声光报警信号。

（2）1 号泵故障时，2 号泵的自动投入过程（如果 KM1 机械卡住）：如 n 层着火，n 层喷头因室温达动作值而爆裂喷水，n 层水流指示器 Bn 闭合，中间继电器 KAn 线圈通电，使时间继电器 KT2 线圈通电，延时后 KA（$n+1$）线圈通电，信号灯 HLn 亮，警铃 HLn 响，发出声光报警信号，同时，KM1 线圈通电，但因为机械卡住其触头不动作，于是时间继电器 KT1 线圈通电，使备用中间继电器 KA 线圈通电，2 号备用泵电动机 M2

自动投入运行，向管网补充压力水，同时，信号灯 HL（$n+3$）亮。

（3）手动强投：如果 KM1 机械卡住，而且 KT1 也损坏时，应将 SA 至"手动"位置，其 SA 的 1、4 号触头闭合，按下按钮 SB4，使 KM2 通电，2 号泵启动，停止时按下按钮 SB3，KM2 线圈失电，2 号电动机停止。

当 2 号为工作泵，1 号为备用泵时，其工作过程请读者自行分析。

3. 全电压启动的喷淋泵线路另一种形式

以压力开关动作启动泵信号的线路如图 3-22 所示。KA1 触头受控于压力开关，压力开关动作时，KA1 动作闭合，压力开关复位时，KA1 触头复位断开。

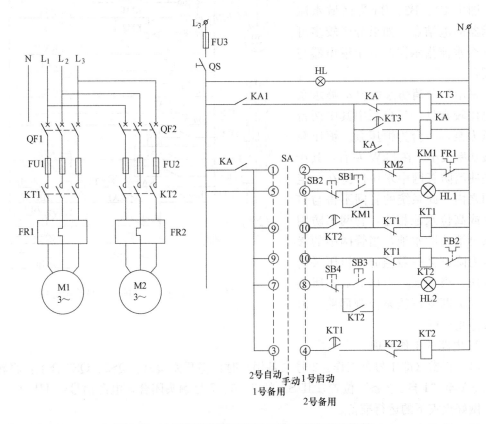

图 3-22　全压启动喷淋泵控制电路（压力开关控制）

（1）准备工作状态：合上自动开关 QF1、QF2、QS，将 SA 至"1 号自动，2 号备用"位置，电源指示灯 HL 亮，喷淋泵处于准备工作状态。

（2）火灾状态：当发生火灾时，如温度升高使喷头喷水，管网中水压下降，压力开关动作，使继电器 KA1 触点闭合，时间断电器 KT3 线圈通电，使中间继电器 KA 线圈通电，使接触器 KM1 线圈通电，1 号喷淋泵电机 M1 启动加压，信号灯 HL1 亮，显示 1 号电机运行，同时使 KT3 失电释放。当压力升高后，压力开关复位，KA1 触点复位，KA 失电，KM1 失电，1 号电机停止。

（3）故障时备用泵自动投入：当发生火灾时，如果 1 号电机不动作，时间继电器 KT1 线圈通电，延时后其触头使接触器 KM2 线圈通电，备用泵 2 号电机 M2 启动加压。

（4）手动控制：当自动环节故障时，将 SA 至"手动"位置，按 SB1～SB4 便可启动

1 号（2 号）喷淋泵电机。也可以 2 号工作，1 号备用，其原理自行分析。

以上两个全电压启动线路中，前图为水流指示器发信号动作，后图为压力开关发信号动作，即水流指示器、压力开关将水流转换成火灾报警信号，控制报警控制柜（箱）发出声光报警并显示灭火地址。工程中，水流指示器有可能由于管路水流压力突变，或受水锤影响等而误发信号，也可能因造型不当，灵敏度不高，安装质量不好等而使其动作不可靠。因此消防泵（喷淋泵）的启停应采用能准确反映管网水压的压力开关，让其直接作用于喷淋泵启停回路，而无需与火灾报警控制器作联动控制。但消防控制室仍需设置喷淋泵的启停，以确保无误。

3.3.3.3　自动喷洒水灭火系统降压启动的喷淋泵电气控制

1. 自动喷洒水灭火系统降压启动的电路组成

采用两路电源互投且自耦变压器降压启动的线路如图 3-23 所示。图中 SP 为电接点压力表触点，KT3、KT4 为电流时间转换器，其触点可延时动作，1PA、2PA 为电流表，1TA、2TA 为电流互感器。

2. 自动喷洒水灭火系统降压启动的电路工作过程分析

（1）公共部分控制电源切换。合上控制电源开关 SA，中间继电器 KA 线圈通电，KA_{13-14} 号触头闭合，送上 $1L_2$ 号电源，KA_{11-12} 号触头断开，切断 $2L_2$ 号电源，使公共部分控制电路有电。当 1 号电源 $1L_2$ 无电时，KA 线圈失电，其触头复位，KA_{11-12} 号触头闭合，为公共部分送出 2 号电源，即 $2L_2$，确保线路正常工作。

（2）正常状态下的自动控制。令 1 号为工作泵，2 号为备用泵，把电源控制开关 SA 合上，引入 1 号电源 $1L_2$，将选择开关 1SA 至工作"A"档位，其 3-4、7-8 号触头闭合，当消防水池水位不低于低水位时，$KA2_{21-22}$ 闭合，当发生水灾时，水流指示器和压力开关相"与"后，向来自消防控制屏或控制模块的常开触点发出闭合信号，即发来启动喷淋泵信号，中间继电器 KA1 线圈通电，使中间继电器 1KA 通电，$1KA_{23-24}$ 号触头闭合，使接触器 13KM 线圈通电，$13KM_{23-14}$ 号触头使接触器 12KM 通电，其主触头闭合，1 号喷淋泵电动机 M1 串自耦变压器 1TC 降压启动，12KM 触头使中间继电器 12KA、电流时间转换器 KT3 线圈通电，经过延时后，当 M1 达到额定工作电流时，即从主回路 $KT3_{3-4}$ 号触电引来电流变化时，$KT3_{15-16}$ 号触头闭合，使切换继电器 KA4 线圈通电，13KM 失电释放，使 11KM 通电，1TC 被切除，M1 全电压稳定运行，并使用中间继电器 11KA 通电，其触头使运行信号灯 HL1 亮，停泵信号灯 HL2 灭。另外，$11KM_{11-12}$ 号触头断开，使 12KM、12KA 失电，启动结束，加压喷淋灭火。

（3）故障时备用泵的自动投入。在火灾时，当 1 号泵出现故障，如 11KM 机械卡住，11KM 线圈虽通电，但是其触头不动作，使时间继电器 KT2 线圈通电，经延时后，中间继电器 KA3 线圈通电，使继电器 2KA 线圈通电，其触头使接触器 23KM 线圈通电，接触器 22KM 线圈随之通电，2 号备用泵电动机 M2 串联自耦变压器 2TC 降压启动，中间继电器 22KA 和电流时间转换 KT4 线圈通电，经延时后，当 M2 达到额定电流时，KT4 触点闭合，使切换继电器 KA5 线圈通电，23KM 失电，22KM 失电，使接触器 21KM 线圈通电，切除 2TC，M2 全电压稳定运行，21KA 通电，运行信号灯 HL3 亮，停机信号灯 HL4 灭，加压喷水灭火。当火被扑灭后，来自消防控制屏或控制模块的触点断开，KA1 失电、KT2 失电，使 KA3 失电，2KA 失电，21KM、21KA 均失电，M2 失电，M2 停止，信号灯 HL3 灭，HL4 亮。

（4）手动强投。将开关 1SA、2SA 至手动"M"档位，如启动 2 号电动机 M2，按下启动按钮 SB3，2KA 通电，使 23KM 线圈通电，22KM 线圈也通电，电动机 M2 串联 2TC 降压启动，22KA、KT4 线圈通电，经过延时，当 M2 的电流达到额定电流时，KT4 触头闭合，使 KA5 线圈通电，断开 23KM，接通 21KM，切除 2TC，M2 全电压稳定运行。21KM 使 21KA 线圈通电，HL3 亮，HL4 灭。停止时，按下停止按钮 SB4 即可。1 号电动机手动控制类同，不再叙述。

（5）低压力延时启泵。来自消防控制室或控制模块的常开触点因压力低，压力继电器使之断开，此时，如果消防水池水位低于低水位，压力也低，来自消火栓给水泵控制电路的 KA2$_{21-22}$号触头断开，喷淋泵无法启动，但是由于水位低，压力也低，使来自电接点压力表的下限电接点 SP 闭合，使时间继电器 KT1 线圈通电，经过延时后，使中间继电

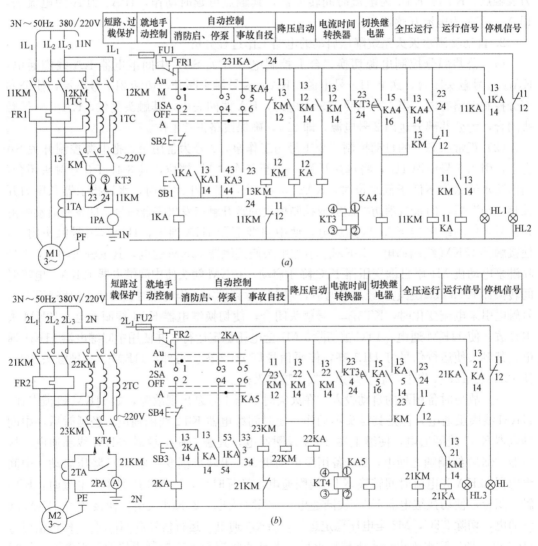

图 3-23　带自备电源的两台互备自投自耦变压器降压喷淋给水泵

(a) 1 号泵正常运行电路；(b) 2 号泵正常运行电路；

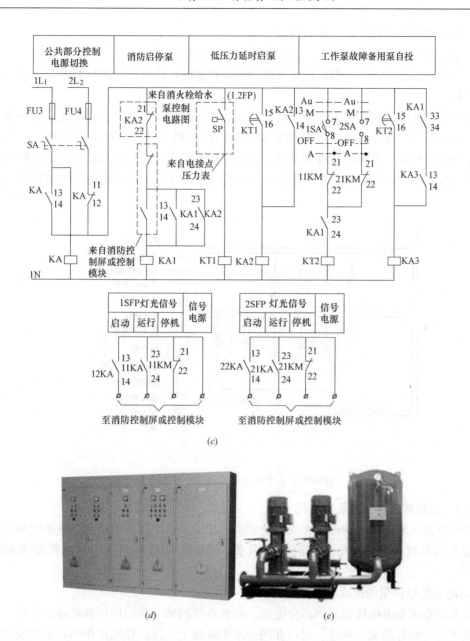

图 3-23 带自备电源的两台互备自投自耦变压器降压喷淋给水泵（续）

（c）故障控制电路；（d）喷淋泵（喷雾泵）控制柜；（e）固定消防泵组（无控制柜）

器 KA2 线圈通电，KA2$_{23—24}$号触头闭合，这时水位开始升高，来自消防水泵控制电路的 KA2$_{21—22}$号触头闭合，使 KA1 通电，此时启动喷淋泵电动机就可以了，称之为低压力延时启泵。

3. 自动喷水灭火系统工程设计案例

自动喷水灭火系统工程设计，是一项较复杂的综合任务，要了解要求后进行。自动喷水灭火系统控制要求：

（1）控制系统的启、停；

（2）显示消防水泵的工作、故障状态；

（3）显示水流指示器、报警阀、安全信号阀的工作状态；

（4）消防水泵的启、停，当采用总线编码模块控制时，还应在消防控制室设置手动直接控制装置。

自动喷水灭火系统在消防工程设计时除要完成以上控制要求外，设计时还应考虑水流指示器、压力开关、信号阀及喷淋泵控制柜等如何接入报警总线，水流指示器、压力开关、信号阀均通过输入模块接入报警总线，喷淋泵控制柜则通过控制模块和强电切换模块接入报警总线和 DC24V 电源总线。喷淋泵控制柜与消防中心通过手动报警控制线连接，如图 3-24 所示。

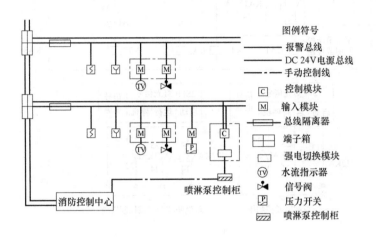

图 3-24　自动喷水系统在消防工程图中的表达案例

3.3.4　消防系统稳压泵及其应用

消防系统稳压泵用于自动喷水灭火系统和消火栓给水系统的压力稳定，使系统水压始终处于要求压力状态，一旦喷头或消火栓出水，即能流出满足消防用水所需的水量和水压。

1. 消防系统稳压泵的组成

消防系统稳压泵由电机和泵两部分组成。泵和电机同轴，泵结构包括泵体、叶轮、泵盖、机械密封等部件组成。泵进、出口在同一水平轴线上，且口径规格相同，装卸极为方便，占地面积小。泵设有安装底座，便于安装，增加泵运行的稳定性。泵密封采用机械密封，具有密封可靠、无泄漏的特点。泵的轴向力由叶轮设平衡环来进行平衡。泵的进出口法兰按 1.6MPa 压力设计，管路配套方便。

两台互备自投稳压泵全电压启动电路如图 3-25 所示。图中来自电接点压力表的上限电接点 SP2 和下限电接点 SP1 分别控制高压力延时停泵和低压力延时启泵。另外，来自消火栓给水泵控制电路中的常闭触点 $KA2_{31-32}$ 当消防水池水位过低时是断开的，以其控制低水位停泵。

2. 消防系统稳压泵的工作过程分析

（1）正常状态下的自动控制：令 1 号为工作泵，2 号为备用泵，将选择开关 1SA 至工

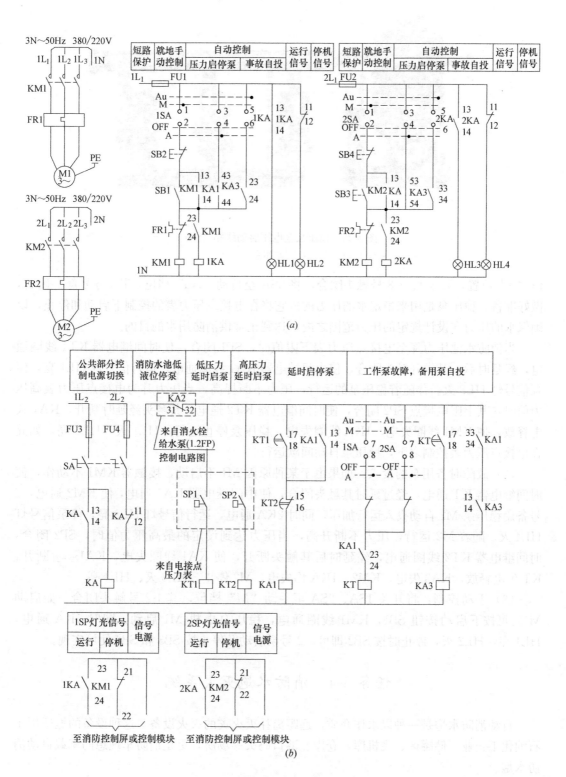

图 3-25　稳压泵全电压启动线路

(*a*) 正常运行电路；(*b*) 事故控制电路

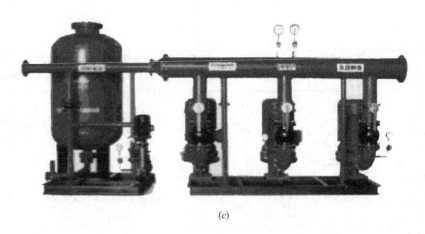

(c)

图 3-25　稳压泵全电压启动线路（续）

(c) 实物图

作"A"位置，其 3-4、7-8 号触头闭合，将 2SA 至自动"Au"档位，其 5-6 号触头闭合，做好准备。稳压泵是用来稳定水的压力的。它将在电接点压力表的控制下启动和停止，以确保水的压力在设计规定的压力范围之内，达到正常供消防用水的目的。

当消防水池压力降至电接点压力表下限值时，SP1 闭合，使时间继电器 KT1 线圈通电，经延时后，其常开触头闭合，使中间继电器 KA1 线圈通电，运行信号灯 HL1 亮，停泵信号灯 HL2 灭。伴随着稳压泵的运行，压力不断提高，当压力升为电接点压力表高压力值时，其上限电接点 SP2 闭合，使时间继电器 KT2 通电，其触头经延时断开，KA1 失电释放，使 KM1 线圈失电，1KA 线圈失电，稳压泵停止运行，HL1 灭，HL2 亮，如此在电接点压力表控制之下，稳压泵自动间歇运行。

（2）故障时备用泵的投入：如果由于某种原因 M1 不启动，接触器 KM1 不动作，使时间继电器 KT 通电，经过延时其触头闭合，使中间继电器 KA3 通电，使 KM2 通电，2 号备用稳压泵 M2 自动投入运行加压，同时 2KA 通电，运行信号灯 HL3 亮，停泵信号灯 HL4 灭。随着 M2 运行，压力不断升高，当压力达到设定的最高压力值时，SP2 闭合，时间继电器 KT2 线圈通电，经延时后其触头断开，使 KA1 线圈失电，KA1$_{22-24}$ 断开，KT 失电释放，KA3 失电，KM2、1KA 均失电，M2 停止，HL3 灭、HL4 亮。

（3）手动控制：将开关 1SA、2SA 至手动"M"档位，其 1-2 号触头闭合。如启动 M1，可按下启动按钮 SB1，KM1 线圈通电，稳压泵电机 M1 启动，同时 1KA 通电，HL1 亮，HL2 灭，停止时按 SB2 即可。2 号泵启动及停止按 SB3 和 SB4 便可实现。

任务 3-4　消防水炮灭火系统

自动消防水炮是一种以水作介质，远距离扑灭火灾的灭火设备。这种设备的炮适用于石油化工企业、储罐区、飞机库、仓库、港口码头等场所，更是消防车理想的车载自动消防水炮。

民用建筑中使用消防炮，用以弥补传统消防设施的不足，主要用于商贸中心、展览中心、大型博物馆、高大厂房等室内大空间的火灾重点保护场所。

3.4.1　消防水炮灭火系统分类及组成

3.4.1.1　消防水炮灭火系统分类

1. 按系统启动方式分

远控和手动消防炮灭火系统。

2. 按应用方式分

移动式和固定式消防炮灭火系统。

3. 按喷射介质分

水炮、泡沫炮和干粉炮灭火系统。

4. 按驭动动力装置可分

气控炮、液控炮和电控炮灭火系统。

3.4.1.2　消防水泡灭火系统的组成及作用

1. 消防水炮灭火系统组成

主要由供水系统、执行系统和控制系统组成，即由消防炮、泵（即一供水设备）和泵站、阀门和管道、动力源等组成，如图 3-26 示。这些专用系统组件必须通过国家消防产品质量监督检验测试机构检测合格，证明符合国家产品质量标准方可使用。

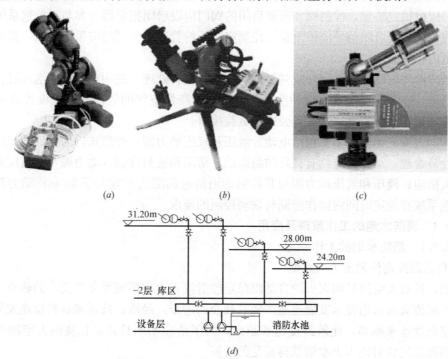

图 3-26　消防水炮

（a）自动消防水炮；（b）移动式遥控消防水炮；（c）高空智能水炮；（d）消防水炮系统

2. 消防水炮灭火系统各部分作用

（1）供水系统。由水源、消防水泵、高位水箱或气压稳压装置、水泵接合器和管路组成，其目的在于能给装置提供快速、充足的水源。

（2）执行系统。由灭火装置、电源装置、火灾自动报警装置等中间执行装置组成，即当发生火情时，执行灭火及报警动作的相关组件。

（3）控制系统。由联动控制柜及区域控制箱、系统电源控制器、计算机火灾（视频）监控系统组成。其目的在于对供水系统和执行系统进行控制，可灵活地实现手动、自动以及现场、消防中心的各种操作，有效完成从发现火灾直至扑灭火灾等一系列动作，并能使自动跟踪定位射流灭火系统通过输入模块和输入输出模块直接与火灾自动报警中心连接，保证火灾报警系统的整体性。

（4）消防炮。消防炮是消防炮灭火系统的主要设备，也是该系统与其他消防设施的主要区别所在。消防炮主要由进口连接附件、炮体、喷射部件等组成。其中，连接附件提供连接接口，炮体通过水平回转节和俯仰回转节的运动实现喷射方向的调整，喷射部件用以实现不同的喷射射流。

（5）消防泵与泵站。消防泵与泵站的设计与其他消防泵的要求完全相同，并应注意：选用特性曲线平缓的离心泵，即使在小流量或零流量的情况下，高楼供水的管路系统的压力也不至于变化过大，以至损坏管道和配件；设置备用泵组，其工作能力不应小于其中工作能力最大的一台工作泵组。

（6）阀门和管道。当消防泵出口管径大于 300mm 时，不应采用单一手动启闭功能的阀门。阀门应有明显的启闭标志，远控阀门应具有快速启闭功能，且密封可靠。常开或常闭的阀门应设锁定装置，控制阀和需要启闭的阀门应设启闭指示器。参与远控炮系统联动控制的控制阀，其启闭信号应传至系统控制室。干粉管道上的阀门应采用球阀，其通径必须和管道内径一致。

管道应选用耐腐蚀材料制作或对管道外壁进行防腐处理。使用泡沫液、泡沫混合液或海水的管道，在其适当位置宜设冲洗接口。在可能滞留空气的管段顶端应设置自动排气阀。在泡沫比例混合装置后，宜设旁通的试验接口。

（7）动力源。动力源主要包括电动、液压和气压动力源 3 种形式。为保证系统的可靠运行和经济合理，动力源应具有良好的耐腐蚀、防雨和密封性能；动力源及管道应采取有效的防火措施；液压和气压动力源与其控制的消防炮的距离不宜大于 30 m；动力源应满足远控炮系统在规定时间内操作控制与联动控制的要求。

3.4.2　消防水炮的工作原理及应用

3.4.2.1　消防水炮的工作原理

1. 自动跟踪定位射流灭火水炮

当前，针对大空间早期灭火的自动跟踪定位射流灭火水炮成为业界关心的热点，自动跟踪定位射流灭火水炮技术发展迅速。随着社会的进步，经济、技术和材料快速发展，建筑物净空高度越来越高，建筑跨度越来越大，为了适应不断长高、长宽的大空间灭火需要，自动跟踪定位射流灭火水炮获得长足的发展。

自动消防水炮是一种以水作介质，远距离扑灭火灾的灭火设备。这种设备的炮适用于石油化工企业、储罐区、飞机库、仓库、港口码头等场所，更是消防车理想的车载自动消防水炮。

自动消防水炮的工作原理是通过前端探测系统采集现场红外图像，中央控制器采用图像处理的手段对发生在控制区域内的火灾进行侦测和定位，这样的设计便于自动消防水炮打开相应的联动设备并控制水炮进入喷水灭火操作。自动消防水炮的炮由底座、进水管、回转体、集水管、射流调节环、手把和锁紧机构等组成，炮身可作水平回转和仰俯回转，并可实现定位。

自动消防水炮的使用压力范围广，射程远并可实施直射至 90°开花、水雾射流的无极调节。其重量轻、体积小、功能全、灭火效果好，是该炮的最大特点。

自动消防水炮的炮应在使用压力范围内使用。应经常检查炮的完好性和操作灵活性，发现紧固件松动，应及时修理，使炮一直处于良好的使用状态。射水操作时，松开锁紧螺钉，调整好炮的喷射方向和角度，然后提高至所使用的压力。转动射流调节环即可实现水的支流变换为开花，或将开花变换为直流。每次使用后，应喷射一段时间的清水，然后将炮内水放净。

2. 消防水炮是消防作战中常用的主要装备之一

可用于灭火、冷却、隔热和排烟等消防作业。当前消防作战中使用的常规水炮体积大、后座力大、不便于移动，导致对火灾的反应能力较差。消防水炮还包括便携式可折叠移动消防水炮、自动扫描射水高空水炮、固体消防水炮。

3. 遥控消防水炮

它是一种带有机械驱动机构，允许消防人员通过电子仪器进行远距离遥控的消防设备。它能够根据消防需要对消防水喷射的方向进行调整，也可以改变消防水喷射的样式。作为一种遥控消防设备，消防水炮应用场所广泛。它可以安装在消防车辆上用于大型火灾的扑灭。其优点是允许消防人员进行远距离遥控消防作业，降低了危险的火灾现场对他们的安全威胁。也可以安装于港口、码头、油库等场所，与火灾探测设备联动，达到快速灭火的目的。同时，近些年不断增多的大型空间建筑也为遥控水炮提供了用武之地。

4. 泡沫式自动消防水炮系统

其工作原理是通过压力式泡沫比例混合装置使泡沫灭火剂与水按一定比例混合，通过泡沫产生（喷射、喷洒）装置，产生一种可漂浮、粘附在可燃、易燃液体或固体表面，或者堆积充满某一着火物质空间的空气泡沫，起到隔绝、冷却、窒息的作用，使燃烧物质熄灭。

泡沫式自动消防水炮灭火系统按其使用方式可分为固定式、半固定式和移动式；按泡沫喷射方式有液上喷射、液下喷射和喷淋方式之分，当然自动式也是必不可少的；泡沫式自动消防水炮按泡沫发泡倍数有低倍、中倍和高倍之分。泡沫式自动消防水炮灭火系统是目前扑救石油、化工企业、油库、地下车库场所 B 类大面积液体火灾最有效的灭火系统。完整的泡沫灭火系统由消防泵、泡沫液储罐、比例混合器、泡沫产生装置、阀门及管道、电气控制装置组成。

3.4.2.2　消防水炮系统应用案例

1. 消防水炮系统在大封闭空间建筑中的应用案例

近年来国内诸如展览馆、候机楼、体育馆、火车站候车室、剧场、高层或多层建筑的商业广场等封闭空间越来越多，大封闭空间建筑消防设计也受到越来越多的关注。

（1）大封闭空间建筑的定义。大封闭空间建筑是指建筑物的每层和多层建筑面积超过"建规"和"高规"规定的防火分区最大允许建筑面积，或者每层建筑面积超大；其单层和多层建筑层高的净空高度超过《自动喷水灭火系统设计规范》规定的闭式喷头安装的最大净空高度。

（2）大封闭空间建筑的火灾特点。通过对大封闭空间建筑火灾荷载影响的调查，当大量大块的木材、塑料等着火时，火灾的扩散在空间成线性，因此热气能够即时向四周释放，火焰的高度取决于两个因素：热量的释放及火的面积。在大封闭空间建筑发生火灾时，着火面积和热量的释放均较大，在释放4500kW热量的火焰高度已接近最大值5m，火灾荷载上面5m高处的温度为500℃以下。钢材在500℃时，抗拉强度降低一半，这是钢材在火灾中是否采取防火保护的临界温度。

根据其火灾特点，大封闭空间建筑火灾的灭火难度很大；消防水炮系统的研制及在某些超大空间建筑的成功应用，为解决大空间消防提供了一条新的途径。其应用案例如图3-27所示。

2. 固定消防炮灭火系统

固定消防炮灭火系统，是一种由消防水炮、管道和控制装置组成的水灭火系统，如图3-28所示。

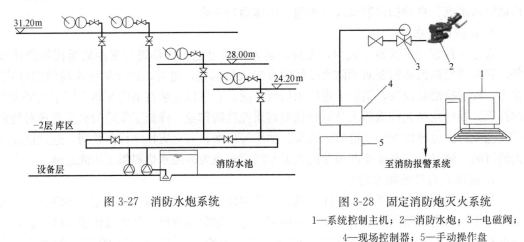

图3-27　消防水炮系统　　　　　图3-28　固定消防炮灭火系统
1—系统控制主机；2—消防水炮；3—电磁阀；
4—现场控制器；5—手动操作盘

当发生火灾时，由探测器发出的信号经过消防中心的集成控制器发出指令，由消防炮现场控制器操纵炮体上的电机，将消防炮炮口上下左右旋转，对准火灾报警点，再打开电磁阀门，从而实现定点灭火的功能。

固定消防炮灭火系统保护面积大，灭火二次破坏性小，现已在高大空间建筑、石油化工企业广泛推广应用。

任务3-5　卤代烷灭火系统

卤代烷灭火剂是以卤素原子取代一些低级烷烃类化合物分子中的部分或全部氢原子后所生成的具有一定灭火能力的化合物的总称。卤代烷灭火剂分子中的卤素原子通常为氟、氯及溴原子。

试验和实际应用结果表明，卤代烷1211是一种性能良好、应用范围广泛的灭火剂。它的灭火效率高，灭火速度快，当防火区内的灭火剂浓度达到临界灭火值时，一般为体积的5%就能在几秒钟内甚至更短的时间内将火焰扑灭。卤代烷1211灭火主要不是依靠冷却、稀释氧或隔绝空气等物理作用来实现的，而是通过抑制燃烧的化学反应过程，中断燃烧的链反应而迅速灭火的，属于化学灭火。

卤代烷 1211 在标准状态下为略带芳香味的无色气体，加压或制冷后可液化储存在压力容器内。

卤代烷的蒸气有一定的毒性，在使用时避免吸入蒸气和与皮肤接触，使用后应通风换气 10min 后再进入使用区域。

3.5.1　卤代烷灭火系统概述

在前表 3-1 中介绍了几种卤代烷灭火剂，其特点已有所了解。这里仅仅以 1211 灭火系统为对象，介绍 1211 的灭火效能，通过组合分配系统着重介绍有管网式灭火系统，并给出系统的系统图和平面图，便于施工及工程造价的识读。

1. 卤代烷灭火系统的分类

从不同角度，如灭火方式、系统结构、加压方式及所使用的灭火剂种类分类如表 3-7 所示。

卤代烷灭火系统分类　　　　　　　　　　　　　　　表 3-7

序号	从不同角度分为	系统名称
1	灭火方式	全淹没系统；局部应用系统
2	系统结构	有管网灭火系统；无管网灭火系统
3	加压方式	临时加压系统；预先加压系统
4	灭火剂种类	1211 灭火剂；1301 灭火剂

2. 卤代烷灭火系统适用范围

卤代烷 1211、1301 灭火系统可用于扑救下列火灾：

（1）可燃气体火灾，如煤气、甲烷、乙烯等的火灾；

（2）液体火灾，如甲醇、乙醇、丙酮、苯、煤油、汽油、柴油等的火灾；

（3）固体的表面火灾，如木材、纸张等的表面火灾。对固体深位火灾具有一定控火能力；

（4）电气火灾，如电子设备、变配电设备、发电机组、电缆等带电设备及电气线路的火灾；

（5）热塑性塑料火灾。

3. 卤代烷灭火系统的设置

根据《建筑设计防火规范》GBJ 16 规定，下列部位应设置卤代烷灭火设备：

（1）省级或超过 100 万人口城市电视发射塔和微波室；

（2）超过 50 万人口城市的通迅机房；

（3）大中型电子计算机房或贵重设备室；

（4）省级或藏书量超过 100 万册的图书馆，以及中央、省、市级的文物资料珍藏室；

（5）中央和省、市级的档案库的重要部位。

根据《人民防空工程设计防火规范》GBJ 98 规定，下列部位应设置卤代烷灭火装备：油浸变压器室、电子计算机房、通讯机房、图书、资料、档案库、柴油发电机室。

根据《高屋民用建筑设计防火规范》GB 50045 规定，高层建筑的下列房间，应设置卤代烷灭火装置：

①大、中型计算机房；

②自备发电机房；

③贵重设备室；

④ 珍藏室。

除此之外，金库、软件室、精密仪器室、印刷机、空调机、浸渍油坛、喷涂设备、冷冻装置、中小型油库、化工油漆仓库、车库、船舱和隧道等场所都可用卤代烷灭火装置进行有效的灭火。

3.5.2 卤代烷灭火系统的组成

有管网式 1211 气体灭火系统由监控系统、灭火剂贮存和释放装置、管道和喷嘴三部分组成。

监控系统由探测器、控制器、手动操作盘、施放灭火剂显示灯、声光报警器等组成。

灭火剂贮存器和释放装置由 1211 贮存容器（钢瓶）、启动气瓶、瓶头阀、单向阀、分配阀、压力信号发送器（压力开关）及安全阀等组成。图 3-29 所示为有管网组合分配型灭火系统。

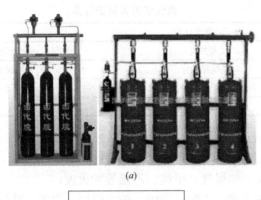

(a)

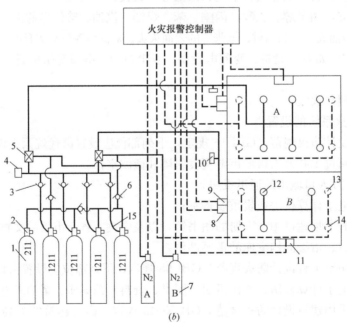

(b)

图 3-29 1211 组合分配型灭火系统构成图
(a) 外形图；(b) 构成图
1— 贮存容器；2—容器阀；3—液体单向阀；4—安全阀；5—选择阀；6—气体单向阀；
7—启动气瓶；8—施放灭火剂显示灯；9—手动操作盘；10—压力讯号器；11—声报警器；
12—喷嘴；13—感温探测器；14—感烟探测器；15—高压软管

3.5.2.1　钢瓶的设置

在建筑群体中，由于工程的不同，气体灭火分区的分布是不同的。如果灭火区彼此相邻或相距很近，1211 钢瓶宜集中设置。如各灭火区相当分散，甚至不在同一楼层，钢瓶则应分区设置。

1. 1211 钢瓶的集中设置

采用管网灭火系统，通过管路分配，钢瓶可以跨区公用。但在钢瓶间需设置钢瓶分盘，在分盘上设有区域灯、放气灯和声光报警音响等。当火灾发生需灭火时，先打开气体分配管路阀门（选择阀），再打开钢瓶的气动瓶头阀，将灭火剂喷洒到火灾防护区实施灭火。

2. 1211 的分区设置

这种设置方式无集中钢瓶间，自然也无钢瓶分盘，但每个区应该自设一个现场分盘，在分盘上设有烟、温报警指示灯，灭火报警音响，灭火区指示灯，放气灯等。另外分盘上一般装有备用继电器，其触点可供在放气前的延时过程中关闭本区电动门窗、进风阀、回风阀等设备或关停相应的风机等。

3. 系统灭火分区划分的有关要求

(1) 灭火分区应以固定的封闭空间来划分；

(2) 当采用管网灭火系统时，一个灭火分区的防护面积不宜大于 500m^2，容积不宜大于 2000m^3；

(3) 采用无管网灭火装置时，一个灭火分区的防护的面积不宜大于 100m^2，容积不宜大于 300m^3，且设置的无管网灭火装置数不应超过 8 个。无管网灭火装置是将贮存灭火剂容器、阀门和喷嘴等组合在一起的灭火装置。

3.5.2.2　气体灭火系统控制的基本方式

每个灭火区都设有信号道、灭火驱动道，并设有紧急启动、紧急切断按钮和手动、自动方式的选择开关等。另外在消防工程中，1211 灭火系统应作为独立单元处理，即需要1211 保护的场所的火灾报警、灭火控制等不应参与一般的系统报警，但是系统灭火的结果应在消防控制中心显示。

1. 报警信号道感烟、感温回路的分配

每个报警信号道内共有 10 个报警回路，分为感烟、感温两组。感烟探测回路之间取逻辑"或"，感温探测回路之间也取逻辑"或"，而后两组再取逻辑"与"构成灭火条件。这 10 个报警回路怎样分配可根据工程设计具体要求而定，其分配比例可取下面任意一种，但总数保持 10 路不变：

感烟回路：2、3、4、5、6、7、8；

感温回路：8、7、6、5、4、3、2。

采用两组探测器逻辑"与"的方式的特点是：当一组探测器动作时，只发出预报警信号，只有当两组探测器同时动作时，才执行灭火联动。这大大降低了由误报而引起的误喷，减少了损失。但事物总是两方面的，这种相"与"也延误了执行灭火时间，使火势可能扩大。另外，相"与"的两个（或两组）探测器，如果其中一个（或一组）探测器损坏，将使整个系统无法"自动"工作。因此，对小面积的保护区，如果计算结果只需两个探测器，从可靠性考虑应装上 4 个，再分成两组取逻辑"与"，对大面积的保护区，因为探测器数量较多，可不考虑此问题。

2. 火灾"报警"和灭火"警报"

在灭火区的信号道内若只有一种探测器报警，控制柜只发出火灾"报警"，即信号道内房号灯亮，发出慢变调报警音响，但不对灭火现场发出指令，只限在消防控制中心（消防值班室）内有声光报警信号。

当任一灭火分区的信号道内任意两种探测器同时报警时，控制柜则由火灾"报警"立即转变为灭火"警报"。在警报情况下：（1）控制柜上的两种探测器报警信号（房号）灯亮；（2）在消防控制中心（消防值班室）内发出快变调"警报"音响，同时向报警的灭火现场发出声光"警报"；（3）延时 20～30s，在此时间内如有人将紧急切断按钮按下，则只有"警报"而不开启钢瓶（假定控制柜已置于自动工作位置），在此时间内无人按下紧急切断按钮，则延时 20～30s 后自动开启钢瓶电磁阀，实现自动灭火；（4）钢瓶开启后，钢瓶上有一对常开触点闭合，使灭火分区门上的"危险"、"已充满气"、"请勿入内"等字样的警告指示灯点亮；（5）开始报警时，控制柜上电子钟停走，记录灭火报警发出的时间，控制柜上的外控触点也同时闭合，关停风机；（6）如工作方式为手动方式时，控制柜只能报警，而钢瓶开启则靠值班人员操作紧急启动控钮来实现。为了保证安全，防止误操作，按按钮后也需延时 20～30s 才开启钢瓶灭火；（7）灭火后，应打开排气、排烟系统，以便于及时清理现场。

3.5.3　卤代烷灭火系统的工作原理

为分析系统原理，给出有管网灭火系统如图 3-30 和有管网灭火系统工作流程如图 3-31 及钢瓶室及其主要设备连接示意如图 3-32 所示。

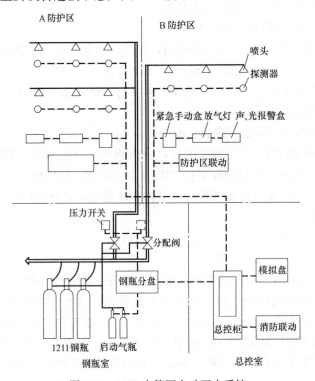

图 3-30　1211 有管网自动灭火系统

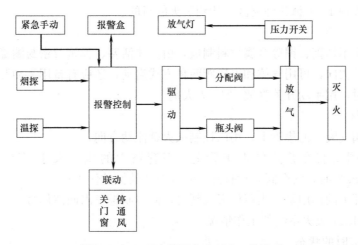

图 3-31 1211 有管网自动灭火工作流程

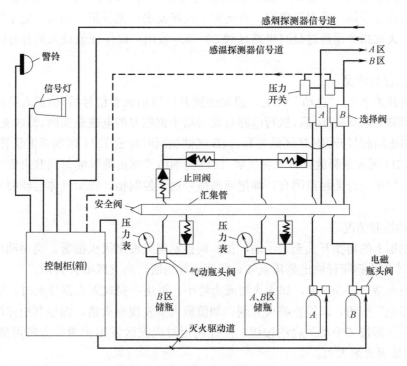

图 3-32 钢瓶室及主要设备连接示意

3.5.3.1 卤代烷灭火系统中主要器件的作用

1. 感烟、感温探测器

安装在各保护区内，通过导线和分检箱与总控室的控制柜连接，及时把火警信号送入控制柜，再由控制柜分别控制钢瓶室外的组合分配系统和单元独立系统。

2. 钢瓶 *A*、*B*

两者均为 ZLGQ4.2/60 启动小钢瓶，用无缝钢管滚制而成。启动钢瓶中装有 60kgf/cm^2（5.88MPa）1211 灭火剂，用于启动灭火系统，当火灾发生时，靠电磁瓶头阀产生的电磁力（也可手动）驱动释放瓶内充压氮气，启动灭火剂储瓶组（1211 储瓶组）的气动瓶头阀，将灭火剂 1211 释放到灾区，达到灭火的目的。

3. 选择阀 A、B

选择阀是用不锈钢、铜等金属材料制成，由阀体活塞、弹簧及密封圈等组成，用于控制灭火剂的流动去向，可用气体和电磁阀两种方式启动，还应有备用手动开关，以便在自动选择阀失灵时，用手动开关释放 1211 灭火剂。

4. 其他器件

（1）止回阀安装于汇集管上，用以控制灭火剂流动方向；

（2）安全阀安装在管路的汇集管上，当管路中的压力大于（70±5）kgf/cm^2（7.35～6.37MPa）时，安全阀自动打开，起到系统的保护作用；

（3）压力开关的作用是：当释放灭火剂时，向控制柜发出回馈信号。

3.5.3.2　1211 灭火系统的工作情况

1. 发生火灾时的状态

当某分区发生火灾，感烟（温）探测器均报警，则控制柜上两种探测器报警房号灯亮，由电铃发出变调"警报"单音，并向灭火现场发出声光警报。同时，电子钟停走记下着火时间。灭火指令须经过延时电路延时 20～30s 发出，以保证值班人员有时间确认是否发生火灾。

2. 自动控制情况

将转换开关 K 至"自动"位上，假如接到 B 区发出火警信号后，值班人员确认火情并组织人员撤离。经 20～30s 后，执行电路自动启动小钢瓶 B 的电磁瓶头阀，释放充压氯气，将 B 选择阀和止回阀打开，使 B 区储瓶和 A、B 区储瓶同时释放 1211 区剂至汇集管，并通过 B 选择阀将 1211 灭火剂释放到 B 火灾区域。1211 药剂沿管路由喷嘴喷射到 B 火灾区域，途经压力开关，使压力开关触点闭合，即把回馈信号送至控制柜，指示气体已经喷出实现了自动灭火。

3. 手动控制情况

将控制柜上的转换开关至"手动"位，则控制柜只发出灭火报警，当手动操作后，经 20～30s，才使小钢瓶释放出高压氮气，打开储气钢瓶，向灾区喷灭火剂。

在接到火情 20～30s 内，如无火情或火势小，可用手提式灭火器扑灭时，应立即按现场手动"停止"按钮，以停止喷灭火剂。如值班人员发现有火情，而控制柜并没发出灭火指令，则应立即按"手动"启动按钮，使控制柜对火灾区发出火警，人员可撤离，经 20～30s 后施放灭火剂灭火。

值得注意的是：消防中心有人值班时均应将转换开关至"手动"位，值班人离开时转换开关至"自动"位，其目的是防止因环境干扰、报警控制元件损坏产生的误报而造成误喷。

3.5.4　气体灭火装置实例

随着消防技术发展，气溶胶自动灭火装置和七氟丙烷自动灭火装置更显出独特的优势。下面进行简单介绍，供读者参考。

3.5.4.1　气溶胶自动灭火装置

1. 气溶胶自动灭火装置特点

ZQ 气溶胶自动灭火装置是一种对大气臭氧层无损害的哈龙类灭火器材的理想替代

品。是一种综合性能指标达到国内外同类产品先进水平的高科技产品。气溶胶自动灭火装置见图 3-33 所示。

气溶胶是直径小于 $0.01\mu m$ 的固体或液体颗粒悬浮于气体介质中的一种物体，其形态呈高分散度。气溶胶灭火装置即是将灭火材料以超细微粒的形态，快速弥漫于着火点周围空间的设备。因为众多气溶胶微粒形成很大的比表面，迅速弥漫过程中吸收大量热量，达到冷却灭火目的；在火灾初始阶段，气溶胶喷到火场中对燃烧过程的链式反应具有很强的负催化作用，迅速对火焰进行化学抑制，从而降低燃烧的反应速率，当燃烧反应生成的热量小于扩散损失的热量时，燃烧过程即终止。因此，气溶胶是一种高效能的灭火剂，可全淹没及局部应用方式扑灭可燃固体、液体及气体火灾。

图 3-33　气溶胶自动灭火装置

2. 气溶胶自动灭火装置灭火原理

ZQ 系列气溶胶自动灭火系统是通过火灾感知组件及报警系统探测火警信号来启动气溶胶系统喷射气溶胶实施灭火。系统可选择自动方式或手动方式启动，当采用自动启动方式时，通过火灾探测器复合火警，延时时间过后启动气溶胶灭火装置，向防护区内喷放气溶胶；在 24h 有人职守的防护区，可采用手动启动方式，即报警系统报告火警经人工确认以后，由人工启动气溶胶灭火装置实施灭火，这样可最大限度防止误喷发生，增加了系统的可靠性。

ZQ 气溶胶灭火装置灭火迅速、灭火性能高、出口温度低、无毒害、污染小、绝缘性能高。存储时不带压，不存在泄露问题。灭火后便于清理，喷放时的出口温度低于 $80℃$，实测低于 $50℃$，从而确保了被保护对象的安全。

3. S 型气溶胶自动灭火系统

(1) 控制模式：S 型气溶胶灭火系统设计时，根据保护对象的不同，必须配备相应的控制系统才能构成 S 型气溶胶自动灭火系统，应具有自动控制和手动控制两种启动方式。

1) 典型单防区 S 型气溶胶自动灭火系统如图 3-34 所示。

2) 工作原理。每个防护区内，火灾探测由若干个烟感探测器和若干个温感探测器完成，当防区气体灭火控制器收到感烟、感温任何一种火灾信号后，经气体灭火控制器 CPU 运算判断后，首先发出火灾预警信号；当两种探测器都发出火灾信号时，气体控制器才开始执行启动程序，一方面输出声光报警信号，另一方面输出一路直接启动信号，关闭空调或自动放下防火卷帘；同时，输出一路延时 30s 的启动信号自动启动 S 型气溶胶灭火装置。启动后，S 型气溶胶灭火装置反馈一信号给气体灭火控制器，点亮放气指示灯，提示人们切勿进入火灾区。

手动控制盒，供紧急情况下，启动或停止 S 型气溶胶灭火装置时使用，无论气体灭火控制器处在自动或手动方式，按此开关（击碎玻璃按下）即可紧急启动 S 型气溶胶灭火装置。

3) 有消防控制中心的 S 型气溶胶自动灭火系统（图 3-35）。本系统通过控制模块和消防控制中心连接，实现联动，可接收火警和复合火警信号，当接收到火警信号时，启动器实现报警；当接收到复合火警信号时，启动器报警声自动变调，经过延时 30s 后，启动气体灭火装置，当接气体灭火装置动作的反馈信号，显示工作状态。

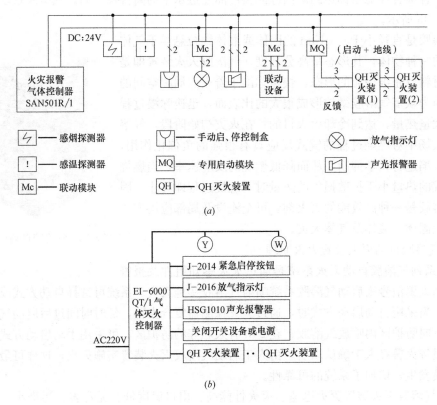

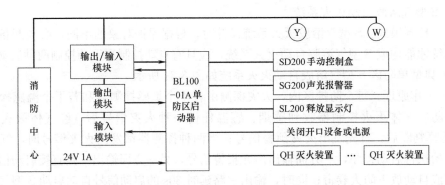

图 3-34 单防区 S 型气溶胶自动灭火系统

(a) 二总制式；(b) 多线制式

图 3-35 有消防控制中心的 S 型气溶胶自动灭火系统

（2）气溶胶灭火系统的安装和使用。

① 设计和施工前应仔细阅读《气溶胶自动灭火装置工程设计、安装和验收标准》Q/QH 002，并按其中规定执行，安装、验收具体事项详见《产品说明书》。

② 灭火装置不得安装于明火、火源、易被雨淋、水淹的场所和经常受到振动影响或有腐蚀性影响的地方，装置喷口正前方 0.5m 内不得有障碍物。

③防护区不宜开口，如必须开口时，应设置自动关闭装置，当设置自动关闭装置有困难时，应考虑开口流失补偿量，加大气溶胶灭火剂用量给予补偿。

④ 同一防护区内的气溶胶灭火装置应同时启动。

⑤ 气溶胶灭火装置的安装不受位置高低的影响，就地摆放时，宜靠墙壁。

⑥ 气溶胶灭火装置严禁擅自拆卸，安装后不允许移动。

⑦ 安装完毕，经验收合格投入使用时，应由专业安装人员检查控制器的负载输出端应无电压时，方可接通负载投入正式运行。

⑧ 灭火系统各组成部分及装备的不带电外壳应可靠接地，并应考虑防雷击感应电流干扰灭火系统的措施。

⑨ 发现火灾，人员立即离开现场，撤离时应关好门窗，形成相对封闭空间，保证灭火系统的措施。

⑩ 气溶胶扑灭火灾后，应对防护区做好通风换气工作，并及时做好现场清理、设备清理、恢复等工作，保证设备正常运行。

3.5.4.2　七氟丙烷自动灭火装置

1. 七氟丙烷自动灭火装置概况

七氟丙烷（FM200）自动灭火系统是一种现代化消防设备。中华人民共和国公安部

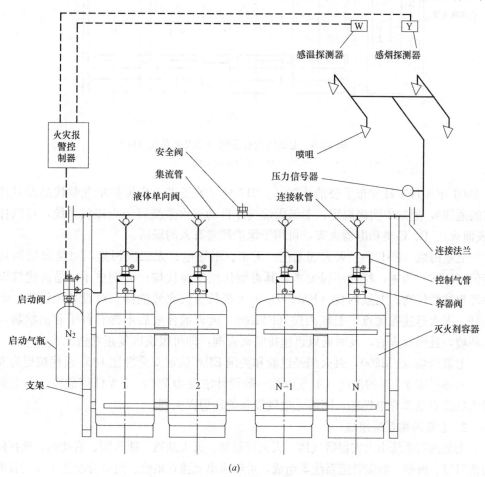

(a)

图 3-36　七氟丙烷有管网自动灭火系统

(a) 多瓶组单元独立系统

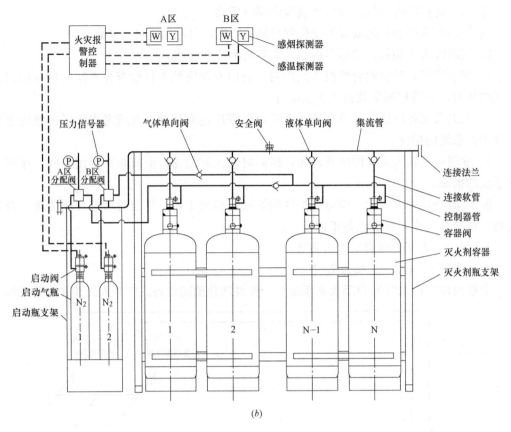

图 3-36 七氟丙烷有管网自动灭火系统（续）

(b) 组合分配系统

于 2001 年 8 月 1 日发布了公消〔2001〕217 号《关于进一步加强哈龙替代品及其技术管理的通知》，通知中明确规定：七氟丙烷气体自动灭火系统属于全淹没系统，可以扑救 A（表面火）、B、C 类和电器火灾，可用于保护经常有人的场所。

七氟丙烷（FM200）灭火剂无色、无味、不导电、无二次污染，对臭氧层的耗损潜能值（ODP）为零，符合环保要求，其毒副作用比卤代烷灭火剂更小，是卤代烷灭火剂较理想的替代物。七氟丙烷（FM200）灭火剂具有灭火效能高，对设备无污染，电绝缘性好，灭火迅速等优点。七氟丙烷（FM200）灭火剂释放后不含有粒子和油状物，不破坏环境，且当灭火后，及时通风迅速排除灭火剂，即可很快恢复正常情况。

七氟丙烷（FM200）灭火剂经试验和美国 EPA 认定安全性比 1301 卤代烷更为安全可靠，人体暴露于 9% 的浓度（七氟丙烷一般设计浓度为 7%）中无任何危险，而七氟丙烷最大的优点是非导电性能，因而是电气设备的理想灭火剂。

2. 七氟丙烷系统组成

七氟丙烷系统由火灾报警气体、灭火控制器、灭火剂瓶、瓶头阀、启动阀、选择阀、压力信号器、框架、喷嘴管道系统等组成，可组成单元独立系统、组合分配系统和无管网装置等多种形式，能实施对单元和多区全淹没消防保护。多瓶组单元独立系统如图 3-36（a）所示，组合分配系统如图 3-36（b）所示。七氟丙烷有管网自动灭火装置如图 3-37 所示。

3. 七氟丙烷自动灭火装置特点及适用范围

（1）产品特点。设计参数完整、准确、功能完善、工作可靠的特点，有自动、电气手动和机械应急手动操作三种方式。

（2）适用范围。适用于电子计算机机房、电讯中心、图书馆、档案馆、珍品库、配电房、地下工程、海上采油平台等重点单位的消防保护。

3.5.4.3　气体灭火的电气控制装置

1. 气体灭火的电气控制装置组成

所谓气体灭火的电气控制装置就是指气体灭火控制盘及其配套的气体喷洒灯、紧急启停按钮、声光报警器和气体喷洒模块。气体灭火控制盘、气体喷洒灯、紧急启停按钮、声光报警器的外型如图 3-38 所示。气体灭火的系统图见图 3-39，平面图见图 3-40。本图适于卤代烷气体灭火系统和非卤代烷气体灭火系统。气体灭火装置的系统接线如图 3-41 所示。

图 3-37　七氟丙烷有管网自动灭火装置

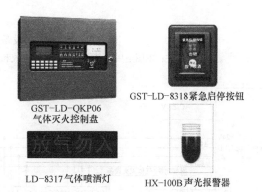

GST-LD-8318紧急启停按钮

GST-LD-QKP06
气体灭火控制盘

放气勿入

LD-8317气体喷洒灯

HX-100B声光报警器

图 3-38　气体灭火控制盘及其配套设备的外型示意

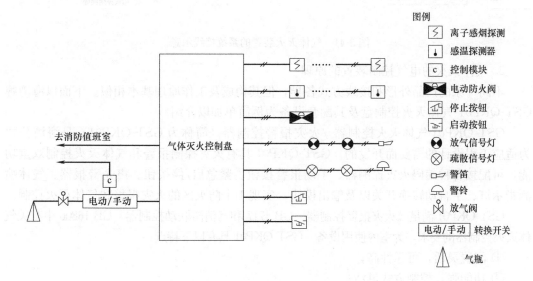

图例

⚡ 离子感烟探测

🌡 感温探测器

Ⓒ 控制模块

▨ 电动防火阀

停止按钮

启动按钮

⊗ 放气信号灯

⊗ 疏散信号灯

警笛

警铃

放气阀

电动/手动 转换开关

气瓶

图 3-39　气体灭火系统图

注：本图适用于卤烷气体灭火系统和非卤代烷灭火系统（1211，1301，FM200）

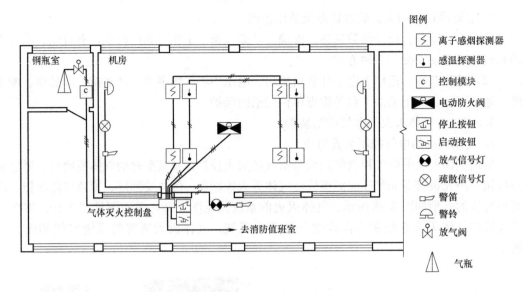

图例

⚡ 离子感烟探测器

⬛ 感温探测器

c 控制模块

◀▶ 电动防火阀

⬜ 停止按钮

⬜ 启动按钮

⬤ 放气信号灯

⊗ 疏散信号灯

▷ 警笛

⌓ 警铃

☆ 放气阀

△ 气瓶

图 3-40 气体灭火设备平面图（图为机房平面）

注：本图适用于卤代烷气体灭火系统和非卤烷灭火系统（1211，1301，FM200）

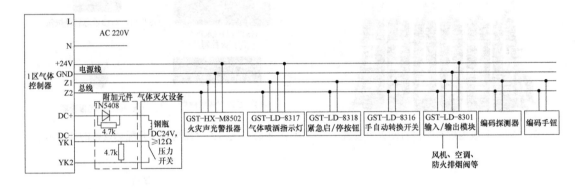

图 3-41 气体灭火装置的系统接线示意

2. 气体灭火的电气控制装置的原理

不同厂家的产品外形和接线方式各异，但其构成及工作原理基本相似。下面以海湾牌 GST-QKP01 气体灭火控制盘及其配套设备为例简单加以介绍。

GST-QKP01 气体灭火控制器 /火灾报警控制器（简称为 GST-QKP01）是海湾公司为适应工程设计的需要而开发的。GST-QKP01 具有火灾探测报警和气体灭火控制双重功能，可配接各种编码火灾探测器、手动报警按钮、紧急启/停按钮、声光警报器、气体喷洒指示灯、手自动转换开关以及输出模块，实现 1 个防火区的火灾报警和气体灭火控制。

GST-QKP01 满足《火灾报警控制器》GB 4717 和《消防联动控制器》GB 16806 中有关气体灭火控制器的要求，为室内使用设备。GST-QKP01 具有以下特点：

① 配置灵活，可靠性高；

② 功能强，控制方式灵活；

③ 窗口化，汉字菜单式显示界面；

④ 模块式开关电源。

GST-QKP01 并且具有火灾探测及报警功能；能控制实现气体灭火设备的启动喷洒；GST-QKP01 收到启动控制信号后能启动现场的区域讯响器报警，自动显示延时且指示延时时间；并联动启动输出模块，实现关闭门窗、防火阀和停止空调等功能；延时启动的延时时间在 0～30s 连续可调；具有停动功能；具有手自动转换功能；自身带有备电，在主电缺失时可自动进入备电运行状态，能给备电充电并有备电保护功能；具有信息记录、查询功能，可保存最后的 999 条记录。

3. 气体灭火的电气控制装置的主要技术指标

① 工作电压：交流 AC220V 50/60Hz，允许电压变化范围 AC176～AC264V；

② 功耗：监视状态功耗≤20W；最大功耗≤150W；

③ 备用电源：2 个 DC12V/7Ah 密封铅电池；

④ 气体喷洒输出：DC24V/3A，脉冲方式/持续方式，可调；

⑤ 辅助 24V 电源输出：最大 0.6A；

⑥ 电池充电电流：0.6～0.8A；

⑦ 液晶屏规格：128×64 点，可同屏显示 32 个汉字信息；

⑧ 使用环境：工作温度：−10～50℃；相对湿度≤95％，不凝露；

⑨ 外形尺寸：长 413mm×宽 330mm×厚 97mm。

任务 3-6 二氧化碳灭火系统

二氧化碳被高压液化后罐装、储存，喷放时体积急剧膨胀并吸收大量的热，可降低火灾现场的温度，同时稀释被保护空间的氧气浓度达到窒息灭火的效果。二氧化碳是一种惰性气体，价格便宜，灭火时不污染火场环境，灭火后很快散逸，不留痕迹。但应该注意的是，二氧化碳对人体有窒息作用，系统只能用于无人场所，如在经常有人工作的场所安装使用时应采取适当的防护措施以保障人员的安全。

二氧化碳在常温下无色无味，是一种不燃烧、不助燃的气体，便于装灌和储存，是应用较广的灭火剂之一。其主要特性如表 3-8 所列，其性能指标应符合表 3-9 的规定。

二氧化碳的主要特性   表 3-8

项目	条件	数据	项目	条件	数据
分子量		44	汽化潜热(KJ/Kg)	沸点	577
溶点(℃)	526kPa	−56.6	溶解热(KJ/Kg)	熔点	189.7
沸点(℃)	101.325kPa,0℃	−78.5(升华)	气体黏度(Pa·s)	20℃	$1.47×10^{-5}$
气体密度(g/L)	101.325kPa 大气压,0℃	1.946	液体表面张力 (N/m)	−52.2℃	0.0165
液体密度(g/cm³)	3475kPa	0.914	气体的 Cp [KJ/(kg·℃)]	300K	0.871
对空气的相对密度		1.529	气体的导热系数 [W/(m·℃)]	300K	0.01657
临界温度(℃)		31.35	液体的 Cp [KJ/(kg·℃)]	20℃,饱和液体	5.0
临界压力(MPa)		7.395	液体的导热系数 [W/(m·℃)]	20℃,饱和液体	0.0872
临界密度(g/cm³)		0.46			

二氧化碳灭火剂性能指标　　　　　　表 3-9

项目	技术指标（液相）		项目	技术指标（液相）	
	一级品	二级品		一级品	二级品
纯度（体积%）≥	99.5	99.0	含油量	无油斑	
水管量（质量%）≤	0.015	0.100	乙醇和其他有机物	无	

3.6.1　二氧化碳灭火系统分类及组成

3.6.1.1　二氧化碳灭火系统分类

二氧化碳灭火系统从不同的角度有不同分类，根据其设计应用形式可分为全淹没灭火系统方式、局部应用灭火系统方式。其分类如表 3-10 所示。

全淹没灭火系统方式指在一定的时间内，向防护区内喷射一定浓度的灭火剂，并使其均匀地充满整个防护区的灭火方式。对事先无法预计火灾产生部位的封闭防护区应采用全淹没灭火系统方式进行火灾防护。局部应用灭火系统方式直接向保护对象以设计喷射强度喷射灭火剂，并持续一定的时间的灭火方式。对事先可以预计火灾产生部位的无封闭围护的局部场所应采用局部应用灭火系统方式进行火灾防护。组合分配系统指一套二氧化碳自动灭火系统保护多个保护区的保护形式。若保护区为 5 个或超过 5 个，应设备用瓶组，灭火剂量不应小于设计用量。

二氧化碳灭火系统分类　　　　　　　表 3-10

序号	从不同的角度分	系统名称	应用范围及特点
1	按灭火方式分	全淹没系统	用于炉灶、管道、高架停车塔、封闭机械设备、地下室、厂房、计算机房等。它由一套储存装置组成，在规定时间内，向防护区喷射一定浓度的二氧化碳，并使其充满整个防护区空间的系统。防护区应是一个封闭良好的空间
		局部应用系统	用在蒸汽泄放口、注油变压器、浸油罐、淬火槽、轧机、喷漆棚等场所，特点是在灭火过程中不能封闭
2	按储压等级分	高压储存系统	储存压力为 5.17MPa
		低压储存系统	储存压力为 2.07MPa
3	按系统结构特点分	单元独立系统	用一套灭火剂储存装置保护一个防护区
		组合分配系统	用一套灭火剂储存装置保护多个防护区
4	按管网布置形式分	均衡系统管网	从储存容器到每个喷嘴的管道长度应大于最长管道长度的 90%；从储存容器到每个喷嘴的管道等效长度应大于管道长度的 90%（注：管道等效长度＝实管长＋管件的当量长度）
		非均衡系统管网	不具备均衡系统管网的条件

3.6.1.2　二氧化碳系统的组成及自动控制

二氧化碳自动灭火系统由气体灭火报警控制系统、火灾探测系统、灭火驱动盘、声光报警装置、放气门灯、紧急启动、停止按钮、灭火剂储存瓶、容器阀、高压软管、选择阀、单向阀、气路控制阀、压力开关、喷嘴、启动钢瓶、管路等主要设备组成，可组成单元独立系统或组合分配系统等多种形式，实施对单区或多区的消防保护。

1. 单元独立系统

由一套灭火剂储存装置对应一套管网系统，保护一个防护区域的构成形式，如图 3-42

所示。

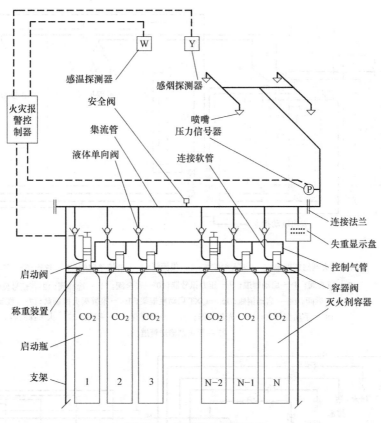

图 3-42　单元独立系统示意

2. 组合分配系统

由一套公共的灭火剂储存装置对应几套管网系统，保护多个防护区域的构成形式，如图 3-43 所示。

3.6.2　二氧化碳灭火系统自动控制内容和控制过程

1. 二氧化碳灭火系统控制内容

火灾报警显示、灭火介质的自动释放灭火、切断保护区内的送排风机、关闭门窗及联动控制等。下面以图 3-44 为例说明二氧化碳灭火系统的自动控制过程。

2. 二氧化碳灭火系统自动控制过程

在正常情况下，容器中二氧化碳通过制冷机组，其温度保持在 $-18℃$、压力在（2.0 ± 0.2）MPa 的工作状态，此时容器中的二氧化碳呈气液两相。当温度升高导致容器中的二氧化碳压力上升到（2.1 ± 0.05）MPa 时，灭火装置控制器启动制冷机组降温降压；当压力下降到（1.9 ± 0.05）MPa 时，制冷机组停机。如此循环往复，使系统始终处于正常工作状态。

如制冷系统失灵，压力上升到 2.25MPa 时，超压指示灯亮并发出报警信号，若压力继续上升并超过 2.5MPa 时，安全阀开启，缓慢释放多余压力。当压力恢复到正常时，安全阀自动关闭。

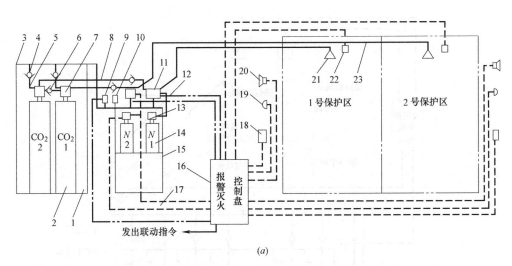

(a)

1—XT灭火剂储瓶框架；2—灭火剂储瓶；3—集流管；4—液流单向阀；5—软管；6—气流 单向阀；
7—瓶头阀；8—启动管道；9—压力讯号器；10—安全阀；11—选择阀；12—信号反馈线路；
13—电磁阀；14—启动钢瓶；15—QXT启动瓶框架；16—报警灭火控制盘；17—控制线路；
18—手动控制盒；19—光报警器；20—声报警器；21—喷嘴；22—火灾探测器；
23—灭火剂输送管道

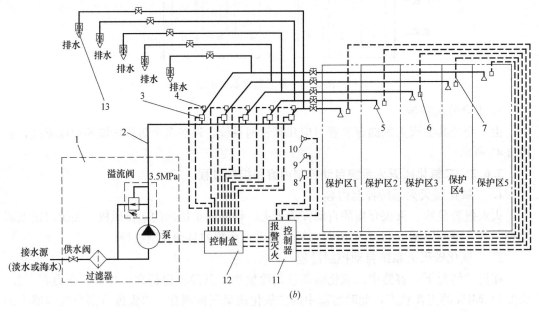

(b)

1—泵组；2—输送管路；3—选择阀；4—压力开关；5—喷头；6—火灾探测器；7—控制线路；
8—手动控制盒；9—放气显示灯；10—声光报警器；11—报警灭火控制器；12—控制盒；
13—系统动作试验装置

图 3-43　组合分配系统示意
(a) 组合分配系统；(b) 泵式细水雾组合分配灭火系统

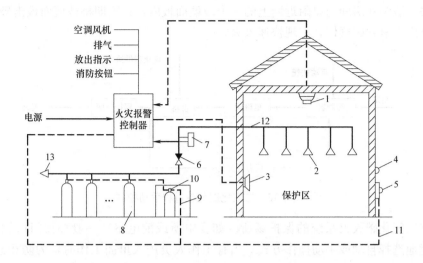

图 3-44　二氧化碳灭火系统例图

1—火灾探测器；2—喷头；3—警报器；4—放气指示灯；5—手动启动按纽；
6—选择阀；7—压力开关；8—二氧化碳钢瓶；9—启动气瓶；10—电磁阀；
11—控制电缆；12—二氧化碳管线；13—安全阀

灭火装置上的控制面板可随时显示二氧化碳液位，当灌足二氧化碳时，高液位指示灯亮；当容器内液位低于正常灭火需求量的 10% 时，低液位灯亮，并发出报警信号，此时，必须补充二氧化碳，使其恢复正常工作状态。

从图可知，当保护区发生火灾时，灾区产生的烟、温或光使保护区设置的两路火灾探测器（感烟、感热）报警，两路信号为"与"关系发至消防中心报警控制器上，驱动控制器一方面发出声光报警，另一方面发出联动控制信号（如停空调、关防火门等），待人员撤离后再发信号关闭保护区门。从报警开始延时约 30s 后发出指令启动二氧化碳储存容器，储存的二氧化碳灭火剂通过管道输送到保护区，经喷嘴释放灭火。如果手动控制，可按下启动按钮，其他同上。

二氧化碳的释放过程自动控制用框图 3-45 描述。压力开关为监测二氧化碳管网的压力设备，当二氧化碳压力过低或过高时，压力开关将压力信号送至控制器，控制器发出开大或关小钢瓶阀门的指令，可释放介质。

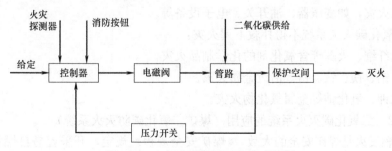

图 3-45　二氧化碳释放过程自动控制

二氧化碳的释放过程手动控制则用图 3-46 描述。为了实现准确而更快速灭火，当发生火灾时，用手直接开启二氧化碳容器阀，或将放气开关拉动，即可喷出二氧化碳灭火。

这个开关一般装在房间门口附近墙上的一个玻璃面板内，火灾即将玻璃面板击破，就能拉动开关喷出二氧化碳气体，实现快速灭火。

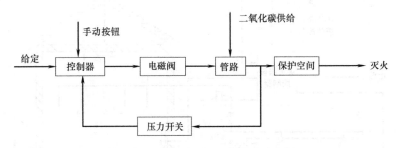

图 3-46　二氧化碳释放过程手动控制

　　装有二氧化碳灭火系统的保护场所（如变电所或配电室）一般都在门口加装选择开关，可就地选择自动或手动操作方式．当有工作人员进入里面工作时，为防止意外事故，即避免有人在里面工作时喷出二氧化碳影响健康，必须在入室之前把开关转到手动位置，离开时关门之后复归自动位置。为避免无关人员乱动选择开关，宜用钥匙型转换开关。

3.6.3　二氧化碳灭火系统的特点及应用

3.6.3.1　二氧化碳灭火系统的特点及适用范围

1. 二氧化碳灭火系统的特点

具有对保护物体不污染、灭火迅速、空间淹没性好等特点；但与卤化烷灭火系统相比造价高，且灭火的同时对人产生毒性危害，因此，只有较重要场合才使用。

2. 二氧化碳灭火系统的适用范围

根据二氧化碳灭火剂自身特点及灭火方式，二氧化碳应用场所有：易燃可燃液体储存容器、易燃蒸汽的排气口、可燃油油浸电力变压器、机械设备、实验设备、反应釜、淬火槽、图书档案室、精密仪器室、贵重设备室、电子计算机房、电视机房、广播机房、通讯机房等。

（1）二氧化碳灭火系统可用于扑救下列火灾：

① 灭火前能切断气源的气体火灾；

② 液体火灾或石蜡、沥青等可熔化的固体火灾；

③ 固体表面火灾及棉毛、织物、纸张等部分固体深位火灾；

④ 电气火灾，如变压器、油开关、电子设备等。

（2）二氧化碳灭火系统不得扑救下列火灾：

① 硝化纤维、火药等含氧化剂的化学制品火灾。

② 钾、钠、镁、钛、锆等活泼金属火灾。

③ 氢化钾、氢化钠等金属氢化物火灾。

3.6.3.2　二氧化碳灭火系统的应用（煤矿二氧化碳防灭火系统）

煤层自燃发火是煤矿安全的大敌，《煤矿安全规程》规定，开采容易自燃和自爆的煤层时，应选用注入惰性气体、灌注泥浆（包括粉煤灰泥浆）、压注阻化剂、喷浆堵漏及均压等综合防火措施。理论和实践证明二氧化碳（CO_2）惰性气体是一种比氮气（N_2）更好的灭火惰性气体。

1. 二氧化碳防灭火系统的优势

（1）二氧化碳（CO_2）比氮气（N_2）空气的密度大［相对密度 1.529，密度为 1.976kg/m³（0℃，1 个大气压）］，在熄灭底部的火时，可快速沉入底部而挤出氧气形成致密保护层和堆积层，因此防灭火效果比氮气（N_2）更好。

（2）二氧化碳（CO_2）纯度可以达到 100%，一点不含 O_2，氮气（N_2）最高达到 97%。因此二氧化碳（CO_2）防灭火效果优于氮气（N_2）。

（3）二氧化碳（CO_2）温度低，出口 0～20℃，到达防灭火地点后，继续升华吸收大量热量，降低温度，利于灭火。

（4）系统模块化，组合式结构，气体产量多，可达 1000～2000m³/h 以上，灌注速度极快，能快速发挥防灭火作用。

（5）系统设备体积小、投资少、费用省。

（6）系统运行参数实现了自动监控管理，可以在指挥中心监控全部运行过程。

（7）在灭火经验丰富的某煤矿灭火的实践，证明二氧化碳（CO_2）防灭火系统是氮气（N_2）防灭火系统的替代技术和产品。

2. 二氧化碳防灭火系统组成和技术参数

（1）二氧化碳防灭火系统的组成：EDM1000 二氧化碳防灭火系统主要由二氧化碳（CO_2）转换器、调压装置、二氧化碳（CO_2）转换器控制柜、缓冲罐、安全阀、监测部等组成。转换器壳体、管路和操作阀门都采用不锈钢，耐腐蚀，经久耐用。二氧化碳（CO_2）转换器、调压装置二氧化碳（CO_2）转换器控制柜装配在一起。从运送二氧化碳（CO_2）槽车上压出的液体二氧化碳进入二氧化碳（CO_2）转换器，经过调压装置的压力、温度等控制，经过缓冲罐，使液态二氧化碳（CO_2）转化为气态，如图 3-47 所示。

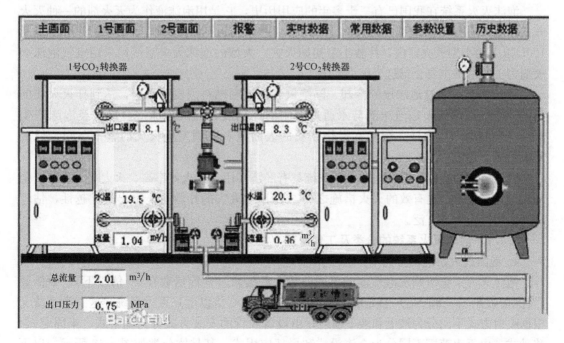

图 3-47 二氧化碳防灭火系统

图 3-47　二氧化碳防灭火系统（续）

（2）二氧化碳防灭火系统系统的技术参数：

① 二氧化碳（CO_2）气体转化能力 $500Nm^3/h \times 2 = 1000Nm^3/h$；

② 出气温度 5～20℃；

③ 允许压力最大 1.2MPa，调定 1.0 MPa；

④ 设备重量 3500kg；

⑤ 外形尺寸 5200×2850×2000（mm）（长×高×宽）。

任务 3-7　泡沫灭火系统

　　泡沫灭火系统在我国已有三十多年的应用历史，它是用泡沫液作为灭火剂的一种灭火方式。泡沫剂有化学泡沫剂和空气泡沫灭火剂两大类。化学泡沫灭火剂主要是充装于100L 以下的小型灭火器内，扑救小型初期火灾。大型的泡沫灭火系统以采用空气泡沫灭火剂为主，本书主要介绍这个灭火系统。

　　泡沫灭火是通过泡沫层的冷却、隔绝氧气和抑制燃料蒸发等作用，达到扑灭火灾的目的。空气泡沫灭火是泡沫液与水通过特制的比例混合而成泡沫混合液，经泡沫产生器与空气混合产生泡沫，覆盖在燃烧物质的表面或者充满发生火灾的整个空间，最后使火熄灭。

　　经过多年的实践证明：泡沫灭火系统具有经济实用、灭火效率高、灭火剂无毒及安全可靠等优点，是行之有效的灭火措施之一，对 B 类火灾的扑救更显示出其优越性，估计将来应用范围会更广泛。

3.7.1　泡沫灭火系统的分类及工作原理

1. 泡沫灭火系统的分类

　　泡沫灭火系统按照发泡性能的不同分为：低倍数（发泡倍数在 20 倍以下）、中倍数（发泡倍数在 20～200 倍）和高倍数（发泡倍数在 200 倍以上）灭火系统；这三类系统又根据喷射方式不同分为液上和液下喷射；由设备和管的安装方式分为固定式、半固定式、移动式；由灭火范围不同分为全淹没式和局部应用式。其具体分类如图 3-48 所示。以下给出几种不同系统的图形：固定式液上喷射泡沫灭火系统如图 3-49 所示；固定液下喷射泡沫灭火系统如图 3-50 所示；半固定式液上喷射泡沫灭火系统如图 3-51 所示；移动式泡沫灭火系统如图 3-52 所示；自动控制全淹没式灭火系统工作原理如图 3-53 所示。

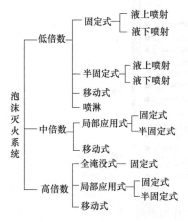

图 3-48　泡沫灭火系统分类

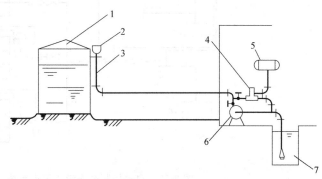

图 3-49　固定式液上喷射泡沫灭火系统

1—罐；2—泡沫铲；3—生泡沫混合液管道；4—比例混合器
5—泡沫液罐；6—泡沫混合液泵；7—水池

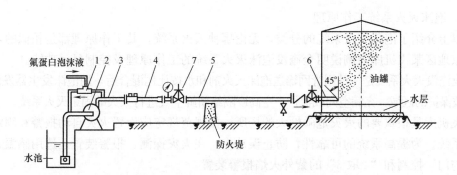

图 3-50　固定液下喷射泡沫灭火系统

1—环泵式比例混合器；2—泡沫混合液泵；3—泡沫混合液管道；
4—液下喷射泡沫产生器；5—泡沫管道；6—泡沫注入管；7—背压调节阀

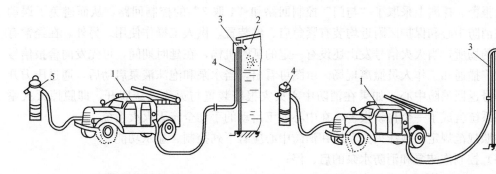

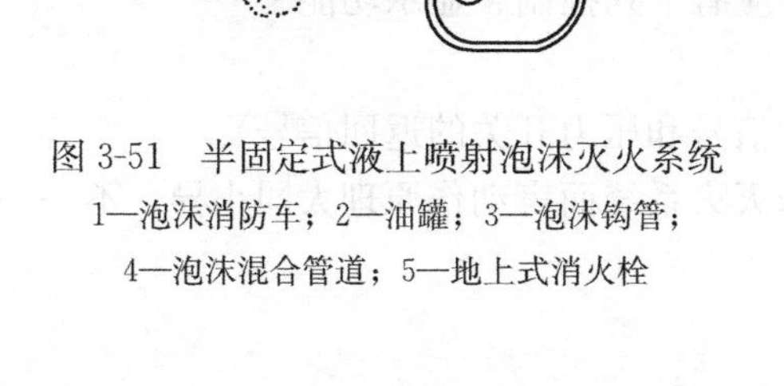

图 3-51　半固定式液上喷射泡沫灭火系统

1—泡沫消防车；2—油罐；3—泡沫钩管；
4—泡沫混合管道；5—地上式消火栓

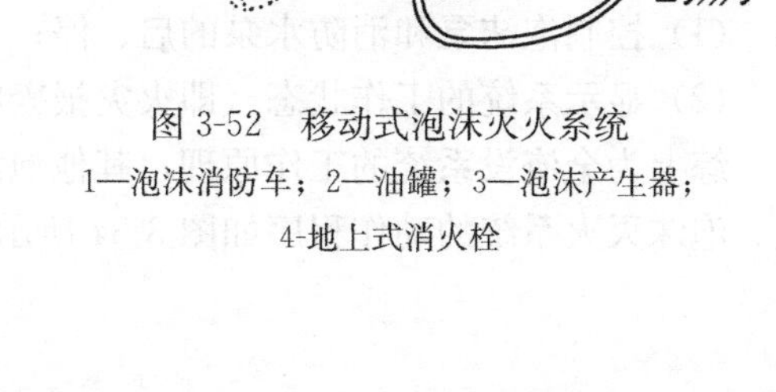

图 3-52　移动式泡沫灭火系统

1—泡沫消防车；2—油罐；3—泡沫产生器；
4-地上式消火栓

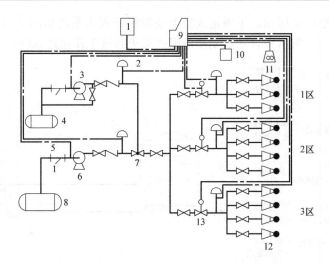

图 3-53　自动控制全淹没式灭火系统工作原理图

1—手动控制器；2—压力开关；3—泡沫液泵；4—泡沫液罐；5—过滤器；

6—水泵；7—比例混合器；8—水罐；9—自动控制箱；10—探测器；

11—报警器；12—高倍数泡沫发生器；13—电磁阀

2. 泡沫灭火系统工作原理

以上介绍了泡沫灭火系统的分类，无论哪种灭火系统，其工作原理都是相似的，下面以北京地区某飞机库为例说明全淹没泡沫灭火系统的工作原理及控制显示功能。

全淹没灭火系统是一种用管网输送泡沫灭火剂和水按比例混合后，用泡沫发生器发泡后喷放到被保护的区域，充满空间或保护一定高度隔绝新鲜空气进行灭火的固定灭火系统。

飞机库是很重要的火灾危险性大的场所，按规范规定应设置火灾自动报警和固定泡沫灭火系统。为提高系统的可靠性，防止误动作，在火灾探测、报警装置上选用感温、感烟的"与门"控制和"4 取 3"的紫外火焰报警装置。

其工作原理是：当某保护区发生火灾时，该区内火灾探测器发出报警信号送到消防控制室的控制盘，通过"与门"控制回路，发出灭火信号，启动水泵和泡沫液泵。同时打开电磁阀，泡沫液和水进入泡沫比例混合器，按照规定的比例（3％或 6％）混合后，通过管道将泡沫混合液送到高倍数泡沫发生器产生大量的泡沫淹没被保护区域，扑灭火灾。由于火灾报警、探测上采取了"与门"控制回路和"4 取 3"的控制回路，从而避免了误动作。在消防中心和保护区附近均装有紧急启、停装置，供人工操作使用。另外，在经常有人工作的场所，当灭火信号发出还设有一定的延时机构，在延时期间，可先发向警报信号和事故广播通知工作人员撤离现场。由图可看出，当水泵和泡沫液泵启动后，通过压力开关有信号返回消防中心。如果在消防中心火灾报警装置与灭火系统脱开，即脱掉灭火系统，该系统就成了一个自动报警、在中心人工启动的手动全淹灭灭火系统。

按照规范规定：泡沫灭火系统在消防中心应有下列控制、显示功能。

（1）控制泡沫泵和消防水泵的启、停；

（2）显示系统的工作状态（即火灾报警的信号和压力开关的返回信号）。

综上为全淹没系统的工作原理，其他泡沫灭火系统而言动作原理大同小异，不一一叠叙。泡沫灭火系统的动作程序如图 3-54 所示。

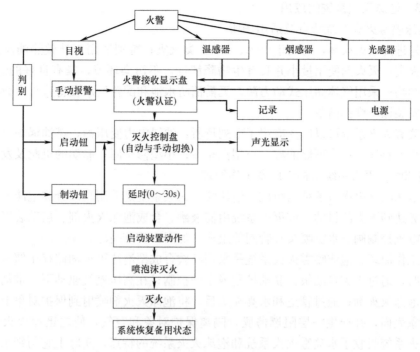

图 3-54　泡沫灭火系统动作程序

3.7.2　泡沫灭火系统的特点及适用范围

1. 高泡沫灭火系统的特点及适用范围

高泡沫灭火系统既可扑救 B 类火灾，又可扑救 A 类火灾，具有消烟、排毒、形成防火隔带的用途及应用广泛的特点。其适用范围为：

(1) 液化石油气，液化天然气，可燃、易燃液体的流淌火灾（中能控制而不是扑灭）；

(2) 各种船舶的泵、机舱等；

(3) 电缆夹层、油码头、油泵房、锅炉房、有火灾危险的工业厂房（或车间），如石油化工生产车间、飞机发动机试验车间等；

(4) 飞机库、汽车库、冷藏库、橡胶仓库、棉花仓库、烟草及纸张仓库、固定物资仓库、高架物资仓库、电气设备材料库等；

(5) 贵重仪器设备和物品及仓库，如计算机房、图书档案库、大型邮电楼等；

(6) 各种油库、苯储存库等；

(7) 人防隧道、煤矿矿井、电缆沟、地下液压油泵站、地下商场、地下仓库、地下铁道、地下汽车库和地下建筑工程等。

2. 中泡沫灭火系统的特点及适用范围

中泡沫灭火系统具有可扑救立式钢制储油罐内火灾的特点。其适用范围是，凡高泡沫灭火系统不适用场所，中泡沫灭火系统也不适用。

3. 低泡沫灭火系统的适用范围

适用扑救甲醇、乙醇、丙醇、原油、汽油、煤油、柴油等 B 类火灾，应用于机场、飞机库、燃油锅炉房、油田、油库、炼油厂、化工厂、为铁路油槽车装卸油的鹤管栈桥、码头管场所。

3.7.3 泡沫灭火系统的应用

1. 泡沫喷雾灭火系统特点及适用场所

采用先进高效灭火剂,可用于灭A、B、C类火灾;特别适用于扑救热油流淌和电力变压器等火灾;灭火剂使用量小并具有生物降解性,不污染环境,具有良好的绝缘性能,对设备无影响;采用气体储压式动力源,无需消防水池和配置给水设备;灭火效率高、安全可靠、安装操作维护简单。

泡沫喷雾灭火系统可以广泛应用于下列场所:油浸电力变压器;燃油锅炉房;燃油发电机房;小型石油库;小型储油罐;小型汽车库;小型修车库;船舶的机舱及发动机舱。

2. 泡沫喷雾灭火系统结构组成及工作原理

(1) 泡沫喷雾灭火系统结构组成。泡沫喷雾灭火系统是采用高效合成泡沫灭火剂通过气压式喷雾达到灭火的目的,该灭火系统由储液罐、合成泡沫灭火剂、启动装置、氮气驱动装置、电磁控制阀、水雾喷头和管网等组成,如图3-55所示。

(2) 工作原理。泡沫喷雾灭火系统是采用高效合成型泡沫灭火剂储存于储液罐中,当出现火灾时,通过火灾自动报警联动控制或手动控制;在高压氮气驱动下,推动储液罐内的合成型泡沫灭火剂;通过管道和水雾喷头后,将泡沫灭火剂喷射到保护对象上;迅速冷却保护对象表面,并产生一层阻燃薄膜,隔离保护对象和空气,使之迅速灭火的灭火系统。该灭火系统吸收了水喷雾灭火系统和泡沫灭火系统的特点,实际上它与细水雾灭火系统相类似,只不过采用的灭火剂不同而已。由于泡沫喷雾灭火系统是采用储存在钢瓶内的氮气直接启动储液罐内的灭火剂,经管道和喷头喷出实施灭火,故其同时具有水雾灭火系统和泡沫灭火系统的冷却、窒息、乳化、隔离等灭火机理。整个灭火系统设备简单、布置紧凑。其原理用图3-56描述。

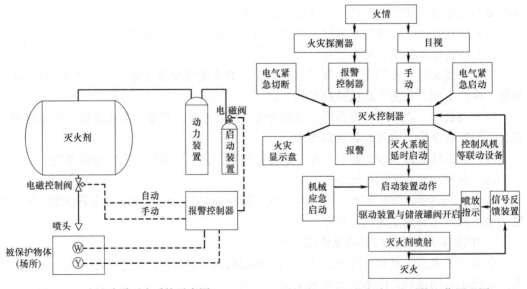

图3-55　泡沫喷雾灭火系统示意图　　　　图3-56　泡沫喷雾灭火系统工作原理图

(3) 控制方式。泡沫喷雾灭火系统一般应设置自动、手动和应急操作三种控制方式。可以利用火灾报警控制器联动控制或手动控制打开高压氮气驱动装置的瓶头阀。高压氮气通过减压达到预定的工作压力,氮气即输送到储液罐。当罐内压力增高到工作压力时,储液罐出口电磁阀立即打开，灭火剂即经过管道和水雾喷头喷向保护对象。另外，还应在设备间设置机械应急启动操作方式。

任务 3-8　干粉灭火系统

干粉灭火系统（powder extinguishing system）是一种不需要内燃机、水泵等动力源，而依靠高压气体（氮气、二氧化碳或燃气）的压力，携带干粉，通过输粉管，经喷头（或喷枪）喷出并扑向火源，短时间内达到灭火目的的设施。

3.8.1　干粉的类型及干粉系统的分类

1. 干粉的类型

干粉灭火剂按应用范围可分为普通型和多用型两大类。

（1）普通型干粉灭火剂。是我国目前生产量最大、应用最普遍的干粉灭火剂。这类灭火剂可扑救 B 类（可燃液体）火灾、C 类（可燃气体）火灾和电气火灾，因而又称为 BC 干粉。属于这一类的干粉灭火剂有：

① 以碳酸氢钠为基料的钠盐干粉（小苏打干粉）。

② 以氯化钾为基料的超级钾盐干粉。

③ 以碳酸氢钠和钾盐为基料的混合型干粉。

④ 以碳酸氢钾为基料的紫钾盐干粉。

⑤ 以尿素和碳酸氢钠（或碳酸氢钾）的反应产物为基料的干粉［毛耐克斯（Monnex）干粉］。

⑥ 以硫酸钾为基料的钾盐干粉。

（2）多用型干粉灭火剂。这类干粉灭火剂除可扑救 BC 类火灾外，还可扑救一般固体火灾（A 类火灾），因而又叫做 ABC 干粉。属于这一类的干粉灭火剂有：

① 以聚磷酸铵为基料的干粉灭火剂。

② 以磷酸铵与硫酸铵混合物为基料的干粉灭火剂。

③ 以磷酸盐（磷酸二氢铵等）为基料的干粉灭火剂。

2. 干粉灭火系统的分类

（1）按驱动气体的储存方式分为 $\begin{cases} 加压型干粉系统 \\ 储压型干粉系统 \\ 燃气型干粉系统 \end{cases}$

（2）按其安装方式可分为 $\begin{cases} 固定式干粉系统 \\ 半固定式干粉系统 \end{cases}$

（3）按喷放方式分 $\begin{cases} 全淹没干粉系统 \\ 局部喷射干粉系统 \begin{cases} 槽边喷射 \\ 高架喷射 \end{cases} \end{cases}$

（4）按充装灭火剂的种类分为 $\begin{cases} 酸碳氢钠干粉系统 \\ 碳酸铵盐干粉系统 \\ 氨基干粉系统 \\ 氯化钾干粉系统 \\ 氯化钠干粉系统 \end{cases}$

3.8.2 干粉灭火系统的组成及工作原理

1. 干粉灭火系统的组成

干粉灭火系统一般由灭火设备和自动控制设备两部分组成，其外形及构造如图 3-57 所示。灭火设备由干粉罐、动力气瓶、减压阀、过滤器、阀门、输粉管道、喷嘴（喷枪）等构成；自动控制设备包括火灾探测器、报警控制器、启动瓶等。

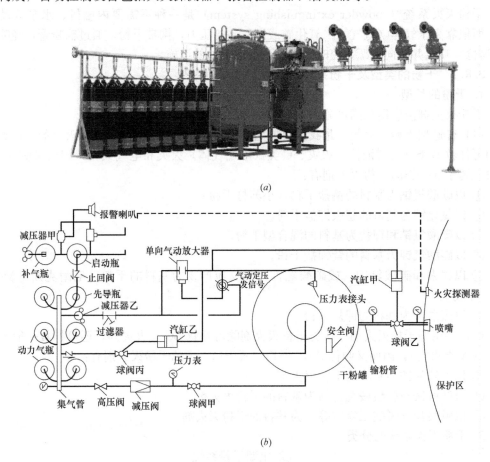

图 3-57 干粉灭火系统示意图

(*a*) 实物；(*b*) 构造

2. 干粉灭火系统的工作原理

在图 3-57 中，当保护对象着火温度上升到一定数值后，火灾探测器发出信号，打开启动瓶，同时，报警喇叭发出音响警报。这时，启动瓶中的气体通过止回阀把先导瓶打开。此时，先导瓶中的高压气体进入集气管，使得管中压力迅速上升。当集气管中压力上升到一定数值后，其余 5 只动力气瓶同时打开，高压气体经集气管、高压阀进入减压阀，再经减压后通过球阀甲进入干粉罐。同时，集气管中少量气体经减压器乙和过滤器后分成两路，一路进入单向气动放大器，另一路进入气动定压发信器。当干粉罐的压力上升到规定压力后，定压发信器给出信号使单向气动放大器动作。这时，气体通过放大器推动气缸甲、乙，把球阀乙、丙同时打开。于是，干粉罐中的粉气混合流经球阀乙、输粉管和喷嘴喷洒到保护对象表面。同时，动力气瓶乙内的高压气体又经过球阀丙从干粉罐的顶部直接进入，以加速干粉的喷射速度。

3. 干粉灭火系统保护的主要场所与设备

（1）计算机房、通讯机房、测试中心、变配电室、精密仪器室、理化卖验室、电器老化室；

（2）发电机、浸渍油槽、变电器、油开关及其他易产生电器火灾危险的装置；

（3）采油平台、加油站、液压油库、润滑油库及其他可燃易燃流体房与贮罐；

（4）化学易燃品库房，以及该物质的生产作业火灾危险场地；

（5）图书库、资料库、档案库、软件库、金库、文件珍藏室；

（6）其他不宜使用水系统灭火的场所。

4. 超细干粉灭火系统

超细干粉灭火系统是由超细干粉供应源通过输送管道连接到固定的喷嘴上，再通过喷嘴喷放超细干粉灭火的系统。超细干粉灭火系统是石油化工、油库、油罐、港口码头、机场、机库、大型烟草库房、物流仓库等工程的灭火系统的重要装备。干粉灭火系统是以氮气为动力，向干粉罐内提供压力，推动干粉罐内的干粉灭火剂，通过管路输送到固定喷嘴或干粉炮、干粉枪喷出，以达到扑救易燃、可燃液体，可燃气体和电气设备等火灾的目的。

参照 GB 16668—2010 标准，超细干粉灭火系统以驱动方式分类为：储气瓶型超细干粉灭火系统、储压型超细干粉灭火系统和燃气型超细干粉灭火系统；以充装的灭火剂类别又可分为：ABC 超细干粉灭火系统；BC 超细干粉灭火系统和 D 类超细干粉灭火系统；以固定方式分类为：固定式超细干粉灭火系统、半固定式超细干粉灭火系统（如柜式超细干粉灭火装置）。

（1）储气瓶型超细干粉灭火系统。ZFP 储气瓶型超细干粉灭火系统由启动装置（如启动气瓶＋电磁阀）、高压氮气瓶组、减压阀、干粉罐、干粉喷头、阀门、控制柜、干粉炮、干粉枪和钢管等零部件组成。超细干粉灭火系统一般须与火灾自动报警系统联动，同时具备电气手动、电气自动、机械应急手动三种启动方式。干粉罐是中压容器，由罐体、安全阀、入孔（装粉口）、进气口及出粉口等组成。超细干粉灭火系统组成见图 3-58。

干粉炮是由耐压铜材和不锈钢制成，根据要求自动干粉炮（电动或液动）可在仰角 40°俯角 60°回转 270°范围内工作；手动干粉炮可在仰角 70°俯角 60°回转 360°范围内工作。干粉枪与卷盘连在一起，卷盘中的软管长度可达 30～40m。

由于超细干粉灭火剂是细微的粒子，相对普通干粉其（动作能量）小了许多，因而在干粉枪和干粉炮的射程方面不如普通干粉灭火系统，经试验表明，超细干粉使用普通干粉炮其最大射程在 15～20m，有待企业对干粉炮进行改进来提高射程，在此之前，超细干粉灭火系统的优势应用还是在通过管道输送到灭火场所进行全淹没或局部淹没方式方面。

（2）储气瓶型超细干粉灭火系统控制。ZFP 储气瓶型超细干粉灭火系统（与火灾报警系统联动）的启动方式应为电气自动控制、电气手动控制和机械应急启动三种。

① 在保护区无人看守的情况下，可将火灾报警控制器的选择开关置于"自动"位置，超细干粉灭火系统便处于自动探测、自动报警及自动释放（探测到火警并报警后延时 30s）灭火剂灭火的状态。

② 当保护区有人看守时，可将火灾报警控制器的选择开关置于"手动"位置。当火

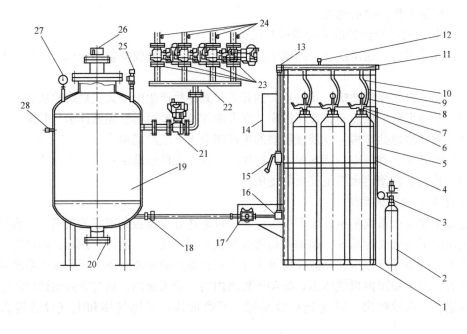

图 3-58　超细干粉灭火系统组成示意图

1—动力瓶组架；2—启动氮气瓶；3—电磁瓶头阀；4—紫铜管；5—动力氮气瓶；

6—先导阀；7—瓶头阀；8—高压压力表；9—高压软管；10—单向阀；11—集气管；

12—泄压阀；13—不锈钢弯头；14—防爆型自动控制箱；15—高压球阀；16—不锈钢弯头；

17—减压器；18—钢管活接；19—干粉储罐；20—清扫口；21—出粉总阀（防爆型电动球阀）；

22—干粉汇集管；23—分区阀（防爆型电动球阀）；24—压力讯号器（分区释放反馈）；

25—安全阀；26—防爆型压力开关；27—不锈钢压力表；28—放空球阀

灾探测器发出火灾信号时，火灾报警控制器便发出声光报警信号，而灭火系统不启动。经人员确认火灾，按下设置在防护区门口的紧急启动按钮，灭火系统启动并释放超细干粉灭火剂灭火（或由值班人员将报警控制器上的开关转换到自动位置，超细干粉灭火系统即可自动完成灭火过程）。

③ 在火灾报警系统失灵或消防电源断电的情况下，超细干粉灭火系统不能自动启动灭火，此时，现场人员可以机械方式操作，人工启动超细干粉灭火系统。首先拔掉启动瓶电磁阀上的保险卡簧，用力拍下手柄（或依次拔掉动力瓶上的保险插销，直接按下每个动力瓶手柄），当听到动力瓶气体进入粉罐的声音后，观察粉罐上的压力表，当压力上升到1.4MPa 时，快速摇动出粉总阀上的开启手轮，释放灭火剂进入防护区灭火（特别提醒：如系统为组合分配方式时，必须首先确认发生火灾区域的分区阀，并快速摇动分区阀上的手轮开启阀门，然后再按上述机械应急操作全过程启动超细干粉灭火系统）。

④ 紧急启动或紧急停止操作：当现场人员发现防护区发生火情后，在火灾报警系统还未报警的情况下，可提前直接启动灭火系统灭火。此时，现场人员击破紧急启停按钮上的防护玻璃，按下启动按钮，超细干粉灭火系统立即按自动灭火程序进行灭火。反之，当现场人员发现防护区并未发生火灾时，而声光报警器发出火警（或发生小型火情，可以人工扑救，不需要启动灭火系统），在延时 30s 时间内，现场人员击破紧急启停按钮上的防

护玻璃，按下停止按钮，可立即停止灭火系统动作程序。超细干粉灭火系统控制程序见图 3-59 所示。

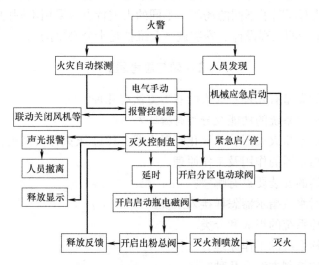

图 3-59 超细干粉灭火系统控制程序

5. 报警与气体灭火控制联动

气体灭火系统是独立系统，又经常安装在无人值守地区，设备产生故障，信息应迅速传递到消防控制中心，特别是在灭火执行过程中，火灾预警灭火动作延时，气体喷放状态均直接报告控制中心，见图 3-60。

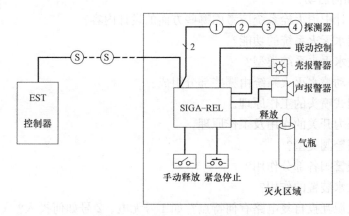

图 3-60 气体灭火联动执行系统

报警控制器与气体灭火联动系统的工作界面在电磁阀与压力开关处进行信号连接，因此可以与所有的 IG541 混合气体灭火系统、七氟丙烷自动灭火系统、CO_2 自动灭火系统、自动喷水水灭火系统等联动，不用作任何改动。

单元归纳总结

本单元为消防系统的执行机构——灭火系统，首先对灭火系统进行概述，从而了解了灭火的基本方法，接着讲述了自动喷水灭火系统的几种系统。以湿式自动喷水系统为主，介绍了系统的组成、特点及电气线路的控制；对室内消火栓系统的组成、灭火方式及电气线路进行了详细的分析，对消防水泡灭火系统的组成、原理及应用进行了阐述，最后对卤化物灭火系统、二氧化碳灭火系统、泡沫灭火系统及干粉灭火系统的组成、特点及适用场所进行了说明，从而证明了不同的场所、不同的火灾特点应采用不同的灭火方式。掌握不同的灭火方式对相关的工程设计、安装调试及维护是十分必要的。

【习题与思考题】

1. 灭火系统的类型有几种？灭火的基本方法有几种？

2. 自动喷水灭火系统的功能及分类有哪些？

3. 描述常用的干粉灭火器、二氧化碳灭火器、1211 灭火器及消火栓如何正确使用。

4. 简述水流指示器的作用及工作原理。

5. 水流指示器的安装要点有哪些？

6. 工程设计时水流指示器怎样接入系统？

7. 简述消火栓系统的组成和分类。

8. 说明消火栓系统的工作原理。

9. 消防水泵的控制方法有几种？

10. 对消火栓系统要求有哪些？

11. 如前图 3-5 所示，令 2 号为工作泵，1 号为备用泵，当 3 楼出现火情时，试说明消火栓泵的启动过程。

12. 如图 3-6 所示，令 2 号泵工作，1 号泵备用，当 2 楼着火且接触器 KM2 机械卡住时，消火栓泵如何启动？

13. 工程设计中消火栓系统应考虑哪些方面的设计内容？

14. 自动喷水灭火系统的功能？

15. 自动喷水灭火系统类型？

16. 说明自动喷水灭火系统由哪些部分组成。

17. 简述闭式喷头的工作原理。

18. 叙述压力开关的作用及工作原理。

19. 湿式报警阀类型？

20. 湿式报警阀各部分作用？

21. 末端试水装置的作用？

22. 两路电源互投自复电路有何特点？如 1 号无电、2 号如何投入？

23. 如前图 3-21 中，2 号工作，1 号备用，KM2 机械卡住时，当火灾时其工作状态如何？

24. 如图 3-23 中，1 号工作泵故障即控制电路中热继电器常闭触点没闭合，火灾时，备用泵如何启动？

25. 叙述图 3-25 中 2 号工作，1 号备用稳压泵的工作原理。

26. 消防水炮灭火系统的类型有几种？

27. 简述消防水炮灭火系统的组成。

28. 说明消防水炮灭火系统的各部分作用。

29. 卤代烷灭火系统类型？

30. 说明卤代烷灭火系统适用场所。
31. 卤代烷灭火系统钢瓶如何设置？
32. 概述气溶胶灭火系统特点。
33. 阐述气溶胶灭火系统的工作原理。
34. 说明七氟丙烷自动灭火装置组成及特点。
35. 描述二氧化碳灭火系统的分类及工作原理。
36. 二氧化碳灭火系统的特点及适用范围有哪些？
37. 泡沫灭火系统有几种类型？各有何特点及适用范围？
38. 简述干粉灭火系统的组成及适用范围。

单元 4　消防联动系统

【学习引导与提示】

单元学习目标	懂得火灾事故广播的容量、设置场所、广播方式等;明白火灾事故照明与疏散诱导系统设置;明白防排烟设备的设置与监控;学会消防电梯的设置;能完成课程设计中该部分的内容,能指导系统施工
单元学习内容	任务 4-1 防排烟设备的设置与联动控制 任务 4-2 消防指挥系统设计与安装 任务 4-3 应急照明与疏散指示标志 任务 4-4 消防电梯 任务 4-5 消防系统在智能化系统中的集成
单元知识点	学会火灾事故广播的相关、安装与设计知识;明白火灾事故照明与疏散诱导系统设置;懂得防排烟设备的设置与监控;学会消防电梯的设置
单元技能点	具有火灾事故广播的设计、安装与调试能力;能进行火灾事故照明与疏散诱导系统设置;具有防排烟设备的设置与监控能力;具有消防电梯的设置能力;能完成设计并具有指导系统施工的能力
单元重点	消防广播系统
单元难点	防排烟设备的设置与监控

任务 4-1　防排烟设备的设置与联动控制

火灾中对人体伤害最严重的是烟雾,由固体、液体粒子和气体所形成的混合物,含有有毒、刺激性气体。火灾死伤者中相当数量的人是因为中毒或窒息死亡。建筑物发生火灾后,烟气在建筑物内不断流动传播,不仅导致火灾蔓延,也引起人员恐慌,影响疏散与扑救。引起烟气流动的因素有:扩散、烟囱效应、浮力、热膨胀、风力、通风空调系统等。高层建筑的火灾由于火灾蔓延快,疏散困难,扑救难度大,且其火灾隐患多,其防火防烟和排烟尤其重要。

一般情况下,当建筑物发生火灾时,都会伴随着烟气的产生,烟气中的一氧化碳、氰化氢等都是有毒性气体。当空气中氧气含量降低时,会引起人体缺氧而窒息。调查表明,据统计表明,由于一氧化碳中毒窒息死亡或被其他有毒烟气熏死者一般占火灾总死亡人数的 40%~50%,而被烧死的人当中,多数是先中毒窒息晕倒后被烧死的。同时,烟气的高温危害,烟气的遮光作用也是造成人员伤亡的原因。挡烟和排烟是控制烟气蔓延的主要两种基本方法:挡烟指的是一定的固体材料或介质形成一定大小的防烟分区,将烟气阻挡在起火点所在的区域内,这样可以避免烟气对其他区域造成不良影响;排烟指的是将烟气排到建筑物之外,这是从根本上消除烟气在建筑物内蔓延的手段。实际工程中这两种方法常常是联合使用的。

4.1.1　防排烟系统概述

1. 防排烟系统的作用

通过对国内外建筑火灾的统计分析，凡造成重大人员伤亡的火灾，大部分是因没有可靠的安全疏散设施或管理不善，人员不能及时疏散到安全避难区域造成的。可见，如何根据不同使用性质、不同火灾危险性的建筑物，通过安全疏散设施的合理设置，为建筑物内人员和物资的安全疏散提供条件，是建筑防火设计的重要内容。只有按照国家有关消防技术规范的要求进行设计、施工、管理和进行消防监督，才能保证建筑物内人员和物资安全疏散，有效地减少火灾所造成的人员伤亡和财产损失。

防排烟系统主要有三个作用：一是阻火、隔火作用；二是有利于人员疏散；三是便于扑救。

（1）防火分隔设施：是只能在一定时间内阻止火势蔓延，且能把建筑内部空间分割成若干较小防火空间的物体（包括：防火门、防火窗、防火卷帘、防火阀、排烟防火阀、挡烟垂壁）。

（2）防排烟系统：及时排除烟气，确保人员顺利疏散、安全避难。分为：自然排烟、机械加压送风排烟、机械排烟等。

2. 火灾烟气危害及控制

高层建筑和地下工程发生火灾时，由于可燃装修物、陈设等在燃烧过程中会产生大量浓烟和有毒烟气，致使烟气和毒气成为人员死亡的首要原因。而在被火烧死的人当中，多数是先中毒窒息晕倒后被烧死的。

实践证明：火灾烟气会造成严重危害，其危害性主要有毒害性、减光性和恐怖性。火灾烟气的危害性可概括为对人们生理上的危害和心理上的危害两方面，烟气的毒害性和减光性是生理上的危害，而恐怖性则是心理上的危害。这两方面的危害在于妨碍人员疏散和火灾扑救，造成火场混乱，给疏散和扑救增加了很大困难。为了在高层建筑和地下工程发生火灾后能及时排除烟气，确保人员顺利疏散、安全避难，同时为火灾扑救工作创造有利条件，在部分高层建筑和地下工程内设置防烟、排烟设施是十分必要的。

防排烟设施的作用是对烟气进行控制。其主要目的是：在建筑物内创造无烟或烟气含量极低的疏散通道或安全区。烟气控制的实质是控制烟气的合理流动，也就是使烟气不流向疏散通道、安全区和非着火区，而向室外流动。其主要有以下三种方法。

（1）隔断或阻挡。墙、楼板、门等都具有隔断烟气传播的作用。为了防止火势蔓延和烟气传播，建筑法规规定了建筑中必须划分防火分区和防烟分区。所谓防火分区是指用防火墙、楼板、防火门或防火卷帘等分隔的区域，可以将火灾限制在一定的局部区域内（在一定时间内），不使火势蔓延。当然防火分区的隔断同样也对烟气起了隔断作用。所谓防烟分区是在设置排烟措施的过道、房间中，用隔墙或其他措施（可以阻挡和限制烟气的流动）分割的区域。

（2）排烟。利用自然或机械力的作用力，将烟气排到室外，称之为排烟。利用自然作用力的排烟称为自然排烟；利用机械（风机）作用力的排烟称为机械排烟。排烟的部位有两类：着火区和疏散通道。着火区排烟的目的是将火灾发生的烟气排到室外，有利于着火区的人员疏散及救火人员的扑救。对于疏散通道的排烟是为了排除可能侵入的烟气，以保证疏散通道无烟或少烟，以利于人员安全疏散及救火人员通行。

（3）加压防烟。加压防烟是用风机把一定量的室外空气送入一房间或通道内，使室内保持一定压力或门洞处有一定的流速，以避免烟气侵入。图 4-1 是加压防烟两种情况，其中图（a）是当门关闭时，房间内保持一定正压值，空气从门缝或其他缝隙处流出，防止了烟气的侵入；图（b）是当门开启的时候，送入加压区的空气以一定的风速从门洞流出，防止烟气的流入。当流速较低时，烟气可能从上部流入室内。以上两种情况分析可以看到，为了防止烟气流入被加压的房间，必须达到：① 门开启时，门洞有一定向外的风速；② 门关闭时，房间内有一定正压值。

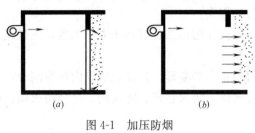

图 4-1　加压防烟
（a）门关闭时；（b）门开启时

3. 防烟、防火分区划分目的

划分防烟分区的目的在于防止烟气扩散，主要用挡烟垂壁、挡烟壁或者挡烟隔墙等措施来实现，满足人员安全疏散和消防扑救的需要，以免造成不应有的伤亡事故。

划分防火分区的目的在于：防止烟火蔓延扩大，为扑救创造有利条件，以保障财产和安全。防火分区采用防火墙或防火卷帘加水幕实现。

4. 高层建筑防烟、排烟设施的分类和范围

（1）高层建筑防烟、排烟设施的分类

高层建筑的防烟设施应分为机械加压送风的防烟设施和可开启外窗的自然防烟设施；高层建筑的排烟设施应分为机械排烟设施和可开启外窗的自然排烟设施。

（2）高层建筑设置防烟、排烟设施的范围

① 一类高层建筑和建筑高度超过 32m 的二类高层建筑的下列部位应设排烟设施：长度超过 20m 的内走道；面积超过 100m²，且经常有人停留或可燃物较多的房间；高层建筑的中庭和经常有人停留或可燃物较多的地下室。

② 高层建筑的下列部位应设置独立的机械加压送风设施：不具备自然排烟条件的防烟楼梯间、消防电梯前室或合用前室；采用自然排烟措施的防烟楼梯间，其不具备自然排烟条件的前室；封闭避难层（间）；建筑高度超过 50m 的一类公共建筑和建筑高度超过 100m 的居住建筑的防烟楼梯间及其前室、消防电梯前室或合用前室。

（3）地下人防工程设置防烟、排烟设施的范围

① 人防工程的下列部位应设置机械加压送风防烟设施：防烟楼梯间及其前室或合用前室；避难走道的前室

② 人防工程的下列部位应设置机械排烟设施：建筑面积大于 50m²，且经常有人停留或可燃物较多的房间、大厅和丙、丁类生产车间；总长度大于 20m 的疏散走道；电影放映间、舞台等。

③ 丙、丁、戊类物品库宜采用密闭防烟措施。

④ 自然排烟口的总面积大于该防烟分区面积的 2% 时，宜采用自然排烟的方法排烟。自然排烟口底部距室内地坪不应小于 2m，并应常开或发生火灾时能自动开启。

5. 火灾情况下对防排烟设施的要求

电气控制设计是在土建及水暖专业的工艺要求给出下实施的。防排烟系统的电气控制

视所确定的防排烟设施不同，由以下不同要求与内容组成。

（1）消防中心控制室能显示各种电动防排烟设施的运行情况，并能进行联动遥控和就地手控；

（2）根据火灾情况打开有关排烟道上的排烟口，启动排烟风机（有正压送风机时应同时启动和降下有关防火卷帘及防烟垂壁），打开安全出口的电动门。与此同时，关闭有关的防烟阀及防火门，停止有关防烟区域内的空调系统；

（3）在排烟口、防火卷帘、挡烟垂壁、电动安全出口等执行机构处布置火灾探测器，通常为一个探测器联动一个执行机构，但大的厅室也可以几个探测器联动一组同类机构；

（4）设有正压送风的系统应打开送风口，启动送风机。

防排烟系统的电气控制是由联动控制盘（某些也由手动开关）发出指令给各防排烟设施的执行机构，使其进行工作并发出动作信号的。防烟、排烟电气设备组成如图 4-2 所示。防排烟设施的相互关系如图 4-3 所示。

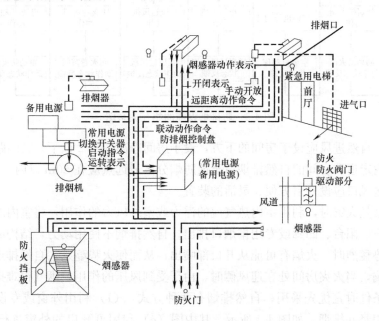

图 4-2　防烟、排烟电气控制设备组成

4.1.2　防排烟系统

防排烟系统，都是由送排风管道、管井、防火阀、门开关设备、送排风机等设备组成。高层建筑的防烟设施应分为机械加压送风的防烟设施和可开启外窗的自然防烟设施。高层建筑的排烟设施应分为机械排烟设施和可开启外窗的自然排烟设施。

4.1.2.1　排烟系统

高层建筑的排烟方式有自然排烟和机械排烟两种。

1. 自然排烟

防烟楼梯间前室或合用前室，利用敞开的阳台、凹廊或前室内不同朝向的可开启外窗自然排烟时，该楼梯间可不设排烟设施。利用建筑的阳台、凹廊或在外墙上设置便于开启的外窗或排烟进行无组织的自然排烟方式。

自然排烟应设于房间的上方，宜设在距顶棚或顶板下 800mm 以内，其间距以排烟口

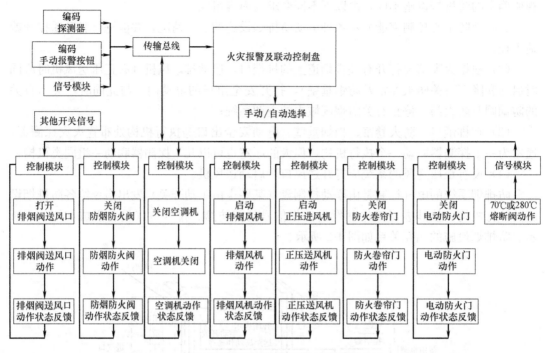

图 4-3　防排烟设施的相互关系图

的下边缘计。自然进风应设于房间的下方，设于房间净高的 1/2 以下。其间距以进风口的上边缘计。内走道和房间的自然排烟口至该防烟分区最远点应在 30m 以内。自然排烟窗、排烟口中、送风口应设开启方便、灵活的装置。

　　自然排烟是火灾时，利用室内热气流的浮力或室外风力的作用，将室内的烟气从与室外相邻的窗户、阳台、凹廊或专用排烟口排出。自然排烟不使用动力，结构简单，运行可靠，但当火势猛烈时，火焰有可能从开口部喷出，从而使火势蔓延；自然排烟还易受到室外风力的影响，当火灾房间处在迎风侧时，由于受到风压的作用，烟气很难排出。虽然如此，在符合条件时宜优先采用。自然排烟有两种方式：（1）利用外窗或专设的排烟口排烟；（2）利用竖井排烟，如图 4-4 所示。其中图（a）利用可开启的外窗进行排烟，如果

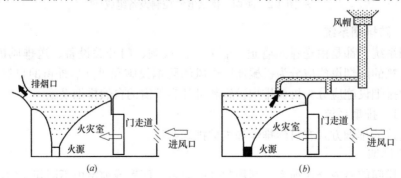

图 4-4　房间自然排烟系统示意图
（a）利用外窗或专设的排烟口排烟；（b）利用竖井排烟

外窗不能开启或无外窗，可以专设排烟口进行自然排烟。图中（b）是利用专设的竖井，即相当于专设一个烟囱，各层房间设排烟风口与之连接，当某层起火有烟时，排烟风口自动或人工打开，热烟气即可通过竖井排到室外。对于走道、前室等自然排烟示例见图 4-5。

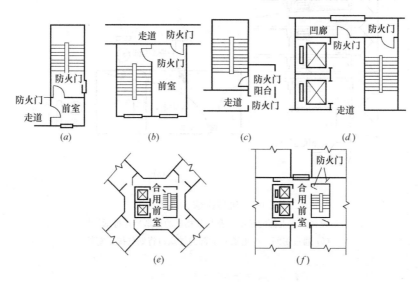

图 4-5　自然排烟方式示例

（a）有外窗的防烟楼梯间及其前室；（b）外窗的防烟楼梯间及其前室；
（c）带阳台的防烟楼梯间；（d）带凹廊的防烟楼梯间；
（e）两个不同朝向的可开启外窗自然排烟；（f）四周有可开启外窗的前室

2. 机械排烟

使用排烟风机进行强制排烟的方法称机械排烟。机械排烟可分为局部和集中排烟两种。局部排烟方式是在每个房间内设置风机直接进行；集中排烟方式是将建筑物划分为若干个防烟分区，在每个区内设置排烟风机，通过风道排出各区内的烟气。

（1）机械排烟系统：高层建筑在机械排烟的同时还要向房间内补充室外的新风，送风方式有两种：

① 机械排烟、机械送风：利用设置在建筑物最上层的排烟风机，通过设在防烟楼梯间、前室或消防电梯前室上部的排烟口及与其相连的排烟竖井将烟气排至室外，或通过房间（或走道）上部的排烟口排至室外；由室外送风机通过竖井和设于前室（或走道）下部的送风口向前室（或走道）补充室外的新风。各层的排烟口及送风口的开启与排烟风机及室外送风风机相连锁，如图 4-6 所示。

② 机械排烟，自然送风：排烟系统同上，但室外风向前室（或走道）的补充并不依靠风机，而是依靠排烟风机所造成的负压，通过自然进风竖井和进风口补充到前室（或走道）内，如图 4-7 所示。

（2）机械排烟系统：由防烟垂壁、排烟口、排烟道、排烟阀、排烟防火阀及排烟风机等组成。

① 排烟口：排烟口一般尽可能布置在防烟分区的中心，距最远点的水平距离不能超过 30m。排烟口应设在顶棚或靠近顶棚的墙面上，且与附近安全出口沿走道方向相邻边缘之间最大的水平距离小于 15m。排烟口平时处于关闭状态，当火灾发生时，自动控制系统

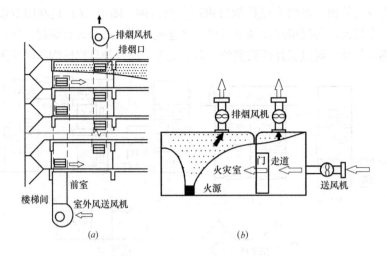

图 4-6　机械排烟、机械送风

（a）通过设在前室上部的排烟口及与其相连的排烟竖井将烟气排至室外；

（b）通过房间（或走道）上部的排烟口将烟气排至室外

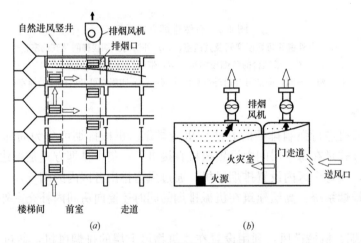

图 4-7　机械排烟、自然进风

（a）通过自然进风竖井和进风口将新风补充到前室；

（b）通过自然进风竖井和进风口将新风补充到走道内

使排烟口开启，通过排烟口将烟气及时迅速排至室外。排烟口也可作为送风口。图 4-8 所示为多叶式排烟口（多叶送风口）及电路图，排烟口的安装示意如图 4-9 所示。板式排烟口由电磁铁、阀门、微动开关、叶片等组成，如图 4-10 所示。

板式排烟口的工作原理如下：

自动开启：火灾时，自动开启装置接收到感烟（温）探测器通过控制盘或远距离操纵系统输入的电气信号（DC24V）后，电磁铁线圈通电，动铁芯吸合，通过杠杆作用使棘轮、棘爪脱开，依靠阀体上的弹簧力，棘轮逆时针旋转，卷绕在辊筒上的钢丝绳释放，于是叶片被打开，同时微动开关动作，切断电磁铁电源，并将阀门开启动作显示线接点接通，将信号返回控制盘，使排烟风机联动等；

远距离手动开启：当火灾发生时，由人工拔开 BSD 操作装置上的荧光塑料板，按下红色按钮，阀门开启；

手动复位：按下 BSD 操作装置上的蓝色复位按钮，使棘爪复位，将摇柄插入卷绕辊筒的插入口，按顺时针方向摇动摇柄，钢丝绳即被拉回卷绕在辊筒上，直至排烟口关闭为止，同时微动开关动作复位。

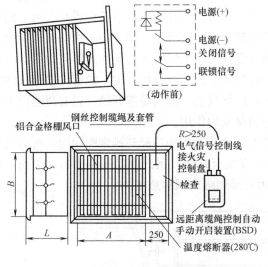

图 4-8　多叶式排烟口（多叶送风口）

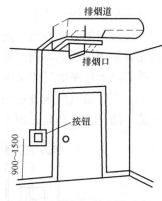

图 4-9　排烟口的安装示意

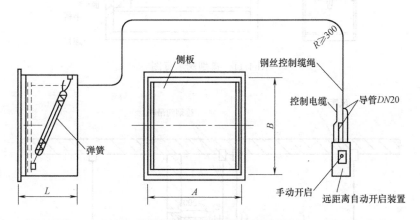

图 4-10　板式排烟口示意图

② 排烟阀：排烟阀应用于排烟系统的风管上，平时处于关闭状态，火灾发生时，烟感探头发出火警信号，控制中心输出 DC24V 电源，使排烟阀开启，通过排烟口进行排烟。图 4-11 所示为排烟阀示意图，图 4-12 所示为排烟阀安装图。

③ 排烟防火阀：防火阀就是用来阻断来自火灾区的烟气及火焰通过，并在一定时间内能满足耐火稳定性和耐火完整性要求的阀门。建筑物发生火灾时，大火沿通风、空调系统的管道迅速蔓延，造成重大损失的案例是很多的。为了将火灾引起的损失减少到最小程度，就必须采取有效的防火、防排烟措施，以控制火势蔓延，而防火阀在通风、空调及防排烟系统中的合理设置，则起到了重要的作用。

排烟防火阀是安装在排烟系统管道上或风机吸入口处，兼有排烟阀和防烟阀的功能。在一定时间内能满足耐火稳定性和耐火完整性要求，并起阻火隔烟作用的阀门。

防火阀主要由阀体和执行机构组成。阀体由壳体、法兰、叶片及叶片联动机构等组成。执行机构由外壳、叶片调节机构、离合器、温度熔断器等组成。防火阀的执行机构是通过金属易熔片和离合器机构来控制叶片的转动。

当管道内所输送的气体温度达到易熔金属片的熔化温度时，易熔片熔断，其芯轴上的压缩弹簧和弹簧销钉迅速打下离合器垫板，这时，离合器和叶片调节机构脱开，由于阀体上装有两个扭转弹簧，使叶片受到扭力而发生转动。由此可见，防火阀的执行机构采用机械传动原理，不需电、气及其他能源，因而可保证在任何情况下均能起到防火作用。防火阀的通断根据系统的要求，系统停用与正常运行时是位于开启状态的，如管内输送气体温度低于所选定的金属易熔片的熔点时，属正常运行状态，阀门是敞开的。只有当运行工况超过正常使用的状态，阀门才自动关闭，达到保安的作用。

排烟防火阀平时处于关闭状态，需要排烟时，其动作和功能与排烟阀相同，可自动开启排烟。当管道气流温度达到280℃时，阀门靠装有易熔金属温度熔断器而自动关闭，切断气流，防止火灾蔓延。图4-13所示为远距离排烟防火阀示意图。

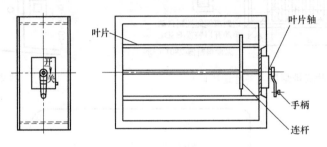

图 4-11　排烟阀示意图

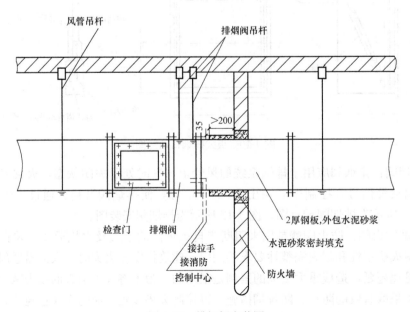

图 4-12　排烟阀安装图

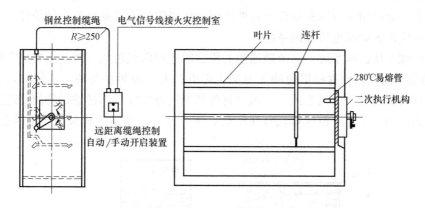

图 4-13　远距离排烟防火阀

④ 排烟风机：排烟风机也有离心式和轴流式两种类型。在排烟系统中一般采用离心式风机。排烟风机在构造性能上具有一定的耐燃性和隔热性，以保证输送烟气温度在 280℃时能够正常连续运行 30min 以上。排烟风机装置的位置一般设于该风机所在的防火分区的排烟系统中最高排烟口的上部，并设在该防火分区的风机房内。风机外缘与风机房墙壁或其他设备的间距应保持在 0.6m 以上。排烟风机设有备用电源，且能自动切换。

排烟风机的启动采用自动控制方式，启动装置与排烟系统中每个排风口连锁，即在该排烟系统任何一个排烟口开启时，排烟风机都能自动启动。

4.1.2.2　防烟系统

高层建筑的防烟有机械加压送风和密闭防烟两种方式。

1. 机械加压送风

（1）设置机械加压送风防烟系统的目的。是为了在建筑物发生火灾时，提供不受烟气干扰的疏散路线和避难场所。因此，加压部位在关闭门时，必须与着火楼层保持一定的压力差（该部位空气压力值为相对正压）；同时，在打开加压部位的门时，在门洞断面处能有足够大的气流速度，从而使其他部位因着火所产生的火灾烟气或因扩散所侵入的火灾烟气被堵截于加压部位之外，以有效地阻止烟气的入侵，保证人员安全疏散与避难。

（2）机械加压送风防烟设施设置部位。当防烟楼梯间及其前室、消防电梯前室或合用前室各部位有可开启外窗时，若采用自然排烟方式，可造成楼梯间与前室或合用前室在采用自然排烟方式与采用机械加压送风防烟方式组合上的多样化，而这两种排烟方式不能共用。为此，将这种组合关系及防烟设施设置部位分别列于表 4-1。

垂直疏散通道防烟部位设置　　　　　　　　　　　　表 4-1

组合关系	防烟设施设置部位
不具备自然排烟条件的楼梯间与前室	楼梯间
采用自然排烟的前室或合用前室与不具备自然排烟条件的楼梯间	楼梯间
采用自然排烟的楼梯间与不具备自然排烟条件的前室或合用前室	前室或合用前室
不具备自然排烟条件的楼梯间与合用前室	楼梯间、合用前室
不具备自然排烟条件的消防电梯前室	前室

需要说明的是，带裙房的高层建筑防烟楼梯间及其前室、消防电梯前室或合用前室，当裙房以上部分利用可开启外窗进行自然排烟，裙房部分不具备自然排烟条件时，其前室或合用前室应设置局部正压送风系统

（3）机械加压送风系统。对疏散通道的楼梯间进行机械送风，使其压力高于防烟楼梯间 或消防电梯前室，而这些部位的压力又比走道和火灾房间要高些，这种防止烟气侵入的方式，称为机械加压送风方式。送风可直接利用室外空气，不必进行任何处理。烟气则通过远离楼梯间的走道外窗或排烟竖井排至室外。图 4-14 所示为机械加压送风系统图。

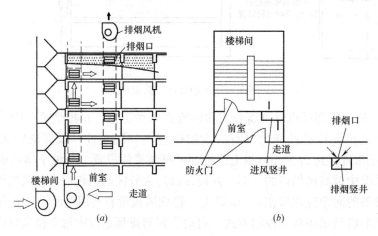

图 4-14　机械加压送风系统

（a）对楼梯间机械加压送风；（b）对疏散通道机械加压送风

（4）机械加压送风系统组成。由加压送风机、送风道、加压送风口及自动控制等组成机械加压送风系统。

① 加压送风机：加压送风机可采用中、低离心式风机或轴流式风机，其位置根据电源位置、室外新风入口条件、风量分配情况等因素来确定。

机械加压送风机的全压，除计算最不利环管压头外，尚有余压，余压值在楼梯间为40～50Pa，前室、合用前室、消防电梯间前室、封闭避难层（间）为 25～30Pa。

② 加压送风口：楼梯间的加压送风口一般采用自垂式百叶风口或常开的百叶风口。当采用常开的百叶风口时，应在加压送风机出口处设置止回阀。楼梯间的加压送风口一般每隔 2～3 层设置一个。前室的加压送风口为常开的双层百叶风口，每层设一个。

③ 加压送风道：加压送风道采用密实不漏风的非燃烧材料。

④ 余压阀：为保证防烟楼梯间及前室、消防电梯前室和合用前室的正压值，防止正压值过大而导致门难以推开，为此在防烟楼梯间与前室、前室与走道之间设置余压阀以控制其正压间的正压差不超过 50 Pa。图 4-15 为余压阀结构示意图。

2. 密闭防烟

对于面积较小，且其墙体、楼板耐火性能较好、密闭性好并采用防火门的房间，可以采取关闭房间使火灾房间与周围隔绝，让火情由于缺氧而熄灭的防烟方式，称密闭防烟。

4.1.2.3　防排烟系统的适用范围

《高层民用建筑设计防火规范》GB 50045 根据我国目前的实际情况，认为设置防排烟

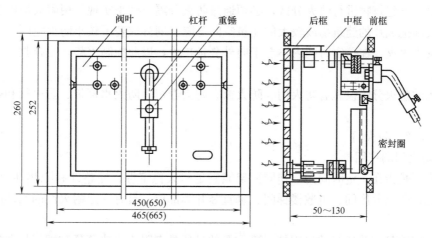

图 4-15 余压阀结构示意图

系统的范围不是设置面越宽越好，而是既要从保障基本疏散安全要求，满足扑救活动需要，控制火势蔓延，减少损失出发，又能以节约投资为基点，保证突出重点。需要设置防烟、排烟设施的部位如下：

（1）一类高层建筑和建筑高度超过 32m 的二类高层建筑的下列部位应设排烟设施：

① 长度超过 20m 的内走道。

② 面积超过 100m，且经常有人停留或可燃物较多的房间。

③ 高层建筑的中庭和经常有停留或可燃物较多的地下室。

（2）除建筑高度超过 50m 的一类公共建筑和建筑高度超过 100m 的居住建筑外，靠外墙的防烟楼梯间及前室、消防电梯前室和合用前室，宜采用自然排烟方式。

（3）一类高层建筑和建筑高度超过 32m 的二类高层建筑的下列部位，应设置机械排烟设施：

① 无直接自然通风，且长度超过 20m 的内走道或虽有直接自然通风，但长度超过 60m 的内走道。

② 面积超过 $100m^2$，且经常有人停留或可燃物较多的地上无窗房间或设固定窗的房间。

③ 不具备自然排烟条件或净空超过 12m 的中庭。

④ 除利用窗井等开窗进行自然排烟的房间外，各房间总面积超过 $200 \ m^2$ 或一个房间面积超过 $200 \ m^2$，且经常有人停留或可燃物较多的地下室。

（4）下列部位应设置独立的机械加压送风的防烟设施：

① 不具备自然排烟条件的防烟楼梯间及前室、消防电梯前室或合用前室。

② 采用自然排烟措施的防烟楼梯间，及其不具备自然排烟条件的前室。

③ 封闭避难层（间）。

4.1.3 防火分隔设施的控制

4.1.3.1 防火分隔设施的概念

防火分隔设施是指能在一定时间内阻止火势蔓延，且能把建筑内部空间分隔成若干较小防火空间的物体。

要对各种建筑物进行防火分区，必须通过防火分隔设施来实现。用耐火极限较高的防火分隔设施把成片的建筑物或较大的建筑空间分隔、划分成若干较小防火空间，一旦某一分区内发生火灾，在一定时间内不至于向外蔓延扩大，以此控制火势，为扑救火灾创造良好条件。

常用的防火分隔设施有防火门、防火窗、防火卷帘、防火水幕带、防火阀和排烟防火阀等。

4.1.3.2　防火门

1. 防火门的作用

防火门是指在一定时间内，连同框架能满足耐火稳定性、完整性和隔热性要求的门。它是设置在防火分区间、疏散楼梯间、垂直竖井等部位，具有一定耐火性的活动防火分隔设施。

防火门除具有普通门的作用外，更重要的是还具有阻止火势蔓延和烟气扩散的特殊功能，它能在一定时间内阻止或延缓火灾蔓延，确保人员安全疏散。

2. 防火门的构造与原理

防火门按其所用的材料分力钢质防火门、木质防火门和复合材料防火门；按耐火极限可分为甲级防火门、乙级防火门和丙级防火门。

防火门由门框、门扇、控制设备和附件（防火锁、手动及自动环节）等组成，如图4-16所示。

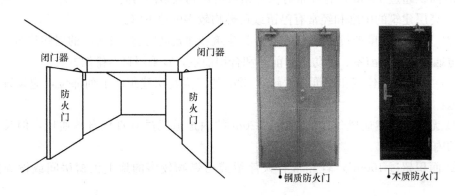

图4-16　防火门示意图

防火门锁按门的固定方式可以分为两种：一种是防火门被永久磁铁吸住处于开启状态，当发生火灾时通过自动控制或手动关闭防火门。自动控制是由感烟探测器或联动控制盘发来指令信号，使DC24V、0.6A电磁线圈的吸力克服永久磁铁的吸着力，从而靠弹簧将门关闭；手动操作是人力克服磁铁吸力，门即关闭。另一种是防火门被电磁锁的固定销扣住呈开启状态，发生火灾时，由感烟探测器或联动控制盘发出指令信号使电磁锁动作，或用手拉防火门使固定销掉下，门关闭。

3. 电动防火门的控制要求

（1）重点保护建筑中的电动防火门应在现场自动关闭，不宜在消防控制室集中控制。

（2）防火门两侧应设专用的感烟探测器组成控制电路。

（3）防火门宜选用平时不耗电的释放器，且宜暗设。

（4）防火门关闭后，应有关闭信号反馈到区控盘或消防中心控制室。

防火门设置实例如图 4-17 所示，图中：$S_1 \sim S_4$ 为感烟探测器，FM1～FM3 为防火门。当 S_1 动作后，FM1 应自动关闭；当 S_2 或 S_3 动作后，FM2 应自动关闭；当 S_4 动作后，FM3 应自动关闭。

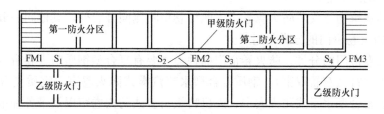

图 4-17　防火门设置示意图

4. 防火门的耐火极限和适用范围

（1）甲级防火门。耐火极限不低于 1.2h 的门为甲级防火门。甲级防火门主要安装于防火分区间的防火墙上。建筑物内附设的一些特殊房间的门也为甲级防火门，如燃油燃气锅炉房、变压器室、中间储油间等。

（2）乙级防火门。耐火极限不低于 0.9h 的门为乙级防火门。防烟楼梯间和通向前室的门、高层建筑封闭楼梯间的门以及消防电梯前室或合用前室的门均应采用乙级防火门。

（3）丙级防火门。耐火极限不低于 0.8h 的门为丙级防火门。建筑物中管道井、电缆井等竖向井道的检查门和高层民用建筑中垃圾道前室的门均应采用丙级防火门。

5. 防火门的检查

检查防火门时，除了要求防火门具有可靠的耐火性能和合理的适用场所外，还应注意以下几点：

（1）防火门应为向疏散方向开启（设防火门的空调机房、库房、客房门等除外）的平开门，并在关闭后应能从任何一侧手动开启。

（2）用于疏散走道、楼梯间和前室的防火门应能自行关闭。

（3）双扇和多扇防火门应设置顺序闭门器。

（4）常开的防火门，在发生火灾时应具有自行关闭和信号反馈功能。

（5）设在变形缝附近的防火门，应设在楼层数较多的一侧，且门开启后不应跨越变形缝，防止烟火通过变形缝蔓延扩大。

（6）防火门上部的缝隙、孔洞应采用不燃烧材料填充，并应达到相应的耐火极限要求。

4.1.3.3　防火卷帘

1. 防火卷帘的作用

防火卷帘是指在一定时间内，连同框架能满足耐火稳定性和耐火完整性要求的卷帘。防火卷帘是一种活动的防火分隔设施，平时卷起放在门窗上口的转轴箱中，起火时将其放下展开，用以阻止火势从门窗洞口蔓延。

防火卷帘设置部位一般在消防电梯前室、自动扶梯周围、中庭与每层走道、过厅、房间相通的开口部位、代替防火墙需设置防火分隔设施的部位等。防火卷帘设置在建筑物中防火分区通道口处，可形成门帘或防火分隔。当发生火灾时，可根据消防控制室、探测器的指令或就地手动操作使卷帘下降至一定点，水幕同步供水（复合型卷帘可不设水幕），接受降落信号先一步下放，经延时后再二步落地，以达到人员紧急疏散、灾区隔烟、隔火、控制火灾蔓延的目的。卷帘电动机的规格一般为三相380V，0.55～2kW，视门体大小而定。控制电路为直流24V。

现在有的建筑物已安装防火侧卷帘。此种卷帘除侧向开启外，其他同一般防火卷帘。

2.电动防火卷帘门的分类与组成

（1）防火卷帘门的分类。防火卷帘门的种类主要有复合型钢质防火卷帘（防火防烟）、无机特级防火卷帘（双轨双帘）、钢质复合型水喷汽雾式防火卷帘、钢质复合型侧向式防火卷帘、钢质复合型水平式防火卷帘、无机特级折叠式防火卷帘以及带各种帘中门的防火卷帘。

（2）防火卷帘门的组成。防火卷帘由帘板、辊筒、托架、导轨及控制机构组成。整个组合体包括封闭在辊筒内的运转平衡器、自动关闭机构、金属罩及帘板等部分。帘板可阻挡烟火和热气流。

防火卷帘按帘板的厚度分为轻型卷帘和重型卷帘。轻型卷帘钢板的厚度为0.5～0.6mm；重型卷帘钢板的厚度为1.5～1.8mm。重型卷帘一般适用于防火墙或防火分隔墙上。

电动防火卷帘门外形如图4-18（a），安装示意图如图4-18（b）所示，防火卷帘门控制程序如图4-19所示，防火卷帘门电气控制如图4-20所示。

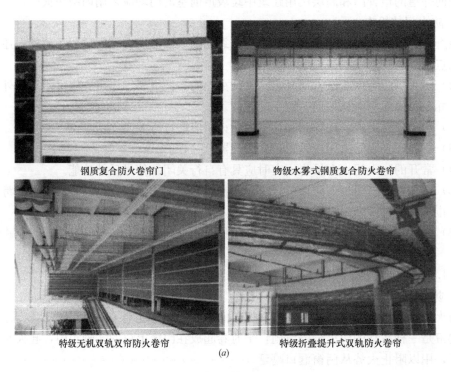

钢质复合防火卷帘门　　　　　　物级水雾式钢质复合防火卷帘

特级无机双轨双帘防火卷帘　　　　特级折叠提升式双轨防火卷帘

(a)

图4-18　防火卷帘门外形及安装示意图

(a) 外形图

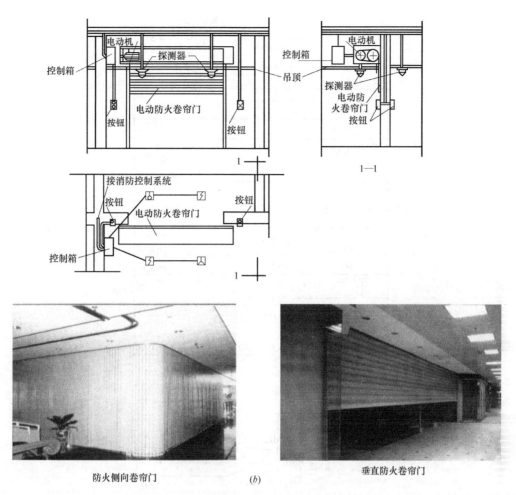

防火侧向卷帘门　　　　　　(b)　　　　　　垂直防火卷帘门

图 4-18　防火卷帘门外形及安装示意图（续）

(b) 安装示意图

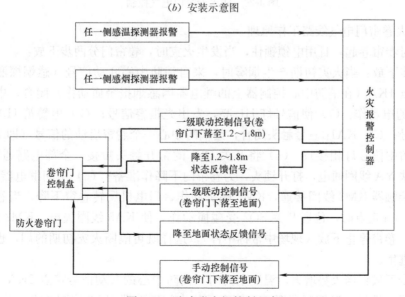

图 4-19　防火卷帘门控制程序

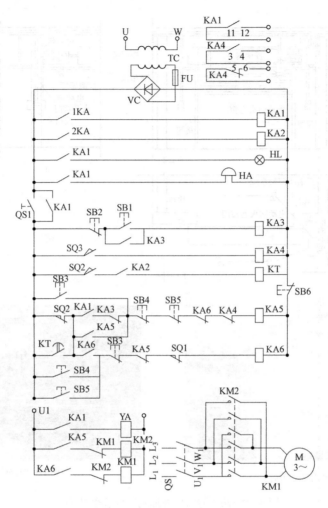

图 4-20　防火卷帘门电气控制

3. 防火卷帘门电气线路工作原理

正常时卷帘卷起，且用电锁锁住，当发生火灾时，卷帘门分两步下放：

第一步下放：当火灾初期产生烟雾时，来自消防中心联动信号（感烟探测器报警所致）使触点 1KA（在消防中心控制器上的继电器因感烟报警而动作）闭合，中间继电器 KA1 线圈通电动作：（1）使信号灯 HL 亮，发出光报警信号；（2）电警笛 HA 响，发出声报警信号；（3）KA1_{11-12} 号触头闭合，给消防中心一个卷帘启动的信号（即 KA1_{11-12} 号触头与消防中信号灯相接）；（4）将开关 QS1 的常开触头短接，全部电路通以直流电；（5）电磁铁 YA 线圈通电，打开锁头，为卷帘门下降作准备；（6）中间继电器 KA5 线圈通电，将接触器 KM2 线圈接通，KM2 触头动作，门电机反转卷帘下降，当卷帘下降距地 1.2～1.8m 定点时，位置开关 SQ2 受碰撞动作，使 KA5 线圈失电，KM2 线圈失电，门电机停，卷帘停止下放（现场中常称中停），这样既可隔断火灾初期的烟，也有利于灭火和人员逃生。

第二步下放：当火势增大，温度上升时，消防中心的联动信号接点 2KA（安在消防中心控制器上且与感温探测器联动）闭合，使中间继电器 KA2 线圈通电，其触头动作，使时间继电器 KT 线圈通电。经延时（30s）后其触点闭合，使 KA5 线圈通电，KM2 又重新通电，门电机反转，卷帘继续下放，当卷帘落地时，碰撞位置开关 SQ3 使其触点动作，中间继电器 KA4 线圈通电，其常闭触点断开，使 KA5 失电释放，又使 KM2 线圈失电，门电机停止。同时 KA4$_{3-4}$ 号，KA4$_{5-6}$ 号触头将卷帘门完全关闭信号（或称落地信号）反馈给消防中心。

卷帘上升控制：当火扑灭后，按下消防中心的卷帘卷起按钮 SB4 或现场就地卷起按钮 SB5，均可使中间继电器 KA6 线圈通电，使接触器 KM1 线圈通电，门电机正转，卷帘上升，当上升到顶端时，碰撞位置开关 SQ1 使之动作，使 KA6 失电释放，KM1 失电，门电机停止，上升结束。

开关 QS1 用手动开、关门，而按钮 SB6 则用于手动停止卷帘升和降。

4. 防火卷帘门联动设计实例

防火卷帘门在商场中一般设置在自动扶梯的四周及商场的防火墙处，用于防火隔断。现以商场扶梯四周所设卷帘门为例，说明其应用。如图 4-21 所示，感烟、感温探测器布置在卷帘门的四周，每樘（或一组门）设计配用一个控制模块、一个监视模块与卷帘门电控箱连接，以实现自动控制，动作过程是：感烟探测器报警→控制模块动作→电控箱发出卷帘门降半信号→感温探测器报警→监视模块动作→通过电控箱发出卷帘二步降到底信号。防火卷帘分为中心控制方式和模块控制方式两种。其控制框图如图 4-22 所示，防火卷帘工程图见图 4-23。

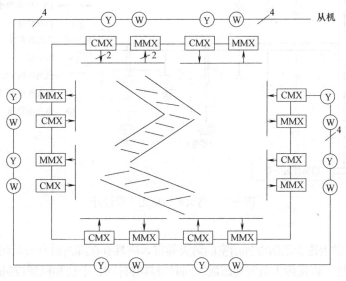

图 4-21　卷帘门联动示意

5. 检查防火卷帘时应注意的几点

（1）门扇各接缝处、导轨、卷筒等缝隙，应有防火防烟密封措施，防止烟火窜入。

（2）用防火卷帘代替防火墙的场所，当采用以背火面温升作耐火极限判定条件的防火卷帘时，其耐火极限不应少于 3h；当采用不以背火面温升作耐火极限判定条件的防火卷帘时，其卷帘两侧应设独立的闭式自动喷水系统保护，系统喷水延续时间不应少于 3h。喷头的喷水强度不应小于 0.5L/（s·m），喷头间距应为 2~2.5m，喷头距卷帘的垂直距

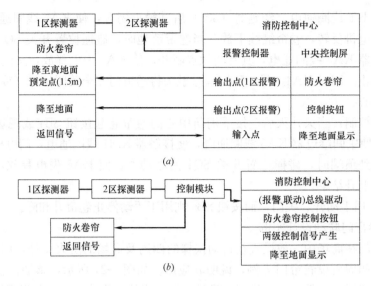

图 4-22   控制框图

（a）中心控制方式；（b）模块控制方式

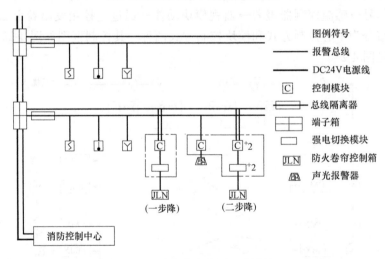

图 4-23   防火卷帘应用工程设计

离宜为 0.5m。

（3）设在疏散走道和消防电梯前室的防火卷帘，应具有在降落时有短时间停滞以及能从两侧手动控制的功能，以保障人员安全疏散。同时应具有自动、手动和机械控制的功能。

（4）用于划分防火分区的防火卷帘，设置在自动扶梯四周、中庭与房间、走道等开口部位的防火卷帘，均应与火灾探测器联动，当发生火灾时，应采用一步降落的控制方式。

（5）防火卷帘除应有上述控制功能外，还应有温度（易熔金属）控制功能，以确保在火灾探测器、联动装置或消防电源发生故障时，借助易熔金属仍能发挥防火卷帘的防火分隔作用。

（6）防火卷帘上部、周围的缝隙应采用不燃烧材料填充、封隔。

4.1.3.4   防火阀

1. 分类及作用

防火阀分为防火阀和排烟阀。

（1）防火阀。用于风道与防火分区贯穿的场合，是起隔烟阻火作用的阀门。分为防火阀、防烟防火调节阀和常开型排烟防火阀三种。

① 防火阀，平时阀门常开状态，一般安装在风管穿越防火墙处，起火灾关断作用，可以设置输出电信号，温度超过 70℃时阀门关闭，联动送（补）风机关闭；

② 防烟防火调节阀，平时阀门常开状态，火灾温度达 70℃关闭，同①，不过多一个电信号输入，可由消控室远程控制关闭，一般用于平时送风、火灾补风共用风管系统中，火灾时可控制关闭不需要补风的房间；

③ 常开型排烟防火阀，平时阀门常开状态，火灾烟温达 280℃熔断关闭，输出电讯号，可联动关闭排烟风机。

（2）排烟阀。属于起排烟作用的阀门，分为常闭型排烟防火阀、排烟阀和全自动排烟防火阀三种。

① 常闭型排烟防火阀（常闭，电讯号开启，280℃熔断关闭，或手动关闭）一般应用于排烟系统中，可在排烟风机吸入口安装一个，火灾时由消控室控制开启，关闭时也可连锁关闭该排烟风机。

② 排烟阀，各个单位叫法不同，有的根据它的动作温度叫做排烟阀，有的根据它的用途性质叫做防火阀，但是对于设备方只是把普通防火阀的熔断金属换成 280℃熔断的那一种。

③ 全自动排烟防火阀，用于地铁工程用，如地下铁道通风、空调系统的防火等。排烟阀门具有与火灾自动报警设备及气体灭火系统联动控制的功能。每台全自动防烟防火阀有两个独立电动控制信号，分别由 EMCS、气消系统进行监控，控制信号均为 DC24V±10％信号。每台全自动防烟防火阀有六个独立反馈信号（三个开到位，三个关到位），反馈信号均为常开无源接点信号。防火阀实物如图 4-24 所示，排烟防火阀实物如图 4-25 示。

     (a)   (b)

图 4-24   防火阀实物

(a) 圆形防火阀；(b) 方形防火阀

图 4-25   全自动排烟防火阀

2. 工作原理

（1）防火阀

安装在通风、空调系统的送、回风管路上，平时呈开启状态，火灾时当易熔片熔断，利用重力作用和弹簧机构的作用关闭阀门。当火灾发生时，火焰入侵风道，管道内气体温度达到 70℃时，高温使阀门上的易熔合金熔解，或使记忆合金产生形变使阀门自动关闭。

防火阀可手动关闭，也可与火灾自动报警系统联动自动关闭，但均需人工手动复位。不管自动关闭还是手动关闭，均应能在消防控制室接到防火阀动作的反馈信号

（2）排烟防火阀

安装在排烟系统管路上，平时阀门一般呈关闭状态，火灾时手动或电动开启，起排烟作用。当火灾发生时，火焰高烟温入侵管道内，当排烟管道内烟气温度达到 280℃时，使阀门上的易熔合金熔解，或使记忆合金产生形变使阀门自动关闭，在一定时间内能满足耐火稳定性和耐火完整性要求。

3. 选用要点

（1）防火阀选用主要控制参数为规格等。

（2）防火阀适用于通风空调系统，除公共建筑的厨房排油烟系统用防火阀，动作温度为 150℃外，一般通风空调系统用防火阀动作温度为 70℃。

（3）防火阀适用于通风、空调或排烟系统的管道上。

（4）选用阀门时应注意阀门的功能，如常开还是常闭、自动关闭开启、手动关闭开启、手动复位、信号输出、远距离控制等要求。

（5）阀门若与风机联动的应选用带双微动开关装置。

（6）阀体叶片应为钢板，厚度为 2～6mm，阀体为不燃材料制作，转动部件应采用耐腐蚀的金属材料，并转动灵活。阀门的外壳厚度不得小于 2mm。易融部件应符合消防部门的认可标准。

4. 施工安装

（1）防火阀可与通风机、排烟风机联锁。

（2）阀门的操作机构一侧应有不小于 200mm 的净空间以利检修。

（3）安装阀门前必须检查阀门的操作机构是否完好，动作是否灵活有效。

（4）防火阀应安装在紧靠墙或楼板的风管管段中，防火分区隔墙两侧的防火阀距墙表面不应大于 200mm，防火阀两侧各 2.0m 范围内的管道及其绝热材料应采用不燃材料。

（5）防火阀应单独设支吊架，以防止发生火灾时管道变形影响其性能。

（6）防火阀的熔断片应装在朝向火灾危险性较大的一侧。

4.1.3.5　防火窗

1. 防火窗构造及作用

（1）防火窗构造。防火窗是指用钢窗框、钢窗扇、防火玻璃组成的窗，如图 4-26 所示。

（2）防火窗的作用。防火窗是指在一定时间内，连同框架能满足耐火稳定性和耐火完整性要求的窗。防火窗的主要作用：一是隔离和阻止火势蔓延，此种窗多为固定窗；二是采光，此种窗有活动窗扇，正常情况下采光通风，火灾时起防火分隔作用。有活动窗扇的防火窗应具有手动和自动关闭功能。

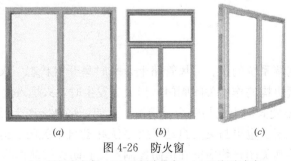

图 4-26　防火窗

(a) 甲级防火窗；(b) 乙级防火窗；(c) 丙级防火窗

2. 防火窗类别

防火窗按安装方法可分为固定窗扇防火窗和活动窗扇防火窗；按耐火极限可分为甲、乙、丙三级，耐火极限甲级窗不低于 1.5h、乙级窗不低于 1h、丙级窗不低于 0.5h。

固定式防火窗：窗扇不能开启的防火窗，即四周密封固定的

活动式防火窗：窗扇可进行开启，在防火窗启闭装置的作用下可关闭的防火窗。

3. 材料与配件技术要求

(1) 窗框框架采用具有一定强度使其足以保障构件完整性和稳定性的钢框架或木框架。

(2) 钢框架与压条可选用镀锌钢板或不锈钢板。其选材标准符合《钢质防火门通用技术条件》GB 12955 中 5.1 条的规定。

(3) 木框架与压条其选材料标准应符合《木质防火门通用技术条件》GB 14101 中 5.1.1 条的规定。

(4) 钢、木框架内部的填充材料应采用不燃性材料。

(5) 防火玻璃可选用不影响防火窗耐火性能试验合格的产品。玻璃透光度不小于相同层数普通平板玻璃的 75%。

(6) 框架与防火玻璃之间的密封材料应采用难燃材料，火灾时能起到防火隔烟的作用。

(7) 五金配件应为经检测合格的定型配套产品。

(8) 防火窗启闭装置：必须具备温度感应释放窗扇的功能，目前市面有一体化的（闭窗器）、分体化的（熔断装置）。

4. 安装要求

防火窗一般安装在防火墙或防火门上。安装时注意以下问题：

(1) 验收甲方收货时应认真按供货合同核对数量、规格、等级及各种配件是否合格、齐全。

(2) 保管、储存防火窗应垂直存放于干燥的室内，并要有防腐措施，玻璃应搁置和依靠在不能损伤玻璃边缘和玻璃面的物体上。

(3) 安装

① 防火窗安装前必须进行检查，如因运输储存不慎导致窗框、窗扇翘曲和变形，玻璃破损，应修复后方可进行安装。

② 防火窗安装时，须用水平尺校平或用挂线法校正其前后左右的垂直度，做到横平、竖直，高低一样。

③ 窗框必须与建筑物成一整体，采用木件或铁件与墙连接。钢质窗框安装后窗框与墙体之间必须浇灌水泥砂浆，并养护 24h 以上方可正常使用。

④ 五金配件安装孔的位置应准确，使五金配件能安装平整、牢固，达到使用要求。

⑤ 防火玻璃安装时，四边留缝一定均匀，定位后将四边缝隙用防火棉填实填平，然后封好封边条。

⑥ 安装除上述各项要求外，还应按《工程施工及验收规范》要求进行。

4.1.3.6　送排风机控制

1. 正压风机控制

排烟机、送风机一般由三相异步电动机控制。其电气控制应按防排烟系统的要求进行设计，通常由消防控制中心、排烟口及就地控制组成。高层建筑中的送风机一般装在下技术层或 2～3 层，排烟机构均装在顶层或上技术层。正压风机控制如图 4-27 示，图 4-27 中

的 K_X 为防火分区的火警信号。

当发生火灾时，由火警联动模块送出 K_X 闭合，接触器 KM 线圈通电，直接开启相应分区楼梯间或消防电梯前室的正压风机，对各层前室都送风，使前室中的风压为正压，周围的烟雾进不了前室，以保证垂直疏散通道的安全。由于它不是送风设备，高温烟雾不会进入风管，也不会危及风机，所以风机出口不设防火阀。

除火警信号联动外，还可以通过联动模块在消防中心直接点动控制；另外设置就地启停控制按钮，以供调试及维修用，这些控制组合在一起，不分自控和手控，以免误放手控位置而使火警失控。火警撤销，则由火警联动模块送出 K'_X 停机信号，即 K'_X 断开，接触器 KM 线圈失电，使正压风机停。

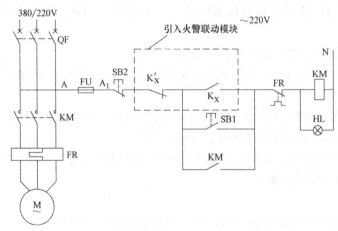

图 4-27　正压风机控制

2. 排烟风机控制

排烟风机的风管上设排烟阀，这些排烟阀可以伸入几个防火分区。火警时，与排烟阀相对应的火灾探测器探得火灾信号，由消防控制中心确认后，送出开启排烟阀信号至相应排烟阀的火警联动模块，由它开启排烟阀，排烟阀的电源是直流 24V。消防控制中心收到排烟阀动作信号，就发指令给装在排烟风机附近的火警联动模块，启动排烟风机，由排烟风机的接触器 KM 常开辅助接点送出运行信号至排烟机附近的火警联动模块。火警撤销由消防控制中心通过火警联动模块停排烟风机、关闭排烟阀。

排烟风机是吸取高温烟雾，当烟温达到 280℃ 时，按照防火规范应停排烟风机，所以在风机进口处设置防火阀，当烟温达到 280℃，防火阀自动关闭，可通过触点开关（串入风机启停回路）直接停风机，但收不到防火阀关闭的信号。也可在防火阀附近设置火警联动模块，将防火阀关闭的信号送到消防控制中心，消防中心收到此信号后，再送出指令至排烟风机火警联动模块停风机，这样消防控制中心不但收到停排烟风机信号，而且也能收到防火阀的动作信号。

排烟系统示意如图 4-28 所示，控制原理如图 4-29 所示，就地控制启停与火警控制启停合在一起，排烟阀直接由火警联动模块控制，每个火警联动模块控制一个排烟阀。发生火警时，消防控制中心收到排烟阀动作信号，即发出指令 K_X 闭合，使 KM 线圈通电自锁。火警撤销时，另送出 K'_X 闭合指令停风机。当烟温达到 280℃ 时，防火阀关闭后，KM 线圈失电断开，使风机停止。

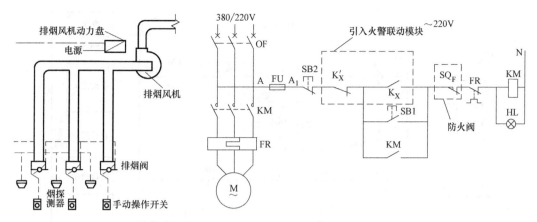

图 4-28　排烟系统示意　　　　　　　　　　图 4-29　排烟风机控制

3. 排风与排烟共用风机控制

这种风机大部分用在地下室、大型商场等场所，平时用于排风，火警时用于排烟。

装在风道上的阀门有两种型式：一是空调排风用的风阀与排烟阀是分开的，平时排风的风阀是常开型的，排烟阀是常闭型的。每天由 BA 系统按时启停风机进行排风，但风阀不动。火警时，由消防联动指令关闭全部风阀，按失火部位开启相应的排烟阀，再指令开启风机，进行排烟。火警撤销时，指令停风机，再由人工到现场手动开启排风阀，手动关闭排烟阀，恢复到可以由 BA 系统指令排气或再次接受火警信号的控制。另一种是空调排风用的风阀与排烟阀是合一的，平时是常开的，可由 BA 系统按时指令风机开停，作排风用。火警时，由消防控制中心指令阀门全关，再由各个阀门前的烟感探测器送出火警信号后，开启相应的阀门，同时指令开启风机，进行排烟。火警撤销，由消防控制中心发指令停风机，同时开启所有风阀。由于风阀的开停及信号全部集中在消防控制中心，因此将阀门全开的信号送入控制回路，以防开启风机，部分阀门未开，达不到排风的要求。

排风排烟风机的进口也应设置防火阀，280℃ 自熔关闭，关阀信号送消防控制中心，再由消防控制中心发指令停风机。排烟系统控制如图 4-30 所示。加压风机控制原理图（未画手动直接控制环节）如图 4-31 所示。

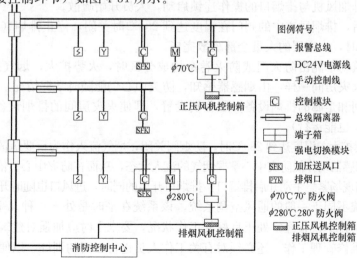

图 4-30　排烟系统控制

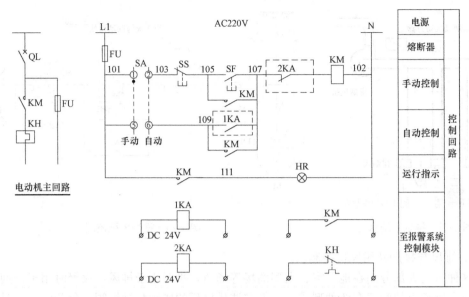

图 4-31　加压风机控制原理图（未画手动直接控制环节）

4.1.4　防排烟设备的监控

发生火灾时以及在火势发展过程中，正确地控制和监视防排烟设备的动作顺序，使建筑物内防排烟达到理想的效果，以保证人员的安全疏散和消防人员的顺利扑救，防排烟设备的控制和监视具有重要意义。

对于建筑物内的小型防排烟设备，因平时没有监视人员，所以不可能集中控制，一般当发生火灾时在火场附近进行局部操作；对大型防排烟设备，一般均设有消防控制中心来对其进行控制和监视。所谓"消防控制中心"就是一般的"防灾中心"，常将其设在建筑的疏散层或疏散层邻近的上一层或下一层。

图 4-32 是具有紧急疏散楼梯及前室的高层楼房的排烟系统原理图。图中左侧纵轴表示火灾发生后火势逐渐扩大至各层的活动状况，并依次表示了排烟系统的操作方式。

首先，火灾发生时由烟感器感知，并在防灾中心显示所在分区，以手动操作为原则将排烟口开启，排烟风机与排烟口的操作连锁启动，人员开始疏散。

火势扩大后，排烟风道中的阀门在温度达到 280℃ 时关闭，停止排烟（防止烟温过高引起火灾）。这时，火灾层的人员全部疏散完毕。

如果当建筑物不能由防火门或防火卷帘构成分区时，火势扩大，烟气扩散到走廊中来。对此，和火灾房间一样，由烟感器感知，防灾中心仍能随时掌握情况。这时打开走廊的排烟口（房间和走廊的排烟设备一般分别设置，即使火灾房间的排烟设备停止工作后，走廊的排烟设备也能运行）。

若火势继续扩大，温度达到 280℃ 时，防烟阀关闭，烟气流入作为重要疏散通道的楼梯间前室。这里的烟感器动作使防灾中心掌握烟气的流入状态，从而在防灾中心，依靠远距离操作或者防灾人员到现场紧急手动开启排烟口。排烟口开启的同时，进风口也随时开启。

防排烟系统不同于一般的通风空调系统，该系统在平时是处于一种几乎不用的状况。但是，为了使防排烟设备经常处于良好的工作状况，要求平时应加强对建筑物内防火设备和控制仪表的维修管理工作，还必须对有关工作人员进行必要的训练，以便在失火时能及时组织疏散和扑求工作。

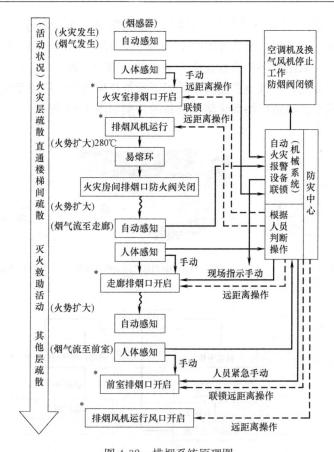

图 4-32 排烟系统原理图

注：记号*表示防灾中心动作，虚线表示辅助手段

任务 4-2 消防指挥系统设计与安装

在高层建筑物中，尤其是高层宾馆、饭店、办公楼、综合楼、医院等，一般人员都比较集中，发生火灾时影响面很大，现场非常混乱，为了便于发生火灾时统一指挥疏散，目前国内公建设施，一般都会设置火灾应急广播及火警通讯系统，其源于消防法对于建筑的要求。消防广播系统也叫应急广播系统，是火灾逃生疏散和灭火指挥的重要设备，在整个消防控制管理系统中起着极其重要的作用。在火灾发生时，应急广播信号通过音源设备发出，经过功率放大后，由广播切换模块切换到广播指定区域的音箱实现应急广播，数字化可寻址广播系统正伴随着消防广播系统发展而走进市场。

4.2.1 火灾应急广播系统的设置与安装

消防应急广播是一种主要用于火灾现场通话的消防应急广播系统，它的主要作用是在火灾现场向现场人员通报火灾情况、指挥并引导现场人员疏散。

4.2.1.1 火灾应急广播系统的组成及原理

1. 火灾应急广播系统的组成

消防广播系统分为多线制和总线制两种。一般由终端扬声器、信号放大部分（功率放大器）、信号处理部分（广播主机等）、多线制广播分配盘（多线制专用）、广播模块（总线制专用）和消防广播音源（紧急音源）（如录放机卡座、MP3、CD 机等）组成（现在的消防广播音源一般采用数字化的方式成为主机的一部分功能）。由于其系统结构和传统的背景音乐系统相类似，所以很多建筑都采用了背景音乐兼紧急广播系统的方式，这样明显降低了整体的成本。消防广播系统部分设备的外型如图 4-33 所示。

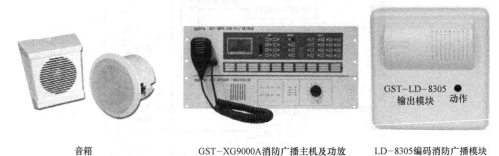

音箱　　　　　GST-XG9000A消防广播主机及功放　　　　LD-8305编码消防广播模块

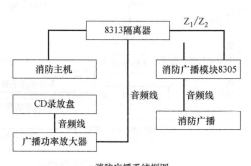

消防广播系统框图

图 4-33　消防广播系统部分设备的外型示意

2. 火灾应急广播系统的工作原理

火灾发生后，组织人员快速安全疏散以及通知有关救灾的事项为建筑物的消防指挥系统。

通过与消防报警系统的连接，形成自动联动的消防广播系统。并且，可以通过人工话筒作为最终的疏散指挥手段。CD 录放盘是消防应急广播系统音源设备，内置 1min 电子录音，可播放预先录制的应急广播疏散提示语音信息，语音记录可达 30min，对广播内容可监听。

当发生火灾时，立即切换到消防广播状态，按规范要求分层广播进行疏散指挥，并进行录音和监听。

4.2.1.2　火灾应急广播系统的设计

1. 火灾应急广播系统设计要求

（1）控制中心报警系统应设置火灾应急广播，集中报警系统宜设置火灾应急广播。

（2）火灾应急广播扬声器的设置应符合下列要求：

① 民用建筑内扬声器应设置在走道和大厅等公共场所。每个扬声器的额定功率不应小于 3W，其数量应能保证从一个防火分区内的任何部位到最近一个扬声器的距离不大于 25m。当大厅中的扬声器按正方形布置时，其间距可按下式计算：

$$S=\sqrt{2}R \tag{4-1}$$

式中　S——两个扬声器的间距（m）；

　　　R——扬声器的播放半径（m）。

　　走道内扬声器的布置应满足三个方面的要求：一是走道内最后一个扬声器到走道末端的距离不应大于 12.5m；二是扬声器的间距应不超过 50m；三是在转弯处应设置扬声器。

　　② 在环境噪声大于 60dB 的场所设置的扬声器，在其播放范围内最远点的播放声压级应高于背景噪声 15dB。

　　③ 客房内设置专用扬声器时，其功率不应小于 1.0W。

　　(3) 火灾应急广播与公共广播合用时，应符合系列要求：

　　① 火灾时应能在消防控制室将火灾疏散层的扬声器和公共广播扩音机强制转入火灾应急广播状态。

　　② 消防控制室应能监控用于火灾应急广播时的扩音机的工作状态，并应具有遥控开启扩音机和采用传声器播音的功能。

　　③ 床头控制柜内设有服务性音乐广播扬声器时，应有火灾应急广播功能。

　　④ 应设置火灾应急广播备用扩音机，其容量不应小于火灾时需同时广播的范围内火灾应急广播扬声器最大容量总和的 1.5 倍。

　　2. 火灾消防广播系统设计案例

　　(1) 多线制消防广播系统。对外输出的广播线路按广播分区来设计，每一广播分区有两根独立的广播线路与现场放音设备连接，各广播分区的切换控制由消防控制中心专用的多线制消防广播分配盘来完成。多线制消防广播系统中心的核心设备为多线制广播分配盘，通过此切换盘，可完成手动对各广播分区进行正常或消防广播的切换。但是因为多线制消防广播系统的 N 个防火（或广播）分区，需敷设 $2N$ 条广播线路，所以导致施工难度大，工程造价高，所以在实际应用中已很少使用了。其系统构成如图 4-34 示。

　　(2) 总线制消防广播系统。总线制广播系统，取消了广播分路盘，主要由总线制广播主机、功率放大器、广播模块、扬声器组成，如图 4-35 所示。该系统使用和设计灵活，与正常广播配合协调，同时成本相对较低，所以应用相当广泛。

　　以上两种系统都可与火灾报警设备成套供应，在购买火灾报警系统时厂家都可依据要求加配相关设备。

　　4.2.1.3　消防广播系统的控制

　　1. 消防广播系统的控制顺序

　　(1) 2 层及 2 层以上的楼层发生火灾，可先接通火灾层及其相邻的上、下两层。

　　(2) 首层发生火灾，可先接通首层、2 层及地下各层。

　　(3) 地下室发生火灾，可先接通地下各层及首层，若首层与 2 层有跳空的共享空间时，也应包括 2 层。

　　2. 广播分路盘每路功率

　　广播分路盘每路功率是有定量的，一般一路可接 8～10 个 3W 扬声器。分路配制应以报警区划分，以便于联动控制。

　　3. 火灾消防广播与背景音乐的切换方式

　　(1) 大部分厂家生产的消防火灾广播设备采用在分路盘中抑制背景音乐声压级，

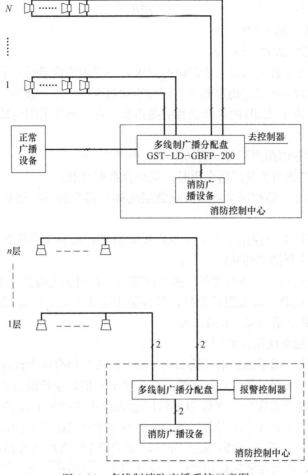

图 4-34 多线制消防广播系统示意图

提高消防火灾广播声压级的方式，这样做可使功放及输出线只需一套，方便又简洁。但对酒吧、宴会厅等背景音乐输出要调节音量时，则应从广播分路盘中用 3 条线引入扬声器，火灾时强切到第三条线路上为火灾广播，并切除第 2 条线路，即切除背景音乐。

（2）用音源切换方式时背景音乐及消防火灾广播需要分开设置功放，每个功放分别输出背景音乐音源和消防广播音源，两路音源同时输入到每层的消防广播模块中，再由消防广播模块将经过其切换后声音信号输出到每层的所有音箱上，这样一来消防广播和背景音乐可以共用一套音箱，而音箱广播的内容则是通过消防广播模块统一控制的。此方法切换方便灵活，同时可以充分利用所有的音箱，避免浪费。

4.2.1.4 消防广播系统的接线与安装

1. 消防广播系统接线

不同品牌不同型号安装布线要求各异，这里以海湾公司产品为主说明。消防广播主机的安装，作为消防应急广播系统的重要组成部分，它需要与相应的广播终端设备等配合，才能实现消防现场的应急广播功能。本主机采用 AC220V 供电，消防广播主机为琴台式，采用落地安装方式。8305 广播模块的安装，模块用于消防应急广播系统中正常广播和消

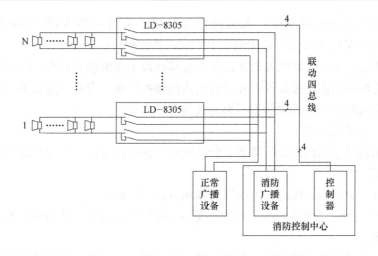

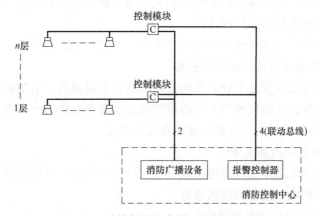

图 4-35　总线制火灾广播系统框图

防广播间的切换。每只模块用于联动控制一个楼层（或防火分区）的消防广播，利用其继电器两对常开常闭转换触点实现背景音乐与消防应急广播之间的切换。其接线图如图4-36所示。

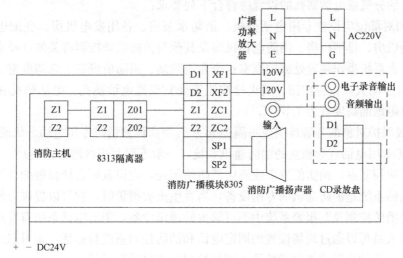

图 4-36　消防广播系统接线图

消防应急广播的布线要求：无极性信号二总线采用阻燃 RVS 双绞线，截面积≥1.0mm²，DC24V 电源二总线采用阻燃 BV 线，截面积≥1.5mm²。

正常广播线、消防广播线及放音设备的连接线均采用阻燃 RV 线，截面积≥1.0mm²。

消防广播的线路需单独敷设，并应有耐热的保护措施。当某一路的扬声器、配线短路或开路时，应仅使该路广播中断而不影响其他各路广播。

2. 消防广播系统安装

（1）应按疏散楼层或报警区域划分分路配线。各输出分路，应设有输出显示信号和保护控制装置等。

（2）当任一分路有故障时，不应影响其他分路的广播。

（3）火灾事故广播线路，不应和其他线路（包括火警信号、联动控制等线路）同管或同线槽槽孔敷设。

（4）火灾事故广播用扬声器不得加开关，如加开关或设有音量调节器时，则应采用三线式配线强制火灾事故广播开放。

（5）火灾事故广播馈线电压不宜大于 100V，各楼层宜设置馈线隔离变压器。

4.2.2　消防通讯系统的设计与安装

消防通讯系统的设置是十分必要的。它对能否及时报警、消防指挥系统是否畅通起着关键的作用。为保证消防报警和灭火指挥的畅通，规范对消防专用电话作了明确的规定。

4.2.2.1　消防通讯系统的系统功能及设置要求

1. 消防通讯系统的系统功能

通过消防专用电话系统可迅速实现对火灾的人工确认，并可及时掌握火灾现场情况及其他必要的通讯联络，便于指挥灭火等。

2. 消防通讯系统的设置要求

按照《消防通讯指挥系统设计规范》规定有以下要求：

（1）消防控制室应设置消防专用电话总机，宜选择共电式电话总机或对讲通讯电话设备。

（2）电话分机或电话塞孔的设置应符合下列要求：

① 下列对部位应设置专用电话分机：消防水泵房、备用发电机房、变配电室、主要通风、空调机房、排烟机房、消防电梯机房及其他与消防联动控制有关的且经常有人值班的机房；灭火系统操作装置处或控制室；企业消防站、消防值班室、总调度室。

② 设有手动火灾报警按钮、消火栓按钮等处宜设置电话插孔。电话插孔在墙上安装时，其底边距地面高度宜为 1.3～1.5m。

③ 特级保护对象的各避难层应每隔 20m 步行距离设置消防专用电话分机或塞孔。

④ 消防专用电话宜为独立的消防通讯系统，一般不得利用普通电话线路。

（3）消防控制室、消防值班室或酒店消防站等处，应设置可直接报警的外线电话。

消防电话系统是消防通讯的专用设备，当发生火灾报警时，它可以提供方便快捷的通讯手段，是消防控制及其报警系统中不可缺少的通讯设备，消防电话系统有专用的通讯线路，在现场人员可以通过现场设置的固定电话和消防控制室进行通话，也可以用便携式电话插入插孔式手动报警或者电话插孔上面与控制室直接进行通话。

4.2.2.2 消防通讯系统的构成

消防通讯系统的主要设备有消防电话主机、消防电话分机、消防电话插孔等。消防通讯系统的常用设备如图 4-37 所示。

多线制消防电话主机   固定式消防电话分机 手提式消防电话分机

总线制消防电话主机   消防电话插座   消防电话模块

图 4-37 消防通讯系统的常用设备

1. 多线制消防电话主机（以 HDM2100 为例）

• 在多线制消防电话系统中，每一部固定式消防电话分机占用消防电话主机的一路，采用独立的两根线与消防电话主机连接消防电话插孔，可并联使用，并联的数量不限，并联的电话插孔仅占用消防电话主机的一路。

• 多线制消防电话系统中主机与分机、分机与分机间的呼叫、通话等均由主机自身控制完成。

（1）多线制消防电话主机功能特点：

① 2N 线制连接，每门分机电话线长度适于 1500m 以内。1～40 门分机地址，配接专用消防电话分机和消防电话插孔；

② 每路电话线路上不允许并接 2 只以上的电话分机；

③ 实时时钟显示。总机断电后，时钟由电池供电确保走时不间断；

④ 消防电话分机摘机或插孔式消防电话分机插入消防电话插孔中可直接呼叫总机。总机可通过地址操作与多部分机呼叫和通话。消防电话分机、消防电话插孔设有工作状态指示灯；

⑤ 自动记录呼叫或通话情况，通话时自动录音，具有电话线路断路故障判断能力，并有声光故障报警；

⑥ 电话分机和电话插孔具有工作状态指示；

⑦ HD230 电话插孔可并联使用，每门最多可接入 30 个，末端需接入终端电阻 7.5K（随主机配给），用于开路故障判断。

（2）多线制电话系统。多线制电话系统示意如图 4-38 所示。

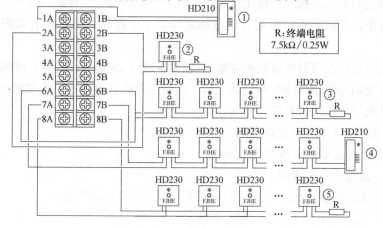

图 4-38 多线制电话系统

（3）多线制电话主机技术指标。HDM2100 多线制电话主机技术指标见表 4-2。

HDM2100 多线制电话主机技术指标   表 4-2

内　　容	技　术　参　数
工作电压	DC24V(由报警控制器或消防联动电源提供)
工作电流	＜2A
线制	2N
工作温度	−10～50℃
话线电压	DC15V
执行标准	GB 16806
相对湿度	≤95％(40±2)℃
容量	最大 40 门；最小 8 门
系统布线	宜选用截面积不小于 1.0mm^2 的屏蔽双色双绞线

2. 消防电话分机（以 GST-TS-100A/GST-TS-100B 为例）

（1）消防电话分机功能。GST-TS-100A/GST-TS-100B 型消防电话分机是消防专用总线制通讯设备，GST-TS-100A 型消防电话分机为固定式安装，摘机即呼叫电话主机；ST-TS-100B 型消防电话分机为手提式，可直接插入电话插孔呼叫电话主机。通过消防电话分机可迅速实现对火灾的人工确认，并可及时掌握火灾现场情况，便于指挥灭火工作。其功能归纳如下：

① 固定式消防电话分机功能有：

有被叫振铃～摘机通话的功能；

与多线制消防电话主机配合使用。

② 多提式消防电话分机功能是：

插入插孔即可呼叫主机；

外形美观，携带方便；

与多线制消防电话主机配合使用。

（2）消防电话分机特点。采用专用电话芯片，工作可靠，通话声音清晰，使用方便灵活。

电话主机可通过控制器所接的相应输入/输出模块（55000-818GST）呼叫固定式电话分机，固定式电话分机摘机即呼叫电话主机，电话主机振铃直至电话主机摘机。

（3）消防电话分机技术特性

① 工作电压：DC24V，允许范围：DC20～DC28V。

② 工作电流：通话时电流约为 25mA。

③ 线制：无极性二总线制。

④ 使用环境：温度：−10～+50℃，相对湿度≤95％，不凝露。

⑤ 外形尺寸：206mm×56mm×51.5mm。

⑥ 执行标准：Q/GST 28。

3. 消防电话插座

拔插式结构，由安装底座和模块主体两部分组成；插入模块主体之前在底座上就能接线；

非编码，与 LD-8304 模块连接构成编码式电话插孔；

可直接与消防电话主机的电话二总线连接，构成非编码电话插孔，并接数量不限。

4.2.2.3　消防通讯系统的实现形式

在具体的工程实践中，消防通讯系统常有以下两种实现形式：

1. 多线对讲电话形式

电话总机分 8 门、16 门、24 门、32 门、40 门等几种。当应用现场出现紧急情况时，现场人员通过本系统可快速与中心控制室取得联系，或中心指挥系统由其他系统得到紧急信息，中心指挥系统通过火警广播通讯系统快速指挥或疏散人员。中心指挥系统可联动控制广播通讯系统，并可将事先录制好的指挥指令通过广播通讯系统自动播放出去，实现无人值守。如某 GT1511 火警电话主机具有以下功能：主机呼叫全部分机（群呼），可实现电话会议，接最多达 40 门分机（2N 线制，分机路数可选）实时时钟显示，断电时钟走时；各有测试键，随时测试总机显示部件和外线线路；可外接 1 路市话外线，具有隔离偶合特性，有效隔离噪声干扰；市话外线可呼叫主机，主机可自动拨码 119 火警电话；直拨方式的主机与分机之间进行通讯，主机与多部分机之间进行呼叫和通讯；具有音频输出口，可将通话内容送入其他广播设备，实现对外电话广播调度或录音；有遥

图 4-39　多线制火警电话总机

控输出口，在通话时输出 24v 高电平，可作为其他联动控制设备的启动信号；具有测试功能，可检测显示灯、声报警和市话外线（按外线 119 键时自动拨打 119）；有防电源反接电路，操作容错性强。其产品外形如图 4-39 所示，多线制消防电话系统的系统布线方案如前图 4-38 所示。

2. 总线制电话（以 GST-TS-Z01A 总线制消防电话主机为例）

GST-TS-Z01A 型消防电话总机是消防通讯专用设备，当发生火灾报警时，由它可以提供方便快捷的通讯手段，是消防控制及其报警系统中不可缺少的通信设备（图 4-40）。其主要具有以下特点：

（1）每台总机可以连接最多 512 路消防电话分机或 51200 个消防电话插孔；

（2）总机采用液晶图形汉字显示，通过显示汉字菜单及汉字提示信息，非常直观地显示了各种功能操作及通话呼叫状态，使用非常便利；

（3）在总机前面板上设计有 15 路的呼叫操作键和状态指示灯，和现场电

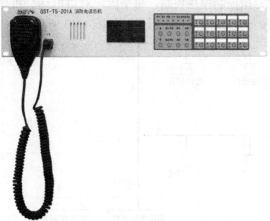

图 4-40　总线制消防电话总机

话分机形成一对一的按键操作和状态指示，使得呼叫通话操作非常直观方便；

（4）总机中使用了固体录音技术，可存储呼叫通话记录。总线制消防电话系统的系统布线方案如图 4-41 所示。

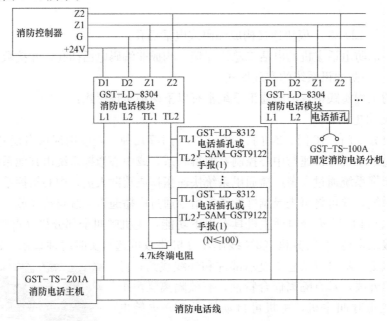

图 4-41　总线消防通信系统布线方式

3. 工程设计案例

（1）多线制对讲电话系统

消防控制室专用对讲通讯电话设备与各固定对讲电话分机和对讲电话插孔为多线连接，一般与固定对讲电话一对一连接（即每部占用电话主机的一路），与对讲电话插孔每个防火分区一对线并联连接。多线制对讲电话系统如图 4-42 所示。

（2）总线制对讲电话系统

消防控制室专用对讲通讯电话设备与各固定对讲电话及对讲电话插孔为总线连接，通过专用控制模块控制，每个固定对讲电话分机均有固定的地址编码，对讲电话插孔可分区编码。总线制对讲电话系统如图 4-43 所示。

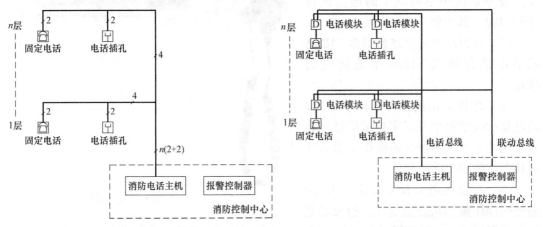

图 4-42　多线制对讲电话系统　　　　　　　图 4-43　总线制对讲电话系统

任务 4-3 应急照明与疏散指示标志

应急照明与疏散标志是在突然停电或发生火灾而断电时，在重要的房间或建筑的主要通道，继续维持一定程度的照明，保证人员迅速疏散，对事故及时处理。高层建筑、大型建筑及人员密集的场所（如商场、体育场等），必须设置应急照明和疏散指示照明。

火灾事故应急照明与疏散指示标志是重要的安全疏散设施之一，《建筑设计防火规范》（以下简称《建规》）、《高层建筑设计防火规范》（以下简称《高规》）和《火灾自动报警系统设计规范》等对应当设置火灾事故应急照明与疏散指示标志的场所、设置位置和方式、布置间距和亮度要求以及控制方式作了原则性规定。在工程实践中，火灾事故应急照明从电源上分为使用消防电源、集中蓄电池电源、带蓄电池作备用电源等系统，从功能上分日常与事故兼用应急灯和专用应急灯等两种。疏散指示标志有蓄光型发光标志牌和带灯光的指示标志两种。带灯光的指示标志带有备用蓄电池，分为平时不亮事故时亮和一直亮的两种控制方式。

4.3.1 应急照明的设置及联动控制

1. 应急照明的设置部位

（1）封闭楼梯间、防烟楼梯间及其前室、消防电梯及其前室。

（2）配电室、消防控制室、自动发电机房、消防水泵房、防烟排烟机房、供消防用电的蓄电池室、电话总机房、监控（BMS）中央控制室以及在发生火灾时仍需坚持工作的其他房间。

（3）观众厅，每层面积超过 1500m² 的展览厅、营业厅，建筑面积超过 200m² 的演播室，人员密集且建筑面积超过 300m² 的地下室及汽车库。

（4）公共建筑内的疏散走道和长度超过 20m 的内走道。

2. 应急照明的设置要求

应急照明设置通常分为专用和兼用两种。专用是设独立照明回路作为应急照明，该回路灯具平时是处于关闭状态，只有当发生火灾时，通过末级应急照明切换控制箱使该回路通电，使应急照明灯具点燃；兼用是利用正常照明的一部分灯具作为应急照明，这部分灯具既连接在正常照明的回路中，同时也被连接在专门的应急照明回路中。正常时，该部分灯具由于接在正常照明回路中，所以被点亮。当发生火灾时，虽然正常电源被切断但由于该部分灯具又接在专门的应急照明回路中，所以灯具依然处于点亮状态，当然要通过末级应急照明切换控制箱才能实现正常照明和应急照明的切换。专业应急灯如图 4-44 所示。

图 4-44 应急照明灯实物图

3. 应急照明供电要求

采用双电源供电，除正常电源之外，还要设置备用电源，并能够在末级应急照明配电箱实现备电自投。

4. 应急灯照度及其他要求

（1）照度。疏散用的应急照明，其地面最低照度不应低于0.5lx，消防控制室、消防水泵房、防烟排烟机房、配电室和自备发电机房电话总机房以及发生火灾时仍需坚持工作的其他房间的应急照明，仍应保证正常照明的照度。

（2）转换时间。消防应急照明灯具应急转换时间不长于5s。

（3）工作时间。消防应急照明灯具的应急工作时间不少于30min。

（4）电池。自带电源型消防应急照明灯具所用电池必须是全封闭免维护的充电电池，电池的使用寿命不短于4年，或全充、放电次数不少于400次。

5. 应急照明和非消防电源设计案例

（1）控制要求

消防控制室在确认火灾后，应能切断有关部位的非消防电源，并接通火灾应急照明和疏散指示标志灯。

（2）工程设计案例。应急照明和非消防电源系统控制如图4-45所示，应急照明系统如图4-46所示，应急照明控制原理如图4-47所示，应急照明二次回路原理图如图4-48所示。

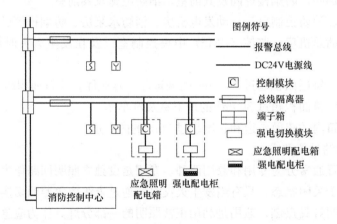

图4-45 应急照明和非消防电源系统控制

4.3.2 疏散指示照明的设置与联动控制

安全疏散是指人们（物资）在建筑物发生火灾后能够迅速安全地退出他们所在的场所。在正常情况下，建筑物中的人员疏散可分为零散的（如商场）和集中的（如影剧院）两种，当发生紧急事故时，都变成集中而紧急的疏散。安全疏散设计是确保人员生命财产安全的有效措施，是建筑防火的一项重要内容。安全与疏散诱导系统包含：安全出口、疏散楼梯和楼梯间、疏散走道、火灾应急照明和疏散指示标志、火灾应急广播。

4.3.2.1 疏散指示标志

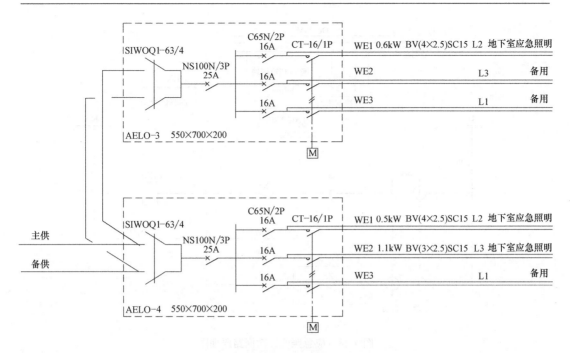

图 4-46　应急照明系统

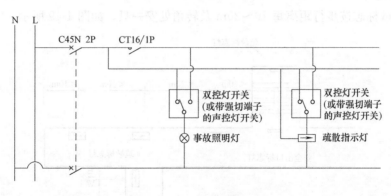

图 4-47　应急照明控制原理

1. 疏散指示照明设置部位

（1）消火栓处。

（2）防排烟控制箱、手动报警器、手动灭火装置处。

（3）电梯入口处。

（4）疏散楼梯的休息平台处、疏散走道、居住建筑内长度超过 20m 内走道、公共出口处。

2. 疏散指示照明设置要求

（1）疏散指示照明应设在安全出口的顶部嵌墙安装，或在安全出口门边墙上距地 2.2～2.5m 处明装。

（2）疏散走道及转角处、楼梯休息平台处在距地 1m 以下嵌墙安装。

（3）大面积的商场、展厅等安全通道上采用顶棚下吊装。

（4）疏散指示照明照度，一般取 0.5lx，维持时间按楼层高度及疏散距离计算，一般

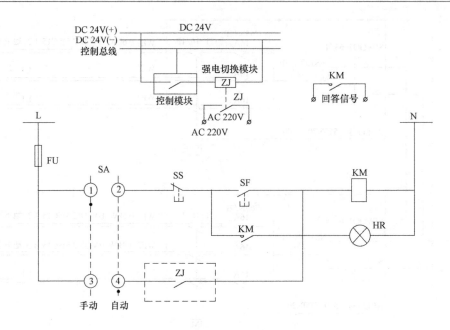

图 4-48　应急照明二次回路原理图

为 20～60min。

（5）疏散标志按步行距离每 10～20m 及转角处安一只，如图 4-49 所示。

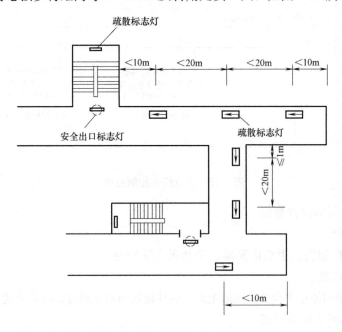

图 4-49　疏散指示标志及安全出口布置图

3. 疏散指示照明表达方式

（1）疏散指示照明器，按防火规范要求，采用白底绿字或绿底白字，并用箭头或图形指示，如图 4-50 所示。

（2）疏散方向，以达到醒目，使光的距离传播较远。

（3）疏散指示照明器包括：疏散指示灯和出入口指示灯。

 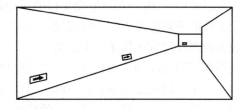

图 4-50 疏散指示标志

4.3.2.2 消防应急照明和疏散指示标志系统的联动控制设计

1. 消防应急照明和疏散指示标志系统联动控制设计的要求

（1）集中控制型消防应急照明系统的联动应由消防联动控制器联动应急照明控制器实现。

（2）集中电源型消防应急照明系统的联动应由消防联动控制器联动应急照明集中电源和应急照明分配电装置实现。

（3）独立控制型消防应急照明系统的联动应由消防联动控制器联动消防应急照明配电箱实现。

（4）对消防应急照明系统工作状态的联动控制应保证消防应急照明系统在发生火灾时点亮所有消防应急灯具。

2. 应急照明系统应急启动的联动控制信号应由消防联动控制器发出

当确认火灾后，由发生火灾的报警区域开始，顺序启动全楼疏散通道的应急照明系统。启动全楼消防应急照明系统投入应急状态的启动时间不应多于 5s。

3. 喷水系统动作前切断相关电源

消防联动控制器应在自动喷水系统动作前联动切断本防火分区的正常照明电源和非安全电压输出的集中电源型消防应急照明系统的电源输出。

4. 消防中心应显示电源状态

消防控制室应能显示消防应急照明系统的主电工作状态。

5. 消防中心控制应急系统主、备电转换

消防控制室应分别手动和自动控制消防应急照明系统从主电工作状态转入应急工作。

应急照明工作状态的持续时间见表 4-3 所示。

应急照明工作状态的持续时间 表 4-3

建 筑 类 别	应急疏散照明工作状态的持续时间(min)	消防应急照明工作状态的持续时间(min)
建筑高度超过 100m 的高层建筑	≥30	≥90
其他建筑	≥20	≥90

4.3.3 安全出口的联动控制

1. 设置数量

公共建筑的安全出口不应少于两个。这样，万一有一个出口被烟火充塞时，人员还可以从另一个出口疏散。剧院、电影院和礼堂、观众厅的安全出口数量须根据容纳的人数计算确定。如容纳人数未超过 2000 人，每个安全出口的平均疏散人数不应超过 250 人；容纳人数超过 2000 人时，每个安全出口的平均疏散人数不应超过 400 人。体育馆观众厅每个安全出口的平均疏散人数不宜超过 400～700 人（规模较小的观众厅宜采用接近下限值；规模较大的观众厅宜采用接近上限值）。

凡符合下列情况的，可只设一个安全出口：

（1）一个房间的面积不超过 60m²，且人数不超过 50 人（普通建筑）、40 人（高层建筑）时，可设一个门；位于走道尽端的房间（托儿所、幼儿园除外）内最远一点到房门口的直线距离不超过 14m，且人数不超过 80 人时，也可设一个向外开启的门，但门的净宽不应小于 1.4m；如其面积不超过 60m² 时，门的净宽可适当减小。

（2）在建筑物的地下室、半地下室中，一个房间的面积不超过 50m²，且经常停留人数不超过 15 人时，可设一个门。

（3）单层公共建筑（托儿所、幼儿园除外）面积超过 200m²，且人数不超过 50 人时，可设一个直通室外的安全出口。

（4）2、3 层的建筑（医院、疗养院、托儿所、幼儿园除外）符合表 4-4 的要求时，可设一个疏散楼梯。

设置一个楼梯的条件 表 4-4

耐火等级	层数	每层最大建筑面积/m²	人 数
一、二级	2、3 层	500	第 2 层和第 3 层人数之和不超过 100 人
三级	2、3 层	200	第 2 层和第 3 层人数之和不超过 50 人
四级	2 层	200	第 2 层人数不超过 30 人

（5）18 层及 18 层以下，每层不超过 8 户，建筑面积不超过 650m²，且设有一座防烟楼梯和消防电梯（可与客梯合用）的塔式住宅，可设一个安全出口。单元式高层住宅的每个单元，可设一座疏散楼梯，但应通至屋顶。

（6）公共建筑中相邻两个防火分区的防火墙上如有防火门连通，且两防火分区面积之和不超过《建筑设计防火规范》GB 50016 版规定的一个防火分区（地下室除外）面积的 1.4 倍时，该防火门可作为第二安全出口。

（7）地下室、半地下室有两个以上防火分区时，每个防火分区可利用防火墙上通向相邻分区的防火门作为第二安全出口。但每个防火分区必须有一个直通室外的安全出口，或通过长度不超过 30m 的走道直通室外。人数不超过 30 人，且面积不超过 500m² 的地下室、半地下室，其垂直金属梯即可作为第二安全出口。

（8）设有不少于两个疏散楼梯的一、二级耐火等级的公共建筑，如顶层局部层数不超过两层，每层面积不超过 200m²，人数之和不超过 50 人时，该高出部分可只设一个楼梯，但应另设一个直通平屋面的安全出口。

2. 安全出口的宽度

在一个建筑物内的人员是否能在允许的疏散时间内迅速安全疏散完毕，与疏散人数、疏散距离、安全出口宽度三个主要因素有关。若安全出口宽度不足，则会延长疏散时间，不利于安全疏散，还会发生挤伤事故。

为了便于在实际工作中运用，确定安全出口总宽度的简便方法是预先按各种已知因素计算出一套"百人宽度指标"，运用时只要按使用人数乘上百人宽度指标即可，即

安全出口的总宽度(m)＝疏散总人数(百人)×百人宽度指标(m/百人)

当每层人数不等时，其总宽度可分层计算，下层楼梯的总宽度按其上层人数最多一层的人数计算。底层外门的总宽度应按该层以上人数最多的一层人数计算，不供楼上人员疏散的外门，可按本层人数计算。

3. 安全出口表达方式

安全出口的表达方式如图 4-51 所示，设计平面见前图 4-49。

(a)　　　　　　(b)

图 4-51　安全出口示意图

(a) 安全出口；(b) 安全出口指示灯

4. 疏散走道

疏散走道是疏散时人员从房间内到房间门，或从房间门到疏散楼梯、外部出口的室内走道。

当发生火灾时，人员要从房间等部位向外疏散，首先要通过疏散走道。对疏散走道要求如下：

（1）走道要简明直接，尽量避免弯曲，尤其不要往返转折，否则会造成疏散阻力和产生不安全感。

（2）疏散走道内不应设置阶梯、门槛、门垛、管道等突出物，以免影响疏散。

（3）走道的结构和装修。因为走道是火灾时必经之路，为第一安全地带，所以必须保证它的耐火性能。走道墙面、顶棚、地面的装修应符合《建筑内部装修设计防火规范》GB 50222 的要求。同时，走道与房间的隔墙应砌至梁、板底部并填实所有空隙。

（4）走道的宽度一般应通过计算确定。

5. 疏散门

疏散用的门应向疏散方向开启。但如果是人数不超过 60 人的房间，且每个门的平均疏散人数不超过 30 人时（甲、乙类生产厂房除外），其开启方向可不限。疏散用的门不应采用吊门、水平拉门和转门。疏散门开启时，门扇不应影响疏散走道和平台的宽度。

人员密集的公共场所、观众厅的入场门、太

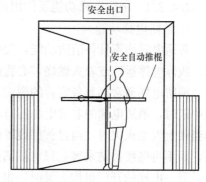

图 4-52　太平门的自动门闩

平门不应设置门槛，其宽度不应小于 1.4m，紧靠门口 1.4m 范围内不应设置踏步。太平门应为推门闩式外开门，如图 4-52 所示。

人员密集的公共场所的室外疏散小巷，其宽度不应小于 3m。

6. 避难层（间）

避难层是超高层建筑发生火灾时供人员临时避难使用的楼层。如果作为避难使用的只有几个房间，则这几个房间称为避难间。

7. 供电要求

疏散指示照明的供电要求同应急照明。

任务 4-4　消防电梯

电梯同火车、飞机、轮船一样，属于交通工具。电梯是高层建筑纵向交通的工具，而消防电梯则是在发生火灾时供消防人员扑救火灾和营救人员用的。火灾时，由于电源供电已无保障，因此无特殊情况不用客梯组织疏散。消防电梯控制一定要保证安全可靠。

4.4.1　消防电梯联动控制方式

消防控制中心在火灾确认后，应能控制电梯全部停于首层，并接受其反馈信号。电梯的控制有两种方式：一是将所有电梯控制的副盘显示设在消防控制中心，消防值班人员随时可直接操作；另一种是消防控制中心自行设计电梯控制装置（一般是通过消防控制模块实现），火灾时，消防值班人员通过控制装置，向电梯机房发出火灾信号和强制电梯全部停于首层的指令。在一些大型公共建筑里，利用消防电梯前的感烟探测器直接联动控制电梯，这也是一种控制方式，但是必须注意感烟探测器误报的危险性，最好还是通过消防中心进行控制。

消防电梯在火灾状态下应能在消防控制室和首层电梯门厅处明显的位置设有控制归底的按钮。消防电梯在联动控制系统设计时，常用总线或多线控制模块来完成此项功能，如图 4-53 所示。

4.4.2　消防电梯的设置规定

消防电梯是在建筑物发生火灾时供消防人员进行灭火与救援使用且具有一定功能的电梯。因此，消防电梯具有较高的防火要求，其防火设计十分重要。

4.4.2.1　消防电梯功能及作用范围

1. 消防电梯功能

普通电梯均不具备消防功能，发生火灾时禁止人们搭乘电梯逃生。因为当其受高温影响，或停电停运，或着火燃烧，必将殃及搭乘电梯的人，甚至夺去他们的生命。

消防电梯通常都具备完善的消防功能：它应当是双路电源，即万一建筑物工作电梯电源中断时，消防电梯的非常电源能自动投合，可以继续运行；它应当具有紧急控制功能，即当楼上发生火灾时，通过首层设置的消防强降开关或来自消防中心的指令，及时返回首层，而不再继续接纳乘客，只可供消防人员使用；它应当在轿厢顶部预留一个紧急疏散出口，万一电梯的开门机构失灵时，也可由此处疏散逃生。消防开关及消防电梯警示标志如图 4-54 所示。

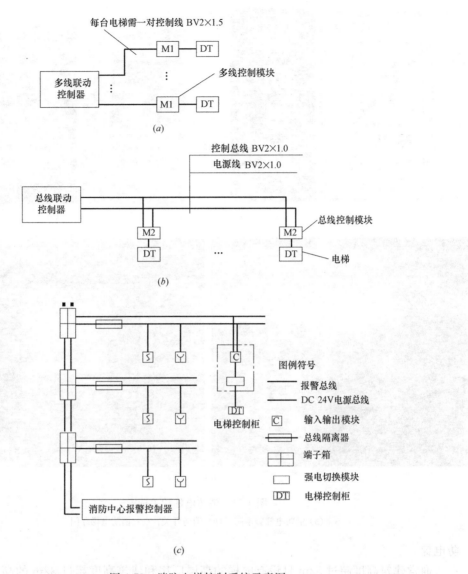

图 4-53 消防电梯控制系统示意图

（*a*）消防电梯多线制控制系统；（*b*）消防电梯总线制控制系统；（*c*）电梯控制系统工程图

2. 消防电梯作用范围

电梯主要应用于高层建筑中，是竖向联系的最主要交通工具。电梯的主要类型有乘客电梯、服务电梯、观光电梯、自动扶梯、食梯和消防电梯，消防电梯一般与客梯等工作电梯兼用。

工作电梯在发生火灾时常常因为断电和不防烟火等而停止使用，因此设置消防电梯很有必要，其主要作用是：供消防人员携带灭火器材进入高层灭火；抢救疏散受伤或老弱病残人员；避免消防人员与疏散逃生人员在疏散楼梯上形成"对撞"，既延误灭火战机，又影响人员疏散；防止消防人员通过楼梯登高时间长，消耗大，体力不够，不能保证迅速投入战斗。

4.4.2.2 消防电梯的设置

1. 消防电梯的设置场所

高层建筑设计中，应根据建筑物的重要性、高度、建筑面积、使用性质等情况设置消

(a)　　　　　　　　　　　　　　　　　(b)

(c)

图 4-54　消防电梯相关标志

(a) 消防电梯警示牌；(b) 消防开关；(c) 消防电梯厅门

防电梯。

　　通常建筑高度超过 32m 且设有电梯的高层厂房和建筑高度超过 32m 的高层库房，每个防火分区内应设 1 台消防电梯；高度超过 24m 的一类建筑、10 层及 10 层以上的塔式住宅建筑，12 层及 12 层以上的单元式住宅和通廊式住宅建筑以及建筑高度超过 32m 的二类高层公共建筑等均应设置消防电梯。

　　2. 消防电梯的设置数量

　　消防电梯的数量主要根据楼层建筑面积来确定。我国规定，每个防火分区至少应设置 1 台消防电梯。

　　(1) 当每层建筑面积不大于 1500m² 时，应设 1 台；

　　(2) 当大于 1500m² 但小于或等于 4500m² 时，应设 2 台；

　　(3) 当大于 4500m² 时，应设 3 台；

　　(4) 消防电梯可与客梯或工作电梯兼用，但应符合消防电梯的要求。

　　3. 消防电梯设置位置

　　消防电梯宜分别设在不同的防火分区内，便于任何一个分区发生火灾都能迅速展开扑救，其平面位置须与外界联系方便，在首层应有直通室外的出口，或由长 30m 以内的安全通道抵达室外。在设计时，最好把消防电梯和疏散楼梯结合布置，使避难逃生者向灭火救援者靠拢，形成一个可靠的安全区域，两梯间还要采取分隔措施，以免相互间妨碍形成不利。另外，防火分区内每个房间到达消防电梯的安全距离不宜超过 30m，以保证消防人员抢救时的安全。

4.4.2.3　消防电梯的设计要求

1. 消防电梯前室防火设计

消防电梯必须设置前室，以利于防烟排烟和消防队员展开工作。前室的防火设计应考虑以下几方面：

（1）前室位置。前室的位置宜靠外墙设置，这样可利用外墙上开设的窗户进行自然排烟，既满足消防需要，又能节约投资。其布置要求总体上与消防电梯的设置位置是一致的，以便于消防人员迅速到达消防电梯入口，投入抢救工作。

（2）前室面积。前室的面积应当由建筑物的性质来确定，居住建筑不应小于 $4.5m^2$，公共建筑和工业建筑不应小于 $6m^2$。当消防电梯和防烟楼梯合用一个前室时，前室里人员交叉或停留较多，所以面积要增大，居住建筑不应小于 $6m^2$，公共建筑不应小于 $10m^2$，而且前室的短边长度不宜小于 2.5m。

（3）防烟排烟。前室内应设有机械排烟或自然排烟的设施，火灾时可将产生的大量烟雾在前室附近排掉，以保证消防队员顺利扑救火灾和抢救人员。

（4）设置室内消火栓。消防电梯前室应设有消防竖管和消火栓。消防电梯是消防人员进入建筑内起火部位的主要进攻路线，为便于打开通道，发起进攻，前室应设置消火栓。值得注意的是，要在防火门下部设活动小门，以方便供水带穿过防火门，而不致使烟火进入前室内部。

（5）前室的门。消防电梯前室与走道的门应至少采用乙级防火门或采用具有停滞功能的防火卷帘，以形成一个独立安全的区域，但合用前室的门不能采用防火卷帘。

（6）挡水设施。消防电梯前室门口宜设置挡水设施，以阻挡灭火产生的水从此处进入电梯内。

2. 梯井轿厢设计

1）梯井设计

消防电梯是电梯轿厢通过动力在电梯井内上下来回运动的，因此，这个系统也应有较高的防火要求。

① 梯井应独立设置。消防电梯的梯井应与其他竖向管井分开单独设置，不得将其他用途的电缆敷设在电梯井内，也不应在井壁开设孔洞。与相邻的电梯井、机房之间，应采用耐火极限不少于 2h 的隔墙分隔；在隔墙上开门时，应设甲级防火门。井内严禁敷设可燃气体和甲、乙、丙类液体管道。

② 电梯井的耐火能力。为了保证消防电梯在任何火灾情况下都能坚持工作，电梯井井壁必须有足够的耐火能力，其耐火极限一般不应少于 2.5～3h。现浇钢筋混凝土结构耐火等级一般都在 3h 以上。

③ 井道与容量。消防电梯所处的井道内不应超过 2 台电梯，设计时，井道顶部要考虑排出烟热的措施。轿厢的载重应考虑 8 至 10 名消防队员的重量，最低不应小于 800kg，

其净面积不应小于 $1.4m^2$。

④ 轿厢的装修。消防电梯轿厢的内部装修应采用不燃烧材料,内部的传呼按钮等也要有防火措施,确保不会因烟热影响而失去作用。

⑤ 电气系统的防火设计要求。消防电源及电气系统是消防电梯正常运行的可靠保障,所以,电气系统的防火安全也是至关重要的一个环节。

2)消防电源

消防电梯应有两路电源。除日常线路所提供的电源外,供给消防电梯的专用应急电源应采用专用供电回路,并设有明显标志,使之不受火灾断电影响,其线路敷设应当符合消防用电设备的配电线路规定。

3)专用按钮

消防电梯应在首层设有供消防人员专用的操作按钮,这种装置是消防电梯特有的万能按钮,设置在消防电梯门旁的开锁装置内。消防人员一按此钮,消防电梯能迫降至底层或任一指定的楼层,同时,工作电梯停用落到底层,消防电源开始工作,排烟风机开启。

4)功能转换

平时,消防电梯可作为工作电梯使用,火灾时转为消防电梯。其控制系统中应设置转换装置,以便火灾时能迅速改变使用条件,适应消防电梯的特殊要求。

5)应急照明

消防电梯及其前室内应设置应急照明,以保证消防人员能够正常工作。

6)专用电话及操纵按钮

消防电梯轿厢内应设有专用电话和操纵按钮,以便消防队员在灭火救援中保持与外界的联系,也可以与消防控制中心直接联络。操纵按钮是消防队员自己操纵电梯的装置。

4.4.2.4 其他要求

1. 消防电梯的行驶速度

我国规定消防电梯的速度按从首层到顶层的运行时间不超过 60s 来计算确定,例如,高度在 60m 左右的建筑,宜选用速度为每秒 1m 的消防电梯;高度在 90m 左右的建筑,宜选用速度为每秒 1.5m 的消防电梯。

2. 井底排水设施

消防电梯井底应设排水口和排水设施。如果消防电梯不到地下层,可以直接将井底的水排到室外,为防止雨季水倒灌,应在排水管外墙位置设置单流阀。如果不能直接排到室外,可在井底下部或旁边开设一个不小于 $2m^3$ 的水池,用排水量不小于每秒 10L 的水泵将水池的水抽向室外。

3. 载重量

消防电梯的载重量不小于 800kg。

任务 4-5 消防系统在智能化系统中的集成

火灾自动报警及消防联动系统(以下简称:消防主机)现已广泛运用在各种楼宇、建筑中,并充分显示了发现火灾及时、扑灭初起火灾迅速的特点,但是各种消防主机通讯协议不一致,系统误报、漏报频繁,特殊恶劣环境干扰等问题也较为突出。为进一步提高火灾探测报警系统的可靠性，降低误报率，缩短火灾探测报警时间，及时采取有效防火、灭火措施，必须建立统一的传输协议，确保不同种类、不同品牌的各种消防主机之间的可靠连接和通讯，实现城市消防管理的智能化、网络化，构造一种全新的"以防为主，防消结合"的现代化消防管理、指挥机制。

建筑智能化系统中包含多个子系统，如楼宇自控系统（BAS）、视频监控系统、消防报警系统、门禁系统等。每个子系统中包括了多种设备，以消防报警系统为例，它包含了多种型号的探测器、执行灭火设备、现场报警控制器等。

智能化集成系统是将智能建筑内诸多智能化子系统相互独立的设备、资源、服务、管理功能集成到一个相互关联、统一协调的系统之中，以实现信息、资源、任务共享，信息集成和综合管理。智能化集成系统是提高智能建筑管理水平和效率的有力工具，正在被越来越多的智能建筑所采用，在智能建筑的日常管理和维护中扮演着日益重要的角色。

4.5.1　智能化系统基本内容概况

智能化系统基本内容主要包括：综合布线系统、建筑设备自动控制系统、通讯网络系统、办公自动化系统和建筑智能化系统的集成。设计智能化集成系统时应当从建筑本身结构、理念、功能上找出个性化的特点，本着以人为本、节省能耗的总体原则对智能化系统进行个性化的调整。从总体上设计的智能建筑网络结构如图 4-55 所示。

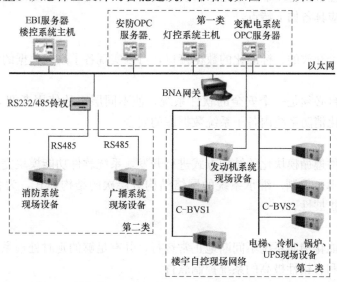

图 4-55　智能化集成系统网络结构

4.5.2　消防系统在智能化系统中的集成

4.5.2.1　智能化消防系统组成

当今社会，由火灾造成的损失越来越大，消防系统的重要性就更加明显，一个智能化的消防系统，在智能化住宅小区的作用也越来越大。

智能化消防系统是计算机网络技术、通讯技术、信息技术的有机结合，是相关子系统之间形成联动以及子系统之间的优化组合。智能化消防系统包括以下几个系统：

（1）消防报警系统。建立报警设施信息库，便于管理者及时了解各设施的运行情况，并能提供设施所处位置。

（2）紧急疏散系统。建立应急电源、疏散指示灯等设施的信息库，发生火灾时可提供最佳疏散路线，同时，便于集中管理。

（3）电梯运行系统。对电梯进行统一监控、集中管理、统一调度，便于火灾时高速、安全、有效地疏散。

（4）紧急用电系统。对小区内各建筑内部的电源进行管理和控制，便于火灾发生时能做出最佳决策，切断相关电源，并保证消防用电。

（5）灭火系统。发生火灾时提供最佳灭火方案，节约能源，提高灭火效率。

4.5.2.2 消防系统控制管理平台

智能化的消防系统是一种实时的对设备以及环境进行监控的系统，它属于智能建筑控制管理系统中的控制网。现在用于智能建筑的各种硬件设备大多符合 bacnct 标准或 lonworks 标准。

同样，智能化的消防系统采用的各硬件设备也必须符合 bacnct 标准或 lonworks 标准。bacnct 标准是全世界行业所接受的、面向对象的数据通讯协议，它有很强的开放性。为了有利于系统的扩展和集成，一个智能化的消防系统必须有一个先进的、开放的、安全的扩展管理平台，能够实现不同子系统管理软件和子系统自控设备的即插即用，同时应满足建筑节能要求。

消防控制管理平台是一个多数据库管理系统，是一套具有网络功能的符合工业标准的组态应用软件，应具备如下特点：

1. 开放性

系统应有一个开放的、标准化的数据接口，可以实现各子系统数据的链接及传递。

2. 安全性

综合管理平台必须是一个安全的软件系统，使不同层次的使用者拥有不同的访问协议，以确保智能化消防系统内各子系统数据库的安全。

3. 可扩展性

系统应用软件遵循模块化的结构方式进行开发，系统软件功能模块完全根据用户的实际需要和控制逻辑来编制。继承系统的网络结构分层次的结构模式，为各子系统留出接口，满足系统的扩展性。

4. 可靠性

为了保证智能化消防系统不间断地正常运行，并有足够的延时处理系统故障，系统应采用一个可靠性和容错性极高的系统控制软件。

综上可知，智能化消防系统的控制管理平台实际上是一个多数据库系统，由相关子系统的接口软件组成，在该软件中提供相应的各子系统的符合国际标准的接口，集成各子系统的应用及数据，提供一个一致的访问界面，做到真正意义上的系统集成。

消防系统控制管理平台由两部分组成，消防系统总控制管理平台及各建筑的消防控制管理平台。各建筑的消防控制管理平台将各种信息汇总后上传给消防系统总控制管理平台，再由消防系统总控制管理平台将信息上传给智能小区的控制管理平台。这样，在智能小区管理中心的办公人员就能随时了解整个小区的情况，同时采取相应的措施。

4.5.2.3 城市火灾自动报警智能监控网络系统

1. 城市火灾自动报警智能监控网络系统组成

（省级）城市火灾自动报警智能监控网络由通讯平台和业务处理两大部分组成。系统通讯主要在各重点消防单位消防主机与消防主机收发器之间、消防主机收发器与（市级）消防支队网络中心之间、各消防支队网络中心与（省级）消防总队网络中心之间进行，为满足系统 24h 在线的要求，通讯方式采用的是宽带；系统中的业务处理分三个层次进行，即重点消防单位、消防支队、消防总队，这三个层次构成一个完整的有机体，系统结构示意如图 4-56 所示。

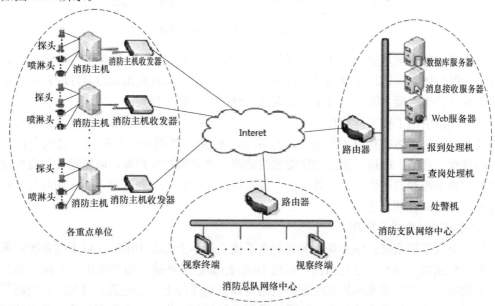

图 4-56　城市火灾自动报警智能监控网络系统结构图

2. 城市火灾自动报警智能监控网络系统功能概述

如图 4-56 所示，城市消防火灾自动报警监控与保障网络系统以自主开发的消防主机收发器为网络接点，通过宽带将重点消防单位的消防主机与消防支队网络中心连接，实现对联网的消防主机 24h 实时监控。

消防主机收发器由一块嵌入式开发板和相应软件构成，开发板通过串口与消防主机联接，采集消防主机发送的数据信息并进行数据格式的转换，以宽带方式将信息上传至消防支队网络中心。

3. 工作原理

消防主机收发器与支队之间以宽带方式进行通讯，消防主机收发器 IP 号由消防支队网络中心统一分配，第一次使用时人工设置。

消防主机收发器工作原理如图 4-57 所示。消防主机将探测的火警、故障等运行状态发送到消防主机收发器，消防主机收发器通过 RS-232 或 RS-485 按特定的消防主机串行通讯协议接收，快速、准确地对收到的信息进行解析、筛选，最后转换成符合国家公安部行业标准《火灾自动报警系统监控网络通讯协议》（送审稿）的信息帧，上传至消防支队网络中心的消息接收服务器。

4.5.2.4　智能化综合监控系统应用案例（体育场馆综合监控系统应用）

1. 系统概述

2008 年奥运会提出以"科技奥运"的主题，最主要的是体育场馆的建设，其中有一

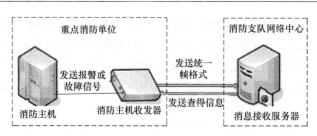

图 4-57　消防主机收发器工作原理图

个十分重要的问题就是如何保证 2008 年奥运会场馆建设中公共安全系统的科学建设和合理设置，保障体育场馆在建设和使用过程中，最大限度地降低场馆危险事件的发生，或在有危险事件发生时最大限度地减少人员生命、财产及信息的损失。

体育场馆引用了楼宇自动化系统（BAS），整个系统是以计算机控制技术为基础，将电气设备监控、消防监控及安防监控系统集成一体化，利用一个总控室，完成空调、电气、给排水、照明、电梯、消防和保安监控功能，并且通过总控室，向场馆各种监控设备发出控制指令控制其运作，这样既可以节省监控设备所需空间和管理人员，同时又可以提高场馆内部设备管理水平。

2. 监控项目构成、原理

（1）电气监控系统：体育场馆的变配电系统，基本上都是 10KV 及以下的系统，采用直接数字控制器（DDC）进行监测，采用 DDC 控制器的系统，用于电压、电流、断路器的开关状态等，主要用来保护配电回路及用电设备免受漏电、过电流、过欠压和短路等故障的危害，防止电气火灾的发生。该系统采用集散控制方案，一台微型计算机可以监控多台数据集中控制器，现场监控器能够独立工作。

智能化变配电系统一般由计算机、通讯网络、智能化开关和控制设备组成。它是由通信网络将变配电系统中带有通讯接口的开关和控制设备连接起来，并与计算机相连，由工作人员在计算机上进行智能化管理和操作，从而实现集中数据采集和处理，集中进行监控，真正达到变配电系统的遥测、遥调、遥控和遥讯。

（2）照明监控系统：采用计算机进行体育场馆的照明控制，能够对整个照明系统的工作状态进行实时监控，对每个回路、每个灯具的状态、故障进行监视，并能方便地进行各种照明场景模式的变换和更改，便于日常工作管理，减轻工作强度，确保照明的效果。智能照明控制系统采用模块化结构，能对灯具起到全面的保护控制和状态参数检测，这是采用常规控制方式所不能达到的。它采用软启动和软关断技术，限制电网电压浪涌，提高了灯具的使用寿命。

（3）火灾报警系统：自动火灾探测控制报警系统，总控制中心监视下属所有区域的消防报警和故障情况，在有紧急情况发生时，成为指挥和控制中心，以保证对火灾有最快、最有效的反应。根据总控制中心的功能要求，在总控制中心设有 GCC 中文图形命令中心一台，当有报警或故障发生时，通过预定之编程，在中文 GCC 屏幕上显示相应位置，可立即对故障或报警作出反应。同时还可通过对报警及故障事件历史记录的分析，制订出维护方案，以降低重大事故发生的可能性。另外，总控制中心还装有模拟显示屏，能迅速直观地显示各分区报警情况。系统具有自动巡检功能，当故障或火警发生时，通过网络向总控制中心发出声光报警信号，总控制中心的中文 GCC 系统跳出具体的消防平面图，使值班人员迅速明确火警或故障的位置及原因。其主要功能是接收并执行网络主机的命令，对附属外部设备直接监测和控制，进行系统自检和向网络报告系统报警和故障信息；在网络通讯万一中断的情况下，自动转入本地工作状态，实行独立的监测和控制功能。

末端设备安置在模块箱或消防现场，主要包括：烟感探测器、温感探测器、手动报警器、探测模块、信号模块、控制模块、反馈模块、警铃、紧急电话、广播、水流指示器和电话插孔等。

3. 系统框图

体育场馆综合监控系统用图 4-58 框图描述。

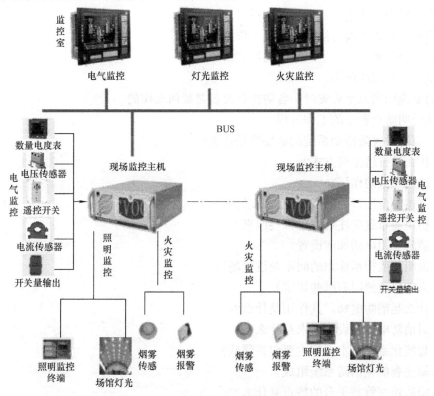

图 4-58　体育场馆综合监控系统框图

单元归纳总结

本单元首先对防排烟系统进行了概述，说明了对防排烟设备的监控，对防火门、防火卷帘、防排烟风机等进行了分析，然后较详细地阐述了防排烟系统中的各种系统。对广播系统的组成及应用，对火灾情况下的广播方式及切换进行了论述，并对电话通讯的设置及对火灾事故广播的容量估算进行了阐述；对应急照明\疏散指示标志、安全出口的设置场所、要求、设置方式进行了概括的叙述；对消防电梯的设置、规定也进行了简要说明。最后对消防系统在智能化系统中的集成进行了概括的叙述。

总之，本单元内容是火灾下确保人员有组织逃生，防止人员伤亡及损失减小的重要组成部分。其主要要求如下：

1. 能够完成防烟、防火分区的划分及防排烟设施的施工与调试。

2. 具有火灾指挥系统的设置、安装与调试能力。

3. 会正确选择疏散诱导的设置与安装。

4. 懂得消防电梯的设置要求。

5. 明白消防系统在智能化系统中的集成。

【习题与思考题】

1. 说明防烟分区是如何划分？并说明防烟分区和防火分区的区别？

2. 简单介绍机械排烟系统的组成。

3. 说明排烟阀的使用场合及工作过程。

4. 说明排烟防火阀的使用场合及工作过程。

5. 简单介绍机械加压送风系统的组成。

6. 说明余压阀的作用。

7. 简要说明当发生火灾时，各防排烟设备是如何动作的。

8. 试说明防火卷帘的工作过程。

9. 建筑物设置防排烟系统的必要性是什么？

10. 什么是自然排烟方式？

11. 挡烟垂壁的作用？

12. 简述安全出口的定义及数量要求。

13. 扬声器布置应注意考虑哪些因素？

14. 消防专用电话如何设置？

15. 说明疏散指示标志的间距及设置场所。

16. 火灾应急照明有哪些规定？

17. 什么是消防电梯，其作用是什么？

18. 对消防电梯的设置要求是什么？

19. 智能化系统基本内容主要包括哪些？

20. 简述智能化消防系统组成。

21. 消防控制管理平台的特点是什么？

22. 描述城市火灾自动报警智能监控网络系统组成。

单元 5　消防系统的供电、安装接地与布线

【学习引导与提示】

单元学习目标	能够根据项目实际正确选择消防系统的供电方式;能够指导消防系统设备安装;能正确选择接地种类和完成接地任务
单元学习内容	任务 5-1　消防系统的供电选择 任务 5-2　消防系统设备安装 任务 5-3　消防系统布线与接地
单元知识点	明白消防系统的供电选择方法;学会消防系统的设备安装过程;懂得消防布线与接地的要求
单元技能点	具有正确选择消防系统供电方式的能力;具有消防系统的设备安装能力;具有正确布线与接地的能力
单元重点	消防系统的布线与接地
单元难点	消防系统的设备安装

任务 5-1　消防系统的供电选择

为了使消防电源及配电系统做到经济合理,在确定供电方案之前需要根据消防供电的负荷正确地划分消防负荷等级,消防负荷分级应参照电力负荷的分级方法来划分等级。合理选择电源和设计配电系统。

5.1.1　消防供电的特点及要求

建筑物中火灾自动报警及消防设备联动控制系统的工作特点是连续、不间断。为了保证消防系统的供电可靠性及配线的灵活性,根据《建筑设计防火规范》GB 500.6—2014和《高层民用建筑设计防火规范》GB 50045 应满足下列要求:

(1) 火灾自动报警系统应设有主电源和直流备用电源;

(2) 火灾自动报警系统的主电源应采用消防电源,直流备用电源宜采用火灾报警控制器专用蓄电池。当直流电源采用消防系统集中设置的蓄电池时,火灾报警控制器应采用单独的供电回路,并能保证消防系统处于最大负荷状态下不影响报警器的正常工作;

(3) 火灾自动报警系统中的 CRT 显示器、消防通讯设备、计算机管理系统、火灾广播等的交流电源应由 UPS 装置供电。其容量应按火灾报警器在监视状态下工作 24h 后,再加上同时有两个分路报火警 30min 用电量之和来计算;

(4) 消防控制室、消防水泵、消防电梯、防排烟设施、自动灭火装置、火灾自动报警系统、火灾应急照明和电动防火卷帘、门窗、阀门等消防用电设备,一类建筑应按现行国家电力设计规范规定的一类负荷要求供电,二类建筑的上述消防用电设备,应按二级负荷的两回线要求供电;

（5）消防用电设备的两个电源或两回线路，应在最末一级配电箱处自动切换；

（6）对容量较大或较集中的消防用电设施（如消防电梯、消防水泵等）应自配电室采用放射式供电；

（7）对于火灾应急照明、消防联动控制设备、报警控制器等设施，若采用分散供电时，在各层（或最多不超过 3～4 层）应设置专用消防配电箱；

（8）消防联动控制装置的直流操作电压应采用 24V；

（9）消防用电设备的电源不应装设漏电保护开关；

（10）消防用电的自备应急发电设备，应设有自动启动装置，并能在 15s 内供电，当由市电转换到柴油发电机电源时，自动装置应执行先停后送程序，并应保证一定时间间隔；

（11）在设有消防控制室的民用建筑工程中，消防用电设备的两个独立电源（或两回线路）宜在下列场所的配电箱处自动切换：

① 消防控制室；

② 消防电梯机房；

③ 防排烟设备机房；

④ 火灾应急照明配电箱；

⑤ 各楼层配电箱；

⑥ 消防水泵房。

5.1.2　消防负荷分级

5.1.2.1　消防负荷分级划分原则

根据建筑物的结构、使用性质、火灾危险性、疏散和扑救难度、事故后果等，参照电力负荷分级要求确定。

5.1.2.2　消防负荷分级划分

1.《高层民用建筑设计防火规范》对消防负荷等级的划分

根据我国具体情况，对消防负荷等级按照高层建筑类别规定如下：

一类高层建筑按一级负荷要求供电，二类高层建筑按不低于一级负荷要求供电。消防负荷等级的划分是在参照电力负荷分级原则的情况下划分的。

《供配电系统设计规范》GB 50052 将电力负荷分为三级。

（1）符合下列情况之一时，应为一级负荷：

① 中断供电将造成人身伤亡时。

② 中断供电将在经济上造成重大损失时。例如：重大设备损坏、重大产品报废、用重要原料生产的产品大量报废、国民经济中重点企业的连续生产过程被打乱需要长时间才能恢复等。

③ 中断供电将影响重要用电单位的正常工作。例如：重要交通枢纽、重要通讯枢纽、重要宾馆、大型体育场馆、经常用于国际活动的大量人员集中的公共场所等用电单位中的重要电力负荷。

在一级负荷中，当中断供电将造成重大设备损坏或发生中毒、爆炸和火灾等情况的负荷，以及特别重要场所的不允许中断供电的负荷，应视为一级负荷中特别重要的负荷。

（2）符合下列情况之一时，应为二级负荷：

① 中断供电将在经济上造成较大损失时。例如：主要设备损坏、大量产品报废、连续生产过程被打乱需较长时间才能恢复、重点企业大量减产等。

② 中断供电将影响重要用电单位的正常工作。例如：交通枢纽、通讯枢纽等用电单位中的重要电力负荷，以及中断供电将造成大型影剧院、大型商场等较多人员集中的重要的公共场所秩序混乱。

（3）不属于一级和二级负荷者应为三级负荷。

2. 建筑物、储罐、堆场的消防用电设备负荷等级规定如下：

（1）建筑高度超过 50m 的乙、丙类厂房和丙类库房，其消防用电设备应按一级负荷供电。

（2）下列建筑物储罐和堆场的消防用电，应按二级负荷供电：

① 室外消防用水量超过 30L/s 的工厂、仓库；

② 室外消防用水量超过 35L/s 的易燃材料堆场、甲类和乙类液体储罐或储罐区、可燃气体储罐或储罐区；

③ 超过 1000 个座位的影剧院、超过 3000 个座位的体育馆、每层面积超过 3000m^2 的百货楼、展览楼和室外消防用水量超过 25L/s 的其他公共建筑。

（3）按一级负荷供电的建筑物，当供电不能满足要求，应设自备发电设备。

（4）除（1）、（2）条外的民用建筑、储罐（区）和露天堆场的消防用电设备，可采用三级负荷供电。

5.1.3　不同消防负荷等级主电源的供电要求

5.1.3.1　一级负荷的供电要求

一级负荷应由双重电源供电，当一电源发生故障时，另一电源不应同时受到损坏。一级负荷中特别重要的负荷供电，应符合下列要求：

（1）除应由双重电源供电外，尚应增设应急电源，并不得将其他负荷接入应急供电系统。

（2）设备的供电电源的切换时间，应满足设备允许中断供电的要求。一级负荷供电的建筑，当采用自备发电设备作备用电源时，自备发电设备应设置自动和手动启动装置，且自动启动方式应能在 30s 内供电。

对于一级负荷中的特别重要负荷，应增设应急电源，并严禁将其他负荷接入应急供电系统。

5.1.3.2　二级负荷的供电要求

二级负荷的供电系统，宜由两回线路供电。在负荷较小或地区供电条件困难时，二级负荷可由一回 6kV 及以上专用的架空线路供电。当采用架空线时，可为一回路架空线供电；当采用电缆线路时，应采用两根电缆组成的线路供电，其每根电缆应能承受 100% 的二级负荷。

5.1.3.3　三级负荷的供电要求

三级负荷可按约定供电，没有特殊要求。

电力负荷按重要程度分级的目的，在于正确反映电力负荷对供电可靠性的要求，根据国家电力供应的实际情况，恰当地选择供电方案和运行方式，满足社会的需要。负荷分级是相对的，同当时当地电力供应的情况密切相关。

5.1.4　消防设备供电系统

消防设备供电系统应能充分保证设备的工作性能，当火灾时能充分发挥消防设备的功能，将火灾损失降到最小。这就要求对电力负荷集中的高层建筑或一、二级电力负荷（消防负荷）一般采用单电源或双电源的双回路供电方式，用两个 10kV 电源进线和两台变压器构成消防主供电电源。

1. 一类建筑消防供电系统

可采用两个电源分别来自两个不同的发电厂、两个电源分别来自两个变电站（指电压在 35kV 及 35kV 以上的变电站）；一个电源来自变电站，另一个电源来自自备发电设备的供电方式。凡具备条件之一的供电，可视为一级负荷供电。

一类建筑（一级消防负荷）的供电系统如图 5-1 所示。图 5-1（a）中，表示采用不同电网构成双电源，两台变压器互为备用，单母线分段提供消防设备用电源；图 5-1（b）中，表示采用同一电网双回路供电，两台变压器互为备用，单母线分段，设置柴油发电机组作为应急电源向消防设备供电，与主供电电源互为备用，满足一级负荷要求。

2. 二类建筑消防供电系统

对于二类建筑（二级消防负荷）的供电系统如图 5-2 所示。

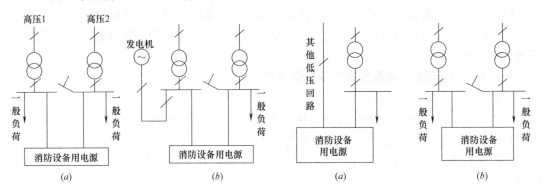

图 5-1　一类建筑消防供电系统　　　　　图 5-2　二类建筑消防供电系统
　（a）不同电网；（b）同一电网　　　　　（a）一路为低压电源；（b）双回路电源

从图 5-2（a）中可知，表示由外部引来的一路低压电源与本部门电源（自备柴油发电机组）互为备用，供给消防设备电源；图 5-2（b）表示双回路供电，可满足二级负荷要求。

5.1.5　备用电源及自动投入

当地区供电条件不能满足消防一级负荷和二级负荷的供电可靠性要求，或从地区变电站取得第二电源不经济时，应设置自备消防备用电源。

常用的消防备用电源有：应急发电机组、EPS 应急电源、蓄电池组和燃料电池等。

备用电源的自动投入装置（BZT）可使两路供电互为备用，也可用于主供电电源与应急电源（如柴油发电机组）的联接和应急电源自动投入。

5.1.5.1　常用的消防备用电源

1. 应急发电机组

应急发电机组有柴油发电机组和燃气轮机发电机组两种，如图 5-3 所示。选择柴油发电机组时（图 5-3a），宜选用高速柴油发电机组和无刷型自动励磁装置。燃气轮机发电机组见图 5-3（b），可分为固定型、可动型和轨道型。发电机为三相交流同步发电机，无刷交流励磁方式。燃气轮机组的空气需要量比柴油机组的大 2.5～4 倍，因此，装设位置必须考虑进气排气方便的地上层或屋顶为宜，不宜设在地下层。自备应急发电机组应装设快速自动启动及电源自动切换装置，并具有连续三次自启动的功能。对于一类高层建筑，自启动切换时间不超过 30s；对于其他建筑，在采用自动启动有困难时也可采用手动启动装置。

(a)　　　　　　　　　　　　(b)

图 5-3　自备应急发电机组
(a) 柴油发电机组；(b) 燃气发电机组

2. EPS 应急电源

EPS（Emergency Power Supply）消防应急电源如图 5-4 所示，是一种集中消防应急供电电源，在市电故障和异常时，能够继续向负载供电，确保不停电，以保护人民生命和财产的安全。当市电正常时，由市电经过互投装置给负载供电，同时充电器给备用电池进行智能充电。当市电断电，或超过正常电压的 25% 时，由控制器提供逆变信号，启动逆变电源，同时互投装置将立即投切至逆变电源输出，继续提供正弦波交流电，当市电电压正常后，将恢复电网供电。

3. 蓄电池组

蓄电池（图 5-5），是将所获得的电能以化学能的形式储存并将化学能转变成电能的一种电化学装置，在放电以后，用充电的方法使活性物质复原，以后能够再放电，并且充电和放电能够反复多次、循环使用。它是一种独立而又十分可靠的备用电源。

在建筑供配电系统中，蓄电池（组）用作小容量设备的备用电源，如火灾自动报警系统的直流备用电源、应急照明的备用电源、变电所的直流操作电源、不间断电源装置的直流电源等。

4. 燃料电池

燃料电池如图 5-6 所示，与普通电池一样，是将化学能直接转化成电能的一种化学装置。它能够持续地通过发生在阳极和阴极上的氧化还原反应将化学能转化为电能的能量转换装置。燃料电池工作时需要连续不断地向电池内输入燃料和氧化剂，只要持续供应，燃料电池就会不断提供电能。

目前，燃料电池因其能量转化率高、电气特性好，尤其因其在环保方面的优越性而越来越受到人们的关注。

图 5-4   EPS 应急电源

图 5-5   蓄电池图

图 5-6   燃料电池

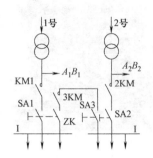

图 5-7   电源自动投入装置接线

5.1.5.2   备用电源自动投入

1. 备用电源自动投入线路组成

备用电源自动投入线路如图 5-7 所示，由两台变压器，KM1、KM2、KM3 三只交流接触器，自动开关 QF 和手动开关 SA1、SA2、SA3 组成。

2. 备用电源自动投入原理

正常时，两台变压器分列运行，自动开关 QF 闭合状态，将 SA1、SA2 先合上后，再合上 SA3，接触器 KM1、KM2 线圈通电闭合，KM3 线圈断电触头释放。若母线失压（或 1 号回路掉电），KM1 失电断开，KM3 线圈通电其常开触头闭合，使母线通过 Ⅱ 段母线接受 2 号回路电源供电，以实现自动切换。

应当指出：两路电源在消防电梯、消防泵等设备端实现切换（末端切换）常采用备用电源自动投入装置，双电源自动投入控制线路在单元 3 中已作了阐述。

任务 5-2   消防系统设备安装

消防系统设备安装是关键环节，必须严格执行相应的施工规范，以确保设计任务的实施。消防系统设备安装的一般要求如下：

（1）火灾自动报警与自动灭火控制系统的施工安装工作专业性很强，为确保质量，施工安装必须经有批准权限的公安消防监督机构批准才能进行，并由有许可证的施工单位承担。

（2）系统安装应符合《火灾自动报警系统安装使用规范》的规定，并满足设计图纸和设计说明书的要求，如需修改应有原设计单位的文字批准手续。

（3）系统的设备应选用经国家消防电子产品质量监督检测中心检测合格的产品。

（4）系统的探测器、手动报警按钮、控制器及其他所有设备，安装前均应妥善保管，防止受潮、受腐蚀及其他损坏，安装时应避免机械损伤。

（5）施工单位在施工前应具有平面图、系统图、安装尺寸图、接线图以及一些必要的设备安装技术文件。

（6）系统安装完毕后，安装单位应提交下列资料和文件：变更设计部分的实际施工图；变更设计的证明文件；安装技术记录（包括隐蔽工程检验记录）；检验记录；安装施工竣工报告。

5.2.1　火灾探测器安装

火灾探测器是整个报警系统的检测元件，安装于被监控现场，它及时感受可燃物最初燃烧时的参数，并把火灾参数转变为电信号进行报警。

5.2.1.1　常用点型探测器的安装

1. 探测器安装顺序

先预埋接线盒→再安底座→切断回路的电源并确认全部底座已安装牢靠的情况下，安装探头。

接线盒可采用 86H50 型标准预埋盒，其结构尺寸如图 5-8 所示。

DZ-02 探测器通用底座示意图如图 5-9 所示。

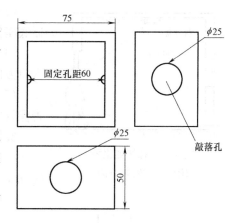

图 5-8　86H50 接线盒外形示意图

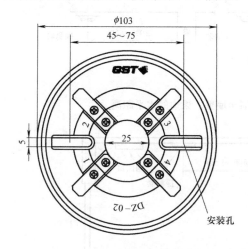

图 5-9　探测器通用底座外形示意图

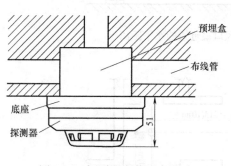

图 5-10　探测器安装示意图

底座上有 4 个导体片，片上带接线端子，底座上不设定位卡，便于调整探测器报警指示灯的方向。接线盒内的探测器总线分别接在任意对角的两个接线端子上（不分极性），另一对导体片用来辅助固定探测器。

待底座安装牢固后，将探测器底部对正底座顺时针旋转，即可将探测器安装在底座上。

探测器安装方式如图 5-10 所示。

2. 探测器的安装要求

（1）探测器的底座应安装牢固，与导线连接必须可靠压接或焊接。当采用焊接时，不应使用带腐蚀性的助焊剂。

（2）探测器底座的连接导线，应留有不少于 150mm 的余量，且在其端部应有明显标志。

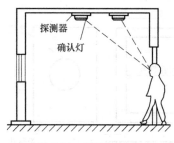

图 5-11　探测器报警
确认灯的安装方向

（3）探测器底座的穿线孔宜封堵，安装完毕的探测器底座应采取保护措施。

（4）探测器报警确认灯应朝向便于人员观察的主要入口方向，如图 5-11 所示。

（5）探测器在即将调试时方可安装，在调试前应妥善保管并应采取防尘、防潮、防腐蚀措施。

3. 点型感烟、感温火灾探测器的安装

（1）探测器至墙壁、梁边的水平距离，不应小于0.5m，如图 5-12 所示；

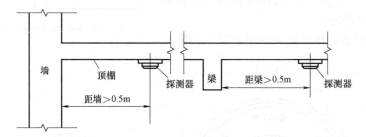

图 5-12　探测器至墙壁、梁边的水平距离

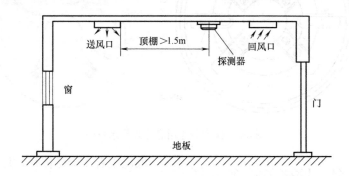

图 5-13　探测器至空调送风口最近边的水平距离

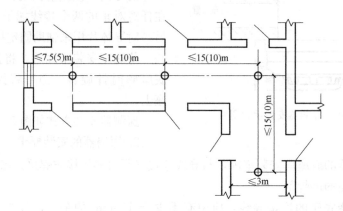

图 5-14　探测器在走道顶棚上的安装示意图

（2）探测器周围水平距离 0.5m 内，不应有遮挡物；

（3）探测器至空调送风口最近边的水平距离，不应小于 1.5m；至多孔送风顶棚孔口的水平距离，不应小于 0.5m，如图 5-13 所示。

（4）在宽度小于 3m 的内走道顶棚上安装探测器时，宜居中安装。点型感温火灾探测器的安装间距，不应超过 10m；点型感烟火灾探测器的安装间距，不应超过 15m。探测器至端墙的距离，不应大于安装间距的一半，如图 5-14 所示。

5.2.1.2　线型探测器的安装

1. 线型红外光束感烟火灾探测器的安装

线型红外光束感烟火灾探测器实物如图 5-15 所示。其安装要求如下：

（1）将发射器与接收器相对安装在保护空间的两端且在同一水平直线上；

（2）发射器和接收器之间的探测区域长度不宜超过 100m；

（3）相邻两组探测器的水平距离不应大于 14m。探测器至侧墙水平距离不应大于 7m，且不应小于 0.5m；

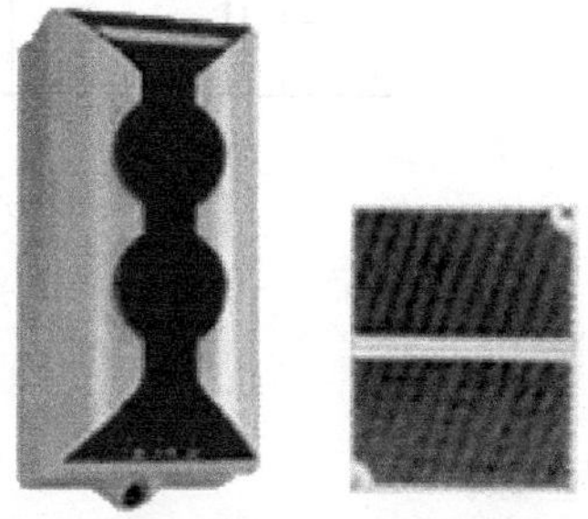

（4）发射器和接收器之间的光路上应无遮挡物或干扰源；

图 5-15　线型红外光束感烟火灾探测器

（5）发射器和接收器应安装牢固，并不应产生位移，安装如图 5-16 所示；

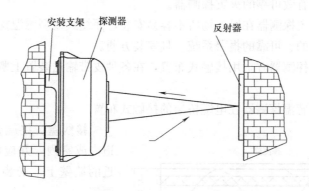

图 5-16　线型红外光束感烟火灾探测器的安装

（6）建筑物净高 $h \leqslant 5m$ 时，探测器到顶棚的距离 $h_2 = h - h_1 \leqslant 30cm$，如图 5-17（a）所示（顶棚为平顶棚 H 面）；

（7）建筑物净高 $5m \leqslant h \leqslant 8m$ 时，探测器到顶棚的距离为 $30cm \leqslant h_2 \leqslant 150cm$；

（8）建筑物净高 $h > 8m$ 时，探测器需分层安装，一般 h 在 $8 \sim 14m$ 时分两层安装，如图 5-17（b）所示，h 在 $14 \sim 20m$ 时，分三层安装（图中 S 为距离）；

（9）探测器的使用环境不应有灰尘滞留。

探测器采用明装安装，安装方式有两种：穿线管预埋和穿线管明装。当穿线管预埋时，可将探测器底座安装在预埋盒的上方；当穿线管明装时，采用支架安装方式。根据探测器与反射器间的安装距离调整反射器的数量。反射器安装时应摆放紧密，反射器之间不

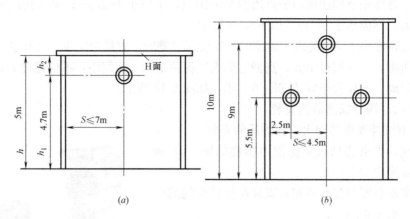

图 5-17　不同层间高度时探测器的安装方式

(*a*) 平顶层；(*b*) 高大平顶层

应留空隙。

2. 缆式线型感温火灾探测器在电缆桥架、皮带上的安装

在电厂企业和钢铁冶金企业动力、配电、控制、通讯等方面的电缆遍布全厂，尤其是电缆桥架、电缆隧道、电缆沟、电缆夹层等区域内电缆密集程度很高，火灾具有发展速度快、扑灭困难的特点，另外由于这些电缆往往贯穿全厂，火灾易于蔓延，危害性很大，因此这些场所应设置有效可靠的火灾探测器。

传统的点式火灾探测器在以上场所不容易安装，而缆式线型感温探测器是以上电缆架设场所的一种适宜的、可靠的报警系统，且安装方便。

缆式线型感温探测器宜采用接触式布置，在各种皮带输送装置上敷设时，宜敷设在装置的过热点附近。

（1）缆式线型感温探测器在电缆桥架的接触式布置

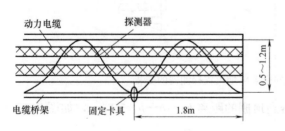

图 5-18　缆式线型感温探测器的安装

接线盒、终端盒可安装在电缆隧道内或室内，并应将其固定在现场附近的墙壁上，安装于户外时，加外罩雨箱。

在电缆托架或支架上，应紧贴电力电缆或控制电缆的外护套，呈正弦波方式敷设，如图 5-18 所示，固定卡具宜选用阻燃塑料卡具。

对于电缆区域的火灾探测，线型感温探测器可以采用正弦波接触式敷设（动力电缆不需更换时）或水平正弦波悬挂敷设（动力电缆需更换或维护时）的安装方式，如图 5-19 所示。

采用正弦波敷设的安装方式，线型感温探测器安装在电缆托架或支架上时，线型感温探测器以正弦波方式铺设于所有被保护的动力或控制电缆的外护套上面，宜采用接触式敷设。探测器安装时使用专用的卡具固定，避免探测器受到应力而造成机械损伤。

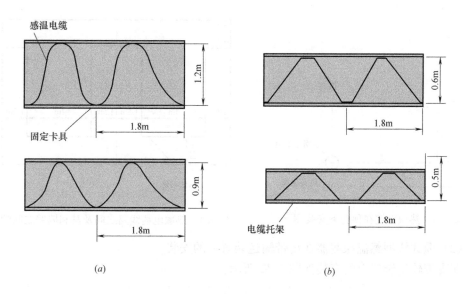

图 5-19   缆式线型感温探测器的正弦波安装

（*a*）正弦波接触式敷设；（*b*）水平正弦波悬挂敷设

以正弦波接触式敷设的线型感温探测器的长度按下列公式确定：线型感温探测器的长度＝托架长×倍率系数×1.15，其中倍率系数由表 5-1 确定。

缆式线型感温探测器的倍率系数   表 5-1

托架宽(m)	倍率系数
1.2	1.75
0.9	1.50
0.6	1.35
0.5	1.25
0.4	1.15

缆式线型感温探测器以正弦波方式安装在动力电缆上时，其固定卡具的数目计算方法如下：固定卡具数目＝正弦波半波个数×2＋1。

缆式线型感温探测器采用水平正弦波悬挂敷设的安装方式时，为保证火灾探测的灵敏度和有效性，要求悬挂敷设的线型感温探测器距被保护电缆表面的垂直高度不应大于300mm，建议 150～250mm。

缆式线型感温探测器采用水平正弦波悬挂敷设的安装方式时，为保证火灾探测的可靠性，线型感温探测器宜布置在被保护电缆托架或支架的中心位置，当被保护电缆的托架或支架的宽度超过 600mm 时，宜安装 2 路线型感温探测器。

线型感温探测器采用水平正弦波悬挂敷设的安装方式，线型感温探测器的长度计算方法与正弦波接触式敷设的线型感温探测器的长度计算方法相同。

热敏电缆在顶棚下方安装。热敏电缆应安装在其线路距顶棚垂直距离 $d＝0.5$m 以下（通常为 0.2～0.3m），热敏电缆在顶棚下安装如图 5-20 所示。

热敏电缆线路之间及其和墙壁之间的距离如图 5-21 所示。

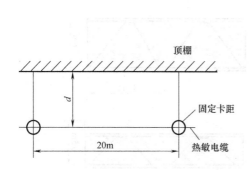

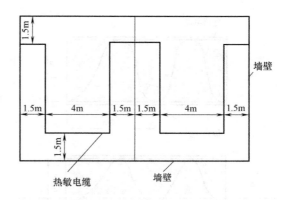

图 5-20　热敏电缆在顶棚下安装图　　　图 5-21　热敏电缆线路之间及其和墙壁之间的距离

（2）缆式线型感温探测器在皮带输送装置上的安装

在皮带输送装置上的安装如图 5-22 所示。

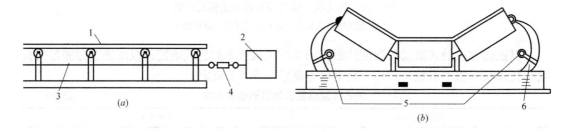

图 5-22　缆式线型探测器在皮带输送装置上的安装

（a）侧视图；（b）正视图

1—传送带；2—探测器终端电阻；3、5—探测器热敏电缆；

4—拉线螺旋；6—电缆支撑件

3. 空气管线型差温探测器的安装

（1）安装前必须做空气管的流通试验，在确认空气管不堵、不漏的情况下再进行安装；

（2）每个探测器报警区的设置必须正确，空气管的设置要有利于一定长度的空气管足以感受到温升速率的变化；

（3）每个探测器的空气管两端应接到传感元件上；

（4）同一探测器的空气管互相间隔应在 5～7m 之内，当安装现场较高或热量上升后有阻碍以及顶部有横梁交叉几何形状复杂的建筑，间隔要适当减小；

（5）空气管必须固定在安装部位，固定点间隔在 1m 之内；

（6）空气管应安装在距安装面 100mm 处，难以达到的场所不得大于 300mm；

（7）在拐弯的部分空气管弯曲半径必须大于 5mm；

（8）安装空气管时不得使铜管扭弯、挤压、堵塞，以防止空气管功能受损；

（9）在穿通墙壁等部位时，必须有保护管、绝缘套管等保护；

（10）在人字架顶棚设置时，应使其顶部空气管间隔小一些，相对顶部比下部较密些，以保证获得良好的感温效果；

（11）安装完毕后，通电监视：用 U 形水压计和空气注入器组成的检测仪进行检验，以确保整个探测器处于正常状态；

（12）在使用过程中，非专业人员不得拆装探测器以免损坏探测器或降低精度；另外应进行年检以确保系统处于完好的监视状态。

空气管线差温探测器在顶棚上安装实例如图 5-23 所示。另外，当空气管需在人字形顶棚、地沟、电缆隧道、跨梁局部安装时，应按工程经验或厂家出厂说明书进行。

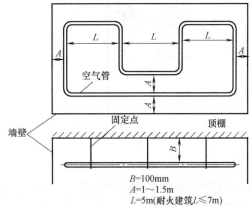

图 5-23　空气管探测器在顶棚上安装示意图

5.2.1.3　火焰探测器的安装

1. 火焰探测器的安装方法

火焰探测器配有固定安装支架，现场安装非常方便，探测器使用 24V 供电，输出信号接口的标准配置为一个继电器常开触点，其他方式的接口作为可选配件提供。

2. 火焰探测器的安装方式

（1）选择恰当的安装角度，避免探测盲区。考虑到被保护区域的空间结构不同，红外火焰探测器的监视范围为抛物线锥体，其轴线方向探测距离最长。因此，在安装时应将红外火焰探测器的轴线方向正对（或背对）被保护区的方向，这样，使得红外火焰探测器的有效监视范围覆盖危险的探测区域，避免探测盲区。

（2）选择恰当的安装高度，避免因障碍物引起的探测盲区。当被保护物体具有相当高度，容易造成遮挡等情况下，为避免障碍物的遮挡，应尽量提高火焰探测器的安装高度，以俯视状态监视探测区域，能够最大限度地减少障碍物造成的探测盲区。

3. 火焰探测器安装的基本原则

（1）探测器应该对警戒区内各种可能发生的火灾均保持直接入射，尽量避免间接入射和反射。

（2）在探测器的有效探测范围内，不能受到障碍物的阻挡，其中包括玻璃等透明的材料和其他隔离物。

4. 火焰探测器的安装

（1）火焰探测器适用于封闭区域内易燃液体、固体等的储存加工部分；

（2）探测器与顶棚、墙体以及调整螺栓的固定应牢固，以保证透镜对准防护区域；

（3）不同产品有不同的有效视角和监视距离，如图 5-24 所示；

（4）在具有货物或设备阻挡探测器"视线"的场所，探测器靠接收火灾辐射光源动作，如图 5-25 所示。

5.2.1.4　可燃气体探测器的安装方式

1. 可燃气体探测器的安装位置确定

应根据探测气体密度确定，若其密度小于空气密度，探测器应位于可能出现泄漏点的

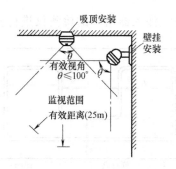

图 5-24 火焰探测器有效视角的安装方式

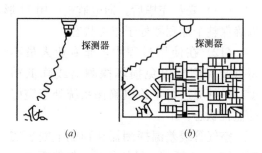

图 5-25 火焰探测器受光线的作用图
(a) 光线直射；(b) 光线反射

上方或探测气体的最高可能聚集点上方；若其密度大于或等于空气密度，探测器应位于可能出现泄漏点的下方。

（1）检测比空气轻的燃气（氢气、甲烷、沼气、乙烯、城市人工煤气、天然气等）时，探测器与燃具或阀门的水平距离不得大于 8m，安装高度应距顶棚 0.3m 以内，且不得设在灶具上方，如图 5-26 所示。

（2）当检测比空气重的燃气时（甲烷沼气、液化石油气、汽油、煤油等），探测器与燃具或阀门的水平距离不得大于 4m，安装高度应距地面 0.3m 以内，如图 5-27 所示。

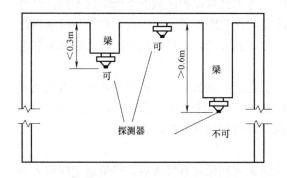

图 5-26 检测轻于空气的可燃气体时探测器的安装

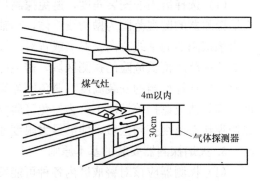

图 5-27 检测比空气重的燃气时可燃气体探测器的安装

（3）梁高于 0.6m 时，可燃气体探测器应安装在有煤气灶的一边，如图 5-28 所示。

（4）可燃气体探测器应安装在距煤气灶 8m 以内的屋顶上，室内有排气口时，探测器可以装在排气口附近，但是应距煤气灶 8m 以上，如图 5-29 所示。

2. 可燃气体探测器安装时的其他要求

（1）在探测器周围应适当留出更换和标定的空间；

（2）在有防爆要求的场所，应按防爆要求施工；

（3）线型可燃气体探测器在安装时，应使发射器和接收器的窗口避免日光直射，且在发射器与接收器之间不应有遮挡物，两组探测器之间的距离不应大于 14m；

（4）防水防雨。室外用一般是防爆场所，隔爆型外壳的设计已经可以防水，但是气体传感器部分只有采用通气设计，才能检测泄漏气体，所以传感器部分必须防水。而且，用

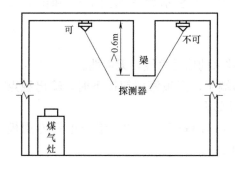 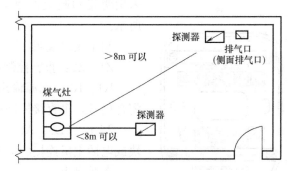

图 5-28 梁高于 0.6m 时探测器的安装　图 5-29 可燃气体探测器安装在距煤气灶 8m 以内的屋顶上

户在采取防水防雨措施时，还必须保证传感器部分的透气性；

（5）防雷措施。可燃气体报警控制器一般都通过了四项电干扰试验、耐压试验、绝缘电阻试验，但落雷区雷击电压达到万伏，为保护报警系统不受破坏，落雷区用户应采取防雷措施。

这里列举的探测器的设置方式是实际常见的典型作法，具体实际的工程现场情况千变万化，不可能一一列举出来，安装者应根据安装规范要求灵活掌握。

5.2.2 消防配套附件安装

5.2.2.1　手动报警按钮的安装

1. 手动报警按钮的安装要求

（1）手动火灾报警按钮宜设置在公共活动场所的出入口处，如走廊、楼梯口及人员密集的场所；

（2）每个防火分区应至少设置一只手动火灾报警按钮。从一个防火分区内任何位置到最邻近的一只手动火灾报警按钮的距离不应大于 30m；

（3）手动火灾报警按钮，应安装牢固并不得倾斜；

（4）手动报警按钮的外接导线，应留有不小于 15cm 的余量，且在其端部有明显标志。

（5）手动火灾报警按钮应设置在明显和便于操作的部位，其底边距地（楼）面高度宜为 1.3～1.5m。

按规范要求，手动报警按钮旁应设计消防电话插孔，考虑到现场实际安装调试的方便性，将手动报警按钮与消防电话插座设计成一体，构成一体化手动报警按钮。按钮采用拔插式结构，可电子编码，安装简单、方便。

2. 手动报警按钮的安装方法

警告：安装设备之前，请切断回路的电源并确认全部底壳已安装牢靠且每一个底壳的连接线极性准确无误。

手动报警按钮底盒背面和底部各有一个敲落孔，可明装也可暗装，明装时可将底盒装在 86H50 预埋盒上，暗装时可将底盒装进埋入墙内的 YM-02C 型专用预埋盒里。

（1）安装前应首先检查外壳是否完好无损，标识是否齐全；

（2）安装时只需拔下报警按钮，从底壳的进线孔中穿入电缆并接在相应端子上，再插好报警按钮即可安装好报警按钮，安装孔距为 65mm，参见图 5-30。报警按钮底壳安装

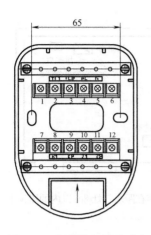

图 5-30   报警按钮端子示意

采用明装和暗装两种方式，安装示意图如图 5-31 和图 5-32 所示。

端子接线说明：

Z1、Z2：报警控制器来的信号总线，无极性。

K1、K2：无源输出端子，当报警按钮按下时，输出触点闭合信号，可直接控制外部设备。

TL1、TL2、AL、G：与 GST-LD-8304 消防电话专用模块或电话主机连接的端子。

布线要求：

信号 Z1、Z2 采用 RVS 双绞线，截面积≥1.0mm²；消防电话线 TL1、TL2 采用 RVVP 屏蔽线，截面积≥1.0mm²；报警请求线 AL、G 采用 BV 线，截面积≥1.0mm²。

5.2.2.2   消火栓报警按钮的安装

1. 消火栓报警按钮的安装要求

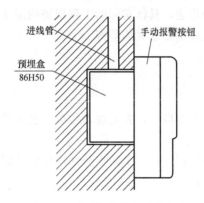

图 5-31   手动报警按钮明装方式

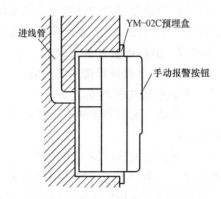

图 5-32   手动报警按钮暗装方式

（1）编码型消火栓报警按钮，可直接接入控制器总线，占一个地址编码；

（2）墙上安装，底边距地 1.3～1.5m，距消火栓箱 200mm 处；

（3）应安装牢固并不得倾斜；

（4）消火栓报警按钮的外接导线，应留有不小于 15cm 的余量。

2. 消火栓报警按钮的安装方法

按规范要求，消火栓报警按钮通常安装在消火栓箱外，新兴的报警按钮采用电子编码技术，安装方式为拔插式设计，安装调试简单方便；具有 DC24V 有源输出和现场设备无源回答输入，采用三线制与设备连接。报警按钮上的有机玻璃片在按下后可用专用工具复位。

外形尺寸及结构与手动报警按钮相同，安装方法也相同。

5.2.2.3   总线中继器安装

1. 总线中继器结构特征

总线中继器的外形尺寸及结构如图 5-33 所示。

2. 总线中继器的安装

总线中继器的安装采用 M3 螺钉固定，室内墙上安装。

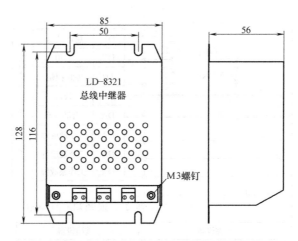

图 5-33　LD-8321 总线中继器外形示意图

5.2.2.4　总线隔离器安装

1. 总线隔离器安装要求

总线短路隔离模块，一般每隔 20～30 个探测器、模块、报警按钮就安装一个。防止回路中有部件短路时影响到整个回路不能工作。有部件短路时隔离模块自动把这部分隔离，其他部件还能正常运行。

2. 总线隔离器安装方法

有安装到现场的也有安装到主机后面的。

总线隔离器预埋时候应预留 86 底盒，高度一般 1.5～1.8m 或与它旁边的设备相当即可。

5.2.2.5　消防联动控制现场模块（接口）的安装接线

消防联动控制现场模块（接口）的安装一般应满足以下规定：

（1）同一报警区域内的模块宜集中安装在金属箱内；

（2）模块（或金属箱）应独立支撑或固定，安装牢固，并应采取防潮、防腐蚀等措施；

（3）模块的连接导线应留有不小于 150mm 的余量，其端部应有明显标志；

（4）隐蔽安装时在安装处应有明显的部位显示和检修孔。

消防联动控制设备均与各种现场模块相接，不同厂家的产品、不同的消防设备与现场模块的接线各有差异，安装时综合考虑产品样本和控制功能。下面针对一些典型现场模块作简要说明。

1. 工频互投泵组典型消防接口安装接线

（1）适用于火灾确认后，需要消防用水而自动或手动启动消火栓加压泵或喷淋加压泵组（一用一备形式）；

（2）在水泵动力控制柜中应能实现工作泵启动故障时备用泵能自动投入；

（3）自动状态代表泵组处于可随时启动状态，当电源断电或处于检修状态时应灭灯；

（4）消火栓启动泵按钮若单独采用 220V 交流接口与水泵动力控制柜连接时，其控制线路应单独敷设，工频互投泵组典型消防接口安装如图 5-34 所示。

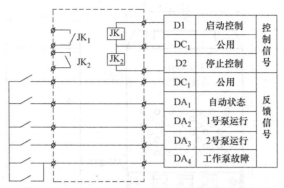

注：JK$_1$, JK$_2$均为DC 24V线圈

被控设备		消防设备
控制回路	控制接口	消防联动控制系统

图 5-34 工频互投泵组典型消防接口安装接线示意图

2. 正压送风机、排烟风机典型消防接口安装接线

（1）适用于火灾报警后，启动相关区域的防排烟风机；

（2）本例中风机属防排烟系统中的核心设备，宜设置停止功能；

（3）反馈信号中自动状态代表风机处于随时可启动状态；

（4）空调风机的控制接口仅保留停止控制和运行反馈（或停止信号）。正压送风机、排烟风机典型消防接口安装见图 5-35。

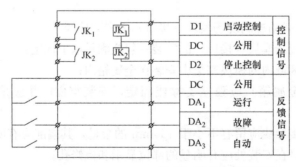

注：JK$_1$, JK$_2$均为DC24V线圈

被控设备		消防设备
控制回路	控制接口	消防联动控制系统

图 5-35 正压送风机、排烟风机典型消防接口安装接线示意图

3. 电梯迫降典型消防接口安装

（1）适用于火灾确认后，将所有相关区域的电梯降至首层，开门停机，扶梯停止运行。

（2）当有多部电梯同时控制时，其控制端可并接或控制接口中使用扩展继电器接点；反馈信号宜单独引至消防联动控制系统。

（3）反馈信号可以是到首层的位置信号或数码信号。

电梯迫降典型消防接口安装见图5-36。

4. 防火卷帘门典型消防接口安装

（1）适用于火灾确认后，迫降相关区域内的防火卷帘门，实现防火阻隔的目的；

（2）当用于一步降防火卷帘门或延时二步降的防火卷帘门时，不使用二步降控制及二步反馈信号；

（3）控制卷帘门下降的信号可同时控制防护卷帘门的水幕等的控制阀，但需考虑驱动电流。

防火卷帘门典型消防接口安装如图5-37所示。

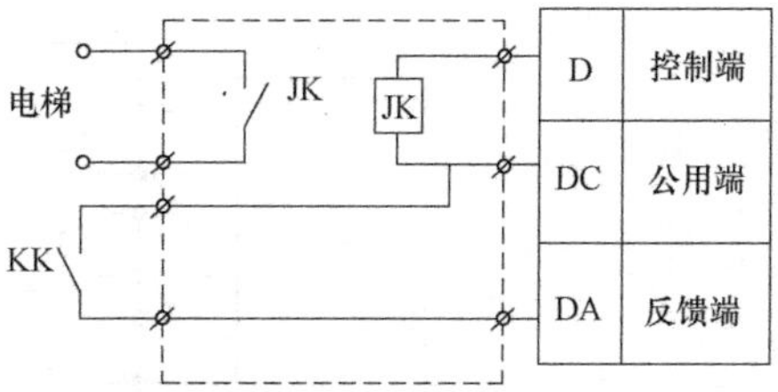

被控设备		消防设备
主回路	控制接口	消防联动控制系统

图 5-36　电梯迫降典型消防接口安装端子示意图

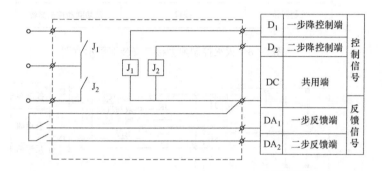

被控设备		消防设备
控制回路	控制接口	消防联动控制系统

图 5-37　防火卷帘门典型消防接口安装端子接线示意图

5. 灭火控制典型接口安装

（1）适用于火灾确认后启动灭火控制盘（一般安装在现场），例如气体灭火系统、雨淋灭火系统、水雾系统等；

（2）紧急停止信号一般用于火灾确认后需延时启动灭火系统；

（3）当灭火系统设置灭火剂（气体、水等）的压力或质量等自动监测时，其故障信号应并入系统故障信号。

灭火控制典型接口安装如图5-38所示。

6. 切断非消防用电典型接口安装

（1）适用于火灾确认后动作，以切断火灾区域的非消防设备的电源；

（2）施工中特别注意低压直流与高压交流线路的绝缘、颜色区分等。

切断非消防用电典型接口安装如图5-39所示。

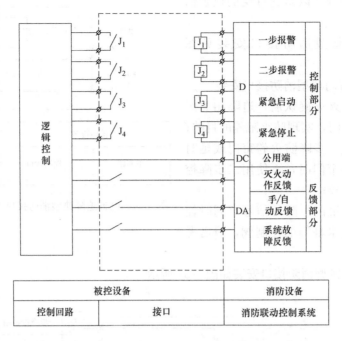

图 5-38　灭火控制典型接口安装端子示意图

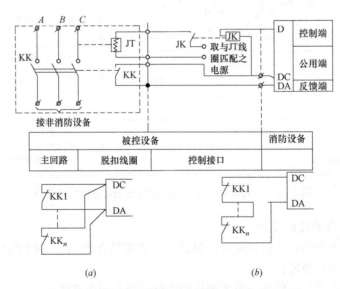

(a)　　　　　　　　　　　　　(b)

图 5-39　切断非消防用电典型接口安装端子示意图

(a) 反馈点并联接法图（任一点动作即反馈）；

(b) 反馈点串联接法图（所有动作才有反馈）

5.2.2.6　消防广播及消防电话设备安装

1. 消防广播设备安装

（1）用于事故广播扬声器间距，不超过 25m；

（2）广播线路单独敷设在金属管内；

（3）当背景音乐与事故广播共用的扬声器有声量调节时，应有保证事故广播声量的措施；

（4）事故广播应设置备用扩音机（功率放大器），其容量不应小于火灾事故广播扬声器的三层（区）扬声器容量的总和。

2. 消防专用电话安装

（1）消防电话墙上安装时其高度宜和手动报警按钮一致，距地 1.5m；

（2）消防电话位置应有消防专用标记。

5.2.3　消防中心设备安装

1. 消防报警控制室设备布置

消防控制室内设备的布置应符合下列要求：

（1）设备面盘前的操作距离：单列布置时不应小于 1.5m；双列布置时不应小于 2m。

（2）在值班人员经常工作的一面，设备面盘至墙的距离不应小于 3m。

（3）设备面盘后的维修距离不宜小于 1m。

（4）当设备面盘的排列长度大于 4m 时，其两端应设置宽度不小于 1m 的通道。

（5）当集中火灾报警控制器或火灾报警控制器安装在墙上时，其底边距地面高度宜为 1.3～1.5m，其靠近门轴的侧面距墙不应小于 0.5m，正面操作距离不应小于 1.2m。

消防控制室内设备的布置如图 5-40 所示。

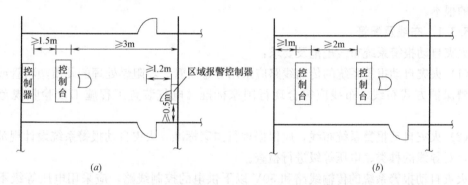

图 5-40　消防报警控制室改设备布置示意图

（a）单列布置图；（b）双列布置图

2. 火灾报警控制器的安装

（1）火灾报警控制器在墙上安装时，其底边距地（楼）面高度不应小于 1.5m；

（2）控制器应安装牢固，不得倾斜；安装在轻质墙上时，应采取加固措施；

（3）引入控制器的电缆导线，应符合下列要求：

① 配线整齐，避免交叉并应固定牢靠；

② 电缆芯线和所配导线的端部，均应标明编号，并与图纸一致，字迹清晰，不易褪色；

③ 端子板的每个接线端，接线不得超过 2 根；

④ 电缆芯和导线，应留不小于 20cm 的余量；

⑤ 导线应绑扎成束；

⑥ 在进线管处应封堵。

（4）控制器的主电源引入线，应直接与消防电源连接，严禁使用电源插头，主电源应有明显标志；

（5）控制器的接地应牢固，并有明显标志。

3. 消防控制设备的安装

（1）消防控制设备在安装前，进行功能检查，不合格者不得安装；

（2）消防控制设备的外接导线，当采用金属软管作套管时，其长度不宜大于 2m，且应采用管卡固定，其固定点间距不应大于 0.5m；金属软管与消防控制设备的接线盒（箱）应采用锁紧螺母固定，并应根据配管规定接地；

（3）消防控制设备外接导线和端部，应有明显标志；

（4）消防控制设备盘（柜）内不同电压等级、不同电流类的端子，应分开并有明显标志。

任务 5-3　消防系统布线与接地

近年来，随着消防产品的不断更新换代，在消防系统中，其布线敷设及接地是否合理至关重要。由于消防系统必须保证长期不间断地运行，要将探测点的信号准确无误地传输到控制器，且系统应具有低功耗运行性能，因此，适当地选择布线及敷设方式是系统可靠运行的根本。

5.3.1　布线及配管

火灾自动报警系统布线规范及要求：

（1）火灾自动报警系统的传输线路应采用穿金属管、经阻燃处理的硬质塑料管或封闭式线槽保护方式布线。布线应符合现行国家标准《电气装置工程施工及验收规范》的规定。

（2）火灾自动报警系统布线，应根据现行国家标准《火灾自动报警系统设计规范》的规定，对导线的种类、电压等级进行检查。

火灾自动报警系统的传输线路和 50V 以下供电的控制线路，应采用电压等级不低于 250V 的铜芯绝缘导线或铜芯电缆。采用交流 220/380V 的供电和控制线路应采用电压等级不低于 500V 的铜芯绝缘导线或铜芯电缆。火灾自动报警系统的传输线路和线芯截面选择，除应满足自动报警装置技术条件的要求外，还应满足机械强度的要求。

火灾自动报警系统的传输线路应采用铜芯绝缘导线或铜芯电缆，其电压等级不应低于交流 250V，线芯最小截面一般应符合表 5-2 的规定。

火灾自动报警系统用导线最小截面　　　　　　　　　　表 5-2

类　别	线芯最小截面(mm²)	备注
穿管敷设的绝缘导线	1.00	
线槽内敷设的绝缘导线	0.75	
多芯电缆	0.50	
由探测器到区域报警器	0.75	
由区域报警器到集中报警器	1.00	多股铜芯耐热线
水流指示器控制线	1.00	单股铜芯线
湿式报警阀及信号阀	1.00	
排烟防火电源线	1.50	
电动卷帘门电源线	2.50	控制线＞1.00m²
消火栓控制按钮线	1.50	控制线＞1.50m²

（3）在管内或线槽内的穿线，应在建筑抹灰及地面工程结束后进行。在穿线前，应将管内或线槽内的积水及杂物清除干净。从接线盒、线槽等处引到探测器底座盒、控制设备盒、扬声器箱的线路均应加金属软管保护。

（4）不同系统、不同电压等级、不同电流类别的线路，不应穿在同一管内或线槽的同一槽孔内。火灾探测器的传输线路，宜选择不同颜色的绝缘导线或电缆。正极"＋"线应为红色，负极"－"线应为蓝色。同一工程中相同用途导线的颜色应一致，接线端子应有标号。

（5）导线在管内或线槽内，不应有接头或扭结。导线的接头，应在接线盒内焊接或用端子连接。

（6）敷设在多尘或潮湿场所管路的管口和管子连接处，均应做密封处理。

（7）管路超过下列长度时，应在便于接线处装设接线盒：管子长度每超过 45m，无弯曲时；管子长度每超过 30m，有 1 个弯曲时；管子长度每超过 20m，有 2 个弯曲时；管子长度每超过 12m，有 3 个弯曲时。

（8）管子入盒时，盒外侧应套锁母，内侧应装护口，在吊顶内敷设时，盒的内外侧均应套锁母。

（9）在吊顶内敷设各类管路和线槽时，宜采用单独的卡具吊装或支撑物固定。

（10）线槽的直线段应每隔 1.0～1.5m 设置吊点或支点，在下列部位也应设置吊点或支点：线槽接头处；距接线盒 0.2m 处；线槽走向改变或转角处。

（11）吊装线槽的吊杆直径，不应小于 6mm。

（12）管线经过建筑物的变形缝（包括沉降缝、伸缩缝、抗震缝等）处，应采取补偿措施，导线跨越变形缝的两侧应固定，并留有适当余量。

（13）火灾自动报警系统导线敷设后，应对每回路的导线用 500V 的兆欧表测量绝缘电阻，其对地绝缘电阻值不应小于 20MΩ。

（14）当消防联动控制设备的控制信号和火灾探测器的报警信号在同一总线回路上传输时，其传输总线的敷设应符合以下规定：消防控制、通讯和警报线路采用暗敷设时，宜采用金属管或经阻燃处理的硬质塑料管保护，并应敷设在不燃烧体的结构层内，且保护层厚度不宜小于 30mm。当采用明敷设时，应采用金属管或金属线槽保护，并应在金属管或金属线槽上采取防火保护措施。采用经阻燃处理的电缆时，可不穿金属管保护，但应敷设在电缆竖井或吊顶内有防火保护措施的封闭式线槽内。

（15）火灾自动报警系统用的电缆竖井，宜与电力、照明用的低压配电线路电缆竖井分别设置。如受条件限制必须合用时，两种电缆应分别布置在竖井的两侧。

（16）接线端子箱内的端子宜选择压接或带锡焊接点的端子板，其接线端子上应有相应的标号。火灾自动报警系统的传输网络不应与其他系统的传输网络合用。

（17）配线中使用的非金属管材、线槽及其附件，均应采用不燃或非延燃性材料制成。

（18）横向敷设在建筑物内的暗配管，钢管直径不宜大于 25mm；水平或垂直敷设在顶棚内或墙内的暗配管，钢管直径不宜大于 20mm。

（19）从接线盒、线槽等处引到探测器底座盒、控制设备盒、扬声器的线路均应加金属软管保护，其长度不应大于 2m。

5.3.2 消防系统的接地

5.3.2.1 接地的基本概念

1. 接地分类

（1）工作接地：是指发电机、变压器的中性点接地。

（2）保护接地：就是将正常情况下不带电，而在绝缘材料损坏后或其他情况下可能带电的电器金属部分（即与带电部分相绝缘的金属结构部分）用导线与接地体可靠连接起来的一种保护人的方式。

（3）保护接零：是指电气设备正常情况下不带电的金属部分用金属导体与系统中的零线连接起来。

（4）重复接地：当系统中发生碰壳或接地短路时，可以降低零线的对地电压；当零线发生断裂时，可以使故障程度减轻。

（5）防雷接地：针对防雷保护设备（避雷针、避雷线、避雷器等）的需要而设置的接地。

（6）防静电接地：设备移动或物体在管道中流动，因摩擦产生静电。

（7）隔离接地：把干扰源产生的电场限制在金属屏蔽的内部，使外界免受金属屏蔽内干扰源的影响。也可以把防止干扰的电器设备用金属屏蔽接地，任何外来干扰源所产生的电场不能穿进机壳内部，使屏蔽内的设备不受外界干扰源的影响。

（8）屏蔽接地：为了防止电磁干扰，在屏蔽体与地或干扰源的金属壳体之间所做的永久良好的电气连接称为屏蔽接地。所以屏蔽接地属于保护接地。

2. 术语定义

（1）接地体（极）（grounding conductor）

埋入地中并直接与大地接触的金属导体称为接地体（极）。接地体分为水平接地体和垂直接地体。

（2）自然接地体（natural earthing electrode）

可利用作为接地用的直接与大地接触的各种金属构件、金属井管、钢筋混凝土建筑的基础、金属管道和设备等的接地体。

（3）接地线（grounding conductor）

电气设备、杆塔的接地端子与接地体或零线连接用的在正常情况下不载流的金属导体，称为接地线。

（4）接地装置（grounding connection）

接地体和接地线的总和，称为接地装置。

（5）接地（grounded）

将电力系统或建筑物电气装置、设施过电压保护装置用接地线与接地体连接，称为接地。

（6）接地电阻（ground resistance）

接地体或自然接地体的对地电阻和接地线电阻的总和，成为接地装置的接地电阻。接地电阻的数值等于接地装置对地电压与通过接地体流入地中电流的比值。

注：上述接地电阻系指工频接地电阻。

（7）工频接地电阻（power frequency ground resistance）

按通过接地体流入地中工频电流求得的电阻，称为工频接地电阻。

（8）零线（null line）

与变压器或发电机直接接地的中性点连接的中性线或直流回路中的接地中性线，称为零线。

（9）保护接零（保护接地）（protective pround）

中性点直接接地的低压电力网中，电气设备外壳与保护零线连接，称为保护接零（保护接地）。

（10）集中接地装置（concentrated grounding connection）

为加强对雷电流的散流作用、降低对地电位而敷设的附加接地装置，如在避雷针附近装设的垂直接地体。

（11）大型接地装置（large-scale grounding connection）

110kV 及以上电压等级变电所的接地装置，装机容量在 200MW 以上的火电厂和水电厂的接地装置，或者等效平面面积在 $5000m^2$ 以上的接地装置。

（12）安全接地（safe grounding）

电气装置的金属外壳、配电装置的构架和线路杆塔等，由于绝缘损坏有可能带电，为防止其危及人身和设备的安全而设的接地。

（13）接地网（grounding grid）

由垂直和水平接地体组成的具有泄流和均压作用的网状接地装置。

5.3.2.2　消防系统接地规定

消防系统接地主要有工作接地与保护接地，而消防控制室有专用接地和共用接地两种，具体规定如下：

1. 接地装置的接地电阻规定

火灾自动报警系统应在消防控制室设置专用接地板，接地装置的接地电阻值应符合下列要求：

（1）当采用专用接地装置时，接地电阻值不大于 4Ω；

（2）当采用共用接地装置时，接地电阻值不应大于 1Ω。

2. 工作接地与保护接地的规定

（1）工作接地线应采用铜芯绝缘导线或电缆，不得利用镀锌扁铁或金属软管。

（2）由消防控制室引至接地体的工作接地线，在通过墙壁时，应穿入钢管或其他坚固的保护管。

（3）工作接地线与保护接地线必须分开，保护接地导体不得利用金属软管。

（4）消防电子设备凡采用交流供电时，设备金属外壳和金属支架等应作保护接地，接地线应与电气保护接地干线（PE线）相连接。

3. 消防控制室设置专用接地和共用接地规定

（1）专用接地：火灾自动报警系统应在消防控制室设置专用接地板，有利于确保系统正常工作。专用接地干线，是指从消防控制室接地板引至接地体这一段，若设专用接地体则是指从接地板引至室外这一段接地干线。计算机及电子设备接地干线的引入段一般不采用扁钢或裸铜排等方式，主要是为了与防雷接地（建筑构件防雷接地、钢筋混凝土墙体等）分开，需有一定绝缘，以免直接接触，影响电子设备接地效果。专用接地干线应从消防控制室专用接地板引至接地体。专用接地干线应采用铜芯绝缘导线，其线芯截面面积不应小于 $25mm^2$。专用接地干线宜穿硬质塑料管埋设至接地体。由消防控制室接地板引至各消防电子设备的专用接地线应选用铜芯绝缘导线，其线芯截面面积不应小于 $4mm^2$。专用接地装置见图 5-41 所示。

（2）共用接地系统：将各部分防雷装置、建筑物金属构件、低压配电保护线（PE）等电位连接带、设备保护地、屏蔽体接地、防静电接地及接地装置等连接在一起的接地系统。

采用共用接地装置时，一般接地板引至最低层地下室相应钢筋混凝土柱基础作共用接地点，不宜从消防控制室内柱子直接焊接钢筋引出。共用接地装置见图 5-42 所示。

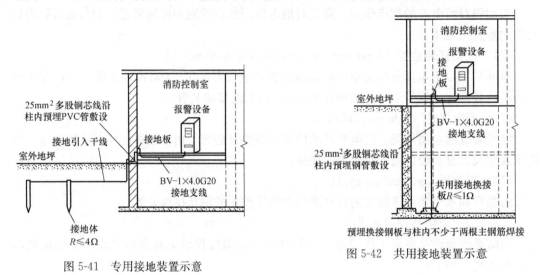

图 5-41　专用接地装置示意

图 5-42　共用接地装置示意

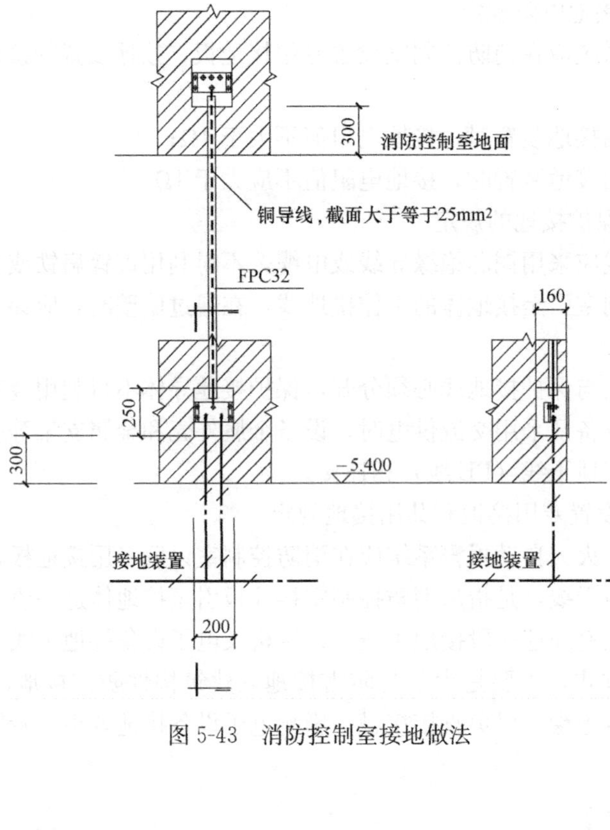

图 5-43　消防控制室接地做法

接地装置施工完毕后，应及时作隐蔽工程验收。验收应包括下列内容：测量接地电阻，并作记录；查验应提交的技术文件；审查施工质量。

5.3.2.3　消防系统接地做法应用案例

消防控制室接地做法案例如图 5-43 所示。

单元归纳总结

本单元共分为三部分内容：消防系统的供电、安装、布线与接地。

消防系统供电主要介绍了对消防供电的要求及规定；讲述了消防供电系统；对备用电源的自动投入进行了阐述。

消防系统的安装从探测器的安装入手，讲述了报警附件的安装，包括手动报警报钮、消防专用电话、灭火设备、防火卷帘、消防电梯、非消防电源的安装。

消防系统的布线与接地主要介绍有关要求，以便实际应用中考虑。

【习题与思考题】

1. 常用探测器的安装有哪些特点及要求？
2. 特殊探测器的安装有哪些特点及要求？
3. 报警附件有哪些？如何安装？
4. 消防中心设备安装有何要求？
5. 消防系统的布线有何要求？
6. 简述消防系统当采用专用接地和共用接地装置时有何区别？
7. 消防系统的供电要求与规定有哪些？
8. 描述手动报警按钮的安装要求。
9. 说明消防中心控制设备的安装要求有哪些。
10. 消防系统布线有哪些规定？
11. 消防广播如何安装？
12. 当采用专用接地装置时，接地电阻值多大？当采用共用接地装置时，接地电阻值多少？

单元 6 消防系统的调试、验收及维护运行

【学习引导与提示】

单元学习目标	能够对消防系统进行调试;能对检测验收项目作出正确指导;能够对交付使用后的消防系统进行维护保养
单元学习内容	任务 6-1 消防系统开通与调试 任务 6-2 消防系统的检测与验收 任务 6-3 消防系统的维护保养
单元知识点	明白消防系统的调试方法;学会消防系统的调试步骤;懂得验收前系统的调试内容及检测验收时所包含的项目;会对消防系统进行维护保养
单元技能点	具有验收前系统的调试及检测验收能力;具有消防系统交付使用后进行维护保养的能力
单元重点	消防系统的调试
单元难点	消防系统的维护

任务 6-1 消防系统开通与调试

6.1.1 消防系统开通与调试程序

1. 消防系统开通与调试前准备工作

在系统施工结束后进行火灾自动报警系统的调试。所谓的系统调试就是对已经安装完毕的各系统,按照国家消防有关规范要求调整有关组件和设施的参数,使其性能达到国家有关消防规范要求,保证火灾时有效发挥作用的工作过程。调试前准备以下材料:

(1) 火灾自动报警与灭火控制系统的调试开通工作应在建筑内部装修和系统安装结束,并得到竣工报告单后才能进行。

(2) 在系统调试开通前,调试开通单位必须具备下列文件:系统方框图以及系统用的建筑平面图;设备安装尺寸图;设备安装时的设备外部接线图;变更设计部分的实际施工图以及变更设计的证明文件;安装验收单,含安装技术记录和安装检验记录;设备的使用说明书;调试开通程序或规程;调试开通人员的资格审查和职责分工表。

(3) 调试开通负责人必须由经公安消防监督机构审查批准的有资格人员担任,一般应由生产厂的工程师或生产厂委托的经过训练的人员担任。所有参加调试的人员应职责明确,并应严格按照调试程序工作。

(4) 调试开通前,要认真检查集中报警控制器、区域报警控制器、探测器及手动报警按钮等报警设备的规格、型号和数量是否符合设计要求,备品备件和技术资料是否齐全。

(5) 检查系统的安装是否符合《火灾自动报警系统安装使用规范》有关规定的要求。

(6) 检查系统线路是否正确无误。

(7) 在调试开通前的检查中,如发现设计安装问题及影响调试开通的其他问题,应会同有关部门协调解决,并作文字记载。

2. 消防系统开通与调试程序

（1）消防系统开通与调试程序，根据该阶段的工作性质分为两个阶段。

第一阶段，即各子系统单独调试。各子系统（例如通风、排烟、消防水系统）分别按照国家有关消防规范对其性能、指标和参数进行调整，通过模拟火灾方式实际测量其系统参数，直至达到规范及使用的要求为止。

第二阶段，在各子系统已经完成自身系统调试工作并达到规范及使用的要求后，以自动报警联动系统为中心，按照规范使用要求进行消防系统自动功能整体调试（例如外部设备定义、联动编程等）。从时间上讲也应是先完成第一阶段的内容后再进行第二阶段工作，按照这样顺序第一阶段是各工种分别按照自己的专业进行工作，既不浪费劳动力，也能为第二阶段顺利进行做好准备工作，第二阶段的工作主要以电气专业为主进行联动关系调试，其他专业配合。第二阶段的调试过程也是检验各子系统在第一阶段调试中所达到参数的稳定性的过程。

（2）系统调试开通的具体程序如下：

① 在正式进行系统调试时，首先应分别对集中报警控制器、区域报警控制器、火灾报警装置和消防控制设备，按生产厂家产品说明书的要求进行单机通电检查试验，正常后才能接入系统进行调试。

② 在调试开通过程中，单机接入系统通电后，应对报警控制器做火灾报警自检功能、消声复位功能、故障报警功能、火警优先功能、报警记忆功能、电源自动转换和备用电源的自动充电功能、备用电源的欠压和过压报警等功能进行检查。在通电检查中，上述所有功能都必须符合《火灾报警控制器通用技术条件》GB 4717 的要求。对于产品说明书规定的其他功能，如脉冲复位、区域交叉和报警级别等在调试开通时也应逐一检查。

③ 按设计文件和设计要求，分别用主电源和备用电源供电，检查系统的各种控制功能和联动控制功能，其控制功能和联动功能应正常。

④ 检查主电源和备用电源的容量，其容量应符合《火灾报警控制器通用技术条件》GB 4717 的规定。

⑤ 应进行主电源和备用电源的自动转换试验，主、备电源应能自动转换，并符合《火灾自动报警控制器通用技术条件》GB 4717 的要求。

⑥给备用电源连续进行 3 次充放电，其功能应正常。

⑦系统功能调试正常后，应使用专用加烟加温等试验器对安装的每只控制器进行加烟（或加温）试验。具体可采用便携式探测试验器，其中 JTY-SY-A 型探测试验器（简称烟杆）的拉杆长度为 0.5～2.8m，微型吹烟机工作电源为 DC3V，烟源为棒线香 $\phi 8 \times$ 100mm，可适用于一般场所的感烟探测器试验。试验时将产烟棒线香装在烟杆的下部紧固座上，根据探测器的安装高度调节拉伸杆长度，将喷烟嘴对准探测器的进烟口，再接通电源开启微型吹烟机，将烟雾吹到探测器的周围。若在 30s 内探测器的确认灯点亮，则表示探测器工作正常。

JTY-SY-B 型探测试验器（简称烟瓶）的拉杆长度为 0.55～2.4m，其内装烟瓶容积为 0.19dm³，烟瓶内装有烟源氟利昂气体。由于烟瓶无电源和不产生火花，故适用于有防爆要求场所的感烟探测器试验。如在烟瓶内充入丁烷等可燃性气体，还可用于可燃气体探测器试验。试验时先将烟瓶装接在拉杆上，根据探测器的安装高度调节拉伸杆长度，并将烟瓶口上部波纹管对准感烟探测器的进烟口,向上稍用力即可使氟利昂气体喷出(持续 1~2s)。若在 15s 内探测器的确认灯点亮,则表示探测器工作正常。

JTW-SY-A 型探测试验器(简称温杆)的拉杆长度为 0.55~2.4m,温源功率为 300W,出口温度 80℃,工作电源 AC220V,适用于对感温探测器的试验。试验时先将温源头靠近探测器的吸热罩壳,然后接通工作电源。温源头升温,若在 10s 内探测器的确认灯点亮,则表示探测器的工作正常。

⑧ 按系统调试程序进行系统功能的自检。系统调试完全正常后,应连续无故障运行 120h,写出调试开通报告。

6.1.2　消防系统各环节调试内容及方法

消防系统的开通调试主要有:系统稳压装置的调试;室内消火栓系统的调试;自动喷水灭火系统的调试;防排烟系统的调试;防火卷帘门的调试等。下面分别叙述。

6.1.2.1　消防系统稳压装置的调试

系统的稳压装置是消防水系统的一个重要设施,它是保证消火栓灭火系统和自动喷淋灭火系统能否达到设计和规范要求及主要设备能否满足火灾初期 10min 灭火的基础。在高层建筑中稳压装置有稳压水泵和气压罐给水设备等。我们这里主要介绍一下隔膜式气压给水设备的调试。隔膜式气压给水设备的调试工作主要是对其压力值的设定,其设定方式可参考以下方法进行。

1. 压力设置原则

压力设置的原则主要是使消防给水管道最不利点的压力始终保持防火所需的要求。

2. 消防系统最不利点所需压力 P_1 的计算

按照稳压设备安装的位置,P_1 的计算方法分以下几种:

(1)安装在底层的稳压设备从水池吸水时,消火栓系统中最不利点所需压力 P_1 的计算式为:

$$P_1 = H_1 + H_2 + H_3 + H_4 \quad (\text{mH}_2\text{O})$$

式中　H_1——自水池最低水位至最不利点消火栓的几何高度;

　　　　H_2——管道系统的沿程和局部压力损失之和;

　　　　H_3——水龙带及消火栓本身的压力损失;

　　　　H_4——水枪喷射充实水柱长度所需压力。

(2)稳压设备安装在高位水箱间,水箱以自灌吸水方式工作时,消火栓系统压力 P_1 计算式为:

$$P_1 = H_3 + H_4 (\text{mH}_2\text{O})$$

(3)稳压设备安装在底层从水池吸水时,自动喷水灭火系统的压力 P_1 计算式为:

$$P_1 = \sum H + H_\text{o} + H_\text{r} + Z (\text{mH}_2\text{O})$$

式中　$\sum H$——自动喷水管道至最不利点喷头的沿程和局部压力损失之和;

　　　　H_o——最不利点喷头的工作压力;

　　　　H_r——报警阀的局部水头损失;

　　　　Z——最不利点喷头与水池最低水位(或供水干管)之间的几何高度。

(4)稳压设备安装在高位水箱间,从水箱自灌吸水且最不利点喷头低于设备时,自动喷水灭火系统的压力计算式为:

$$P_1 = \sum H + H_o + H_r \quad (\text{mH}_2\text{O})$$

3. 消防泵启动压力 P_2 的计算

在工程中通常将 $P_2 - P_1$ 的值设定在 0.1MPa 左右。

4. 稳压泵启动压力 Ps_1 的计算

$$Ps_1 = P_2 + (0.02 \sim 0.03) \quad (\text{MPa})$$

5. 稳压泵停泵压力 Ps_2 的计算

$$Ps_2 = Ps_1 + (0.05 \sim 0.06) \quad (\text{MPa})$$

按照上述的要求设定压力，压力设定后应进行压力限位试验，观察加压水泵在压力下限时能否启泵，在达到系统设置的上限时能否停止。

6.1.2.2　室内消火栓系统的调试

这里所指的消火栓系统仅以高层建筑室内消火栓系统为例加以说明，且该室内消火栓系统的稳压装置是采用隔膜式气压罐给水装置。该系统调试时应按照以下步骤进行。

1. 系统的水压强度试验

消火栓系统在完成管道及组件安装后，应首先进行水压强度试验。水压强度试验的压力值应按照下列方式设定：当系统设计压力等于或小于 1.0MPa 时，水压强度试验压力为设计工作压力的 1.5 倍，并不应低于 1.4MPa；当系统设计工作压力大于 1.0 MPa 时，水压强度试验压力应为工作压力加上 0.4MPa。

做水压试验时应考虑试验时的环境温度，如果环境温度低于 5℃时，水压试验应采取防冻措施。

水压强度试验的测试点应设在系统管网的最低点。对管网注水时，应将管网内的空气排净，并应缓慢升压，达到试验压力后稳压 30min，观察管网应无泄漏和无变形，且压力降不应大于 0.05MPa。

2. 消火栓系统水压严密性试验

消火栓系统在进行完水压强度试验后应进行系统水压严密性试验。试验压力应为设计工作压力，稳压为 24h，应无泄漏。

3. 系统工作压力设定

消火栓系统在系统水压和严密性试验结束后，进行稳压设施的压力设定，稳压设施的稳压值应保证最不利点消火栓的静压力值满足设计要求。当设计无要求时最不利点消火栓的静压力应不小于 0.2MPa。

4. 静压测量

当系统工作压力设定后，下一步是对室内消火栓系统内的消火栓栓口静水压力和消火栓栓口的出水压力进行测量。静水压力不应大于 0.80MPa，出水压力不应大于 0.50MPa。

当测量结果大于以上数值时应采用分区供水或增设减压装置（如减压阀等），使静水压力和出水压力满足要求。

5. 消防泵的调试

上述调试工作结束后开始进行消防泵的调试。

在消防泵房内通过开闭有关阀门将消防泵出水和回水构成循环回路，保证试验时启动消防泵不会对消防管网造成超压。

以上工作完成后，将消防泵控制装置转入到手动状态，通过消防泵控制装置的手动按钮启动主泵，用钳形电流表测量启动电流，用秒表记录水泵从启动到正常出水运行的时间，该时间不应大于 5min，如果启动时间过长，应调节启动装置内的时间继电器，减少降压过程的时间。

主泵运行后观察主泵控制装置上的启动信号灯是否正常，水泵运行时是否有周期性噪声发出，水泵基础连接是否牢固，通过转速仪测量实际转速是否与水泵额定转速一致，通过消防泵控制装置上的停止按钮停止消防泵。

利用上述方法调试备用泵，并在主泵故障时备用泵应自动投入。

以上工作完成后，将消防泵控制装置转入到自动状态。因为消防泵本身属于重要被控设备，所以一般需要进行两路控制，即总线制控制（通过编码模块）和多线制直接启动。所以在针对该设备调试时要从这两方面入手。总线制调试可利用 24V 电源带动相应 24V 中间继电器线圈，观察主继电器是否吸合，同时用万用表测量消防泵控制柜中相应的泵运行信号回答端子（无源）是否导通；多线制直接启动调试可利用短路线短接消防泵远程启动端子（注意强电 220V），观察主继电器是否吸合，同时用万用表测量泵直接启动信号回答端子（无源或有源 220V），观察是否导通。

对双电源自动切换装置实施自动切换，测量备用电源相序是否与主电源相序相同。利用备用电源切换时消防泵应在 1.5min 内投入正常运行。

6. 最不利点消火栓充实水柱的测量

当消火栓系统的静压值经调整测量符合要求后，再下一步就是要进行最不利点消火栓充实水柱的测量。

打开试验消火栓，接好水带、水枪，启动消防泵。当消火栓出水稳定后测量充实水柱长度是否满足下列要求：

当建筑物高度不超过 100m 时充实水柱长度应不小于 10m；

当建筑物高度超过 100m 时充实水柱长度应不小于 13m。

应当指出，这里所指的启动消防泵是指启动消火栓系统的主泵，同时自动关闭稳压装置。测量时水枪的上倾角应为 45°，当测量结果满足不了要求时应校核主泵的扬程，审核设计资料。如是泵的问题应更换主泵并重新按照上述要求进行测量直到满足要求。

6.1.2.3 自动喷水灭火系统的调试

自动喷水灭火系统在管网安装完毕后应按照顺序进行水压强度试验、严密性试验和冲洗管网。

1. 自动喷水灭火系统的水压强度试验

自动喷水灭火系统在进行水压强度试验前应对不能参与试压的设备、仪表、阀门及附件进行隔离或拆除。对于加设临时盲板应准确，盲板的数量、位置应确定，以便试验结束后拆除。

水压强度试验压力同消火栓系统相同，具体做法如下：

当系统设计压力等于或小于 1.0MPa 时，水压强度试验压力应为设计工作压力的 1.5 倍，并不应低于 1.4MPa；当系统设计工作压力大于 1.0MPa 时，水压强度试验压力应为工作压力加上 0.4MPa。

水压强度试验的测试点应设在系统管网的最低点。对管网注水时，应将管网内的空气排净，并应缓慢升压，达到试验压力后稳压 30min，观察管网应无泄漏和无变形，且压力降不应大于 0.05MPa。

水压强度试验时应考虑环境温度，如果环境温度低于 5℃时，水压试验应采取防冻措施。

2. 自动喷水灭火系统的水压严密性试验

自动喷水灭火系统在进行完水压强度试验后应进行系统水压严密性试验。试验压力应为设计工作压力，稳压 24h，应无泄漏。

3. 管道的冲洗

管道冲洗应在试压合格后分段进行。冲洗的顺序应先室外，后室内；先地下，后地上；室内部分的冲洗应按照配水干管、配水管、配水支管的顺序进行。

管网冲洗前应对系统的仪表采取保护措施。止回阀和报警阀等应拆除，冲洗工作结束后应及时复位。

管网冲洗用水应为生活用水，水流速度不宜小于 3m/s，流量不宜小于表 6-1 所列数据。

当现场冲洗流量不能满足要求时，应按系统设计流量进行冲洗，或采用水压气动冲洗法进行冲洗。管网冲洗应连续进行，当出口处水的颜色、透明度与入口处水的颜色一致时，冲洗方可结束。

冲洗水流量　　　　　　　　　　　　　　　表 6-1

管道公称直径(mm)	300	250	200	150	125	100	80	65	50	40
冲洗流量(L/s)	220	154	98	58	38	25	15	10	6	4

4. 喷淋系统消防泵调试

自动喷水灭火系统上述调试工作结束后开始进行喷淋泵的调试。

(1) 喷淋泵的手动启停试验

① 首先，在消防泵房内通过开闭阀门将喷淋泵出水和回水构成循环回路，保证试验时启动喷淋泵不会对管网造成超压。

② 以上工作完成后，将喷淋泵控制装置投入到手动状态，通过喷淋泵控制装置手动按钮启动主泵，通过钳形电流表测量启动电流，通过秒表记录水泵从启动到正常出水运行的时间，该时间不应大于 5min。

③ 主泵运行后观察主泵控制装置上的启动信号灯是否正常，水泵运行时是否有周期性噪声发出，水泵基础连接是否牢固，通过转速仪测量实际转速是否与水泵额定转速一致，通过喷淋泵控制装置上的停止按钮停止喷淋泵。

④ 利用上述方法调试备用泵。

(2) 备用泵自动投入试验

将喷淋泵控制装置内启动主泵的接触器的主触头电源摘除，启动主泵，观察主泵启动失败后备用泵是否自动投入启动直至正常运行。

(3) 喷淋泵自动启动实验

以上工作完成后，将喷淋泵控制装置投入到自动状态。因为喷淋泵本身属于重要被控设备，所以一般需要进行两路控制，即总线制控制（通过编码模块）和多线制直接启动。所以在针对该设备调试时要从这两方面入手。总线制调试可利用 24V 电源带动相应 24V

中间继电器线圈，观察主继电器是否吸合，同时用万用表测量消防泵控制柜中相应的泵运行信号回答端子（无源）是否导通；多线制直接启动调试可利用短路线短接消防泵远程启动端子（注意强电 220V），观察主继电器是否吸合，同时用万用表测量泵直接起动信号回答端子（无源或有源 220V），观察是否导通。

（4）备用电源切换试验

主泵运行时切断主电源，观察备用电源自动投入时，喷淋泵应在 1.5min 内投入正常运行。

5. 水流指示器的调试

水流指示器分机械式和感应式两种。

启动自动喷水灭火系统的末端试水装置，通过万能表测量水流指示器输出信号端子（动作时应为导通状态），利用秒表测量在末端试水装置放水后 5～90s 内水流指示器是否发出动作信号。如发不出动作信号，则应重新调整水流指示器的浆叶是否打开，方向是否正确，微动开关是否连接可靠，与联动机构接触是否可靠。调试工作期间系统稳压装置应正常工作。

6. 湿式报警装置的调试

湿式报警装置在系统充水结束后，阀前压力表和阀后压力表的读数应相等，表明水源压力正常，管网无漏损。

打开调试警铃阀观察水力警铃应在 5～90s 内发出报警声音。用万能表测量压力开关是否有信号输出（动作时应为导通状态），用声压计在距离水力警铃 3m 处（水力警铃喷嘴处压力不小于 0.05MPa 时）测量，其警铃声强度应不小于 70dB。

7. 信号碟阀的调试

确定信号碟阀开关是否到位、顺畅，同时在信号碟阀处于打开状态时其电信号输出端子应为开路；当信号碟阀处于关闭状态时其电信号回答端子应为短路。调试时可用万用表检验。

6.1.2.4　防排烟系统的调试

在高层建筑中防排烟系统的调试分为正压机械送风系统的调试和机械排烟系统的调试

1. 正压送风系统的调试

正压送风系统主要设置在封闭楼梯间和电梯前室。正压送风系统的调试主要是正压送风机的启停和余压值的测量。

首先检查风道是否畅通及有无漏风，然后把正压送风口手动打开，观察机械部分打开是否顺畅，有无卡堵现象（电气自动开启可在联动调试时进行）。在风机室手动启动风机，利用微压仪测量余压值，防烟楼梯间余压值应为 40～50Pa，前室、合用前室、消防电梯前室的余压值应为 25～30Pa。

以上工作完成后，将送风机控制装置投入到自动状态。因为送风机本身属于重要被控设备，所以一般需要进行两路控制，即总线制控制（通过编码模块）和多线制直接启动。所以在针对该设备调试时要从这两方面入手。总线制调试可利用 24V 电源带动相应 24V 中间继电器线圈，观察主继电器是否吸合，同时用万用表测量消防泵控制柜中相应的泵运行信号回答端子（无源）是否导通；多线制直接启动调试可利用短路线短接消防泵远程启动端子（注意强电 220V），观察主继电器是否吸合，同时用万用表测量泵直接启动信号回答端子（无源或有源 220V），观察是否导通。

送风阀的调试：送风阀一般情况下默认为关闭状态，动作时打开。调试时首先通过手动方式开关送风阀，观察其动作是否灵活，同时通过 24V 蓄电池为其启动端子供电，观察其能否打开，同时用万用表实测其动作状态下电信号回答端子是否导通。

防火阀的调试：防火阀一般情况下默认为打开状态，当温度升高到一定值时动作，动作时关闭。通过手动方式开关防火阀看其是否灵活顺畅，同时在其关闭状态下用万用表实测其电信号回答端子是否导通。

2. 排烟系统的调试

排烟系统的调试主要是进行排烟风机的调试和排烟口风速的测量（关于排烟口的自动打开、排烟风机的自动启动及防火阀动作联动风机停止等项目在联动调试时进行）。排烟风机的调试主要是进行风机的手动启停试验和远距离启停试验，如采用双速风机应当在火灾时启动高速运行，这里只对单速风机进行调试，首先在风机室启动排烟风机，在排烟风机达到正常转速后测量该防烟分区排烟口的风速，该值宜在 3～4m/s，但不应大于 10m/s（测量方式在后面消防系统检测验收中叙述）。在风机室手动停止排烟风机。

以上工作完成后，将排烟机控制装置投入到自动状态。因为排烟机本身属于重要被控设备，所以一般需要进行两路控制，即总线制控制（通过编码模块）和多线制直接启动。所以在针对该设备调试时要从这两方面入手。总线制调试可利用 24V 电源带动相应 24V 中间继电器线圈，观察主继电器是否吸合，同时用万用表测量消防泵控制柜中相应的泵运行信号回答端子（无源）是否导通；多线制直接启动调试可利用短路线短接消防泵远程启动端子（注意强电 220V），观察主继电器是否吸合，同时用万用表测量泵直接启动信号回答端子（无源或有源 220V），观察是否导通。

排烟阀调试：排烟阀一般情况下默认为常闭，动作时打开。调试时首先通过手动方式开关送风阀，看其动作是否灵活到位，同时通过 24V 蓄电池为其启动端子供电，看其能否打开，同时用万用表实测其动作状态下电信号回答端子是否导通。

3. 防火卷帘门的调试

在高层建筑内采用的防火卷帘门主要是电动防火卷帘门，以下所指均为电动防火卷帘门。

防火卷帘门的调试主要分机械部分的调试、电动部分调试及自动功能调试三部分进行。

（1）防火卷帘门的机械部分调试

① 限位调整

在防火卷帘门安装结束后，首先要进行的是机械部分的调整。设定限位（一步降、二步降的停止位置）位置。两步降落的防火卷帘门的一步降位置应在距地面 1.8m 位置，降落到地面位置应保证帘板底边与地面最大间距不大于 20mm。

② 手动速放装置试验

手动速放装置的试验通过手动速放装置拉链下放防火卷帘门，帘板下降顺畅，速度均匀，一步停降到底。

③ 手动提升装置试验

通过手动拉链拉起防火卷帘门，拉起全程应顺利，停止后防火卷帘门应当靠其自重下降到底。

（2）防火卷帘门的电动部分调试

通过防火卷帘门两侧安装的手动按钮升、停、降防火卷帘门，防火卷帘门应能在任意位置通过停止按钮停止防火卷帘门。

（3）防火卷帘门的自动功能调试

卷帘门自动控制方式分有源和无源启动两种。无源启动的卷帘门可利用短路线分别短接中限位和下限位的远程控制端子，观察其下落是否顺畅，悬停的位置是否准确。同时要用万用表实测中限位和下限位电信号的无源回答端子是否导通；有源启动方式的卷帘门在自动方式调试时需要 24V 电源（可用 24V 电池代替）为其远程控制端子供电以启动卷帘门，观察其下落是否顺畅，悬停的位置是否准确。同时要用万用表实测中限位和下限位的电信号的无源回答端子观察其是否导通。

6.1.2.5 空调机、发电机及电梯的电气调试

1. 空调机的电气调试

从消防电气角度讲在发生火情时，为避免火焰和烟气通过空调系统进入其他空间，需要立即停止空调的运行。一般情况下除要求通过总线制控制外有时还需要多线制直接控制，以便更可靠地将其停止。其具体调试方法同送风机。

2. 发电机的电气调试

发电机的电气调试主要是看其在市电停止后能否立即自动发电，同时要求其启动回答信号能反馈到消防报警控制器上，该回答信号可通过万用表实测其电信号回答端子获得。

3. 电梯的电气调试

电梯的电气调试需要通过对其远程端子的控制，使电梯能立即降到底层，在此期间任何呼梯命令均无效。同时当其降落到底层后，相应的电信号回答端子导通，可通过万用表实测以便确认。

6.1.3 火灾自动报警及联动系统的调试

在上述各子系统的分步调试结束后，就可以进行最后的火灾自动报警及消防联动系统的调试了，这也是整个消防系统调试最后也是最关键的步骤。火灾自动报警及消防联动系统的调试流程大致如下：外部设备（探测器和模块）的编码、各类线路的测量、设备注册、外部设备定义、手动消防启动盘的定义、联动公式的编写、报警和联动试验。以下是针对各步骤进行具体的说明。

1. 外部设备（探测器和模块）的编码

按照图纸中相应设备的编码，通过电子编码器或手动拨码方式对外部设备（探测器和模块）进行编码，同时对所编设备的编码号、设备种类及位置信息进行书面记录以防出错。原则上外部设备不允许重码。

2. 各类线路的测量

各外部设备（探测器和模块）接线编码完毕后需把各回路导线汇总到消防控制中心，通过万用表测量各报警回路和电源回路的线间及对地阻值是否符合规范要求的绝缘要求（报警和联动总线的绝缘电阻不小于 20MΩ），符合要求后接到报警控制器相应端子上。消防专用接地线对地电阻是否符合要求，测量合格后接到报警控制器专用接地端子上。有条件的可采用兆欧表对未接设备的线路进行绝缘测试。同时要对控制器内部的备用电源和交

流电源（测量电压范围不应超出 220V＋10％）进行安装接线，以便做好开机调试前的最后准备工作。

3. 设备注册

线路连接完毕后打开消防报警控制器，对外部设备（探测器和模块）进行在线注册。并通过注册表上的外部设备数量及其具体编码来判断线路上设备的连接情况，以便指导施工人员对错误接线进行改正。

4. 外部设备定义

根据现场施工人员提供的针对每个编码设备的具体信息向报警主机内输入相关数据。这其中包括设备的类型（如感烟、感温、手报等）、对应设备的编码、对应设备具体位置的汉字注释等等。

5. 手动消防启动盘的定义

手动消防启动盘是厂家为了方便对消防联动设备的控制，在主机上单独添加的一些手动按钮，因为其数量巨大，所以需要单独调试。该项调试完成后即可方便地对外部消防设备进行手动控制了。

6. 联动程序的编写

为实现火灾发生时整个消防系统中各子系统的自动联动，需要依据消防规范并结合现场实际情况向报警控制器内编写相应的联动公式。因为涉及的联动公式数量较多而且相对复杂，所以需要单独调试。此项工作完成后就可以实现相关设备的联动控制了。

7. 报警和联动试验

以上各步分别完成后就可以进行最终的报警和联动试验。

（1）按照实际的防火分区均匀地挑选 10％ 的报警设备（探测器和手报等）进行报警试验，观察能否按照以下的要求准确无误地报警。其具体要求是：

① 探测器报警、手动报警按钮被按下，报警信息反馈到火灾报警控制器上；

② 消防报警按钮被按下，动作信息被反馈到火灾报警控制器上。

（2）通过手动消防启动盘和远程启动盘（也叫多线制控制盘）有针对性地启动相关的联动设备，看这些联动设备能否正常动作，同时观察动作设备的回答信号能否正确地反馈到火灾报警控制器上。其具体要求如下：

① 启动消防泵、喷淋泵，启动后信号是否反馈到火灾报警控制器上；

② 启动排烟机、送风机，启动后信号是否反馈到火灾报警控制器上；

③ 启动排烟阀、送风阀，启动后信号是否反馈到火灾报警控制器上；

④ 关闭空调机，关闭后信号是否反馈到火灾报警控制器上；

⑤ 启动消防广播、消防电话，启动后信号是否反馈到火灾报警控制器上；

⑥ 启动一步降或二步降卷帘门，启动后信号是否反馈到火灾报警控制器上；

⑦ 启动切断非消防电源和迫降消防电梯，启动后信号是否反馈到火灾报警控制器上。

（3）打开火灾报警控制器上的自动功能，分别在相应的防火分区内做报警试验，观察出现报警信息后其相应防火分区内的相应联动设备是否动作，动作后其动作回答信号能否显示到火灾报警控制器上。其具体的联动要求如下：

① 探测器报警信号"或"手动报警按钮报警信号——相应区域的讯响器报警；

② 消火栓报警按钮按下——消火栓报警按钮动作信号反馈到控制器上——启动消火

栓系统消防泵——消防泵启动信号反馈到控制器上；

③ 压力开关动作——压力开关动作信号反馈到控制器上——启动喷淋泵——喷淋泵启动信号反馈到控制器上；

④ 探测器报警信号"或"手动报警按钮报警信号——打开本层及相邻层正压送风阀——正压送风阀打开信号反馈到控制器上——启动正压送风机——正压送风机启动信号反馈到控制器上；

⑤ 探测器报警信号"或"手动报警按钮报警信号——打开本层及相邻层排烟阀——排烟阀打开信号反馈到控制器上——启动排烟机——排烟机启动信号反馈到控制器上；

⑥ 排烟风、正压送风机或空调机入口处的防火阀关闭——防火阀关闭信号反馈到控制器上——停止相应区域的排烟机、正压送风机或空调机；

⑦ 探测器报警信号"或"手动报警按钮报警信号——打开本层及相邻层消防广播；

⑧ 探测器报警信号"或"手动报警按钮报警信号——相应区域的防火防烟分割的卷帘门降到底——卷帘门动作信号反馈到控制器上；

⑨ 疏散用卷帘门附近的感烟探测器报警——卷帘门一步降——卷帘门一步降动作信号反馈到控制器上；

⑩ 疏散用卷帘门附近的感温探测器报警——卷帘门二步降——卷帘门二步降动作信号反馈到控制器上；手动报警按钮"或"两只探测器报警信号"与"——切断非消防电源同时迫降消防电梯到首层——切断和迫降信号反馈到控制器上。

以上就是对一般情况下联动关系的介绍，在实际调试中遇到特殊情况时要以消防规范和实际情况为原则进行适当的调整。

在完成上述内容后，即可进行系统验收交工的工作。

任务 6-2　消防系统的检测与验收

消防验收是指消防部门对企事业单位竣工运营时进行消防检测的合格调查，施工单位进行消防验收时需要消防局进行安全检测排查，同时需要出具电气防火检查合格证明文件，电气消防检测已被国家公安部列入消防验收强制检查的项目。

消防验收的主要依据是《建筑消防设施检测技术规程》CA503、《通风与空调工程施工质量验收规范》GB 50243、《火灾自动报警系统施工及验收规范》GB 50166、《自动喷水灭火系统施工及验收规范》GB 50261、《泡沫灭火系统施工及验收规范》GB 50281。

公安机关消防机构对申报消防验收的建设工程，应当依照建设工程消防验收评定标准对已经消防设计审核合格的内容组织消防验收。对综合评定结论为合格的建设工程，公安机关消防机构应当出具消防验收合格意见；对综合评定结论为不合格的，应当出具消防验收不合格意见，并说明理由。其具体验收流程如图 6-1 所示。

6.2.1　消防系统检测验收条件及交工技术保证资料

消防验收是整个项目的消防设施、结构等的验收，包括结构、装修、防火门、楼梯、电梯、配电系统、疏散及应急照明系统、通风、防排烟系统、防火卷帘门、自动喷洒系统、室内消火栓系统、室外消火栓系统、水喷雾系统、室外消防水泵接合器、消防水源、防火间距、消防报警及联动系统等消防设施以及防火墙孔洞的封堵、消防通道的畅通。

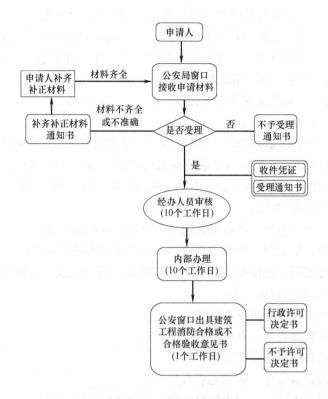

图 6-1　消防验收流程图

　　消防工程的验收分为两个步骤。第一个步骤是在消防工程开工之初对消防工程进行的审核审批，第二个步骤是当消防工程竣工后进行的消防验收。以下是在进行这两个步骤工作时所需具备条件及办理时限的详细说明，同时附有所需的主要表格以供参考。

　　1. 消防系统验收条件

　　公安部第 106 号令《建设工程消防监督管理规定》第二十一条 建设单位申请消防验收应当提供下列材料：

　　(1) 建设工程消防验收申报表；

　　(2) 工程竣工验收报告；

　　(3) 消防产品质量合格证明文件；

　　(4) 有防火性能要求的建筑构件、建筑材料、室内装修装饰材料符合国家标准或者行业标准的证明文件、出厂合格证；

　　(5) 消防设施、电气防火技术检测合格证明文件；

　　(6) 施工、工程监理、检测单位的合法身份证明和资质等级证明文件；

　　(7) 其他依法需要提供的材料。

　　为了使消防验收顺利通过，现将消防验收应具备的基本条件阐述如下：

　　(1) 消防喷洒系统施工调试完成，能够联动；

　　(2) 消火栓系统施工调试完成，能够联动；

　　(3) 室外消火栓设置间距和位置符合要求；

（4）稳压系统、消防泵房喷洒加压泵、消火栓加压泵工作正常；

（5）根据验收计划，消防水系统提前正式充水，检测验收日期之前相关给水排水设备和管路、水池、水箱应具备相应功能。各专业的安装工作应在提前7～10d左右完成，以给消防联动系统创造安装、调试联动时间；

（6）消防报警及联动系统安装调试完成；

（7）电梯安装自身调试完成；

（8）防火卷帘门安装调试完成，尤其是熔断片功能及轨道侧面的防火砌筑完善；

（9）根据验收计划，各个与消防系统有关的联动设备（正压风机、排烟风机、防火阀、排烟阀等）应在调试前确保完成各自的单机试运转工作，避免出现电机反转、执行机构不完整等问题影响调试进度；

（10）配电室、各配电箱、各种电源控制柜安装自身调试完成；

（11）楼梯扶手、防火门、闭门器、户门、外门窗安装基本完成；

（12）公共部分照明、疏散指示、应急照明安装和调试完成，疏散指示灯及安全出口标志灯应确保亮度及指示方向正确；

（13）穿防火墙的孔洞封堵基本完成；

（14）室外消防管线贯通，双电源到位；

（15）室外消防环路能够通消防车；

（16）各种报验资料齐全（明细见后）；

（17）整体工程基本完工，卫生状况较好，外脚手架拆除完毕；

（18）消防系统调试、检测、验收期间，各个相关安装、供货单位应确保足够的技术人员在现场配合调试工作；

（19）电气检测机电做好各楼开关、插座、灯具、配电箱、应急照明、各配电柜负荷以及其他灯具统计；

（20）带消防控制的配电柜、风机控制箱以及电梯、卷帘门、门禁等二次接线图两套。

建设工程消防验收申报表包括以下内容及表6-2所示。

编号：

建设工程消防验收申报表

工程名称_____

建设单位_____   （盖章）

申报日期_____

中华人民共和国公安部制

说　明

一、在填表前，应当阅读《中华人民共和国消防法》和公安部《建设工程消防监督管理规定》，并确知享有的权利和应尽的责任。

二、提交材料的装订规格，应当按照 A4 纸的规格。

三、填写应当使用钢笔和能够长期保持字迹的墨水，字迹要清楚，文面要整洁。

四、表格设定的栏目，要逐项填写；不需填写的，要划去。"联系人"、"联系电话"栏必须填写有效的联系方式。

五、表格中出现多个"□"，表示有多个内容可供选择，在选中内容前的"□"内打√。

六、"竣工验收情况说明"中，设计单位应对该工程是否符合经消防设计审核合格的消防设计文件的情况予以说明，并加盖单位印章；施工单位应对该工程消防施工质量是否符合国家工程建设消防技术标准，是否满足消防设计文件要求，是否存在擅自改变消防设计、降低消防施工质量以及使用不合格消防产品和有防火性能要求的建筑构件、建筑材料及室内装修装饰材料的行为等进行说明，并加盖单位印章；工程监理单位应对该工程使用或者安装消防产品和有防火性能要求的建筑构件、建筑材料、室内装修装饰材料等情况以及消防施工质量是否符合国家工程建设消防技术标准、满足消防设计文件要求等予以说明，并加盖单位印章；建设单位应对竣工验收合格情况予以说明，并加盖单位印章。

建筑消防设计防火审核申报表　　　　　　　表 6-2

建设单位		联 系 人	
工程名称		联系电话	
工程地址		使用性质	
《建设工程消防设计审核意见书》编号		时　间	

单位类别	单位名称	资质等级	负责人	联系人	联系电话
设计单位					
施工单位					
监理单位					

工程基本情况	建筑物名称	结构	耐火等级	高度	层数	建筑面积(储量)	火灾危险性类别

续表

工程主要消防设计内容	□ 土建工程	□防火间距　□防火分区　□防烟分区　□消防电梯 □防烟楼梯　□封闭楼梯　□消防车通道　□消防控制室
	□ 室内装修工程	□顶棚　　□墙面　　□地面　□隔断　□固定家具 □装饰织物　　　　□其他装饰材料
	□ 消防水源	□市政管网　□消防水池　□天然水源
	□ 室内消火栓系统	□常高压　□临时高压　□干式消防竖管　□消防水箱 □消防水泵接合器
	□ 室外消火栓系统	□环状管网　□枝状管网
	□ 自动喷水灭火系统	□干式　□湿式　□预作用　□雨淋　□水幕　□水雾
	□ 火灾自动报警系统	□区域报警　□集中报警　□控制中心报警
	□ 气体灭火系统	□管网　　　□无管网 □洁净气体　□其他
	□ 泡沫灭火系统	□固定　　□半固定　　□移动 □高倍　　□中倍　　　□低倍 □抗溶性　□氟蛋白　　□清水　　□其他
	□ 防烟排烟系统	□机械排烟　□正压送风　□自然排烟
	□ 灭火器	□干粉　□气体　□水系　□泡沫　□其他
	□ 干粉灭火系统	□全淹没　□局部
	□ 其他	

竣 工 验 收 情 况 说 明

一、经审核合格的消防设计实施情况

（设计单位印章）
年　月　日

二、消防施工情况

（施工单位印章）
年　月　日

三、工程监理情况

（监理单位印章）
年　月　日

四、竣工验收情况

（建设单位印章）
年　月　日

2. 消防系统交工技术保证资料

消防系统交工技术保证资料是消防系统交工检测验收中的重要部分，也是保证消防设施质量的一种有效手段。现将常用的有关保证资料内容加以列举，供有关人员使用参考。

(1) 消防监督部门的建审意见书。

(2) 图纸会审记录。

(3) 设计变更。

(4) 竣工图纸。

(5) 系统竣工表。

(6) 主要消防设备的型式检验报告。

型式检验报告是国家或省级消防检测部门对该设备出具的产品质量、性能达到国家有关标准、准许在我国使用的技术文件。无论是国内产品还是进口产品均应通过此类的检测并获得通过后方可在工程中使用。同时省外的产品还应具备使用所在地消防部门发布的"消防产品登记备案证"。

需要上述文件的设备主要有：

① 火灾自动报警设备（包括：探测器、控制器等）；

② 室内外消火栓；

③ 各种喷头、报警阀、水流指示器等；

④ 气压稳压设备；

⑤ 消防水泵；

⑥ 防火门、防火卷帘门；

⑦ 防火阀；

⑧ 水泵结合器；

⑨ 疏散指示灯；

⑩ 其他灭火设备（如二氧化碳等）。

(7) 主要设备及材料的合格证。

除上述设备外，各种管材、电线、电缆等，难燃、不燃材料应有有关检测报告，钢材应有材质化验单等。

(8) 隐蔽工程记录。

隐蔽工程记录是对已经隐蔽检测时又无法观察的部分进行评定的主要依据之一。隐蔽工程记录应有施工单位、建设单位的代表签字及上述单位公章方可生效。主要隐蔽工程记录如下：

① 自动报警系统管路敷设隐蔽工程记录；

② 消防供电、消防通讯管路隐蔽工程记录；

③ 消防管网隐蔽工程记录（包括水、气体、泡沫等系统）；

④ 接地装置隐蔽工程记录。

(9) 系统调试报告（包括火灾自动报警系统、水、气体、泡沫、二氧化碳等系统）。

(10) 绝缘电阻测试记录。

(11) 接地电阻测试记录。

（12）消防管网水冲洗记录（包括自动喷水、气体、泡沫、二氧化碳等系统）。

（13）管道系统试压记录（包括自动喷水、气体、泡沫、二氧化碳等系统）。

（14）接地装置安装记录。

（15）电动门及防火卷帘安装记录。

（16）电动门及防火卷帘调试记录。

（17）消防广播系统调试记录。

（18）风机安装记录。

（19）水泵安装记录。

（20）风机、水泵运行记录。

（21）自动喷水灭火系统联动试验记录。

（22）消防电梯安装记录。

（23）防排烟系统调试及联动试验、试运行记录。

（24）气体灭火联动试验记录。

（25）气体灭火管网冲洗、试压记录。

（26）泡沫液储罐的强度和严密性试验记录。

（27）阀门的强度和严密性试验记录。

3. 办理时限

（1）建筑防火审批时限：一般工程七个工作日内，重点工程及设置建筑自动消防设施的建筑工程十个工作日，工程复杂需要组织专家论证的十五个工作日内签发《建筑工程消防设计审核意见书》。

（2）建筑工程验收时限：五个工作日内对建筑工程进行现场验收，并在五个工作日内下发《建筑工程消防验收意见书》。

6.2.2　消防系统检测验收内容

6.2.2.1　消防系统检测验收内容梗概

消防系统检测验收内容大概包括以下内容：

（1）总平面布局和平面布置中涉及消防安全的防火间距、消防车道、消防水源等；

（2）建筑的火灾危险性类别和耐火等级；

（3）建筑防火防烟分区和建筑构造；

（4）安全疏散和消防电梯；

（5）消防给水和自动灭火系统；

（6）防烟、排烟和通风、空调系统；

（7）消防电源及其配电；

（8）火灾应急通道、应急照明、应急广播和疏散指示标志；

（9）火灾自动报警系统和消防控制室；

（10）建筑内部装修；

（11）建筑灭火器配置；

（12）国家工程建设标准中有关消防安全的其他内容；

（13）查验消防产品有效文件和供货证明。

建筑消防设施检测记录见表 6-3 所示。

建筑消防设施检测记录　　　　　　　　　　　　　　**表 6-3**

建筑物名称			检测时间		
建筑消防设施类别	☐1 消防供配电设施 ☐5 自动喷水灭火系统 ☐9 机械排烟系统 ☐13 消防分隔设施	☐2 火灾自动报警系统 ☐6 泡沫灭火系统 ☐10 应急照明和疏散指示标志 ☐14 消防电梯		☐3 消防给水设施 ☐7 气体灭火系统 ☐11 应急广播系统 ☐15 灭火器	☐4 消火栓和消防炮 ☐8 机械加压送风系统 ☐12 消防专用电话
				(注:请在相关项前"☐"内划"√")	
检测项目	检测部位	检测内容		检测结果	

备注:
建筑消防设施检测记录人:

6.2.2.2　消防检测验收的具体内容

系统的检测和验收应根据国家现行的有关法规,由具有对消防系统检测资质的中介机构进行系统性能检测,并将检查结果填入表 6-3 中,在取得检测数据报告后,向当地消防主管部门提请验收,验收合格后方可投入使用。

以下就几种常见系统的检测和验收的内容加以整理和说明。

1. 室内消火栓检测验收

(1) 消火栓设置位置的检测

消火栓设置位置应能满足火灾时两只消火栓同时达到起火点。检测时通过对设计图纸的核对及现场测量进行评定。

(2) 最不利点消火栓的充实水柱的测量

对于充实水柱的测量应在消防泵启动正常,系统内存留气体放尽后测量,在实际测量有困难时,可以采用目测,从水枪出口处算起至 90% 水柱穿过 32cm 圆孔为止的长度。

(3) 消火栓静压测量

消火栓栓口的静水压力不应低于 0.80MPa,出水压力不应低于 0.50MPa。

对于高位水箱设置高度应保证最不利点消火栓栓口静水压力,当建筑物高度不超过 100m 时应不低于 0.07MPa,当建筑物高度超过 100m 时应不低于 0.15MPa,当设有稳压和增压设施时,应符合设计要求。

对于静压的测量应在消防泵未启动状态下进行。

(4) 消火栓手动报警按钮

消火栓手动报警按钮应在按下后启动消防泵,按钮本身应有可见光显示表明已经启动,消防控制室应显示按下的消火栓报警按钮的位置。

(5) 消火栓安装质量的检测

消火栓安装质量检测主要是箱体安装应牢固,暗装的消火栓箱的四周及背面与墙体之间不应有空隙,栓口的出水方向应向下或与设置消火栓的墙面相垂直,栓口中心距地面高度宜为 1.1m。

2. 防火门的检测验收

对防火门的检测除进行有关型式检测报告、合格证等检查外，应进行下列项目检查：

（1）核对耐火等级

将实际安装的防火门的耐火等级同设计要求相对比，看是否满足设计要求；

（2）检查防火门的开启方向

安装在疏散通道上的防火门开启方向应向疏散方向开启，并且关闭后应能从任何一侧手动开启；安装在疏散通道上的防火门必须有自动关闭的功能。

（3）钢质防火门关闭后严密度检查

① 门扇应与门框贴合，其搭接量不小于 10mm；

② 门扇与门框之间两侧缝隙不大于 4mm；

③ 双扇门中缝不大于 4mm；

④ 门扇底面与地面侧缝隙不大于 20mm。

3. 防火卷帘门的检测验收

（1）防火卷帘门的安装部位、耐火及防烟等级应符合设计要求；防火卷帘门上方应有箱体或其他能阻止火灾蔓延的防火保护措施。

（2）电动防火卷帘门的供电电源应为消防电源；供电和控制导线截面积、绝缘电阻、线路敷设和保护管材质应符合规范要求。防火卷帘门供电装置的过电流保护整定值应符合设计要求。

（3）电动防火卷帘门应在两侧（人员无法操作侧除外）分别设置手动按钮控制电动防火卷帘门的升、降、停，并应在火灾时防火卷帘门下降关闭后有提升该防火卷帘门的功能，且该防火卷帘门提升到位后应能自动恢复原关闭状态。

（4）设有自动报警控制系统的电动防火卷帘门应设有自动关闭控制装置，用于疏散通道上的防火卷帘门应有由探测器控制两步下降或下降到 1.5～1.8m 后延时下降到底功能；用于只起到防火分隔作用的卷帘应一步下降到底，防火卷帘门手动速放装置的臂力不大于 50N；消防控制室应有强制电动防火卷帘门下降功能（应急操作装置）并显示其状态；安装在疏散通道上的防火卷帘门的启闭装置应能在火灾断电后手动机械提升已下降关闭的防火卷帘门，并且该防火卷帘门能依靠其自重重新恢复原关闭状态。手动防火卷帘门手动下放牵引力不大于 150N。

（5）帘板嵌入导轨（每侧）深度如表 6-4 所列。

（6）防火卷帘下降速度如表 6-5 所列。

帘板嵌入导轨深度	表 6-4
门洞宽度 B(mm)<3000	每端嵌入深度(mm)>45
3000≤B<5000	>50
5000≤B<9000	>60

防火卷帘下降速度	表 6-5
洞口高度(m)	下放速度(m/min)
洞口高度在 2 以内	2～6
洞口高度在 2～5	2.5～6.5
洞口高度在 5 以上	3～9

（7）防火卷帘门的重复定位精度应小于 20mm。

（8）防火卷帘门座板与地面的间隙不大于 20mm；帘板与底座的连接点间距不大于 300mm。

（9）防火卷帘门导轨预埋钢件间距不大于 600mm。

(10) 防火卷帘门的启闭装置处应有明显操作标志，便于人员操纵维护。

(11) 防火卷帘门的导轨的垂直度不大于 5mm/m，全长不大于 20mm。

(12) 防火卷帘门两导轨中心线平行度不大于 10mm。

(13) 防火卷帘门座板升降时两端高低差不大于 30mm。

(14) 导轨的顶部应制成圆弧形或喇叭口形，且圆弧形或喇叭口形应超过洞口以上至少 75mm。

(15) 防火卷帘门运行时的平均噪声，如表 6-6 所示。

防火卷帘门运行时的平均噪声　　　　　　　　　　　　　　　表 6-6

卷门机功率 W(kW)	平均噪声(dB)	卷门机功率 W(kW)	平均噪声(dB)
$W \leqslant 0.4$	$\leqslant 50$	$1.5 < W$	$\leqslant 70$
$0.4 < W \leqslant 1.5$	$\leqslant 60$		

(16) 防火卷帘门的手动按钮安装高度宜为 1.5m 且不应加锁。

(17) 检测方法：

① 按照产品的合格证及型式检测报告的耐火极限进行核对；

② 分别使用双电源的任一路做现场手动升、降、停实验；

③ 模拟火灾信号做联动实验，核对联动程序；

④ 观察消防控制室返回的信号；

⑤ 消防控制室强降到底功能；

⑥ 现场手动速放下降实验；

⑦ 按照断路器的脱扣值对比电动防火卷帘门工作电流值；

⑧ 测量秒表测量时间后换算速度，弹簧测力计测量臂力和牵引力；

⑨ 导轨的垂直度：从导轨的上部吊下线坠到底部，分别用钢直尺测量上部及下部垂线至导轨的距离，其差值为导轨全长的垂直度，按照上述方法每隔 1m 测一次数据，取其最大差值为每米导轨的垂直度，以上测量应分别对导轨在帘板平面方向和垂直方向测量，测量结果取最大值；

⑩ 两导轨中心线的平行度测量：在两导轨上部轴线上取两平行点，分别用线坠垂下，测量下部水平位置上各垂线与轨道纵向的水平距离，同侧偏移时取其中的最大距离，异侧偏移时取其两导轨的偏移距离之和为中心线偏移度；

⑪利用声级计测量距离防火卷帘门 1m 远高度 1.5m 处防火卷帘门运行时的噪声，测量三次取平均值。

4. 消防电梯的检测验收

消防电梯检测验收主要对下列内容：

(1) 载重量。消防电梯的载重量应不小于 800kg。

(2) 运行时间。消防电梯从首层运行到顶层的时间应大多于 1min。

(3) 消防电梯轿厢内应设消防专用电话。

(4) 消防控制室应有对消防电梯强行下降功能，并且显示其工作状态。

(5) 消防电梯前室应设有挡水措施，电梯井底应设排水措施。

5. 发电机的检测验收

自备发电机的检测验收主要项目如下：

（1）发电机的发电容量应满足消防用电量的要求；

（2）发电机自动启动时间应不多于 30s；手动启动时间应不多于 1min；

（3）发电机供电线路应有防止市电倒送装置，且发电机相序与市电相序应相一致。

6. 疏散指示灯的检测验收

（1）疏散指示灯的指示方向应与实际疏散方向相一致，墙上安装时安装高度应在 1m 以下且间距不宜大于 20m，人防工程不宜大于 10m；

（2）疏散指示灯的照度应不小于 0.5lx，人防工程不低于 1lx；

（3）疏散指示灯采用蓄电池作为备用电源时，其应急工作时间应不少于 20min，建筑物高度超过 100m 时其应急工作时间应不少于 30min；

（4）疏散指示灯的主备电源切换时间应不多于 5s。

7. 火灾应急广播的检测验收

（1）扬声器的功率应不小于 3W，在环境噪声大于 60dB 的场所，在其播放范围内最远处的播放声压应高于背景 15dB。

（2）火灾广播接通顺序如下：

① 当 2 层及 2 层以上楼层发生火灾时，宜先接通火灾层及其相邻的上、下层；

② 当首层发生火灾时，宜先接通本层、2 层及地下各层；

③ 当地下室发生火灾时，宜先接通地下各层及首层。若首层与 2 层有大共享空间时应包括 2 层。

8. 火灾探测器的检测验收

（1）探测器应能输出火警信号且报警控制器所显示的位置应与该探测器安装位置相一致。

（2）探测器安装质量应符合下列要求：

① 实际安装的探测器的数量、安装位置、灵敏度等应符合设计要求；

② 探测器周围 0.5m 内不应有遮挡物，探测器中心距墙壁、梁边的水平距离应不小于 0.5m；

③ 探测器中心至空调送风口边缘的水平距离应不小于 0.5m，距多孔送风顶棚孔口的水平距离不小于 0.5m；

④ 探测器距离照明灯具的水平净距离不小于 0.2m，感温探测器距离高温光源（碘钨灯，100W 以上的白炽灯）的净距离不小于 0.5m；

⑤ 探测器距离电风扇的净距离不小于 1.5m，距离自动喷水灭火系统的喷头不小于 0.3m；

⑥ 对防火卷帘门、电动防火门起联动作用的探测器应安装在距离防火卷帘门、防火门 1～2m 的适当位置；

⑦ 探测器在宽度小于 3m 的内走道顶棚上设置时宜居中布置，感温探测器安装间距应不超过 10m，感烟探测器的安装间距应不超过 15m，探测器距离端墙的距离应不大于探测器安装间距的一半；

⑧ 探测器的保护半径及梁对探测器的影响应满足规范要求；

⑨ 探测器的确认灯应面向便于人员观察的主要入口方向；

⑩ 探测器倾斜安装时倾斜角不应大于 45°；

⑪ 探测器底座的外接导线应留有不小于 15cm 的余量。

9. 报警（联动）控制器的检测验收

（1）报警控制器功能检测

① 能够直接或间接地接收来自火灾探测器及其他火灾报警触发器件的火灾报警信号并发出声光报警信号，指示火灾发生的部位，并予以保持；光报警信号在火灾报警控制器复位之前应不能手动消除，声报警信号应能手动消除，但再次有火灾报警信号输入时，应能再启动。

② 火灾报警自检功能。火灾报警控制器应能对其面板上的所有指示灯、显示器进行功能检查。

③ 消声、复位功能。通过消声键消声，通过复位键整机复位。

④ 故障报警功能。火灾报警控制器内部，火灾报警控制器与火灾探测器、火灾报警控制器与火灾报警信号作用的部件间发生下述故障时，应能在 100s 内发出与火灾报警信号有明显区别的声光故障信号。

a. 火灾报警控制器与火灾探测器、手动报警按钮及起传输火灾报警信号功能的部件间连接线断线、短路（短路时发出火灾报警信号除外）应进行故障报警并指示其部位。

b. 火灾报警控制器与火灾探测器或连接的其他部件间连接线的接地，能显示出现妨碍火灾报警控制器正常工作的故障并指示其部位。

c. 火灾报警控制器与位于远处的火灾显示盘间连接线的断线、短路应进行故障报警并指示其部位。

d. 火灾报警控制器的主电源欠压时应报警并指示其类型。

e. 给备用电源充电的充电器与备用电源之间连接线断线、短路时应报警并指示其类型。

f. 备用电源与其负载之间的连接线断线、短路或由备用电源单独供电时其电压不足以保证火灾报警控制器正常工作时应报警并指示其类型。

g.（联动型）输出、输入模块连线断线、短路时应报警。

⑤ 消防联动控制设备在接收到火灾信号后应在 3s 内发出联动动作信号，特殊情况需要延时时最大延时时间不应超过 10min。

⑥ 火灾优先功能。当火警与故障报警同时发生时，火警应优先于故障警报。模拟故障报警后再模拟火灾报警，观察控制器上火警与故障报警优先情况。

⑦ 报警计忆功能。火灾报警控制器应能有显示或记录火灾报警时间的计时装置，其日计时误差不超过 30s；仅使用打印机记录火灾报警时间时，应打印出月、日、时、分等信息。

⑧ 电源自动转换功能。当主电源断电时能自动转换到备用电源；当主电源恢复时，能自动转换到主电源上；主备电源工作状态应有指示，主电源应有过流保护措施。

⑨ 主电源容量检测。主电源应能在最大负载下连续正常工作 4h，按照下列最大负荷计算主电源容量是否满足最大负荷容量。

报警控制器最大负载是指：

a. 火灾报警控制器容量不超过 10 个构成单独部位号的回路时，所有回路均处在报警状态。

b. 火灾报警控制器容量超过 10 个构成单独部位号的回路时，20％的回路（不少于 10 回路，但不超过 30 回路）处在报警状态。

联动控制器最大负载是指：

a. 所连接的输入输出模块的数量不超过 50 个时，所有模块均处于动作状态。

b. 所连接的输入输出模块的数量超过 50 个时，20％模块（但不少于 50 个）均处于动作状态。

⑩ 备用电源容量检测。当采用蓄电池时，电池容量应可提供火灾报警控制器在监视状态下工作 8h 后，在下述情况下正常工作 30min。或采用蓄电池容量测试仪测量蓄电池容量，然后计算报警器与联动控制器容量之和是否小于或等于所测蓄电池容量，以便确定是否合理。

报警控制器：

a. 火灾报警控制器容量不超过 4 回路时，处于最大负载条件下。

b. 火灾报警控制器容量超过 4 回路时，十五分之一回路（不少于 4 回路，但不超过 30 回路）处于报警状态。

联动控制器：

a. 所连接的输入输出模块的数量不超过 50 个时，所有模块均处于动作状态。

b. 所连接的输入输出模块的数量超过 50 个时，20％模块（但不少于 50 个）均处于动作状态。

⑪火灾报警控制器应能在额定电压（220V）的 10％～15％范围内可靠工作，其输出直流电压的电压稳定度（在最大负载下）和负载稳定度应不大于 5％。采用稳压电源提供 220V 交流标准电源，利用自耦调压器分别调出 242V 和 187V 两种电源电压，在这两种电源电压下分别测量控制器的 5V 和 24V 直流电压变化。

（2）报警控制器安装质量检查

① 控制器应有保护接地且接地标志应明显。

② 控制器的主电源应为消防电源且引入线，应直接与消防电源连接，严禁使用电源插头。

③ 工作接地电阻值应小于 4Ω；当采用联合接地时接地电阻值应小于 1Ω；当采用联合接地时，应用专用接地干线由消防控制室引至接地体。专用接地干线应用铜芯绝缘导线或电缆，其芯线截面积不应小于 16mm²

④ 由消防控制室接地板引至各消防设备的接地线，应选用铜芯绝缘软线，其线芯截面积不应小于 4mm²

⑤ 集中报警控制器安装尺寸。其正面操作距离：当设备单列布置时，应不小于 1.5m；双列布置时，应不小于 2m。当其中一侧靠墙安装时，另一侧距墙应不小于 1m。需从后面检修时，其后面板距墙应不小于 1m，在值班人员经常工作的一面，距墙不应小于 3m。

⑥ 区域控制器安装尺寸。安装在墙上时，其底边距地面的高度应不小于 1.5m，且应操作方便。靠近门轴的侧面距墙应不小于 0.5m。正面操作距离应不小于 1.2m。

⑦ 盘、柜内配线清晰、整齐，绑扎成束，避免交叉；导线线号清晰，导线预留长度不小于 20cm。报警线路连接导线线号清晰，端子板的每个端子其接线不得超过

两根。

10. 湿式报警阀组的检测验收

（1）湿式报警阀

① 报警阀的铭牌、规格、型号及水流方向应符合设计要求，其组件应完好无损。

② 报警阀前后的管道中应顺利充满水。过滤器应安装在延迟器前。

③ 安装报警阀组的室内地面应有排水措施。

④ 报警阀中心至地面高度宜为 1.2m，侧面距墙 0.5m，正面距墙 1.2m。

（2）延迟器

① 延迟器应安装在报警阀与压力开关之间。

② 延迟器最大排水时间不应超过 5min。

（3）水力警铃

① 末端放水后，应在 5～90s 内发出报警声响，在距离水力警铃 3m 处声压应不小于 70dB。

② 水力警铃应设在公共通道、有人的室内或值班室里。水力警铃不应发生误报警。

③ 水力警铃的启动压力不应小于 0.05MPa。

④ 水力警铃应安装检修，测试用阀门。水力警铃应安装在报警阀附近，与报警阀连接的管道应采用镀锌钢管，当管径为 15mm 时，长度不大于 6m；当管径为 20mm 时，长度不大于 20m。

（4）压力开关

① 压力开关应安装在延迟器与水力警铃之间，安装应牢固可靠，能正确传送信号。

② 压力开关在 5～90s 内动作，并向控制器发出动作信号。

（5）报警阀组功能

① 试验时，当末端试水装置放水后，在 90s 内报警阀应及时动作，水力警铃发出报警信号，压力开关输出报警信号。

② 压力开关（或压力开关的输出信号与水流指示器的输出信号以"与"的关系）输出信号应能自动启动消防泵。

③ 关闭报警阀时，水力警铃应停止报警，同时压力开关应停止动作；报警阀上、下压力表指示正常；延迟器最大排水时间不多于 5min。

（6）水流指示器

① 水流指示的安装方向应符合要求；输出的报警信号应正常。

② 水流指示器应安装在分区配水干管上，应竖直安装在水平管道上侧，其前后直管段长度应保持 5 倍管径。

③ 水流指示器应完好，有永久性标志，信号阀安装在水流指示器前的管道上，其间距为 300mm。

（7）末端试水装置

① 每个防火分区或楼层的最末端应设置末端试水装置，并应有排水设施。末端试水装置的组件包括试验阀、连接管、压力表和排水管。

② 连接管和排水管的直径应不小于 25mm。

③ 最不利点处末端试验放水阀打开，以 0.94～1.5L/s 的流量放水，压力表读值应不

小于 0.049MPa。

11. 正压送风系统的检测验收

（1）机械加压送风机应采用消防电源，高层建筑风机应能在末端自动切换，启动后运转正常。

（2）机械加压送风机的铭牌标志应清晰，风量、风压符合设计要求。

（3）加压送风口的风速不应大于 7m/s。

（4）加压送风口安装应牢固可靠，手动及控制室开启送风口正常，手动复位正常。

（5）机械正压送风余压值：防烟楼梯间内 40～50Pa；前室、合用前室、消防电梯前室、封闭避难层为 25～30Pa。

12. 机械排烟系统的检测验收

（1）排烟风机应采用消防电源，并能在末端自动切换，启动后运转正常。

（2）排烟防火阀应设在排烟风机的入口处及排烟支管上穿过防火墙处。

（3）排烟风机铭牌应清晰，水风压、风量符合设计要求，轴流风机应采用消防高温轴流风机，在 280℃应连续工作 30min。

（4）排烟口的风速不大于 l0m/s。

（5）排烟口的安装应牢固可靠，平时关闭，并应设置手动和自动开启装置。

（6）排烟管道的保温层、隔热层必须采用不燃材料制作。

（7）排烟防火阀平时处于开启状态，手动、电动关闭时动作正常，并应向消防控制室发出排烟防火阀关闭的信号，手动能复位。

（8）排烟口应设在顶棚或靠近顶棚的墙上，且附近安全出口烟走道方向相邻边缘之间的最小水平距离不应小于 1.5m，设在顶棚上的排烟口，距可燃物或可燃物件的距离应不小于 lm。

任务 6-3　消防系统的维护保养

消防系统维护保养是消防系统发挥正常功能的前提保障，根据《建筑消防设施的维护管理》国家标准，根据《火灾自动系统施工及验收规范》、《自动喷水灭火系统施工及验收规范》、《建筑自动消防设施及消防控制室规范化管理标准》等规范，结合甲方的设备实际和管理要求，以使整个维保工作系统化、规范化，使整个消防系统始终处于良好的运行状态。

现代消防系统维护保养的任务是保障各消防系统的完好和正常运行，使消防系统真正起到报警、灭火的作用。该项工作的责任重大，任务艰巨，要求全体维保人员必须具有过硬的维护保养技术、很强的责任感和踏踏实实的工作作风，只有这样，才能出色地完成消防系统的维护保养任务。

6.3.1　消防系统的维护保养术语和相关规定

6.3.1.1　消防系统的维护保养术语和定义

1. 巡视检查（exterior inspection）

对建筑消防设施直观属性的检查。

2. 测试检查（test inspection）

依照相关标准，对各类建筑消防设施单项功能进行技术测试性的检查。

3. 检验检查（access inspection）

依照相关标准，对整体建筑各类消防设施进行联动功能测试和综合技术评价性的检查。

6.3.1.2　消防系统的维护保养的相关规定

1. 建立责任和制度

建筑消防设施的管理应当明确主管部门和相关人员的责任，建立完善的管理制度。

2. 检查方式

建筑消防设施检查分为巡查、单项检查、联动检查三种方式。三种检查方式的技术要求和检查方法应当遵循 GA503 的有关规定。

3. 管理要求

（1）建筑消防设施巡查可由归口管理消防设施的部门实施，也可以按照工作、生产、经营的实际情况，将巡查的职责落实到相关工作岗位。

（2）从事建筑消防设施单项检查和联动检查的技术人员，应当经消防专业考试合格，持证上岗。单位具备建筑消防设施的单项检查、联动检查的专业技术人员和检测仪器设备，可以按照《建筑消防设施的维护管理》国家标准自行实施，也可以委托具备消防检测中介服务资格的单位或具备相应消防设施安装资质的单位依照《建筑消防设施的维护管理》国家标准实施。

（3）建筑消防设施单项检查记录和建筑消防设施联动检查记录，应由检测人员和检测单位签字盖章。检测人员和检测单位对出具的"建筑消防设施测试检查记录"和"建筑消防设施联动检查记录"负责。

（4）建筑消防设施投入使用后即应保证其处于正常运行或准工作状态，不得擅自断电停运或长期带故障工作。

（5）建立建筑消防设施故障报告和故障消除的登记制度。

发生故障，应当及时组织修复。因故障、维修等原因，需要暂时停用系统的，应当经单位消防安全责任人批准，系统停用时间超过 24h 的，在单位消防安全责任人批准的同时，应当报当地公安消防机构备案，并采取有效措施确保安全。

4. 消防控制室

（1）消防控制室应制定消防控制室日常管理制度、值班员职责、操作规程等工作制度。

（2）消防控制室的设备应当实行每日 24h 专人值班制度，确保及时发现并准确处置火灾和故障报警。

（3）消防控制室值班人员应当在岗在位，认真记录控制器日运行情况，每日检查火灾报警控制器的自检、消声、复位功能以及主备电源切换功能，并填写相关记录。

（4）消防控制室值班人员应当经消防专业考试合格，持证上岗。

（5）正常工作状态下，报警联动控制设备应处于自动控制状态。严禁将自动喷水灭火系统和联动控制的防火卷帘等防火分隔设施设置在手动控制状态。其他联动控制设备需要设置在手动状态时，应有火灾时能迅速将手动控制转换为自动控制的可靠措施。

5. 系统正式启用时，使用单位必须具备的资料

（1）系统竣工图及设备技术资料和使用说明书；

（2）调试开通报告、竣工报告、竣工验收情况表；

（3）操作使用规程；

（4）值班员职责；

（5）记录和维护图表。

6. 使用单位应建立系统的技术档案

将上述所有的文件资料及其他资料归档保存，其中试验记录表至少应保存 5 年。

7. 火灾自动报警系统应保持连续正常运行

火灾自动报警系统应保持连续正常运行，不得随意中断运行。如一旦中断，必须及时作好记录并通报当地消防监督机构。

8. 定期检查试验，确保系统可靠运行

为了保证火灾自动报警系统的连续正常运行和可靠性，使用单位应根据本单位的具体情况制定出具体的定期检查试验程序，并依照程序对系统进行定期的检查试验。在任何试验中，都要做好准备和安排，以防发生不应有的损失。

6.3.2　消防系统维护保养

现代消防系统维护保养内容包括：日常巡检、定期检测、定期维修保养和紧急排故。

6.3.2.1　日常巡检

日常巡检主要是指日巡和周巡，其主要内容有：

（1）查看值班记录，了解设备运行情况；

（2）观察火灾报警主机和联动控制台，其各种显示是否正常，时钟是否准确；

（3）检查火灾报警主机和联动控制台的自检、消声、复位、主备电转换等功能是否正常；

（4）检查各层及屋顶电控箱，水系统阀门各分区自消、普消供水压力是否符合要求；

（5）检查水泵房电控柜是否通电，各电动按钮是否设在自动状态；

（6）检查消防电话是否清楚，消防广播分层及火灾发生时的切换（背景音乐）是否正常。

6.3.2.2　消防系统定期检测

定期检测主要是指月检、季检和年检，其主要内容有：

（1）采用专用检测仪分期分批试验探测器，检测其报警功能是否正常；

（2）检查手动报警、声光报警功能；

（3）试验水流指示器、压力开关等报警的信号显示；

（4）联动测试防排烟阀口是否能正常开启，防排烟风机是否能正常启动；

（5）对消防泵、喷淋泵、防排烟风机进行手动、自动、启、停试验；

（6）检测消防广播的自动选层及消防专用电话的通话功能；

（7）对备用电源进行 1~2 次充放电试验，1~3 次电源和备用电源自动切换试验；

（8）试验消防电梯迫降功能；

（9）试验非消防电源切断功能；

（10）对气体灭火系统进行模拟试验。

月检、季检和年检见表 6-7~表 6-9 所示。

月巡检细则 表 6-7

序号	内容	标准	检查方法
1	消防控制室	设备无异常 各类显示灯正常	观察显示灯,确认设备有无故障
2	自动报警系统		
	探测器	正常工作无故障	自动巡检
	水流指示器、压力开关等	正常工作	末端放水,开试报警阀
	电源	使系统正常运行	对备电进行1～2次充放电试验,1～3次主电源和备用电源自动切换试验
3	自动喷淋系统及消火栓系统		
	1. 水源控制阀、报警控制装置	状况完好 开闭位置正常	目测巡检
	2. 设置储水设备的房间	寒冷季节测定室温	测量
	3. 水泵房	温度、压力、位置响声处于正常状态	观察仪表读数临场判断
	4. 管网系统	无跑、冒、滴、漏现象,无使用故障	观察系统压力是否恒定,目测管网外观
4	联动系统		
	1. 消防广播	功能正常	播放、强制转换
	2. 消防通讯	功能正常	通话试验

季巡检细则 表 6-8

序号	内容	标准	检查方法
1	消防控制室	设备无异常 各类显示灯正常	观察显示灯/确认设备有无故障
2	自动报警系统		
	探测器	正常工作无故障	分批检查
	水流指示器、压力开关等	正常工作	末端放水,开试报警阀
	电源	使系统正常运行	对备电进行1～2次充放电试验,1～3次主电源和备用电源自动切换试验
3	自动喷淋系统及消火栓系统		
	1. 控制阀门电磁等	状况完好	目测巡检
	2. 报警阀	保持正常工作状态	放水试验,启泵性能
	3. 水泵房	温度、压力、位置响声处于正常状态	观察仪表读数临场判断
	4. 管网系统	无跑、冒、滴、漏现象,无使用故障	观察系统压力是否恒定,目测管网外观
	5. 室外阀门井	启闭位置正常无渗漏	目测
	6. 水泵接合器	无渗漏	目测
	7. 喷头	完好无损	清除异物
4	联动系统		
	1. 消防广播	功能正常	播放、强制转换
	2. 消防通信	功能正常	通话试验
	3. 排烟系统	排烟风机手、自动启动正常;防火阀、排烟阀动作灵敏,无滞碍	手、自动启动风机试验排烟阀、防火阀是否正常工作
	4. 防火分隔系统	处于待用状态无障碍物	

年巡检细则　　　　　　　　　　　　　　表 6-9

序号	内容	标准	检查方法
1	消防控制室	设备无异常 各类显示灯正常	观察显示灯,确认设备有无故障
2	自动报警系统		
	探测器	正常工作无故障	模拟、仪器检查
	水流指示器、压力开关等	正常工作	末端放水,开试报警阀
	电源	使系统正常运行	对备电进行 1~2 次充放电试验,1~3 次主电源和备用电源自动切换试验
3	自动喷淋系统及消火栓系统		
	1. 控制阀门电磁等	状况完好	目测巡检
	2. 报警阀	保持正常工作状态	放水试验,启泵性能
	3. 水泵房	温度、压力、位置响声处于正常状态	观察仪表读数临场判断
	4. 管网系统	无跑、冒、滴、漏现象,无使用故障	观察系统压力是否恒定,目测管网外观
	5. 室外阀门井	启闭位置正常无渗漏	目测
	6. 水泵接合器	无渗漏	目测
	7. 喷头	完好无损	清除异物
4	联动系统		
	1. 消防广播	功能正常	播放、强制转换
	2. 消防通信	功能正常	通话试验
	3. 排烟系统	排烟风机手、自动启动正常;防火阀、排烟阀动作灵敏,无滞碍	手、自动启动风机试验排烟阀、防火阀是否正常工作
	4. 防火分隔系统	处于待用状态无障碍物	防火卷帘自动试验完好
	5. 启泵试验	手、自动均能正常启动	试验
5	供水设施		
	1. 水源		测试年供水能力
	2. 储水设备		检查结构材料
	3. 气压稳压设备	正常工作	模拟试验

检测记录案例见表 6-10 和表 6-11。

火灾自动报警系统维护保养检测记录　　　　　　　表 6-10

检查项目		检查要求	检查结果	备注
一 火 灾 探 测 器	1. 外观质量	无腐蚀及明显机械损伤,标志、文字清晰		
	2. 距端墙距离	≯探测器间距的一半		
	3. 安装倾斜角	偏差≯30°		
	4. 确认灯的安装位置	面向便于观察的主入口方向		
	5. 确认灯的功能	报警,灯启动,巡检,灯闪动		
	6. 报警功能	有火情,火警信号输出;短路或脱座,故障信号输出		
二 报 警 按 钮	1. 外观质量	组件完整,标专明显		
	2. 牢固程度	牢固,不松,不斜		
	3. 确认按钮功能	启动按钮,按钮处有发光指示		
	4. 距防火分区最远距离	≯30m		
	5. 报警功能	启动按钮,火警信号输出		

检查项目		检查要求	检查结果	备注
三火灾报警控制器	1. 控制器外观质量	铭牌及标志明显,清晰		
	2. 控制器接地	有工作接地线及 RE 线接地保护		
	3. 控制器接地标志	明显,持久		
	4. 控制器电源	应是消防专用电源、专用蓄电池供电;直连消防电源,严禁插头		
	5. 报警音响	额定电压下,距器件中心 1m 处,声压级应在 85～115dB		
	6. 控制器基本功能			
	(1)报警功能	接到火灾信号,发出声光报警		
	(2)二交报警	手动复位后,再接信号再报警		
	(3)故障报警	100s 内,发出声光故障信号		
	(4)自检功能	可自检		
	(5)火灾优先功能	与故障同时报警时,火警优先		
	(6)记忆功能	显示或打印火警时间		
	(7)消声、复位功能	火警状态时可手动消除信号并复位		
	(8)电源转换功能	主电源切断,备用电源自动投入运行		
	(9)电源指示功能	主、备电源转换,指示灯正常		
	7. 备用电源自动充电功能	主电源恢复,备电自动切除,浮充、等待备用		
四火灾事故广播、消防通讯、消防电梯、消防联动控制设备	1. 火灾事故广播			
	(1)扬声器的设置	距本楼层内任意外≥25m,额定功率≤3W		
	(2)音响试验	播放范围内最远点声压级＞背景噪声 15dB		
	(3)强行切换功能	合用系统可在消控室将进行中的一般广播强切换为火灾广播		
	(4)选层广播功能	消控室内可选定楼层(区域)广播		
	2. 消防通讯			
	(1)控制室与设备间的通话	功能正常,语音清楚		
	(2)电话插孔通讯试验	手动报警按钮插孔处插话通话,功能正常,语音清晰		
	(3)与"119"台通话	消防控制室应设置向当地消防部门直接报警的外线电话		
	3. 讯响器(声光报警器)			
	(1)牢固程度	牢固,平衡,不斜,不松动		
	(2)音响	＞背景噪声 15dB		
	(3)报警功能	及时报警		
	4. 消防电梯			
	(1)联动功能	确认火灾后,可手动,自动迫降至首层		
	(2)信号反馈功能	对电梯控制和联动时,信号能反馈至控制室		
	5. 消防联动控制设备			
	(1)接地保护	具备,可靠		
	(2)主要部件性能	应符合设计要求		

检查项目		检查要求	检查结果	备注
五火灾应急照明	1. 火灾应急照明灯			
	(1)外观质量	外表完整无损		
	(2)短路保护及试验无锁按钮	具备但不应设其他开关		
	(3)应急转换功能	正常电源切断,应急转换时间≯5s		
	(4)设置状态指示灯	应设等待(红)、充电(绿)、故障(黄)		
	(5)应急工作时间及充、放电功能	≮30min;放电终止电压≮额定电压85%,并有防过充、放电保护		
	(6)应急照明照度	≮0.15Lx 火灾时继续工作的房间应保证正常照明的照度		
	2. 安全疏散指示灯			
	(1)外观质量	外表完整无损		
	(2)疏散指示方向和图形	指向正确,图、文、尺寸规范		
	(3)应急转换功能	应急转换时间≯5s,可连续转换 10 次		
	(4)疏散指示照度	≮1.0lx		

自动喷水灭火系统维护保养检测记录　　表 6-11

检查项目		检查要求	检查结果	备注
一湿式报警阀组	1. 外观	组装正确、完整、无渗漏,配件功能完好		
	2. 排水设施	排水管径≮试水管径 2 倍		
	3. 水力警铃			
	(1)位置	主通道或值班室内		
	(2)启动压力	≮0.05MPa		
	4. 供水总控制阀			
	(1)开、关状态	灵活可靠、标志明显		
	(2)锁定设施	常开,锁定牢固		
	5. 报警阀功能试验			
	(1)伺应状态	延迟器无出水		
	(2)报警阀动作后相应功能	阀启动,5～90s 内开始连续报警,压力开关在消控中心报警,信号显示,泵自动启动		
	(3)报警阀复位后的相应功能	警铃停,压力开关复位,延迟器自动排水,时间≯5min		
二水流指示器和信号	1. 水流指示器外观	完整无缺损、标志明显、永久,方向指示正确		
	2. 信号反馈	指示器动作后,消控中心按区报警,显示信号;信号阀开闭信号,消控中心按区显示(保持常开)		

6.3.2.3　消防系统紧急排故

1. 消防系统排故要求

紧急排故是消防维护工作的重点，它不仅要求维护人员要有较高的业务水平，更要求维护人员要有很强的责任心。只有及时了解故障，排除故障，才能保证整个系统的正常运行。因此，规定维护人员必须 24h 开机，无论在什么时间接到故障报警电话，都要第一时间赶到现场进行处理；对影响整个系统的较大故障，要求维护责任人加班加点，尽快排除故障，恢复系统正常运行。如遇无备件或甲方装修改造等特殊情况，必须经甲方同意并采取应急措施后可推迟修复；一旦条件允许，立即排除故障，恢复系统功能。

2. 消防系统排故注意事项

（1）安全。包括自身安全、工作区人员安全和设备安全；在参与交通、登高作业、交叉作业和带电作业等情况下，要特别注意采取措施保证自身和他人的人身安全和设备安全。

（2）卫生。包括个人卫生、工作区域卫生和维护设备卫生。

6.3.3　消防系统重点部位维护保养

1. 对于探测器的维护及保养

对于火灾探测器，每隔一年检测一次，每隔三年应清洗一次。其中感烟探测器可在厂家的指导下自行清洗，离子感烟探测器因其具有一定的辐射且清洗难度大，所以必须委托专业的清洗公司进行清洗。

2. 对于火灾报警控制器在使用、维护及保养过程中要注意的几点

（1）当火灾报警控制器报总线故障时，一般证明信号线线间或对地电阻太低或短路，此时应关闭火灾报警控制器，并通知相应的消防安装公司对信号线路进行维修；

（2）当火灾报警控制器电源部分报输出故障时，一般证明 24V 电源线线间或对地电阻太低或短路，此时应关闭火灾报警控制器电源部分，并通知相应的消防安装公司对电源线进行维修；

（3）当火灾报警控制器的广播主机和电话主机报过流故障时应关闭相应的广播和电话主机，并通知相应的消防安装公司对广播和电话线路进行维修；

（4）当火灾报警控制器报备电故障时，一般证明电池因过放导致损坏，应尽早通知火灾报警控制器厂家对电池进行更换；

（5）当火灾报警控制器发生异常的声光指示或气味等情况时，应立即关闭火灾报警控制器电源，并尽快通知厂家进行维修；

（6）当使用备电供电时应注意供电时间不应超过 8h，若超过 8h 应关闭火灾报警控制器的备电开关，待主电恢复后再打开，以防蓄电池损坏；

（7）若现场设备（包括探测器或模块等）出现故障时应及时维修，若因特殊原因不能及时排除故障时应将其隔离，待故障排除后再利用释放功能将设备恢复；

（8）用户应认真做好值班记录，如发生报警后应先按下火灾报警控制器上的"消声"键并迅速确认火情，酌情处理完毕后做好执行记录，最后按"复位"键清除。如确认为误报警，在记录完毕后可针对误报警的探测器或模块进行处理，必要时通知厂家进行维修。

3. 消防水泵的保养

（1）消防水泵的一级保养一般每周进行一次，其内容如表 6-12 所列。

消防水泵一级保养内容　　　表 6-12

序号	保养部位	保养内容和要求	序号	保养部位	保养内容和要求
1	消防泵体	1. 擦拭泵体外表，达到清洁无油垢 2. 紧固各部位螺栓	4	润滑	检查润滑油是否适量，保持油质良好
2	联轴器	检查联轴器，更换损坏的橡胶圈，确保可靠工作	5	阀门	1. 检查手轮转动是否灵活 2. 检查填料是否过期，必要时并更
3	填料、压盖	1. 调节压盖，使之松紧适度 2. 检查填料是否发硬，必要时更换	6	电器	1. 检查电机的接线、接地 2. 检查电机的绝缘 3. 检查电机的启动控制装置

（2）二级保养一般每年进行一次，其内容如表 6-13 所列。

消防水泵二级保养内容　　　表 6-13

序号	保养部位	保养内容和要求	序号	保养部位	保养内容和要求
1	消防泵体	拆检泵体，更换已经损坏的零件	4	磨水环	调整磨水环间隙
2	联轴器	检修联轴器，调整损坏零件	5	润滑	清洗轴承，更换润滑油
3	填料、压盖	更换填料，调节压盖	6	电器	1. 拆检电动机，清晰轴承，更换润滑油； 2. 检修各开关接点、接头，使之接触良好

（3）消火栓系统日常维护。

检查消火栓泵手动和自动启动、水池水位正常、管网有无漏水、锈蚀等；管网压力是否正常。在试泵的过程中，首先要把排水工作做好，以免管网被打爆。比较容易出问题的部位要重点检查，以免有漏水现象，如阀门、接头、盘根等。

消火栓系统日常维护测试流程：分为控制柜手动测试、联动台（远程）手动测试及自动启动测试，如图 6-2～图 6-4 所示。

注意：在测试消防泵之前，必须先检查水池水位、管网情况、排水情况及各阀门情况，当确定以上部位正常的前提下，方可测试启泵。

4. 自动喷水灭火系统的维修与保养

1）自动喷水灭火系统日常检查内容如下：

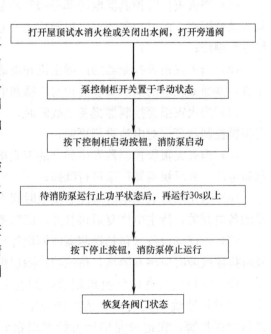

图 6-2　控制柜手动测试

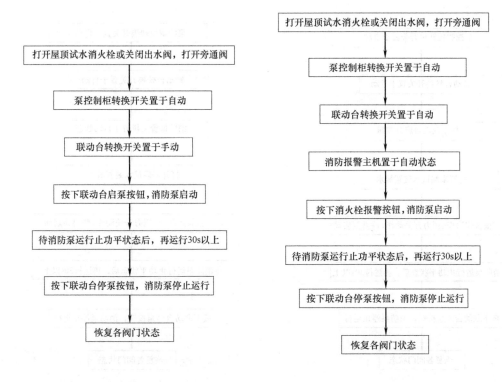

图 6-3　联动台（远程）手动测试　　　　　图 6-4　自动启动测试

① 自动喷水灭火系统的水箱水位是否达到设计水位；
② 水源通向系统的阀门是否打开；
③ 稳压泵进出口端阀门是否打开；
④ 稳压系统是否正常工作；
⑤ 报警阀前端阀门是否全开；
⑥ 报警阀上的压力表是否正常；
⑦ 报警阀上的排水阀是否关严。
2）湿式报警阀的保养内容，如表 6-14 所列。

湿式报警阀的保养内容　　　　　　　　　　　　　　　　表 6-14

序号	保养部位	保养内容与要求	序号	保养部位	保养内容与要求
1	阀体	1. 清理阀体内污锈 2. 紧固压板螺钉 3. 清理铰接轴 4. 检查阀瓣密封盘是否老化	3	阀外管道	清理全部附件管道
			4	单向阀	检查清理旁路单向阀,保证逆止功能
2	压力表	校核压力表,保证计量准确	5	过滤器	清理过滤器

3）自动喷水灭火系统日常维护。

检查喷淋泵手动和自动启动、水池水位正常、管网有无漏水、锈蚀等；管网压力是否正常；从末端试水装置放水，检查水流指示器和压力开关能否正常动作；喷头是否有漏水现象。自动喷水灭火系统日常维护测试流程见图 6-5 和图 6-6 所示。

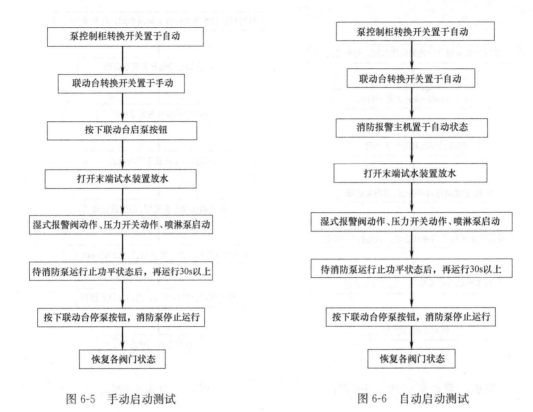

图 6-5　手动启动测试　　　　图 6-6　自动启动测试

注意：在测试喷淋泵之前，必须先检查水池水位、管网情况，以及排水情况、各阀门情况，在确定以上部位均正常的前提下才能测试启泵。

注：控制柜手动测试、联动台（远程）手动测试与消火栓系统基本相同。

5. 防排烟系统

（1）防排烟系统日常检查主要是对系统各部件外观检查，每日开启一次风机观察风机运行情况是否正常。

（2）定期检查。一般每隔 3 个月检查一次，检查主要是对风机的联动启动，风口的风速测量，封闭楼梯间余压值测量，风机的保养、润滑、传动带的松紧程度等。

6. 消防电梯

消防电梯应每隔一个月进行一次强降试验及井道排水泵的启动，并进行排水泵保养、润滑、电器部分的检查。

7. 防火卷帘门

对于作为防火分区的卷帘门每天下班后亦降半，对于所有卷帘门应每周进行依次联动试验；每月进行一次机械部分的保养、润滑；每年进行一次整体保养。

6.3.4　施工与调试的配合

按照原建设部《消防设施工程专业承包企业资质等级标准》（2001 年 4 月发布）的规定，专业消防施工公司在承接建筑工程中消防系统施工时，一般只承接报警系统、紧急广播系统，最多加上水喷淋、消防栓及气体灭火系统。而其防火排烟、正压送风、防火门、卷帘门以及电源的安装，则由土建公司或其他水暖公司负责施工。

如果消防工程专业施工企业的主要技术负责人或现场施工负责人员，对整个工程防灾系统逻辑功能不具备全面清楚的理解把握，而土建总包方技术负责人或生产计划人员又不清楚这些消防联动，往往造成工程最后阶段迟迟调试不完，甚至验收不合格的被动局面，鉴于此，消防工程施工企业必须培养对整个防灾系统具有整合能力的复合型人才。

6.3.4.1　消防工程对施工企业的要求

1. 对消防施工企业主要技术负责人的要求

消防工程专业施工企业的主要技术负责人，不仅要具备相应技术职称，还应对消防设计、消防设备及整个工程防灾系统的了解，具备整合协调能力（技术负责人不仅要懂消防电器，还应懂消防水、气、风）。

2. 对消防施工企业要求

消防工程专业施工企业，一旦中标承接某种工程消防施工时，必须协助建设单位、设计单位完善原设计图纸，特别是防排烟正压送风、事故电源切换、应急广播、电梯迫降、防火分区的划分等部分设计是否满足《高规》、《建规》及相关消防设计规范。抓住了基础工作，把握了关键，才能保证整个工程中防灾系统施工顺利，达到一次调试成功验收通过。

3. 对消防施工企业施工人员要求

消防工程专业施工企业的施工人员必须掌握国家有关施工验收规范（包括电气和相关暖卫通风）和质量标准。从目前情况看，大部分消防工程专业施工企业只满足消防功能，忽视施工的安装质量，这个问题非常严重，由于忽略安装方面的质量要求，往往导致验收虽然通过了，但系统运行不可靠，甚至发生强行进入系统烧毁设备严重事故，这也是缺少整合能力的表现。为确保系统正常运行，消防施工企业施工人员必须严格执行国家规范和标准。

6.3.4.2　消防报警设备的选择技巧

一般情况下消防电气工程主要分为设备的选择、各设备的安装和火灾报警系统的调试三个阶段。前两部分一般由安装公司完成，后一部分一般由相应的设备厂家来完成。因为火灾报警设备是消防报警系统的核心，火灾的探测和各消防子系统的协调控制均由其来完成，地位至关重要，所以该设备的选择及施工与调试的配合自然很关键。设备选择得科学、施工与调试配合得默契，则整个工程进度就快、出错几率小、排错容易、工程的质量高而且稳定可靠、后期维护方便；相反则会在施工及以后的使用中问题多多，甚于导致整个系统的瘫痪。在此提出一些建议，以供参考。

1. 设备线制选择技巧

先尽量选用无极性信号二总线的设备，电源也最好是无极性的，这样可大大降低安装难度，减少出错的可能性，而且提高工作效率。

2. 报警产品形式的选择技巧

尽量选用底座和设备分离的报警产品（包括探测器和模块），因为一般底座的价格相对较低而且体积小，所以供货比较快，甚至备货充足，所以工程进度受供货周期的影响小，同时因为外部设备的线均接在底座上，所以当设备损坏后只需用好设备替代就可以了，避免了重新接线的麻烦，实际施工中会方便很多。

3. 感烟探测器选择技巧

因为在整个消防报警系统中感烟探测器所占的比例相对较大且分布较广，同时也担负着主要的火灾探测任务，所以对感烟探测器的选择相对重要得多。建议尽量使用光电感烟探测器，因为离子感烟探测器为探测范围窄、稳定性差、误报率高、放射源污染环境和后期维护费用高、难度大等缺点已渐渐被淘汰（欧洲国家已基本停止使用）。

4. 电子编码进制的选择技巧

尽量选用 10 进制电子编码的外部设备，现在有些厂家已能实现部分外部设备的电子编码，有些（如 GST 系统产品）则能实现所有外部设备的 10 进制电子编码。尽量不选用通过拨码开关或短路环以二、三进制方式编码的设备。因为 10 进制电子编码即方便易学，不用进行数制转换，编码效率高且不易出错，又避免了因拨码开关或短路环拨不到位或接触不良而产生错码的可能性，同时因为电子编码设备取消了拨码开关和短路环，所以避免了由此处进水或进灰的可能性，使系统更耐用。

5. 外部设备编码遵循规则建议

外部设备编码应尽可能遵循以下一些规则：同一回路的设备编码不能重复，不同回路的编码可以重复；每一回路的编码顺序要有规律，或者以设备类型为顺序依次编码（例如：感烟、感温、手报、消防、声光报警器、模块等），或者以场所和楼层为顺序依次编码（例如：一层大厅、一层走廊、一层会议室、二层大厅、二层走规律的廊、二层会议室等）。切不可毫无规律乱编码，否则将会给后期的调试工作带来很大的麻烦，例如调试效率低、出错的可能性大，严重时可能不得不重新编码。

6. 报警设备布线技巧

现场施工人员要以所选报警设备每个回路所带的总点数为依据，合理、清晰并有层次的布线，切忌只图一时方便毫无规律地把所有线路全部互连。可一个回路带一个或几个连续的防火分区，但尽量避免一个防火分区被几个回路瓜分，同时这几个回路又分别连接到其他防火分区上，因为相互关系混乱，所以会给后期的调试和查线带来很大的隐患。每个回路要有 10% 左右的预留量。

7. 线间和对地电阻的限制

因为弱电系统对线路的电气参数要求相对较高，所以在施工中要严格按照要求控制各线路的线间和对地电阻，以便使系统稳定可靠地运行，否则整个系统将会出现很多意想不到的奇怪问题。

8. 施工方与厂家的配合技巧

因为施工方接触现场早且时间长，所以对现场实际情况相对熟悉，而厂家的调试人员则相反，所以为了双方能够配合默契以便提高工作效率，除了要向调试人员详细介绍现场情况外，还应把编码、设备类型、位置信息等的对应关系以表格的形式提供给调试人员，这点很重要。表 6-15 为可供参考的表格格式，可根据现场实际情况进行删改。

编码、设备类型、位置信息表

表 6-15

编　码	设 备 类 型	位 置 信 息	备　注
1	感烟探测器	一层大厅	
2	感温探测器	一层大厅	
3	手动报警按钮	一层走廊	

续表

编 码	设 备 类 型	位 置 信 息	备 注
4	消火栓报警按钮	二层走廊	
5	声光讯响器	二层大厅	
6	水流指示器	二层大厅	
7	卷帘门	二层大厅	中位
8	卷帘门	二层大厅	下位

6.3.4.3 消防系统设计与设备选择之间的配合

1. 火灾自动报警系统与自动喷水灭火系统的配合

自动喷水灭火系统由洒水喷头、报警阀组、水流报警装置（水流指示器或压力开关），以及管道、供水设施组成。

火灾自动报警系统设计时，应根据自动喷水灭火系统的不同类型以及不同的设备选型，设计相应的报警、联动线路和设备。

（1）火灾自动报警系统设计与湿式、干式喷水灭火系统的配合

湿式喷水灭火系统和干式喷水灭火系统中湿式报警阀的压力开关、水流指示器、安全信号阀、喷淋泵等设备的选择，均需要与火灾自动报警系统进行配合设计。

当前普遍采用总线制火灾自动报警系统。在火灾自动报警系统设计时应在报警总线上通过信号模块接收水流指示器、安全信号阀上接点发生的信号，传送至火灾自动报警控制器上显示其工作状态。与水流指示器、安全信号阀连接的信号模块均应有独立的报警地址编码，并且因水流指示器、安全信号阀的不同作用，其信号模块的传输信号不得共用。

在设计时应注意水流指示器和安全信号阀都有需要接直流 24V 工作电源与不需要接电源的两种类型。当选用需要接直流 24V 工作电源的水流指示器、安全信号阀时，应给水流指示器、安全信号阀提供直流 24V 电源。在设计时还应注意所选择的信号模块接收信号的接点方式分无源接点和有源接点两种，一般均采用无源接点输入方式。

当设备输出的信号和信号模块的输入信号接点方式相同时，则直接接入使用；当设备输出的是有源接点信号，而信号模块只接收无源信号的接点时，应通过信号转换如用中间继电器转换为无源接点。现在有一种无触点式输出的安全信号阀产品，其输出的是高、低电平开关量的有源信号，使用的信号模块又是无源接点输入方式，应通过信号转换为无源接点信号，再输出给信号模块。

《报警规范》5.3.2 条以及《自动喷水灭火系统设计规范》GB 50084 规定，湿式报警阀压力开关和接点和消防控制室手动按钮应能直接延时启泵。

工程设计时，在无消防控制室的工程中，应把湿式报警阀压力开关的接点线路直接引至湿式喷水灭火系统喷淋泵的控制箱内，实现直接延时启泵和显示信号的功能；在设有消防控制室的工程中，消防控制室内应设手动联动控制台（即 XKP 盘），将压力开关的接点线中接至 XKP 盘，经转换后实现自动和手动直接控制喷淋泵，并显示信号。

应在消防控制室内显示干式喷水灭火系统中的最高和最低气压报警信号。

联动控制台上宜联动空气压缩机，在低气压时启动空气压缩机。

（2）火灾自动报警设计与雨淋灭火系统、水幕灭火系统等开式喷水灭火系统的配合

雨淋灭火系统是由火灾自动报警系统或传动管控制。火灾发生时，自动开启雨淋报警阀和启动供水泵后，向开式洒水喷头供水的自动喷水灭火系统。

开式喷水灭火系统的一个显著特点为：需要火灾自动报警系统的火灾探测器发出报警信号，控制开启雨淋报警阀，由火灾自动报警控制器将自动控制信号传输至联动控制台，在联动控制台实现自动和手动启动供水泵。

开启雨淋报警阀有两种控制方式：第一种是由灭火系统保护区内就近的感烟、感温探测器组成"与"门，当其均动作时，通过控制电路控制开启雨淋报警阀并返回动作信号；第二种是由喷水灭火系统保护的防火分区内任意火灾探测器报警，并确认火灾后，由火灾自动报警控制器发出控制信号至输入输出模块，开启雨淋报警阀，并返回动作信号。使用第二种控制方式的特点是，雨淋报警阀应在确认火灾后才能开启。从报警可靠性考虑宜采用第二种控制方式。

（3）报警探测器、设备和线路与自动喷水灭火系统的配合

《火灾自动报警系统施工及验收规范》GB 50166 规定，点型火灾探测器的安装位置，应符合在"探测器周围水平距离 0.5m 内，不应有遮挡物"。探测器与喷头的安装距离不应小于 0.5m。

火灾自动报警系统的设备（如信号模块、控制模块等）需要安装在自动喷水灭火系统设备附近时，应做好防水、防潮措施。建议把这些设备相对集中地放入设备盒（箱）内，便于做防水、防潮处理，也方便安装、接线。

2. 火灾自动报警系统与气体灭火系统的配合

当前常用的气体灭火系统包括：CO_2 气体灭火系统、七氟丙烷惰性气体灭火系统等。根据结构又分为有管网型与无管网型。有管网的气体灭火系统按相关要求，在消防联动控制台（盘）上显首层，并接收其反馈信号。

3. 火灾自动报警系统与防火卷帘的配合

防火卷帘电机电源一般为三相交流 380V，防火卷帘控制器的控制电源可接交流或直流 24V。根据《报警规范》的规定，在疏散通道上的防火卷帘应在卷帘两侧设感烟、感温探测器组，在其任意一侧感烟探测器动作后，通过报警总线上的控制模块控制防火卷帘降至距地面 1.8m，感温探测器动作后，防火卷帘下降到底；作为防火分区分隔的防火卷帘，当任一侧防火分区内火灾探测器动作后，防火卷帘应一次下降到底。防火卷帘两侧都应设置手动控制按钮，在探测器组误动作时，能强制开启防火卷帘。

当防火卷帘旁设有水幕喷水系统保护时，应同时启动水幕电磁阀和雨淋泵。设有消防控制室的工程，火灾探测器的动作信号及防火卷帘的关闭信号应送至消防控制室显示。

设置火灾探测器的许多场所，只适合采用一种类型的火灾探测器探测火灾。

如《汽车规范》就指出："由于汽车库内通风不良，又受车辆尾气的影响，设置感烟探测器经常发生故障。除开敞式汽车库外，一般的汽车库内采用感温探测器。"疏散通道通常属于开敞空间，温度不易集聚，不应采用感温探测器，只适合设置感烟探测器。因此，在设计实践中，采用一种类型探测器的"与"门信号控制防火卷帘的一次下降。

疏散通道上的防火卷帘一次下降至距地面 1.8m，防火分隔的防火卷帘一次下降到底。疏散通道上防火卷帘的二次下降控制，则利用防火卷帘控制箱所带的时间继电器延时下降到底。

实践证明,这种防火卷帘下降的控制方式,控制环节少,运行可靠。

总之火灾自动报警系统设计与消防设备选择的配合,应结合消防产品的详细技术资料,与相关专业密切配合设计出安全、可靠、合理的火灾自动报警系统。

单元归纳总结

本单元共分为三部分内容:从概述入手,叙述了系统稳压装置、室内消火栓、自动喷水灭火、防排烟、防火卷帘、火灾报警及联动系统的调试,目的是检验施工质量并为验收打好基础;说明了验收所包含的内容、程序及方法;概括了消防系统的具体使用、维护及保养的内容及其相关注意事项;同时根据作者的经验,阐述了设备选择技巧及与调试的配合技巧。

本单元的内容可使学习者掌握消防系统的全部调试过程,掌握验收程序及今后运行中的维护保养知识。

【习题与思考题】

1. 简述室内消火栓系统调试步骤。
2. 说明消防泵如何进行调试。
3. 湿式报警阀如何调试?
4. 如何进行防排烟系统的调试?
5. 描述防火卷帘的调试方法。
6. 简述室内消火栓系统的检测与验收步骤。
7. 阐述消防系统的检测验收包括的内容。
8. 消防系统的维护保养有哪些内容?
9. 消防系统调试前的准备工作有哪些?
10. 消防系统调试的内容有哪些?
11. 系统竣工验收的要求是什么?
12. 系统运行有哪些规定?
13. 对于探测器的维护及保养有哪些?
14. 消防系统定期检测是如何规定的?
15. 叙述消防系统排故要求。
16. 消防系统重点部位维护保养项目有哪些?
17. 消防水泵的保养有哪些内容?
18. 消火栓系统日常维护有哪些内容?
19. 自动喷水灭火系统日常检查内容有哪些?
20. 自动喷水灭火系统日常维护内容有哪些?
21. 火灾报警控制器在使用、维护及保养过程中要注意哪些方面?

单元7 消防系统设计及典型工程设计案例

【学习引导与提示】

单元学习目标	明白消防设计原则和程序;学会根据具体工程查阅相关规范,确定工程类别、防火等级等;按规范要求设计出完整的火灾自动报警及联动控制系统的施工图;具有独立完成消防设计及图纸会审能力
单元学习内容	任务 7-1 消防系统设计的基本知识 任务 7-2 典型工程设计应用案例
单元知识点	具有消防系统设计的基本知识;学会使用相应的消防法规、规范和标准;懂得设备选择方法
单元技能点	具有消防系统方案确定能力;能正确选择消防设备;能根据规范正确绘制消防工程图纸;具有图纸会审能力
单元重点	正确选择设备
单元难点	消防系统的设计

任务 7-1 消防系统设计的基本知识

7.1.1 消防系统设计原则与内容

7.1.1.1 消防系统的设计原则

消防系统设计的最基本原则就是应符合现行的建筑设计消防法规的要求,积极采用先进的防火技术,协调合理设计与经济的关系,做到"防患于未然"。

必须遵循国家有关方针、政策,针对保护对象的特点,做到安全适用、技术先进、经济合理,因此在进行消防工程设计时,要遵照下列原则进行。

(1) 熟练掌握国家标准、规范、法规等,对规范中的正面词及反面词的含义领悟准确,保证做到依法设计;

(2) 详细了解建筑的使用功能、保护对象及有关消防监督部门的审批意见;

(3) 掌握所设计建筑物相关专业的标准、规范等,如车库、卷帘门、防排烟、人防等,以便于综合考虑后着手进行系统设计。

我国消防法规大致分为五类,即:建筑设计防火规范、系统设计规范、设备制造标准、安全施工验收规范及行政管理法规。设计者只有掌握了这五大类的消防法规,设计中才能做到应用自如,准确无误。

在执行法规遇到矛盾时,应按以下几点进行:

(1) 行业标准服从国家标准;

(2) 从安全方面采用高标准;

（3）报请主管部门解决，包括公安部、住建部等主管部门。

7.1.1.2　消防系统设计内容

消防系统设计一般有两大部分内容：一是系统设计；二是平面设计。

1. 系统设计

（1）火灾自动报警与联动控制系统设计的形式有以下三种，可根据实际情况选择。

① 区域系统；

② 集中系统；

③ 控制中心系统。

（2）系统供电

火灾自动报警系统应设有主电源和直流备用电源。应独立形成消防、防灾供电系统，并要保障供电的可靠性。

（3）系统接地

系统接地装置可采用专用接地装置或共用接地装置。

2. 平面设计

平面设计一般有两大部分内容：一是火灾自动报警系统；二是消防联动控制系统。具体设计内容如表 7-1 所列。

火灾自动报警平面设计的内容　　　表 7-1

设备名称	内　　容
报警设备	火灾自动报警控制器、火灾探测器、手动报警按钮、紧急报警设备
通信设备	应急通信设备、对讲电话、应急电话等
广　播	火灾事故广播设备、火灾警报装置
灭火设备	喷水灭火系统的控制 室内消火栓灭火系统的控制 泡沫、卤代烷、二氧化碳等 管网灭火系统的控制等
消防联动设备	防火门、防火卷帘门的控制，防排烟风机、排烟阀控制、空调通风设施的紧急停止，电梯控制监视，非消防电源的断电控制
避难设施	应急照明装置、火灾疏散指示标志

一个建筑物内合理设计火灾自动报警系统，能及早发现和通报火灾，防止和减少火灾危害，保证人身和财产安全。设计的优劣主要从以下几方面进行评价。

（1）满足国家火灾自动报警设计规范及建筑设计防火规范的要求；

（2）满足消防功能的要求；

（3）技术先进，施工、维护及管理方便；

（4）设计图纸资料齐全，准确无误；

（5）投资合理，即性能价格比高。

7.1.2　消防系统设计程序及方法

7.1.2.1　消防系统设计程序

设计程序一般分为两个阶段，第一阶段为初步设计（即方案设计），第二阶段为施工图设计。

1. 消防系统初步设计

(1) 确定设计依据

① 相关规范；

② 建筑的规模、功能、防火等级、消防管理的形式；

③ 所有土建及其他工种的初步设计图纸；

④ 采用厂家的产品样本。

(2) 消防系统方案确定

由以上内容进行初步概算，通过比较和选择，决定消防系统采用的形式，确定合理的设计方案，这一阶段是第二阶段的基础、核心。设计方案的确定是设计成败的关键所在，一项优秀设计不仅是工程图纸的精心绘制，而且更要重视方案的设计、比较和选择。

2. 消防系统施工图设计

(1) 计算

包括探测器的数量、手动报警按钮数量、消防广播数量、楼层显示器、短路隔离器、中继器、支路数、回路数、控制器容量。

(2) 施工图绘制

① 平面图。图中包括探测器、手动报警按钮、消防广播、消防电话、非消防电源、消火栓按钮、防排烟机、防火阀、水流指示器、压力开关、各种阀等设备，以及这些设备之间的线路走向。

② 系统图。根据厂家产品样本所给系统图结合平面中的实际情况绘制系统图，要求分层清楚，设备符号与平面图一致，设备数量与平面图一致。

③ 绘制其他一些施工详图。消防控制室设备布置图及有关非标准设备的尺寸及布置图等。

④ 设计说明。说明内容有：设计依据、材料表、图例符号及补充图纸表述不清楚的部分。

7.1.2.2 消防系统设计方法

1. 消防系统设计方案的确定

火灾自动报警与消防联动控制系统的设计方案应根据建筑物的类别、防火等级、功能要求、消防管理以及相关专业的配合才能确定，因此，必须掌握以下资料：

(1) 建筑物类别和防火等级；

(2) 土建图纸：防火分区的划分、防火卷帘樘数及位置、电动防火门、电梯；

(3) 强电施工图中的配电箱（非消防用电的配电箱）；

(4) 通风与空调专业给出的防排烟机、防火阀；

(5) 给排水专业给出消火栓位置、水流指示器、压力开关及相关阀体。

总之，建筑物的消防设计是各专业密切配合的产物，应在总的防火规范指导下各专业密切配合，共同完成任务。电气专业应考虑的内容如表 7-2 所列。

设计项目与电气专业配合的内容　　　　　　　　　　　　　　表 7-2

序号	设计项目	电气专业配合措施
1	建筑物高度	确定电气防火设计范围
2	建筑防火分类	确定电气消防设计内容和供电方案

续表

序号	设计项目	电气专业配合措施
3	防火分区	确定区域报警范围、选用探测器种类
4	防烟分区	确定防排烟系统控制方案
5	建筑物内用途	确定探测器形式类别和安装位置
6	构造耐火极限	确定各电气设备设置部位
7	室内装修	选择探测器形式类别、安装方法
8	家具	确定保护方式、采用探测器类型
9	屋架	确定屋架探测方法和灭火方式
10	疏散时间	确定紧急和疏散标志、事故照明时间
11	疏散路线	确定事故照明位置和疏散通路方向
12	疏散出口	确定标志灯位置指示出口方向
13	疏散楼梯	确定标志灯位置指示出口方向
14	排烟风机	确定控制系统与连锁装置
15	排烟口	确定排烟风机连锁系统
16	排烟阀门	确定排烟风机连锁系统
17	防火卷帘门	确定探测器联动方式
18	电动安全门	确定探测器联动方式
19	送回风口	确定探测器位置
20	空调系统	确定有关设备的运行显示及控制
21	消火栓	确定人工报警方式与消防泵连锁控制
22	喷淋灭火系统	确定动作显示方式
23	气体灭火系统	确定人工报警方式、安全启动和运行显示方式
24	消防水泵	确定供电方式及控制系统
25	水箱	确定报警及控制方式
26	电梯机房及电梯井	确定供电方式、探测器的安装位置
27	竖井	确定使用性能，采取隔离火源的各种措施，必要时放置探测器
28	垃圾道	设置探测器
29	管道竖井	根据井的结构及性质，采取隔断火源的各种措施，必要时设置探测器
30	水平运输带	穿越不同防火区，采取封闭措施

火灾自动报警系统的三种传统形式所适应的保护对象如下：

区域报警系统，一般适用于二级保护对象；

集中报警系统，一般适用于一、二级保护对象；

控制中心报警系统，一般适用于特级、一级保护对象。

为了使设计更加规范化，且又不限制技术的发展，消防规范对系统的基本功能形式规定了很多原则，工程设计人员可在符合这些基本原则的条件下，根据工程规模和对联动控制的复杂程度，选择检验合格且质量上乘的厂家产品，组成合理、可靠的火灾自动报警与消防联动系统。

2. 消防控制中心的确定及消防联动设计要求

（1）消防控制系统设计的主要内容

1）火灾自动报警控制系统；

2）灭火系统；

3）防排烟及空调系统；

4）防火卷帘门、水幕、电动防火门；

5）电梯；

6）非消防电源的断电控制；

7）火灾应急广播及消防专用通讯系统；

8）火灾应急照明与疏散指示标志。

（2）消防控制室

1）消防控制室应设置在建筑物的首层，距通往室外出入口不应大于20m；

2）消防控制室的最小使用面积不宜小于15m²；

3）不应将消防控制室设于厕所及锅炉房、浴室、汽车库、变压器室等的隔壁和上、下层相对应的房间；

4）消防控制室外的门应向疏散方向开启，且入口处应设置明显的标志；

5）消防控制室的布置应符合有关要求；

6）消防控制室内不应穿过与消防控制室无关的电气线路及其他管道，不装设与其无关的其他设备；

7）内部和外部的消防人员能容易找到并可以接近的房间部位，并应设在交通方便和发生火灾时不易延燃的部位；

8）宜与防火监控、广播、通信设施等用房相邻近；

9）消防控制室的送、回风管在其穿墙处应设防火阀；

10）消防控制室应具有接受火灾报警、发出火灾信号和安全疏散指令、控制各种消防联动控制设备及显示电源运行情况等功能。

（3）消防联动控制系统

消防联动控制应根据工程规模、管理体制、功能要求合理确定控制方式，一般可采取：

1）集中控制（适用于单体建筑），如图7-1所示；

2）分散与集中相结合（适用于大型建筑），如图7-2所示。

无论采用何种控制方式应将被控对象执行机构的动作信号送至消防控制室。

（4）消防联动控制设备的功能

1）灭火设施

① 消防控制设备对消火栓系统应具有的控制显示功能如下：

a. 控制消防水泵的启、停；

b. 显示消防水泵的工作、故障状态；

c. 显示消火栓按钮的工作部位。

② 消防控制设备对自动喷水灭火系统宜有下列控制监测功能：

a. 控制系统的启、停；

b. 系统的控制阀、报警阀及水流指示器的开启状态；

c. 水箱、水池的水位；

d. 干式喷水灭火系统的最高和最低气压；

e. 预作用喷水灭火系统的最低气压；

f. 报警阀和水流指示器的动作情况。

在消防控制室宜设置相应的模拟信号盘，接收水流指示器和压力报警阀上压力开关的报警信号，显示其报警部位，值班人员可按报警信号启动水泵，也可由总管上的压力开关直接控制水泵的启动。在配水支管上装的闸阀，在工作状态下是开启的，当维修或其他原因使闸阀关闭时，在控制室应有显示闸阀开关状态的装置，以提醒值班人员注意使闸阀复原。为此应选用带开关点的闸阀或选用明杆闸阀加装微动开关，以便将闸阀的工作状态反映到控制室。

③ 消防控制设备对泡沫和干粉灭火系统应有下列控制、显示功能：

a. 控制系统的启、停；

b. 显示系统的工作状态。

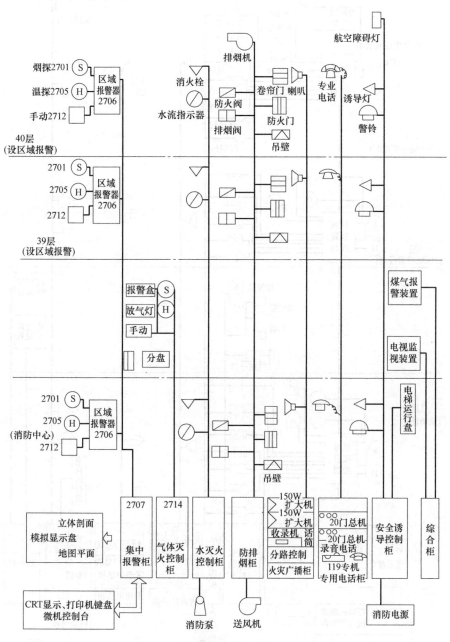

图 7-1　联动控制系统集中控制示意图

④ 消防控制设备对管网气体灭火系统应有下列控制及显示功能：

a. 气体灭火系统防护区的报警、喷放及防火门（帘）、通风空调等设备的状态信号应送到消防控制室；

b. 显示系统的手动及自动工作状态；

c. 被保护场所主要出入口门处，应设置手动紧急控制按钮，并应有防误操作措施和特殊标志；

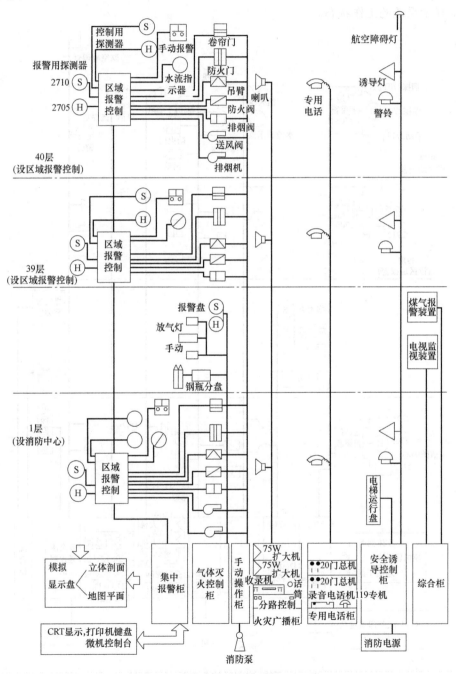

图 7-2　联动控制系统分散与集中相结合示意图

d. 组合分配系统及单元控制系统宜在防护区外的适当部位设置气体灭火控制盘;

e. 在报警、喷射各阶段,控制室应有相应的声光报警信号,并能手动切除声响信号;

f. 主要出入口上方应设气体灭火剂喷放指示标志灯;

g. 在延时阶段,应关闭有关部位的防火阀,自动关闭防火门、窗,停止通风空调系统;

h. 被保护对象内应设有在释放气体前 30s 内人员疏散的声报警器。

2) 电动防火卷帘、电动防火门

① 消防控制设备对防火卷帘的控制应符合下列要求:

a. 防火卷帘两侧应设置探测器及其报警装置,且两侧应设置手动报警按钮;

b. 防火卷帘下放的动作程序应为:感烟探测器动作后,卷帘进行第一步下放(距地面为 1.5~1.8m);感温探测器动作后,卷帘进行第二步下放即到底;感烟、感温探测器的报警信号及防火卷帘的关闭信号应送至消防控制室;

c. 当电动防火卷帘采用水幕保护时,水幕电磁阀的开启宜用感温探测器与水幕管网有关的水流指示器组成控制电路控制。

② 消防控制设备对防火门的控制应符合下列要求:

a. 门任一侧的火灾探测器报警后,防火门应自动关闭;

b. 防火的关闭信号应送到消防控制室。

3) 火灾报警后,消防控制设备对防烟、排烟设施应有下列控制、显示功能

① 控制防烟垂壁等防烟设施;

② 停止有关部位的空调送风,关闭电动防火阀,并接收其反馈信号;

③ 启动有关部位的排烟阀、送风阀、排烟风机、送风机等,并接受其反馈信号;

④ 设在排烟风机入口处的防火阀动作后应联动停止排烟风机;

⑤ 消防控制室应能对防烟、排烟风机(包括正压送风机)进行应急控制。

4) 消防控制室对非消防电源、警报装置、火灾应急照明灯和疏散标志灯的控制

为了扑救方便,避免电气线路因火灾而造成短路,形成二次灾害,同时也为了防止救援人员触电,发生火灾时切断非消防电源是必要的。但是切断非消防电源应控制在一定的范围之内。一定范围是指着火的那个防火分区或楼层。切断方式可为人工切断,也可以自动切断,切断顺序应考虑按楼层或防火分区的范围,逐个实施,以减少断电带来的不必要的惊慌。非消防电源的配电盘应具有联动接口,否则消防控制设备是不能完成切断功能的。

在正常照明被切断后,应急照明和疏散标志灯就担负着为疏散人群提供照明和诱导指示的重任。由于火灾应急照明和疏散标志灯属于消防用电设备,因此其电源应选用消防电源;如果不能选用消防电源,则应将蓄电池组作为备用电源,且主、备电源应能自动切换。

火灾状态下,为了避免人为紧张,造成混乱,影响疏散,同时也是为了通知尚不知道火情的人员,首先应在最小范围内发出警报信号并进行应急广播,如图 7-3 所示。

5) 消防控制室的消防通讯功能

为了能在发生火灾时发挥消防控制室的指挥作用,在消防控制室内应设置消防通讯设备,并满足:

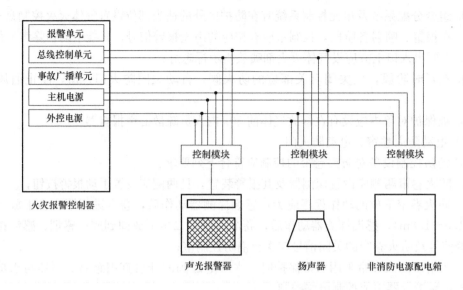

图 7-3　总线控制非消防电源、警报装置示意图

① 应有一部能直接拨打"119"火警电话的外线电话机。

② 应有与建筑物内其他重要消防设备室直接通话的内部电话。

③ 应有无线对讲设备。

考虑到一般建筑物都设有内部程控交换机、消防控制室及其他重要消防设备房,其中都装设了内部电话分机,而且在程控交换机上就可设定消防控制室的电话分机,并具有拨打外线电话的功能。无线对讲设备是重要的辅助通讯设备,它具有移动通话的作用,可以避免线路的束缚,但它的通讯距离和通话质量受诸多条件的限制。

6) 消防控制室对电梯的控制与显示

发生火灾时,消防控制室应能将全部电梯迫降至首层,并接受其反馈信号。

对电梯的控制有两种方式:一是将电梯的控制显示盘设在消防控制室,消防值班人员在必要时可直接操作;二是在人工确认确实发生火灾后,消防控制室向电梯控制室发出火灾信号及强制电梯下降的指令,所有电梯下行停位于首层。

3. 平面图中设备的选择、布置及管线计算

(1) 设备选择及布置

1) 探测器的选择及布置:根据房间使用功能及层高确定探测器种类,量出平面图中所计算房间的地面面积,再考虑是否为重点保护建筑,还要看房顶坡度是多少,然后按 $N \geqslant \dfrac{S}{k \cdot A}$ 分别算出每个探测区域内的探测器数量,最后再进行布置。

火灾探测器的选用原则如下:

① 火灾初期有阴燃阶段,产生大量的烟和少量的热,很少或没有火焰辐射,应选用感烟探测器;

② 火灾发展迅速,有强烈的火焰辐射和少量的热、烟,应选用火焰探测器;

③ 火灾发展迅速,产生大量的热、烟和辐射,应选用感温、感烟火焰探测器或其组合(即复合型探测器);

④ 若火灾形成的特点不可预料，应进行模拟试验，根据试验结果选用适当的探测器。

探测器种类选择在探测器中已有表可查，但这里还需进一步说明其种类选择范围。

下列场所宜选用光电和离子感烟探测器：

电子计算机房、电梯机房、通讯机房、楼梯、走道、办公楼、饭店、教学楼的厅堂、办公室、卧室等，有电气火灾危险性的场所、书库、档案库、电影或电视放映室等。

有下列情况的场所不宜选用光电感烟探测器：

存在高频电磁干扰；在正常情况下有烟滞流；可能产生黑烟；可能产生蒸汽和油雾；大量积聚粉尘。

有下列情况的场所不宜选用离子感烟探测器：

产生醇类、醚类酮类等有机物质；可能产生腐蚀气体；有大量粉尘、水雾滞留；相对湿度长期大于 95%；在正常情况下有烟滞留；气流速度大于 5m/s。

有下列情况的场所不宜作出快速反应：

无阴燃阶段的火灾；火灾时有强烈的火焰辐射。

下列情况的场所不宜选用火焰探测器：

在正常情况下有明火作业以及 x 射线、弧光等影响；探测器的"视线"易被遮挡；在火焰出现前有浓烟扩散；可能发生无焰火灾；探测器的镜头被污染；探测器易受阳光或其他光源直接或间接照射。

下列情况的场所宜选用感温探测器：

可能发生无烟火灾；在正常情况下有烟和蒸汽滞留；吸烟室、小会议室、烘干车间、茶炉房、发电机房、锅炉房、厨房、汽车库等；其他不宜安装感烟探测器的厅堂和公共场所；相对湿度经常高于 95% 以上的场所；有大量粉尘的场所；

在库房、电缆隧道、顶棚内、地下汽车库及地下设备层等场所，可选用空气管线型差温探测器。

在电缆托架、电缆隧道、电缆夹层、电缆沟、电缆竖井等场所，宜采用缆式线型感温探测器。

在散发可燃气体、可燃蒸汽和可燃液体的场所，宜选用可燃气体探测器。

2）火灾自动报警装置的选择及布置：

规范中规定火灾自动报警系统应有自动和手动两种触发装置。

自动触发器件有：压力开关、水流指示器、火灾探测器等。

手动触发器件有：手动报警按钮、消火栓报警按钮等。

要求探测区域内的每个防火分区至少设置一个手动报警按钮。

① 手动报警按钮的安装场所：各楼层的电梯间、电梯前室主要通道等经常有人通过的地方；大厅、过厅、主要公共活动场所的出入口；餐厅、多功能厅等处的主要出入口。

② 手动报警按钮的布线宜独立设置。

③ 手动报警按钮的数量应按一个防火分区内的任何位置到最近一个手动报警按钮的距离不大于 25m 来考虑。

④ 手动报警按钮在墙上安装的底边距地高度为 1.5m，按钮盒应具有明显的标志和防误动作的保护措施。

3）其他附件选择及布置：

① 模块：由所确定的厂家产品的系统确定型号，安装距顶棚 0.3m 的高度，墙上安装；

② 短路隔离器：与厂家产品配套选用，墙上安装，距顶棚 0.2～0.5m；

③ 总线驱动器：与厂家产品配套选用，根据需要定数量，墙上安装，底边距地 2～2.5m；

④ 中继器：由所用产品实际确定，现场墙上安装，距地 1.5m。

4）火灾事故广播与消防专用电话：

① 火灾事故广播及警报装置：火灾警报装置（包括警灯、警笛、警铃等）是当发生火灾时发出警报的装置。火灾事故广播是火灾时（或意外事故时）指挥现场人员进行疏散的设备。两种设备各有所长，火灾发生初期交替使用，效果较好。

火灾报警装置的设置范围和技术条件：国家规范规定，设置区域报警系统的建筑，应设置火灾警报装置；设置集中和控制中心报警系统的建筑，宜设置火灾警报装置；在报警区域内，每个防火分区应至少安装一个火灾报警装置，其安装位置，宜设在各楼层走道靠近楼梯出口处。

为了保证安全，火灾报警装置应在确认火灾后，由消防中心按疏散顺序统一向有关区域发出警报。在环境噪声大于 60dB 的场所设置火灾警报装置时，其声压级应高于背景噪声 15dB。

火灾事故广播与其他广播合用时应符合以下要求：

火灾时，应能在消防控制室将火灾疏散层的扬声器和公共广播扩音机强制转入火灾应急广播状态；消防控制室应能监控用于火灾应急广播时的扩音机的工作状态，并能开启扩音机进行广播。火灾应急广播设置备用扩音机，其容量不应小于火灾应急广播扬声器最大容量总和的 1.5 倍。床头控制柜设有扬声器时，应有强制切换到应急广播的功能。

② 消防专用电话：安装消防专用电话十分重要，它对能否及时报警、消防指挥系统是否畅通起着关键作用。为保证消防报警和灭火指挥畅通，规范对消防专用电话都有明确规定。最后根据以上设备选择列出材料表。

（2）消防系统的接地

为了保证消防系统正常工作，对系统的接地应按单元 5 任务 5-3 中 5.3.2.2 规定执行。

（3）布线及配管

布线及配管如按单元 5 进行。

4. 画出系统图及施工详图

设备、管线选好且在平面图中标注后，根据厂家产品样本，再结合平面图画出系统图，并进行相应的标注：如每处导线根数及走向、每个设备的数量、所对应的层数等。

施工详图主要是对非标产品或消防控制室而言的，比如非标控制柜（控制琴台）的外形、尺寸及布置图；消防控制室设备布置图，应标明设备位置及各部分距离等。

5. 平面图设计示例

采用步步深入法设计，具体步骤是：进行设备选择布置→布线标注线条数→标注回路等→完善图面。

（1）探测器、手动报警按钮等选择及布置。探测器选择是根据场所、地面面积、房间高度等确定种类，先进行数量计算，然后采用经验法布置，手动报警按钮按规范确定数量后布置，如图 7-4 所示。

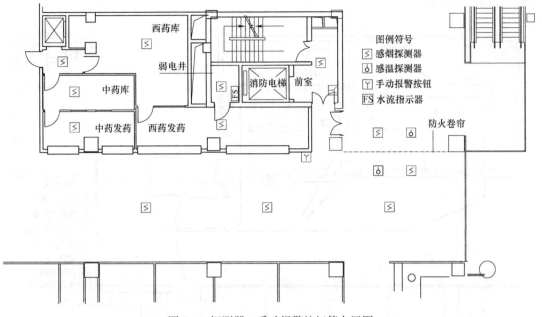

图 7-4　探测器、手动报警按钮等布置图

（2）探测器、手动报警按钮布线。先根据实际确定线制、回路，然后进行布线，如图 7-5 所示。

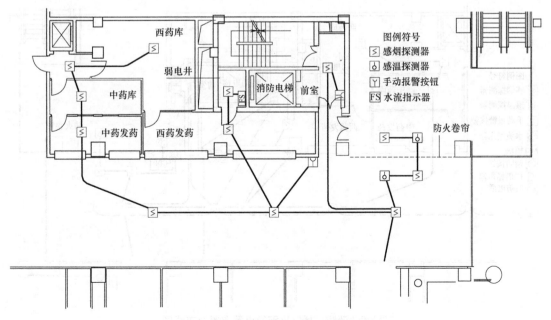

图 7-5　探测器、手动报警按钮等布线图

（3）联动元件的选择布置及布线。联动元件包括：消火栓按钮、水流指示器、防火卷

帘、消防广播与通讯设备等。根据实际需要确定联动元件数量，然后布置到图中，再根据限制布线。注意要满足规范要求，布置消火栓按钮、水流指示器、防火卷帘等联动元件及其布线如图 7-6 所示。选择消防广播、火警通讯等设备，进行布置，选择导线，进行布线线，如图 7-7 所示。

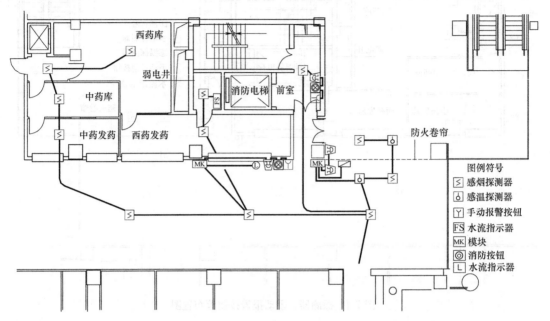

图 7-6   消火栓按钮、水流指示器、防火卷帘等布置及布线图

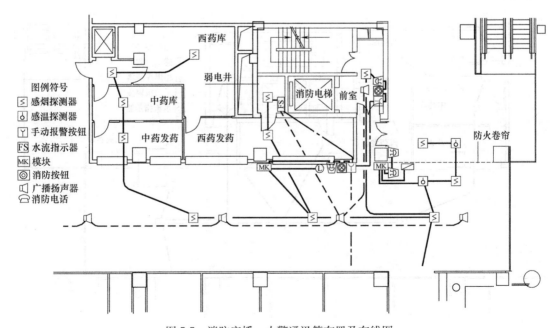

图 7-7   消防广播、火警通讯等布置及布线图

（4）完善图纸。标注线条数、标注回路等，完善图面，如图 7-8 所示。

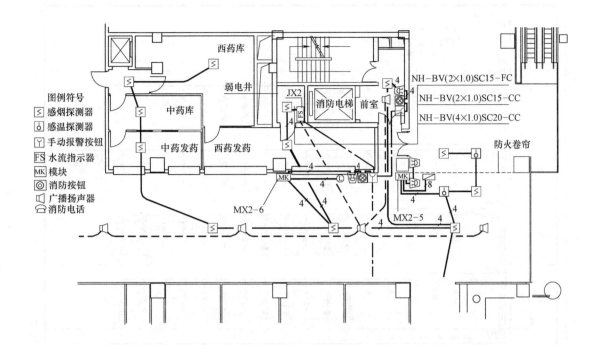

图 7-8 标注线条数、标注回路、完善图面等

(5) 系统图设计示例

系统设计示例如图 7-9 所示。

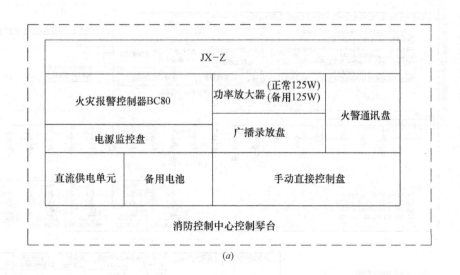

(*a*)

图 7-9 消防系统设计示例

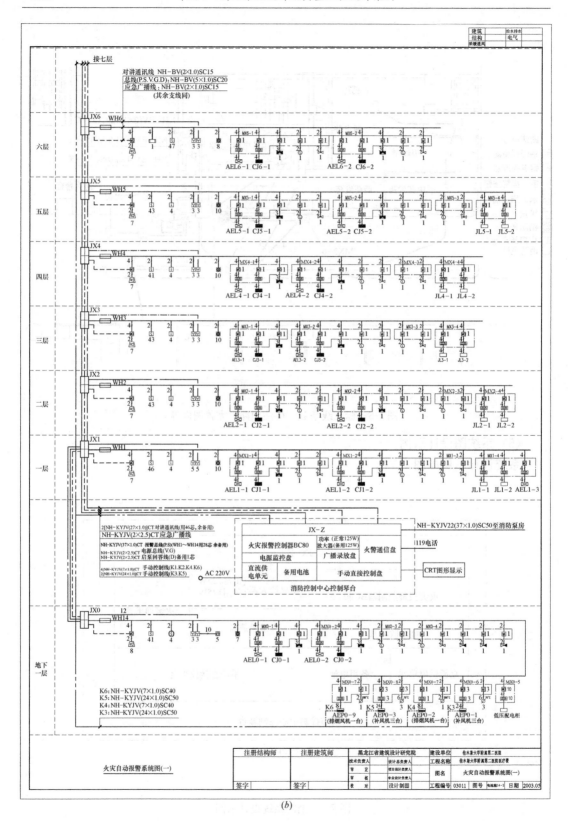

火灾自动报警系统图(一)

(b)

图7-9　消防系统设计示例(续)

任务 7-2　典型工程设计应用案例

7.2.1　办公楼消防设计

7.2.1.1　工程概述

1. 工程规模

建设单位：鹤岗市国土资源局

工程名称：鹤岗市国土资源局办公大楼消防设计

2. 水暖、通风给出条件

压力开关、水流指示器、防火阀、送风口、排烟口均在图中示出。

3. 电力照明给出条件

喷淋泵、消防泵、空调、排烟机、通风机配电箱均给出，同时提供 7 张土建图，图中应给条件均已画出。

4. 相关要求

（1）管理要求：该楼与周围的住宅楼实行统一管理，并把管理单位放在住宅楼内。

（2）建设单位要求：在满足规范的情况下，力求经济合理。

7.2.1.2　设计内容

工程设计图纸共 9 张，设计说明、图例符号、图纸目录见图 7-10 所示；火灾报警系统见图 7-11，地下室火灾报警平面见图 7-12、1 层火灾报警平面见图 7-13、2 层和 3 层火灾报警平面见图 7-14、4～6 层和 7 层火灾报警平面见图 7-15、8 层和 9 层火灾报警平面见图 7-16、10 层和 11 层火灾报警平面见图 7-17、12 层和设备层火灾报警平面见图 7-18。

7.2.1.3　设计说明

1. 工程概况

本工程建筑面积约 $10000m^2$，建筑高度为 44.40m. 地下 1 层，地上 12 层，地下 1 层为停车库、设备用房，1 层为办公室、餐厅，2～12 层为办公室、会议室等，顶层为电梯机房等设备用房. 为二类高层防火建筑，各层均为钢筋混凝土结构现浇楼板。

2. 设计依据

1）主要规范

（1）《民用建筑电气设计规范》JGJ/T 16

（2）《高层民用建筑设计防火规范》GB 50045

（3）《火灾自动报警系统设计规范》GB 50116

2）建设单位设计任务书

3）建筑专业、结构专业、通风水暖专业提供的设计条件

3. 设计范围

火灾自动报警系统。

4. 供电电源

本工程消防电力、应急照明、火灾自动报警系统等供电为二级负荷，生活给水、客梯

电气消防设计说明

| 一、设计依据 |
| 1.《高层民用建筑设计防火规范》GB 50045 |
| 2.《火灾自动报警系统设计规范》GB 50116 |
| 3.《民用建筑电气设计规范》JGJ/T 16 |

二、建筑概况保护对象分级

　　本工程为鹤岗国土资源局办公楼,总建筑面积 10000m²,地下一层,地上 12 层,主要为办公室、餐厅、车库等,建筑总高度 44.4m

属二级保护对象、各层均为钢筋混凝土现浇楼板

三、系统功能说明

1. 概述

　　本消防系统按控制中心报警系统设计.消防控制中心设于 B 栋信宅楼内.火灾报警控制器.消防联动设备控制柜.消防事故广播.消防通讯主机

消防系统供电电源等设备组装在消防控制中心控制琴台内

　　本消防系统采用总线制方式,消防类风机等设备的起停设消防控制室手动直接控制(硬线连接)

　　本消防系统电源按二级负荷设计,消防类风机.事故照明等均采用双路电源末端自投,为消防系统供电之双路电源均分别接自配电室两段不同的低压母线

2. 报警系统

　　1)高级办公室、大空间办公室、走廊、空调通风机房等处设置智能型感烟探测器,车库、厨房设置智能型感温控测器

　　2)手动火灾报警按钮在主要入口处设置,从一个防火分区的任何位置到最邻近的一个手动火灾报警按钮的步行距离小于 30m,每个手动火灾报警按钮旁均设有

　　消防电话插孔:配电室、排烟风机房等重要场所均装消防专用电话分机,消防专用电话网络为独立的消防通讯系统,在消防控制室设消防专用电话总机.消防控制中心设 119 专用报警外线电话.每个消火栓内安装消火栓起泵按钮

　　3)火灾自动报警系统通过输入模块对防火阀等设备的报警信号进行监测

3. 联动控制系统

　　本设计所有联动指令均由联动控制柜及有源.无源界面模块输出.当火灾报警控制器接到报警信号并确认后,实现以下控制功能:

　　1)切除相关区域的非消防用电

　　2)接通相关区域的事故照明灯

　　3)将相关区域的电梯降至首层,并切除非消防电梯电源

　　4)接通相关区域的火灾事故广播及火灾警报装置

　　5)停止相关区域的空调通风

　　6)启动相关区域的正压送风机

　　7)作为防火分隔的防火卷帘,火灾探测器动作后,控制卷帘直接下降到底

　　8)接受并显示相关的反馈信号

　　消防类风机等设备的启停设消防控制室手动直接控制(硬线连接)

4. 事故广播系统:

　　事故广播扬声器设置于走道和大厅等公共场所,每个扬声器的额定功率 3W,从一个防火分区的任何部位到最近一个扬声器的步行距离不大于 25m,平时可播放背景音乐,事故状态下由消防控制中心将火灾疏散层(即着火层及相关层)的扬声器强制转入火灾应急广播状态

5. 在消防控制中心设一套计算机图文显示终端,配有专用消防软件,并预留通讯接口,以备与当地消防部门联网之需要

四、管线敷设

　　在电井内设有火灾报警系统专用竖向线槽,各层从竖井配出的报警总线、联动控制线及消防广播,通讯线路均采用铜芯绝缘线缆穿钢管在结构板及墙内暗敷由结构楼板出线盒至吊顶探测器之间吊棚内线路穿可挠金属电线保护管敷设

五、其他

探测器的设置要求:探测器至梁边及墙壁的距离不应小于 0.5m

　　　　　　　　探测器与照明灯具的水平净距不应小于 0.2m

图 7-10　电气消

图 例 符 号 表

图例	名称	型号	安装方式	备注
▭	消防端子箱		弱电竖井内明装,底距地 1.5m	
─▭─	总线短路隔离器		端子箱内	
Ⓢ	感烟探测器		吸顶安装	
Ⓘ	感温探测器		吸顶安装	
◎	消火栓手动报警按钮		消火栓箱内安装	
⌖	手动报警按钮加电话插孔		距地 1.3m 安装	
☎	火警电话分机		距地 1.3m 安装	
◁	吸顶式扬声器	5W	吸顶安装	
◎	吸顶式扬声器	3W	吸顶安装	
Ⓜ	模块箱		电气竖井及机房底距地 1.4m 明装,其余棚下 0.3m(吊顶内)	
Ⓒ	输出模块		电气竖井及机房底距地 1.4m 明装,其余棚下 0.3m(吊顶内)	
Ⓓ	输入模块		电气竖井及机房底距地 1.4m 明装,其余棚下 0.3m(吊顶内)	
▭	强电切换盒		见系统图	
▭	动力配电箱		见电施图	
⊠	事故照明配电箱		见电施图	
▭	防火卷帘控制箱		见电施图	
⊣□	正压送风口		见暖通图	
FSQ	复示器		底距地 1.5m 暗装	
⋈	70℃防火阀		见暖通图	
Ⓛ	水流指示器		见喷淋图	
⋈	检修信号阀		见喷淋图	
Ⓟ	压力报警阀		见喷淋图	

图 纸 目 录

防设计说明　图纸目录

等为二级负荷，其余为三级负。主电源与备用电源均由室外 10/0.4kV 箱式变低压侧引接，两个箱式变高压为两个独立电源。二级负荷采用双路电源末端自动切换方式。低压配电系统的接地型式采用 TN-C-S 方式。消防部分引自 B 栋住宅消防控制室。

5. 导线、电缆选择及敷设方式

消防配电干线采用 NH-YJV 耐火交联聚乙烯绝缘电力电缆，非消防配电干线采用 YJV 交联聚乙烯绝缘电力电缆，干线在地下一层采用封闭式金属电缆桥架敷设，消防与非消防线路用隔板分开，并在金属桥架外刷防火涂料，耐火极限达到 1.0h；垂直部分干线在竖井内用梯形电缆桥架敷设。

支线均采用 BV-500V 导线，动力线及应急照明线穿镀锌钢管暗敷，照明支线穿阻燃塑料管暗敷，详见平面及系统标注，照明支线导线根数 4 根及以上时，穿 FPC20。

6. 设备安装

GCS 配电柜为落地安装，照明配电箱、动力配电箱在电井、设备机房内时为明装，其余为暗装，安装高度见图 7-10。

7.2.1.4 设计图工作状态分析

消防报警及控制：本工程为二类建筑，按防火等级为二类设计，消防部分引自 B 栋住宅消防控制室，具有以下功能。

1. 火灾自动报警系统

（1）采用总线制配线，按消防分区及规范进行感烟、感温探测器的布置。在消防中心的报警控制器上能显示各分区、各报警点探头的状态，并设有手动报警按钮。

（2）手动火灾报警按钮在主要出入口处设置，从一个防火分区内的任何位置到最邻近的一个手动火灾报警按钮的步行距离小于 30m。每个手动火灾报警按钮旁均设有消防电话插孔；电梯机房设专用电话分机，消防专用电话网络为独立的消防通讯系统，在消防控制室设消防专用电话总机。消防控制中心设 119 专用报警外线电话。每个消火栓内安装消火栓启泵按钮。

（3）火灾自动报警系统通过输入模块对防火阀等设备的报警信号进行监测。

2. 联动控制系统

本设计所有联动指令均由联动控制柜及有源无源界面模块输出。当火灾报警控制器接到报警信号并确认后，实现以下控制功能：

1）切除相关区域的非消防用电。

2）接通相关区域的事故照明灯。

3）将相关区域的电梯降至首层，并切除非消防电梯电源。

4）接通相关区域的火灾警报装置。

5）启动相关区域的正压送风机。

6）接受并显示相关的反馈信号。

7）启动消防泵并接收其工作状态（消防泵不在本楼内）。

消防泵、消防类风机等设备的启停由消防控制室手动直接控制（硬线连接）.

3. 火灾警报装置

该工程设火灾警报系统，在公共走道等处设置。

4. 消防控制中心

在消防控制中心设一套计算机图文显示终端，配有专用消防软件，并预留通讯接口，以备与当地消防部门联网之需要。

5. 管线敷设。

从消防控制室引至各电井的水平干线采用电缆穿钢管暗敷设，在电井内设有火灾报警系统专用竖向线槽，各层从竖井配出的报警总线、联动控制线、通讯线路均采用铜芯绝缘线缆穿钢管在结构板及墙内暗敷。

（1）对于消防配电线路、控制线路均采用塑料铜芯绝缘导线或铜芯电缆，其电压等级不应低于交流 250V；

（2）绝缘导线、电缆线芯应满足机械强度的要求；

（3）消防控制、通讯和报警线路，应采取穿金属管保护，导线敷设于非燃烧体结构内，其保护层厚度不小于 3cm；

（4）穿管绝缘导线或电缆的总面积不应超过管内截面积的 40%。

6. 探测器等消防设备的安装

探测器的设置要求：探测器至梁边及墙壁的距离不应小于 0.5m；探测器与照明灯具的水平净距不应小于 0.2m，其他应根据单元 2 和单元 5 中的相关规定和方法进行安装。

7. 管井状态

电缆井（强电井、弱电井）每层上下均封闭

8. 接地

（1）消防控制室工作接地采用单独接地，电阻值应小于 4Ω；

（2）应用专用接地干线由消防控制室引至接地体，接地干线应用铜芯绝缘导线或电缆，其线芯截面积不应小于 25mm²；

（3）由消防控制室接地板引至各消防设备的接地线，应选用铜芯绝缘软线，其线芯截面积不应小于 4mm²。

7.2.2　黑龙江省广播电视塔消防设计

7.2.2.1　工程概述

黑龙江省广播电视塔是一座集广播电视发射和旅游观光、科普展览等多功能于一体的钢结构多功能广播电视塔，工程于 1998 年 4 月破土动工，由上海同济规划建筑设计总院设计，2000 年 10 月经消防竣工验收合格投入使用，命名为"龙塔"。该塔总高度 336m，总建筑面积 15991m²，属超高层建筑物的混合体，系亚洲第一高钢塔，属于哈尔滨的标志建筑之一。

龙塔自下而上由塔座、塔身和筒体、塔楼及天线段 4 部分组成。

塔座为环冠形建筑，高 28m，底直径 70m。其主体为钢筋混凝土结构，拱顶采用钢结构。塔座分为半地下一层（设备用房）、地上 4 层（展览、发射、办公用房），地上 4 层中心部分以半径为 20m 的圆柱形共享空间将 4 层连通，形成总叠加面积为 8270m² 的中厅区域。

塔身部分标高在 6～180m 之间，为钢管空间桁架结构。其水平断面成正八边形，塔身基部在 6m 以下固定于 8 个与塔座结构相连的钢筋混凝土脚墩内。塔身中心部位上下贯通以一直径为 8.5m 的封闭圆柱体轻型钢结构井道（又称筒体），内设电梯、楼梯井（间）和管道井。

塔楼主体为钢平面桁架结构，可分为上、下塔楼两部分，标高在 180～218m 之间。下塔楼呈碟状，以标高 186m 处直径 40m 的旋转观光平台为主，其建筑面积 1257m^2。上塔楼近似于球体，直径 20m，设有通讯、发射机房及水箱间等。

天线段标高在 218～336m 之间，其间均匀设置了 4 层工作平台。其立面图如图 7-19 所示。

7.2.2.2 工程消防设计惰况介绍

钢结构多功能广播电视塔以其造价低廉、施工便利和颇具现代感等特点而广受青睐。由于钢结构多功能广播电视塔工程结构特殊、功能复杂、性质重要，且国家现有消防技术标准对其要求尚不明确，故对该类工程的消防设计及其实施在技术、工艺、材料等诸多方面存在着新问题。经过对国内多个电视塔工程的广泛考察、调研，组织了多次专家论证，该工程的消防设计几经修改、完善。在目前国内同类电视塔工程中，黑龙江省广播电视塔工程的消防安全性能是相对趋于完善的。该工程定性为一类建筑，耐火等级为一级。

1. 建筑结构防火设计

（1）钢结构的防火措施。黑龙江省广播电视塔含塔座屋面结构、筒体及其内部结构、塔身结构、塔楼结构等几个钢结构部分需做防火保护。为了避免受力状态的钢结构火灾状态受热坍塌，钢结构防火设计是保障该工程消防安全的核心问题，摆在了重中之重的位置。对于钢结构而言，隔离型、包覆型防火保护措施较之涂料型防火保护措施更为有效。本工程的钢结构防火设计采用了上述双重防火保护措施。

（2）防火分区及防火分隔。塔座地下及塔楼各层在依据规范划分防火分区的同时，应满足《规范》安全疏散出口和安全疏散距离的相应要求。

塔座中庭的防火分隔。鉴于《规范》已对中庭超防火分区面积状况下的加强防火措施作了明确规定：

① 房间与中庭回廊间的隔墙尽可能采用防火墙或替代防火墙的防火卷帘。

② 房间与回廊相通的门、窗，为自行关闭的甲级防火门、窗。

③ 与中庭相通的过庭、通道等，采用替代防火墙的防火卷帘分隔。

筒体内电缆井、管道井的防火分隔：

① 电缆及管道井在塔楼和塔座高度范围内每层以不低于楼板耐火极限的非燃烧体加以分隔。

② 电缆及管道井其他部分每隔 10～15m，以不低于楼板耐火极限的非燃烧体加以分隔。

③ 电缆及管道井内过管后的纵向和横向孔隙均应用不低于楼板耐火极限的非燃烧材料填塞密实；

④ 井道检修门提高为甲级防火门，见平面图 7-20～图 7-22。

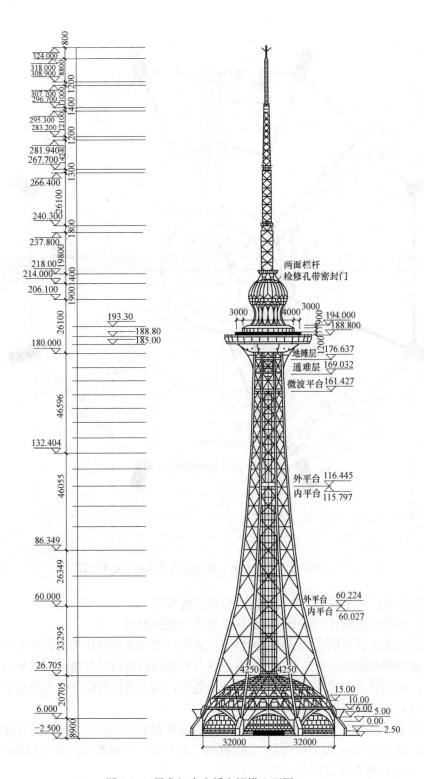

图 7-19　黑龙江省广播电视塔立面图

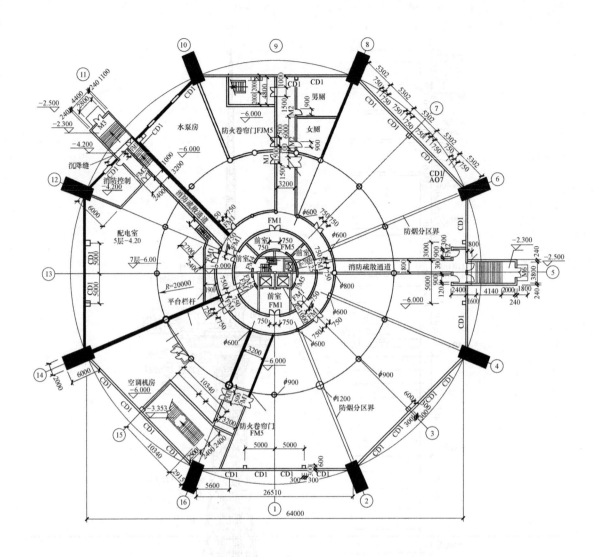

图 7-20 黑龙江省广播电视塔塔座地下室平面图

黑龙江省广播电视塔工程井道防火分隔措施参见：

（3）安全疏散设计。每个防火分区设置两个安全出口。

鉴于该工程具有塔式高层建筑的特点，故塔楼安全疏散设计中，设置剪刀式防烟疏散楼梯。剪刀梯的底部出口开在半地下室，并设有专用的双向疏散通道，引导游人疏散到室外地坪。而钢质剪刀式疏散楼梯本身的防火处理，则采用钢板喷涂防火涂料下加防火隔板方式实现，其耐火极限可达 2.00h。

塔座地上部分采用防火墙、替代防火墙的防火卷帘形成的扩大的封闭楼梯间。

在标高 169.03m 和 176.637m 处设有两层敞开式专用避难层，面积 178m²。

2. 消防设施系统设计

（1）火灾自动报警及联动控制系统

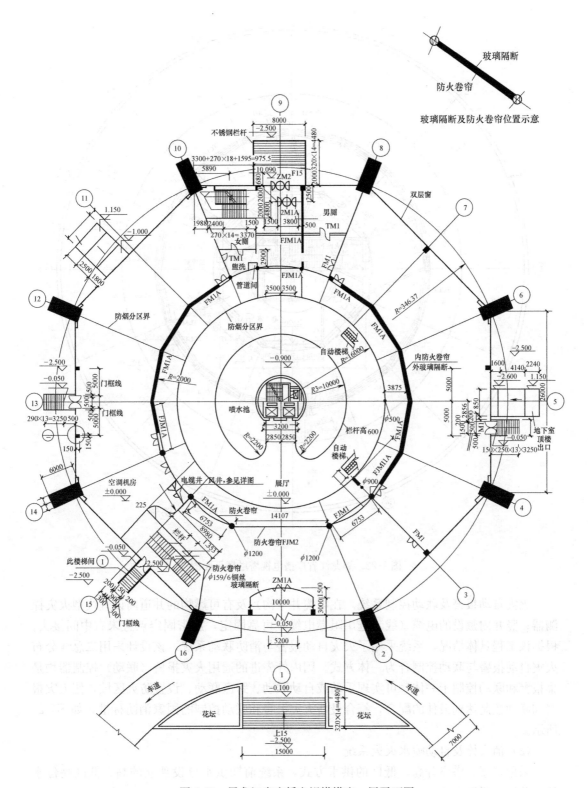

图 7-21　黑龙江省广播电视塔塔座一层平面图

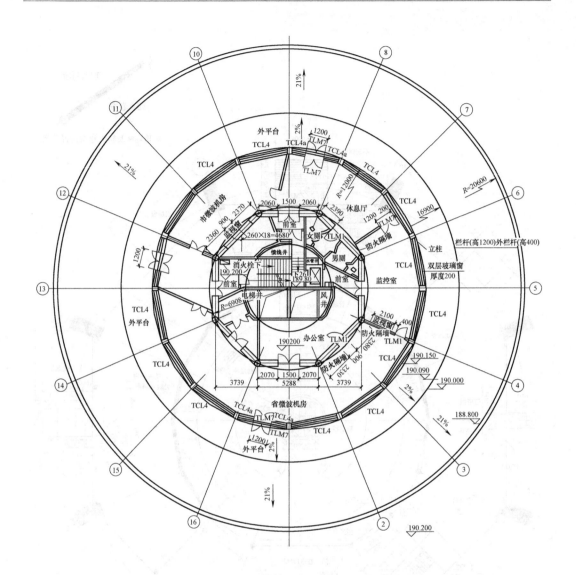

图 7-22　黑龙江省广播电视塔塔楼平面图

火灾自动报警及联动控制系统。在电缆井（沟）及有可燃物的井道内设置线型火灾探测器；竖井内敷设的电缆（线）选用阻燃电缆，可靠固定，加密固定点且未有中间接头。根据该工程具体情况，系统采用了火灾自动报警与消防联动系统，该设计采用二总线分布火灾自动报警与联动控制合为一体方式。国内外先进的通用火灾报警（联动）控制器均是集报警和联动控制于一体，可实现手动或自动联动、跨区联动、设置防火区域，使火灾报警和联动控制达到最佳的配合，符合最新火灾报警和联动控制的国家消防标准，如图7-23所示。

（2）消火栓及自动喷水灭火系统

采用塔楼、塔座分高、低区的供水方式，系统前期供水分设独立的高、低区高位水箱，并辅以增压设施。

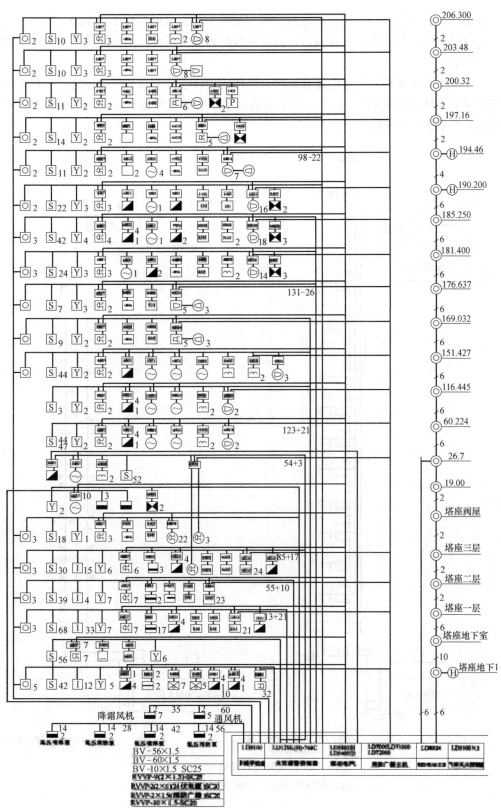

图 7-23 火灾自动报警及联动控制系统

塔楼部位选用快速响应喷淋头，并适当加密喷头间距（但不应小于2m），以减小或防止火灾状况下塔楼外层玻璃窗爆裂后，高空强风吹飘喷头所洒出的灭火用水而对灭火效力造成的影响。

由于该工程地处高寒地带的北方地区，筒体内设计了伴管加热保温措施，以保证冬季最寒冷季节筒体内温度达5℃以上，满足消防给水系统的正常运行需要。消火栓及自动喷水灭火系统如图7-24所示。

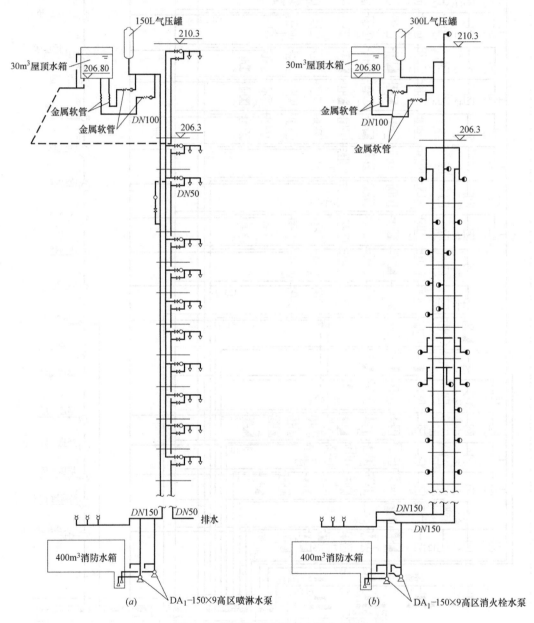

图7-24　消火栓及自动喷水灭火系统

(a) 塔楼喷淋系统图；(b) 塔楼消防系统图

（3）防排烟系统。筒体采用分段正压送风系统设计，在风道井内加设镀锌钢板的内衬风道，以减小风阻和解决漏风量大的问题。

（4）气体灭火系统。在技术用房和重要设备间设置了二氧化碳、1301 气体灭火系统。

7.2.3　某综合楼消防工程案例

7.2.3.1　工程概况

1. 工程规模

某综合楼共 18 层，地下 1 层、地上 17 层，1～2 层为商业用房，3～17 为办公用房。地下层为设备用房、库房。总建筑面积 456070m²。

2. 水暖给出条件

压力开关、水流指示器、防火阀、送风口、排烟口均在图中示出。

3. 电力照明给出条件

喷淋泵、消防泵、空调、排烟机、通风机配电箱均给出，同时提供 7 张土建图，图中应给条件均已画出。

7.2.3.2　工程设计图及相关要求

1. 工程设计图

根据工程实际，经详细论证，最后结合相关规范设计的图纸有：设计说明、图例符号、图纸目录，如图 7-25 所示；火灾自动报警及控制系统图，如图 7-26 所示；地下 1 层电消防平面图，如图 7-27 所示；1 层电消防平面图，如图 7-28 所示；2 层电消防平面图，如图 7-29 所示；3 层电消防平面图，如图 7-30 所示；4 层电消防平面图，如图 7-31 所示；17.1m 设备层电消防平面图，如图 7-32 所示；标准层（5～19 层）电消防平面图，如图 7-33 所示；顶层机房电消防平面图，如图 7-34 所示，共 10 张图。

2. 相关要求

（1）管理要求：该楼与周围的综合楼构成整个商业区，实行统一管理，并把管理单位放在该建筑物内。

（2）建设单位要求：在满足规范的情况下，力求经济合理。

7.2.3.3　设计内容

1. 设计说明

一般情况下，应具备以下内容：

（1）设计依据：

①《民用建筑电气设计规范》JGJ/T16；

②《高层民用建筑设计防火规范》GB 50045；

③《火灾自动报警系统设计规范》GB 50116；

④ 建筑平、立、剖面图及暖通专业、给排水专业提供的功能要求和设备电容量及平面位置。

（2）电容量及平面位置

消防报警及控制：本工程为一类建筑，按防火等级为一级设计，消防控制室设在首层，具有以下功能。

1）火灾自动报警系统：采用总线制配线，按消防分区及规范进行感烟，感温探测器的布置。在消防中心的报警控制器上能显示各分区、各报警点探头的状态，并设有手动报警按钮。

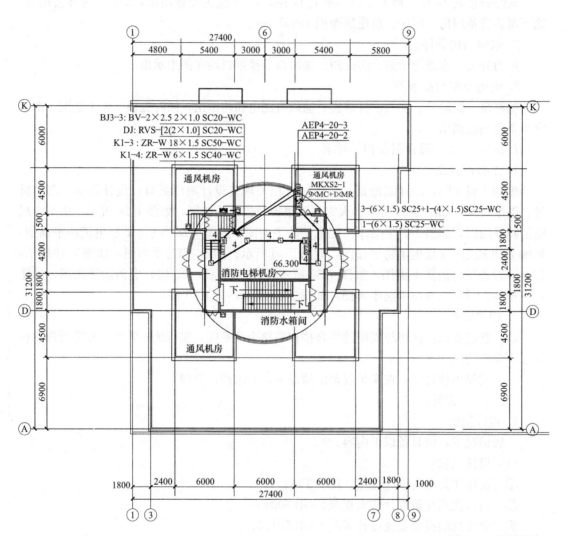

图 7-34　顶层机房

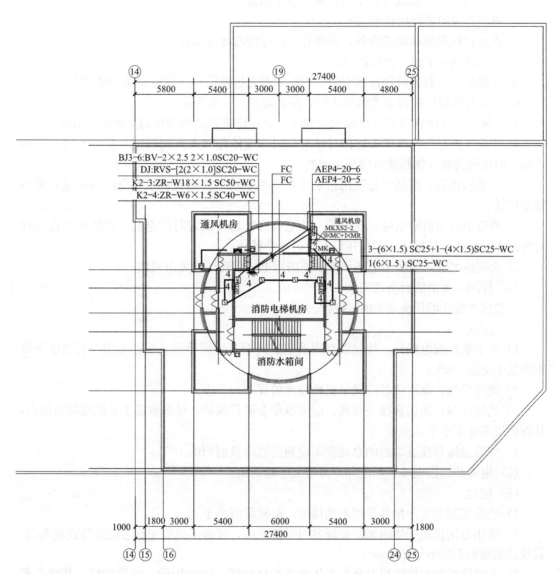

电消防平面图 1∶150

2）联动报警

① 火灾情况下，任一消火栓上的敲击按钮动作时，消防控制室能显示报警部位，自动或手动启动消防泵。

② 对于气体灭火系统应有下列控制、显示功能：

a. 控制系统的紧急启动和切断；

b. 由火灾探测器联动的设备，应具有 30s 可调的延时功能；

c. 显示系统的手动、自动状态；

d. 在报警、喷射各阶段控制室应有相应的声光报警信号，并能手动切除声响信号；

e. 在延时阶段应能自动关闭防火门，停止通风、空调系统；

f. 气体灭火系统在报警或释放灭火剂时，应在建筑物的消防控制室有显示信号；

g. 当被保护对象的房间无直接对外窗户时，气体释放灭火剂后应有排除有害气体的措施，但此设施在气体释放时应是关闭的。

③ 火灾确认后，控制中心发出指令 ［自动或手动］ 将相关楼层紧急广播接通，实施紧急广播。

④ 消防中心与消防泵房、变电所、发电机房处均设固定对讲电话，消防中心设直接对外的 119 电话，每层适当部位还设有对讲电话插孔。

⑤ 火灾情况下，消防中心能切断非消防用电，启动柴油发电机组。

（3）探测器等消防设备的安装

应根据单元 5 的任务 5-2 规定进行。

（4）配线

1）对于消防配电线路，控制线路均采用塑料铜芯绝缘导线或铜芯电缆，其电压等级不应低于交流 250V；

2）绝缘导线，电缆线芯应满足机械强度的要求；

3）消防控制，通信和报警线路，应采取穿金属管保护，导线敷设于非燃烧体结构内，其保护层厚度不小于 3cm；

4）穿管绝缘导线或电缆的总面积不应超过管内截面积的 40％。

（5）电缆井（强电井、弱电井）每层上下均封闭

（6）接地

1）消防控制室工作接地采用单独接地，电阻值应小于 4Ω；

2）应用专用接地干线由消防控制室引至接地体，接地干线应用铜芯绝缘导线或电缆，其线芯截面积不应小于 25mm²；

3）由消防控制室接地板引至各消防设备的接地线，应选用铜芯绝缘软线，其线芯截面积不应小于 4mm²。

2. 火灾报警及联动控制系统图

火灾报警及联动控制系统图，要求按样本标注支路数、回路数、容量。

3. 平面布置图

平面图中表述了各种设备的位置以及线路走向。

单元归纳总结

为了便于进行消防工程设计，本单元根据设计的实际过程对消防设计知识作了详细的

阐述，首先给出了设计的基本原则和内容，接着介绍了探测器的选用、设计程序和方法，最后，通过两个设计案例加深对消防设计的认知。

本单元目的是为设计者介绍如何着手设计和怎样完成一个合格的设计。掌握消防设计是较好从事施工的基础，是进行消防预算的必要条件，由此可见，学会消防设计事关重大。

【习题与思考题】

1. 消防设计的内容有哪些？
2. 消防系统的设计原则是什么？
3. 简述消防系统的设计程序。
4. 简述火灾探测器的设置部位。
5. 系统图、平面图表示了哪些内容？
6. 消防控制中心的设备如何布置？
7. 选择消防中心应符合什么条件？
8. 消防联动控制设计有什么要求？
9. 对消防控制室有哪些要求？
10. 如何确定消防设计方案；
11. 编写设计计算书和说明书包含哪些内容？

单元8 消防工程造价

【学习引导与提示】

单元学习目标	明白建设工程费用的组成;学会建筑电气工程费用定额的应用;懂得建筑电气工程量清单计价方法、工程量清单编制方法;能够进行招标及投标文件的编制;熟悉开标程序和评标方法
单元学习内容	任务8-1 工程预算基础知识 任务8-2 消防预算案例解析
单元知识点	对建筑电气预算的认识;工程预算的组成及其相关概念;工程造价管理及其基本内容;建筑电气消防工程施工图的识读;电气消防工程工程量计算规则与方法;工程竣工结算的编制;消防工程施工图造价编制
单元技能点	能够认知电气工程预算及组成;明白工程造价管理基本内容;具有编制消防工程施工图预算的能力;具有消防工程施工图结算的能力;会正确使用预算软件
单元重点	清单计价
单元难点	消防系统造价编制

任务8-1 工程预算基础知识

消防预算是消防工程招投标的重要依据,由于消防工程的特殊性,加之消防技术在我国起步较晚,设备价格不全,这就给消防预算带来了不便。根据现状,有关技术人员在作预算时只好根据厂家所给出的价格表进行。为了使有关人员掌握消防预算的编制方法及内容叙述如下:

8.1.1 建筑电气安装工程费用

电气安装工程费用是由直接费、综合费用、利润、有关费用、劳动保险基金、工程定额编制管理费及税金组成。

8.1.1.1 直接费

直接费是指施工过程中耗费的构成工程实体和有助于工程形成的各项费用。

直接费通常称为定额直接费,是指直接消耗在工程中的人工费、材料费和施工机械费。

1. 人工费及计算方法

人工费是指支付给直接从事建筑安装工程的施工工人的费用。定额的人工包括基本用工和其他用工,不分工种和级别,均以综合工日表示。"综合工日"的工资单价按定额日工资标准计算。人工费内容包括:基本工资、工资性补贴、生产工人辅助工资、职工福利费、生产工人劳动保护费等。分项工程人工费及单位工程人工费按下式计算:

$$分项工程人工费 = 换算后的工程数量 \times 相应子目人工费单价$$

$$单位工程人工费 = \Sigma(换算后的工程数量 \times 相应子目人工单价)$$

2. 材料费及计算方法

材料费是指为完成电气安装工程而耗用的主要材料、辅助材料、消耗材料和零星材料的费用之和。主要材料费取自地区材料预算价格，辅助材料、消耗材料、零星材料费用为定额材料费之和。分项工程材料费按下式计算：

$$分项工程材料费 = 换算后的工程数量 \times 相应子目材料费单价 + 相应子目未计价材料费$$

3. 施工机械费及计算方法

施工机械费是指在完成电气安装工程中使用施工机械作业所发生的机械使用费。其计算方法如下，即：

$$分项工程机械费 = 换算后的工程数量 \times 相应子目机械费单价$$

4. 直接费及计算方法

直接费可根据工程量和定额基价计算，也可按上述的人工费、材料费、施工机械费之和计算。其计算方法如下，即：

$$分项工程直接费 = 换算成定额单位后的工程数量 \times 相应子目基价$$

$$分项工程直接费 = 分项工程人工费 + 分项工程材料费 + 分项工程机械费$$

8.1.1.2　综合费用

综合费用由其他直接费、现场经费及间接费三项费用组成。

1. 其他直接费

其他直接费是指定额直接费以外，在施工过程中发生的直接消耗于工程上的其他费用，此项费用应按各省规定的取费办法进行计算。黑龙江省建筑安装工程费用定额内容包括：

（1）冬期施工增加费

冬期施工增加费是指在冬期施工所增加的费用。其包括材料费、燃料费、人工费、保温设施、人工室外作业临时取暖及降低工效等费用。其按下式计算：

冬期施工增加费 = 冬期施工期实际完成工程量的人工费 × 相应费率

冬期施工期限规定如下：

北纬 48°以北：10 月 20 日到下年 4 月 20 日

北纬 46°以北：10 月 30 日到下年 4 月 5 日

北纬 46°以南：11 月 5 日到下年 3 月 31 日

（2）雨期施工增加费等七项费用

① 雨期施工增加费：雨期施工增加费是指在雨期施工期所增加的费用。其范围包括防雨措施、排水、工效降低等费用。

② 夜间施工增加费：夜间施工增加费是指按规范、规程正常作业而发生的照明设施、夜餐补助和降低工效等费用。

③ 特殊工种培训费：指在承担某些特殊工程、新型建筑工程任务时，根据技术规范要求对某些特殊工种的培训费。

④ 二次搬运费：二次搬运费是指因施工场地狭小等特殊原因而发生的费用。

⑤ 检验试验费：检验试验费是指按照施工验收规范规定对建筑材料、构件和建筑安装物进行一般鉴定、检查发生的费用。其包括自设试验室进行试验所耗用的材料和化学药品等费用，以及技术革新和研究试制试验费。

⑥ 生产工具用具使用费：指施工生产所需不属于固定资产的生产工具、仪器及检验用具等的购置、摊销及维修费，以及支付给工人自备工具的补贴费。

⑦工程定位复测、工程场地清理费。

雨期施工增加等七项费用按下式计算：

雨期施工增加费等七项费用＝定额人工费×相应费用

2. 现场经费

现场经费是指为施工准备、组织施工生产和管理所需费用，应按各省规定的取费办法进行计算。其内容包括：

（1）临时设施费：是指施工企业为进行建筑安装工程施工所需的生活和生产用的临时建筑物、构筑物和其他临时设施费用等。

临时设施包括：临时宿舍、文化福利及公用事业房屋与构筑物、仓库、办公室、加工厂以及规定范围内的道路、水、电、管线等设施和小型临时设施。

临时设施费用包括：临时设施的搭设、维修、拆除费或撤销费。

（2）现场管理费：现场管理费是指组织现场施工所发生的管理费用。其内容包括：

① 现场管理人员的基本工资、工资性补贴、职工福利费、劳动保护费等。

② 办公费。是指现场管理办公用的文具、纸张、账表、印刷、邮电、书报、会议、水、电、饮用热水和集体取暖（包括现场临时宿舍取暖）用煤等费用。

③ 差旅交通费。是指职工因公差期间差旅费、住勤补助费、市内交通费和误餐补助费、职工探亲路费、劳动力招募费、职工离退休和退职一次性路费、工伤人员就医路费、工地转移费以及现场管理使用的交通工具的油料、燃料、养路费及牌照费。

④ 固定资产使用费。是指现场管理及试验部门的属于固定资产的设备、仪器等的折旧、大修理、维修费或租赁费等。

⑤ 工具用具使用费。是指现场管理使用的不属于固定资产的工具、器具、家具、交通工具和检验、试验、测绘、消防用具等的购置、维修和摊销费。

⑥ 保险费。是指施工管理用财产、车辆保险等费用。

⑦ 工程排污费。是指施工现场按规定交纳的排污费用。

⑧ 其他费用。是指上述之外的费用。

3. 间接费

间接费是指施工企业为组织和管理工程施工所发生的非生产性开支费用

间接费由企业管理费、财务费用组成。

（1）企业管理费

企业管理费是指施工企业为组织施工生产经营活动所发生的管理费用，内容包括：

① 管理人员的基本工资、工资性补贴及按规定标准计提的职工福利费。

② 差旅交通费：是指企业职工因公出差、工作调动的差旅费、住勤补助费，市内交通费及误餐补助费、职工探亲路费、劳动力招募费、离退休职工一次性路费及交通工具油料、燃料、牌照、养路费等。

③ 办公费：是指企业办公用文具、纸张、账表、印刷、邮电、书报、会议、水、电、燃煤（气）等费用。

④ 固定资产折旧、修理费。是指企业属于固定资产的房屋、设备、仪器折旧及维修

等费用。

⑤ 工具用具使用费：是指企业管理使用的不属于固定资产的工具、用具、家具、交通工具、检验、试验、消防等的摊销及维修费用。

⑥ 工会经费：是指企业按职工工资总额 2％计提的工会经费。

⑦ 职工教育经费：是指企业为职工学习先进技术和提高文化水平按职工工资总额 1.5％计提的费用。

⑧ 职工养老保险费及待业保险费：是指职工退休养老金的积累及按规定标准计提的职工待业保险费用。

⑨ 保险费：是指企业财产保险、管理用车辆保险费用。

⑩ 税金：是指企业按规定交纳的房产税、车辆使用税、土地使用税、印花税及土地使用费等。

⑪ 其他：包括技术转让费、技术开发费、业务招待费、排污费、绿化费、广告费、公证费、法律顾问费、审计费、咨询费。

（2）财务费用

财务费用是指企业为筹集资金而发生的各项费用，包括企业经营期间发生的短期贷款利息净支出、汇兑净损失、调剂外汇手续费、金融机构手续费以及企业筹集资金发生的其他财务费用。

综合费用为其他直接费、现场经费和间接费三项费用之和，由于三项费用的计算基础均为人工费，计算式按下式计算：综合费用＝人工费×综合费率

8.1.1.3 利润

利润是指施工企业完成建筑产品按国家规定应计入建筑安装工程造价的利润，此项应按省内各地市规定执行。

8.1.1.4 有关费用

有关费用是指承包建筑安装工程中发生的，并根据合同条款和规定计算的，但未包括在直接费、综合费用中的相关费用，按省内各地市规定执行。

1. 远地施工增加费

是指施工单位离开驻地 25km 以上（包括 25km）承担建设任务而发生的有关费用。

远地工程增加费的内容：

（1）施工力量调遣费和管理费：是指跨地区施工而增加的施工补贴费用。

（2）增加的临时设施费：是指到外地施工而增加的一些生产、行政和生活用的临时设施所发生的费用。

（3）异地施工补贴费：异地施工补贴费是指施工人员跨地区施工而增加的施工补贴费用。

远地施工增加费应根据施工地点与承包单位所在地的实际距离，按照费率增加的规定进行计算。

外省进入本省承包工程的施工企业（队伍）一律按本省规定的相应工程类型向建设单位计取各项费用。以黑龙江省为例其中 20％的定额日工资、13％的现场经费和间接费是外省市施工企业在黑龙江省施工不应计取的费用，由各地市按建行负责扣缴并统一交工程所在地财政部门。

2. 赶工措施增加费

赶工措施增加费是指发包单位要求按照合同工期提前竣工而增加的各种措施费用。

3. 文明施工增加费

文明施工增加费是指按政府有关文件规定超常规增加的文明施工措施费用。

4. 集中供暖等项费用

各地市几年来对公有房锅炉供暖收费标准连续进行调整，对住房公积金及住房补贴及肉菜、自来水价格补贴连续调整。由于各地市调整的标准不统一，上述几项费用应按当地建委规定执行。

5. 地区差价

地区差价是指定额编制中心地区与其他地区之间存在的材料预算价格、工资类别差、地区津贴等地区性差价。计算方法应按各地、市工程造价主管部门的规定执行。

6. 材料差价

各地区编制的统一材料预算价格，是根据某一时期市场材料行情以综合价格编制的，它只适用本地区并在一段时间相对稳定。随着商品经济的不断发展，材料价格也频繁发生变化，使各地区编制的材料预算价格偏离当时、当地材料实际价格。根据国家经济合同法第十七条、国家计委和国家建设部有关文件规定，在建设过程中，由于材料价格涨落，应对工程造价进行合理调整。

7. 工程风险系数

工程风险系数是指在签订建筑安装工程施工承包合同时，对于建筑安装造价包干的工程，应考虑风险因素而增加的风险费用。其计算方法应根据工程特点、工期，承发包双方协商工程风险系数，并在合同中注明。

8. 其他

对于国家、省或本地区规定的政策性调整费用及其他相关费用，应根据工程实际情况，按国家、省或本地区工程造价主管部门规定计算其他各项费用。

8.1.1.5　劳动保险基金

劳动保险基金是指企事业单位支付给离退休职工的退休金、价格补贴、医药费、异地安家补助费及六个月以上的病假人员工资、职工死亡丧葬补助费、遗属生活补贴、抚恤费、按规定支付给离休干部的各项经费。

8.1.1.6　工程定额管理费

工程定额管理费是指用各级工程定额管理机构编制工程概预算定额、费用定额、估算指标和管理人员经费等支出。工程定额编制管理费由各地、市工程定额（造价）管理机构负责收缴。收缴方式是由施工企业代工程定额（造价）管理机构向建设单位计取，然后上缴各级工程定额（造价）管理机构。

8.1.1.7　税金

税金是指国家税法规定的应计入建筑安装工程造价内的营业税、城市维护建设税及教育费附加。

8.1.1.8　安装工程费用计算程序

在建筑安装费用组成项目中，除定额直接费根据施工图纸和预算定额计算外，其余各项费用均需按照规定的取费标准进行计算。由于各省所划分的费用项目不尽相同，因此，各省均需制定和颁布适用于本省的建筑安装工程费用的取费标准。取费标准的名称，有的称为"间接费及其他直接费定额"，有的称为"建筑安装工程费用定额"等。此外，为了统一计费程序，还需制定和颁布建筑安装工程费用计算程序表。在计算建筑安装工程费时，必须执行本省、自治区、直辖市规定的现行取费标准和计算程序。表 8-1 为黑龙江省2000 年安装工程费用计算程序表（包工包料）。

2000 年黑龙江省安装工程费用计算程序（包工包料）　　　　表 8-1

代号	费用名称	计算式	备注
（一）	直接费	按预（概）算定额或预算定额价格表计算项目的基价之和	
A	人工费	按预（概）算定额或预算定额价格表计算项目的人工费之和	
（二）	综合费用	A×（58.5%～70.4%）（一类）	二类 45.8%～54% 三类 31.6%～36.8%
（三）	利润	A×85%（一类）	二类 50% 三类 28%
（四）	有关费用		
1	远地施工增加费	A×15%（25～100km）	100～200km 以内　17% 200～300km 以内　19% 300～400km 以内　21% 400～500km 以内　23%
2	赶工措施增加费	A×（5%～10%）	
3	文明施工增加费	A×（2%～4%）	
4	集中供暖费等项费用	A×26.14%	哈尔滨市
5	地区差价		
6	材料差价		
7	其他	按有关规定计算	
8	工程风险系数	［（一）+（二）+（三）］×（3%～8%）	
（五）	劳动保险基金	［（一）+（二）+（三）+（四）］×3.32%	
（六）	工程定额编制管理费、劳动定额测定费	［（一）+（二）+（三）］×0.16%	
（七）	税金	［（一）+（二）+（三）+（四）+（五）+（六）］×3.41%	悬城、镇 3.35%,城镇以外 3.22%
（八）	单位工程费用	（一）+（二）+（三）+（四）+（五）+（六）+（七）	

8.1.2　施工图预算

以单位工程为对象，以施工图和预算定额为依据，以地区材料预算价格为计费标准，用来反映单位工程造价的经济文件，称为施工图预算。

电气安装工程施工图预算费用由直接费、综合费用、利润、其他费用、劳动保险基金、工程定额编制管理费及税金等项组成。编制施工图预算要正确计算工程直接费，其中人工费是计取各项费用的计费基础，是确定预算价格的决定因素，要正确地计算工程直接费就应掌握预算的基本知识，正确计算工程量，正确使用预算定额。

施工图预算应完整准确地反映单位工程造价，即不多，也不少，太多造成浪费，国家投资的效益不能充分发挥，太少造成建设资金不足，影响工程进度，施工单位经济效益受到影响，甚至还要追加基建投资，所以力争准确，误差越小越好。为使施工图预算编制得准确，应对定额的形式、内容、种类及分项工程项目的划分、定额的正确使用方法等都要有比较系统地了解，并应熟练掌握。

8.1.2.1　施工图预算的编制依据

1. 会审后的施工图纸和设计说明

编制预算的图纸必须是经过建设单位、施工单位和设计部门三方共同会审后的施工图纸。图纸会审后，会审记录要及时送交预算部门和有关人员。编制施工图预算不但要有全套的施工图纸，而且应具备所需的标准图集、验收规范及有关的技术资料。

2. 电气安装工程预算定额

它包括国家颁发的《全国统一安装工程预算定额》中的《电气设备安装工程》、《消防及安全防范设备安装工程》、《自动化控制仪表安装工程》等分册和各地方主管部门颁发的现行预算定额以及地区单位估价表。

3. 材料预算价格

安装材料预算价格是计算《全国统一安装工程预算定额》及地方预算定额中未计价材料价值的主要依据。在计算材料价格时，应使用各省、市建设委员会编制的地区建设工程材料预算价格表。

4. 建筑安装工程费用定额

目前各省、市、自治区都颁布有各地区的建筑安装工程费用定额，地区不同，取费项目、取费标准也有所不同，编制施工图预算时，应按工程所在地的规定执行。

5. 工程承包合同或协议书

工程承包合同中的有关条款，规定了编制预算时的有关项目、内容的处理办法和费用计取的各项要求，在编制施工图预算时必须充分考虑。

6. 施工组织设计或施工方案

施工组织设计或施工方案所确定的施工方法和组织方法是计算工程量、划分分项工程项目、确定其他直接费时不可缺少的依据。为确保施工图预算编制的准确，必须在编制预算前熟悉施工组织设计或施工方案，了解施工现场情况。

7. 有关工程材料设备的出厂价格

对于材料预算价格表中查不到的价格，可以用出厂价格为原价，按预算价格编制方法编制出预算价格。

8. 有关资料

如电气安装工程施工图册、标准图集、本书所述的技术参数及有关材料手册等。

8.1.2.2　工程预算定额

工程预算定额是确定一定计量单位的分项工程的人工、材料、施工机械台班消耗数量和资金标准。因此，工程定额是确定工程造价和物资消耗数量的主要依据。

1. 工程预算定额的性质

（1）具有科学性和群众性。定额的科学性体现在定额是在吸取现代科学管理的新成果，采用科学的方法测定计算而制定的。

定额的群众性体现在群众是编制定额的参与者，也是定额的执行者，定额产生于生产和管理的实践中，又服务于生产，不仅符合生产的需要，又有广泛的群众基础。

（2）具有法令性和有限灵活性。定额的法令性体现在定额是国家授权的主管部门组织制定、颁发的，具有法令的性质。执行定额不能有随意性，任何单位都必须认真执行。

定额的灵活性，主要是指定额在执行上的有限灵活性。国家工程建设主管部门颁发的全国统一定额是根据全国生产力平均水平编制的，由于全国各地区情况差异较大，国家允许省（直辖市、自治区）级工程建设主管部门，根据本地区的实际情况，在全国统一定额基础上，制定地方定额，并以地方法令性文件颁发，在本地区范围内执行。某一定额中缺项，允许套用相近定额中的雷同项目。如无雷同项目，也允许企业编制补充定额，但需经建设主管部门批准有效。

（3）具有先进性和合理性。定额的先进性体现在编制定额时，考虑了新工艺、新材料、新技术。

定额规定的人工、材料及施工机械台班消耗量是在正常施工条件下，按中等施工企业水平编制的，大多数施工企业可以达到或超额，起到了鼓励先进、鞭策后进的作用，因而定额具有合理性。

2. 工程预算定额的作用

（1）预算定额是确定工程造价和工程结算的依据。根据施工图在工程开工前和竣工以后，依据相应定额所规定的人工、材料、机械设备的消耗量，以及单位预算价值和各种费用标准来确定工程造价和工程结算费用。

（2）预算定额是建筑安装企业对招标承包工程计算投标报价的依据。建筑施工企业根据建设单位发出的招标文件及各种资料，依据预算定额和费用标准来确定投标报价，参与招投标竞争。

（3）预算定额是施工单位加强组织管理和经济核算的依据。建筑安装企业以定额为标准，分析比较企业各种成本的消耗，并通过经济分析找出薄弱环节，提出改进措施，不断降低人工、材料、机械台班等费用在单位建筑产品中的消耗，从而降低单位工程成本，取得更好的经济效益。

为了更好地组织和管理施工生产，必须编制施工进度计划和施工作业计划。在编制计划和组织管理施工生产中，直接或间接地要以各种定额来作为计算人力、物力和资金需用量的依据。

（4）预算定额是编制概算定额、估算指标的基础。

（5）预算定额是设计单位对设计方案进行技术经济分析对比的依据。结构方案是整个设计中的重要环节。结构方案的选择既要符合技术先进、适用、美观的要求，又要符合经济的要求。在满足技术先进、适用、美观要求的条件下，如何在不同的设计方案中选择出最佳的结构方案，关键就是根据预算定额对方案进行经济性比较，以衡量各种方案所需的消耗是多少，选择出最经济的方案。

8.1.2.3　全国统一安装工程预算定额

1. 电气安装工程预算定额简介

现行的《全国统一安装工程预算定额》是由原建设部组织修订的，并于 2000 年 3 月报 17 日颁发，共 11 册。

在全国统一安装工程预算定额中，以下三册定额属于电气安装工程定额。

第二册《电气设备安装工程》：内容分为 14 章，依次是变压器；配电装置；母线、绝缘子；控制及低压电器；蓄电池；电机；滑触线装置；电缆；防雷及接地装置；10kV 以下架空线路；电气调整试验；配管、配线；照明器具；电梯电气装置。第二册是本专业使用的主要定额之一。

第七册《消防及安全防范设备安装工程》：内容分为 6 章，依次是火灾自动报警系统安装；水灭火系统安装；泡沫灭火系统安装；消防系统调试；安全防范设备安装。第七册是本专业使用的主要定额之一。

第十册《自动化控制仪表安装工程》：内容分为 9 章，依次是过程检测仪表；过程控制仪表；集中检测装置及仪表；集中监视与控制装置；工业计算机安装与调试；仪表管路敷设、拌热及脱脂；工厂通讯、供电；仪表盘、箱、柜及附件安装；仪表附件制作安装。第十册定额也是本专业使用的定额之一。

2. 工程量计算规则

电气消防安装工程施工图预算中，经常使用的预算定额为第二册《电气设备安装工程》和第七册《消防及安全防范设备安装工程》。现将第二册定额的工程量计算规则及第七册有关消防工程的工程量计算规则介绍如下：

(1) 电气设备安装工程

1) 变压器

① 变压器安装，按不同容量以"台"为计量单位。

② 干式变压器如果带有保护罩时，其定额人工和机械费乘以系数 2.0。

③ 变压器通过试验，判定绝缘受潮时才需进行干燥，所以只有需要干燥的变压器才能计取干燥费用（编制施工图预算时可列此项，工程结算时根据实际情况再作处理），以"台"为计量单位。

④ 消弧线圈的干燥按同容量的电力变压器干燥定额执行，以"台"为计量单位。

⑤ 变压器油过滤不论过滤多少次，直到过滤合格为止，以"t"为计量单位，其具体计算方法如下：

a. 变压器安装定额未包括绝缘油的过滤，需要过滤时，可按制造厂提供的油量计算。

b. 油断路器及其他充油设备的绝缘油过滤，可按制造厂规定的充油量计算。

2) 配电装置

① 断路器、电流互感器、电压互感器、油浸电抗器、电力电容的安装以"台（个）"为计量单位。

② 隔离开关、负荷开关、熔断器、避雷器、干式电抗器的安装以"组"为计量单位，每组按三相计算。

③ 交流滤波装置的安装以"台"为计量单位。每套滤波装置包括三台组架安装，不包括设备本身及铜母线的安装，其工程量应接本册相应定额另行计算。

④ 高压设备安装定额内均不包括绝缘台的安装，其工程量应按施工图设计执行相应定额。

⑤ 高压成套配电柜和箱式变电站的安装以"台"为计量单位，均未包括基础槽钢、母线及引下线的配置安装。

⑥ 配电设备安装的支架、抱箍及延长轴、轴套、间隔板等，按施工图设计的需要量计算，执行铁构件制作安装定额或成品价。

⑦ 绝缘油、六氟化硫气体、液压油等均按设备出厂带有考虑；电气设备以外的加压设备和附属管道的安装应按相应定额另行计算。

⑧ 配电设备的端子板外部接线，应按本册第四章相应定额另行计算。

⑨ 设备安装用的地脚螺栓按土建预埋考虑，不包括二次灌浆。

3) 母线及绝缘子

① 悬垂绝缘子串安装，指垂直或 v 形安装的提挂导线、跳线、引下线、设备连接线或设备等所用的绝缘子串安装，按单、双串分别以"串"为计量单位计算。耐张绝缘子串的安装，已包括在软母线安装定额内。

② 支持绝缘子安装分别按安装在户内、户外、单孔、双孔、四孔固定，以"个"为计量单位计算。

③ 穿墙套管安装不分水平、垂直安装，均以"个"为计量单位计算。

④ 软母线安装，指直接由耐张绝缘子串悬挂部分，按软母线截面大小分别以"跨/三相"为计量单位。设计跨距不同时，不得调整。导线、绝缘子、线夹、弛度调节金具等均按施工图设计用量加定额规定的损耗率计算。

⑤ 软母线引下线，指由 T 形线夹或并沟线夹从软母线引向设备的连接线，以三相为一组计算。软母线经终端耐张线夹引下（不经 T 形线夹或并沟线夹引下）与设备连接的部分均执行引下线定额，不得换算。

⑥ 两跨软母线间的跳引线安装，以"组"为计量单位，每三相为一组。不论两端的耐张线夹是螺栓式或压接式，均执行软母线跳线定额，不得换算。

⑦ 设备连接线安装，指两设备间的连接部分。不论引下线、跳线、设备连接线，均应分别按导线截面、三相为一组计算工程量。

⑧ 组合软母线安装，按三相为一组计算。跨距（包括水平悬挂部分和两端引下部分之和）均以 45m 以内考虑，跨度的长与短不得调整。导线、绝缘子、线夹、金具按施工图设计用量加定额规定的损耗率计算，

⑨ 软母线安装预留长度按表 8-2 计算。

软母线安装预留长度 表 8-2

项目	耐张	跳线	引下线、设备连接线
预留长度(m)	2.5	0.8	0.6

⑩ 带型母线安装及带型母线引下线安装包括铜排、铝排，分别按不同截面和片数以"m/单相"为计量单位计算。母线和固定母线的金具均按设计量加损耗率计算。

⑪ 钢带型母线安装，按同规格的铜母线定额执行，不得换算。

⑫ 母线伸缩接头及铜过渡板安装均以"个"为计量单位。

⑬ 槽型母线安装以"m/单相"为计量单位计算。槽型母线与设备连接分别以连接不同的设备以"台"为计量单位。槽型母线及固定槽型母线的金具按设计用量加损耗率计算。壳的大小尺寸以"m"为计量单位，长度按设计共箱母线的轴线长度计算。

⑭ 低压（指 380V 以下）封闭式插接母线槽安装分别按导体的额定电流大小以"m"为计量单位计算，长度按设计母线的轴线长度计算，分线箱以"台"为计量单位，分别以电流大小按设计数量计算。

⑮ 重型母线安装包括铜母线、铝母线，分别按截面大小以母线的成品重量以"t"为计量单位。

⑯ 重型铝母线接触面加工指铸造件需加工接触面时，可以按其接触面大小，分别以"片/单相"为计量单位。

⑰ 硬母线配置安装预留长度按表 8-3 的规定计算

硬母线配置安装预留长度　　　　　　　　　　　　　　　　表 8-3

序号	项　目	预留长度(m)	说明
1	带型、槽型母线终端	0.3	从最后一个支持点算起
2	带型、槽型母线与分支线连接	0.5	分支线预留
3	带型母线与设备连接	0.5	从设备端子接口算起
4	多片重型母线与设备连接	1.0	从设备端子接口算起
5	槽型母线与设备连接	0.5	从设备端子接口算起

⑱ 带型母线、槽型母线安装均不包括支持瓷瓶安装和钢构件配置安装，其工程量应分别按设计成品数量执行本册相应定额。

4）控制设备及低压电器

① 控制设备及低压电器安装均以"台"为计量单位。以上设备安装均未包括基础槽钢、角钢的制作安装，其工程量应按相应定额另行计算。

② 铁构件制作安装均按施工图设计尺寸，以成品重量"kg"为计量单位计算。

③ 网门、保护网制作安装，按网门或保护网设计图示框的外围尺寸，以"m²"为计量单位。

④ 盘柜配线分不同规格，以"m"为计量单位计算。

⑤ 盘、箱、柜的外部进出线预留长度按表 8-4 计算。

盘、箱、柜的外部进出线预留长度　　　　　　　　　　　　表 8-4

序号	项　目	预留长度(m/根)	说明
1	各种箱、柜、盘、板、盒	高+宽	盘面尺寸
2	单独安装的铁壳开关、自动开关、刀开关、启动器、箱式电阻器、变阻器	0.5	从安装对象中心算起
3	继电器、控制开关、信号灯、按钮、熔断器等小电器	0.3	从安装对象中心算起
4	分支接头	0.2	分支线预留

⑥ 配电板制作安装及包铁皮，按配电板图示外形尺寸，以"m²"为计量单位计算。

⑦ 焊（压）接线端子定额只适用于导线，电缆终端头制作安装定额中已包括压接线端子，不得重复计算。

⑧ 端子板外部接线按设备盘、箱、柜、台的外部接线图计算，以"个头"为计量单位计算。

⑨ 盘、柜配线定额只适用于盘上小设备元件的少量现场配线，不适用于工厂的设备修、配、改工程。

5）蓄电池

① 铅酸蓄电池和碱性蓄电池的安装，分别按容量大小以单体蓄电池"个"为计量单位，按施工图设计的数量计算工程量。定额内已包括了电解液的材料消耗，执行时不得调整。

② 免维护蓄电池安装以"组件"为计量单位，其具体计算如下例。

某项工程设计一组蓄电池为 220V/500(A·h)，由 12V 的组件 18 个组成，那么就应该套用 12V/500(A·h) 的定额 18 组件。

③ 蓄电池充放电按不同容量以"组"为计量单位。

6) 电机及滑触线安装

① 发电机、调相机、电动机的电气检查接线，均以"台"为计量单位。直流发电机组和多台一串的机组，按单台电机分别执行定额。

② 起重机上的电气设备、照明装置和电缆管线等安装均执行本册的相应定额。

③ 滑触线安装以"m/单相"为计量单位计算，其附加和预留长度按表 8-5 的规定计算。

滑触线安装附加和预留长度　　　　　　　　　　表 8-5

序号	项　目	预留长度(m/根)	说　明
1	圆钢、铜母线与设备连接	0.2	从设备接线端子接口起算
2	圆钢、铜滑触线终端	0.5	从最后一个固定点起算
3	角钢滑触线终端	1.0	从最后一个支持点起算
4	扁钢滑触线终端	1.3	从最后一个固定点起算
5	扁钢母线分支	0.5	分支线预留
6	扁钢母线与设备连接	0.5	从设备接线端子接口起算
7	轻轨滑触线终端	0.8	从最后一个支持点起算
8	安全节能及其他滑触线终端	0.5	从最后一个固定点起算

④ 电气安装规范要求每台电机接线均需要配金属软管，设计有规定的，按设计规格和数量计算，设计没有规定的，平均每台电机配相应规格的金属软管 1.25m 和与之配套的金属软管专用活接头。

⑤ 本单元的电机检查接线定额，除发电机和调相机外，均不包括电机干燥，发生时其工程量应按电机干燥定额另行计算。电机干燥定额系按一次干燥所需的工、料、机消耗量考虑的，在特别潮湿的地方，电机需要进行多次干燥，应按实际干燥次数计算。在气候干燥、电机绝缘性能良好、符合技术标准而不需要干燥时，则不计算干燥费用。实行包干的工程，可参照以下比例，由有关各方协商而定。

a. 低压小型电机 3kW 以下按 25% 的比例考虑干燥。

b. 低压小型电机 3kW 以上至 220 kW 按 30%～5o% 考虑干燥。

c. 大中型电机按 100% 考虑一次干燥。

⑥ 电机解体检查定额，应根据需要选用。如不需要解体检查时，可只执行电机检查接线定额。

⑦ 电机定额的界限划分。单台电机重量在 3t 以下的为小型电机；单台电机重量在 3t 以上至 30t 以下的为中型电机；单台电机重量在 30t 以上的为大型电机。

⑧ 小型电机按电机类别和功率大小执行相应定额，大、中型电机不分类别一律按电机重量执行相应定额。

⑨ 与机械同底座的电机和装在机械设备上的电机安装执行第一册《机械设备安装工程》的电机安装定额；独立安装的电机执行本册的电机安装定额。

7）电缆

① 直埋电缆的挖、填土（石）方，除特殊要求外，可按表 8-6 计算土方量。

直埋电缆的挖、填土（石）方量　　　　表 8-6

项　目	电缆根数	
	1～2	每增一根
每米沟长挖方量（m²）	0.45	0.153

注：1. 埋 1～2 根电缆的电缆沟土方量为按上口宽度 600mm、下口宽度 400mm、深度 900mm 计算的常规土方量（深度按规范的最低标准）。
　　2. 每增加一根电缆，其宽度增加 170mm。
　　3. 以上土方量系从自然地坪起算埋深，如设计埋深超过 900mm 时，多挖的土方量应另行计算。

② 电缆沟盖板揭、盖定额，按每揭或每盖一次以延长米计算，如又揭又盖，则按两次计算。

③ 电缆保护管长度，除按设计规定长度计算外，遇有下列情况，应按以下规定增加保护管长度。

a. 横穿道路，按路基宽度两端各增加 2m。

b. 垂直敷设时，管口距地面增加 2m。

c. 穿过建筑物外墙时，按基础外缘以外增加 1m。

d. 穿过排水沟时，按沟壁外缘以外增加 1m。

④ 电缆保护管埋地敷设，其土方量凡有施工图注明的，按施工图计算；无施工图的，一般按沟深 0.9m，沟宽按最外边的保护管两侧边缘外各增加 0.3m 工作面计算。

⑤ 电缆敷设按单根以延长米计算，一个沟内（或架上）敷设三根各长 100m 的电缆，应按 300m 计算，以此类推。

⑥ 电缆敷设长度应根据敷设路径的水平和垂直敷设长度，按表 8-7 规定增加附加长度。

电缆敷设的附加长度　　　　表 8-7

序号	项　目	预留长度（附加）	说明
1	电缆敷设弛度、波形弯度、交叉	2.5%	按电缆全长计算
2	电缆进入建筑物	2.0m	规范规定最小值
3	电缆进入沟内或吊架时引上（下）预留	1.5m	规范规定最小值
4	变电所进线、出线	1.5m	规范规定最小值
5	电力电缆终端头	1.5m	检修余量最小值
6	电缆中间接头盒	两端各留 2.0m	检修余量最小值
7	电缆进控制屏、保护屏及模拟盘等	高＋宽	按盘面尺寸
8	高压开关柜及低压配电盘、箱	2.0m	盘下进出线
9	电缆至电动机	0.5m	从电机接线盒起算
10	厂用变压器	3.0m	从地坪起算
11	电缆绕过梁柱等增加长度	按实计算	按被绕物的断面情况计算增加长度
12	电梯电缆与电缆架固定点	每处 0.5m	规范最小值

注：电缆附加及预留的长度是电缆敷设长度的组成部分，应计入电缆长度工程量之内。

⑦ 电缆终端头及中间头均以"个"为计量单位。电力电缆和控制电缆均按一根电缆两个终端头考虑。中间电缆头设计有图示的,按设计确定;设计没有规定的,按实际情况计算(或按平均 250m 一个中间头考虑)。

⑧ 桥架安装,以"10m"为计量单位。

⑨ 吊电缆的钢索及拉紧装置,应按本册定额另行计算。

⑩ 钢索的计算长度以两端固定点的距离为准,不扣除拉紧装置的长度。

⑪ 电缆敷设及桥架安装,应按定额说明的综合内容范围计算。

⑫ 钢管直径 100mm 以下的电缆保护管敷设执行砖、混结构明(暗)配定额项目。

8) 防雷及接地装置

① 接地极制作安装以"根"为计量单位,其长度按设计长度计算,设计无规定时,每根长度按 2.5m 计算。若设计有管帽时,管帽另按加工件计算。

② 接地母线敷设,按设计长度以"m"为计量单位计算工程量。接地母线、避雷线敷设均按选长米计算,其长度按施工图设计水平和垂直规定长度另加 3.9% 的附加长度(包括转弯、上下波动、避绕障碍物、搭接头所占长度)计算。计算主材费时应另增加规定的损耗率。

③ 接地跨线以"处"为计量单位计算,按规定凡需作接地跨接线时,每跨接一次按"一处"计算,户外配电装置构架均需接地,每副构架按"一处"计算。

④ 避雷针的加工制作、安装,以"根"为计量单位,独立避雷针安装以"根"为计量单位。长度、高度、数量均按设计规定。独立避雷针的加工制作执行"一般铁构件"制作定额或按成品计算。

⑤ 半导体少长针消雷装置安装以"套"为计量单位,按设计安装高度分别执行相应定额。装置本身由设备制造厂成套供货。

⑥ 利用建筑物内主筋作接地引下线安装以"m"为计量单位计算,每一柱子内按焊接两根主筋考虑,如果焊接主筋数超过两根时,可按比例调整。

⑦ 高层建筑物屋顶的防雷装置应执行"避雷网安装"定额,电缆支架的接地线安装应执行"户内接地母线敷设"定额。

⑧ 均压环敷设以"m"为单位计算,主要考虑利用圈梁内主筋作均压环接地连线,焊接按两根主筋考虑,超过两根时,可按比例调整。长度按设计需要作均压接地的圈梁中心线长度,以延长米计算。

⑨ 钢、铝窗接地以"处"为计量单位(高层建筑六层以上的金属窗设计一般要求接地),按设计规定接地的金属窗数进行计算。

⑩ 柱子主筋与圈梁连接以"处"为计量单位计算,每处按两根主筋与两根圈梁钢筋分别焊接连接考虑。如果焊接主筋和圈梁钢筋超过两根时,可按比例调整,需要连接的柱子主筋和圈梁钢筋"处"数按规定设计计算。

9) 10kV 以下架空配电线路

① 工地运输,是指定额内未计价材料从集中材料堆放点或工地仓库运至杆位上的工程运输,分人工运输和汽车运输,以"t·kg"为计量单位计算。

运输量计算公式如下:

$$工程运输量=施工图用量×(1+损耗率)$$

预算运输重量＝工程运输量＋包装物重量(不需要包装的可不计算包装物重量)

运输重量可按表 8-8 的规定进行计算。

运输重量表　　　　　　　　　表 8-8

材料名称		单位	运输重量(kg)	备注
混凝土制品	人工浇制	(m³)	2600	包括钢筋
	离心浇制	(m³)	2860	包括钢筋
线材	导线	(kg)	$W×1.15$	有线盘
	钢绞线	(kg)	$W×1.07$	无线盘
木杆材料		(m³)	500	包括木横担
金属、绝缘子		(kg)	$W×1.07$	
螺栓		(kg)	$W×1.01$	

注：1. W 为理论重量。

　　2. 未列入者均按净重计算。

② 无底盘、卡盘的电杆坑，其挖方体积按下式计算：

$$V=0.8×0.8×h$$

式中　h——坑深（m）。

③ 有底盘、卡盘的电杆坑，其挖方体积可按表 8-9 计算。

杆坑土方量计算表　　　　　　　　　表 8-9

放坡系数	杆高(m)	7	8	9	10	11	12	13	15
	埋深(m)	1.2	1.4	1.5	1.7	1.8	2.0	2.2	2.5
	底盘(长×宽)(mm)	600×600			800×800			1000×1000	
1:0.2	混凝土杆土方量(m³)	1.36	1.78	2.02	3.39	3.76	4.60	6.87	8.76
	木杆土方量(m³)	0.82	1.07	1.21	2.03	2.26	2.76	4.12	5.26

④ 杆坑土质按一个坑的主要土质而定，如一个坑大部分为普通土，少量为坚土，则该坑应全部按普通土计算。

⑤ 带卡盘的电杆坑，如原计算的尺寸不能满足卡盘安装时，因卡盘超长而增加的土(石)方量另计。

⑥ 底盘、卡盘、拉线盘按设计用量以"块"为计量单位。

⑦ 杆塔组立，区别不同杆塔形式和高度，按设计数量以"根"为计量单位。

⑧ 拉线制作安装按施工图设计规定，区别不同形式以"组"为计量单位。

⑨ 横担安装按施工图设计规定，区别不同形式和截面以"根"为计量单位，定额按单根拉线考虑，若安装 V 形、Y 形或对拼拉线时，按 2 根计算。拉线长度按设计全根长度计算，设计无规定时按表 8-10 计算。

⑩ 导线架设，区别导线类型和不同截面以"km/单线"为计量单位。导线预留长度按表 8-11 的规定计算。

导线长度按线路总长度和预留长度之和计算。计算主材费时应另增加规定的损耗率。

⑪ 导线跨越架设，包括跨越线架的搭、拆和运输以及因跨越（障碍）施工难度而增加的工作量，以"处"为计量单位。每个跨越间距按 50m 以内考虑，大于 50m 而小于 100m 时按 2 处计算，以此类推。在计算架线工程量时，不扣除跨越挡的长度。

拉线长度　　　　　　　　　　　表 8-10

项　目		普通拉线	V(Y)形拉线	弓型拉线
杆高	8	11.47	22.94	9.33
	9	12.61	25.22	10.10
	10	13.74	27.48	10.92
	11	15.10	30.20	11.82
	12	16.14	32.28	12.62
	13	18.69	37.38	13.42
	15	19.68	39.36	15.12

导线预留长度　　　　　　　　　　　表 8-11

项目名称		长度(m)
高压	转角	2.5
	分支、终端	2.0
低压	分支、终端	0.5
	交叉、跳线、转角	1.5
与设备连线		0.5
进户线		2.5

⑫ 杆上变配电设备安装以"台"或"组"为计量单位,定额内包括杆和钢支架及设备的安装工作,但钢支架主材、连引线、线夹、金具等应按设计规定另行计算,设备的接地装置安装和调试应按本册相应定额另行计算。

10) 电气调整试验

① 电气调试系统的划分以电气原理系统图为依据。电气设备元件的本体试验均包括在相应定额的系统调试之内,不得重复计算。绝缘子和电缆等单体试验,只在单独试验时使用。在系统调试定额中各工序的调试费用如需单独计算时,可按表 8-12 所列比例计算。

电气调试系统各工序的调试费用　　　　　　　　表 8-12

工序 \ 比率(%) \ 项目	发电机调相机系统	变压器系统	送配电设备系统	电动机系统
一次设备本体试验	30	30	40	30
附属高压二次设备试验	20	30	20	30
一次电流及二次回路检查	20	20	20	20
继电器及仪表试验	30	20	20	20

② 电气调试所需的电力消耗已包括在定额内,一般不另计算。但 10kW 以上电机及发电机的启动调试用的蒸汽、电力和其他动力能源消耗及变压器空载试运转的电力消耗另行计算。

③ 送配电设备系统调试,应按一侧有一台断路器考虑,若两侧均有断路器时,则应按两个系统计算。

④ 送配电设备系统调试，适用于各种供电回路（包括照明供电回路）的系统调试。凡供电回路中带有仪表、继电器、电磁开关等调试元件的（不包括闸刀开关、保险器），均按调试系统计算。移动式电器和以插座连接的家电设备已经厂家调试合格，不需要用户自调的设备均不应计算调试费用。

⑤ 变压器系统调试，以每个电压侧有一台断路器为准。多于一个断路器的，按相应电压等级送配电设备系统调试的相应定额另行计算。

⑥ 干式变压器，按相应容量变压器调试定额乘以系数 0.8 计算。

⑦ 特殊保护装置，均以构成一个保护回路为一套，其工程量计算规定如下（特殊保护装置未包括在各系统调试定额之内，应另行计算）：

a. 发电机转子接地保护，按全厂发电机共用一套考虑。

b. 距离保护，按设计规定所保护的送电线路断路器台数计算。

c. 高频保护，按设计规定所保护的送电线路断路器台数计算。

d. 故障录波器的调试，以一块屏为一套系统计算。

e. 失灵保护，按设置该保护的断路器台数计算。

f. 失磁保护，按所保护的电机台数计算。

g. 变流器的断线保护，按变流器台数计算。

h. 小电流接地保护，按装设该保护的供电回路断路器台数计算。

i. 保护检查及打印机调试，按构成该系统的完整回路为一套计算。

⑧ 自动装置及信号系统调试，均包括继电器、仪表等元件本身和二次回路的调整试验，具体规定如下：

a. 备用电源自动投入装置，按连锁机构的个数确定备用电源自投装置系统数。一个备用厂用变压器，作为三段厂用工作母线备用的厂用电源，计算备用电源自动投入装置调试时，应为三个系统。装设自动装置的两条互为备用的线路或两台变压器，计算备用电源自动投入装置调试时，应为两个系统。备用电动机自动投入装置亦按此计算。

b. 线路自动重合闸调试系统，按采用自动重合闸装置的线路自动断路器的台数计算系统数。

c. 自动调频装置的调试，以一台发电机为一个系统。

d. 同期装置调试，按设计构成一套能完成同期并车行为的装置为一个系统计算。

e. 蓄电池及直流监视系统调试，一组蓄电池按一个系统计算。

f 事故照明切换装置调试，按设计能完成交直流切换的一套装置为一个调试系统计算。

g. 周波减负荷装置调试，凡有一个周率继电器的，不论带几个回路，均按一个调试系统计算。

h. 变送器屏以屏的个数计算。

i. 中央信号装置调试，按每一个变电所或配电室为一个调试系统计算工程量。

j. 不间断电源装置调试，按容量以"套"为单位计算。

⑨ 接地网的调试规定如下：

a. 接地网接地电阻的测定。一般的发电厂或变电站连为一体的母网，按一个系统计算；自成母网不与厂区母网相连的独立接地网，另按一个系统计算。大型建筑群各有自己的接地网（接地电阻值设计有要求），虽然在最后也将各接地网联在一起，但应按各自的接地网计算，不能作为一个网，具体应按接地网的试验情况而定。

b. 避雷针接地电阻的测定。每一避雷针均有单独接地网（包括独立的避雷针、烟囱避雷针等）时，均按一组计算。

c. 独立的接地装置按组计算。如一台柱上变压器有一个独立的接地装置，即按一组计算。

⑩ 避雷器、电容器的调试，按每三相为一组计算；单个装设的亦按一组计算，上述设备如设置在发电机和变压器输、配电线路的系统或回路内，仍应接相应定额，另外计算调试费用。

⑪ 高压电气除尘系统调试，按一台升压变压器、一台机械整流器及附属设备为一个系统计算，分别按除尘器平方米范围执行定额。

⑫ 硅整流装置调试，按一套硅整流装置为一个系统计算。

⑬ 普通电动机的调试，分别按电机的控制方式、功率、电压等级，以"台"为计量单位。

⑭ 可控硅调速直流电动机调试以"系统"为计量单位，其调试内容包括可控硅整流装置系统和直流电动机控制回路系统两个部分的调试。

⑮ 交流变频调速电动机调试以"系统"为计量单位，其调试内容包括变频装置系统和交流电动机控制回路系统两个部分的调试。

⑯ 微型电机系指功率在 0.75kW 以下的电机，不分类别，一律执行微电机综合调试定额，以"台"为计量单位。功率在 0.75kW 以上的电机调试应按电机类别和功率分别执行相应的调试定额。

⑰ 一般的住宅、学校、办公楼、旅馆、商店等民用电气工程的供电调试应按下列规定进行：

a. 配电室内带有调试元件的盘、箱、柜和带有调试元件的照明主配电箱，应按供电方式执行相应的"配电设备系统调试"定额。

b. 每个用户房间的配电箱（板）上虽装有电磁开关等调试元件，但如果生产厂家已按固定的常规参数调整好，不需要安装单位进行调试就可直接投入使用的，不得计取调试费用。

c. 民用电度表的调整校验属于供电部门的专业管理，一般皆由用户向供电局订购调试完毕的电度表，不得另外计算调试费用。

⑱ 高标准的高层建筑、高级宾馆、大会堂、体育馆等具有较高控制技术的电气工程（包括照明工程），应按控制方式执行相应的电气调试定额。

11）配管配线

① 各种配管应区别不同敷设方式、敷设位置、管材材质、规格，以"延长米"为计量单位，不扣除管路中间的接线箱（盒）、灯头盒、开关盒所占长度。

② 定额中未包括钢索架设及拉紧装置、接线箱（盒）、支架的制作安装，其工程量应另行计算。

③ 管内穿线的工程量，应区别导线材质、导线截面，以单线"延长米"为计量单位计算。线路分支接头线的长度已综合考虑在定额中，不得另行计算。

照明线路中的导线截面大于或等于 6mm² 以上时，应执行动力线路穿线相应项目。

④ 线夹配线工程量，应区别线夹材质（塑料、瓷质）、线式（两线、三线）、敷设位置（在木、砖、混凝土）以及导线规格，以线路"延长米"为计量单位计算。

⑤ 绝缘子配线工程量，应区别绝缘子形式（针式、鼓形、蝶式）、绝缘子配线位置（沿屋架、梁、柱、墙，跨屋架、梁、柱、木结构、顶棚内、砖、混凝土结构，沿钢支架及钢索）、导线截面积，以线路"延长米"为计量单位计算。

绝缘子暗配，引下线按线路支持点至顶棚下缘距离的长度计算。

⑥ 槽板配线工程量，应区别槽板材质（木质、塑料）、配线位置（木结构、砖、混凝土）、导线截面、线式（二线、三线），以线路"延长米"为计量单位计算。

⑦ 塑料护套线明敷设工程量，应区别导线截面、导线芯数（二芯、三芯）、敷设位置（木结构、砖混凝土结构、沿钢索），以单根线路"延长米"为计量单位计算。

⑧ 线槽配线工程量，应区别导线截面，以单根线路"延长米"为计量单位计算。

⑨ 钢索架设工程量，应区别圆钢、钢索直径（φ6、φ9），按图示墙（柱）内缘距离，以"延长米"为计量单位计算，不扣除拉紧装置所占长度。

⑩ 母线拉紧装置及钢索拉紧装置制作安装工程量，应区别母线截面、花篮螺栓直径（12、16、18）以"套"为计量单位计算。

⑪ 车间带形母线安装工程量，应区别母线材质（铝、钢）、母线截面、安装位置（沿屋架、梁、柱、墙，跨屋架、梁、柱），以"延长米"为计量单位计算。

⑫ 动力配管混凝土地面刨沟工程量，应区别管子直径，以"延长米"为计量单位计算。

⑬ 接线箱安装工程量，应区别安装形式（明装、暗装）、接线箱半周长，以"个"为计量单位计算。

⑭ 接线盒安装工程量，应区别安装形式（明装、暗装、钢索上）以及接线盒类型，以"个"为计量单位计算。

⑮ 灯具、明暗开关、插座、按钮等的预留线，已分别综合在相应定额内，不另行计算。

配线进入开关箱、柜、板的预留线，按表 8-13 规定的长度，分别计入相应的工程量。

12）照明器具安装

① 普通灯具安装的工程量，应区别灯具的种类、型号、规格，以"套"为计量单位计算。普通灯具安装定额适用范围见表 8-14 所示。

配线进入箱、柜、板的预留线（每一根线）   表 8-13

序号	项　　目	预留长度(m)	说明
1	各种开关、柜、板	宽+高	盘面尺寸
2	单独安装(无箱、盘)的铁壳开关、闸刀开关、启动器、线槽进出线盒等	0.3	从安装对象中心算起
3	由地面管子出口引至动力接线箱	1.0	从管口计算
4	电源与管内导线连接(管内穿线与软、硬母线接点)	1.5	从管口计算
5	出户线	1.5	从管口计算

普通灯具安装定额适用范围　　　　　　　　　　　　表 8-14

定额名称	灯具种类
圆球吸顶灯	材质为玻璃的螺口、卡口圆球独立吸顶灯
半圆球吸顶灯	材质为玻璃的独立的半圆球吸顶灯、扁圆罩吸顶灯、平圆型吸顶灯
方型吸顶灯	材质为玻璃的独立的矩型罩吸顶灯、方型罩吸顶灯、大口方罩吸顶灯
软线吊灯	利用软线为垂吊材料,独立的,材质为玻璃、塑料、搪瓷,形状如碗伞、平盘灯罩组成的各式软线吊灯
吊链灯	利用吊链作辅助悬吊材料,独立的、材质为玻璃、塑料罩的各式吊链灯
防水吊灯	一般防水吊灯
一般弯脖灯	圆球弯脖灯、风雨壁灯
一般墙壁灯	各种材质的一般壁灯、镜前灯
软线吊灯头	一般吊灯头
声光控座灯头	一般声控、光控座灯头
座灯头	一般塑胶、瓷质座灯头

② 吊式艺术装饰灯具的工程量,应根据装饰灯具示意图集所示,区别不同装饰物以及灯体直径和灯体垂吊长度,以"套"为计量单位计算。灯体直径为装饰物的最大外缘直径,灯体垂吊长度为灯座底部到灯梢之间的总长度。

③ 吸顶式艺术装饰灯具安装的工程量,应根据装饰灯具示意图集所示,区别不同装饰物、吸盘的几何形状、灯体直径、灯体周长和灯体垂吊长度,以"套"为计量单位计算。灯体直径为吸盘最大外缘直径;灯体半周长为矩形吸盘的半周长;吸顶式艺术装饰灯具的灯体垂吊长度为吸盘到灯梢之间的总长度。

④ 荧光艺术装饰灯具安装的工程量,应根据装饰灯具示意图集所示,区别不同安装形式和计量单位计算。

a. 组合荧光灯光带安装的工程量,应根据装饰灯具示意图集所示,区别安装形式、灯管数量,以"延长米"为计量单位计算。灯具的设计数量与定额不符时,可以按设计量加损耗量调整主材。

b. 内藏组合式灯安装的工程量,应根据装饰灯具示意图集所示,区别灯具组合形式,以"延长米"为计量单位。灯具的设计数量与定额不符时,可根据设计数量加损耗量调整主材。

c. 发光棚安装的工程量,应根据装饰灯具示意图集所示,以"m²"为计量单位,发光棚灯具按设计用量加损耗量计算。

d. 立体广告灯箱、荧光灯光沿的工程量,应根据装饰灯具示意图集所示,以"延长米"为计量单位。灯具设计用量与定额不符时,可根据设计数量加损耗量调整主材。

⑤ 几何形状组合艺术灯具安装的工程量,应根据装饰灯具示意图集所示,区别不同安装形式及灯具的不同形式,以"套"为计量单位计算。

⑥ 标志、诱导装饰灯具安装的工程量,应根据装饰灯具示意图集所示,区别不同安装形式,以"套"为计量单位计算。

⑦ 水下艺术装饰灯具安装的工程量,应根据装饰灯具示意图集所示,区别不同安装形式,以"套"为计量单位计算。

⑧ 点光源艺术装饰灯具安装的工程量,应根据装饰灯具示意图集所示,区别不同安

装形式、不同灯具直径，以"套"为计量单位计算。

⑨ 草坪灯具安装的工程量，应根据装饰灯具示意图集所示，区别不同安装形式，以"套"为计量单位计算。

⑩ 歌舞厅灯具安装的工程量，应根据装饰灯具示意图所示，区别不同灯具形式，分别以"套"、"延长米"、"台"为计量单位计算。装饰灯具安装定额适用范围见表 8-15。

装饰灯具安装定额适用范围　　　　　　　　　　　　　　表 8-15

定额名称	灯 具 种 类(形式)
吊式艺术装饰灯具	不同材质、不同灯体垂吊长度、不同灯体直径的蜡烛灯、挂片灯、串珠(穗)、串棒灯、吊杆式组合灯、玻璃罩(带装饰)灯
吸顶式艺术装饰灯具	不同材质、不同灯体垂吊长度、不同灯体几何形状的串珠(穗)、串棒灯、挂片、挂碗、挂吊蝶灯、玻璃(带装饰)灯
荧光艺术装饰灯具	不同安装形式、不同灯管数量的组合荧光灯光带，不同几何组合形式的内藏组合式灯，不同几何尺寸、不同灯具形式的发光棚，不同形式的立体广告灯箱、荧光灯光沿
几何形状组合艺术灯具	不同固定形式、不同灯具形式的繁星灯、钻石星灯、礼花灯、玻璃罩钢架组合灯、凸片灯、反射挂灯、筒形钢架灯、U 形组合灯、弧形管组合灯
标志、诱导装饰灯具	不同安装形式的标志灯、诱导灯
水下艺术装饰灯具	简易形彩灯、密封形彩灯、喷水池灯、幻光型灯
点光源艺术装饰灯具	不同安装形式、不同灯体直径的筒灯、牛眼灯、射灯、轨道射灯
草坪灯具	各种立柱式、墙壁式的草坪灯
歌舞厅灯具	各种安装形式的变色转盘灯、雷达射灯、幻影转彩灯、维纳斯旋转彩灯、卫星旋转效果灯、飞蝶旋转效果灯、多头转灯、滚筒灯、频闪灯、太阳灯、雨灯、歌星灯、边界灯、射灯、泡泡发生器、迷你满天星彩灯、迷你单立(盘彩灯)、多头宇宙灯、镜面球灯、蛇光管

⑪ 荧光灯具安装的工程量，应区别灯具的安装形式、灯具种类、灯管数量，以"套"为计量单位计算。

荧光灯具安装定额适用范围见表 8-16。

荧光灯具安装定额适用范围　　　　　　　　　　　　　　表 8-16

定额名称	灯 具 种 类
组装型荧光灯	单管、双管、三管、吊链式、吸顶式、现场组装独立荧光灯
成套型荧光灯	单管、双管、三管、吊链式、吊管式、吸顶式、成套独立荧光灯

⑫ 工厂灯及防水防尘灯安装的工程量，应区别不同安装形式，以"套"为计量单位计算。

工厂灯及防水防尘灯安装定额适用范围见表 8-17 所示。

工厂灯及防水防尘灯安装定额适用范围　　　　　　　　　　表 8-17

定额名称	灯 具 种 类
直杆工厂吊灯	配照(GC_1-A)、广照(GC_3-A)、深照(GC_5-A)、斜照(GC_7-A)、圆球(GC_{17}-A)、双罩(GC_{19}-A)
吊链式工厂灯	配照(GC_1-B)、深照(GC_3-B)、斜照(GC_5-C)、圆球(GC_7-B)、双罩(GC_{19}-A)、广照(GC_{19}-B)
吸顶式工厂灯	配照(GC_1-C)、广照(GC_3-C)、深照(GC_5-C)、斜照(GC_7-C)、双罩(GC_{19}-C)
弯杆式工厂灯	配照(GC_1-D/E)、广照(GC_3-D/E)、深照(GC_5-D/E)、斜照(GC_7-D/E)、双罩(GC_{19}-C)、局部深罩(GC_{26}-F/H)
悬挂式工厂灯	配照(GC_{21}-2)、深照(GC_{23}-2)
防水防尘灯	广照(GC_9-A、B、C)、广照保护网(GC_{11}-A、B、C)、散照(GC_{15}-A、B、C、D、E、F、G)

⑬ 工厂其他灯具安装的工程量，应区别不同灯具类型、安装形式、安装高度，以"套"、"个"、"延长米"为计量单位计算。

工厂其他灯具安装定额适用范围见表 8-18。

⑭ 医院灯具安装的工程量，应区别灯具种类，以"套"为计量单位计算。

医院灯具安装定额适用范围见表 8-19。

工厂其他灯具安装定额适用范围　　　表 8-18

定额名称	灯具种类
防潮灯	扁形防潮灯（GC-31）、防潮灯（GC-33）
腰形舱顶灯	腰形舱顶灯 CCD-1
碘钨灯	DW 型，220V，300～1000W
管形氙气灯	自然冷却式，220V/380V，20kW 内
投光灯	TG 型室外投光灯
高压水银灯镇流器	外附式镇流器具，125～450W
安全灯	（AOB-1、2、3）、（AOC-1、2）型安全灯
防爆灯	CB C-200 型防爆灯
高压水银防爆灯	CB C-125/250 型高压水银防爆灯
防爆荧光灯	CB C-1/2 单/双管防爆型荧光灯

医院灯具安装定额适用范围　　　表 8-19

定额名称	灯具种类
病房指示灯	病房指示灯
病房暗脚灯	病房暗脚灯
无影灯	3～12 孔管式无影灯

⑮ 路灯安装工程，应区别不同臂长，不同灯数，以"套"为计量单位计算。

工厂厂区内、住宅小区内路灯安装执行本册定额，城市道路的路灯安装执行《全国统一市政工程预算定额》。路灯安装定额范围见表 8-20。

路灯安装定额范围　　　表 8-20

定额名称	灯具种类
大马路弯灯	臂长 1200mm 以下、臂长 1200mm 以上
庭院路灯	三火以下、七火以下

⑯ 开关、按钮安装的工程量，应区别开关、按钮安装形式，开关、按钮种类，开关极数以及单控与双控，以"套"为计量单位计算。

⑰ 插座安装的工程量，应区别电源相数、额定电流、插座安装形式、插座插孔个数，以"套"为计量单位计算。

⑱ 安全变压器安装的工程量，应区别安全变压器容量，以"台"为计量单位计算。

⑲ 电铃、电铃号码牌箱安装的工程量，应区别电铃直径、电铃号牌箱规格（号），以"套"为计量单位计算。

⑳ 门铃安装工程量计算，应区别门铃安装形式，以"个"为计量单位计算。

㉑ 风扇安装的工程量，应区别风扇种类，以"台"为计量单位计算。

㉒ 盘管风机三速开关、"请勿打扰"灯，须刨插座安装的工程量，以"套"为计量单位计算。

13）电梯电气设置

① 交流手柄操纵或按钮控制（半自动）电梯电气安装的工程量，应区别电梯层数、站数，以"部"为计量单位计算。

② 交流信号或集选控制（自动）电梯电气安装的工程量，应区别电梯层数、站数，以"部"为计量单位计算。

③ 直流信号或集选控制（自动）快速电梯电气安装的工程量，应区别电梯层数、站数，以"部"为计量单位计算。

④ 直流集选控制（自动）高速电梯电气安装的工程量，应区别电梯层数、站数，以"部"为计量单位计算。

⑤ 小型杂物电梯电气安装的工程量，应区别电梯层数、站数，以"部"为计量单位计算。

⑥ 电梯增加厅门、自动轿厢门及提升高度的工程量，应区别电梯形式、增加自动轿厢门数量、增加提升高度，分别以"个"、"延长米"为计量单位计算。

（2）消防及安全防范设备

1）火灾自动报警系统

① 点型探测器按线制的不同分为多线制与总线制，不分规格、型号、安装方式与位置，以"只"为计量单位。探测器安装包括了探头和底座的安装及本体调试。

② 红外线探测器以"对"为计量单位。红外线探测器是成对使用的，在计算时一对为两只。定额中包括了探头支架安装和探测器的调试、对中。

③ 火焰探测器、可燃气体探测器按线制的不同分为多线制与总线制两种，计算时不分规格、型号、安装方式与位置，以"只"为计量单位。探测器安装包括了探头和底座的安装及本体调试。

④ 线形探测器的安装方式按环绕、正弦及直线综合考虑，不分线制及保护形式，以"10m"为计量单位。定额中未包括探测器连接的一只模块和终端，其工程量应按相应定额另行计算。

⑤ 按钮包括消火栓按钮、手动报警按钮、气体灭火启/停按钮，以"只"为计量单位，按照在轻质墙体和硬质墙体上安装两种方式综合考虑，执行时不得因安装方式不同而调整。

⑥ 控制模块（接口）是指仅能起控制作用的模块（接口），亦称为中继器，依据其给出控制信号的数量，分为单输出和多输出两种形式。执行时不分安装方式，按照输出数量以"只"为计量单位。

⑦ 报警模块（接口）不起控制作用，只能起监视、报警作用，执行时不分安装方式，以"只"为计量单位。

⑧ 报警控制器按线制的不同分为多线制与总线制两种，其中又按其安装方式不同分为壁挂式和落地式。在不同线制、不同安装方式中按照"点"数的不同划分定额项目，以"台"为计量单位。

　　多线制"点"是指报警控制器所带报警器件（探测器、报警按钮等）的数量。

　　总线制"点"是指报警控制器所带的有地址编码的报警器件（探测器、报警按钮、模块等）的数量。如果一个模块带数个探测器，则只能计为一点。

　　⑨ 联动控制器按线制的不同分为多线制与总线制两种，其中又按其安装方式不同分为壁挂式和落地式。在不同线制、不同安装方式中，按照"点"数的不同划分定额项目，以"台"为计量单位。

　　多线制"点"是指联动控制器所带联动设备的状态控制和状态显示的数量。

　　总线制"点"是指联动控制器所带的控制模块（接口）的数量。

　　⑩ 报警联动一体机按其安装方式不同分为壁挂式和落地式。在不同安装方式中按照"点"数的不同划分定额项目，以"台"为计量单位。

　　这里的"点"是指报警联动一体机所带的有地址编码的报警器件与控制模块（接口）的数量。

　　总线制"点"是指报警联动一体机所带的有地址编码的报警器件与控制模块（接口）的数量。

　　⑪ 重复显示器（楼层显示器）不分规格、型号、安装方式，按总线制与多线制划分，以"台"为计量单位。

　　⑫ 警报装置分为声光报警和警铃报警两种形式，均以"只"为计量单位。

　　⑬ 远程控制器按其控制回路数以"台"为计量单位。

　　⑭ 火灾事故广播中的功放机、录音机的安装按柜内及台上两种方式综合考虑，分别以"台"为计量单位。

　　⑮ 消防广播控制柜是指安装成套消防广播设备的成品机柜，不分规格、型号，以"台"为计量单位。

　　⑯ 火灾事故广播中的扬声器不分规格、型号，按照吸顶式与壁挂式，以"只"为计量单位。

　　⑰ 广播分配器是指单独安装的消防广播用分配器（操作盘），以"台"为计量单位。

　　⑱ 消防通讯系统中的电话交换机按"门"数不同，以"台"为计量单位；通讯分机、插孔是指消防专用电话分机与电话插孔，不分安装方式，分别以"部"、"个"为计量单位。

　　⑲ 报警备用电源综合考虑了规格、型号，以"台"为计量单位。

　　2）消防系统调试

　　① 消防系统调试包括自动报警系统、水灭火系统、火灾事故广播、消防通讯系统、消防电梯系统、电动防火门、防火卷帘门、正压送风阀、排烟阀、防火阀控制装置、气体灭火系统装置。

　　② 自动报警系统包括各种探测器、报警按钮、报警控制器组成的报警系统，根据不同点数以"系统"为计量单位，其点数按多线制与总线制报警器的点数计算。

　　③ 水灭火系统控制装置按照不同点数以"系统"为计量单位，其点数按多线制与总线制联动控制器的点数计算。

　　④ 火灾事故广播、消防通讯系统中的消防广播喇叭、音箱和消防通讯的电话分机、电话插孔，按其数量以"10 只"为计量单位。

⑤ 消防电梯与控制中心间的控制调试，以"部"为计量单位。

⑥ 电动防火门、防火卷帘门指可由消防控制中心显示与控制的电动防火门、防火卷帘门，以"10处"为计量单位，每樘为一处。

⑦ 正压送风阀、排烟阀、防火阀以"10处"为计量单位，一个阀为一处。

⑧ 气体灭火系统装置调试包括模拟喷气试验、备用灭火器贮存器切换操作试验，按试验容器的规格（L），分别以"个"为计量单位。试验容器的数量包括系统调试、检测和验收所消耗的试验容器的总数，试验介质不同时可以换算。

3）安全防范设备安装

① 设备、部件按设计成品以"台"或"套"为计量单位。

② 模拟盘以"m²"为计量单位。

③ 入侵报警系统调试以"系统"为计量单位，其点数按实际调试点数计算。

④ 电视监控系统调试以"系统"为计量单位，其头尾数包括摄像机、监视器数量之和。

⑤ 其他联动设备的调试已考虑在单机调试中，其工程量不得另行计算。

8.1.2.4 施工图预算的编制步骤和方法

1. 熟悉施工图纸，全面了解工程情况

在编制施工图预算之前，必须认真阅读图纸，领会设计意图，了解工程的全部内容。对图纸中的疑难问题记录下来，通过查找有关资料或向有关技术人员咨询解决，这样才能正确确定分项安装工程项目及数量，否则就会影响施工图预算的进度和质量。

2. 计算工程量

工程量的计算在编制预算过程中至关重要，它是整个预算的基础，工程量计算的准确性直接影响工程的造价，所以在计算工程量时应严格按要求进行，才能保证预算的质量。

（1）工程量计算顺序：

① 划分和排列分项工程项目。首先根据施工图所包括的分项工程内容，按所选预算定额中的分项工程项目，划分排列分项工程项目。

② 逐项计算工程量。在划分排列分项工程项目后，可根据工程量计算规则逐项计算工程量。在计算工程量时，应严格按下列要求进行。

a. 应严格按定额规定进行计算，其工程量单位与定额一致。

b. 按一定的顺序进行计算。

在一张电气平面图上有时设计多种工程内容，这样计算起来很不方便，为准确计算工程量，应对图纸中内容进行分解，一部分一部分地进行计算，按一定的顺序计算。例如某综合楼电气图纸，在平面图中既有照明线路又有消防线路，既有广播线路又有电话线路，应分别做电气照明工程预算和电气消防预算，消防预算包括消防线路、广播线路和电话线路。计算顺序应该是消防—广播—电话。

c. 计算过的工程项目在图纸上作出标记

初学者在计算工程量时，可在图纸上按施工程序或事先排列好的分项工程项目计算工程量，计算过的工程项目在图纸上作出标记，这样既能避免重复计算和漏算，又便于核对工程量。

d. 平面图中线路各段长度的计算均以轴线尺寸或两个符号中心为准，力争计算准确，严禁估算。

e. 所列分项工程项目应包括工程的全部内容。

2. 工程量汇总

线管工程量是在平面图上逐段计算和根据供电系统图计算出的，这样在不同管段、不同的安装位置上会有种类、规格相同的线管。同样在各张平面图上统计出的各种工程量也有种类、规格相同的。因此，要将单位工程中型号相同、规格相同、敷设条件相同、安装方式相同的工程量汇总成一笔数字，这就是套用定额计算定额直接费时所用的数据。

3. 套定额单价，计算定额直接费

根据选用的预算定额套用相应项目的预算单价，计算出定额直接费，通常采用填表的方法进行计算。

（1）将顺序号、定额编号、分项工程名称或主材名称、定额单位、换算成定额单位以后的数量抄写在表中相应栏目内；再按定额编号，查出定额基价以及其中的人工费、材料费、机械费的单价，也填入定额直接费计算表中相应栏目内。用工程量乘以各项定额单价，即可求出该分项工程的预算金额。

（2）凡是定额单价中未包括主材费的，在该分项工程项目下面应补上主材费的费用，定额直接费表中的安装费加上材料费，才是该安装项目的全部费用。

（3）在定额直接费中，还包括各册定额说明中所规定的按系数计取的费用及由定额分项工程子目增减系数而增加或减少的费用。

（4）在每页定额直接费表下边最后一行进行小计，计算出该页各项费用，便于汇总计算。在最后一页小计下面，写出总计，即工程基价、人工费、材料费、机械费各项目的总和，为计取工程各项间接费等提供依据。

如果最后一页的分项工程项目没填满，小计紧跟最后项目填写。

4. 计取工程各项费用，计算工程造价

在计算出单位工程定额直接费后，应按各省规定的安装工程取费标准和计算程序表计取各项费用，并计算出单位工程预算造价。

5. 编写施工图预算的编制说明

编制说明是施工图预算的一个重要组成部分，它是用来说明编制依据和施工图预算必须进行说明的一些问题。预算书编制说明的主要内容如下：

（1）编制依据：

① 说明所用施工图纸名称、设计单位、图纸数量，是否经过图纸会审。

② 说明采用何种预算定额。

③ 说明采用何种地方预（结）算单价表。

④ 说明采用何地区工程材料预算价格。

⑤ 说明执行何种工程取费标准。

（2）其他费用计取的依据：施工图预算包干费以外发生的费用计取方法。

（3）包工形式。

（4）工程类别。

（5）其他需要说明的情况。

要求编制说明简明扼要，语言文字简练，书写工整。

6. 编制主要材料表

定额直接费计算表中各分项工程量加上规定的损耗就是每一项目的主要材料需要量，把各种材料按材料表各栏要求逐项填入表内，材料数量小数点后一位采用四舍五入的方法以整数形式填写。主要材料表形式如表 8-21 所示。

主要材料表　　　　　　　　　　　　　　　　　表 8-21

序号	材料名称	单位	规格型号	数量	单价	金额

表中金额最后进行总计。

较小的工程可不编制主要材料表，规模较大的或重点工程必须编制，便于预算的审核。

7. 填写封面，装订送审

预算封面应采用各地规定的统一格式。封面需填写的内容一般包括：工程名称、建设单位名称、施工单位名称、建筑面积、经济指标、建设单位预算审核人员专用图章以及建设单位和施工单位负责人印章及单位公章、编制日期等。

最后，把预算封面、编制说明、费用计算程序表、工程预算表等按顺序编排并装订成册，装订好的工程预算，经过认真的自审，确认准确无误后，即可送交主管部门和有关人员审核并签字加盖公章，签字盖章后生效。一般电气消防安装工程施工图预算到此才算最后完成。

装订份数按建设单位要求。

任务 8-2　消防预算案例解析

8.2.1　消防工程施工图识读

1. 工程认知

以某综合楼工程为例，介绍电气消防安装工程施工图预算。本工程电气消防施工图纸共 11 张，地下 1 层，地上 22 层（其中包括出屋面机房消防平面图），共 23 层，总建筑面积 20336m²，消防工程图见图 8-1～图 8-3 所示。本例受篇幅所限，仅以首层、3～12 层（标准层）为例说明消防预算的编制方法。

2. 要求与目标

（1）能熟练阅读电气消防施工图纸；

（2）掌握消防工程施工方法；

（3）能准确划分分项工程项目。

3. 预算资料

施工图纸、施工技术参考书、定额、取费表、电气预算参考书等。

4. 消防工程施工图识读训练

提示：识图顺序是：读设计说明→查看图例符号→先识读系统图、再识读平面图→列项。

1）设计说明

（1）本设计为火灾自动报警及消防联动控制系统的设计，其设计内容为：

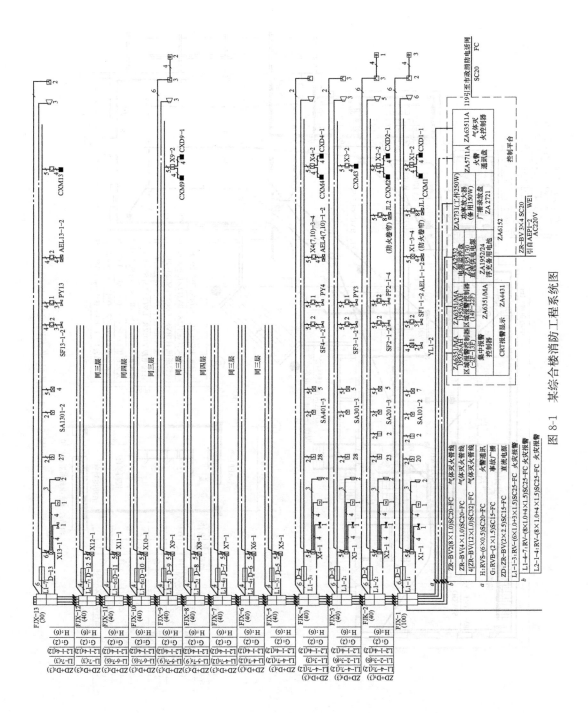

图 8-1　某综合楼消防工程系统图

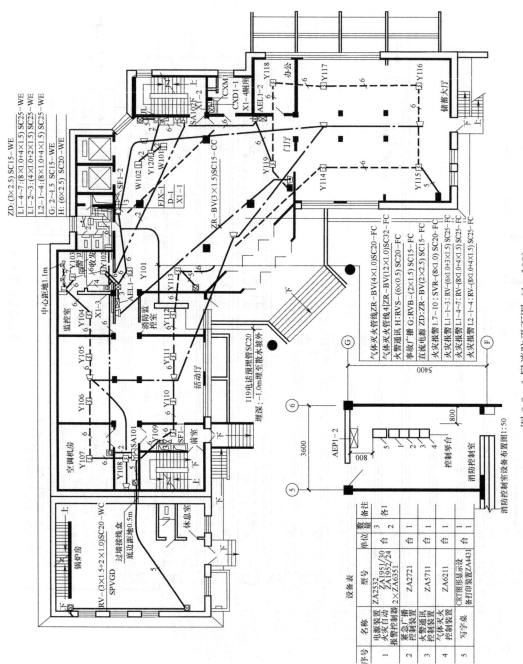

图 8-2 1层消防平面图 (1 : 100)

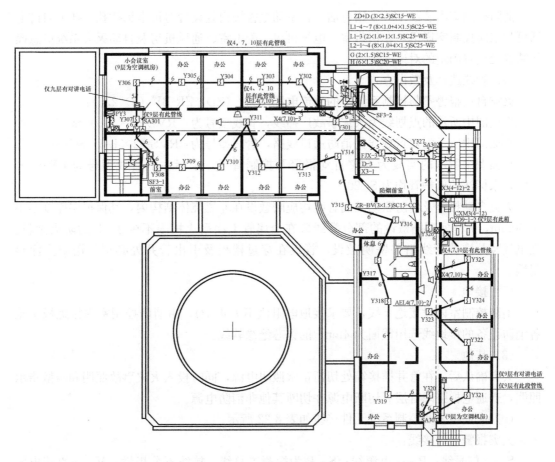

图 8-3　（3～12）层消防平面图（1∶100）

　　a. 火灾自动报警系统；

　　b. 消防联动控制系统；

　　c. 火灾事故广播系统；

　　d. 消防专用通讯系统。

　（2）火灾自动报警系统

该系统设备按照建设单位要求选用 ZA6000 系列地址编码两总线火灾报警和消防联动控制系统，系统型式为：集中报警控制器-区域报警控制器-现场探测元件。

　（3）消防联动控制系统

　　a. 消防泵、喷淋泵控制系统；

　　b. 消防电梯和普通电梯控制系统；

　　c. 防火卷帘控制系统；

　　d. 正压送风和排烟控制系统；

　　e. 气体灭火控制系统。

　（4）火灾事故广播及火灾报警系统

火灾确认后，火灾报警广播及报警装置应按疏散顺序控制。

　（5）消防专用通讯系统

消防控制室内装设 119 专用电话，在手动报警按钮处设置对讲电话插孔，插上对讲电话可与消防控制室通讯，在值班室、电梯机房、配电室、通风机房及自动灭火系统应急操作装置处设置固定的对讲电话。

（6）管线选择及敷设方式

火灾自动报警备与控制系统中的直流电源线为：（ZD）ZR-BV（2×2.5）；

平面图中所示的点划线为火灾事故广播线，管线型号为：RVB-（2×2.5）SC15；

平面图中所示的双点划线为消防通讯线路，管线型号为：RVS-（2×1.5）SC15；

平面图中所示的实线为火灾自动报警及控制管线，未标注的管线型号为 RV-（2×1.0），未标注的保护管均为 SC20。

火灾自动报警及消防联动控制管线均应暗敷设在非燃烧体结构内，其保护层厚度不小于 30mm，无法实现暗敷设的部分管线应在金属管上涂耐火极限不少于 1h 的防火涂料。在电气竖井内的管线沿井壁明敷设，管线在穿过楼板及引出管井处必须采用防火涂料封墙。

（7）接地

消防控制室内设接地干线，要求接地电阻值不大于 1Ω，由消防控制室内接地极引至各消防设备的接地线选用截面为 $4mm^2$ 的铜芯绝缘软线。

（8）其他

火灾确认后，在管井插接箱处切断正常照明电源，同时投入火灾事故照明和疏散指示照明，普通电梯强降首层后切断电源并切断其他非消防电源。

（9）火灾报警及控制系统元件接线如表 8-22 所示。

火灾报警元件接线：

S——信号线；P——电源线；S、P 为探测二总线，接线不分极性；V——直流电源线；G——系统地线；E——动作允许总线；D——起泵回答线。

火灾报警及控制系统元件接线　　　　　　　　　　表 8-22

控制总线 元件名称	S	P	V	G	E	D
总线短路隔离器	√	√	√	√		
离子感烟探测器	√	√				
多态感温探测器	√	√				
手动报警按钮	√	√				
消火栓箱控制按钮	√	√	√			√
控制模块	√	√			√	
输入模块	√	√				

（10）模块箱一览表如表 8-23 所示。

2）主要设备材料表及图例符号

主要设备材料表及图例符号见表 8-24 所示。

模块箱一览表　　　　　　　　　　　　　　　　表 8-23

图例符号	箱内模块型式	外形尺寸	安装方式	安装高度(m)	备注
⊠ 3-2	1C+1×2224	350×350×100	W	箱顶距棚 0.3	未表示的同⊠3-2
⊠ 22-5	2C+2×2224	600×400×100	W	箱顶距棚 0.3	
⊠ 22-1	6C+3M	600×400×100	W	箱顶距棚 0.3	
⊠ 22-4	2C+1M	350×350×100	W	箱顶距棚 0.3	
⊠ 22-3	2C+1M	350×350×100	W	箱顶距棚 0.3	
⊠ 22-2	2C+1M	350×350×100	W	箱顶距棚 0.3	
⊠ 19-2	3C+2×2224	500×400×100	W	箱顶距棚 0.3	
⊠ 15-2	4C+4×2224	600×400×100	W	箱顶距棚 0.3	
⊠ 1-2	2C+2×2224	350×350×100	W	箱顶距棚 0.3	⊠ 2(9)-2 同此箱
⊠ 01-3	6C+6×2224	600×600×100	W	箱顶距棚 0.3	
⊠ 01-2	12C+12×2224	700×850×100	W	箱顶距棚 0.3	
⊠ 01-1	2C+2M	350×350×100	W	箱顶距棚 0.3	⊠ 1~21 同此箱

主要设备材料表及图例符号　　　　　　　　　　　　表 8-24

序号	图例	符号	名　称	型　号	安 装 高 度
1	⊞	FJX	消防系统接线箱	箱内端子数见系统图	底边距地 1.5m
2	⊣▭⊢	（系统）	总线短路隔离器	ZA6152	吸顶
3	D	D(平面)	总线短路隔离器	ZA6152	吸顶
4	S		离子感烟探测器	ZA6011	吸顶
5	I		多态感温探测器	ZA6031	吸顶
6	Y	SA	手动报警按钮	ZA6121B	中心距地 1.5m
7	⊗		消火栓栓内控制按钮	ZA6122B	中心距地 1.9m
8	C	C	控制模块	ZA6211	中心距顶棚 0.5m
9	M	M	输入模块	ZA6132	中心距顶棚 0.5m
10	☎		固定式对讲电话	ZA5712	中心距地 0.4m
11	☖		火警电话插孔	ZA2714	中心距地 1.5m
12	◀		声光报警器	ZA2112	中心距顶棚 0.5m
13	◁		紧急广播扬声器	ZA2724 3W	(吸顶)中心距顶棚 0.5m
14			强电切换盒	ZA2224	
15	FV		水流指示器	消防水系统元件	棚下安装 0.5m
16	⋈		安全信号阀	消防水系统元件	棚下安装
17	⋈	SF PY	正压送风阀 排烟阀		安装高度见风施
18	⋈	YL	压力开关		
19	▰		消防排烟系统防火阀		安装高度见风施
20	◤		正压送风系统防火阀		安装高度见风施
21	⊠	AEL	事故照明箱		底边距地 1.5m
22	▬	AEP	消防动力配电箱		底边距地 1.5m
23	▭		消防电梯自带控制装置		落地安装

3) 火灾自动报警及消防控制系统图识读

图中能看到火灾自动报警及消防控制原理，消防系统控制平台内设备的安装位置及设备名称、规格型号、电源引入位置；市政消防电话网引入位置及钢管规格、敷设方式，还能看到弱电井内消防接线箱引上、引下的管线，从接线箱引出各层的管线，各层消防设备的理论接线、设备数量。

消防接线箱 1~13 层共 13 台，其中一层接线箱内 100 对端子。

外形尺寸：FJX-1 0.20×0.44×0.15，FJX-2~13，0.40×0.20×0.15。

标注：RVS-(6×0.5) SC20。

其他各层箱内均为 40 对端子。

H（6）表示 6 根电话线由 1 层引到 13 层，各层需要的电话线从各层接线箱引出。其中四根线为地址编码总线，另外两根为非地址编码总线，可并联若干个电话插孔。

标注：RVS-(6×0.5) SC20。

G（2）表示 2 根广播线由 1 层引至 13 层，各层广播线均成各层接线箱引出。

导线标注：RVB-(2×1.5) SC15。

ZD+D（3）表示 2 根直流电源线，加一根地线。

L2-1~4（12）：

L2——表示第二条火警线路；

1~4——表示有四个回路；

（12）——表示导线有 12 根。

RV（9×1.0+3×1.5）SC25。

SC25 从 1 层引至 14 层接线箱，分别逐段引至 22 层。

L1-2~3（6）：

L1——表示第一条火警线路；

2~3 表示有两个回路；

L1-2（6）回路为 2 层、3 层提供电源，导线 6 根，RV（4×1.0+2×1.5）SC25。

L1-3（3）回路为四层提供电源，导线 3 根，RV（2×1.0+1×1.5）SC25

一个区域报警器加扩展可带八个回路。

L1-4~7（12）表示钢管从 1 层引至 13 层，1 层至 7 层管内为 12 根导线。

RV（8×1.0+4×1.5）SC25

L1-5~7（9）表示钢管从 7 层引至 8、9 层，1 层至 7 层管内为 9 根导线。

RV（6×1.0+4×1.5）SC25

L1-6~7（6）表示钢管从 9 层接线箱引至 10、11 层，管内为 6 根导线。

RV（4×1.0+2×1.5）SC25

L1-7（3）表示钢管从 11 层接线箱引至 12、13 层，管内穿 3 根导线。

RV（2×1.1+1×1.5）SC25

FJX-1：F 消防、J 接线、X 箱、1—一层；（100）箱内端子 100 对。

4) 1 层消防平面图识读

从平面图能看到本层消防线路的实际接线情况。

从弱电管井引出火灾自动报警控制回路。

从火灾自动报警回路引出火灾事故广播回路。

从火灾自动报警回路引出消防通讯线路，消防通讯线路有火警电话插孔、固定对讲电话、消防通讯线路管线。图中还有消防控制室设备布置图（⑤～⑥局部放大图）及消防控制室设备明细表

消防控制室墙外埋设 119 报警电话预埋管 SC20，埋深－1.0m，埋至散水坡外。

消防控制室交流电源引自 AEP1-2，钢管沿墙暗敷设，导线为 ZR-BV（3×4）SC20 从消防控制室引出气体灭火，火警通讯，事故广播，直流电源，火灾报警管线，沿地暗敷设引入弱电管井内，弱电管井内消防系统接线箱悬挂明装，总线短路隔离器吸顶安装，端子箱沿墙明装，箱顶面距棚 0.3m，弱电井内钢管沿墙明敷设，线管引上见标注。

从弱电管井引出 6 个回路，其中平面图中所示的双点划线为消防通讯线路，管线型号标注为 RVS-（6×0.5）SC20-F 沿地暗设，单点划线为火灾事故广播线，管线型号标注为 RVB-（2×2.5）SC15-FC 沿地暗设；实线为火灾自动报警及控制管线，未标注的管线型号为 RV-（2×1.0）SC20-FC

另外从 X1-1 端子箱引出的四个回路分别是安全信号回路、水流指示器回路、声光报警回路和火灾事故广播回路。安全信号阀在顶棚下安装，水流指示器在顶棚下 0.5m 安装，声光报警器中心距顶棚 0.5m 安装。广播回路扬声器吸顶、壁挂式安装。

感烟探测器吊棚吸顶安装，吊棚距顶棚 0.8m

感温探测器吊棚吸顶安装，吊棚距顶棚 0.8m

从弱电井内消防接线箱引至本楼层的线管均沿棚暗设。

从消防接线箱引出 $\begin{cases} \text{消防通讯管线} \\ \text{火灾自动报警管线} \\ \text{X1-1 模块箱回路} \end{cases}$

在空调机房与锅炉房墙两侧安装了过墙接线盒，底边距地 0.5m，为了清楚消防控制室设备安装位置，将⑤轴至⑥轴进行了布局放大，见设备表右侧，在设备表中标明了设备的名称、型号、单位、数量。

图纸比例 1：100。

消火栓箱内按钮　7 个：

$\begin{cases} \text{锅炉房内　2 个；} \\ \text{空调机房墙外走廊　1 个；} \\ \text{门厅左面门边　1 个；} \\ \text{门厅左面消防控制室墙外　1 个；} \\ \text{门厅右面楼梯间墙外　1 个；} \\ \text{储蓄大厅　1 个。} \end{cases}$

声光报警器　2 个：

$\begin{cases} \text{监控室外墙上　1 个；} \\ \text{门厅左面门边　1 个。} \end{cases}$

安全信号阀　2 个：

$\begin{cases} \text{左侧电梯前室　1 个　SF1-1；} \\ \text{上面弱电管井墙外　1 个　SF1-2。} \end{cases}$

压力开关　2 个：

警卫室内 2 个　中心距地 1.1m。

水流指示器　1 个：

厕所内　1 个。

电话　3 部：

{
警卫室内　1 部；

收发室内　1 部；

空调机房内　1 部。

电话插孔　2 个：

{
左侧楼梯间走廊墙上　1 个；

右侧门厅楼梯间墙上　1 个。

手动报警按钮　2 个：

{
左侧楼梯间走廊墙上　1 个；

右侧门厅楼梯间墙上　1 个。

端子箱　4 个：

{
X1-1 在弱电井内墙上　1 个；

X1-2 在右侧厕所内墙上　1 个；

X1-3 在收发室外墙上　1 个；

X1-4 在右侧厕所外墙上　1 个。

感烟探测器　20 个：

从弱电井引出门厅内 Y101-Y120。

感温探测器　2 个：

门厅内 W101-W102。

广播扬声器 7 只：

其中吸顶式扬声器 6 只，壁挂式扬声器 1 只。

注：平面图中设备数量与系统图中数量不同时，以平面图为准。

动力控制箱　　　1 台　　　CXD1-1。

照明控制箱　　　1 台　　　CXM1。

5）3～12 层消防平面图识读

从图中 3～12 层（标准层）消防线路的实际接线情况能看出 3～12 层中有区别的情况。

仅 9 层空调机房内有对讲电话，仅 9 层走廊右侧有电话插孔。

仅 4、7、10 层在北侧走廊墙上有（AEL）事故照明配电箱、声光报警器及管线。

仅 4、7、10 层有模块箱。

仅 9 层左侧电梯前有动力控制箱。

仅 4、7、10 层（在 Y325 办公室内）有连接感烟探测器至模块箱的管线。

仅 9 层以下空调机房有对讲电话，墙外电话插孔及连接管线。

8.2.2　消防工程工程量计算规则和方法

消防工程工程量计算规则和方法如下：

（1）红外线探测器以"对"为单位计算，一对为两只。定额中包括了探头支架安装和探测器的调试、对中。

（2）点型探测器、火焰探测器、可燃气体探测器按线制的不同分为多线制与总线制两种，计算时不分规格、型号、安装方式与位置，以"只"为单位计算。探测器安装包括了探头和底座的安装及本体调试。

（3）线形探测器的安装方式按环绕、正弦及直线综合考虑，不分线制及保护形式，以"m"为单位计算，"10m"为一计量单位。定额中未包括探测器连接的一只模块和终端，其工程量按相应定额另行计算。

（4）按钮包括消火栓按钮、手动报警按钮、气体灭火起/停按钮，以"只"为单位计算。按照在轻质墙体和硬质墙体上安装两种方式综合考虑，执行时不得因安装方式不同而调整。

（5）控制模块（接口）是指仅能起到控制作用的模块（接口），亦称中继器，依据其给出控制信号的数量，分单输出和多输出两种形式。执行时不分安装方式，按照输出数量以"只"为单位计算。

（6）报警模块（接口）不起控制作用，只能起监视、报警作用，执行时不分安装方式，以"只"为单位计算。

（7）报警控制器安装按不同线制、不同安装方式按"点"数套相应定额，以"台"为单位计算。

多线制"点"指报警控制器所带报警器件（探测器、报警按钮等）的数量。

总线制"点"是指报警控制器所带的有地址编码的报警器件（探测器、报警按钮、模块等）的数量。如果一个模块带数个探测器，则只能计为一点。

（8）联动控制器按线制的不同分为多线制与总线制，其中又按安装方式不同分为壁挂式和落地式。套定额时，按"点"数的不同确定定额子目，以"台"为单位计算。

（9）报警联动一体机安装按其安装方式不同分为壁挂式和落地式。在不同安装方式中按照"点"数的不同确定定额子目，以"台"为单位计算。

"点"指报警联动一体机所带的有地址编码的报警器与控制模块的数量。

（10）重复显示器（楼层显示器）不分型号、规格、安装方式，按总线制与多线制划分，以"台"为单位计算。

（11）警报装置分为声光报警和警铃报警两种形式，均以"只"为单位计算。

（12）远程控制器按其控制回路数以"台"为单位计算。

（13）火灾事故广播中的功放机、录音机的安装按柜内及台上两种方式综合考虑，分别以"台"为单位计算。

（14）消防广播控制柜是指安装成套消防广播设备的成品柜，不分规格、型号，以"台"为单位计算。

（15）火灾事故广播中的扬声器不分规格、型号，按吸顶式或壁挂式，以"只"为单位计算。

（16）广播分配器是指单独安装的消防广播用分配器（操作盘），以"台"为单位计算。

（17）消防通讯系统中的电话交换机按"门"数不同，以"台"为单位计算。通讯分机、插孔是指专用电话分机与电话插孔，不分安装方式，分别以"部"、"个"为单位计算。

（18）报警备用电源综合考虑了规格、型号，以"台"为单位计算。

（19）消防系统调试包括自动报警、水灭火系统，火灾事故广播、消防通讯系统、消防电梯系统、电动防火门、防火卷帘门、正压送风阀、排烟阀、防火阀、防火阀控制装置、气体灭火系统装置。

（20）自动报警系统包括各种探测器、报警按钮、报警控制器组成的报警系统，根据不同点数以"系统"为单位计算。确定定额子目，点数按多线制或总线制报警"点"计算。

（21）水灭火系统控制装置按照不同点数以"系统"为单位计算，起点数按多线制或总线制联动控制器的点数计算。

（22）火灾事故广播、消防通讯系统中消防广播喇叭、音箱和消防通讯的电话分机、电话插孔，均以"只"为单位计算。

（23）消防电梯与控制中心间的控制调试，以"部"为单位计算。

（24）电动防火门、防火卷帘门指由消防控制中心显示与控制的电动防火门、防火卷帘门，以"处"为单位计算，每樘为一处。

（25）气体灭火系统装置调试包括模拟喷气试验，备用灭火器贮存器切换操作试验，按试验容器的规格（L），分别以"个"为单位计算。

8.2.3　划分和排列分项工程项目

对本综合楼电消防工程划分和排列分项工程项目如下：

（1）控制屏安装；

（2）配电屏安装；

（3）集中控制台安装；

（4）按钮安装；

（5）一般铁构件制作；

（6）一般铁构件安装；

（7）砖、混凝土结构钢管明配；

（8）砖、混凝土结构钢管暗配；

（9）管内穿线；

（10）接线箱安装；

（11）接线盒安装；

（12）消防分机安装；

（13）消防电话插孔安装；

（14）功率放大器安装；

（15）功率放大器安装；

（16）录放盘安装；

（17）吸顶式扬声器安装；

（18）壁挂式扬声器安装；

（19）正压送风阀检查接线；

（20）排烟阀检查接线；

（21）防火阀检查接线；

（22）感烟探测器安装；

（23）感温探测器安装；

（24）报警控制器安装；

（25）报警联动一体机安装；

（26）压力开关安装；

（27）水流指示器安装；

（28）声光报警器安装；

（29）控制模块安装；

（30）自动报警系统装置调试；

（31）广播扬声器、消防分机及插孔调试；

（32）水灭火系统控制装置调试；

（33）正压送风阀、排烟阀、防火阀调试；

（34）刷第一遍防火漆；

（35）刷第二遍防火漆。

8.2.4　工程量计算

对本综合楼电消防工程工程量计算如下：

1. 控制屏安装

控制屏安装以"台"为单位计算。本例采用 ZA5711 火警通讯控制装置，工程量 1
台；采用 ZA6122 气体灭火控制装置，工程量 1 台。

2. 配电屏安装

配电屏安装以"台"为单位计算。本例采用 ZA2532 电源监控盘，ZA1951/30 直流供
电单元，ZA1952/24 浮充备用电池电源装置，工程量 3 台。

3. 集中控制台安装

集中控制台安装以"台"为单位计算。本例采用 ZA6152，控制琴台，工程量 1 台。

4. 按钮安装

按钮安装以"个"为单位计算。本例采用 ZA6122B 消火栓控制按钮，安装在消火栓
箱内，工程量 62 个，采用 ZA6121B 手动报警按钮，工程量 35 套。

5. 一般铁构件制作

电气管井内钢管明敷设，用角钢支架固定。本例采用 63×6 等边角钢做凵支架固定钢
管，每层两个支架，1～12 层 24 个支架，每个支架用料 1.6m，工程量 38.4m。

6. 一般铁构件安装

工程量同 5。

7. 砖、混凝土结构钢管明配

查土建图已知，1 层层高为 5.3m，其余 2～12 层层高为 3.5m。

电气管井内钢管工程量计算方法：

钢管＝（首层层高－接线箱高＋管进上下箱预留长度）×（层数－1）＋（标准层层高－标
准接线箱高＋管进上下箱预留长度）×（层数－1）

例如：

① H：RVS—(6×0.5)SC20 1～12层

SC20＝[5.3(层高)－0.44(接线箱高)＋0.2(管进上下箱预留长度)]×[2(层数)－1]＋[3.5(层高)－0.4(接线箱高)＋0.2(管进上下箱预留长度)]×[11(层数)－1]＝38.06(m)

② G：RVB—(2×1.5)SC15 1～12层

计算式同上。

SC15＝38.06(m)

③ L2—1～4：RV(8×1.0＋4×1.5)SC25

SC25＝(首层层高＋进箱预留0.1)×(层数－1)＋标准层层高×(层数－1)

④ L1—2～3：RV—(4×1.0＋2×1.5)SC25

SC25＝(首层层高－接线箱高＋管进箱上下预留)×(层数－1)＋(标准层层高－标准接线箱高＋管进箱上下预留)×(层数－1)

⑤ L1—3：RV(2×1.0＋1×1.5)SC25

SC25＝(标准层层高－标准接线箱高＋管进箱上下预留)×(层数－1)

⑥ L1—4～7：RV(8×1.0＋4×1.5)SC25

SC25＝[5.3(层高)－0.44(接线箱高)＋0.1(管进箱预留)]×[2(层数)－1]＋3.5(层高)×[6(层数)－1]＝22.46(m)

⑦ L1—5～7：RV(6×1.0＋3×1.5)SC25

SC25＝(标准层层高－标准接线箱高＋管进箱上下预留)×(层数－1)

⑧ L1—6～7：RV(4×1.0＋2×1.5)SC25

计算式如上。

SC25＝6.6(m)

⑨ L1—7：RV(2×1.0＋1×1.5)SC25

SC25＝(标准层层高－标准接线箱高＋管进箱上下预留)×(层数－1)

⑩ DZ＋D：ZR—BY(3×2.5)SC15

SC15＝(层高－接线箱高＋管进箱上下预留)×(层数－1)＋(标准层层高－标准接线箱高＋管进箱上下预留)×(层数－1)

8. 砖、混凝土结构钢管暗配

钢管以"m"为单位计算，本例钢管暗配工程量如下：

(1) 1层火灾报警线路水平工程量

① 感烟探测器回路

RV—(4×1.0＋2×1.5)SC20

F—1→D—1→Y101→Y102→Y103→Y104→Y105→Y106→Y107→Y108→Y109→—(X1—4)→SA102→控制模块

SC20＝107.6(m)

② 消火栓控制按钮回路

RV—(3×1.5＋2×1.0)SC20

SA101→消火栓按钮→锅炉房消火栓按钮

SC20＝2＋7.6＋9.4＝19(m)

Y119→消火栓按钮

SC20＝2.6m

Y115→消火栓按钮

SC20＝3m

Y113→消火栓按钮

SC20＝2m

控制模块→消火栓按钮

SC20＝1.2m

③ 感温探测器回路

RV－(2×1.0)SC20

控制模块→Y120→W101→W102

SC20＝3＋1.4＋1.2＝5.6(m)

④ X1－1→水流指示器回路

RV－(4×1.0)SC20

SC20＝2.2(m)

⑤ X1－1→安全信号阀回路

RV－(4×1.0)SC20

SC20＝2.8(m)

⑥ X1－2→CXD1－1回路

RV－(4×1.0)SC20

SC20＝0.4m

⑦ X1－2→CXMI 回路

RV－(4×1.0)SC20

SC20＝0.8(m)

⑧ X1－3→AEL1－1回路

RV－(3×1.0)SC20

SC20＝1.2(m)

⑨ X1－4→AEL1－2回路

RV－(4×1.0)SC20

SC20＝0.6(m)

⑩ 控制模块→JL1回路

RV－(8×1.0)SC20

SC20＝0.6(m)

⑪ 控制模块→SF1－1回路

RV－(3×1.0)SC20

SC20＝1(m)

⑫ 控制模块→SF1－2回路

RV－(3×1.0)SC20

SC20＝1.2(m)

⑬ 输入模块→压力开关回路

RV—(2×1.0)SC20

SC20=2.2(m)

⑭ X1—1→声光报警器回路

ZR—BV(3×1.5)SC15

SC15=8.2+18=26.2(m)

(2) 1层消防通讯线路水平工程量

RVS—(2×0.5)SC15

SC15=2.5+15.5=18(m)

RVS—(6×0.5)SC15

SC15=21.5+1.5=23(m)

(3) 1层事故广播线路水平工程量

RVB—(2×1.5)SC15

SC15=11+7.5+12.5+12+7.5+15+6.5+2.5=74.5(m)

(4) 1层 FJX—1→消防控制室线路水平工程量

① 火灾报警

L1—1~3：RV—(6×1.0+3×1.5)SC25

SC25=16.5(m)

L1—4~7：RV—(8×1.0+4×1.5)SC25

SC25=16.5(m)

L2—1~4：RV—(8×1.0+4×1.5)SC25

SC25=16.5(m)

② 事故广播

G：RVB—(2×1.5)SC15

SC15=17(m)

③ 火警通讯

H：RVS—(6×0.5)SC20

SC20=17.5(m)

④ 气体灭火

ZR—BY2(8×1.0)SC20

SC20=18(m)

ZR—BY(4×1.0)SC20

SC20=18(m)

4[ZR—BV(12×1.0)SC32]

SC32=18×4=72(m)

⑤ 直流电源

ZD：ZR—BY(2×2.5)SC15

SC15=16.5(m)

(5) 1层消防控制室至墙外119电话预埋管工程量

SC20=6(水平长度)+1(埋深)+0.1(引出地面)=7.1(m)

（6）1层火灾报警线路垂直工程量

接线箱：FJX-1(100)0.32(宽)×0.44(高)

RV-(4×1.0+2×1.5)SC20(消防报警回路)

SC20=[5.3(层高)-1.5(接线箱底边距地高度)-0.44(接线箱高)]×1(立管数量)=3.36(m)

RVB-(2×1.5)SC15（事故广播回路）

SC15=(5.3-1.5-0.44)×1=3.36(m)

ZR-BV(3×1.5)SC15（声光报警回路）

SC15=(5.3-1.5-0.44)×1=3.36(m)

控制模块

计算式：(中心距顶棚高度牛棚内预留长度)×立管数量

RV-(8×1.0)SC20   SC20=(0.5+0.1)×1=0.6(m)

RV-(2×1.0)SC20   SC20=(0.5+0.1)×1=0.6(m)

RV-(4×1.0+2×1.5)SC25   SC25=(0.5+0.1)×1=0.6(m)

RV-(3×1.5+2×1.0)SC20   SC20=(0.5+0.1)×1=0.6(m)

RV-(3×1.0)SC20   SC20=(0.5+0.1)×2=1.2(m)

输入模块(计算方法同上)

RV-(4×1.0+2×1.5)SC20   SC20=(0.5+0.1)×2=1.2(m)

手动报警按钮

RV-(2×1.0)SC20

SC20=[5.3(层高)-1.5(手动报警中心距地高度)-0.2(楼板厚度)-0.3(接线盒中心距顶棚高度)]×2(立管数量)=6.6(m)

消火栓报警按钮

RV-(3×1.5+2×1.0)SC20

SC20=[5.3(层高)-1.9(消火栓报警按钮中心距地高度)-0.1(楼板厚度刀)]×9(立管数量)=29.7(m)

过缝接线盒   RV-(3×1.5+2×1.0)SC20

SC20=[5.3(层高)-0.1(楼板厚度/2)-0.55(接线盒中心距地高度)]×2(立管数量)=9.3(m)

（7）1层事故广播线路

广播扬声器（壁装）

RVB-(2×1.5)SC15

SC15=(0.5(中心距顶棚高度)+0.1(楼板厚度/2)×1(立管数量)=0.6(m)

（8）1层消防通讯线路

固定电话：RVS-(6×0.5)SC20

SC20=[0.4(中心距地高度)+0.1(楼板厚度/2)]×7(立管数量)=3.5(m)

火警电话插孔：RVS-(2×0.5)SC20

计算方法同上。SC20=(1.5+0.1)×2=3.2(m)

（9）1层FJX-1(接线箱)至消防控制室线路垂直工程量

接线箱处立管长度：

计算式：（埋人楼板内长度十接线箱底边距地高度＋进箱预留长度）×立管数量

气体灭火：SC20＝0.1＋1.5＋0.1＝1.7(m)

气体灭火：SC32＝(0.1＋1.5＋0.1)×4＝6.8(m)

火警通讯：H：SC20＝0.1＋1.5＋0.1＝1.7(m)

事故广播：G：SC15＝0.1＋1.5＋0.1＝1.7(m)

直流电源：ZD：SC15＝0.1＋1.5＋0.1＝1.7(m)

气体灭火：SC20＝0.1＋1.5＋0.1＝1.7(m)

火灾报警：L1－1～3：SC25＝0.1＋1.5＋0.1＝1.7(m)

火灾报警：L1－4～7：SC25＝0.1＋1.5＋0.1＝1.7(m)

火灾报警：L 2－1～4：SC25＝0.1＋1.5＋0.1＝1.7(m)

消防控制室内引上长度：

管长＝(埋人楼板内长度十引出地面长度)×数量

气体灭火：SC20＝0.1＋0.1＝0.2(m)

气体灭火：SC32＝(0.1＋0.1)×4＝0.8(m)

火警通讯：H：SC20＝0.1＋0.1＝0.2(m)

事故广播：G：SC15＝0.1＋0.1＝0.2(m)

直流电源：ZD：SC15＝0.1＋0.1＝0.2(m)

气体灭火：SC20＝0.1＋0.1＝0.2(m)

火灾报警：L1－1～3：SC25＝0.1＋0.1＝0.2(m)

火灾报警：L1－4～7：SC25＝0.1＋0.1＝0.2(m)

火灾报警：L 2－1～4：SC25＝0.1＋0.1＝0.2(m)

(10) 一层模块箱等处立管长度

X1－2→CXM1、CXD1－1

SC20＝（层高＋楼板厚度＋模块箱顶面距棚高度＋模块箱高度＋管进箱预留长度＋照明(动力)箱底边距地高度＋箱高＋管进箱预留长度)×数量＝(5.3－0.2－0.3－0.35＋0.1－1.5－0.5＋0.1)×2＝5.3(m)

X1－3→AEL1－1(计算方法同上)

SC20＝2.65(m)

X1－4→AEL1－2(计算方法同上)

SC20＝2.65(m)

X1－1→声光报警器

SC20＝（模块箱顶面距棚高度＋棚内预留长度)＋（声光报警器中心距顶棚高度＋棚内预留长度)×声光报警器立管数量＝(0.3＋0.1)＋(0.5＋0.1)×3＝2.2(m)

XI－1→水流指示器(计算方法同上)

SC20＝(0.3＋0.1)＋(0.5＋0.1)×1＝1(m)

XI－1→安全信号阀(计算方法同上)

SC20＝(0.3＋0.1)＋(0.8＋0.1)×1＝1.3(m)

输入模块→压力开关

SC20＝输入模块中心距地高度＋楼板内预留长度＋(楼板内预留长度＋压力开关中心距高度)×压力开关立管数量＝(5.3－0.2－0.5)＋0.1＋(0.1＋1.1)×3＝8.3(m)

RV－(3×1.0)CP20

控制模块→SF1－1 CP20＝1m

RV－(3×1.0)CP20

控制模块→SF1－2 CP20＝1.6m

控制模块→JL1　RV－(8×1.0)SC20

SC20＝5.3(层高)－0.2(楼板厚度)－0.5(控制模块中心距棚高度)－2(卷帘控制箱顶面距地高度)＋0.1(管进控制箱内预留长度)＝2.7(m)

金属软管

RV－(4×1.0＋2×1.5)CP20

CP20＝[0.8(吊棚高长)＋0.2(预留长度)]×22(探测器数量)＝2(m)

RVB－(2×1.5)CP15

CP15＝[0.8(吊棚高度)＋0.2(预留长度)]×7(吸顶扬声器数量)＝7(m)

9. 管内穿线

导线以"m"为单位计算。管内穿线工程量如下：

(1) 电气管井内钢管管内穿线

① 消防通讯线路 (H)

RVS－(2×0.5)＝[电源管立管长度＋(FJX－1半周长)＋(FJX－2半周长)＋2(箱半周长数量)×(FJX－2半周长)×(层数－1)]×导线根数＝[38.06＋(0.32＋0.44)＋(0.25＋0.4)＋2×(0.25＋0.4)×(11－1)]×3＝151.41(M)

② 火灾事故广播线路(G)　　　　　　　　　　　　　　　　　　　1～12层

计算式同1。

RVS－(2×1.5)＝[38.06＋(0.32＋0.44)＋(0.25＋0.4)＋2×(0.5＋0.4)×(11－1)]×1＝52.47(m)

③ 火灾自动报警及控制线路

L2－1～4

RV－1.0＝[40.4(钢管长度)＋0.16(FJX－1半周长)]×8(导线根数)＝329.28(m)

RV－1.5＝[40.4＋0.16(FJX－1半周长)]×4＝164.64(m)

L1－2～3

RV－1.0＝[8.36(钢管长度)＋(0.32＋0.44)(FJX－1半周长)＋(0.25＋0.4)(FJX－2半周长)×3(半周长数量)]×4(导线根数)＝44.36(m)

RV－1.5＝[8.36＋(0.32＋0.44)＋(0.25＋0.4)×3]×2＝22.18(m)

L1－3

RV－1.0＝{6.6(钢管长度)＋[3(层数)－1]×0.65(箱半周长)}×2(导线根数)＝15.8(m)

RV－1.5＝[6.6＋(3－1)×0.65]×1＝7.9(m)

L1－4～7

RV－1.0＝[22.46(钢管长度)＋0.76(FJX－1半周长)＋0.65(FJX－2半周长)×3(半

周长数量)]×8(导线根数)=201.36(m)

RV—1.5=(22.46+0.16+0.65×3)×4=100.68(m)

L1—5～7

RV—1.0=[6.6(钢管长度)+0.65(箱半周长)×4(半周长数量)]×6(导线根数)=55.2(m)

RV—1.5=(6.6+0.65×4)×3=27.6(m)

L1—6～7

RV—1.0=[6.6(钢管长度)+0.65(箱半周长)×4(半周长数量)]×4(导线根数)=36.8(m)

RV—1.5=(6.6+0.65×4)×2=18.4(m)

L1—6～7

RV—1.0=[3.3(钢管长度)+0.65(箱半周长)×2(半周长数量)]×2(导线根数)=9.2(m)

RV—1.5=(3.3+0.65×2)×1=4..6(m)

④ ZD+D

ZR—BR—2.5=[38.06(钢管长度)+0.76(FJX—1半周长)+0.65(FJX—2半周长)+2(箱半周长数量)×0.65(FJX—2半周长)×(11—1)(层数—1)]×3(导线根数)=151.41(m)

(2)一层火灾报警线路管内穿线

① 感烟探测器回路

RV—1.0=[107.6(水平长度)+3.36(接线箱立管长度)+1.2(输入模块立管长度)+0.6(控制模块立管长度)+0.76(箱内预留长度)]×4(导线根数)=454.08(m)

RV—1.5=(107.6+3.36+1.2+0.6+0.76)×2=227.04(m)

② 消火栓控制按钮回路

RV—1.0=[(19+2.6+3+2+1.2)(水平长度)+29.7(垂直长度)+0.6(控制模块处立管长度)+9.3(过缝接线盒引上立管长度)]×2(导线根数)=134..8(m)

RV—1.5=[(19+2.6+3+2+1.2)+29.7+0.6+9.3]×3=202.2(rn)

③ 感温探测器回路

RV—1.0=[5.6(水平长度)+0.6(控制模块处立管长度)]×2(导线根数)=12.4(m)

④ X1—1→水流指示器回路

RV—1.0=[2.2(水平长度)+1(垂直长度)+0.7(接线箱预留长度)]×4(导线根数)=15.6(m)

⑤ X1—1→安全信号阀回路

RV—1.0=[2.8(水平长度)+1.3(垂直长度)+0.7(接线箱预留长度)]×4(导线根数)=19.4(m)

⑥ X1—1→声光报警器回路

ZR—BV—1.5=[26.2(水平长度)+2.2(垂直长度)+0.7(接线箱预留长度)]×3(导线根数)]=87.3(m)

⑦ 手动报警按钮回路

RV—1.0=7.4(钢管垂直长度)×2(导线根数)=14.8(m)

⑧ X1-2→CKD1回路

RV-1.0=[0.4(水平长度)+2.7(垂直长度)+0.7(模块箱预留长度)+1.2(CXD1箱预留长度)]×4(导线根数)=20(m)

⑨ X1-2→CXM1回路

RV-1.0=[0.8+2.7+(0.7+1.2)]×4=21.6(m)

⑩ X1-3→AEL1-1回路

RV-1.0=[1.2+2.65+(0.7+1.2)]×3=17.25(m)

⑪ X1-4→AELI-2回路

RV-1.0=[0.6+2.65+(0.7+1.2)]×3=15.45(m)

⑫ 控制模块→JL1回路

RV-1.0=[0.6(水平长度)+0.6(控制模块处立管长度)+2.7(垂直长度)+1.2(JL1箱预留长度)]×8(导线根数)=40.8(m)

⑬ 控制模块 SF1-1回路

RV-1.0=[1(水平长度)+0.6(垂直长度)+1(金属软管长度)]×3(导线根数)=7.8(m)

⑭ 控制模块→SF1-2回路

RV-1.0=(1.2+0.6+1.6)×3=10.2(m)

⑮ 输入模块→压力开关回路

RV-1.0=[2.2(水平长度)+8.3(垂直长度)+0.6(输入输块立管长度)]×2(导线根数)=22.2(m)

(3) 1层消防通讯线路

电话插孔

RVS-(2×0.5)=[18(水平长度)+3.2(垂直长度)]×1(导线根数)=21.2(m)

电话

RVS-(2×0.5)=(23+3.5)×3=79.5(m)

(4) 1层事故广播线路

RVB-1.5=[74.5(水平长度)+(33.6+0.6)(垂直长度)+0.76(接线箱预留长度)]×2(导线根数)=158.44(m)

(5) 1层 FJX-1→消防控制室线路

RV-1.0=[(16.5+16.5×水平长度)+(1.7+0.2+1.7+0.2)(垂直长度)+0.16(接线箱预留长度)+1.5(火灾报警装置半周长)]×8(导线根数)+[16.5(水平长度)+(1.7+0.2)(垂直长度)+0.16(接线箱预留长度)+1.5(报警装置预留长度))×6(导线根数)=436.44(m)

RV-1.5=[(16.5+16.5+16.5)+(1.7+0.2+1.7+0.2+1.7+0.2)+0.76+1.5]×4+[16.5+(1.7+0.2)+0.16+1.5]×3=201.82(m)

RVS-(6×0.5)=[17.5(水平长度)+(1.7+0.2)(垂直长度)+(0.16+1.5)(预留长度)]×3(导线根数)=64.98(m)

RVB-(2×1.5)=[17(水平长度)+(1.7+0.2)(垂直长度)+(0.76+1.5)(预留长度)]×1(导线根数)=21.16(m)

ZR-BV-1.0=[18(水平长度)+(1.7+0.2)(垂直长度)+(0.76+1.5)+(预留长度)]×16(导线根数)+[(18(水平长度)+(1.7+0.2)(垂直长度)+(0.16+1.5)(预留长度)]×4(导线根数)+[72(水平长度)+(6.8+0.8)(垂直长度)+(0.76+1.5)(预留长度)]×12(导线根数)=1 425.52(m)

ZR-BV-2.5=[16.5(水平长度)+(1.7+0.2)(垂直长度)+(0.76+1.5)(预留长度)]×2(导线根数)=41.32(m)

(6) 金属软管管内穿线

探测器

RV-1.0=1(垂直长度)×22(探测器数量)×4(导线根数)=88(m)

广播扬声器

RVB-(2×1.5)=1(垂直长度)×6(吸顶扬声器数量)×1(导线根数)=6(m)

以上 1 层消防平面图中水平和垂直管线计算完毕，3～12 层消防平面图中管线计算方法与一层相同，这里不再叙述，可作为课后练习。

10. 接线箱安装

接线箱安装以"个"为单位计算。本例采用的接线箱和模块箱共 44 个，其中消防系统接线箱 320mm×440mm×160mm 1 个，消防系统接线箱 250mm×400mm×160mm 11 个；模块箱 350mm×350mm×100mm 32 个。

11. 接线盒安装

接线盒安装以"个"为单位计算。本例采用的接线盒均暗装在棚内、墙内，工程量 608 个。其中 ZA1914/B1 模块预埋盒 39 个；ZA1914/S1 手动报警开关预埋盒 35 个；86H60 预埋盒 534 个。

12. 消防分机安装

消防分机安装以"部"为单位计算。本例采用固定式火警对讲电话，工程量 6 部。

13. 消防电话插孔安装

消防电话插孔安装以"个"为单位计算。本例采用电话插孔 ZA2714，工程量 35 个。

14. 功率放大器安装

功率放大器安装以"台"为单位计算。本例采用 ZA2731 备用功率放大器，工程量 1 台。

15. 录放盘安装

录音机安装以"台"为单位计算。本例采用 ZA2721 广播录放盘，工程量 1 台。

16. 吸顶式扬声器安装

吸顶式扬声器安装以"只"为单位计算。本例采用 ZA2724、3 W 吸顶式扬声器，工程量 40 只。

17. 壁挂式扬声器安装

壁挂式扬声器安装以"只"为单位计算。本例采用 ZA2725、3 W 壁挂式扬声器，工程量 1 只。

18. 正压送风阀检查接线

正压送风阀检查接线以"个"为单位计算。本例正压送风阀工程量 24 个。

19. 排烟阀检查接线

排烟阀检查接线以"个"为单位计算。本例排烟阀工程量 14 个。

20. 防火阀检查接线

防火阀检查接线以"个"为单位计算。本例防火阀工程量 12 个。

21. 感烟探测器安装

感烟探测器安装以"只"为单位计算。本例感烟探测器采用 ZA6011，工程量 323 只。

22. 感温探测器安装

感温探测器安装以"只"为单位计算。本例感温探测器采用 ZA6031，工程量 4 只。

23. 报警控制器安装

报警控制器安装以"台"为单位计算。本例区域报警控制器采用 ZA6351MA/1016，工程量 2 台。

24. 报警联动一体机安装

报警联动一体机安装以"台"为单位计算。本例采用 ZA635 1 MA/254 集中报警控制器，工程量 1 台。

25. 压力开关安装

压力开关安装以"套"为单位计算。本例压力开关工程量 2 套。

26. 水流指示器安装

水流指示器安装执行隐藏式开关定额项目，以"套"为单位计算。本例水流指示器工程量 12 个。

27. 声光报警器安装

声光报警器安装以"只"为单位计算。本例采用 ZA2112 声光报警器，工程量 24 只。

28. 控制模块安装

控制模块安装以"只"为单位计算。输入模块、强电切换盒、总线短路隔离器、控制模块均执行控制模块安装定额项目。本例采用 ZA6132 输入模块，工程量 25 只；采用 ZA2224 强电切换盒，工程量 22 只；采用 ZA6152 总线短路隔离器，工程量 12 只；采用 ZA6211 控制模块，工程量 84 只，合计 143 只。

29. 自动报警系统装置调试

自动报警系统装置调试以"系统"为单位计算。本例自动报警系统装置调试为 1 个系统。

30. 广播扬声器、消防分机及插孔调试

广播扬声器、消防分机及插孔调试以"个"为单位计算。本例广播扬声器为 41 个；消防分机为 6 个；话机插孔 35 个，合计 82 个。

31. 水灭火系统控制装工调试

水灭火系统控制装置调试以"系统"为单位计算。本例水灭火系统控制装置调试为 1 个系统。

32. 正压送风阀、排烟阀、防火阀调试

正压送风阀、排烟阀、防火阀调试以"处"为单位计算。本例正压送风阀 24 处；排烟阀 14 处；防火阀 12 处，合计 50 处。

33. 管道刷漆

管道刷漆以"m²"为单位计算。本例电气管井内钢管应刷耐火极限不小于 1h 的防火涂料，防火涂料刷两遍，工程量 31.84m²。

34. 工程量计算表和工程量汇总表

本例中工程量计算表见表 8-25，工程量汇总表如表 8-26 所示。

工程量计算表

表 8-25

工程名称：消防安装工程

序号	工 程 名 称	计 算 式	单位	工程量
1	控制屏安装	ZA5711、ZA6211	台	2
2	配电屏安装	ZA2532、ZA1951/30、ZA1952/24	台	3
3	集中控制台安装	ZA6152	台	1
4	按钮安装	ZA6122 B 62、ZA6121B 35	个	97
5	一般铁构件制作	∠63×6	kg	275.00
6	一般铁构件安装	∠63×6	kg	275.00
7	砖、混凝土结构钢管明配			
	H	SC20(5.3−0.44+0.2)×(2−1)+(3.5−0.4+0.2)×(11−1)	m	38.06
	G	SC15(5.3−0.44+0.2)×(2−1+3.5−0.4+0.2)×(11−1)	m	38.06
	L2−1~4	SC25(5.3+0.1)×(2−1)+3.5×(11−1)	m	40.40
	L1−2~3	SC25(5.3−0.44+0.2)×(2−1)+(3.5−0.4+0.2)×(2−1)	m	8.36
	L1−3	SC25(3.5−0.4+0.2)×(3−1)	m	6.60
	L1−4~7	SC25(5.3−0.44+0.1)×(2−1)+3.5×(6−1)	m	22.46
	L1−5~7	SC25(3.5−0.4+0.2)×(3−1)	m	6.60
	L1−6~7	SC25(3.5−0.4+0.2)×(3−1)	m	6.60
	L1−7	SC25(3.5−0.4+0.2)×(2−1)	m	3.30
	DZ+D	SC15(5.3−0.44+0.2)×(2−1)+(3.5−0.4+0.2)×(11−1)	m	38.06
8	砖、混凝土结构钢管暗配			
(1)	1层火灾报警线路			
①	感烟探测器回路(水平)	SC20 1.6+5+1.4+3.6+2.6+1.2+3+3.5+3.5+4.6+3.6+3.8+2.6+3.5+3.4+3.4+12.6+7.4+6.6+6.4+4+6.5+4+6.2+3.6	m	107.60
②	1层消火栓控制按钮回路(水平)	SC20 2+7.6+9.4+2.6+3+2+1.2	m	27.80
③	感温探测器回路(水平)	SC20 3+1.4+1.2	m	5.60
④	X1−1→水流指示器回路(水平)	SC20 2.2	m	2.20
⑤	X1−1→安全信号阀回路(水平)	SC20 2.8	m	2.80
⑥	X1−2→CXD1-1 回路(水平)	SC20 0.4	m	0.40

序号	工程名称	计算式	单位	工程量
⑦	X1－2→CXM1 回路(水平)	SC20 0.8	m	0.80
⑧	X1－3→AEL1-1 回路(水平)	SC20 1.2	m	1.20
⑨	X1－4→AEL1-2 回路(水平)	SC20 0.6	m	0.60
⑩	控制模块→JL1 回路(水平)	SC20 0.6	m	0.60
⑪	控制模块→SF1-1 回路(水平)	SC20 1	m	1
⑫	控制模块→SF1-2 回路(水平)	SC20 1.2	m	1.20
⑬	输入模块→压力开关回路(水平)	SC20 2.2	m	2.20
⑭	X1－1→声光报警器回路(水平)	SC15 26.2	m	26.20
(2)	1 层消防通讯线路(水平)	SC15 18＋23	m	41
(3)	1 层事故广播线路(水平)	SC15 11＋7.5＋12.5＋12＋7.5＋15＋6.5＋2.5	m	74.50
(4)	1 层 FJX－1→消防控制室线路(水平)			
①	火灾报警			
	L1－1～3	SC25 16.5	m	16.50
	L1－4～7	SC25 1.65	m	16.50
	L2－4～4	SC25 16.5	m	16.50
②	事故广播 G:	SC15 17	m	17
③	火警通讯 H:	SC20 17.5	m	17.50
④	气体灭火	SC20 18	m	18
		SC20 18	m	18
		SC32 18×4	m	72
⑤	直流电源	SC15 16.5	m	16.50
(5)	1 层消防控制室→墙外 119 电话预埋管	SC20 6(水平)＋1(埋深)＋0.1(引出地面)	m	7.10
(6)	1 层火灾报警线路垂直工程量			
	接线箱:FJX－1	SC20(5.3－1.5－0.44)×1	m	3.36
	事故广播回路	SC15(5.3－1.5－0.44)×1	m	3.36
	声光报警回路	SC15(5.3－1.5－0.44)×1	m	3.36
	控制模块	SC20 0.6＋0.6＋0.6＋1.2	m	3
	控制模块	SC25	m	0.60
	输入模块	SC20	m	1.20
	手动报警按钮	SC20(5.3－1.5－0.2－0.3)×2	m	6.60
	消火栓报警按钮	SC20 29.7＋9.3	m	3.9
(7)	1 层事故广播线路	SC15	m	0.60
(8)	1 层消防通讯线路	SC20 3.5＋3.2	m	6.70

续表

序号	工程名称	计 算 式	单位	工程量
(9)	1层 FJX－1→消防控制室线路	SC20 1.7＋1.7＋1.7＋0.2＋0.2＋0.2	m	5.70
		SC15 1.7＋1.7＋0.2＋0.2	m	3.80
		SC25 1.7＋1.7＋1.7＋0.2＋0.2＋0.2	m	5.70
		SC32 6.8＋0.8	m	7.60
(10)	1层模块箱等处立管长度			
	X1－2→CMX1、CXD1-1	SC20(5.3－0.2－0.3－0.35＋0.1－1.5－0.5＋0.1)×2	m	5.30
	X1－3→AEL1-1	SC20 2.65	m	2.65
	X1－4→AEL1-2	SC20 2.65	m	2.65
	X1－1→声光报警器	SC20(0.3＋0.1)＋(0.5＋0.1)×3	m	2.20
	X1－1→水流指示器	SC20(0.3＋0.1)＋(0.5＋0.1)×1	m	1
	X1－1→安全信号阀	SC20(0.3＋0.1)＋(0.8＋0.1)×1	m	1.30
	输入模块→压力开关	SC20(5.3－0.2－0.5)＋0.1＋(0.1＋1.1)×3	m	8.30
	控制模块→SF1-1	CP20 1	m	1
	控制模块→SF1-2	CP20 1.6	m	1.60
	控制模块→JL1	SC20 5.3－0.2－0.5－2＋0.1	m	2.70
	探测器	CP20(0.8＋0.2)×22	m	22
	扬声器	CP15(0.8＋0.2)×7	m	7
9	管内穿线			
(1)	电气管井内消防线路			
①	通讯线路 H	RVS－(2×0.5)[38.06＋(0.32＋0.44)＋(0.25＋0.4)＋2×(0.25＋0.4)×(11－1)]×3	m	157.41
②	事故广播线路 G	RVS－(2×0.5)[38.06＋(0.32＋0.44)＋(0.25＋0.4)＋2×(0.25＋0.4)×(11－1)]×1	m	52.49
③	自动报警及控制线路 L2－1～4	RV－1.0mm²(40.4＋0.76)×8	m	329.28
		RV－1.5mm²(40.4＋0.76)×4	m	164.64
	L1－2～3	RV－1.0mm²[8.36＋(0.32＋0.44)＋(0.25＋0.4)×3]×4	m	44.28
		RV－1.5mm²[8.36＋(0.32＋0.44)＋(0.25＋0.4)×3]×2	m	22.14
	L1－3	RV－1.0mm²[6.6＋(3－1)×0.65]×2	m	15.80
		RV－1.5mm²[6.6＋(3－1)×0.65]×1	m	7.90
	L1－4～7	RV－1.0mm²[22.46＋0.76＋0.65×3]×8	m	201.36
		RV－1.5mm²[22.46＋0.76＋0.65×3]×4	m	100.68
	L1－5～7	RV－1.0mm²(6.6＋0.65×4)×6	m	55.20
		RV－1.5mm²(6.6＋0.65×4)×3	m	27.60
	L1－6～7	RV－1.0mm²(6.6＋0.65×4)×4	m	36.80
		RV－1.5mm²(6.6＋0.65×4)×2	m	18.40
	L1－7	RV－1.0mm²(3.3＋0.65×2)×2	m	9.20
		RV－1.5mm²(3.3＋0.65×2)×1	m	4.60

续表

序号	工 程 名 称	计　算　式	单位	工程量
④	ZD+D	ZR－BV－2.5mm²[38.06＋0.76＋0.65＋2×0.65×(11－1)]×3	m	157.41
(2)	1层火灾报警线路			
①	感烟探测器回路	RV－1.0mm²(107.6＋3.36＋1.2＋0.6＋0.76)×4	m	454.08
		RV－1.5mm²(107.6＋3.36＋1.2＋0.6＋0.76)×2	m	227.04
②	消火栓控制按钮回路	RV－1.0mm²[(19＋2.6＋3＋2＋1.2)＋0.6＋9.3]×2	m	134.80
		RV－1.5mm²[(19＋2.6＋3＋2＋1.2)＋0.6＋9.3]×3	m	202.20
③	感温探测器回路	RV－1.0mm²(5.6＋0.6)×2	m	12.40
④	X1－1→水流指示器回路	RV－1.0mm²(2.2＋1＋0.7)×4	m	15.60
⑤	X1－1→安全信号阀回路	RV－1.0mm²(2.8＋1.3＋0.7)×4	m	19.40
⑥	X1－1→声光报警器回路	ZR－BV－1.5mm²(26.2＋2.2＋0.7)×3	m	87.30
⑦	手动报警按钮回路	RV－1.0mm²7.4×2	m	14.80
⑧	X1－2→CXD1回路	RV－1.0mm²(0.4＋2.7＋0.7＋1.2)×4	m	20.00
⑨	X1－2→CXM1回路	RV－1.0mm²[0.8＋2.7＋(0.7＋1.2)]×4	m	21.60
⑩	X1－3→AEL1－1回路	RV－1.0mm²[1.2＋2.65＋(0.7＋1.2)]×3	m	17.25
⑪	X1－4→AEL1－2回路	RV－1.0mm²[0.6＋2.65＋(0.7＋1.2)]×3	m	15.45
⑫	控制模块→JL1回路	RV－1.0mm²[0.6＋0.6＋2.7＋1.2]×8	m	40.80
⑬	控制模块→SF1－1回路	RV－1.0mm²(1＋0.6＋1)×3	m	7.80
⑭	控制模块→SF1－2回路	RV－1.0mm²(1.2＋0.6＋1.6)×3	m	10.20
⑮	输入模块→压力开关回路	RV－1.0mm²(2.2＋8.3＋0.6)×2	m	22.20
(3)	1层消防通讯线路	RVS－(2×0.5)(18＋3.2)×1(电话插孔)	m	21.20
		RVS－(2×0.5)(23＋3.5)×3(电话)	m	79.50
(4)	1层事故广播线路	RVB－(2×1.5)[74.5＋(3.36＋0.6)＋0.76]×2	m	158.44
(5)	1层 FJX－1→消防控制室线路	RV－1.0mm²[(16.5＋16.5)＋(1.7＋0.2＋1.7＋0.2)＋0.76＋1.5]×8[16.5＋(1.7＋0.2)＋0.76＋1.5]×6	m	436.44
		RV－1.5mm²[(16.5＋16.5＋16.5)＋(1.7＋0.2＋1.7＋0.2＋1.7＋0.2)＋0.76＋1.5]×4＋[16.5＋(1.7＋0.2)＋0.76＋1.5]×3	m	291.82
		RVS－(2×0.5)[17.5＋(1.7＋0.2)＋(0.76＋1.5)×3]	m	64.98
		RVS－(2×1.5)[1.7＋(1.7＋0.2)＋(0.76＋1.5)×1]	m	21.16
		ZR－BV－1.0mm²[18＋(1.7＋0.2)＋(0.76＋1.5)]×4＋[72＋(6.8＋0.8)＋(0.76＋1.5)]×12＋[18＋(1.7＋0.2)＋(0.76＋1.5)]×16	m	1425.52
		ZR－BV－2.5mm²[16.5＋(1.7＋0.2)＋(0.76＋1.5)]×2	m	41.32
(6)	金属软管内探测器、广播扬声器回路	RV－1.0mm²1×22×4	m	88.00
		RVB－(2×1.5)1×6×1	m	6.00

续表

序号	工程名称	计 算 式	单位	工程量
10	接线箱安装	32(模块箱)＋12(接线箱)	个	44
11	接线盒安装	42(模块盒)＋35(话机插口)＋35(手报)＋41(扬声器)＋12(短路器)＋6(电话)＋323(感烟)＋4(感温)＋24(声光报警)＋62(消报)＋2(过缝)	个	586
12	消防通讯分机安装	3(1层)＋1(2层)＋2(9层)	部	6
13	消防通讯电话插孔安装	2(1层)＋3(2层)＋3(标准层)×10	个	35
14	功率放大器安装	ZA2731(备用 150W)	台	1
15	功率放大器安装	ZA2731(工作 250W)	台	1
16	录放盘安装	ZA2721	台	1
17	吸顶式扬声器安装	ZA2724 3W	只	40
18	壁挂式扬声器安装	ZA2725 3W	只	1
19	正压送风阀检查接线	2×12(层)	个	24
20	排烟阀检查接线	4(2层)＋1×10(3层～12层)	个	14
21	防火阀检查接线	1×12(层)	个	12
22	感烟探测器安装	ZA6011	只	323
23	感温探测器安装	ZA6031	只	4
24	报警控制器安装	ZA6351 MA/1016	台	2
25	报警联动一体机安装	ZA6351 MA/254	台	1
26	压力开关安装	2(1层)	套	2
27	水流指示器安装	1×12(层)	套	12
28	声光报警器安装	2×12(层)	只	24
29	控制模块安装	25(ZA6132 输入模块)＋22(强电切换盒 ZA2224)＋12(总线短路隔离器 ZA6152)＋84(控制模块 ZA6211)	只	143
30	自动报警系统装置调试		系统	1
31	广播扬声器、消防分机及插孔调试	41(广播扬声器)＋6(消防分机)＋(35)插孔	个	82
32	水灭火系统控制装置调试		系统	1
33	正压送风阀、排烟阀、防火阀调试	24(正压送风阀)＋14(排烟阀)12(防火阀)	处	50
34	管道刷防火漆	第一遍	m²	15.92
		第二遍	m²	15.92

8.2.5 套用定额单价，计算定额直接费

1. 所用定额单价和材料预算价格

(1) 本例所用定额为全国统一安装工程预算定额第二册、第七册、第十一册和黑龙江省建设工程预算定额（电气）。

(2) 定额单价采用 2000 年黑龙江省建设工程预算定额哈尔滨市单价表。

(3) 材料预算价格采用 2000 年哈尔滨市建设工程材料预算价格表。

表8-26

工程量汇总表

工程名称：住宅楼照明工程

序号	定额编号	分项工程名称	单位	数量
1	2-236	控制屏安装	台	2
2	2-240	配电屏安装	台	3
3	2-260	集中控制台安装	台	1
4	2-358	一般铁构件制作	100kg	2.75
5	2-359	一般铁构件安装	100kg	2.75
6	2-997	砖、混凝土结构明配	100m	0.76
7	2-998	砖、混结构明配	100m	0.38
8	2-999	砖、混结构明配	100m	0.94
9	2-1008	砖、混结构暗配	100m	1.86
10	2-1009	砖、混结构暗配	100m	3.06
11	2-1010	砖、混结构暗配	100m	0.56
12	2-1011	砖、混结构暗配	100m	0.80
13	2-1151	金属软管敷设	10m	20.07
14	2-1152	金属软管敷设	10m	30.25
15	2-1196	消防线路管内穿线	100m单线	38.24
16	2-1197	消防线路管内穿线	100m单线	11.54
17	2-1198	消防线路管内穿线	100m单线	1.99
18	2-1199	消防线路管内穿线	100m单线	1.86
19	2-1373	明装接线箱安装	10个	4.3
20	2-1374	明装接线箱安装	10个	0.1
21	2-1377	暗装接线盒安装	10个	58.6
22	7-6	感烟探测器安装	只	323
23	7-7	感温探测器安装	只	4
24	7-12	按钮安装	只	97
25	7-13	控制模块安装	只	143
26	7-26	报警控制器控制	台	2
27	7-45	报警联动一体机安装	台	1
28	7-50	声光报警器安装	只	24
29	7-54	125W功率放大器安装	台	1
30	7-55	250W功率放大器安装	台	1
31	7-56	录放盘安装	台	1
32	7-58	吸顶式扬声器安装	只	40
33	7-59	壁挂式扬声器安装	只	1
34	7-64	消防通讯分机安装	部	6
35	7-65	消防通讯电话通孔安装	个	35
36	7-198	自动报警系统装置调试	系统	1
37	7-202	水灭火系控制装置调试	系统	1
38	7-203	广播扬声器、消防分机及插孔调试	10只	8.2
39	7-207	正压送风阀、排烟阀、防火阀调试	10只	5
40	7-216	压力开关安装	套	2
41	7-221	水流指示器安装	套	12
42	黑16-13	正压送风阀检查安装	个	24
43	黑16-14	排烟阀检查接线	个	14
44	黑16-15	防火阀检查接线	个	12
45	11-78	钢管刷第一遍防火漆	m²	15.92
46	11-79	钢管刷第二遍防火漆	m²	15.92

2. 编制主要材料费计算表

本例主要材料费计算表见表 8-27

3. 编制消防设备费用表

本例消防设备费用表见表 8-28

4. 编制定额直接费

对表中的有关问题说明如下：

（1）表中工程量的钢管、导线按 1 层消防平面图计算，电气管井中管线按 1～12 层计算，其他设备各按 1～12 层计算。

（2）消防控制室设备按就地安装考虑。

（3）定额直接费计算表见表 8-29。

8.2.6　计算安装工程费用、汇总单位工程造价

消防安装工程取费方法与照明安装工程相同，见表 8-30。

提示：编制消防工程预算书时应将所算出的表格装订一起。

8.2.7　工程量清单计价与招投标

伴随我国市场经济体制的迅速发展，建筑工程造价管理体制逐步由传统的定额计价模式转向国际惯用的工程量清单计价模式。为了增强工程量清单计价办法的权威性和强制性，规范建设工程工程量清单计价行为，统一建设工程工程量清单的编制和计价方法，根据《中华人民共和国招标投标法》及建设部令第 107 号《建筑工程施工发包与承包计价管理办法》，原建设部于 2003 年 2 月 17 日正式颁发了国家标准《建设工程工程量清单计价规范》GB 50500—2003，作为强制性标准，于 2003 年 7 月 1 日在全国统一实施。

采用工程量清单计价，能够更直观准确地反映建设工程的实际成本，更加适用于招标投标定价的要求，增加招标投标活动的透明度，在充分竞争的基础上降低工程造价，提高投资效益。国有资金投资建设的工程项目，必须采用工程量清单计价方法，实行公开招标。

工程量清单计价方法，是指在建设工程招投标中，招标人或招标人委托具有资质的中介机构编制反映工程实体消耗和措施性消耗的工程量清单，并作为招标文件的一部分提供给投标人，由投标人依据工程量清单自主报价的计价方式。在工程招投标中，采用工程量清单计价是国际通行的做法。

8.2.7.1　工程量清单的基本概念

1. 工程量清单的含义与特点

（1）工程量清单（BOQ：Bill of Quantity）是按照招标要求和施工设计图纸要求，将拟建招标工程的全部项目和内容依据统一的工程量计算规则和子目分项要求，计算分部分项工程实物量，列在清单上作为招标文件的组成部分，供投标单位逐项填写单价用于投标报价。

（2）工程量清单是把承包合同中规定的准备实施的全部工程项目和内容，按工程部位、性质以及它们的数量、单价、合价等列表表示出来，用于投标报价和中标后计算工程价款的依据，工程量清单是承包合同的重要组成部分。

（3）工程量清单，严格地说不单是工程量，工程量清单已超出了施工设计图纸量的范围，它是一个工作量清单的概念。

表 8-27

主要材料费计算表

工程名称：消防安装工程

顺序号	定额编号	分项工程或费用名称	工程量		预算价值（元）		其中					
			定额单位	数量	定额单价	总价	人工费/元		材料费/元		机械费（元）	
							单价	金额	单价	金额	单价	金额
1		63X636	kg	288.75	2.10	606.38			2.10	606.38		
2		SC15	Kg	340.39	2.69	916.19			2.69	916.19		
3		SC20	Kg	578.08	2.68	1549.25			2.68	1549.25		
4		SC25	Kg	374.19	2.66	995.35			2.66	995.35		
5		SC32	Kg	256.62	2.66	682.61			2.66	682.61		
6		CP20	Kg	25.75	3.26	83.95			3.26	83.95		
7		CP15	M	7.21	2.29	16.51			2.29	16.51		
8		ZR-BV-1.0	M	1496.80	0.58	868.14			0.58	868.14		
9		ZR-BV-1.5	M	91.67	0.79	72.42			0.79	72.42		
10		ZR-BV-2.5	M	208.67	1.23	256.66			1.23	256.66		
11		RVS-(2×0.5)	M	394.36	0.55	216.90			0.55	216.90		
12		RVB-(2×1.5)	M	194.88	1.79	348.84			1.79	348.84		
13		RV-1.0	M	2124.00	0.59	1253.00			0.59	1253.00		
14		RV-1.5	M	1120.35	0.83	929.89			0.83	929.89		
15		模块预埋盒 ZA1914/B1	个	39.78	28.96	1152.03			28.96	1152.03		
16		手报预埋盒 ZA1914/S1	个	35.7	28.96	1033.87			28.96	1033.87		
17		预埋盒 86H60	个	175.44	1.92	336.84			1.92	336.84		
18		话机插口 ZA2714	套	35	74.97	2623.95			74.97	2623.95		
		小计				13926.21				13926.21		

表 8-28

消防设备费用表

工程名称：消防安装工作

序号	设备名称及型号	单价（元）	数　量	合计金额/元
1	集中火灾通用报警控制器 ZA6351MA/254	64057.07	1	64057.07
2	区域火灾通用报警控制器 ZA6351MA/1016	1847.57	2	3695.14
3	电源监控盘 ZA2532	2182.38	1	2182.38
4	直流供电单元 ZA1951/30	4955.28	1	4955.28
5	浮充备用电源 ZA1952/24	4113.14	1	4113.14
6	控制琴台 ZA1942	4970.68	1	4970.68
7	消火栓按钮 ZA6122B	274.21	62	17001.02
8	接线箱 ZA1921/100	393.34	1	393.34
9	接线箱 ZA1921/40	290.64	11	3197.04
10	模块箱 350×350×100	311.18	32	9957.76
11	固定式编址火警电话分机 ZA5712	948.95	6	5693.70
12	广播功率放大器 ZA2731	30835.68	1	30835.68
13	紧急广播扬声器 ZA2724 3W（吸顶）	181.78	40	7271.20
14	控制模块 ZA6211	638.79	84	53658.36
15	输入模块 ZA6132	284.48	25	7112.00
16	强电切换盒 ZA2224	230.00	22	5060.00
17	紧急广播声器（壁挂式）ZA2725	141.73	1	141.73
18	声光报警器 ZA2112	452.91	24	10869.84
19	离子感烟探测器 ZA6011	434.42	323	140317.66
20	多态温振测器 ZA6031	403.61	4	1614.44
21	手动报警按钮 ZA6121B	257.78	35	9022.30
22	火警通讯控制装置 ZA5711A	25619.54	1	25619.54
23	气体灭火控制装置 ZA3211A/4	5484.18	1	5484.18
24	总线短路隔离器 ZA6152	226.97	12	2723.64
25	微机 CRT 显示控制系统 ZA431	102849.90	1	102849.90
	设备总价			522797.02

表 8-29

定额直接费计算表

工程名称：消防安装工程

序号	定额编号	分项工程名称	工程量 定额单位	工程量 数量	价值(元) 定额单价	价值(元) 金额	其中 人工费(元) 单价	其中 人工费(元) 金额	其中 材料费(元) 单价	其中 材料费(元) 金额	其中 机械费(元) 单价	其中 机械费(元) 金额
1	2-236	控制屏安装	台	2	211.23	422.46	108.45	216.90	41.81	83.62	60.97	121.94
2	2-240	配电屏安装	台	3	201.17	603.51	108.22	324.66	31.98	95.94	60.97	182.91
3	2-260	集中控制台安装	台	1	757.03	757.03	441.84	441.84	122.44	122.44	192.75	192.75
4	2-358	一般铁构件制作	100kg	2.75	440.06	1210.17	247.10	679.53	87.55	240.76	105.41	289.88
5	2-359	一般铁构件安装	100kg	2.75	258.17	709.97	160.62	441.71	17.07	46.94	80.48	221.32
6	2-997	砖,混凝土结构明配	100m	0.76	416.82	316.78	270.90	205.88	104.81	79.66	41.11	31.24
7	2-998	砖,混凝土结构明配	100m	0.38	452.34	171.89	287.83	109.38	123.40	46.89	41.11	15.62
8	2-999	砖,混凝土结构明配	100m	0.94	533.04	501.06	331.30	311.42	142.55	134.00	59.19	55.64
9	2-1008	砖,混凝土结构暗配	100m	1.86	228.20	424.45	154.44	287.26	32.65	60.73	41.11	76.46
10	2-1009	砖,混凝土结构暗配	100m	3.06	245.81	752.18	164.74	504.10	39.96	122.28	41.11	125.80
11	2-1010	砖,混凝土结构暗配	100m	0.56	317.08	177.56	199.74	111.85	58.15	32.56	59.19	33.15
12	2-1011	砖,混凝土结构暗配	100m	0.8	346.23	276.98	212.56	170.05	74.48	59.58	59.19	47.35
13	2-1151	金属软管敷设	10m	0.07	99.87	6.99	58.12	4.07	41.75	2.92		
14	2-1152	金属软管敷设	10m	0.25	120.56	30.14	72.53	18.13	48.03	12.01		
15	2-1196	消防线路管内穿线	100m单线	38.24	23.75	908.20	15.56	595.01	8.19	313.19		
16	2-1197	消防线路管内穿线	100m单线	11.54	24.06	277.65	15.79	182.22	8.27	95.44		
17	2-1198	消防线路管内穿线	100m单线	1.99	24.72	49.19	16.02	31.88	8.70	17.31		
18	2-1199	消防线路管内穿线	100m单线	1.86	27.32	50.82	17.16	31.92	10.16	18.90		
19	2-1373	明装接线箱安装	10个	4.3	239.12	1028.22	218.28	938.60	20.84	89.61		
		页　计				8675.25		5606.41		1674.78		1394.06

续表

序号	定额编号	分项工程名称	工程量		价值(元)		其中					
			定额单位	数量	定额单价	金额	人工费(元)		材料费(元)		机械费(元)	
							单价	金额	单价	金额	单价	金额
20	2-1374	明装接线箱安装	10个	0.1	320.07	32.01	295.15	29.52	24.92	2.49		
21	2-1377	暗装接线盒安装	10个	58.6	18.50	1084.10	10.30	603.58	8.20	480.52		
22	7-6	感烟探测器安装	只	323	11.82	3817.86	8.69	2806.87	2.90	936.70	0.23	74.29
23	7-7	感温探测器安装	只	4	11.68	46.72	8.69	34.76	2.94	11.76	0.05	0.20
24	7-12	按钮安装	只	97	15.08	1462.76	12.81	1242.57	1.90	184.30	0.37	35.89
25	7-13	控制模块安装	只	143	45.97	6573.71	41.64	5954.52	3.75	536.25	0.58	82.94
26	7-26	报警控制器控制	台	2	781.32	1562.64	547.75	1095.50	47.98	95.96	185.59	371.18
27	7-45	报警联动一体机安装	台	1	1106.63	1106.63	922.52	922.52	40.63	40.63	143.48	143.48
28	7-50	声光报警器安装	只	24	20.61	494.64	18.08	433.92	2.26	54.24	0.27	6.48
29	7-54	125W 功率放大器安装	台	1	21.77	21.77	13.73	13.73	8.04	8.04		
30	7-55	250W 功率放大器安装	台	1	25.77	25.77	17.16	17.16	8.61	8.61		
31	7-56	录放盘安装	台	1	22.49	22.49	14.41	14.41	8.08	8.08		
32	7-58	吸顶式扬声器安装	只	40	8.96	358.40	5.72	228.80	3.04	121.60	0.20	8.00
33	7-59	壁挂式扬声器安装	只	1	6.12	6.12	4.58	4.58	1.34	1.34	0.20	0.20
34	7-64	消防通讯分机安装	部	6	11.18	67.08	5.03	30.18	6.15	36.90		
35	7-65	消防通讯电话插孔安装	个	35	4.82	168.70	2.75	96.25	2.07	72.45		
36	7-198	自动报警系统装置调试	系统	1	7647.69	7647.69	6217.18	6217.18	114.33	114.33	1316.18	1316.18
37	7-202	水灭火系统控制装置调试	系统	1	9301.26	9301.26	8348.45	8348.45	235.36	235.36	717.45	717.45
38	7-203	广播扬声器,消防分机及插孔调试	10只	8.2	105.88	868.22	34.32	281.42	59.90	491.18	11.66	95.61
		页　计				34668.56		28375.92		3440.74		2851.90

续表

序号	定额编号	分项工程名称	工程量		价值(元)		其中					
			定额单位	数量	定额单价	金额	人工费(元)		材料费(元)		机械费(元)	
							单价	金额	单价	金额	单价	金额
39	7-207	正压送风阀,排烟阀,防火阀调试	10 处	5	198.05	990.25	103.19	515.95	84.49	422.45	10.37	51.85
40	7-216	压力开关安装	套	2	23.10	46.20	18.30	36.60	2.19	4.38	2.61	5.22
41	7-221	水流指示器安装	套	12	23.35	280.20	18.30	219.60	2.44	29.28	2.61	31.32
42	黑16-13	正压送风阀检查接线	个	24	40.11	962.64	37.75	906.00	1.83	43.92	0.53	12.72
43	黑16-14	排烟阀检查接线	个	14	38.97	545.58	36.61	512.54	1.83	25.62	0.53	7.42
44	黑16-15	防火阀检查接线	个	12	36.68	440.16	34.32	411.84	1.83	21.96	0.53	6.36
45	11-78	钢管刷第一遍防火漆	m²	15.92	11.80	187.86	8.01	127.52	3.79	60.34		
46	11-79	钢管刷第二遍防火漆	m²	15.92	11.36	180.85	8.01	127.52	3.35	53.33		
		页　计				3633.74		2857.57		661.28		114.89
		防火漆	kg	1.74	23.01	40.04			23.01	40.04		
		页　计				3673.78		2857.57		701.32		114.89
		1~3页合计				47018.58		36840.9		5816.84		4360.84
		脚手架搭拆费	系数	5%	36840.9	1842.05	1842.05×25%	460.51	1842.05×75%	1381.54		
		合计				48860.63	37301.41	37301.41		7198.38		4360.84
		高层建筑增加费	系数	2%	37301.41	746.03	37301.41	746.03				
		主要材料费				13926.21				13926.21		
		总计				63532.87		38047.44		21124.59		4360.84
		消防设备费				522797.02						

表8-30

工程费用计算表

单位工程名称：消防安装工程　　　　　　　　　　　　年　月　日

序号	工程费用名称	费率计算公式	金额(元)
(一)	直接费		63532.87
(甲)	其中人工费		36840.9
(二)	综合费用	(甲)×70.4%	25935.99
(三)	利润	(甲)×85%	31314.76
(四)	有关费用	(1)+…+(9)	7222.28
(1)	远地施工增加费	(甲)×%	
(2)	特种保健津贴	(甲)×%	
(3)	赶工措施增加费	(甲)×%	
(4)	文明施工增加费	(甲)×%	
(5)	集中供暖等项目费用	(甲)×18.75%	6907.67
(6)	材料价差		
(7)			
(8)			
(9)	工程风险系数	[(一)+(二)+(三)]×%	
(五)	劳动保险基金	[(一)+(二)+(三)+(四)]×3.32%	4239.35
(六)	工程定额测定费	[(一)+(二)+(三)+(四)]×0.1%	127.69
(七)	税金	[(一)+(二)+(三)+(四)+(五)+(六)]×3.41%	4503.19
(八)	消防设备费		522797.02
(九)	单位工程费用	[(一)+(二)+(三)+(四)+(五)+(六)+(七)+(八)]	659358.54

编制说明：

一、本施工为××××市某综合楼工程消防施工图，图纸由黑龙江省建筑设计研究院设计，图纸共3张。图纸经过会审；

二、本施工图预算采用全国统一安装工程预算定额（第二册电气设备安装工程）；

三、本施工预算采用2002年黑龙江省建设工程预算定额预算哈尔滨市单价表；

四、本施工预算采用2002年哈尔滨市建设工程材料预算价格表；

五、本施工预算采用2002年黑龙江省建筑安装工程费用定额；

六、本施工图预算之外发生的费用以现场签证的形式计入人结算；

七、工程类别：一类；

八、工程地点：市内；

九、本工程2004年4月5日开工，2005年5月1日竣工。

2. 工程量清单计价的含义

工程量清单是表示拟建工程的分部分项工程项目、措施项目、其他项目名称及其相应工程数量的明细清单。

（1）工程量清单计价是指投标人完成由招标人提供的工程量清单所需的全部费用，包括分部分项工程费、措施项目费、其他项目费和规费、税金。

（2）工程量清单计价方法是指建设工程招标投标中，招标人按照国家统一的工程量计算规则提供工程数量，由投标人依据工程量清单自主报价，并按照经评审低价中标的工程造价的计价方法。

（3）《建设工程工程量清单计价规范》是统一工程量清单编制、规范工程量清单计价的国家标准，是调节建设工程招标投标中使用清单计价的招标人、投标人双方利益的规范性文件。《计价规范》是我国在招标投标工程中实行工程量清单计价的基础，是参与招标投标各方进行工程量清单计价应遵守的准则，是各级建设行政主管部门对工程造价计价活动进行监督管理的重要依据。

3. 工程量清单计价特点

《计价规范》具有明显的强制性、竞争性、通用性和实用性。

（1）强制性。强制性主要表现在：一是由建设主管部门按照强制性国家标准的要求批准颁布，规定全部使用国有资金或国有资金投资为主的大中型建设工程应按《计价规范》规定执行。二是明确工程量清单是招标文件的组成部分，并规定了招标人在编制工程量清单时必须遵守的规则。

（2）竞争性。竞争性一方面表现在《计价规范》中从政策性规定到一般内容的具体规定，充分体现了工程造价由市场竞争形成价格的原则。《计价规范》中的措施项目，在工程量清单中只列"措施项目"一栏，具体采用什么措施，由投标人根据企业的施工组织设计，视具体情况报价。另一方面，《计价规范》中人工、材料和施工机械没有具体的消耗量，为企业报价提供了自主的空间。

（3）通用性。通用性的表现是我国采用的工程量清单计价是与国际惯例接轨的，符合工程量计算方法标准化、工程量计算规则统一化、工程造价确定市场化的要求。

（4）实用性。实用性表现在《计价规范》的附录中，工程量清单项目及工程量计算规则的项目名称表现的是工程实体项目，项目名称明确清晰，工程量计算规则简洁明了。

4. 工程量清单的作用（要求）与《计价规范》的编制原则

1）工程量清单的作用和要求

（1）工程量清单是编制招标工程标底价、投标报价和工程结算时调整工程量的依据。

（2）工程量清单必须依据行政主管部门颁发的工程量计算规则、分部分项工程项目划分及计算单位的规定、施工设计图纸、施工现场情况和招标文件中的有关要求进行编制。

（3）工程量清单应由具有相应资质的中介机构进行编制。

（4）工程量清单格式应当符合有关规定要求。

2）《计价规范》的编制原则

（1）企业自主报价、市场竞争形成价格的原则

为规范发包方与承包方的计价行为，《计价规范》要确定工程量清单计价的原则、方法和必须遵守的规则，包括统一编码、项目名称、计量单位、工程量计算规则等。工程价

格最终由工程项目的招标人和投标人，按照国家法律、法规和工程建设的各项规章制度以及工程计价的有关规定，通过市场竞争形成。

（2）与现行预算定额既有联系又有所区别的原则

《计价规范》的编制过程中，参照我国现行的全国统一工程预算定额，尽可能地与全国统一工程预算定额衔接，主要是考虑工程预算定额是我国经过多年的实践总结，具有一定的科学性和实用性，广大工程造价计价人员熟悉，有利于推行工程量清单计价，方便操作，平稳过渡。与工程预算定额有所区别主要表现在：定额项目是规定以工序为划分项目的；施工工艺、施工方法是根据大多数企业的施工方法综合取定的；工、料、机消耗量是根据"社会平均水平"综合测定的；取费标准是根据不同地区平均测算的。

（3）既考虑我国工程造价管理的实际又尽可能与国际惯例接轨的原则

编制《计价规范》是根据我国当前工程建设市场发展的形势，为逐步解决预算定额计价中与当前工程建设市场不相适应的因素，适应我国社会主义市场经济发展的要求，特别是适应我国加入世界贸易组织后工程造价计价与国际接轨的需要，积极稳妥地推行工程量清单计价。《计价规范》的编制，既借鉴了世界银行、菲迪克（FIDIC）、英联邦国家、香港地区等的一些做法，同时也结合了我国工程造价管理的实际情况。工程量清单在项目划分、计量单位、工程量计价规则等方面尽可能多地与全国统一定额相衔接，费用项目的划分借鉴了国外的做法，名称叫法上尽量采用国内的习惯叫法。

5. 工程量清单的特点

工程量清单，是用来表现拟建工程的分部分项工程项目、措施项目、其他项目的名称和相应数量的明细清单，它包括分部分项工程量清单、措施项目清单、其他项目清单三部分。工程量清单计价是指投标人完成由招标人提供的工程量清单所需的全部费用，包括分部分项工程费、措施项目费、其他项目费、规费、税金等部分。

工程量清单的编制是由招标人或招标人委托具有工程造价咨询资质的中介机构，按照工程量清单计价规范和招标文件的有关规定，根据施工设计图纸及施工现场的实际情况，将拟建招标工程的全部项目及其工作内容列出明细清单。

工程量清单与定额是两类不同的概念，定额表述的是完成某一工程项目所需的消耗量或价格，而工程量清单表述的是拟建工程所包含的工程项目及其数量，两者不可混淆

工程量清单具有如下特点：

1）统一项目编码

工程量清单的项目编码采用 5 级编码设置，用 12 位数字表示。第 1 级～第 4 级编码是统一设置的，必须按照《建设工程工程量计价规范》的规定进行设置，第 5 级由编制人根据拟建工程的工程量清单项目名称设置，并自 001 起按顺序编制。各级编码的含义为：

（1）第一级编码（2 位）表示工程分类。01 表示建筑工程；02 表示装修装饰工程；03 表示安装工程；04 表示市政工程；05 表示园林绿化工程。

（2）第二级编码（2 位）表示各章的顺序码。

（3）第三级编码（2 位）表示节顺序码。

（4）第四级编码（3 位）表示分项工程项目顺序码。

（5）第五级编码（3 位）表示各子项目的顺序码，由清单编制人自 001 起按顺序编制。工程量清单的项目编码结构如图 8-4 所示。

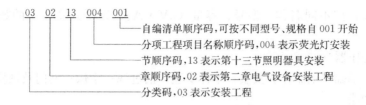

图 8-4　工程量清单项目编码

2）统一项目名称

工程量清单中的项目名称，必须与《建设工程工程量计价规范》的规定一致，保证全国范围内同一种工程项目有相同的名称，以免产生不同的理解。

3）统一计量单位

工程量的单位采用自然单位，按照计价规范的规定进行。除了各专业另有特殊规定之外，均按以下单位进行：

（1）以重量计算的项目，单位为：t 或 kg。

（2）以体积计算的项目，单位为：m³。

（3）以面积计算的项目，单位为：m²。

（4）以长度计算的项目，单位为：m。

（5）以自然计量单位计算的项目，单位为：个、套、块、组、台等。

（6）没有具体数量的项目，单位为：系统、项等。

4）统一工程量计算规则

工程数量的计算应按计价规范中规定的工程量计算规则进行。工程量计算规则是指对清单项目工程量的计算规定，除另有说明外，所有清单项目的工程量应以实体工程量为准，并以完成后的净值计算。

工程数量的有效位数应遵守下列规定。

（1）以 t 为单位的，应保留三位小数，第四位四舍五入。

（2）以 m³、m²、m 为单位的，应保留两位小数，第三位四舍五入。

（3）以"个"、"项"等为单位的，应取整数。

8.2.7.2　电气安装工程量清单项目设置及工程量计算规则

在电气安装工程中，包括强电和弱电，工程量清单项目名称、项目编码、工程内容、工程量计算方法等规定如下。计算工程量时，按照设计图纸以实际数量计算，不考虑长度的预留及安装时的损耗。

1. 变压器安装（030201）

（1）油浸电力变压器（030201001）

工程内容：基础型钢制作、安装；本体安装；干燥；网门及铁构件制作、安装；刷（喷）油漆。

工程量计算：按不同名称、型号、容量（kV·A），以油浸电力变压器的数量计算，计量单位：台。

（2）干式变压器（030201002）

工程内容：基础型钢制作、安装；本体安装；干燥；端子箱（汇控箱）安装；刷（喷）油漆。

工程量计算：按不同名称、型号、容量（kV·A），以干式变压器的数量计算，单位：台。

（3）整流变压器（030201003）

工程内容：基础型钢制作、安装；本体安装；油过滤；干燥；网门及铁构件制作、安装；刷（喷）油漆。

工程量计算：按不同名称、型号、规格、容量（kV·A），以整流变压器的数量计算，计量单位：台。

（4）自耦变压器（030201004）

工程内容：基础型钢制作、安装；本体安装；油过滤、干燥；网门及铁构件制作、安装；刷（喷）油漆。

工程量计算：按不同名称、型号、规格、容量（kV·A），以自耦式变压器的数量计算，

计量单位：台。

（5）带负荷调压变压器（030201005）

工程内容：基础型钢制作、安装；本体安装；油过滤、干燥；网门及铁构件制作、安装；刷（喷）油漆。

工程量计算：按不同名称、型号、规格、容量（kV·A），以带负荷调压变压器的数量计算，计量单位：台。

（6）电炉变压器（030201006）

工程内容：基础型钢制作、安装；本体安装；刷油漆。

工程量计算：按不同名称、型号、容量（kV·A），以电炉变压器的数量计算，计量单位：台。

（7）消弧线圈（030201007）

工程内容：基础型钢制作、安装；本体安装、油过滤、干燥；刷油漆。

工程量计算：按不同名称、型号、容量（kV·A），以消弧线圈的数量计算，计量单位：台。

2. 配电装置安装（030202）

（1）油断路器（030202001）

工程内容：本体安装；油过滤；支架制作、安装或基础槽钢安装；刷油漆。

工程量计算：按不同名称、型号、容量（A），以油断路器的数量计算，计量单位：台。

（2）真空断路器（030202002）

工程内容：本体安装；支架制作、安装或基础槽钢安装；刷油漆。

工程量计算：按不同名称、型号、容量（A），以真空断路器的数量计算，计量单位：台。

（3）SF6 断路器（030202003）

工程内容：本体安装；支架制作、安装或基础槽钢安装；刷油漆。

工程量计算：按不同名称、型号、容量（A），以 SF6 断路器的数量计算，计量单位：台。

(4) 空气断路器 (030202004)

工程内容：本体安装；支架制作、安装或基础槽钢安装；刷油漆。

工程量计算：按不同名称、型号、容量（A），以空气断路器的数量计算，计量单位：台。

(5) 真空接触器 (030202005)

工程内容：支架制作、安装；本体安装；刷油漆。

工程量计算：按不同名称、型号、容量（A），以真空断路器的数量计算，计量单位：台。

(6) 隔离开关 (030202006)

工程内容：支架制作、安装；本体安装；刷油漆。

工程量计算：按不同名称、型号、容量（A），以隔离开关的数量计算，计量单位：组。

(7) 负荷开关 (030202007)

工程内容：支架制作、安装；本体安装；刷油漆。

工程量计算：按不同名称、型号、容量（A），以负荷开关的数量计算，计量单位：组。

(8) 互感器 (030202008)

工程内容：安装；干燥。

工程量计算：按不同名称、型号、规格、类型，以互感器的数量计算，计量单位：台。

(9) 高压熔断器 (030202009)

工程内容：安装。

工程量计算：按不同名称、型号、规格，以高压断路器的数量计算，计量单位：组。

(10) 避雷器 (030202010)

工程内容：安装。

工程量计算：按不同名称、型号、规格、电压等级，以避雷器的数量计算，计量单位：组。

(11) 干式电抗器 (030202011)

工程内容：本体安装；干燥。

工程量计算：按不同名称、型号、规格、质量，以干式电抗器的数量计算，计量单位：台。

(12) 油浸电抗器 (030202012)

工程内容：本体安装；油过滤、干燥。

工程量计算：按不同名称、型号、容量（kV·A），以油浸电抗器的数量计算，计量单位：台。

(13) 移相及串联电容器 (030202013)

工程内容：安装。

工程量计算：按不同名称、型号、规格、质量，以移相及串联电容器的数量计算，计量单位：个。

（14）集合式并联电容器（030202014）

工程内容：安装。

工程量计算：按不同名称、型号、规格、质量，以集合式并联电容器的数量计算，计量单位：个。

（15）并联补偿电容器组架（030202015）

工程内容：安装。

工程量计算：按不同名称、型号、规格、结构，以并联补偿电容器组架的数量计算，计量单位：台。

（16）交流滤波装置组架（030202016）

工程内容：安装。

工程量计算：按不同名称、型号、规格、回路，以交流滤波装置组架的数量计算，计量单位：台。

（17）高压成套配电柜（030202017）

工程内容：基础槽钢制作、安装；柜体安装；支持绝缘子、穿墙套管耐压试验及安装；穿通板制作、安装；母线桥安装；刷油漆。

工程量计算：按不同名称、型号、规格、母线设置方式、回路，以高压成套配电柜的数量计算，计量单位：台。

（18）组合型成套箱式变电站（030202018）

工程内容：基础浇筑；箱体安装；进箱母线安装；刷油漆。

工程量计算：按不同名称、型号、容量（kV·A），以组合型成套箱式变电站的数量计算，计量单位：台。

（19）环网柜（030202019）

工程内容：基础浇筑；箱体安装；进箱母线安装；刷油漆。

工程量计算：按不同名称、型号、容量（kV·A），以环网柜的数量计算，计量单位：台。

3. 母线安装（030203）

（1）软母线（030203001）

工程内容：绝缘子耐压试验及安装；软母线安装；跳线安装。

工程量计算：按不同型号、规格、数量（跨/三相），以软母线的单线长度计算，计量单位：m。

（2）组合软母线（030203002）

工程内容：绝缘子耐压试验及安装；母线安装；跳线安装；两端铁构件制作、安装及支持瓷瓶安装；油漆。

工程量计算：按不同型号、规格、数量（组/三相），以组合软母线的单线长度计算，计量单位：m。

（3）带形母线（030203003）

工程内容：支持绝缘子、穿墙套管的耐压试验、安装；穿通板制作、安装；母线安装；母线桥安装；引下线安装；伸缩节安装；过渡板安装；刷分相漆。

工程量计算：按不同型号、规格、材质，以带形母线的单线长度计算，计量单位：m。

（4）槽形母线（030203004）

工程内容：母线制作、安装；与发电机变压器连接；与断路器、隔离开关连接；刷分相漆。

工程量计算：按不同型号、规格，以槽形母线的单线长度计算，计量单位：m。

（5）共箱母线（030203005）

工程内容：安装；进、出分线箱安装；刷（喷）油漆。

工程量计算：按不同型号、规格，以共箱母线的长度计算，计量单位：m。

（6）低压封闭式插接母线槽（030203006）

工程内容：安装；进、出分线箱安装。

工程量计算：按不同型号、容量（A），以低压封闭式插接母线槽的长度计算，计量单位：m。

（7）重型母线（030203007）

工程内容：母线制作、安装；伸缩器及导板制作、安装；支承绝缘子安装；铁构件制作、安装。

工程量计算：按不同型号、容量（A），以重型母线的质量计算，计量单位：t。

4. 控制设备及低压电器安装（030204）

（1）控制屏（030204001）

工程内容：基础槽钢制作；屏安装；端子板安装；焊、压接线端子；盘柜配线；小母线安装；屏边安装。

工程量计算：按不同名称、型号、规格，以控制屏的数量计算，计量单位：台。

（2）继电、信号屏（030204002）

工程内容：基础槽钢制作、安装；屏安装；端子板安装；焊、压接线端子；盘伪柜配线；小母线安装；屏边安装。

工程量计算：按不同名称、型号、规格，以继电、信号屏的数量计算，计量单位：台。

（3）模拟屏（030204003）

工程内容：基础槽钢制作、安装；屏安装；端子板安装；焊、压接线端子；盘柜配线；小母线安装；屏边安装。

工程量计算：按不同名称、型号、规格，以模拟屏的数量计算，计量单位：台。

（4）低压开关柜（030204004）

工程内容：基础槽钢制作、安装；柜安装；端子板安装；焊、压接线端子；盘柜配线；屏边安装。

工程量计算：按不同名称、型号、规格，以低压开关柜的数量计算，计量单位：台

（5）配电（电源）屏（030204005）

工程内容：基础槽钢制作、安装；柜安装；端子板安装；焊、压接线端子、盘柜配线；屏边安装。

工程量计算：按不同名称、型号、规格，以配电（电源）屏的数量计算，计量单位：台。

（6）弱电控制返回屏（030204006）

工程内容：基础槽钢制作、安装；屏安装；端子板安装；焊、压接线端子；盘柜配线；小母线安装；屏边安装。

工程量计算：按不同名称、型号、规格，以弱电控制返回屏的数量计算，计量单位：台。

（7）箱式配电室（030204007）

工程内容：基础槽钢制作、安装；本体安装。

工程量计算：按不同名称、型号、规格、质量，以箱式配电室的数量计算，计量单位：套。

（8）硅整流柜（030204008）

工程内容：基础槽钢制作、安装；盘柜安装。

工程量计算：按不同名称、型号、容量（A），以硅整流柜的数量计算，计量单位：台。

（9）可控硅柜（030204009）

工程内容：基础槽钢制作、安装；盘柜安装。

工程量计算：按不同名称、型号、容量（kW），以可控硅柜的数量计算，计量单位：台。

（10）低压电容器柜（030204010）

工程内容：基础槽钢制作、安装；屏（柜）安装；端子板安装；焊、压接线端子；盘柜配线；小母线安装；屏边安装。

工程量计算：按不同名称、型号、规格，以低压电容器柜的数量计算，计量单位：台。

（11）自动调节励磁屏（030204011）

工程内容：基础槽钢制作、安装；屏（柜）安装；端子板安装；焊、压接线端子；盘柜配线；小母线安装；屏边安装。

工程量计算：按不同名称、型号、规格，以自动调节励磁屏的数量计算，计量单位：台。

（12）励磁灭磁屏（030204012）

工程内容：基础槽钢制作、安装；屏（柜）安装；端子板安装；焊、压接线端子；盘柜配线；小母线安装；屏边安装。

工程量计算：按不同名称、型号、规格，以励磁灭磁屏的数量计算，计量单位：台。

（13）蓄电池屏（柜）（030204013）

工程内容：基础槽钢制作、安装；屏（柜）安装；端子板安装；焊、压接线端子；盘柜配线；小母线安装；屏边安装。

工程量计算：按不同名称、型号、规格，以蓄电池屏（柜）的数量计算，计量单位：台。

（14）直流馈电屏（030204014）

工程内容：基础槽钢制作、安装；屏（柜）安装；端子板安装；焊、压接线端子；盘柜配线；小母线安装；屏边安装。

工程量计算：按不同名称、型号、规格，以直流馈电屏的数量计算，计量单位：台。

（15）事故照明切换屏（030204015）

工程内容：基础槽钢制作、安装；屏（柜）安装；端子板安装；焊、压接线端子；盘柜配线；小母线安装；屏边安装。

工程量计算：按不同名称、型号、规格，以事故照明切换屏的数量计算，计量单位：台。

（16）控制台（030204016）

工程内容：基础槽钢制作、安装；台（箱）安装；端子板安装；焊、压接线端子；盘柜配线；小母线安装。

工程量计算：按不同名称、型号、规格，以控制台的数量计算。

（17）控制箱（030204017）

工程内容：基础型钢制作、安装；箱体安装。

工程量计算：按不同名称、型号、规格，以控制箱的数量计算，计量单位：台。

（18）配电箱（030204018）

工程内容：基础型钢制作、安装；箱体安装。

工程量计算：按不同名称、型号、规格，以配电箱的数量计算，计量单位：台。

（19）控制开关（030204019）

控制开关包括：自动空气开关、刀型开关、铁壳开关、胶盖刀闸开关、组合控制开关、万能转换开关、漏电保护开关等。

工程内容：安装；焊压端子。

工程量计算：按不同名称、型号、规格，以控制开关的数量计算，计量单位：个。

（20）低压熔断器（030204020）

工程内容：安装；焊压端子。

工程量计算：按不同名称、型号、规格，以低压熔断器的数量计算，计量单位：个。

（21）限位开关（030204021）

工程内容：安装；焊压端子。

工程量计算：按不同名称、型号、规格，以限位开关的数量计算，计量单位：个。

（22）控制器（030204022）

工程内容：安装；焊压端子。

工程量计算：按不同名称、型号、规格，以控制器的数量计算，计量单位：台。

（23）接触器（030204023）

工程内容：安装；焊压端子。

工程量计算：按不同名称、型号、规格，以接触器的数量计算，计量单位：台。

（24）磁力启动器（030204024）

工程内容：安装；焊压端子。

工程量计算：按不同名称、型号、规格，以磁力启动器的数量计算，计量单位：台。

（25）Y—△自耦减压启动器（030204025）

工程内容：安装；焊压端子。

工程量计算：按不同名称、型号、规格，以 Y—△自耦减压启动器的数量计算，计量单位：台。

（26）电磁铁（电磁制动器）（030204026）

工程内容：安装；焊压端子。

工程量计算：按不同名称、型号、规格，以电磁铁（电磁制动器）的数量计算，计量单位：台。

（27）快速自动开关（030204027）

工程内容：安装；焊压端子。

工程量计算：按不同名称、型号、规格，以快速自动开关的数量计算，计量单位：台。

（28）电阻器（030204028）

工程内容：安装；焊压端子。

工程量计算：按不同名称、型号、规格，以电阻器的数量计算，计量单位：台。

（29）油浸频敏变阻器（030204029）

工程内容：安装；焊压端子。

工程量计算：按不同名称、型号、规格，以油浸频敏变阻器的数量计算，计量单位：台。

（30）分流器（030204030）

工程内容：安装；焊压端子。

工程量计算：按不同名称、型号、容量（A），以分流器的数量计算，计量单位：台。

（31）小电器（030204031）

小电器包括：按钮、照明用开关、插座、电笛、电铃、电风扇、水位电气信号装置、测量表计、继电器、电磁锁、屏上辅助设备、辅助电压互感器、小型安全变压器等。工程内容：安装；焊压端子。

工程量计算：按不同名称、型号、规格，以小电器的数量计算，计量单位：个（套）。

5. 蓄电池安装（030205）

蓄电池（030205001）

工程内容：防振支架安装；本体安装；充放电。

工程量计算：按不同名称、型号、容量，以蓄电池的数量计算，计量单位：个。

6. 电机检查接线及调试（030206）

（1）发电机（030206001）

工程内容：检查接线（包括接地）；干燥；调试。

工程量计算：按不同型号、容量（kW），以发电机的数量计算，计量单位：台。

（2）调相机（030206002）

工程内容：检查接线（包括接地）；干燥；调试。

工程量计算：按不同型号、容量（kW），以调相机的数量计算，计量单位：台。

（3）普通小型直流电动机（030206003）

工程内容：检查接线（包括接地）；干燥；系统调试。

工程量计算：按不同名称、型号、容量（kW）、类型，以普通小型直流电动机的数量计算，计量单位：台。

（4）可控硅调速直流电动机（030206004）

工程内容：检查接线（包括接地）；干燥；系统调试。

工程量计算：按不同名称、型号、容量（kW）、类型，以可控硅调速直流电动机的数量计算，计量单位：台。

（5）普通交流同步电动机（030206005）

工程内容：检查接线（包括接地）；干燥；系统调试。

工程量计算：按不同名称、型号、容量（kW）、启动方式，以普通交流同步电动机的数量计算，计量单位：台。

（6）低压交流异步电动机（030206006）

工程内容：检查接线（包括接地）；干燥；系统调试。

工程量计算：按不同名称、型号、类别、控制保护方式，以低压交流异步电动机的数量计算，计量单位：台。

（7）高压交流异步电动机（030206007）

工程内容：检查接线（包括接地）；干燥；系统调试。

工程量计算：按不同名称、型号、容量（kW）、保护类别，高压交流异步电动机的数量计算，计量单位：台。

（8）交流变频调速电动机（030206008）

工程内容：检查接线（包括接地）；干燥；系统调试。

工程量计算：按不同名称、型号、容量（kW），以交流变频调速电动机的数量计算，计量单位：台。

（9）微型电机、电加热器（030206009）

工程内容：检查接线（包括接地）；干燥；系统调试。

工程量计算：按不同名称、型号、规格，以微型电机、电加热器的数量计算，计量单位：台。

（10）电动机组（030206010）

工程内容：检查接线（包括接地）；干燥；系统调试。

工程量计算：按不同名称、型号、电动机台数、联锁台数，以电动机组的数量计算，计量单位：组。

（11）备用励磁机组（030206011）

工程内容：检查接线（包括接地）；干燥；系统调试。

工程量计算：按不同名称、型号，以备用励磁机组的数量计算，计量单位：组。

（12）励磁电阻器（030206012）

工程内容：安装；检查接线；干燥。

工程量计算：按不同型号、规格，以励磁电阻器的数量计算，计量单位：台。

7. 滑触线装置安装（030207）

滑触线（030207001）

工程内容：滑触线支架制作、安装、刷漆；滑触线安装；拉紧装置及挂式支持器制作、安装。

工程量计算：按不同名称、型号、规格、材质，以滑触线的单相长度计算，计量单位：m。

8. 电缆安装（030208）

（1）电力电缆（030208001）

工程内容：揭（盖）盖板；电缆敷设；电缆头制作、安装；过路保护管敷设；防火堵洞；电缆防护；电缆防火隔板；电缆防火涂料。

工程量计算：按不同型号、规格、敷设方式，以电力电缆的长度计算，计量单位：m。

（2）控制电缆（030208002）

工程内容：揭（盖）盖板；电缆敷设；电缆头制作、安装；过路保护管敷设；防火堵洞；电缆防护；电缆防火隔板；电缆防火涂料。

工程量计算：按不同型号、规格、敷设方式，以控制电缆的长度计算，计量单位：m。

（3）电缆保护管（030208003）

工程内容：保护管敷设。

工程量计算：按不同材质、规格，以电缆保护管的长度计算，计量单位：m。

（4）电缆桥架（030208004）

工程内容：制作、除锈、刷漆；安装。

工程量计算：按不同型号、规格、材质、类型，以电缆桥架的长度计算，计量单位：m。

（5）电缆支架（030208005）

工程内容：制作、除锈、刷漆；安装。

工程量计算：按不同材质、规格，以电缆支架的质量计算，计量单位：t。

9. 防雷及接地装置（030209）

（1）接地装置（030209001）

工程内容：接地极（板）制作、安装；接地母线敷设；换土或化学处理；接地跨接线；构架接地。

工程量计算：按不同接地母线材质、规格，接地极材质、规格，以接地装置的长度计算，计量单位：m。

（2）避雷装置（030209002）

工程内容：避雷针（网）制作、安装；引进下线敷设、断接卡子制作、安装；拉线制作、安装；接地极（板、桩）制作、安装；极间连线；油漆（防腐）；换土或化学处理，钢铝窗接地；均压环敷设；柱主筋与圈梁焊接。

工程量计算：按不同受雷体名称、材质、规格、技术要求（安装部位），引下线材质、规格、技术要求（引下形式），接地板材质、规格、技术要求，接地母线材质、规格、技术要求，均压环材质、规格、技术要求，以避雷装置的数量计算，计量单位：项。

（3）半导体少长针消雷装置（030209003）

工程内容：安装。

工程量计算：按不同型号、高度，以半导体少长针消雷装置的数量计算，计量单位：套。

10. 10kV 以下架空配电线路（030210）

（1）电杆组合（030210001）

工程内容：工地运输；土（石）方挖填；底盘、拉线盘、卡盘安装；木电杆防腐；电杆组立；横担安装；拉线制作、安装。

工程量计算：按不同材质、规格、类型、地形，以电杆组立的数量计算，计量单位：根。

（2）导线架设（030210002）

工程内容：导线架设；导线跨越及进户线架设；进户横担安装。

工程量计算：按不同型号（材质）、规格、地形，以导线架设的长度计算，计量单位：km。

11. 电气调整试验（030211）

（1）电力变压器系统（030211001）

工程内容：系统调试。

工程量计算：按不同型号、容量（kV·A），以电力变压器系统的数量计算，计量单位：系统。

（2）送配电装置系统（030211002）

工程内容：系统调试。

工程量计算：按不同型号、电压等级（kV），以送配电装置系统的数量计算，计量单位：系统。

（3）特殊保护装置（030211003）

工程内容：调试。

工程量计算：按不同类型，以特殊保护装置的数量计算，计量单位：系统。

（4）自动投入装置（030211004）

工程内容：调试。

工程量计算：按不同类型，以自动投入装置的数量计算，计量单位：套。

（5）中央信号装置、事故照明切换装置、不间断电源（030211005）

工程内容：调试。

工程量计算：按不同类型，以中央信号装置、事故照明切换装置、不间断电源的系统数量计算，计量单位：系统。

（6）母线（030211006）

工程内容：调试。

工程量计算：按不同电压等级，以母线的数量计算，计量单位：段。

（7）避雷器、电容器（030211007）

工程内容：调试。

工程量计算：按不同电压等级，以避雷器、电容器的数量计算，计量单位：组。

（8）接地装置（030211008）

工程内容：接地电阻测试。

工程量计算：按不同类型，以接地装置的系统数量计算，计量单位：系统。

（9）电抗器、消弧线圈、电除尘器（030211009）

工程内容：调试。

工程量计算：按不同名称、型号、规格，以电抗器、消弧线圈、电除尘器的数量计算，计量单位：台。

(10) 硅整流设备、可控硅整流装置（030211010）

工程内容：调试。

工程量计算：按不同名称、型号、电流（A），以硅整流设备、可控硅整流装置的数量计算，计量单位：台。

12. 配管、配线（030212）

(1) 电气配管（030212001）

工程内容：挖沟槽；钢索架设（拉紧装置安装）；支架制作、安装；电线管路敷设；接线盒（箱）、灯头盒、开关盒、插座盒安装；防腐油漆；接地。

工程量计算：按不同名称、材质、规格、配置形式及部位，以电气配管的长度计算，计量单位：m。不扣除管路中间的接线箱（盒）、灯头盒、开关盒所占长度。

(2) 线槽（030212002）

工程内容：安装；油漆。

工程量计算：按不同材质、规格，以线槽的长度计算，计量单位：m。

(3) 电气配线（030212003）

工程内容：支持体（夹板、绝缘子、槽板等）安装；支架制作、安装；钢索架设（拉紧装置安装）；配线；管内穿线。

工程量计算：按不同配线形式、导线型号、材质、规格，敷设部位或线制，以电气配线的单线长度计算，计量单位：m。

13. 照明器具安装（030213）

(1) 普通吸顶灯及其他灯具（030213001）

普通吸顶灯及其他灯具包括：圆球吸顶灯、半圆球吸顶灯、方形吸顶灯、软线吊灯、吊链灯、防水吊灯、壁灯等。

工程内容：支架制作、安装；组装；油漆。

工程量计算：按不同名称、型号、规格，以普通吸顶灯及其他灯具的数量计算，计量单位：套。

(2) 工厂灯（030213002）

工厂灯包括：工厂罩灯、防水灯、防尘灯、碘钨灯、投光灯、混光灯、高度标志灯、密闭灯等。

工程内容：支架制作、安装；油漆。

工程量计算：按不同名称、型号、规格、安装形式及高度，以工厂灯的数量计算，计量单位：套。

(3) 装饰灯（030213003）

装饰灯包括：吊式艺术装饰灯、吸顶式艺术装饰灯、荧光艺术装饰灯、几何型组合艺术装饰灯、标志灯、诱导装饰灯、水下艺术装饰灯、点光源艺术灯、歌舞厅灯具、草坪灯具等。

工程内容：支架制作、安装。

工程量计算：按不同名称、型号、规格、安装高度，以装饰灯的数量计算，计量单位：套。

（4）荧光灯（030213004）

工程内容：安装。

工程量计算：按不同名称、型号、规格、安装形式，以荧光灯的数量计算，计量单位：套。

（5）医疗专用灯（030213005）

医疗专用灯包括：病号指示灯、病房暗脚灯、紫外线杀菌灯、无影灯等。

工程内容：安装。

工程量计算：按不同名称、型号、规格，以医疗专用灯的数量计算，计量单位：套。

（6）一般路灯（030213006）

工程内容：基础制作、安装；立灯杆；灯座安装；灯架安装；引得下线支架制作、安装；焊压接线端子；铁构件制作、安装；除锈、刷漆；灯杆编号，接地。

工程量计算：按不同名称、型号、灯杆材质及高度；灯架形式及臂长；灯杆形式（单、双），以一般路灯的数量计算，计量单位：套。

（7）广场灯（030213007）

工程内容：基础浇筑（包括土石方）；立灯杆；灯座安装；灯架安装；引下线支架制作、安装；焊压接线端子；铁构件制作、安装；除锈、刷漆；灯杆编号；接地。

工程量计算：按不同灯杆的材质及高度、灯架的型号、灯头数量、基础形式及规格，以广场灯的数量计算，计量单位：套。

（8）高杆灯（030213008）

工程内容：基础浇筑（包括土石方）；立杆；灯架安装；引下线支架制作、安装；焊压接线端子；铁构件制作、安装；除锈、刷漆；灯杆编号；升降机构接线调试；接地。

工程量计算：按不同灯杆高度、灯架型式（成套或组装、固定或升降）、灯头数量、基础形式及规格，以高杆灯的数量计算，计量单位：套。

（9）桥栏杆灯（030213009）

工程内容：支架、铁构件制作、安装、油漆；灯具安装

工程量计算：按不同名称、型号、规格、安装形式，以桥栏杆灯的数量计算，计量单位：套。

（10）地道涵洞灯（030213010）

工程内容：支架、铁构件制作、安装、油漆；灯具安装。

工程量计算：按不同名称、型号、规格、安装形式，以地道涵洞灯的数量计算，计量单位：套。

14. 火灾自动报警系统（030705）

（1）点型探测器（030705001）

工程内容：探头安装；底座安装；校接线；探测器调试。

工程量计算：按不同名称、多线制、总线制、类型，以点型探测器的数量计算，计量单位：只。

（2）线型探测器（030705002）

工程内容：探测器安装；控制模块安装；报警终端安装；校接线；系统调试。

工程量计算：按不同安装方式，以线型探测器的数量计算，计量单位：只。

（3）按钮（030705003）

工程内容：安装；校接线；调试。

工程量计算：按不同规格，以按钮的数量计算，计量单位：只。

（4）模块（接口）（030705004）

工程内容：安装；调试。

工程量计算：按不同名称、输出形式，以模块（接口）的数量计算，计量单位：只

（5）报警控制器（030705005）

工程内容：本体安装；消防报警备用电源；校接线；调试。

工程量计算：按不同多线制、总线制、安装方式、控制点数量，以报警控制器的计算，计量单位：台。

（6）联动控制器（030705006）

联动控制器的工程内容及工程量计算同报警控制器。

（7）报警联动一体机（030705007）

报警联动一体机的工程内容及工程量计算同报警控制器。

（8）重复显示器（030705008）

工程内容：安装；调试。

工程量计算：按不同多线制、总线制，以重复显示器的数量计算，计量单位：台

（9）报警装置（030705009）

工程内容：安装；调试。

工程量计算：按不同形式，以报警装置的数量计算，计量单位：台。

（10）远程控制器（030705010）

工程内容：安装；调试。

工程量计算：按不同控制回路，以远程控制器的数量计算，计量单位：台。

15. 消防系统调试（030706）

（1）自动报警系统装置调试（030706001）

工程内容：系统装置调试。

工程量计算：按不同点数，以自动报警系统装置的数量计算，计量单位：系统。点数按多线制、总线制报警器的点数计算。

（2）水灭火系统控制装置调试（030708002）

工程内容：系统装置调试。

工程量计算：按不同点数，以水灭火系统控制装置的数量计算；计量单位：系统。点数按多线制、总线制联动控制器的点数计算。

（3）防火控制系统装置调试（030706003）

工程内容：系统装置调试。

工程量计算：按不同名称、类型、以防火控制系统装置的数量计算，计量单位：处。

（4）气体灭火系统装置调试（030706004）

工程内容：模拟喷气试验；备用灭火器贮存容器切换操作试验。

工程量计算：按不同试验容器规格，以调试、检验和验收所消耗的试验容器总数计算，计量单位：个。

8.2.7.3　工程量清单的格式

工程量清单格式由下列内容组成：封面、填表须知、总说明、分部分项工程量清单、措施项目清单、其他项目清单、零星工作项目表等部分。工程量清单应由招标人填写。下面分别介绍。

1. 工程量清单的封面

封面格式如图 8-5 所示。

```
┌─────────────────────────────────────────┐
│  工程报建号：_____                   │
│                                           │
│                              _____工程 │
│  工程量清单                                 │
│                                           │
│                                           │
│  招　标　人：_____　（单位盖章）         │
│  法定代表人：_____　（签字盖章）         │
│  编　制　人：_____　（签字并盖执业专用章）│
│  编 制 单 位：_____　（单位盖章）         │
│  编 制 日 期：                              │
└─────────────────────────────────────────┘
```

图 8-5　工程量清单封面

2. 工程量清单填表须知

填表须知的格式如图 8-6 所示。填表须知除了以下内容外，招标人可根据具体情况进行补充。

```
┌─────────────────────────────────────────┐
│                填表须知                     │
│                                           │
│    1. 工程量清单及其计价格式中所有要求签字、盖章的地方，│
│  必须由规定的单位和人员签字、盖章。              │
│    2. 工程量清单及其计价格式中的任何内容不得随意删除或│
│  涂改。                                     │
│    3. 工程量清单计价格式中列明的所有需要填报的单价和合│
│  价，投标人均应填报，未填报的单价和合价，视为此项费用已包│
│  含在工程量清单的其他单价和合价中。              │
│    4. 金额（价格）均应以_____币表示。         │
└─────────────────────────────────────────┘
```

图 8-6　填表须知的格式

3. 总说明

在编制工程量清单总说明时，应包含下列内容。

（1）工程概况：建设规模、工程特征、计划工期、施工现场实际情况、交通运输情况、自然地理条件、环境保护要求等。

（2）工程招标和分包范围。

（3）工程量清单编制依据。

（4）工程质量、材料、施工等的特殊要求。

（5）招标人自行采购材料的名称、规格型号、数量等。

（6）预留金、自行采购材料的金额数量。

（7）其他需说明的问题。

4. 分部分项工程量清单

分部分项工程量清单的格式如表 8-31 所示。

分部分项工程清单 表 8-31

工程名称： 第 页 共 页

序号	项目编码	项目名称	计量单位	工程数量

5. 措施项目清单

措施项目清单的格式如表 8-32 所示。

措施项目清单 表 8-32

工程名称： 第 页 共 页

序号	项目名称	金额(元)

6. 其他项目清单

其他项目清单的格式如表 8-33 所示。

其他项目清单 表 8-33

工程名称： 第 页 共 页

序号	项目名称	金额(元)
1	招标人部分	
1.1		
2	投标人部分	
2.1		

7. 零星工作项目表

零星工作项目表如表 8-34 所示。

零星工作项目表 表 8-34

工程名称： 第 页 共 页

序号	名称	计量单位	数量
1	人工		
1.1	高级技术工人	工日	
1.2	技术工人	工日	

序号	名称	计量单位	数量
1.3	普工	工日	
2	材料		
2.1	管材	kg	
2.2	型材	kg	
2.3	其他	kg	
3	机械		
3.1			

8.2.7.4　工程量清单的编制

分部分项工程量清单是不可调整的闭口清单，投标人对招标文件提供的分部分项工程量清单必须逐一计价，对清单所列内容不允许作任何变动和更改。如果投标人认为清单内容有不妥或遗漏的地方，只能通过质疑的方式向清单编制人提出，由清单编制人统一修改更正，并将修正后的工程量清单发给所有投标人。

措施项目清单为可调整的清单，投标人对招标文件中所列的措施项目清单，可根据企业自身的特点作适当的变更。投标人要对拟建工程可能发生的措施项目和措施费用作通盘考虑，清单计价一经报出，即被认为是包含了所有应该发生的措施项目的全部费用。如果投标人报出的清单中没有列项，而施工中又必须发生的措施项目，招标人有权认为该费用已经综合在分部分项工程量清单的综合单价中，将来在施工过程中该措施项目发生时，投标人不得以任何借口提出索赔或调整。

其他项目清单由招标人部分和投标人部分组成。招标人填写的内容随招标文件发给投标人，投标人不得对招标人部分所列项目、数量、金额等内容进行改动。由投标人填写的零星工作项目，招标人也不得随意更改。投标人填写的项目必须进行报价，如果不报价，招标人有权认为投标人就未报价内容已经包含在其他已报价内容中，要无偿为自己服务。当投标人认为招标人所列项目不全时，可自行增加列项并确定其工程量及报价。

1. 分部分项工程量清单的编制

编制分部分项工程量清单时，要依据《建设工程工程量清单计价规范》、工程设计文件、招标文件、有关的工程施工规范与工程验收规范、拟采用的施工组织设计和施工技术方案等资料进行。分部分项工程量清单的具体编制步骤如下：

(1) 参阅招标文件和设计文件，按一定顺序读取设计图纸中所包含的工程项目名称，对照计价规范所规定的清单项目名称，以及用于描述项目名称的项目特征，确定具体的分部分项工程名称。项目名称以工程实体命名，项目特征是对项目的准确描述，按不同的工程部位、施工工艺、材料的型号、规格等分别列项。

(2) 对照清单项目设置规则设置项目编码。项目编码的前 9 位取自计价规范中同项目名称所对应的编码，后 3 位自 001 起按顺序设置。

(3) 按照计价规范中所规定的计量单位确定分部分项工程的计量单位。

(4) 按照计价规范中所规定的工程量计算规则，读取设计图纸中的相关数据，计算出工程数量。

（5）参考计价规范中列出的工程内容，组合该分部分项工程量清单的综合工程内容。

【案例1】 列出下列动力工程工程量清单

兴盛学院拟建工程有油浸式电力变压器4台，设备型号为 SL1－1000kV·A/10kV。根据工程设计图纸计算得知需过滤绝缘油共0.71t，制作基础槽钢共80kg。

在工程量清单项目设置及工程量计算规则中查得：

项目名称：油浸电力变压器

项目特征：SL6—1000kV·A/10kV

项目编码：030201001001

计量单位：台

工程数量：4

工作内容：变压器本体安装；变压器干燥处理；绝缘油过滤0.71t；基础槽钢制作安装80kg。

依据上述分析，可列出工程量清单如表8-35所示。

分部分项工程清单　　　　　　　　　　　　　　　　　　　表8-35

工程名称：　　　　　　　　　　　　　　　　　　　　　　第　页　共　页

序号	项目编码	项目名称	计量单位	工程数量
1	030201001001	油浸式电力变压器 SL$_1$-1000/10 变压器本体安装 变压器干燥处理 绝缘油过滤0.71t 基础槽钢制作安装80kg	台	4

【案例2】 列出下列防雷及接地装置工程量清单

兴盛学院建筑防雷及接地装置如图8-7所示。根据工程设计图纸，列出工程量清单。

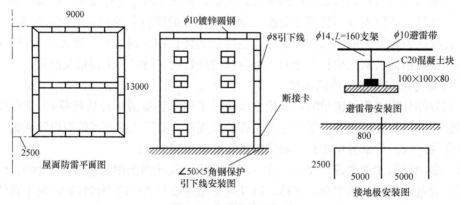

图 8-7　防雷及接地装置

提示：①接地电阻<20Ω。②金属件必须镀锌处理。③接地极与接地母线电焊连接，焊接处刷红丹漆一遍，沥青漆两遍。④断接卡距地1.3m，自断接卡子起，用—25×4扁钢作接地母线，接至接地极。⑤接地极用∠50×5角钢，距墙边2.5m，埋深0.8m。

通过识读设计图纸及设计说明可知，该防雷与接地装置工程包含接地极（∠50×5，L=2.5m角钢共6根）、接地母线（—25×4镀锌扁钢30.6m）、引下线（φ8镀锌圆钢24.6m）、混凝土块避雷带（φ10镀锌圆钢53m）、C20混凝土块制作（100mm×100mm×

80mm，含 $\phi14$ 镀锌圆钢支撑架，$L＝160$mm，共 60 块）、断接卡制作安装 2 处、保护角钢（$\angle50\times5$）4m、接地电阻测试等工程内容。

在工程量清单项目设置及工程量计算规则中查得下列信息：

项目名称：避雷装置

项目特征：混凝土块 $\phi10$ 镀锌圆钢避雷网装置 53m；$\phi8$ 镀锌圆钢引下线沿建筑物引下 24.6m；-25×4 镀锌扁钢接地母线 30.6m；$\angle50\times5$，$L＝2.5$m 镀锌角钢接地极 6 根；断接卡子制作安装 2 处；$\angle50\times5$ 镀锌保护角钢 4m；100mm×100mm×80mmC20 混凝土块制作 60 块（含净 14 镀锌圆钢支撑架，$L＝160$mm）；焊接处刷红丹漆一遍，沥青漆两遍。

项目编码：030209002001

计量单位：项

工程数量：1

该项目名称综合了避雷网制作安装、引下线敷设、断接卡子制作安装、接地母线敷设、接地极制作安装、镀锌保护角钢制作安装、混凝土支墩制作安装、焊接处刷红丹漆一遍、沥青漆两遍等工作内容。

根据上述分析可列出该分部分项工程量清单如表 8-36 所示。

分部分项工程量清单　　　　　　　　　　　　　表 8-36

工程名称：　　　　　　　　　　　　　　　　　　　　　　第　页　共　页

序号	项目编码	项目名称	计量单位	工程数量
1	030209002001	避雷装置 混凝土块 $\phi10$ 镀锌圆钢避雷网装置 53m $\phi8$ 镀锌圆钢沿建筑物引下 24.6m -25×4 镀锌扁钢接地母线 30.6m $\angle50\times5$，$L＝2.5$m 镀锌角钢接地极 6 根 断接卡子制作安装 2 处 $\angle50\times5$ 镀锌保护角钢 4m 100mm×100mm×80mm C20 混凝土块制作（含 $\phi14$ 镀锌圆钢支撑架，$L＝160$mm）60 块 焊接处刷红丹漆一遍，沥青漆两遍	项	1
2	030211008001	接地装置调试 接地电阻测试	系统	2

2. 措施项目清单的编制

措施项目清单的编制，主要依据拟建工程的施工组织设计、施工技术方案、相关的工程施工与验收规范、招标文件、设计文件等资料。

编制措施项目清单时，应按如下步骤进行：

（1）参考拟建工程的施工组织设计，确定环境保护、文明施工、材料二次搬运等项目。

（2）参阅施工技术方案，以确定夜间施工、脚手架、垂直运输机械、大型吊装机械的进出以及安装、拆卸等项目。

（3）参阅电气装置安装工程施工与验收规范，确定施工技术方案中没有表述，但在施工过程中必须发生的技术措施。

（4）考虑招标文件中提出的某些在施工过程中需通过一定的技术措施才能实现的要求，以及设计文件中一些不足以写进技术方案的但是要通过一定的技术措施才能实现的内容等等。

编制措施项目清单时，可参考表 8-37 所列的常见措施项目及列项条件，根据工程实际情况进行编制。

常见措施项目及列项条件　　　　　　　　　　　　　　　　　　　表 8-37

序号	措施项目名称	措施项目发生的条件
1	环境保护	
2	文明施工	
3	安全施工	
4	临时设施	正常情况下都要发生
5	材料二次搬运	
6	脚手架	
7	已完工程及设备保护	
8	夜间施工	有夜间连续施工的要求或夜间需赶工
9	垂直运输机械	施工方案中有垂直运输机械的内容,施工高度超过 5m 的工程
10	现场施工围栏	按照招标文件及施工组织设计的要求,有需要隔离施工的内容

3. 其他项目清单的编制

其他项目清单的编制，分为招标人部分和投标人部分，可按表 8-38 所列内容填写。

其他项目清单　　　　　　　　　　　　　　　　　　　　　　　表 8-38

工程名称：　　　　　　　　　　　　　　　　　　　　　第　　页 共　　页

序号	项目名称	金额(元)
1	招标人部分	
1.1	预留金	
1.2	材料购置费	
1.3	其他	
	小计	
2	投标人部分	
2.1	总包服务费	
2.2	零星工作费	
2.3	其他	
	小计	
	合计	

（1）招标人部分

① 预留金：预留金是考虑到可能发生的工程量变更而预留的金额。工程量变更主要指工程量清单的漏项，或因计算错误而引起的工程量的增加；以及施工过程中由于设计变更而引起的工程量的增加；在施工过程中，应业主的要求，并由设计或监理工程师出具的工程变更增加的工程量。

预留金的计算，应根据设计文件的深度、设计质量的高低、拟建工程的成熟程度来确定其额度。对于设计深度深、设计质量高、已经成熟的工程设计，一般预留工程总造价的 3%～5%。而在初步设计阶段，工程设计不成熟的，至少应预留工程总造价的 10%～15%。

预留金作为工程造价的组成部分计入工程总价中，但预留金是否支付以及支付的额度，都必须经过监理工程师的批准。

② 材料购置费：是指在招标文件中规定的，由招标人采购的拟建工程材料费。材料购置费可按下式计算：

$$材料购置费＝\Sigma(招标人所供材料量×到场价)＋采购保管费 \qquad (8-1)$$

预留金和材料购置费由清单编制人根据招标人的要求以及工程的实际情况计算出金额并填写在表格中。

招标人部分还可根据实际情况增加其他列项。比如，指定分包工程费，由于某分项工程的专业性较强，需要由专业队伍施工，即可增加指定分包工程费这项费用，具体金额可向专业施工队伍询价取得。

（2）投标人部分

投标人部分的清单内容设置，除总包服务费只需简单列项外，零星工作费必须量化，并在零星工作项目表中详细列出，其格式参见表 8-34 所示。

零星工作项目表中的工、料、机计量，要根据工程的复杂程度、工程设计质量的高低、工程项目设计的成熟程度来确定其数量。一般工程中，零星人工按工程人工消耗总量的 1% 取值。零星材料主要是辅材的消耗，按不同材料类别列项。零星机械可参考各施工单位工程机械消耗的种类，按机械消耗总量的 1% 取值。

4. 工程量清单计价

在工程招投标中，采用工程量清单计价方式，是国际通行的做法。所谓工程量清单计价，是指根据招标文件以及招标文件所提供的工程量清单，按照市场价格以及施工企业自身的特点，计算出完成招标文件所规定的所有工程项目所需要的费用。

采用工程量清单计价具有深远的意义，有利于降低工程造价、促进施工企业提高竞争能力、保证工程质量，同时还增加了工程招标、投标的透明度。

（1）工程量清单计价的特点

① 彻底放开价格：工程消耗量中的人工、材料、机械的价格以及利润、管理费等全面放开，由市场的供求关系自行确定其价格，实行量价分离。

② 市场有序竞争形成价格：工程的承包价格，在投标企业自主报价的基础上，引入竞争机制，对投标企业的报价进行合理评定，在保证工程质量与工期的前提下，以合理低价者中标。这里所指的合理低价，应不低于工程成本价，以防止投标企业恶意竞标，施工时又偷工减料，使工程质量得不到保证。

③ 统一计价规则：采用工程量清单计价，必须遵守《建设工程工程量清单计价规范》的规定，按照统一的工程量计算规则，统一的工程量清单设置规则，统一的计价办法进行，使工程计价规范化。这些计价规则是强制性的，建设各方都应遵守。

④ 企业自主报价：投标企业根据自身的技术特长、材料采购渠道和管理水平等，制定企业自身的定额，或者参考造价管理部门颁发的建设工程消耗量定额，按照招标人提供的工程量清单自主报价。

⑤ 有效控制消耗量：通过由政府发布统一的社会平均消耗量作为指导性的标准，为施工企业提供一个社会平均尺度，避免随意扩大或减少工程消耗量，从而达到控制工程质量及工程造价的目的。

（2）工程量清单计价与定额计价的比较

① 项目设置不同：定额计价时，工程项目按综合定额中的子目来设置，其工程量按相应的工程量计算规则计算并独立计价。

工程量清单计价时，工程项目设置综合了各子项目工作的内容及施工程序，清单项目工程量按主项工程量计算规则计算，并综合了各子项工作内容的工程量。各子项目工作内容的费用，按相应的计量方法折算成价格并入该清单项目的综合单价中。

② 费用组成不同：定额计价时，工程费用由直接费、间接费、规费、利润、税金等组成。工程量清单计价时，工程费用由清单项目费、规费、税金等组成，定额计价中的直接费、间接费（包括管理费）、利润等以综合单价的形式包含在清单项目费中。

虽然工程量清单计价实行由市场竞争形成价格，但《全国统一安装工程预算定额》仍然有用，它向招投标双方提供了现阶段单位工程消耗量的社会平均尺度，作为控制工程耗量、编制标底及投标报价的参照标准。

③ 计价模式不同：定额计价是我国长期以来所用的计价模式，其基本特点是"价格＝定额＋费用＋文件规定"，并作为法定性的依据强制执行，不论是工程招标编制标底还是投标报价均以此为惟一的依据，承、发包双方共用一本定额和费用标准确定标底价和投标报价，一旦定额价与市场价脱节就影响到计价的准确性。定额计价是建立在以政府定价为主导的计划经济管理基础上的价格管理模式，它所体现的是政府对工程价格的直接管理和调控。随着市场经济的发展，我们曾提出过"控制量、指导价、竞争费"、"量价分离"、"以市场竞争形成价格"等多种改革方案。但由于没有对定额管理方式及计价模式进行根本的改变，以至于未能真正体现量价分离，以市场竞争形成价格。

工程量清单计价属于全面成本管理的范畴，其基本特点是"统一计价规则，有效控制耗量，彻底放开价格，正确引导企业自主报价、市场有序竞争形成价格"。工程量清单计价跳出了传统的定额计价模式，建立一种全新的计价模式，依靠市场和企业的实力通过竞争形成价格，使业主通过企业报价可直观地了解工程项目的造价。

④ 计算方法不同：定额计价采用工、料、机单价法进行计算，当定额单价与市场价有差异时，需按工程承发包双方约定的价格与定额价对比，进行价差调整。

工程量清单计价采用综合单价法进行计算，不存在价差调整。工、料、机价格由施工企业根据市场价格及自身实力自行确定。

（3）工程量清单计价的编制方法

采用工程量清单计价时，工程造价由分部分项工程量清单费、措施项目费、其他项目费、规费（行政事业性收费）、税金等部分组成。

工程量清单计价，按其作用不同可分为标底和投标报价。标底是由招标人编制的，作为衡量工程建设成本，进行评标的参考依据。投标报价是由施工企业编制的，反映该企业承建工程所需的全部费用。无论是标底编制还是投标报价编制，都应按照相同的格式进行。

工程量清单计价格式应随招标文件发给投标人。电气安装工程工程量清单计价格式的内容包括：封面、投标总价、工程项目总价表、单位工程费汇总表、分部分项工程清单项目费汇总表、分部分项工程量清单计价表、措施项目清单计价表、其他项目清单计价表、零星工作项目计价表、安装工程设备价格明细表、主要材料价格明细表、分部分项工程量清单综合单价分析表、措施项目费分析表等部分。各部分的内容及格式如下：

① 封面

封面格式如图 8-8 所示。

__________工程

工程量清单报价表

投　标　人：__________（单位签字盖章）

法定代表人：__________（签字盖章）

造价工程师

及注册证号：__________（签字盖执业专用章）

编 制 时 间：__________

图 8-8　工程量清单计价封面

② 投标总价

投标总价的格式如图 8-9 所示。

投标总价

建 设 单 位：__________

工 程 名 称：__________

投标总价（小写）：__________

（大写）：__________

投　标　人：__________（单位签字盖章）

法 定 代 表 人：__________（签字盖章）

编 制 时 间：__________

图 8-9　工程量清单投标总价

③ 工程项目总价表

工程项目总价表汇总了大型工程中各单项工程的造价，如土建工程、安装工程、装饰工程等。

④ 单位工程费汇总表

单位工程费汇总表汇总了分部分项工程量清单项目费、措施项目费、其他项目费、行政事业性收费（又叫做规费）、税金等费用。该表反映了工程总造价及总造价中各组成部分的费用。工程量清单总价表的格式如表 8-39 所示。

单位工程费汇总表　　**表 8-39**

工程名称：　　第　页共　页

代码	费用名称	计算公式	费率(%)	金额(元)
A	工程量清单项目费	*QDF*		
B	措施项目费			

续表

代码	费用名称	计算公式	费率(%)	金额(元)
C	其他项目费	DLF		
D	行政事业性收费			
	社会保险金	RGF	27.81	
	住房公积金	RGF	8.00	
	工程定额测定费	A+B+C	0.10	
	建筑企业管理费	A+B+C	0.20	
	工程排污费	A+B+C	0.40	
	施工噪声排污费	A+B+C		
	防洪工程维护费	A+B+C	0.18	
E	不含税工程造价	A+B+C+D	100.00	
F	税金	E	3.41	
	含税工程造价	E+F	100.00	

法人代表：　　　　　　　编制单位：　　　　　　编制日期：　　　年　月　日

提示：在单位工程费汇总表中，"费率"按黑龙江省建筑安装工程费用记取，"金额"栏中的数据等于"计算公式"栏中的数据乘以"费率"栏中对应数据。应该注意的是，不同省市、地区的行政事业性收费（即规费）的费用项目及计算公式、对应的费率等都有所不同，实际使用时，应按工程所在地的建委或建设工程管理机构的有关规定进行计算。

⑤ 分部分项工程量清单项目费汇总表

该表汇总了各分部工程的清单项目费，如电气安装工程中的电缆敷设、配电箱、荧光灯具等，格式如表 8-40 所示。

分部分项工程清单项目汇总表
表 8-40

工程名称：　　　　　　　　　　　　　　　　　　　　　　第　页　共　页

序号	名称及说明	合价(元)	备注
1			
2			
3			
4			
5			
	合计		

法人代表：　　　　　　　编制单位：　　　　　　编制日期：　　　年　月　日

⑥ 分部分项工程量清单计价表

分部分项工程量清单计价表由标底编制人或投标人按照招标文件提供的分部分项工程量清单，逐项进行计价。表中的序号、项目编码、项目名称、计量单位、工程数量必须按分部分项工程量清单中的相应内容填写，格式如表 8-41 所示。

分部分项工程量清单计价表　　　　　　　　　　表 8-41

工程名称：　　　　　　　　　　　　　　　　　　　第　页　共　页

序号	项目编码	项目名称	计量单位	工程数量	金额(元)		备注
					综合单价	合价	
1							
2							
3							
4							
5							
		合计					

法人代表：　　　　　编制单位：　　　　　编制日期：　　　年　月　日

⑦ 措施项目清单计价表

措施项目清单计价表，是按照招标文件提供的措施项目清单及施工单位补充的措施项目，逐项进行计价的表格。表中的序号、项目名称必须按措施项目清单中的相应内容填写，如表 8-42 所示。

措施项目清单计价表　　　　　　　　　　　　表 8-42

工程名称：　　　　　　　　　　　　　　　　　　　第　页　共　页

序号	项目名称	单位	合价(元)	备注
1	脚手架费	宗		
2	临时设施费	宗		
3	文明施工费	宗		
4	工程保险费	宗		
5	工程保修费	宗		
6	预算包干费	宗		
	合计			

编制人：　　　　　编制证：　　　　　编制日期：　　　年　月　日

⑧ 其他项目清单计价表

其他项目清单计价表，是按照招标文件提供的其他项目清单及施工单位补充的项目，逐项进行计价的表格。表中的序号、项目名称必须按其他项目清单中的相应内容填写。

⑨ 零星工作项目计价表

零星工作项目计价表是按照招标文件提供的零星工作项目及施工单位补充的项目，逐项进行计价的表格。表中的人工、材料、机械名称、计量单位和相应数量应按零星工作项目表中相应的内容填写，工程竣工后零星工作费应按实际完成的工程量所需费用结算，如表 8-43 所示。

零星工作项目计价表　　　　　　　　　表 8-43

工程名称：　　　　　　　　　　　　　　　　　　　　　　第　　页　共　　页

序号	名称	计量单位	数量	金额(元)	
				综合单位	合价
1	人工				
1.1	高级技术工人	工日			
1.2	技术工人	工日			
1.3	普工	工日			
2	材料				
2.1	管材	kg			
2.2	型材	kg			
2.3	其他	kg			
3	机械				
3.1					
	合计				

编制人：　　　　　　　　编制证：　　　　　　　　编制日期：　　　　年　　月　　日

⑩ 安装工程设备价格明细表

表的格式如表 8-44 所示。

安装工程设备价格明细表　　　　　　　　　表 8-44

工程名称：　　　　　　　　　　　　　　　　　　　　　　第　　页　共　　页

序号	设备编码	名称、规格、型号	单位	编制价(元)	产地	厂家	备注

编制人：　　　　　　　　编制证：　　　　　　　　编制日期：　　　　年　　月　　日

⑪ 主要材料价格明细表

明细表的格式和表 8-44 相同。

⑫ 综合单价分析表

综合单价分析表反映了工程量清单计价时综合单价的计算依据。其格式如表 8-45 所示。

综合单价分析表　　　　　　　　　　　　　　　　　　　　　**表 8-45**

工程名称：　　　　　　　　　　　　　　　　　　　　　　第　页　共　页

清单编码	项目名称	计量单位	工程数量	综合单价(元)					
				人工费	材料费	机械费	管理费	利润	合价
定额编号	合计								

编制人：　　　　　　　　　编制证：　　　　　　　　编制日期：　　　　年　　月　　日

⑬ 措施项目费分析表

措施项目费分析表的格式见表 8-46 所示。

措施项目费分析表　　　　　　　　　　　　　　　　　　　**表 8-46**

工程名称：　　　　　　　　　　　　　　　　　　　　　　第　页　共　页

序号	措施项目名称	单位	数量	金额(元)					
				人工费	材料费	机械费	管理费	利润	小价
	合计								

编制人：　　　　　　　　　编制证：　　　　　　　　编制日期：　　　　年　　月　　日

8.2.7.5　综合单价的确定

综合单价是指完成工程量清单中一个计量单位的工程项目所需的人工费、材料费、机械使用费、管理费、利润的总和及一定的风险费用。在工程量清单计价中，综合单价的准确程度，直接影响到工程计价的准确性，对于投标企业，合理计算综合单价，可以降低投标报价的风险。

综合单价应根据招标文件、施工图纸、图纸会审纪要、工程技术规范、质量标准、工程量清单等，按照施工企业内部定额或参照国家及省市有关工程消耗量定额、材料指导价格等计算得出。

具体计算综合单价时，可按如下步骤进行：

（1）根据工程量清单项目所对应的项目特征及工作内容，分别套取对应的预算定额子目得到工、料、机的消耗量指标，或者套用企业内部定额得到相应消耗量。

（2）按照市场价格计算出完成相应工作内容所需的工、料、机费用以及管理费、利润。其中管理费和利润依据施工企业的实际情况按系数计算，一般情况下如不考虑风险时，电气安装工程的管理费包括现场管理费和企业管理费，可按人工费的 50% 计取，利润可按人工费的 35% 计取。

（3）合计得到完成该清单项目所规定的所有工作内容的总费用，用总费用除以该清单项目的工程数量，即得该清单项目的综合单价。

【案例3】　计算兴盛学院动力工程量清单综合单价

根据案例1所列的动力工程工程量清单，分析计算该清单项目的综合单价。该清单项目包括4台油浸式变压器的本体安装、干燥、绝缘、油过滤共0.71t、基础槽钢制作安装共80kg，计算综合单价时，应首先计算出完成所有工作内容的总费用，再除以4即得到安装1台油浸式变压器的综合单价。

假设清单所列变压器的市场价为150000.00元/台，槽钢的市场价为3500.00元/t，经计算得槽钢的单位长度重量为15kg/m。

该例管理费，按人工费的50%计取，利润按人工费的35%计取。计算管理费和利润时，可对各子目按系数分别计算，合计后除以清单工程数量。也可以在计算出综合工、料、机费用后，再按系数计算管理费和利润。

分析计算得该清单项目的综合单价如表8-47所示。

分部分项工程量清单综合单价分析表　　　　　　　　　　　　表8-47

工程名称：　　　　　　　　　　　　　　　　　　　　　　　　第　　页　共　　页

序号	清单编码	项目名称	计量单位	工程数量	综合单价（元）					
					人工费	材料费	机械使用费	管理费	利润	合计
1	030201001001	油浸电力变压器 SL₁-1000kV·A/10kV	台	1	721.07	150948.48	477.80	360.54	252.37	152760.26
	定额编号	合计	台	4	2884.29	603793.92	1911.21			
	2-1-3	油浸电力变压器安装 10kV/容量 1000kV·A以下	台	4	356.75	185.19	380.32			
		油浸电力变压器 SL₁-1000kV·A/10kV	台	4		150000.00				
	2-1-25	电力变压器干燥 10kV/容量 1000kV·A以下	台	4	345.66	654.49	42.87			
	2-1-30	变压器油过滤	t	0.71	58.26	181.67	277.12			
	2-4-121	基础槽钢制作安装	10m	0.533	62.44	49.19	40.71			
	010099	槽钢	t	0.08		3500.00				

编制人：　　　　　　　编制证：　　　　　　　编制日期：　　　　年　　月　　日

【案例4】　计算兴盛学院防雷接地工程量清单综合单价

根据案例2所列的工程量清单，分析计算该清单项目的综合单价。根据计算出的工程量清单，按照广州地区的消耗量标准及市场价格，计算该防雷与接地装置工程中避雷装置项目的综合单价如表8-48所示。其中管理费按人工费的36.345%计算，利润按人工费的30%计算。

防雷与接地装置工程中避雷装置项目综合单价分析表　　　　　　表8-48

工程名称：　　　　　　　　　　　　　　　　　　　　　　　　第　　页　共　　页

序号	清单编码	项目名称	计量单位	工程数量	综合单价（元）					
					人工费	材料费	机械使用费	管理费	利润	合计
1	030209002001	避雷装置	项	1	392.35	266.82	189.13	143.38	117.70	1109.38
	定额编号	合计	项	1	392.35	266.82	189.13	143.38	117.70	

续表

序号	清单编码	项目名称	计量单位	工程数量	综合单价(元)					
					人工费	材料费	机械使用费	管理费	利润	合计
	2-9-61	避雷网沿混凝土块敷设	10m	5.30	85.81	49.87	56.07	31.16	25.74	
	2-9-63	避雷网混凝土块制作	10块	6.00	48.60	57.54		17.64	14.58	
	2-9-58	避雷引下线沿建筑、构筑物引下	10m	2.46	39.83	24.30	50.06	14.46	11.95	
	B000042	引下线 φ8 镀锌圆钢	m	24.60		29.52				
	2-9-60	避雷引下线断接卡子	10套	0.20	12.67	5.14	0.12	4.61	3.80	
	7-6-3	接地极(板)制作安装 ∠50×5 镀锌角钢	根	6.00	34.32	10.92	72.90	13.86	10.30	
	2-9-10	户外接地母线敷设截面 200mm² 内	10m	3.06	164.26	4.22	9.98	59.70	49.28	
	B000040	接地母线—25×4 镀锌扁钢	m	30.60		45.90				
	11-2-1	管道刷油红丹防锈漆第一遍	10m²	0.58	2.26	0.59		0.64	0.68	
	11-2-16	管道刷油沥青漆第一遍	10m²	0.58	2.34	0.73		0.67	0.70	
	11-2-17	管道刷油沥青漆第二遍	10m²	0.58	2.26	0.65		0.64	0.68	
	Z100147	煤焦油沥清漆 L01-17	kg	1.43		8.60				
	Z100147	煤焦油沥清漆 L01-17	kg	1.67		10.02				
	Z100013	醇酸防锈漆 G53-1	kg	0.85		6.82				
		∠50×5 镀锌保护角钢	m	4.00		12.00				
2	030211008001	接地装置调试	系统	1	68.99	1.86	110.88	25.07	20.70	227.50
	定额编号	合计	系统	2	137.98	3.72	221.76	50.14	41.4	
	2-14-48	接地电阻测试	系统	2	68.99	1.86	110.88	25.07	20.70	

编制人：　　　　　　　编制证：　　　　　　　编制日期：　　　　年　月　日

计算出综合单价后，即可按照表 8-41 的格式，顺序填写分部分项工程量清单计价表，合计得出分部分项工程量清单项目费。

分部分项工程量清单综合单价分析表是按照招标文件的要求编制的，必须按照计价规范中规定的格式填写，项目名称及工作内容必须与工程量清单一致。

8.2.8 工程量清单投标报价书编制

8.2.8.1 工程投标认知

1. 工程招标

所谓招标，是指建设单位将拟建工程的条件、标准、要求等信息在公开媒体上登出，寻找符合条件的施工单位。建设项目招标可采取公开招标、邀请招标和议标的方式进行。公开招标应同时在一家以上的全国性报刊上刊登招标通告，邀请潜在的有关单位参加投标；邀请招标，应向有资格的三家以上的有关单位发出招标邀请书，邀请其参加投标；议标主要是通过一对一协商谈判方式确立中标单位，参加议标的单位不得少于两家。

招标公告或者招标邀请书应当包含招标人的名称和地址、招标项目的内容、规模、资金来源、实施地点和工期、对投标人的资质等级的要求、获取招标文件或者资格预审文件的地点和时间、对招标文件或者资格预审文件收取的费用等内容。

招标文件是招标人根据施工招标项目的特点和需要而编制出的文件。招标文件一般包括投标邀请书、投标人须知、合同主要条款、投标文件格式、工程量清单、技术条款、设计图样、评标标准和方法、投标辅助材料等内容。

国家重点建筑安装工程项目和各省、市人民政府确定的地方重点建筑安装工程项目，以及全部使用国有资金投资或者国有资金投资控股的建筑安装工程项目，应当公开招标，招标时采用工程量清单方式进行。

2. 工程投标

所谓投标，是指施工单位按照招标文件的要求进行报价，并提供其他所需资料，以取得对该工程的承包权。

参加建筑安装工程投标的单位，必须具有招标文件要求的资质证书，并为独立的法人实体；承担过类似建设项目的相关工作，并有良好的工作业绩和履约记录；财务状况良好，没有处于财产被接管、破产或其他关、停、并、转状态；在最近三年内没有与骗取合同有关以及其他经济方面的严重违法行为；近几年有较好的安全施工记录，投标当年内没有发生重大质量和特大安全事故等条件。

投标人按照招标文件的要求编制投标文件，在招标人规定的时间内将投标文件密封送达投标地点。投标文件一般包括投标函、投标报价、施工组织设计、商务和技术偏差表等内容。

投标人根据招标文件所述的项目实际情况，拟在中标后将中标项目的部分非主体、非关键性工作进行分包的，应当在投标文件中加以说明。

3. 工程开标、评标、中标

投标单位递交的投标文件是密封起来的，招标人按招标文件中约定的时间召开开标会议，当众拆开投标文件，叫开标。由评委对各投标单位的投标文件进行评议，选出符合中标条件的标书，叫评标。业主最后选定投标单位，由其承包工程建设，叫中标。

建设项目的开标由项目法人主持，邀请投资方、投标单位、政府有关主管部门和其他有关单位代表参加。

项目法人负责组建评标委员会，评标委员会由项目法人、主要投资方、招标代理机构的代表以及受聘的技术、经济、法律等方面的专家组成，总人数为 5 人以上单数，其中受聘的专家不得少于 2/3。与投标单位有利害关系的人员不得进入评标委员会。评标委员会依据招标文件的要求对投标文件进行综合评审和比较，并按顺序向项目法人推荐 2 至 3 个中标候选单位。项目法人应当从评标委员会推荐的中标候选单位中择优确定中标单位。

中标人确定后，招标人向中标人发出中标通知书。招标人和中标人应当自中标通知书发出之日起 30 天内，按照招标文件和中标人的投标文件订立书面合同。

4. 标底的编制

标底是工程招标标底价格的简称。标底是招标人为了掌握工程造价，控制工程投资的主要依据，也作为评价投标单位的投标报价是否准确的依据。在以往的招投标工作中，标底价格起到了决定性的作用，但在实施工程量清单报价的情况下，标底价格的作用逐渐淡化，工程招投标转向由招标人按照国家统一的工程量计算规则计算出工程数量，由投标人自主报价，经评审以低价中标的工程造价管理模式。工程招投标可以无标底。

1) 标底编制的原则

(1) 遵循四统一原则：四统一原则是：项目编码统一、项目名称统一、计量单位统一、工程量计算规则统一。

(2) 体现公开、公平、公正的原则：工程量清单下的标底价格应充分体现公开、公平、公正的原则，标底价格的确定，应由市场价值规律来确定，不能人为地盲目压低或抬高。

(3) 遵循风险合理分担的原则：工程量清单下的招投标工作，招投标双方都存在风险，招标人承担工程量计算准确与否的风险，投标人承担工程报价是否合理的风险。因此在标底价格的编制过程中，编制人应充分考虑招投标双方风险可能发生的几率，在标底价格中予以体现。

(4) 遵循市场形成价格的原则：工程量清单下的标底价格反映的是由市场形成的具有社会先进水平的生产要素的市场价格。

2) 标底的编制依据

在编制标底时，应依据表 8-49 中的资料进行。

标底的编制依据   表 8-49

序号	标底的编制依据内容
1	《建设工程工程量清单计价规范》
2	招标文件的商务条款
3	招标期间建筑安装材料及设备的市场价格
4	相关的工程施工规范和工程验收规范
5	工程项目所在地的劳动力市场价格
6	施工组织设计及施工技术方案
7	工程设计文件
8	施工现场地质、水文、气象以及地面情况的资料
9	由招标方采购的材料、设备的到货计划
10	招标人制定的工期计划

3) 标底编制的方法

标底价格由分部分项工程量清单费、措施项目清单费、其他项目清单费、规费（行政事业性收费）、税金等部分组成。

(1) 分部分项工程量清单费

分部分项工程量清单费的计价有两种方法：预算定额调整法、工程成本测算法。

①预算定额调整法。对照清单项目所描述的项目特征及工作内容，套用相应的预算定额。对定额中的人工、材料、机械的消耗量指标按社会先进水平进行调整；对定额中的人工、材料、机械的单价按工程所在地的市场价格进行调整；对管理费和利润，可按当地的费用定额系数，并考虑投标的竞争程度计算并调整。由此计算得出清单项目的综合单价，按规定的格式计算分部分项工程量清单费。

②工程成本测算法。根据施工经验和历史资料预测分部分项工程实际可能发生的人工、材料、机械的消耗量，按照市场价格计算相应的费用。

（2）措施项目清单费

措施项目清单标底价格主要依据施工组织设计和施工技术方案，采用成本预测法进行估算。

（3）对其他项目清单逐项进行计价，并按规定的方法计算规费和税金，汇总得到工程标底价格。

8.2.8.2　投标报价的编制

投标报价是施工企业根据招标文件及工程量清单，按照本企业的现场施工技术力量、管理水平等编制出的工程造价。投标报价反映出施工企业承包该工程所需的全部费用，招标单位对各投标单位的报价进行评议，以合理低价者中标。

1. 投标报价的程序

工程量清单下投标报价的程序如表 8-50 所示。

投标报价的程序　　　　　　　　　　　　　　　　表 8-50

程序号	投标报价的程序内容
1	获取招标信息
2	准备资料，报名参加投标
3	提交资格预审资料
4	通过资格预审后得到招标文件
5	研究招标文件
6	准备与投标有关的所有资料
7	对招标人及工程场地进行实地考察
8	确定投标策略
9	核算工程量清单
10	编制施工组织设计及施工方案
11	计算施工方案工程量
12	采用多种方式进行询价
13	计算工程综合单价
14	按工程量清单计算工程成本价
15	分析报价决策，确定最终报价
16	编制投标文件
17	投送投标文件
18	参加开标会议

2. 投标报价的编制要点

投标报价的编制工作，是投标人进行投标的实质性工作。编制投标报价时，必须按照工程量清单计价的格式及要求进行。其编制的要点如下：

（1）审核工程量清单并计算施工工程量

投标人在按照招标人提供的工程量清单报价时，应结合本企业的实情，把施工方案及施工工艺造成的工程增量以价格的形式包括在综合单价内。另外，投标人还应对措施项目中的工程量及施工方案工程量进行全面考虑，认真计算，避免因考虑不全而漏算，造成低价中标亏损。

（2）编制施工组织设计及施工方案

施工组织设计及施工方案是招标人评标时考虑的主要因素之一，也是投标人计算施工工程量的依据，其内容主要有：项目概况、项目组织机构、项目保证措施、前期准备方案、施工现场平面布置、总进度计划和分部分项工程进度计划、分部分项的施工工艺及施工技术组织措施、主要施工机械配置、劳动力配置、主要材料保证措施、施工质量保证措施、安全文明施工措施、保证工期措施。

（3）多方面询价

工程量清单下的价格是由投标人自主计算的，投标人在编制投标报价时，除了参考在日常工作中积累起来的人工、材料、机械台班的价格外，还应充分了解当地的材料市场价、当地的人工综合价、机械设备的租赁价、分部分项工程的分包价等。

（4）计算投标报价，填写标书

按照工程量清单计价的方法计算各项清单费用，并按规定的格式填写表格。其计算步骤如下：

① 按照企业定额或《全国统一安装工程预算定额》的消耗量，以及人工、材料、机械的市场价格计算各清单项目的人工费、材料费、机械费，并以此为基础计算管理费、利润，进而计算出各分部分项工程清单项目的综合单价。

② 根据工程量清单及现场因素计算各清单费用、规费、税金等，并合计汇总得到初步的投标报价。

③ 根据投标单位的投标策略进行全面分析、调整，得到最终的投标报价。

④ 按规定格式填写各项计价表格，装订形成投标标书。

3. 工程投标策略简介

投标的目的是争取中标，通过承包工程建设而盈利，因此，投标时除了应熟练掌握工程量清单计价方法外，还应掌握一定的投标报价策略及投标报价技巧，提高投标的中标率。

（1）投标报价策略

投标时，根据投标人的经营状况和经营目标，既要考虑自身的优势和劣势，也要考虑竞争的激烈程度，还要分析投标项目的整体特点，按照工程类别、施工条件等确定投标策略。采用的投标策略主要有：

① 生存型报价策略。

如投标报价以克服生存危机为目标而争取中标时，可以不考虑其他因素，采取不盈利甚至赔本的报价策略，力争夺标。

② 竞争型报价策略。

投标报价以开拓市场、打开局面为目标，可以采用低盈利的竞争手段，在精确计算工程成本的基础上，充分估计各竞争对手的报价目标，用有竞争力的报价达到中标的目的。

③ 盈利型报价策略。

施工企业充分发挥自身的优势，以实现最佳盈利为目标，对效益小的项目热情不高，对盈利大的项目充分投入，争取夺标。

（2）投标报价技巧

投标报价时常用的技巧有：

① 不平衡报价法。

不平衡报价法是指在工程总价基本确定后，调整内部各工程项目的报价，既不提高总价，影响中标，又能在结算时得到更好的经济效益。具体操作时可采取如下方法：

a. 能够早日结算的项目如前期措施费可报得较高，以利于资金周转，后期工程项目可适当报低。

b. 经过工程量核算，预计今后工程量会增加的项目，适当提高单价，而工程量可能减少的项目，适当降低单价。

c. 对招标人要求采用包干报价的项目可高报，其余项目可适当降低。

d. 在议标时，招标人要求压低标价时，投标人应首先压低工程量少的项目单价，以表现有让利的诚意。

e. 其他项目清单中的工日单价和机械台班单价可报高些。

采用不平衡报价法对投标人可降低一定的风险，但报价必须建立在对工程量清单进行仔细核对和分析的基础上，并把单价的增减控制在合理的范围内，以免引起招标人的反对而废标。

② 多方案报价法。当招标文件允许投标人提建议方案，或者招标文件对工程范围不明确、条款不清楚、技术要求过于苛刻时，可在充分估计风险的基础上，进行多种方案报价。

③ 突然降价法。先按一般情况报价，到快要投标截止时，按已经计划好的方案，突然降价，以击败竞争对手。

④ 先亏后赢法。对大型分期建设的工程，第一期工程以成本价甚至亏本夺标，以获得招标人的信赖，在后期工程中赢回。

8.2.8.3　工程量清单计价案例

本节根据某综合楼电气消防安装工程施工图纸，按施工企业的实际情况编制投标报价标书。工程量清单由甲方随招标文件提供，工程图纸略。投标单位具有一级施工资质，施工经验较丰富，施工管理水平较高，拥有先进的施工机具。投标报价时管理费按人工费的45％计算，利润按人工费的25％计算。

工程量清单及投标报价标书如图 8-10 和表 8-51～表 8-73 所示。

```
┌─────────────────────────────────────────┐
│            投 标 总 价                      │
│                                           │
│  建设单位：_____  （单位盖章）        │
│  工程名称：某综合楼电气消防安装              │
│  投标总价（小写）：567361.47               │
│       （大写）：伍拾陆万柒仟叁佰陆拾壹元肆角柒分│
│                                           │
│                                           │
│  投标人：_____  （单位盖章）          │
│  法定代表：_____  （签字盖章）        │
│  编制日期：_____                     │
│                                           │
└─────────────────────────────────────────┘
```

图 8-10　投标报价标书

单位工程费汇总表

表 8-51

工程名称：某综合楼电气消防安装工程

序号	费用名称	费用金额(元)
1	分部分项工程费	527559.20
2	措施项目费	2857.46
3	其他项目费	0.00
4	规费	18235.77
5	税金	18709.05
	合计	567361.47

单位工程费汇总计算表

表 8-52

工程名称：某综合楼电气消防安装工程

序号	费用名称	取费说明	费率(%)	费用金额(元)
1	分部分项工程费	分部分项工程量清单合计		527559.20
2	措施项目费	措施项目清单合价		2857.46
3	其他项目费	其他项目清单合价		0.00
4	规费	规费指按当地工程造价部门规定的费用		18235.77
4.1	社会保险费	1～3 中分部分项工程量清单人工费	3.32	17609.83
4.2	住房公积金	分部分项工程量清单人工费	3.5	95.52
4.3	工程定额测定费	(分部分项工程量清单合计＋措施项目清单合计＋其他项目清单合计)	0.10	530.42
4.4	工程排污费			
4.5	施工噪声排污费			
5	税金	(分部分项工程量清单合计＋措施项目清单合计＋其他项目清单合计＋规费)	3.41	18709.05
		合计		567361.47

措施项目清单计价表 表 8-53

工程名称：某综合楼消防安装

序号	项目名称	金额(元)
1	通用项目	2857.46
1.1	文明施工费	
1.2	安全措施费	
1.3	临时设施费	128.27
1.4	脚手架搭拆费	2729.19
	合计	2857.46

措施项目清单计算表

表 8-54

工程名称：某综合楼消防安装

序号	措施项目名称	单位	数量	计算方法		金额(元)
				计算基础	费用标准	
1	临时设施	项	1	人工费	4.7%	128.27
2	安全措施	项	1	按工程所在地规定计算		未计
3	文明施工	项	1			未计
4	脚手架搭拆	项	1	按所采用的消耗量定额的计算规则和有关规定计算		2729.19
	合　　计					2857.46

分部分项工程量清单计价表

表 8-55

工程名称：某综合楼电气消防安装

序号	项目编码	项目名称	计量单位	工程数量	金额(元)	
					综合单价	合价
	一、	自动报警				
1	030705007001	报警联动一体机(总线制地式500点以下)	台	1	87727.62	87727.62
2	031205008001	广播控制柜	台	1	18675.20	18675.20
3	031208016001	CRT显示终端	台	1	140211.55	140211.55
4	030705001001	总线制点型感温探测器	只	65	725.98	47188.53
5	030705001002	总线制点型感烟探测器	只	98	771.61	75617.52

序号	项目编码	项目名称	计量单位	工程数量	金额(元)	
					综合单价	合价
6	030705003001	手动报警按钮	只	20	206.71	4134.22
7	030705003002	消防栓破玻按钮	只	23	162.71	3742.34
8	030705009001	声光报警器	台	3	530.99	1592.97
9	030705009002	警铃	台	20	222.42	4448.48
10	030705009003	气体喷药指示灯	台	3	180.99	542.97
11	030705010001	气体灭火控制器(3 路控制)	台	1	4679.61	4679.61
12	030204018001	户内端子箱(端子板接线)	台	7	749.36	5245.52
13	030705004001	单输入单输出探测器模块	只	3	1232.74	3698.21
14	030705004002	单输入单输出控制模块	只	26	958.73	24927.06
15	030705004813	单输入监视模块	只	30	767.73	23031.99
16	030705004004	单输入单输出隔离模块	只	6	835.73	5014.40
17	030208004001	金属线槽100×80×1.0(支架制安、支架及线槽刷防火漆两遍)	m	64.66	43.78	2830.99
18	030208004002	金属线槽30×20×1.0(支架制安、支架及线槽刷防火漆两遍)	m	64.66	17.47	1129.48
19	030212001001	电气配管暗配镀锌电线管 SC20(暗装接线盒金属软管 Φ19 安装)	m	2525.30	10.74	27134.16
20	030212001002	电气配管暗配镀锌电线管 DN25 接线盒暗装	m	486.40	12.92	6286.00
21	030212003001	管内穿线 ZR-RVS-2×1.0	m	3255.10	1.74	5660.86
22	030212003002	管内穿线 ZR-BVV-1.5	m	1191.40	1.23	1467.74
23	030212003003	线槽配线 ZR-BVV-4	m	193.98	2.48	480.36
24	030212003004	线槽配线 ZR-BVV-1.5	m	29.00	2.36	68.35
25	030212003005	线槽配线 ZR-RVS-1.5	m	308.71	2.27	700.80
26	030208002001	控制电缆 NH-KVV-4×1.5 控制电缆头安装	m	74.06	31.13	2305.46
27	030208002002	控制电缆 NH-KVV-7×1.5 控制电缆头安装	m	377.01	29.98	11304.10
28	030208002003	控制电缆 NH-KVV-14×1.5 控制电缆头安装	m	142.15	47.64	6771.48
29	030706001001	自动报警系统装置调试(256 点以下)	系统	1	4852.67	4852.67
30	030706003001	防火控制系统装置调试	处	14	434.90	6088.56
		分部小计(自动报警)				527599.20

其他项目清单

表 8-56

工程名称：某综合楼电气消防安装

序号	名称	金额
1	招标人部分	
1.1	预留金	
1.2	材料购置费	
	小计	0.00
2	招标人部分	
2.1	总承包服务费	
2.2	零星工作项目费	
	小计	0.00
	合　计	0.00

零星工作项目清单

表 8-57

工程名称：某综合楼电气消防安装

序号	名称	计量单位	数量	金额(元)	
				综合单位	合计
1	人工				
1.1					
	小　计				0.00
2	材料				
2.1					

续表

序号	名称	计量单位	数量	金额（元）	
				综合单位	合计
	小　计				0.00
3	机械				
3.1					
	小　计				0.00
	合　计				0.00

分部分项工程量清单综合单价分析表

表 8-58

工程名称：某综合楼电气消防安装

序号	项目编码	项目名称	工程内容	综合单价组成					综合单价
				人工费（元）	材料费（元）	机械使用费（元）	管理费（元）	利润（元）	
1	030705007001	报警联动一体机（总线制 落地式 500 点以下）	1 本体安装	568.68	84815.35	196.24	146.24	156.39	87727.62 元/台
			2 消防报警备用电源	12.00	1804.57	0.77	3.09	3.30	
			3 高层建筑增加费	609.97					
			小计	609.97	86619.92	197.71	149.33	159.69	
2	031205008001	广播控台	1. 播控台安装	267.00	18073.12	183.66	68.66	73.43	18675.20 元/台
			2. 高层建筑增加费	9.33					
			小计	276.33	18073.12	183.66	68.66	73.43	
3	031208016001	CRT 显示终端	1. 本体安装	84.09	14053.68	26.10	21.63	23.12	140211.55 元/台
			2. 高层建筑增加费	2.93					
			小计	87.02	14053.68	26.10	21.63	23.12	

序号	项目编码	项目名称	工程内容	综合单价组成					综合单价
				人工费（元）	材料费（元）	机械使用费（元）	管理费（元）	利润（元）	
4	030705001001	总线制点型感湿探测器	1. 探头安装	7.08	714.69	0.19	1.82	1.95	725.98 元/台
			2. 高层建筑增加费	0.25					
			小计	7.33	714.69	0.19	1.82	1.95	
5	030705003001	手动报警按钮	1. 安装	10.32	189.19	1.35	2.65	2.84	206.71 元/台
			2. 高层建筑增加费	0.36					
			小计	10.68	189.19	1.35	2.65	2.84	
6	030705009001	声光报警器	1. 调试	14.64	507.03	1.01	3.77	4.03	530.99 元/台
			2. 高层建筑增加费	0.51					
			小计	15.15	507.03	1.01	3.77	4.03	
7	030705009002	警铃	1 安装	7.56	209.84	0.74	1.94	2.08	222.42 元/台
			2 高层建筑增加费	0.26					
			小计	7.82	209.84	0.74	1.94	2.08	
8	030705009003	气体喷药指示灯	1 安装	14.64	157.03	1.01	3.77	4.03	80.99 元/台
			2 高层建筑增加费	0.51					
			小计	15.15	157.03	1.01	3.77	4.03	
9	030705010001	气体灭火控制器（3 路控制）	1 本体安装	105.48	4510.66	3.66	27.12	29.01	4679.61 元/台
			2 高层建筑增加费	3.68					
			小计	109.16	4510.66	3.66	27.12	29.01	
10	030204018001	户内端子箱端子板接线	1 箱本安装	73.54	622.85	10.58	19.58	20.24	749.36 元/台
			2 高层建筑增加费	2.57					
			小计	76.11	622.85	10.58	19.58	20.24	
11	030705004001	单输入单输出探测器模块	1 安装	21.84	1196.38	2.12	5.62	6.10	1232.74 元/只
			2 高层建筑增加费	0.77					
			小计	22.61	1196.38	2.12	5.62	6.10	
12	030208004002	金属线槽 100×80×1.0 支架制安、支架及线槽刷防火漆两遍	1 制作、除锈、刷油	1.58	1.52	0.40	0.40	0.43	17.47 元/m
			2 安装	1.86	8.88	1.28	0.50	0.51	
			3 高层建筑增加费	0.12					
			小计	3.56	10.40	1.68	0.89	0.94	
13	030212001001	电气配管暗配镀锌电线管 SC20（暗装接线盒金属软管 Φ19 安装）	1 电线管路敷设	1.53	7.24	0.41	0.41	0.42	10.74 元/m
			2 接线盒（箱）、灯头盒、开关盒、插座盒安装	0.15	0.46		0.04	0.04	
			3 高层建筑增加费	0.07					
			小计	1.75	7.69	0.41	0.45	0.04	
14	030212003001	管内穿线 ZR-RVS-2×1.0	1 管内穿线	0.20	1.43		0.05	0.05	1.74 元/m
			2 高层建筑增加费	0.01					
			小计	0.20	1.43		0.05	0.06	

续表

序号	项目编码	项目名称	工程内容	综合单价组成					综合单价
				人工费(元)	材料费(元)	机械使用费(元)	管理费(元)	利润(元)	
15	030212003003	线槽配线 ZR-BVV-4	1 配线	0.32	1.97		0.09	0.09	2.48 元/m
			2 高层建筑增加费	0.01					
			小 计	0.33	1.97		0.09	0.09	
16	030208002002	控制电缆 NH-KVV7×1.5 控制电缆头安装	1 电缆敷设	1.33	24.94	0.07	0.36	0.37	29.98 元/m
			2 电缆头制作、安装	0.64	1.86		0.17	0.18	
			3 高层建筑增加费	0.06					
			小 计	2.03	26.80	0.07	0.53	0.55	
17	030706001001	自动报警系统系统装置调试(256 点以下)	1 系统装置调试	1428.90	415.33	2198.12	367.45	392.95	4852.67 元/系统
			2 高层建筑增加费	49.92					
			小 计	1478.82	415.33	2198.12	367.45	392.95	
18	030706003001	防火控制系统装置调试	1 系统装置调试	5.00	420.25	6.82	1.29	1.37	434.90 元/处
			2 高层建筑增加费	0.17					
			小 计	5.17	420.25	6.82	1.29	1.37	

措施项目费分析表　　　　　　　　　　　　　　**表 8-59**

工程名称：某综合楼电气消防安装

序号	措施项目名称	单位	数量	金额(元)					
				人工费	材料费	机械费	管理费	利润	小计
1	脚手架搭拆费	项	1	2729.19					2729.19
	合 计			3594.23	0.00	0.00	0.00		2729.19

主要材料价格表　　　　表 8-60

工程名称：某综合楼电气消防安装

序号	材料编码	材料名称	规格、型号等特殊要求	单位	单价(元)
1	—	点型感烟探测器	总线制 ISL555IR(××厂家)	只	756.00
2	—	控制模块	单输出 ISL—AOM—2(××厂家)	只	917.00
3	—	镀锌钢管	SC100(××厂家)	m	68.02
4	—	监视模块	单输出 ISL—AOM—2(××厂家)	只	726.00
5	—	镀锌电线管	SC20(××厂家)	m	6.56
6	—	镀锌钢管	SC25(××厂家)	m	14.50
7	—	控制电缆	NH—KVV7×1.5(××厂家)	m	19.08
8	—	手动报警接钮	ISLKR1/SR(××厂家)	只	184.00
9	—	探测器模块	单输出 ISL—AMM-45(××厂家)	只	1191.00
10	—	电线	ZR—RVS2×1.0(××厂家)	m	1.20
11	—	镀锌电线管	SC25(××厂家)	m	8.44
12	—	金属线槽	100×80×1.0(××厂家)	m	20.03

分报警联动一体机工程量清单综合单价计算：

工程名称：某综合楼电气消防安装

计量单位：台

项目编码：030705007001

工程数量：1

项目名称：报警联动一体机

综合单价：87727.62 元

报警联动一体机工程量清单综合单价计算表　　　　表 8-61

工程名称：某综合楼电气消防安装

序号	定额编码	工程内容	单位	工程量	综合单价(元)					
					人工费	材料费	机械费	管理费	利润	小计
1	—	报警联动一体机安装落地式 500 点以下	台	1	568.68	58.35	196.94	146.24	156.39	85883.60
2	—	报警联动一体机 ISL7200-4 落地式 500 点以下	台	1		84757.00				

续表

序号	定额编码	工程内容	单位	工程量	综合单价(元)					
					人工费	材料费	机械费	管理费	利润	小计
3	—	消防报警备用电源	台	1	12.00	4.57	0.77	3.09	3.30	1823.73
4	—	消防报警备用电源	台	1		1800.00				
5	—	高层建筑增加费9层以下30m	元		20.29					20.29
		合计			596.59	86619.92	197.71	149.33	159.69	87727.62

注：综合单价＝合计÷清单工程量＝87727.62÷1＝87727.62。

广播控制柜工程量清单综合单价计算：

工程名称：某综合楼电气消防安装

计量单位：台

项目编码：031205008001

工程数量：1

项目名称：广播控制拒

综合单价：18675.20 元

广播控制柜工程量清单综合单价计算表   表 8-62

工程名称：某综合楼电气消防安装

序号	定额编码	工程内容	单位	工程量	综合单价(元)					
					人工费	材料费	机械费	管理费	利润	小计
1	—	火灾事故广播安装消防广播控制柜	台	1	267.00	73.12	183.66	68.66	73.43	18665.87
2	—	消防广播控制柜	台	1		18000.00				
3	—	高层建筑增加费9层以下30m	元		9.33					9.33
		合计			274.32	191174.77	183.66	68.66	73.43	18675.20

注：综合单价＝合计÷清单工程量＝18675.20÷1＝18675.20。

CRT 显示终端工程量清单综合单价计算：

工程名称：某综合楼电气消防安装

计量单位：台

项目编码：031208016001

工程数量：1

项目名称：CRT 显示终端

综合单价：140211.55 元

CRT 显示终端工程量清单综合单价计算表　　　　表 8-63

工程名称：某综合楼电气消防安装

序号	定额编码	工程内容	单位	工程量	综合单价（元）					
					人工费	材料费	机械费	管理费	利润	小计
1	—	CRT 显示终端彩色带键	台	1	84.09	53.68	26.10	21.63	23.12	140208.62
2	—	CRT 显示终端	台	1		140000.00				
3	—	高层建筑增加费 9 层以下 30m	元		2.93					2.93
		合计			87.02	140053.68	26.10	21.63	23.12	140211.55

注：综合单价＝合计÷清单工程量＝140211.55÷1＝140211.55

总线制点型感温探测器综合单价计算：

工程名称：某综合楼电气消防安装

计量单位：只

项目编码：030705001001

工程数量：65

项目名称：总线制点型感温探测器

综合单价：725.98 元

总线制点型感温探测器工程量清单综合单价计算表　　　　表 8-64

工程名称：某综合楼电气消防安装

序号	定额编码	工程内容	单位	工程量	综合单价（元）					
					人工费	材料费	机械费	管理费	利润	小计
1	—	点型探测器总线制感温	只	65	460.20	239.85	12.35	118.30	126.75	47172.45
2	—	点型探测器总线制感温 ISL1251	只	65	46215.00	46215.00				
3	—	高层建筑增加费 9 层以下 30m	元							16.25
		合计			476.45	46454.85	12.35	118.30	126.75	47188.70

注：综合单价＝合价÷清单工程量＝47188.70÷65＝725.98（元）

手动报警按钮工程量清单综合单价计算：

工程名称：某综合楼电气消防安装

计量单位：只

项目编码：030705003001

工程数量：20

项目名称：手动报警按钮

综合单价：206.71 元

手动报警按钮工程量清单综合单价计算表 表 8-65

工程名称：某综合楼电气消防安装

序号	定额编码	工程内容	单位	工程量	综合单价(元)					
					人工费	材料费	机械费	管理费	利润	小计
1	—	按钮安装	只	20	206.40	103.80	27.00	53.00	56.80	4127.00
2	—	手动报警按钮 IS-LKR1/SR	只	20		3680.00				
3	—	高层建筑增加费 9 层以下 30m	元		7.20					7.20
		合计			213.60	3783.80	27.00	53.00	56.80	4134.20

注：综合单价＝合计÷清单工程量＝4134.20÷20＝206.71。

声光报警器工程量清单综合单价计算：

工程名称：某综合楼电气消防安装

计量单位：台

项目编码：030705009001

工程数量：3

项目名称：声光报警器

综合单价：530.99 元

声光报警器工程量清单综合单价计算表 表 8-66

工程名称：某综合楼电气消防安装

序号	定额编码	工程内容	单位	工程量	综合单价(元)					
					人工费	材料费	机械费	管理费	利润	小计
1	—	声光报警	只	3	43.92	9.09	3.03	11.31	12.09	1591.44
2	—	声光报警	只	3		1512.00				
3	—	高层建筑增加费 9 层以下 30m	元		1.53					1.53
		合计			45.45	1521.09	3.03	11.31	12.09	1592.97

注：综合单价＝合计÷清单工程量＝1592.97÷3＝530.99。

警铃工程量清单综合单价计算

工程名称：某综合楼电气消防安装

计量单位：台

项目编码：030705009002

工程数量：20

项目名称：警铃

综合单价：222.42 元

警铃工程量清单综合单价计算表 表 8-67

工程名称：某综合楼电气消防安装

序号	定额编码	工程内容	单位	工程量	综合单价(元)					
					人工费	材料费	机械费	管理费	利润	小计
1	—	警铃	只	20	151.20	56.80	14.80	38.80	41.60	4443.20
2	—	警铃 ISL MBF-6W	只	20		4140.00				

序号	定额编码	工程内容	单位	工程量	综合单价(元)					
					人工费	材料费	机械费	管理费	利润	小计
3	—	高层建筑增加费 9层以下 30m	元		5.20					5.20
		合计			156.40	4196.80	14.80	38.80	41.60	4448.40

注：综合单价＝合计÷清单工程量＝4448.40÷20＝222.42。

户内端子箱工程清单综合单价分析：

工程名称：某综合楼电气消防安装

计量单位：台

项目编码 030204018001

工程数量：7

项目名称：户内端子箱

综合单价：749.36 元

户内端子箱工程清单综合单价分析表　　　　　　　　　　表 8-68

工程名称：某综合楼电气消防安装

序号	定额编码	工程内容	单位	工程量	综合单价(元)					
					人工费	材料费	机械费	管理费	利润	小计
1	—	端子箱安装户内	台	7	364.56	226.31	74.60	97.16	100.24	4782.33
2	—	端子箱	台	7		3920.00				
3	—	无端子外部接线 2.5	10 个	29.8	150.19	213.67		39.93	41.42	445.21
4	—	高层建筑增加费 9层以下 30.m	元		17.98					17.98
		合计			532.73	4359.98	74.06	137.09	141.66	5245.52

注：综合单价＝合计÷清单工程量＝5245.52÷7＝749.36。

单输入单输出探测器模块工程量清单综合单价计算：

工程名称：某综合楼电气消防安装

计量单位：只

项目编码：030705004001

工程数量：3

项目名称：单输入单输出探测器模块

综合单价：1232.74 元

单输入单输出探测器模块工程量清单综合单价计算表　　　　　表 8-69

工程名称：某综合楼电气消防安装

序号	定额编码	工程内容	单位	工程量	综合单价(元)					
					人工费	材料费	机械费	管理费	利润	小计
1	—	控制模块(接口)安装单输出	只	3	65.52	16.14	6.36	16.86	18.03	3695.91

续表

序号	定额编码	工程内容	单位	工程量	综合单价(元)					
					人工费	材料费	机械费	管理费	利润	小计
2	—	探测器模块 ISL-AMM-4S 单输出接口	只	3		3573.00				
3	—	高层建筑增加费 9 层以下 30m	元		2.31					
		合计			67.83	3589.14	6.36	16.86	18.03	3698.22

注：综合单价＝合计÷清单工程量＝3698.22÷3＝1232.74

金属线槽工程量清单综合单价计算：

工程名称：　某综合楼电气消防安装

计量单位：m

项目编码：030208004002

工程数量：64.66

项目名称：金属线槽 100×80×1.0

综合单位：17.47 元

金属线槽工程量清单综合单价计算表　　　　　　　　　　表 8-70

工程名称：某综合楼电气消防安装

序号	定额编码	工程内容	单位	工程量	综合单价(元)					
					人工费	材料费	机械费	管理费	利润	小计
1	—	金属线槽安装 100×80×1.0	10m	6.47	120.27	107.92	82.76	32.07	33.11	842.33
2	—	金属线槽 100×80×1.0	M	66.60		466.20				
3	—	一般铁构件制作	100kg	0.20	51.84	15.36	14.62	13.82	14.26	165.65
4	—	圆铁(综合)	kg	1.60		4.24				
5	—	角钢(综合)	kg	15.00		40.20				
6	—	扁刚—25～40	kg	4.40		11.31				
7	—	一般铁构件安装	100kg	0.20	33.70	3.21	11.16	8.98	9.27	66.32
8	—	刷防火涂料支架第一遍	100kg	0.20	1.68	0.25		0.29	0.46	4.39
9	—	防火涂料	kg	0.15		1.71				
10	—	刷防火涂料支架每二遍	100kg	0.20	1.68	0.25		0.29	0.46	4.20
11	—	防火涂料	kg	0.13		1.52				
12	—	刷防火涂料槽盒第一遍	10m2	0.65	6.60	1.26		1.13	1.82	20.15
13	—	防火涂料	kg	0.82		9.34				
14	—	刷防火涂料槽盒第二遍	10m2	0.65	6.41	1.18		1.10	1.76	19.28
15	—	防火涂料	kg	0.78		8.83				
16	—	高层建筑增加费 9 层以下 30m(第 2 册)	元		7.29					7.29
		合计			229.47	672.78	108.54	57.68	61.14	1129.61

注：综合单价＝合计÷清单工程量＝1129.61÷64.66＝17.47

控制电缆工程量清单综合单价计算：

工程名称：某综合楼电气消防安装

计量单位：m

项目编码：030208002002

工程数量：377.01

项目名称：控制电缆 NH-KVV-7×1.5

综合单位：29.98 元

控制电缆工程量清单综合单价计算表　　　表 8-71

工程名称：　某综合楼电气消防安装

序号	定额编码	工程内容	单位	工程量	综合单价（元）					
					人工费	材料费	机械费	管理费	利润	小计
1	—	控制电缆敷设 14 芯以下	100m	4.53	502.49	227.32	25.56	133.91	138.17	10203.85
2	—	控制电缆 NH-KVV-7×1.5	m	459.98		9176.40				
3	—	控制电缆头终端头 14 芯以下	个	16.00	241.92	701.28		64.48	66.56	1074.24
4	—	高层建筑增加费 9 层以下 30m	元		24.67					24.67
		合计			769.08	10105.00	25.56	198.36	204.73	11302.76

注：综合单价＝合计÷清单工程量＝11302.76÷377.01＝29.98

工程名称：某综合楼电气消防安装

自动报警系统装置调试工程量清单综合单价计算：

计量单位：系统

项目编码：030706001001

工程数量：1

项目名称：自动报警系统装置调试 256 点以下

综合单位：4852.67 元

自动报警系统装置调试工程量清单综合单价计算表　　　表 8-72

工程名称：某综合楼电气消防安装

序号	定额编码	工程内容	单位	工程量	综合单价（元）					
					人工费	材料费	机械费	管理费	利润	小计
1	—	自动报警系统装置调试 256 点以下	系统	1	1428.90	415.33	2198.12	367.45	392.95	4802.75
2	—	高层建筑增加费 9 层以下 30m	元		49.92					49.92
	—									
		合计			1478.82	415.33	2198.12	367.45	392.95	4852.67

注：综合单价＝合计÷清单工程量＝4852.67÷1＝4852.67

防火系统工程量清单综合单价计算：

工程名称：某综合楼电气消防安装

计量单位：处

项目编码：030706003001

工程数量：14

项目名称：防火系统装置调试

综合单位：434.90 元

防火系统装置调试工程量清单综合单价计算表　　　　　表 8-73

工程名称：某综合楼电气消防安装

序号	定额编码	工程内容	单位	工程量	综合单价(元)					
					人工费	材料费	机械费	管理费	利润	小计
1	—	正压送风阀、排烟阀、防火阀	10 处	1.4	69.97	5883.43	95.48	17.99	19.24	6086.11
2	—	高层建筑增加费9 层以下 30m	元		2.49					2.49
		合计			72.46	5883.43	95.48	17.99	19.24	6088.60

注：综合单价＝合计÷清单工程量＝6088.607÷14＝434.90

单元归纳总结

本单元内容主要是消防预算。消防施工图预算与其他预算有一定差异，因此本书首先讲述了定额及工程量的计算方法，最后通过一高层消防工程的预算作了非常详细的阐述，并讲述了同国际接轨的新方法工程量清单计价，要点如下：

1. 工程量清单

是用来表现拟建工程的分部分项工程项目、措施项目、其他项目的名称和相应数量的明细清单

2. 工程量清单计价

工程量清单计价，是指根据招标文件以及招标文件所提供的工程量清单，按照市场价格以及施工企业自身的特点，计算出完成招标文件所规定的所有工程项目所需要的费用。

3. 综合单价

是指完成工程量清单中一个计量单位的工程项目所需的人工费、材料费、机械使用费、管理费、利润的总和及一定的风险费用。

4. 标底

是招标人为了掌握工程造价，控制工程投资，对投标单位的投标报价进行评价的依据。标底必须按照工程量清单计价的方法及格式进行编制。

5. 投标报价

是施工企业根据招标文件及工程量清单，按照本企业的现场施工技术力量、管理水平等编制出的工程造价。

【习题与思考题】

1. 简述编制施工图预算的依据、步骤。

2. 举例说明什么是单项工程、单位工程、分项工程、分项子目工程。

3. 防雷接地工程应列哪些项目？工程量如何分别计算？

4. 描述配管工程量计算。

5. 叙述管内穿线工程量如何计算?

6. 怎样计算开关盒、插座盒工程量?

7. 导线进入盘、箱、柜,预留长度如何考虑?

8. 计算题:接地极制作安装,工程量3根,查定额已知:计量单位:根,基价单价48.22元,ϕ50 镀锌钢管5.17kg/m,材料价格:2.96元/kg。计算定额直接费。(已知每根镀锌钢管长2.5m)

9. 什么是施工图预算?

10. 施工图预算的编制步骤包括哪些内容?

11. 选择一套小型消防工程施工图,采用图纸标注比例方法,按照当地的预算定额及材料预算价格、费用定额和其他文件规定,编制一份完整的施工图预算书。

12. 工程量清单具备的四个特点是什么?

13. 说明工程量清单项目编码的设置方法及其意义。

14.《计价规范》的编制原则是什么?

15. 工程量清单项目综合单价的计算方法是什么?

16. 工程量清单计价有哪些内容?

17. 如何编制投标报价?

单元 9　消防系统资质考试辅导及模拟训练

【学习引导与提示】

单元学习目标	能了解消防系统和建筑防火基础知识;能掌握消防电气基础知识;能熟悉火灾自动报警系统设计和施工方法;通过资质考试模拟训练,为取得消防资质证书做好准备
单元学习内容	第一部分　消防系统的基础知识 第二部分　建筑防火基础知识 第三部分　消防电气基础知识 第四部分　火灾自动报警系统设计和施工要求 第五部分　资质考试模拟训练
单元知识点	明白消防系统的基础知识;懂得建筑防火基础知识;学会消防电气基础知识;了解火灾自动报警系统设计和施工要求
单元技能点	具有运用消防系统和建筑防火基础知识解决实际问题的能力;具有火灾自动报警系统设计和施工能力;具有考取消防资质证书的能力
单元重点	火灾自动报警系统设计与施工知识
单元难点	资质考试模拟训练

第一部分　消防系统的基础知识

1. 燃烧的必备条件是什么?

答:燃烧的必备条件是:必须同时具备可燃物、空气和火源,三者缺一火即无法形成。

2. 什么是火灾?

答:火灾的定义:凡是违背人们的意志,在时间或空间上失去控制的燃烧所造成的火害,都称火灾。

3. 火灾分为哪些种类?

答:火灾的种类分为:

(1) 按燃烧对象分类:

A 类火灾:普通固体可燃物燃烧而引起的火灾。

B 类火灾:油脂及一切可燃液体燃烧引起的火灾。

C 类火灾:可燃气体燃烧引起的火灾。

D 类火灾:可燃金属燃烧引起的火灾或某种带电火灾。

(2) 按火灾损失严重程度分类:

① 特大火灾:死亡 10 人以上(含 10 人),重伤 20 人以上;死亡、重伤 20 人以上;受灾 50 户以上;烧毁财物损失 100 万元以上。

② 重大火灾：死亡 3 人以上，重伤 10 人以上；死亡、重伤 10 人以上；受灾 30 户以上，毁财物损失 30 万元以上。

③ 一般火灾：不具备重大火灾的任一指标。

（3）按起火直接原因分类：

①纵火；②违反电气安装安全规定；③违反电器使用安全规定；④违反安全操作规定；⑤吸烟；⑥生活用火不慎；⑦玩火；⑧自燃；⑨自然灾害；⑩其他。

4. 灭火的基本方法是什么？

答：灭火的基本方法是：

（1）冷却灭火法：减小燃速、热辐射，用水、二氧化碳。

（2）隔离灭火法：中断可燃物的供给。

（3）窒息灭火法：阻挡空气流入燃区、使燃烧少氧而熄灭。

（4）抑制灭火法：将有抑制作用的灭火剂喷射到燃烧区，使其参与到燃烧反应过程中去，造成燃烧反应中产生的游离基消失而使反应中止，停止燃烧的方法（如卤代烷 1211、1202、1301 等）。

5. 闪燃、阴燃、爆燃、爆炸的定义是什么？

答：闪燃、阴燃、爆燃、爆炸的定义是：

闪燃：是可燃液体的特有燃烧现象，在液体表面上能产生足够的可燃蒸气，遇火能产生一闪即灭的燃烧现象称闪燃。

阴燃：是固体物质特有的燃烧形式，阴燃是物质无可见光的缓慢燃烧，通常产生烟和温度升高的迹象。

爆燃：是火灾特有的燃烧现象，它发生在火灾由初期阶段向发展阶段转变的过程中。火灾从局部燃烧迅速扩大到所有材料表面开始燃烧的现象称为爆燃。

爆炸：按可燃气体与空气混合的时间，可燃气体燃烧分为预混燃烧和扩散燃烧。可燃气体与空气混合好后的燃烧称为预混燃烧，可燃气体与空气也混合也燃烧称为扩散燃烧，失去控制的扩散燃烧称为爆炸，这是 C 类火灾最危险的燃烧方式。

6. 自燃及自燃点的定义是什么？

答：自燃及自燃点的定义：

自燃：可燃物质在没有外部火花、火焰等火源作用下，因受热或自身发热并蓄热所产生的自然燃烧称自燃（根据自燃的过程，自燃还可进一步分为热自燃、化学自燃和蓄热自燃三大类）。

自燃点：在规定的条件下，可燃物质产生自燃的最低温度称自燃点。

7. 爆炸极限的定义是什么？

答：爆炸极限的定义：（爆炸下限）

可燃蒸气、气体或粉尘与空气组成的混合物遇火源即能发生爆炸的最低浓度（可燃蒸气、气体的浓度按体积比计算）。

8. 可燃液体的燃烧特点是什么？

答：可燃液体的燃烧特点：

液体燃烧是液体蒸气与空气进行的燃烧，液体在火灾中受热首先变成蒸气，蒸气与空气燃烧变成产物，轻质液体的蒸发纯属相变过程，评定可燃液体火灾危险性的理化参数是闪点。

9. 可燃固体的燃烧特点是什么？

答：固体物质燃烧过程非常复杂，一般可分为四类燃烧模式。

（1）熔融蒸发式燃烧（如蜡）：这类物质在火灾中首先被加热熔化为液体，继续加热变成蒸气，该蒸气与空气进行燃烧变成产物。

（2）升华式燃烧（如萘）：这类物质在火灾中直接被加热成蒸气，蒸气与空气燃烧变成产物。

（3）热分解式燃烧（如木材、高分子化合物）：这类物质在火灾中被加热，发生热分解，释放出可燃的挥发分子，挥发分子与空气进行燃烧变成产物。

（4）表面燃烧（如木炭、焦炭）：这类物质在燃烧时，空气中的氧扩散到固体的表面或内部孔隙中，与表面的炭直接进行燃烧，变成产物。

大多数固体物质是热分解式燃烧。

10. 常见燃烧产物的种类及其毒性是什么？

答：常见燃烧产物的种类及其毒性：

（1）放出燃烧热，温度升高烧毁设备物资，引起人员伤亡。

（2）释放出毒性产物，主要是一氧化碳、氰化氢、光气、氮氧化物、氯化物、二氧化硫、氨等，是引起人员毒性死亡的主要物。

（3）释放出烟，主要引起能见度降低，疏散困难，使人情绪紧张、呼吸困难等。烟尘对人的呼吸系统危害很大，对大气污染严重。

11. 热传播的几种途径是什么？

答：热传播的几种途径有：传导、对流、辐射、火焰接触、延烧。

12. 甲、乙、丙类液体的概念是什么？

答：甲、乙、丙类液体的概念：

甲类：易燃液体，闪点≤28℃。

乙类：可燃液体，闪点＞28℃至＜60℃的液体。

丙类：可燃液体，闪点≥60℃的液体。

13. 安全生产、消防工作的方针是什么？

答：安全第一，预防为主　预防为主，防消结合

第二部分　建筑防火基础知识

1. 耐火极限的概念是什么？

答：耐火极限的概念是：即对建筑物构件进行标准条件下的升温试验。从受到火的作用时起，到建筑物构件烧坏为止。持续能力或发生穿透裂缝或背火一面温度升高到220℃时止，这段时间称为构件的耐火极限，用小时表示。

2. 建筑构件不燃烧体、难燃烧体、燃烧体的概念是什么？

答：不燃烧体：用非燃烧材料做成的构件。非燃烧材料系在空气中受到火烧或高温作用下不起火、不微燃、不炭化的材料。

难燃烧体：用难燃烧材料做成的构件或用燃烧材料做成而用非燃烧材料做保护层的构

件。难燃烧材料系指在空气中受到火烧或高温作用时难起火、难燃烧、难碳化，当火源移走后燃烧或微燃立即停止的材料。

燃烧体：用燃烧材料做成的构件。燃烧材料系指在空气中受到火烧或高温作用时立即起火或微燃，且火源移走后仍继续燃烧或微燃的材料。

3. 《建筑设计规范（简称建规）》、《高层建筑设计防火规范（简称高规）》的适用范围是什么？

答：(1)《建规》适用于下列新建、扩建和改建的工业与民用建筑：

① 九层及九层以下的住宅（包括底层设置商业服务网点的住宅）和建筑高度不超过24m 的单层公共建筑；

② 单层、多层和高层工业建筑。

《建规》不适用于炸药厂（库）、花炮厂（库）、无窗厂房、地下建筑、炼油厂和石油化工厂的生产区。

(2)《高规》适用于下列新建、扩建和改建的高层建筑及其裙房：

① 十层及十层以上的居住建筑（包括首层设置商业服务网点的住宅）；

② 建筑高度超过 24m 的公共建筑。《高规》不适用于单层主体建筑超过 24m 的体育馆、会堂、剧院等公共建筑以及高层建筑的人民防空地下室。

4. 安全出口的概念是什么？

答：凡符合有关规定的安全疏散楼梯或直通室外地平面的出口。

5. 防火分区的概念及划分原则是什么？

答：当建筑物占地面积或建筑面积过大时，如发生火灾，火场面积可能蔓延过大。这样一则损失较大，二则扑救困难。所以，应把整个建筑物用防火分隔物进行分区，使之成为面积较小的若干防火单元，称为防火分区。

防火分区的划分，主要考虑消防队的灭火实力、火灾危险性类别、建筑物耐火等级、层数及是否装有消防设施等因素。

6. 防烟分区的概念及划分原则是什么？

答：防烟分区的概念：烟气控制的主要任务就是要把火灾烟气控制在本区域之内，而不使蔓延出去，这种烟气控制区域是排烟区；对非着火区域，特别是疏散通道，烟气控制的主要任务就是防止烟气的侵入，这种烟气控制区域是防烟区；排烟区与防烟区统称为防排烟分区。

划分原则：

(1) 防烟分区不应跨越防火分区。

(2) 每个防烟分区面积，对地面建筑一般控制在 $500m^2$，个别情况下，如顶棚高度在3m 以上时，允许适当扩大，但最大不超过 $1000m^2$；对地下建筑则不应超过 $500m^2$。

(3) 通常把建筑物中的每个楼层选作分隔开的烟气控制区，但是，一个楼层包括一个以上的防烟分区。有些情况，一个烟气控制区也可能包括一个以上的楼层，但以不超过三个楼层为宜。

(4) 对有特殊用途的场所，应单独划分烟气控制区，如发生火灾时作为主要疏散通道的楼梯间、消防电梯、地下室避难层、避难间等都应单独分区。

7. 挡烟垂壁的概念是什么?

答: 挡烟垂壁是: 用不燃烧材料制成, 从顶棚下垂不小于 500mm 的固定或活动的挡烟设施。活动挡烟垂壁系指火灾时因感温、感烟或其他控制设备的作用, 自动下垂的挡烟垂壁。

8. 高层民用建筑裙房的概念是什么?

答: 高层民用建筑裙房的概念: 与高层建筑相连的建筑高度不超过 24m 的附属建筑。

9. 建筑物耐火等级的概念是什么?

答: 建筑物耐火等级的概念: 建筑物的耐火等级是衡量建筑物抵抗火烧能力的综合指标,《建筑设计规范》把建筑物的耐火等级划分为四级。

《高层建筑防火规范》把高层民用建筑的耐火等级划为一级和二级。

10. 生产、储存的火灾危险性分类是什么?

答: 生产的火灾危险性分类: 甲、乙、丙、丁、戊类, 详见《建规》表 3.1.1。储存物品的火灾危险性分类: 甲、乙、丙、丁、戊类, 详见《建规》表 4.1.1。

11. 什么是防火间距?

答: 防火间距是指某栋给定建筑物到周围其他建筑物, 或铁路、公路干线之间的防火安全距离。防火间距反映了建筑物与周围环境在防火方面的布局要求。

12. 建筑物中庭的防火技术措施有哪些?

答: 建筑物中庭的防火技术措施如下:

(1) 房间与中庭回廊相通的门, 应设自行关闭的乙级防火门。

(2) 与中庭相连的过厅、通道处, 应设防火门或防火卷帘分隔, 主要起防火分隔作用, 防止其相互蔓延扩大。

(3) 中庭每层回廊都要设自动喷水灭火设备, 以提高扑救初期火灾的实际效果。喷头要求间距不小于 2m, 也不能大于 2.8m。其主要目的是在于提高灭火和隔火的效能。

(4) 中庭每层回廊应设火灾自动报警设备, 即起到早报警、早扑救、减少火灾损失的作用。

(5) 设置排烟设施 (自然排烟、机械排烟)。

13. 烟气的产生、危害及在建筑物中的蔓延规律是什么?

答: 烟气的产生、危害及在建筑物中的蔓延规律:

(1) 烟气是指燃烧过程的一种产物。凡可燃物质, 无论是固态、液态或气态物质燃烧时都会产生烟气。

(2) 烟气的危害:

①烟气中含氧量降低;

②烟气中含有各种有毒物质;

③烟气中的悬浮微粒也是有害的, 对人身肺泡、大气有危害;

④火灾烟气具有较高的温度, 对人身也是一个很大的危害。

(3) 蔓延规律:

火灾产生的高温烟气, 因密度小于空气, 由于浮力作用向上升起, 遇到水平楼板或顶棚时, 改为水平方向继续流动, 这就形成烟气的上升及水平扩散。

建筑物内烟气扩散有三条路线:

一条：着火房间—走廊—楼梯间—上部各楼层—室外；

二条：着火房间—室外；

三条：着火房间—相邻上层房间—室外。

14. 防火门种类及分级有哪些?

答：防火门种类及分级：

按门扇数分类：有单扇门和双扇。

按门扇结构分类：有镶玻璃防火门和不镶玻璃防火门。

按开启形式分类：有平开和推拉防火门。

按材质分类：有钢质和木质防火门。

按耐火极限分成：甲级防火门（耐火时间为 1.2h）；乙级防火门（耐火时间为 0.9h）；丙级防火门（耐火时间为 0.6h）。

15. 防火卷帘有哪些种类?

答：防火卷帘的种类：

依其安装位置、形式和性能分类：

(1) 依安装建筑物位置分为外墙用和室内用钢质防火卷帘门；

(2) 按耐风压强度分类：可分为 500MPa、800MPa、1200MPa 三种；

(3) 按耐火时间分类：

① 普通型可分为耐火时间 1.5h、2.0h；

② 复合型可分为耐火时间 2.5h、3.0h。

16. 防火阀的种类及防火要求是什么?

答：防火阀的种类及防火要求：

种类：排烟阀、排烟防火阀、防火调节阀、防烟防火调节阀。

(1) 排烟阀：安装在高层建筑、地下建筑排烟系统的管道上，其基本功能要求如下：

① 感烟（温）电信号联动，阀门开启，排烟风机同时启动；

② 手动使阀门开启，排烟风机同时启动；

③ 输出阀门开启信号。

(2) 排烟防火阀：安装在有排烟防火要求的排烟系统管道上，其基本功能要求如下：

① 感烟（温）电信号联动，阀门开启，排烟风机同时启动；

② 手动使阀门开启，排烟风机同时启动；

③ 输出阀门开启信号；

④ 当排烟温度超过 280℃时熔断器熔断，使阀门关闭，排烟风机同时停机。

(3) 防火调节阀：安装在有防火要求的通风、空调系统管道上，其基本功能要求如下：

① 温度熔断器在 70℃时熔断，使阀门关闭；

② 输出阀门关闭信号，通风、空调系统风机停机；

③ 无级调节风量。

(4) 防烟防火调节阀：安装在有防火防烟要求的通风、空调系统管道上，其基本功能要求如下：

① 感烟（温）电信号联动使阀门关闭，通风空调系统风机停机；

② 手动使阀门关闭，风机停机；

③ 温度熔断器在 70℃ 时熔断，使阀门关闭；

④ 输出阀门关闭信号；

⑤ 按 90°五等分，有级调节风量。

17. 安全疏散出口的定义、数量、宽度和疏散距离要求是什么？

答：安全疏散出口的定义、数量、宽度和疏散距离要求：

（1）定义：保证人员安全疏散的楼梯或直通室外地平面的出口。

（2）数量：建筑物每个防火分区的安全出口不应少于两个。但符合下列条件之一的，可设一个安全出口。

多层建筑：

① 公共建筑和通廊式居住建筑：

a. 一个房间的面积不超过 60m²，且人数不超过 50 人时，可设一个门；位于走道尽端的房间（托儿所、幼儿园除外）内由最远一点到房门口的直线距离不超过 14m，且人数不超过 80 人时，也可设一个向外开启的门，但门的净宽不应小于 1.4m。

b. 二三层的建筑（医院、疗养院、托儿所、幼儿园除外）符合表 9-1 的要求时，可设一个疏散楼梯。

设置一个疏散楼梯的条件　　　　　　　　　　　　　　　　表 9-1

耐火等级	最多层数	每层最大建筑面积（m²）	人　数
一、二级	三层	500	第二层和第三层人数之和不超过 100 人
三级	三层	200	第二层和第三层人数之和不超过 50 人
四级	二层	200	第二层人数不超过 30 人

② 九层及九层以下，建筑面积不超过 500m² 的塔式住宅，可设一个楼梯。九层及九层以下的每层建筑面积不超过 300m²，且每层人数不超过 30 人的单元式宿舍，可设一个楼梯。

③ 地下室、半地下室面积不超过 50m²，且人数不超过 10 人时，可设一个楼梯。

高层建筑：

① 十八层及十八层以下，每层不超过 8 户、筑面积不超过 650m²，且设有一座防烟楼梯间和消防电梯的塔式住宅。

② 每个单元设有一座通向屋顶的疏散楼梯，且从第十层起每层相邻单元设有连通阳台或凹廊的单元式住宅。

③ 除地下室外的相邻两个防火分区，当防火墙上有防火门连通，且两个防火分区的建面积之和不超过下条规定的一个防火分区面积的 1.4 倍的公共建筑，如表 9-2 所列。

规定　　　　　　　　　　　　　　　　　　　　表 9-2

建筑类别	每个防火分区建筑面积（m²）	建筑类别	每个防火分区建筑面积（m²）
一类建筑	1000	地下室	500
二类建筑	1500		

注：1. 设有自动灭火系统的防火分区，其允许最大建筑面积可按表 9-2 增加 1 倍；当局部设置自动灭火系统时，增加面积可按该局部面积的 1 倍计算。

　　2. 一类建筑的电信楼，其防火分区允许最大建筑面积可按表 9-2 增加 50%。

（3）宽度：

多层建筑：

① 剧院、电影院、礼堂、体育馆等人员密集的公共场所，其观众厅内的疏散走道宽度应按其通过人数每 100 人不小于 0.6m 计算，但最小净宽度不应小于 10m，边走道宽度不宜小于 0.8m。

② 剧院、电影院、礼堂等人员密集的公共场所，观众厅内的疏散内门和观众厅外的疏散外门、楼梯和走道各自总宽度均应按不小于表 9-3 的规定计算。

影剧院等疏散走道宽度指标（m/百人）　　　　　　表 9-3

观众厅位数(个)			≤2500	≤1200
耐火等级			一、二级	三级
疏散部位	门和走道	平坡地面	0.65	0.85
		阶梯地面	0.75	1.00
	楼梯		0.75	1.00

注：有等场需要的入场门，不应作为观众厅的疏散门。

③ 体育馆观众厅的疏散门以及疏散外门、楼梯和走道各自宽度，均应按不小于表 9-4 的规定计算。

体育馆疏散走道宽度指标（m/百人）　　　　　　表 9-4

观众厅位数(个)			3000~5000	5001~10000	10001~20000
耐火等级			一、二级	一、二级	一、二级
疏散部位	门和走道	平面地面	0.43	0.37	0.32
		阶梯地面	0.5	0.43	0.37
	楼梯		0.5	0.43	0.37

注：表 9-4 中较大座位数档次按规定指标计算出来的疏散总宽度，不应小于相邻较小座位数档次按其最多座位数计算出来的疏散总宽度。

④ 学校、商店、办公楼、候车室等民用建筑底层疏散外门、楼梯、走道的各自总宽度，应通过计算确定，疏散宽度指标不应小于表 9-5 的规定。

楼梯门和走道的宽度指标（m/百人）　　　　　　表 9-5

层数　　耐火等级	一、二级	三级	四级
一、二级	0.65	0.75	1.00
三级	0.75	1.00	—
≥四级	1.00	1.25	—

注：1. 每层疏散楼梯的总宽度应按表 9-5 规定计算。当每层人数不等时，其总宽层计算，下层楼梯的总宽度应按其上层人数最多一层的人数计算。

2. 每层疏散门和走道的总宽度应按表 9-5 规定计算。

3. 底层外门的总宽度应按该层或该层以上人数最多的一层人数计算，不供楼上人员疏散的外门，可按本层的人数计算。

⑤ 疏散走道和楼梯的最小宽度不应小于 1.1m，不超过六层的单元式住宅中一边设有栏杆的疏散楼梯，其最小宽度可不小于 1m。

⑥ 人员密集的公共场所、观众厅的入场门、太平门不应设置门槛，其宽度不应小于

1.40m，紧靠门口 1.40m 内不应设置踏步。

太平门应为推闩式外开门。

人员密集的公共场所的室外疏散小巷，其宽度不应小于 3.00m。

高层建筑：

① 位于两个安全出口之间的房间，当面积不超过 60m² 时，可设置一个门，门的净宽不应小于 0.90m。位于走道尽端的房间，当面积不超过 75m² 时，可设置一个门，门的净宽不应小于 1.40m。

② 高层建筑内走道的净宽，应按通过人数每 100 人不小于 1.00m 计算；高层建筑首层疏散外门的总宽度，应按人数最多的一层每 100 人不小于 1.00m 计算。首层疏散外门和走道净宽不应小于表 9-6 规定。

首层疏散外门和走道的净宽（m）   表 9-6

高层建筑	每个外门的净宽	走道净宽	
		单面布房	双面布房
医院	1.30	1.40	1.50
居住建筑	1.10	1.20	1.30
其他	1.20	1.30	1.40

③ 疏散楼梯间及其前室的门的净宽应按通过人数每 100 人不小于 1.00m 计算，但最小净宽不应小于 0.90m。单面布置房间为住宅，其走道出垛处的最小净宽不应小于 0.90m。

④ 高层建筑内设有固定座位的观众厅、会议厅等人员密集场所，其疏散走道、出口等宽度应符合下列规定：

a. 厅内的疏散走道的净宽应按通过人数每 100 人不小于 0.8m 计算，且不小于 1.00m；边走道的最小净宽不宜小于 0.80m。

b. 厅的疏散出口和厅外疏散走道的总宽度，平坡地面应分别按通过人数每 100 人不小于 0.80m 计算。疏散出口和疏散走道的最小净宽均应不小于 1.40m。

⑤ 高层建筑地下室、半地下室的安全疏散，人员密集的厅、室疏散出口总宽度，均按其通过人数每 100 人不应小于 1.00m 计算。

⑥ 建筑物每层疏散楼梯总宽度应按其通过人数每 100 人不小于 1.00m 计算，各层人数不等时，其总宽度可分段计算，下层疏散楼梯总宽度应按其上层人数最多的一层计算。疏散楼梯的最小净宽不应小于表 9-7 规定。

疏散楼梯的最小净宽度   表 9-7

疏散楼梯的最小净高度(m)		疏散楼梯的最小净高度(m)	
高层建筑	12	居住建筑	1.10
医院病房楼	1.30	其他建筑	1.20

⑦ 室外楼梯可作为辅助的防烟楼梯，其最小净宽不应小于 0.90m，当倾斜度不大于 45 度，栏杆扶手高度不小于 1.10m 时，室外楼梯宽度可计入疏散楼梯总宽度内。

（4）疏散距离：

多层建筑：

民用建筑的安全疏散距离应符合下列要求：

① 直接通向公共走道的房间门至最近的外部出口或封闭楼梯间的距离，应符合表 9-8 规定。

多层建筑安全疏散距离　　　　　　　表 9-8

名称	房门至外部出口或封闭楼梯间的最大距离(m)					
	位于两个外部出口或楼梯间的房间			位于袋形走道到两侧或尽端的房间		
	耐火等级			耐火等级		
	一、二级	三级	四级	一、二级	三级	四级
托儿所、幼儿园	25	20	—	20	15	
医院、疗养院	35	30	—	20	15	
学校	35	30	—	20	20	
其他民用建筑	40	35	25	20	20	15

注：1. 敞开式外廊建筑的房间门至外部出口或楼梯间的最大距离可按表 9-8 增加 5m。
　　2. 设有自动喷水灭火系统的建筑物，其安全疏散距离可按表 9-8 规定增加 25%。

② 房间的门至最近的非封闭楼梯间的距离，如房间位于两个楼梯间之间时，应按 9—8 减少 5.00m；如房间位于袋形走道或尽端时，应按上表 9-8 减少 2.00m。楼梯间的首层应设置直接对外的出口，当层数不超过四层时，可将对外出口设置在离楼梯间不超过 15m 处。

③ 不论采取何种形式的楼梯间，房间内最远一点到房门的距离，不应超过表 9-8 中规定的袋形走道两侧或尽端的房间从房门到外部出口或楼梯间的最大距离。

高层建筑：

① 高层建筑的安全出口应分散布置，两个安全出口之间的距离不应小于 5m。安全疏散距离应符合表 9-9 规定。

高层建筑安全疏散距离　　　　　　　表 9-9

高层建筑		房间门或住宅户门至最近的外部出口或楼梯间的最大距离(m)	
		位于两个安全出口之间的房间	位于袋形走道到两侧或尽头的房间
医院	病房部分	24	12
	其他部分	30	15
旅馆、展览楼、教学楼		30	15
其他		40	20

② 跃廊式住宅的安全疏散距离，应从户门算起，小楼梯的一段距离按其 1.5 倍水平投影计算。

③ 高层建筑内的观众厅、展览厅、多功能厅、餐厅、营业厅和阅览室等，其室内任何一点至房门的直线距离不宜超过 30m；其他房间内最远一点至房门的直线距离不宜超过 15m。

18. 避难层、避难间的要求是什么？

答：避难层、避难间的要求：

建筑高度超过 100m 的公共建筑，应设置避难层（间），并应符合下列规定：

（1）避难层的设置，自高层建筑首层至第一个避难层或两个避难层之间，不宜超过 15 层。

（2）通向避难层的防烟楼梯应在避难层分隔，同层错位或上下层断开，但人员均必须经避难层方能上下。

（3）避难层的净面积应能满足设计避难人员避难的要求，并宜按 5 人/m^2 计算。

（4）避难层可兼作设备层，但设备管道宜集中布置。

（5）避难层应设消防电梯出口。

（6）避难层应设消防专线电话，并应设有消火栓和消防卷盘。

（7）封闭式避难层应设独立的防烟设施。

（8）避难层应设有应急广播和应急照明，其供电时间不应少于 1h，照度不应低于 1.001x。

19. 消防电梯的基本要求是什么？

答：消防电梯的基本要求：

（1）下列高层建筑应设消防电梯：

① 一类公共建筑。

② 塔式住宅。

③ 12 层及 12 层以上的单元式住宅和通廊式住宅。

④ 高度超过 32m 的其他二类公共建筑。

（2）高层建筑消防电梯的设置数量应符合下列规定：

① 当每层建筑面积不大于 1500m^2 时，应设 1 台。

② 当每层建筑面积大于 1500m^2，但不大于 4500m^2 时，应设 2 台。

③ 当每层建筑面积大于 4500m^2 时，应设 3 台。

④ 消防电梯可与客梯或工作电梯兼用，但应符合消防电梯的要求。

（3）消防电梯的设置应符合下列规定：

① 消防电梯宜分别设在不同的防火分区内。

② 消防电梯应设前室，其面积：居住建筑不应小于 4.50m^2，公共建筑不应小于 6.00m^2。

当与防烟楼梯间合用前室时，其面积：居住面积不应小于 6.00m^2，公共建筑不应小于 10.00m^2。

③ 消防电梯前室依靠外墙设置，在首层应设直通室外的出口或经过长度不超过 30m 的通道通向室外。

④ 消防电梯前室的门，应采用乙级防火门或具有停滞功能的防火卷帘。

⑤ 消防电梯的载重量不应小于 800kg。

⑥ 消防电梯井、机房与相邻其他电梯井机房之间，应采用耐火极限不少于 2h 的隔墙隔开，当在隔墙上开门时，应设甲级防火门。

⑦ 消防电梯的行驶速度，应按从首层到顶层的运行时间不超过 60s 确定。

⑧ 消防电梯轿厢的内装修应采用不燃烧材料。

⑨ 动力与控制电缆、电线应采取防水措施。

⑩ 消防电梯轿厢内应设专用电话，并应在首层设供消防队员专用的操作按钮。

⑪ 消防电梯间前室门口宜设挡水设施。

消防电梯的井底应设排水设施，排水井容量不应小于 2.00m³，排水泵的排水量不应小于 10L/s。

20. 锅炉房、自备发电机房的防火要求是什么？

答：锅炉房、自备发电机房的防火要求：

（1）燃油和燃气的锅炉、可燃油油浸电力变压器、充有可燃油的高压电容器和多油开关等宜设置在高层建筑外的专用房间内。

除液化石油气作燃料的锅炉外，当上述设备受条件限制必须布置在高层建筑或裙房内时，其锅炉的总蒸发量不应超过 6.00t/h，且单台锅炉蒸发量不应超过 2.00t/h；可燃油油浸电力变压器总容量不应超过 1260kV·A，单台容量不应超过 630kV·A，并应符合下列规定：

① 不应布置在人员密集场所的上 1 层、下 1 层或贴邻，并采用无门窗洞口的耐火极限不少于 2h 的隔墙和 1.5h 的楼板与其他部位隔开。当必须开门时，应设甲级防火门。

② 锅炉房、变压器室，应布置在首层或地下一层靠外墙部位，并应设直接对外的安全出口。外墙开口部位的上方，应设置宽度不小于 1.00m 不燃烧体的防火挑檐。

③ 应设置火灾自动报警系统和自动灭火系统。

（2）柴油发电机房可布置在高层建筑、裙房的首层或地下 1 层，并应符合下列规定：

① 柴油发电机房应采用耐火极限不少于 2h 的隔墙和 1.5h 的楼板与其他部位隔开。

② 柴油发电机房内应设置储油间，其总储存量不应超过 8h 的需要量，储油间应采用防火墙与发电机间隔开；当必须在防火墙上开门时，应设置能自行关闭的甲级防火门。

③ 应设置火灾自动报警系统和自动灭火系统。

21. 经公安消防机构审核的建筑工程消防设计需要变更的，应当报经什么机构核准。

答：由原审核的公安消防机构核准。

22. 火灾发生后，如果逃生之路已被切断，应怎么办？

答：应退回室内，关闭通往燃烧房间的门窗，并向门窗上泼水，延缓火势发展，同时打开未受烟火威胁的窗户，发出求救信号。

23. 如何防止火灾？

答：有效地管理好可燃物，控制火源，避免火源、可燃物、助燃物三者间的相互作用。

24. 可燃物的种类有哪些？各举一例。

答：固体可燃物。如：木材、纸张、布匹等。可燃液体。如：汽油、油漆、酒精等。可燃气体。如：煤气、天然气、液化石油气、乙炔气等。

25. "严禁烟火"的标志通常出现在哪些地方？

答：火灾危险性大的部位；重要的场所；物资集中，发生火灾损失大的地方；人员集中，发生火灾伤亡大的场所。

26. 在防火重点部位我们应注意哪些方面？

答：不在这些场所吸烟和随意使用明火；不将易燃易爆物品带入防火重点部位；严格遵守各种安全标志、消防标志的要求，遵守各项防火安全制度，服从消防保卫人员的管理；劝阻违章人员、制止违章行为。维护防火重点部位的消防安全。

27. 泡沫灭火器主要用于扑救哪些火灾？

答：扑救汽油、煤油、柴油和木材等引起的火灾。

28. 干粉火火器主要用于扑救哪些火灾？

答：用于扑救石油及其产品、可燃气体、电器设备的初起火灾。

29. 1211 灭火器主要用于扑救哪些火灾？

答：用于扑灭油类、电器、精密仪器、仪表、图书资料等火灾。

30. 四氯化碳灭火器主要用于扑救哪些火灾？

答：主要用于扑救电器设备火灾。

31. 我国《消防法》何时实行？全国消防宣传日是哪一天？

答：1998 年 9 月 1 日实行。1998 年 11 月 9 日为全国消防宣传日。

32. 火源大致包括哪几类？各举一例。

答：明火：如火柴、燃气炉、热水器等。生产性火源：如电焊、汽车发动机、工业锅炉等。自然火源：雷电、静电等。

33. 火警电话、交通事故报警台、急救电话各是什么？

答：火警电话 119，交通事故报警 122，急求电话 120。

34. 1211 灭火器多长时间检查一次总重量，下降多少，就要灌装充气？

答：每半年检查一次总重量，下降十分之一时需灌装充气。

35. 建筑物起火后多少分钟内是灭火的最好时间？

答：5～7min 内是灭火的最好时间。

36. 发生火灾时，基本的正确应变措施是什么？

答：发出警报，疏散，在安全情况下设法扑救。

37. 如果因电器引起火灾，在许可的情况下，首先应怎样做？

答：关闭电源开关，切断电源；用细土、沙土、四氯化碳或 1211 火火器进行灭火。

38. 火灾逃生的四个要点是什么？

答：防烟熏；果断迅速逃离火场；寻找逃生之路；等待他救。

39. 火灾致人死亡的主要原因有哪些？

答：有毒气体中毒，如一氧化碳；缺氧、窒息；烧伤致死；吸入热气。

40. 电话报火灾时应注意什么？

答：要讲清楚起火单位、详细地址、着火情况、什么物品着火、有无爆炸危险、是否有人被困及报警用的电话号码和报警人的姓名等。

41. 报完火警后怎么办？

答：派人到单位门口、街道交叉路口等候消防车，并带领消防车迅速赶到火场。

42. 火灾蔓延的方式有哪几种？

答：热传导、热辐射、热对流。

43. 大部分的火灾死亡是由于什么原因造成的？

答：因缺氧窒息或中毒死亡。

44. 公共场所的防火规定有哪些？

答：不在公共场所内吸烟和使用明火；不带烟花、爆竹、酒精、汽油等易燃易爆危险物品进入公共场所；车辆、物品不紧贴或压占消防设施，不应堵塞消防通道，严禁挪用消防器材，不得损坏消火栓、防火门、火灾报警器、火灾喷淋等设施；学会识别安全标志，熟悉安全通道；发生火灾时，应服从公共场所管理人员的统一指挥，有序地疏散到安全地带。

第三部分　消防电气基础知识

1. 消防供电负荷等级要求有哪些？

答：（1）消防控制室、消防水泵、消防电梯、防排烟设施、火灾自动报警、自动灭火装置、火灾应急照明和电动防火门窗、卷帘、阀门等消防用电，一类建筑应按一级负荷要求供电。一级负荷应由两个电源供电，当一个电源发生故障时，另一个电源应不致同时受到损坏。二类建筑的上述消防用电，应按二级负荷的两回线路要求供电。二级负荷的供电系统应做到当电力变压器发生故障或线路常见故障时不致中断供电。

（2）建筑物、储罐、堆场的消防用电设备，其电源应符合下列要求：

① 建筑高度超过 50m 的乙、丙类厂房和丙类库房，其消防用电设备应按一级负荷供电。

② 下列建筑物、储罐和堆场的消防用电，应按二级负荷供电：

a. 室外消防用水量超过 30L/s 的工厂、仓库；

b. 室外消防用水量超过 35L/s 的易燃材料堆场、甲类和乙类液体储罐或储罐区；

c. 超过 1500 个座位的电影院、超过 3000 个座位的体育馆、每层面积超过 3000m² 的百货楼、展览楼和室外消防用水量超过 25L/s 的其他公共建筑。

（3）按一级负荷供电的建筑物，当供电不满足要求时，应设自备发电设备。

（4）除前（1）和（2）外的民用建筑物、储罐和露天堆场等的消防用电，可采用三级负荷供电。

2. 消防配电线路有哪些防火要求？

答：（1）当采用暗敷设时，应设在不燃烧体结构内，且保护层厚度不应小于 30mm。

（2）当采用明敷设时，应采用金属管或金属线槽上涂防火涂料保护。

（3）当采用绝缘和护套为不延燃材料的电缆时，可不穿金属管保护，但应敷设在电缆井内。

3. 一般配电线路的防火要求是什么？

答：（1）配电线路不应敷设在可燃物体上，否则应采取隔热措施。

（2）配电线路的保护管应为非燃或阻燃管。

（3）敷设在高温环境的配电线路应采取防护措施。

（4）爆炸和火灾危险环境的配电线路应按《爆炸和火灾危险环境电力装置设计规范》采取防护措施。

（5）配电线路应按有关规程要求设置短路、过载保护和接地故障保护。

（6）见民用建筑防火规范第 10.2.1～第 10.2.3 条。

4. 照明设计的防火要求包括哪些内容？

答：（1）照明器表面高温部位靠近可燃物体时，应采取隔热、散热等防火保护措施。

卤钨灯和额定功率为 100W 及 100W 以上的白炽灯泡的吸顶灯、槽灯、嵌入式灯的引入线应采用瓷管、石棉、玻璃纤维等非燃烧材料作隔热保护。

（2）超过 60W 的白炽灯、卤钨灯、荧光高压汞灯（包括镇流器）等不应直接安装在可燃装修或可燃构件上。

可燃物品库房不应设置卤钨灯等高温照明器。

详见高层建筑防火规范第 9.3.1 及 9.3.2 条。

5. 爆炸性气体环境危险区域划分、危险区域的范围及电气装置选型有什么要求？

答：（1）爆炸性气体环境危险区域划分：

爆炸性气体、可燃蒸气与空气混合形成爆炸性气体混合物的场所，按其危险程度的大小分为三个区域等级。

① 0 区：连续出现或长期出现爆炸性气体混合物的环境。

② 1 区：在正常运行时可能出现爆炸性气体混合物的环境。

③ 2 区：在正常运行时不可能出现爆炸性气体混合物的环境，或即使出现也仅是短时存在的爆炸气体混合物的环境。

爆炸危险区域的划分应按释放源级别和通风条件确定，并应符合下列规定：

① 首先按下列释放源的级别划分区域：

a. 存在连续级释放源的区域可划分为 0 区；

b. 存在第一级释放源的区域可划分为 1 区；

c. 存在第二级释放源的区域可划分为 2 区。

② 根据通风条件调整区域划分：

a. 当通风良好时，应降低爆炸危险区域等级；当通风不良时应提高爆炸危险区域等级；

b. 局部机械通风在降低爆炸性气体混合物浓度方面比自然通风和一般机械通风更为有效时，可采用局部机械通风降低爆炸危险区域等级；

c. 在障碍物、凹坑和死角处，应局部提高爆炸危险区域等级；

d. 利用堤或墙等障碍物，限制比空气重的爆炸性气体混合物的扩散，可缩小爆炸危险区域的范围。

（2）危险区域的范围：

① 爆炸危险区域的范围应根据释放源的级别和位置、易燃物质的性质、通风条件、障碍物及生产条件、运行经验，经技术经济比较综合确定。

② 建筑物内部，宜以厂房为单位划定爆炸危险区域的范围。但也应根据生产的具体情况，当厂房内空间大，释放源释放的易燃物质量少时，可按厂房内部分空间划定爆炸危险区域的范围，并应符合下列规定：

a. 当厂房内具有比空气重的易燃物质时，厂房内通风换气次数不应少于 2 次/h，且换气不受阻碍；厂房地面上高度 1m 以内容积的空气与释放至厂房内的易燃物质所形成的爆炸性气体混合浓度应小于爆炸下限。

b. 当厂房内具有比空气轻的易燃物质时，厂房平屋顶平面以下 1m 高度内，或圆顶、斜顶的最高点以下 2m 高度内容积的空气与释放至厂房内的易燃物质形成的爆炸性气体混合物的浓度应小于爆炸下限。

c. 当易燃物质可能大量释放并扩散到 15m 以外时，爆炸危险区域的范围应划分附加 2 区。

d. 在物料操作温度高于可燃液体闪点的情况下，可燃液体可能泄漏时，爆炸危险区域的范围可适当缩小。

（3）电气装置选型的要求：

① 根据爆炸危险区域的分区、电气设备的种类和防爆结构的要求，应选择相应的电气设备。

② 选用的防爆电气设备的级别和组别，不应低于爆炸性气体环境内爆炸性气体混合物的级别和组别。当存在有两种以上易燃性物质形成的爆炸性气体混合物时，应按危险程度较高的级别和组别选用防爆电气设备。

③ 爆炸危险区域内的电气设备，应符合周围环境内化学的、机械的、热的、霉菌以及风沙等不同环境条件对电气设备的要求。电气设备结构应满足电气设备在规定的运行条件下不降低防爆性能的要求。

还应熟悉防爆规范表 2.5.3-1～表 2.5.3-5。

6. 爆炸性粉尘环境危险区域划分、危险区域的范围及电气装置选型的要求是什么？

答：（1）爆炸性粉尘环境危险区域划分：

爆炸性粉尘应根据爆炸性粉尘混合物出现的频繁程度和持续时间，按下列规定进行分区。

① 10 区：连续出现或长期出现爆炸性粉尘的环境。

② 11 区：有时会将积留下的粉尘扬起而偶然出现爆炸性粉尘混合物的环境。

爆炸危险区域的划分应按爆炸性粉尘的量、爆炸极限和通风条件确定。

（2）危险区域的范围：

① 爆炸性粉尘环境的范围，应根据爆炸性粉尘的量、释放率、浓度和物理特性，以及同类企业相似厂房的实践经验等确定。

② 爆炸性粉尘环境在建筑物内部，宜以厂房为单位确定范围。

（3）电气装置选型的要求：

除可燃性非导电粉尘和可燃纤维的 11 区环境采用防尘结构（标志为 DP）的粉尘防爆电气设备外，爆炸性粉尘环境 10 区及其他爆炸性粉尘环境 11 区均采用尘密结构（标志为 DT）的粉尘防爆电气设备，并按照粉尘的不同引燃温度选择不同引燃温度组别的电气设备。

7. 火灾危险环境危险区域划分、电气装置选型的要求是什么？

答：（1）火灾危险区域划分：

火灾危险环境应根据火灾事故发生的可能性和后果，以及危险程度及物质状态的不同，按下列规定进行分区。

① 21 区：具有闪点高于环境温度的可燃液体，在数量和配置上能引起火灾危险的环境。

② 22 区：具有悬浮状、堆积状的可燃粉尘或可燃纤维，虽不可能形成爆炸混合物，但在数量和配置上能引起火灾危险的环境。

③ 23 区：具有固体状可燃物质、可燃纤维，在数量和配置上能引起火灾危险的

环境。

（2）电气装置选型的要求：

① 火灾危险环境的电气设备和线路，应符合周围环境内化学的、机械的、热的、霉菌以及风沙等环境条件对电气设备的要求。

② 在火灾危险环境内，正常运行时有火花的和外壳表面温度较高的电气设备，应远离可燃物质。

③ 在火灾危险环境内，不宜使用电热器。当生产要求必须使用电热器时，应将其安装在非燃材料的底板上。

④ 在火灾危险环境内，应根据区域等级和使用条件，选择相应类型的电气设备。

8. 建筑物防雷、防静电基本要求包括哪些内容？

答：（1）首先确定建筑物的使用性质、重要性、发生雷电事故的可能性和后果，按防雷要求分为三类。各类防雷建筑物应采取防直击雷和防雷电波侵入的措施。有爆炸危险环境的建筑物尚应采取防雷电感应的措施。装有防雷装置的建筑物，在防雷装置与其他设施和建筑物内人员无法隔离的情况下，应采取等电位联结。

应熟悉各级防雷的适用范围和基本防雷措施，见国家防雷规范。

（2）防静电的基本要求：

爆炸和火灾危险环境中的各类机组、电力装置、输送爆炸和火灾危险物质的金属管道等应作防静电接地。

接地措施：在需要设置防静电接地的场所设专用的接地干线，并将需要作防静电的设备用专用的接地线与接地干线连接。接地干线应有两点与接地装置直接连接，专用防静电接地装置的接地电阻应小于 100Ω，采用联合接地时，应按最小接地电阻确定。

9. 火灾事故照明的设置场有哪些？

答：（1）楼梯间、防烟楼梯间前室、消防电梯间及其前室、合用前室和避难层。

（2）配电室、消防控制室、消防水泵房、防烟排烟机房、自备发电机房、供消防用电的蓄电池室、电话机旁、总机房以及发生火灾时仍需坚持工作的其他房间。

（3）观众厅、展览厅、多功能厅、餐厅和商业厅等人员密集的场所。

第四部分　火灾自动报警系统设计和施工要求

1. 火灾自动报警系统的设置场所有哪些？

答：火灾自动报警系统的设置场所有：

（1）建筑高度超过 100m 的高层建筑，除面积小于 $5.00m^2$ 的厕所、卫生间外，均应设火灾自动报警系统。

（2）除普通住宅外，建筑高度不超过 100m 的一类高层建筑的下列部位应设置火灾自动报警系统：

① 医院病房楼的病房、贵重医疗设备室、病历档案室、药品库。

② 高级旅馆的客房和公共活动用房。

③ 商业楼、商住楼的营业厅，展览楼的展览厅。

④ 电信楼、邮政楼的重要机房和重要房间。

⑤ 财贸金融楼的办公室、营业厅、票证库。

⑥ 广播电视楼的演播室、播音室、录音室、节目播出技术用房、道具布景。

⑦ 电力调度楼、防灾指挥调度楼的微波机房、计算机房、控制机房、动力机房。

⑧ 图书馆的阅览室、办公室、书库。

⑨ 办公楼的办公室、会议室、档案室。

⑩ 走道、门厅、可燃物品库房、空调机房、配电室、自备发电机房。

⑪ 净高超过 2.60m 且可燃物较多的技术夹层。

⑫ 贵重设备间和火灾危险性较大的房间。

⑬ 经常有人停留或可燃物较多的地下室。

⑭ 电子计算机房的主机室、控制室、纸库、磁带库。

（3）二类高层建筑的下列部位应设火灾自动报警系统：

① 财贸金融楼的办公室、营业厅、票证库。

② 电子计算机房的主机室、控制室、纸库、磁带库。

③ 面积大于 $50m^2$ 的可燃品库房。

④ 面积大于 $500m^2$ 的营业厅。

⑤ 经常有人停留或可燃物较多的地下室。

⑥ 性质重要或有贵重物品的房间。

（4）低层建筑的下列部位应设火灾自动报警装置：

① 大中型电子计算机房，特殊贵重的机器、仪表、仪器设备室，贵重物品库房，每座占地面积超过 $1000m^2$ 的棉、毛、丝、麻、化纤及其织物库房，设有卤代烷、二氧化碳等固定灭火装置的其他房间，广播、电信楼的重要机房，火灾危险性大的重要实验室。

② 图书、文物珍藏库，每座藏书超过 100 万册的书库，重要的档案、资料库，占地面积超过 $500m^2$ 或总建筑面积超过 $1000m^2$ 的卷烟库房。

③ 超过 3000 个座位的体育馆观众厅，有可燃物的吊顶内及其电信设备室，每层面积超过 $3000m^2$ 的百货楼、展览楼和高级旅馆等。

2. 火灾探测器的种类有哪些？各类探测器有哪些特点？

答：

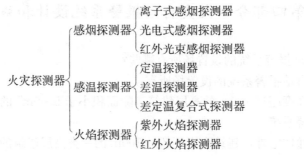

特点：

离子式感烟探测器——无论是对低温燃烧阶段的大颗粒烟雾，还是对开放性火灾时的小颗粒烟雾，都有恒定的灵敏度，因此有较宽的响应范围，对火灾的烟雾进行及早识别，其使用范围也最普及最广泛。

光电式感烟探测器——它的优点在于对燃烧过程中产生烟雾的火灾反应非常快，适用于火势蔓延前产生可见烟雾，火灾危险性大的场所。敏感元件的寿命较离子式感烟探测器短。

红外光束感烟探测器——红外线光束传播具有直线性，其保护范围为具有一定水平展开角和垂直展开角的空间，适用于大型对红外线光束无遮挡空间的库房。

感温探测器——在火灾产生一定温度时报警，但火灾已引起物质上的损失。感温探测器工作比较稳定，不受非火灾性烟尘雾气等干扰，适用正常情况下有烟雾、粉尘等的场所。凡不宜采用感烟探测器的场所，并允许产生一定损失、非爆炸性的场所，均可采用感温探测器。

定温探测器——对超过所调定的温度界限的环境进行报警，适用于常温和环境温度梯度较大、变化区间较小的场所，允许正常情况下温度有较大变化而工作比较稳定，但火灾引起的损失较大。

差温探测器——以环境温度升高速率为其动作报警参数，适用于常温和环境温度梯度较小、变化区间较大的场所。

差定温复合式探测器——具有感温探测器的所有优点而又比其可靠。

火焰探测器——主要是用来感应扩散火焰燃烧所产生的光辐射能量，感应火焰所发生的光照强度和火焰的闪烁频率。它主要用于预先没有烟雾产生而立即形成开放性火焰的火灾探测，它比感温探测器能更早地报警。紫外火焰探测器须安装在距被监视对象较近的地方，红外火焰探测器可以距光源高较远，通常用于易燃液体的仓库。

3. 火灾自动报警系统有哪几类？其各自组成如何？

答：火灾自动报警系统的类型有以下三种基本形式：

（1）区域报警系统

由火灾报测器、手动报警按钮、区域火灾报警控制器（不超过两台）、火灾警报装置及电源组成。

（2）集中报警系统

由火灾探测器、手动报警按钮、区域火灾报警控制器（两台以上）、集中火灾报警控制器、火灾警报装置及电源组成。

（3）控制中心报警系统

由火灾探测器、手动报警按钮、区域火灾报警控制器、集中火灾报警控制器（至少1台）、消防控制设备、火灾警报装置、消防通讯、火灾事故照明、火灾事故广播、联动控制装置、固定灭火系统控制装置及电源组成。

4. 火灾事故广播的设置场所有哪些？

答：控制中心报警系统应设火灾事故广播，集中报警系统宜设火灾事故广播。

扬声器应设置在走道和大厅等人员密集的公共场所，其数量应能保证从本层任何部位到最近一个扬声器的步行距离不超过 25m。

5. 什么是报警区域和探测区域？

答：（1）报警区域：将火灾自动报警系统警戒的范围按防火分区或楼层划分的单元。

（2）探测区域：将报警区域按部位划分的单元。

6. 报警区域和探测区域如何划分？

答：（1）报警区域：报警区域应按防火分区或楼层划分，一个报警区域宜由一个防火分区或同层的几个防火分区组成。

（2）探测区域：

① 一般情况下：探测区域应按独立房（套）间划分。一个探测区域的面积不宜超过500m²。从主要出入口能看清其内部，且面积不超过1000m² 的房间，也可划为一个探测区域。

② 符合下列条件之一的非重点保护建筑可将数个房间划为一个探测区域：

a. 相邻房间不超过五个，总建筑面积不超过 400m²，并在每个门口设有灯光显示装置；

b. 相邻房间不超过十个，总建筑面积不超过 1000m²，在每个房间门口均能看清其内部，并在门口设有灯光显示装置。

③ 下列场所应分别单独划分探测区域：

a. 敞开或封闭楼梯间；

b. 防烟楼梯间前室、消防电梯前室、消防电梯与防烟楼梯间合用的前室；

c. 走道、坡道、管道井和电缆隧道；

d. 建筑物闷顶、夹层。

7. 区域报警系统设计有哪些要求？

答：区域报警系统的设计应符合下列要求：

（1）一个报警区域宜设置一台区域报警控制器，系统中区域报警控制器不应超过三台；

（2）当用一台区域报警控制器警戒数个楼层时，应在每个楼梯口明显部位装设识别楼层的灯光显示装置；

（3）区域报警控制器安装在墙上时其底边距地面的高度不应小于 1.5m，靠近其门轴的侧面距墙不应小于 0.5m，正面操作距离不应小于 1.2m；

（4）区域报警控制器宜设在有人值班的房间或场所。

8. 集中报警系统的设计有什么要求？

答：集中报警系统的设计应符合下列要求：

（1）系统中设有一台集中报警控制器和二台以上区域报警控制器；

（2）集中报警控制器需从后面检修时，其后面板距墙不应小于 1.0m；当其中一侧靠墙安装时，另一侧距墙不应小于 1m；

（3）集中报警控制器的正面操作距离。当设备单列布置时不应小于 1.5m，双列布置时不应小于 2m；在值班人员经常工作的一面，控制盘距墙不应小于 3m；

（4）集中报警控制器应设置在有人值班的专用房间或消防值班室内；

（5）区域报警控制器的设置应符合《火灾自动报警系统设计规范》第 3.2.2 条有关要求。

9. 控制中心报警系统的设计有哪些要求？

答：控制中心报警系统设计有下列要求：

（1）系统中应至少设置一台集中报警控制器和必要的消防控制设备。

（2）设在消防控制室以外的集中报警控制器，均应将火灾报警信号和消防联动控制信号送消防控制室。

（3）集中及区域报警控制器的设置，应符合以下要求：

① 一个报警区域宜设置一台区域报警控制器。

② 当用一台区域报警控制器警戒数个楼层时，应在每层楼梯口明显部位装设识别楼层的灯光显示器。

③ 区域报警器安装在墙上时，其底边距地面的高度不应小于 1.5m，靠近其门轴的侧面距墙不应小于 0.5m，操作正面不应小于 1.2m。

④ 区域报警控制器设在有人值班的房间或场所。

⑤ 集中报警控制器从后面检修时，其后面板距墙不小于 1m，当一侧靠墙安装时，另一侧不应小于 1m。

⑥ 集中控制器正面操作距离，当设备单列布置时，不应小于 1.5m，双列布置时不应小于 2m，控制盘排列长度大于 4m 时，两端设不小于 1m 的通道。在值班人员经常工作的一面，控制盘距墙不应小于 3m。

⑦ 集中报警控制器应设置在有人值班的专用房间或消防值班室内。

10. 什么是火灾探测器布置间距、保护面积和保护半径？

答：布置间距：两个相邻火灾探测器中心之间的水平距离。

保护面积：一只火灾探测器能有效探测的地面面积。

保护半径：一只火灾探测器能有效探测的单向最大水平距离。

注：应了解与探测器布置、保护半径和保护面积有关的问题，如：地面面积、高度、屋顶坡度、梁等。

11. 选择探测器类型的基本原则是什么？

答：（1）火灾初期有阴燃阶段，产生大量的烟和少量的热，很少或没有火焰辐射，应选用感烟探测器。

（2）火灾发展迅速，产生大量的热、烟和火焰辐射的可选用火焰探测器。

（3）火灾发展迅速，有强烈的火焰辐射和少量的烟、热的应选用火焰探测器。

（4）火焰形成特点不可预料，可进行模拟试验，根据试验结果选择探测器。

12. 手动火灾报警按钮的布置有什么要求？

答：（1）报警区域内每个防火分区，应至少设置一只手动火灾报警按钮，从一个防火分区内的任一位置到最近的一个手动火灾报警按钮的步行距离不应大于 30m。

（2）手动火灾报警按钮应设置在明显和便于操作的部位，安装在墙上距地（楼）面高度 1.5m 处，且应有明显的标志。

13. 火灾事故广播设计有什么要求？

答：（1）控制中心报警系统应设置火灾事故广播，集中报警系统宜设置火灾事故广播；

（2）火灾事故广播扬声器的设置应符合下列要求：

① 民用建筑内扬声器应设置在走道和大厅等公共场所，其数量应能保证从本层任何部位到最近一个扬声器的步行距离不超过 25m，每个扬声器的功率不应小于 3W；

② 工业建筑内设置的扬声器，在其播放范围内最远点的播放声压级应高于背景噪声。

（3）火灾事故广播与广播音响系统使用时应符合下列要求：

① 火灾时应能在消防控制室将火灾疏散层的扬声器和广播音响扩音机强制转入火灾

事故广播状态；

② 床头控制柜内设置的扬声器应有火灾事故广播功能；

③ 消防控制室应能显示火灾事故广播扩音机的工作状态，并能用话筒播音；

（4）火灾事故广播设备用扩音机，其容量不应小于火灾事故广播扬声器容量较大的 3 层扬声器容量的总和。

14. 消防控制室的设计有什么要求？

答：（1）消防控制室的设置应符合国家现行的有关建筑设计防火规范的规定。

（2）设有火灾自动报警装置和自动灭火装置的建筑，宜设消防控制室。独立设置的消防控制室，其耐火等级不应低于二级。附设在建筑物内的消防控制室，宜设在建筑物内的底层或地下 1 层，应采用耐火极限分别不少于 3h 的隔墙和 2h 的楼板，并与其他部位隔开和设置直通室外的安全出口。

（3）消防控制室的门应向疏散方向开启，并应在入口处设置明显的标志。

（4）消防控制室内应有显示被保护建筑的重点部位、疏散通道及消防设备所在位置的平面图或模拟图等。

（5）消防控制室的送、回风管在其穿墙处应设有防火阀。

（6）消防控制室内严禁与其无关的电气线路及管路穿过。

15. 消防控制设备由什么组成？

答：消防控制设备根据需要可由下列部分或全部控制装置组成：

（1）集中报警控制器；

（2）室内消火栓系统的控制装置；

（3）自动喷水灭火系统的控制装置；

（4）泡沫、干粉灭火系统的控制装置；

（5）卤代烷、二氧化碳等管网灭火系统的控制装置；

（6）电动防火门、防火卷帘的控制装置；

（7）通风空调、防排烟设备及电动防火阀的控制装置；

（8）电梯控制装置；

（9）火灾事故广播设备控制装置；

（10）消防通讯设备等。

16. 消防控制设备应具备哪些控制和显示功能？

答：（1）消防控制设备对室内消火栓系统应有下列控制、显示功能：

① 控制消防水泵的启、停；

② 显示启泵按钮启动的位置；

③ 显示消防水泵的工作、故障状态。

（2）消防控制设备对自动喷水灭火系统应有下列控制、显示功能：

① 控制系统的启、停；

② 显示报警阀、闸阀及水流指示器的工作状态；

③ 显示消防水泵的工作、故障状态。

（3）消防控制设备对泡沫、干粉灭火系统应有下列控制、显示功能：

① 控制系统的启、停；

② 显示系统的工作状态。

（4）消防设备对有管网的卤代烷、二氧化碳等灭火系统应有下列控制、显示功能：

① 控制系统的紧急启动和切断装置；

② 由火灾探测器联动的控制设备应具有30s可调的延时装置；

③ 显示系统的手动、自动工作状态；

④ 在报警、喷射各阶段，控制室应有相应的声、光报警信号，并能手动切除声响信号；

⑤ 在延时阶段，应能自动关闭防火门、窗，停止通风、空气调节系统。

（5）火灾报警后，消防控制设备对联动控制对象应有下列功能：

① 停止有关部位的风机，关闭防火阀，并接收其反馈信号；

② 启动有关部位的防烟和排烟风机（包括正压送风机）、排烟阀，并接收其反馈信号。

（6）火灾确认后，消防控制设备对联动控制对象应有下列功能：

① 关闭有关部位的防火门、防火卷帘，并接收其反馈信号；

② 发出控制信号，强制电梯全部停于首层，并接收其反馈信号；

③ 接通火灾事故照明灯和疏散指示灯；

④ 切断有关部位的非消防电源。

（7）火灾确认后，消防控制设备应按疏散顺序接通火灾报警装置和火灾事故广播，警报装置的控制程序应符合下列要求：

① 2层及2层以上楼层发生火灾，宜先接通着火层及其相邻的上、下层；

② 首层发生火灾，宜先接通本层、2层及地下各层；

③ 地下室发生火灾，宜先接通地下各层及首层。

（8）消防控制室的消防通讯设备应符合下列要求：

① 消防控制室与值班室、消防水泵房、配电室、通风空调机房、电梯机房、区域报警控制器及卤代烷等管网灭火系统应急操作装置处应设置固定的对讲电话；

② 手动报警按钮处宜设置对讲电话插孔；

③ 消防控制室内应设置向当地公安消防部门直接报警的外线电话。

17. 火灾报警系统的供电有什么要求？

答：火灾自动报警系统应设有主电源及直流备用电源，火灾自动报警系统的主电源应采用消防电源，直流备用电源宜采用火灾自动报警控制器的专用电源。当直流备用电源采用消防系统集中设置的蓄电池时，火灾自动报警控制器应采用单独的供电回路，并能保证在消防系统处于最大负荷状态下不影响报警控制器的正常工作。

18. 消防控制设备工作接地有什么要求？

答：（1）消防控制设备工作接地电阻值应小于4Ω；

（2）采用联合接地时，接地电阻应小于1Ω；

（3）当采用联合接地时，应采用专用接地干线由消防控制室引至接地体。专用接地干线应采用铜芯绝缘导线或电缆，其线芯截面积不应小于16mm²。

（4）由消防控制室接地板引至各消防设备的接地线，应采用铜芯绝缘软线，其线芯截面积不应小于4mm²。

19. 报警传输线路导线截面有什么要求？

答：火灾自动报警系统传输线路应采用铜芯绝缘导线，其线芯截面选择除满足报警装置技术条件的要求外尚应满足机械强度的要求，其截面选择如下：

(1) 穿管敷设的绝缘电线 1.0mm²；

(2) 线槽内敷设绝缘电线 0.75mm²，多芯电缆 0.5mm²。

20. 报警传输线路的室内布线有什么要求？

答：(1) 火灾自动报警系统传输线路采用绝缘导线时，应采取穿金属管、硬质塑料、半硬质塑料管或封闭线槽保护方式布线；

(2) 报警线路应采用穿金属管保护，并宜暗敷在非燃烧体结构内，其保护层厚度不应小于 3cm；当必须明敷时，应在金属管上采取防火保护措施；

(3) 不同系统、不同电压、不同电流类别的线路，不应穿于同一根管内或线槽的同一槽孔内；

(4) 横向敷设的报警系统传输线路如采用穿管布线时，不同防火分区的线路不宜穿入同一管内；

(5) 弱电线路的电缆竖井宜与强电线路的电缆竖井分别设置，如受条件限制必须合用时，弱电与强电线路应分别布置在竖井两侧；

(6) 火灾探测器的传输线路宜选择不同颜色的绝缘导线，同一工程相同线路的绝缘导线颜色应一致，接线端子应有标号；

(7) 穿管导线或电缆的总截面积不应超过管内截面积的 40‰；

(8) 敷设于封闭式线槽内的绝缘导线或电缆的总截面积不应大于线槽净截面积的 50%；

(9) 布线使用的非金属管材、线槽及其附件应采用不燃烧或非延燃性材料制成。

21. 火灾自动报警系统检测有哪些？

答：(1) 消防设备电源：其电源的自动切换装置，应进行二次切换实验，每次实验均应正常。

(2) 火灾报警控制器：

① 实际安装数量在 5 台以下者，全部抽验；

② 实际安装数量在 5～10 台者，抽验 5 台；

③ 实际安装数量超过 10 台者，按实际安装数量 30‰～50‰的比例，但不少于 5 台抽验。抽验时每个功能应重复 1～2 次数值，被抽验控制器的基本功能应符合现行国家标准《火灾报警控制器通用技术条件》中的功能要求。

(3) 火灾探测器（包括手动报警按钮）：

应按下列要求进行模拟火灾响应试验和故障报警抽验：

① 实际安装数量在 100 只以下者，抽验 10 只；

② 实际安装数量超过 100 只，按实际安装数量 5%～10%的比例，但不少于 10 只抽验，被抽验探测器的试验均应正常。

(4) 室内消火栓：其功能验收应在出水压力符合现行国家有关规范的条件下进行并应符合下列要求：

① 工作泵、备用泵转换运行 1～3 次；

②　消防控制室内操作启、停泵 1～3 次；

③　消火栓处操作启泵按钮按 5%～10% 的比例抽验。以上控制功能应正常，信号应正确。

(5)　自动喷水灭火系统：其抽验应在符合现行国家标准《自动喷水灭火系统设计规范》的条件下，抽验下列功能：

①　工作泵与备用泵转换运行 1～3 次；

②　消防控制室内操作启、停泵 1～3 次；

③　水流指示器、闸阀关闭器及电动阀等，按实际安装数量 10‰～30‰ 的比例进行末端放水试验。上述控制功能、信号均应正常。

(6)　卤代烷、泡沫、二氧化碳、干粉等灭火系统：其抽验应在符合现行国家各有关系统设计规范的条件下，按实际安装数量 20‰～30‰ 抽验下列功能：

①　人工启动和紧急切断试验 1～3 次；

②　与固定灭火设备联动控制的其他设备（包括关闭防火门窗、停止空调风机、关闭防火阀、落下防火幕等）试验 1～3 次；

③　抽一个防火区进行喷放试验（卤代烷系统应采用氮气等介质代替），上述试验控制功能、信号均应正常。

(7)　电动防火门、防火卷帘：按实际安装数量的 10%～20% 抽验联动控制功能，其控制功能、信号均应正常。

(8)　通风空调和防排烟设备（包括风机和阀门）：按实际安装数量的 10%～20% 抽验联动控制功能，其控制功能、信号均应正常。

(9)　消防电梯：应进行 1～2 次人工控制和自动控制功能检验，其控制功能、信号均应正常。

(10)　火灾事故广播设备：按实际安装数量 10%～20% 抽验下列功能：

①　在消防控制室选层广播；

②　共用的扬声器强行切换试验；

③　备用扩音机控制功能试验。

上述控制功能应正常，语音应清楚。

(11)　消防通讯设备：应符合下列要求：

①　消防控制室与设备间所设的对讲电话进行 1～3 次通话试验；

②　电话插孔按实际安装数量的 5%～10% 进行通话试验；

③　消防控制室的外线电话与"119 台"进行 1～3 次通话试验。

上述功能应正常，语音应清楚。

(12)　以上各项功能检验中，当有不合格者时，应限期修复或更换并进行复验。复验时，对有抽验比例要求的，应进行加倍试验。

22.　调试火灾报警控制器应该进行哪些功能检验？

答：火灾自动报警系统通电后，应按现行国家标准《火灾报警控制器通用技术条件》中的有关要求对报警控制器进行下列功能检查：

(1)　火灾报警自检功能；

(2)　消音、复位功能；

（3）故障报警功能；

（4）火灾优先功能；

（5）报警记忆功能；

（6）电源自动转换和备用电源的自动充电功能；

（7）备用电源的欠压和过压报警功能。

23. 点型火灾探测器安装位置有什么要求？

答：（1）探测器至墙壁、梁边的水平距离，不应小于 0.5m。

（2）探测器周围 0.5m 内，不应有遮挡物。

（3）探测器至空调送风口边的水平距离，不应小于 1.5m。至多孔送风顶棚孔口的水平距离，不应小于 0.5m。

（4）在宽度小于 1.5m 的内走道顶棚上设置探测器时，宜居中布置，感温探测器的安装间距，不应超过 10m，感烟探测器的安装间距，不应超过 15m，探测器至端墙的距离，不应大于探测器安装间距的一半。

（5）探测器宜水平安装，当必须倾斜安装时，倾斜角不应大于 45°。

24. 火灾自动报警系统投入运行前应具备哪些条件？

答：（1）火灾自动报警系统的使用单位应有经过专门培训，并经过考试合格的专人负责系统的管理操作和维护。

（2）火灾自动报警系统正式使用时，应具有下列文件资料：

① 系统竣工图及设备的技术资料；

② 操作规程；

③ 值班员职责；

④ 值班记录和使用图表。

第五部分　资质考试模拟训练

一、填空

1. 消防系统有＿＿种类型，分别称为＿＿＿＿＿＿＿＿＿＿＿＿。

2. 火灾自动报警系统由＿＿＿＿＿＿＿＿＿＿＿＿＿＿＿＿＿＿＿＿＿＿＿＿＿＿＿＿＿＿＿＿＿组成。

3. 报警区域应按＿＿＿＿＿＿＿＿＿＿＿＿＿＿＿＿＿＿划分，一个报警区域由＿＿＿＿＿＿组成。

4. 从主要出入口可看清其内部，其探测区域的面积不超过＿＿＿＿＿＿＿＿＿＿＿。

5. 在电梯井、升降机井布置探测器时，其位置宜在＿＿＿＿＿＿＿＿＿＿＿＿＿＿＿＿。

6. 楼梯或斜坡道至少垂直距离每＿＿＿＿＿＿＿＿＿＿＿＿＿＿＿＿＿＿＿＿＿＿＿＿。

7. 房间被书架、设备等阻断分隔，其顶部至顶棚或梁的距离＿＿＿＿＿＿＿＿＿＿，则每个被隔开的部分至少＿＿＿＿＿＿＿＿＿＿＿＿探测器。

8. 当梁高超过 600mm 时，＿＿＿＿＿＿＿＿＿＿＿＿＿＿＿＿＿＿＿。

9. 疏散通道上的防火门应能在火灾时＿＿＿＿＿＿＿＿＿＿＿＿＿＿＿。

10. 接地线上不应连接_____。

11. 导线引入线管后要塞住，_____。

12. 端子板的每个接线柱，接线不得超过_____。

13. 我国消防工作执行的方针是_____。

14. 层高在_____，建筑高度在_____的称高层建筑。

15. 消防系统由_____组成。

16. 一个探测区域的面积不宜超过_____。

17. 在空调机房内，探测器应安装在离送风口_____以上的地方，离多孔送风顶棚孔口距离不应_____。

18. 探测器宜水平安装，如果倾斜安装时角度不应_____，如果_____应加平台。

19. 每个防烟分区的建筑面积_____，且防烟分区不应跨越_____。

20. 根据防火类别，保护对象分为_____，分别每级应设置的系统为_____。

21. 控制器的供电电源应采用_____，并有_____标记。

22. 探测器_____不允许有遮挡物。

23. 建筑物一般应设_____的安全出口。

24. 安全疏散路线分为四个阶段，第一阶段为_____；第二阶段为_____；第三阶段为_____；第四阶段为_____。

25. 一个探测区域的面积不宜超过_____。

26. 总线驱动器的作用是_____。

27. 消火栓灭火系统称为_____灭火设施。

28. 消防灭火系统由_____组成。

29. 疏散指示标志按步行距离每_____，转角处_____。

30. 总线隔离器的作用是_____。

31. _____称感烟探测器的灵敏度。

32. 手动报警开关的作用是_____。

33. 根据防火类别，保护对象分为_____，分别每级应设置的系统为_____。

34. 安全疏散的作用是_____。

35. 自动喷洒水系统称为_____灭火设施。

36. 控制器的供电电源应采用_____，并有_____标记。

37. 按_____划分为报警区域，一个报警区域由_____组成。

38. 消防广播扬声器的容量不应_____。

39. 我国防火分为____类，分别称_____。

40. 压力开关的作用是_____。

41. 疏散指示标志的设置场所＿＿＿＿＿＿＿＿＿＿＿＿＿＿＿＿＿＿＿＿＿＿＿＿。

42. 自动喷洒水系统由＿＿＿＿＿＿＿＿＿＿＿＿＿＿＿＿＿＿＿＿＿＿＿＿＿＿组成。

二、多选题

1. 下列场所应单独划分探测区域＿＿＿＿＿＿＿＿＿＿＿。

A. 敞开、封闭楼梯间；　　　　　　　B. 防烟楼梯前室；

C. 配电室前室；　　　　　　　　　　D. 内走道；

E. 电梯井；　　　　　　　　　　　　F. 防排烟电梯前室；

G. 建筑物闷顶；　　　　　　　　　　H. 变压器室前室；

I. 管道井；　　　　　　　　　　　　J. 消防电梯前室；

K. 建筑物夹层。

2. 防烟防火调节阀的功能是＿＿＿＿＿＿＿＿＿＿＿。

A. 手动使阀门关闭，风机停机；　　　B. 输入阀门关闭信号；

C. 温度熔断器在 70℃时熔断，使阀门关闭；

D. 感烟（温）电信号联动使阀门关闭，通风空调系统风机停机。

3. 火灾确定后，消防控制设备对联动控制对象应有功能为＿＿＿＿＿＿＿＿＿＿＿。

A. 切断有关部门的非消防电源；　　　B. 关闭有关部位的排烟口；

C. 接通火灾事故照明灯；　　　　　　D. 发出电梯强降首层信号；

E. 切断空调；　　　　　　　　　　　F. 接通疏散指示灯；

G. 关闭有关部位的防火门；　　　　　H. 关闭所有排烟风机；

I. 下降有关部位的防火卷帘。

4. 消防控制室的消防通讯设备应符合＿＿＿＿＿＿＿＿＿＿＿。

A. 消防控制室与值班室设对讲电话；

B. 消防控制室与经理室设对讲电话；

C. 消防控制室与配电室设对讲电话；

D. 消防控制室与区域报警控制处设对讲电话；

E. 消防控制室与消防泵房设对讲电话；

F. 消防控制室与通风空调机房设对讲电话；

G. 消防控制室与厂长室设对讲电话；

H. 手动报警按钮处宜设对讲电话插孔。

5. 火灾自动报警系统的线路采用铜芯绝缘导线时应满足＿＿＿＿＿＿＿＿＿＿＿。

A. 额定电压小于 50V 时，导线的电压等级不应低于交流 380V；

B. 额定电压小于 50V 时，导线的电压等级不应低于交流 250V；

C. 额定电压大于 50V 时，导线的电压等级不应低于交流 500V；

D. 额定电压大于 50V 时，导线的电压等级不应低于交流 220V；

6. 耐火等级按＿＿＿＿＿＿＿＿＿＿＿划分。

A. 建筑构件；　　　　　　　　　　　B. 建筑构件的燃烧性能；

C. 建筑构件的耐火极限；　　　　　　D. 建筑构件的燃烧性能和耐火极限。

7. 建筑物中庭的防火技术措施有＿＿＿＿＿＿＿＿＿＿＿。

A. 房间与中庭回廊相通的门，应设自行关闭的乙级防火门；

B. 设置排烟设施；

C. 提高灭火和隔火的效能；

D. 提高扑救初期火灾的实际效果。

8. 符合特大火灾的条件是＿＿＿＿＿＿＿。

A. 死亡 3 人以上，重伤 10 人以上；　　　B. 死亡、重伤 20 人以上；

C. 烧毁财物损失 100 万元以上；　　　　　D. 受灾 30 户以上。

9. 防火卷帘的二步降由＿＿＿＿＿＿＿发信号。

A. 感光探测器；　　　　　　　　　　　　B. 感烟探测器；

C. 火燃探测器；　　　　　　　　　　　　D. 感温探测器。

10. 当 9 楼着火，应先向＿＿＿＿＿＿＿进行火灾事故广播。

A. 向地下室及着火层广播；　　　　　　　B. 向 9、8、7 六层广播；

C. 向 8、9、10 层广播；　　　　　　　　D. 向 10、9、8 层广播。

11. 符合重大火灾的条件是＿＿＿＿＿＿＿。

A. 毁财物损失 30 万元以上；　　　　　　B. 烧毁财物损失 100 万元以上；

C. 死亡、重伤 10 人以上；　　　　　　　D. 死亡 10 人以上，重伤 20 人以上。

12. 排烟阀，安装在高层建筑、地下建筑排烟系统的管道上，其功能是＿＿＿＿＿。

A. 输出阀门开启信号；　　　　　　　　　B. 手动使阀门开启，排烟风机同时启动；

C. 排烟风机同时停止；　　　　　　　　　D. 感烟（温）电信号联动，阀门开启。

三、单选题

1. 属于二类防火的是＿＿＿＿＿＿＿。

A. 建筑高度为 48m 的科研楼；　　　　　B. 建筑高度为 100m 的普通住宅；

C. 省级邮政楼。

2. 管路长度超过 20m 时，有＿＿＿＿＿＿＿应加一个接线盒。

A. 一个弯；　　　　　B. 两个弯；　　　　　C. 三个弯。

3. 某 50m 的建筑，房高为 2.8m，室内有两道梁高分别为 0.62m 和 0.2m，应划为＿＿＿＿＿＿＿探测区域。

A. 一个；　　　　　B. 两个；　　　　　C. 三个。

4. 二类建筑每个防火分区的建筑面积为＿＿＿＿＿＿＿。

A. 2000m²；　　　　　B. 1500m²；　　　　　C. 1000m²。

5. 属于特级保护对象宜采用＿＿＿＿＿＿＿。

A. 控制中心报警系统；　　　B. 集中报警系统；　　　　　C. 区域报警系统。

6. ＿＿＿＿＿＿＿个探测器报警防火门关闭。

A. 一；　　　　　B. 两；　　　　　C. 三。

7. 某 18 层建筑，地下有五层，如地下三层着火，应先接通＿＿＿＿＿＿＿的火灾事故广播。

A. 一、二、三层；　　　B. 二、三、四层；　　　C. 地下室、三层。

8. 火灾自动报警系统每回路对地绝缘电阻值应大于＿＿＿＿＿＿＿。

A. 30MΩ；　　　　　B. 20MΩ；　　　　　C. 10MΩ。

9. 探测器安装位置的正下方及周围＿＿＿＿＿＿＿内不应有遮挡物。

A. 1.5m;   B. 1.0m;   C. 0.5m。

10. 探测器至送风口边的水平距离应不小于_____。

A. 0.5m;   B. 1.0m;   C. 1.5m。

11. 管路超过 30m 时，有_____应加一个接线盒。

A. 一个弯;   B. 两个弯;   C. 三个弯。

12. 某 30m 的建筑，房高为 3.6m，室内有两道梁高分别为 0.68m 和 0.18m，应划为_____探测区域。

A. 一个;   B. 两个;   C. 三个。

13. 属于一类防火的是_____。

A. 建筑高度为 58m 的实验楼;

B. 建筑高度为 30m 的普通住宅;

C. 省级通讯楼。

14. 属于一级保护对象宜采用_____。

A. 控制中心报警系统;   B. 集中报警系统;   C. 区域报警系统。

15. 某 30 层建筑，如 2 层楼发生火灾，应先接通_____火灾事故广播。

A. 2、3、4 层;   B. 1、2、3 层;   C. 4、5、6 层。

16. 属于一类防火的是_____。

A. 17 层的普通住宅;   B. 高级住宅;   C. 49m 的教学楼。

17. 某 40m² 的建筑，房高为 4m，屋内有两书架，一个高为 3.9m，一个高为 2m，应划为_____探测区域。

A. 三个;   B. 两个;   C. 一个。

18. 一类建筑每个防火分区的建筑面积为_____。

A. 1000m²;   B. 1500m²;   C. 500m²。

19. 每个防烟分区的建筑面积不宜超过_____。

A. 500m²;   B. 600m²;   C. 1000m²。

20. _____探测器报警，防火卷帘一步降。

A. 感光;   B. 感温;   C. 感烟。

21. 某 20 层建筑，如 5 层楼发生火灾，应先接通_____火灾报警装置。

A. 首层及全地下室;   B. 5 层以上;   C. 4、5、6 层。

22. 探测器至墙（梁）边的水平距离不应小于_____。

A. 0.5m;   B. 安装间距的一半;   C. 1m。

23. 扑救特大火灾时，有关_____应当组织有关人员、调集所需物资支援灭火。

A. 主管公安机关;   B. 地方人民政府;   C. 公安消防机构。

24. 新中国成立以来颁布的第一部全国性的消防基本法律是_____。

A. 1957 年 10 月颁布的《中华人民共和国治安管理处罚条例》;

B. 1957 年 11 月 29 日颁布的《消防监督条例》;

C. 1984 年 5 月 13 日颁布的《中华人民共和国消防条例》;

D. 1998 年 4 月 29 日通过的《中华人民共和国消防法》。

25. 《消防监督检查规定》是_____。

A. 行政法规；　　　　　　　　B. 国务院部委规章；

C. 法律；　　　　　　　　　　D. 法规。

26. 我国的消防工作实行_____责任制。

A. 防火安全；　　　　　　　　B. 政府；

C. 公安机关；　　　　　　　　D. 消防监督人员。

27. 公用和城建等单位在修建道路以及停电、停水、截断通讯线路时有可能影响消防队灭火救援的，必须事先通知_____。

A. 当地政府；　　　　　　　　B. 上级主管机关；

C. 消防队；　　　　　　　　　D. 当地公安消防机构。

28. 《中华人民共和国消防法》的立法宗旨是预防火灾和减少火灾危害，保护_____、公共财产和公民财产的安全，维护公共安全，保障社会主义现代化建设的顺利进行。

A. 生命；　　　　　　　　　　B. 人身；

C. 群众生命；　　　　　　　　D. 公民人身。

29. 1998年4月29日，九届全国人大常委会第二次会议通过了《中华人民共和国消防法》，并于_____起正式施行。

A. 1998年1月1日；　　　　　B. 1998年9月1日；

C. 1998年11月9日。

30. _____级以上地方各级人民政府公安机关消防机构应当将发生火灾可能性较大以及一旦发生火灾可能造成人身重大伤亡或者财产重大损失的单位，确定为本行政区域内的消防安全重点单位，报本级人民政府备案。

A. 省；　　　　　　　　　　　B. 市；

C. 县；　　　　　　　　　　　D. 乡。

31. 专职消防队建立以后，应当报_____公安机关消防机构验收。

A. 本地；　　　　　　　　　　B. 省级人民政府；

C. 市级人民政府；　　　　　　D. 县级人民政府。

32. 任何人发现火灾，都应当立即报警。任何单位、个人都应当_____为报警提供便利，不得阻拦报警。

A. 无偿；　　　　　　　　　　B. 有偿；

C. 自愿；　　　　　　　　　　D. 自觉。

33. 跨行政区域的火灾事故的调查，由_____负责调查，相关区域的公安消防机构予以协助。

A. 最先起火地的公安消防机构；　B. 共同的上一级公安消防机构；

C. 最先接到报警的公安消防机构。

34. 我国的消防工作由_____领导，由地方各级人民政府负责。

A. 全国人大；　　　　　　　　B. 公安机关；

C. 国务院；　　　　　　　　　D. 公安消防机构。

35. 各级人民政府应当将消防工作纳入_____和社会发展计划，保障消防工作与经济建设和社会发展相适应。

  A. 城市规划；   B. 政府工作计划；

  C. 国民经济；   D. 财政预算。

  36. 任何单位、个人都有维护消防安全、保护＿＿＿＿＿＿＿、预防火灾、报告火警的义务。

  A. 消防环境；   B. 消防设施；

  C. 公共设施；   D. 公共财产。

  37. 任何单位、＿＿＿＿＿＿＿都有参加有组织的灭火工作的义务。

  A. 成年公民；   B. 个人；

  C. 公民；   D. 职工。

  38. 法人单位的法定代表人或非法定单位的主要负责人是单位的＿＿＿＿＿＿＿，对本单位的消防安全工作全面负责。

  A. 第一把手；   B. 消防安全责任人；   C. 老板。

  39. 我国的消防安全管理工作已落实了逐级安全责任制和岗位消防安全责任制，各级行政单位的一把手是所辖范围的消防安全＿＿＿＿＿＿＿。

  A. 第一责任人；   B. 监督人；   C. 检查人。

  40. 公安消防队扑救火灾＿＿＿＿＿＿＿。

  A. 只收灭火器材药剂耗损费；

  B. 收取所有费用；   C. 不收费。

  41. 目前我国通用的火警电话号码是＿＿＿＿＿＿＿。

  A. 110；   B. 119；   C. 120。

四、计算

  1. 某阶梯教室，房间高度为 3.5m，地面面积为 30m×32m，房顶坡度 $Q=11°$，属于特级保护建筑。试（1）选择探测器类型；（2）确定探测器的数量；（3）探测器的布置。（感烟探测器 $A=80m^2$，$R=6.7m$；感温探测器 $A=20m^2$，$R=3.6m$）

  2. 某多媒体教室，房高为 3.6m，房间长 25m，宽 15m，房顶坡度位 9°，属于一级保护建筑。试（1）选择探测器类型；（2）确定探测器的数量；（3）探测器的布置（感烟探测器 $A=80m^2$，$R=6.7m$；感温探测器 $A=20m^2$，$R=3.6m$）。

  3. 某煤炉房，地面面积为 20m×10m，房间高度 3m，平顶棚，属于二级保护建筑。试（1）选择探测器类型；（2）确定探测器的数量；（3）探测器的布置（感烟探测器 $A=80m^2$，$R=6.7m$；感温探测器 $A=20m^2$，$R=3.6m$）。

五、简答

  1. 手动报警按钮安装时有哪些要求？

  2. 消防系统设计的内容有哪些？

  3. 对消防系统接地有哪些要求？

  4. 消防控制器布置在中心时应有什么要求？

  5. 防火卷帘是如何下放和停止的？

  6. 对消防控制室有哪些要求？

  7. 消防系统如何设计？

8. 安装消火栓时应如何考虑？

9. 火灾报警控制器的安装要求是什么？

10. 消防专用电话设置有哪些规定？

11. 选择探测器的种类应考虑哪几个方面？

12. 消防系统验收需具备哪些条件？

六、技能考核

1. 编写防火卷帘施工方案。

2. 探测器的编码操作 66 号、98 号。

3. 广播扬声器的安装与布线。

4. 火灾报警调试。

七、判断题

1. 大火封门无路可逃时，可用浸湿的被褥、衣物堵塞门缝，向门上泼水降温，以延缓火势蔓延时间，呼救待援。（　　）

A. 正确　　　　　　　　B. 错误

2. 火场逃生时，应该弯腰行走或爬行，并用湿毛巾捂住口鼻。（　　）

A. 正确　　　　　　　　B. 错误

3. 防止火灾的基本措施包括控制可燃物，隔绝空气，消除着火源，阻止火势蔓延。（　　）

A. 正确　　　　　　　　B. 错误

4. 电器火灾的原因主要有：短路、过负荷、接触电阻过大、漏电、电热器使用不当、静电和雷电。（　　）

A. 正确　　　　　　　　B 错误

5. 某学生违反《公寓消防安全管理规定》，擅自点蜡烛照明而引起火灾，造成严重后果，该学生的行为已构成了失火罪。（　　）

A. 正确　　　　　　　　B. 错误

附录：火灾报警产品型号及价格表

产品名称	产品型号	单位	单价(元)	备注
火灾报警、联动控制器及控制盘、显示盘系列产品				
火灾报警控制器	JB-QB/LD128E(M)-64	台	13200	壁挂安装。16×2 字符液晶显示。单回路，纯报警，有 3 组无源接点输出（声光警报输出、公共故障输出、公共火警输出）。备电需配 4Ah6V 电池 2 节。可通过选配专用模块实现联网功能（只作为区域机）
火灾报警控制器/气体灭火控制器	JB-QB-LD128EN(M)-AI/JB-QB-LD5502ENI	台	31250	壁挂安装。128×64 中文液晶显示。单回路，64 个报警点，有 4 组可编程无源接点输出，单路气体灭火控制，两路声光警报专用输出。含打印机及 4A 联动电源。备电需配 7Ah12V 电池 2 节。可通过选配 LD6908E 通讯模块实现联网功能（为区域机）
火灾报警控制器(联动型)	JB-QB-LD128EN(M)-32C	台	22800	壁挂安装。128×64 中文液晶显示。双回路，带 7 路多线控制盘和一路声光警报专用输出，联动地址与报警地址混编。含打印机及 4A 联动电源。备电需配 14Ah12V 电池 2 节。可作为区域机通过选配 LD6908E 通讯模块实现控制器间联网功能
火灾报警控制器(联动型)	JB-QB-LD128EN(M)-64C	台	23200	
火灾报警控制器(联动型)	JB-QB-LD128EN(M)-128C	台	24800	
火灾报警控制器(联动型)	JB-QB-LD128EN(M)-256C	台	26800	
火灾报警控制器(联动型)	JB-QB-LD128EN(M)-200C	台	30800	
火灾报警控制器(联动型)	JB-QB-LD128EN(M)-360C	台	36800	
火灾报警控制器(联动型)	JB-QB-LD128EN(M)-420C	台	40800	
火灾报警控制器(联动型)	JB-QB-LD128EN(M)-512C	台	45800	
火灾报警控制器(联动型)	JB-QB/LD128E(Q)-32C	台	35000	壁挂安装。240×64 中英文液晶显示。4 回路，带 7 路多线控制盘和一路声光警报专用输出，联动地址与报警地址混编。含打印机及 4A 联动电源。备电需配 14Ah12V 电池 2 节。根据工程实际情况，可另配联动电源及联动备电
火灾报警控制器(联动型)	JB-QB/LD128E(Q)-64C	台	36000	
火灾报警控制器(联动型)	JB-QB/LD128E(Q)-128C	台	37000	
火灾报警控制器(联动型)	JB-QB/LD128E(Q)-200C	台	38000	
火灾报警控制器(联动型)	JB-QB/LD128E(Q)-256C	台	39900	
火灾报警控制器(联动型)	JB-QB/LD128E(Q)-360C	台	43900	
火灾报警控制器(联动型)	JB-QB/LD128E(Q)-420C	台	47900	
火灾报警控制器(联动型)	JB-QB/LD128E(Q)-512C	台	51900	
火灾报警控制器(联动型)	JB-QB/LD128E(Q)-640C	台	57900	
火灾报警控制器(联动型)	JB-QB/LD128E(Q)-768C	台	63900	
火灾报警控制器(联动型)	JB-QB/LD128E(Q)-900C	台	71900	
火灾报警控制器(联动型)	JB-QB/LD128E(Q)-1024C	台	75900	

续表

产品名称	产品型号	单位	单价(元)	备注
火灾报警、联动控制器及控制盘、显示盘系列产品				
火灾报警控制器(联动型)	JB-QG-LD128E(Q)Ⅱ-64C	台	25500	入柜安装,占9U空间。240×64中英文液晶显示。4回路,带7路多线控制盘和一路声光警报专用输出,联动地址与报警地址混编。含打印机。需配主机电源(报警、联动)及联动备用电源使用
火灾报警控制器(联动型)	JB-QG-LD128E(Q)Ⅱ-100C	台	27500	
火灾报警控制器(联动型)	JB-QG-LD128E(Q)Ⅱ-128C	台	29500	
火灾报警控制器(联动型)	JB-QG-LD128E(Q)Ⅱ-160C	台	31500	
火灾报警控制器(联动型)	JB-QG-LD128E(Q)Ⅱ-200C	台	33500	
火灾报警控制器(联动型)	JB-QG-LD128E(Q)Ⅱ-256C	台	35500	
火灾报警控制器(联动型)	JB-QG-LD128E(Q)Ⅱ-360C	台	39500	
火灾报警控制器(联动型)	JB-QG-LD128E(Q)Ⅱ-420C	台	41500	
火灾报警控制器(联动型)	JB-QG-LD128E(Q)Ⅱ-512C	台	46500	
火灾报警控制器(联动型)	JB-QG-LD128E(Q)Ⅱ-640C	台	51500	
火灾报警控制器(联动型)	JB-QG-LD128E(Q)Ⅱ-768C	台	56500	
火灾报警控制器(联动型)	JB-QG-LD128E(Q)Ⅱ-900C	台	61500	
火灾报警控制器(联动型)	JB-QG-LD128E(Q)Ⅱ-1024C	台	66500	
火灾报警控制器(联动型)	JB-QG-LD128E(Q)Ⅱ-1280C	台	75500	入柜安装,占9U空间。240×64中英文液晶显示。8回路,带7路多线控制盘和一路声光警报专用输出,联动地址与报警地址混编。含打印机。需配主机电源(报警、联动)及联动备用电源使用
火灾报警控制器(联动型)	JB-QG-LD128E(Q)Ⅱ-1536C	台	84500	
火灾报警控制器(联动型)	JB-QG-LD128E(Q)Ⅱ-1792C	台	93500	
火灾报警控制器(联动型)	JB-QG-LD128E(Q)Ⅱ-2048C	台	102500	
火灾报警控制器(联动型)	JB-QG-LD128E(Q)Ⅱ-2560C	台	110000	入柜安装,占9U空间。240×64中英文液晶显示。12回路,带7路多线控制盘和一路声光警报专用输出,联动地址与报警地址混编。含打印机。需配主机电源(报警、联动)及联动备用电源使用
火灾报警控制器(联动型)	JB-QG-LD128E(Q)Ⅱ-3072C	台	115000	
火灾报警控制器(联动型)	JB-QG-LD128E(Q)Ⅱ-3584C	台	120500	入柜安装,占9U空间。240×64中英文液晶显示。16回路,带7路多线控制盘和一路声光警报专用输出,联动地址与报警地址混编。含打印机。需配主机电源(报警、联动)及联动备用电源使用
火灾报警控制器(联动型)	JB-QG-LD128E(Q)Ⅱ-4096C	台	125000	
火灾报警控制器(联动型)	JB-QG-LD128EⅡ-512C	台	79900	入柜安装,占9U空间。12.1in彩色液晶显示,触摸屏操作方式,中英文显示灵活切换。4回路,联动地址与报警地址混编。含打印机。需配主机电源(报警、联动)及联动备用电源使用
火灾报警控制器(联动型)	JB-QG-LD128EⅡ-640C	台	82900	
火灾报警控制器(联动型)	JB-QG-LD128EⅡ-768C	台	92900	入柜安装,占9U空间。12.1in彩色液晶显示,触摸屏操作方式,中英文显示灵活切换。8回路,联动地址与报警地址混编。含打印机。需配主机电源(报警、联动)及联动备用电源使用
火灾报警控制器(联动型)	JB-QG-LD128EⅡ-900C	台	99500	
火灾报警控制器(联动型)	JB-QG-LD128EⅡ-1024C	台	109900	
火灾报警控制器(联动型)	JB-QG-LD128EⅡ-1280C	台	135900	

产品名称	产品型号	单位	单价(元)	备注
火灾报警、联动控制器及控制盘、显示盘系列产品				
火灾报警控制器(联动型)	JB-QG-LD128EⅡ-1536C	台	152000	入柜安装,占 9U 空间。12.1in 彩色液晶显示,触摸屏操作方式,中英文显示灵活切换。12 回路,联动地址与报警地址混编。含打印机。需配主机电源(报警、联动)及联动备用电源使用
火灾报警控制器(联动型)	JB-QG-LD128EⅡ-1792C	台	160000	
火灾报警控制器(联动型)	JB-QG-LD128EⅡ-2048C	台	169900	入柜安装,占 9U 空间。12.1in 彩色液晶显示,触摸屏操作方式,中英文显示灵活切换。16 回路,联动地址与报警地址混编。含打印机。需配主机电源(报警、联动)及联动备用电源使用
火灾报警控制器(联动型)	JB-QG-LD128EⅡ-2560C	台	177600	
火灾报警控制器(联动型)	JB-QG-LD128EⅡ-3072C	台	185100	入柜安装,占 9U 空间。12.1in 彩色液晶显示,触摸屏操作方式,中英文显示灵活切换。20 回路,联动地址与报警地址混编。含打印机。需配主机电源(报警、联动)及联动备用电源使用
火灾报警控制器(联动型)	JB-QG-LD128EⅡ-3584C	台	192600	
火灾报警控制器(联动型)	JB-QG-LD128EⅡ-4096C	台	199900	入柜安装,占 9U 空间。12.1in 彩色液晶显示,触摸屏操作方式,中英文显示灵活切换。28 回路,联动地址与报警地址混编。含打印机。需配主机电源(报警、联动)及联动备用电源使用
火灾报警控制器(联动型)	JB-QG-LD128EⅡ-4608C	台	209500	
火灾报警控制器(联动型)	JB-QG-LD128EⅡ-5120C	台	219000	入柜安装,占 9U 空间。12.1in 彩色液晶显示,触摸屏操作方式,中英文显示灵活切换。32 回路,联动地址与报警地址混编。含打印机。需配主机电源(报警、联动)及联动备用电源使用
火灾报警控制器(联动型)	JB-QG-LD128EⅡ-6200C	台	235000	入柜安装,占 13U 空间。12.1in 彩色液晶显示,触摸屏操作方式,中英文显示灵活切换。40 回路,联动地址与报警地址混编。含打印机。需配主机电源(报警、联动)及联动备用电源使用
火灾报警控制器(联动型)	JB-QG-LD128EⅡ-7168C	台	249000	入柜安装,占 13U 空间。12.1in 彩色液晶显示,触摸屏操作方式,中英文显示灵活切换。44 回路,联动地址与报警地址混编。含打印机。需配主机电源(报警、联动)及联动备用电源使用

续表

产品名称	产品型号	单位	单价(元)	备注
火灾报警、联动控制器及控制盘、显示盘系列产品				
火灾报警控制器(联动型)	JB-QG-LD128EⅡ-8192C	台	259000	入柜安装,占 13U 空间。12.1in 彩色液晶显示,触摸屏操作方式,中英文显示灵活切换。48 回路,联动地址与报警地址混编。含打印机。需配主机电源(报警、联动)及联动备用电源使用
火灾报警控制器(联动型)	JB-QG-LD128EⅡ-9472C	台	322800	入柜安装,占 13U 空间。12.1in 彩色液晶显示,触摸屏操作方式,中英文显示灵活切换。52 回路,联动地址与报警地址混编。含打印机。需配主机电源(报警、联动)及联动备用电源使用
火灾报警控制器(联动型)	JB-QG-LD128EⅡ-11008C	台	334800	入柜安装,占 13U 空间。12.1in 彩色液晶显示,触摸屏操作方式,中英文显示灵活切换。56 回路,联动地址与报警地址混编。含打印机。需配主机电源(报警、联动)及联动备用电源使用
火灾报警控制器(联动型)	JB-QG-LD128EⅡ-12288C	台	346800	入柜安装,占 13U 空间。12.1in 彩色液晶显示,触摸屏操作方式,中英文显示灵活切换。60 回路,联动地址与报警地址混编。含打印机。需配主机电源(报警、联动)及联动备用电源使用
火灾报警控制器(联动型)	JB-QG-LD128EⅡ-13568C	台	358800	入柜安装,占 13U 空间。12.1in 彩色液晶显示,触摸屏操作方式,中英文显示灵活切换。64 回路,联动地址与报警地址混编。含打印机。需配主机电源(报警、联动)及联动备用电源使用
火灾报警控制器(联动型)	JB-QG-LD128EⅡ-15104C	台	370800	
火灾报警控制器(联动型)	JB-QG-LD128EⅡ-16384C	台	382800	
LD128E 系列图形软件		套	20000	装入 LD128EⅡ控制器实现图形显示
可燃气体报警控制器	JB-QB-ES128F-8	台	12900	壁挂安装。240×64 中英文液晶显示。单回路,24V/4A 为可燃气探测器供电。备电需配 12V7Ah 电池 2 节。含打印机。根据工程实际情况,可另配联动电源及联动备电
可燃气体报警控制器	JB-QB-ES128F-16	台	13500	
可燃气体报警控制器	JB-QB-ES128F-32	台	14800	
可燃气体报警控制器	JB-QB-ES128F-64	台	16200	
可燃气体报警控制器	JB-QB-ES128F-128	台	18900	
联动控制盘	LD9201EN	台	4850	入柜式,占 4U 空间,32 回路总线控制盘,各回路均有启动、反馈指示,有键盘锁控制功能

产品名称	产品型号	单位	单价(元)	备注
火灾报警、联动控制器及控制盘、显示盘系列产品				
联动控制盘	LD9201EN-8C	台	8700	入柜式,占 6U 空间,8 路多线控制点+24 路总线控制点,未用的多线制控制点仍可作为总线控制点用,具有手动、自动控制功能,键盘锁功能
联动控制盘	LD9201EN-16C	台	11000	入柜式,占 6U 空间,16 路多线控制点+16 路总线控制点,未用的多线制控制点仍可作为总线控制点用,具有手动、自动控制功能,键盘锁功能
联动控制盘	LD9201EN-24C	台	14500	入柜式,占 8U 空间,24 路多线控制点+8 路总线控制点,未用的多线制控制点仍可作为总线控制点用,具有手动、自动控制功能,键盘锁功能
联动控制盘	LD9201EN-32C	台	17000	入柜式,占 8U 空间,最多 32 路多线控制点,未用的多线制控制点可作为总线控制点用,具有手动、自动控制功能,键盘锁功能
联动控制盘	LD9202EN	台	7350	入柜式,占 6U 空间,64 回路总线控制盘,各回路均有启动、反馈指示,有键盘锁控制功能
联动控制盘	LD9202EN-8C	台	11500	入柜式,占 6U 空间,8 路多线控制点+56 路总线控制点,未用的多线制控制点仍可作为总线控制点用,具有手动、自动控制功能,键盘锁功能
联动控制盘	LD9202EN-16C	台	14500	入柜式,占 6U 空间,16 路多线控制点+48 路总线控制点,未用的多线制控制点仍可作为总线控制点用,具有手动、自动控制功能,键盘锁功能
联动控制盘	LD9202EN-24C	台	16500	入柜式,占 8U 空间,24 路多线控制点+40 路总线控制点,未用的多线制控制点仍可作为总线控制点用,具有手动、自动控制功能,键盘锁功能
联动控制盘	LD9202EN-32C	台	19500	入柜式,占 8U 空间,32 路多线控制点+32 路总线控制点,未用的多线制控制点仍可作为总线控制点用,具有手动、自动控制功能,键盘锁功能
联动控制盘	LD9202EN-40C	台	23500	入柜式,占 10U 空间,40 路多线控制点+24 路总线控制点,未用的多线制控制点仍可作为总线控制点用,具有手动、自动控制功能,键盘锁功能
联动控制盘	LD9202EN-48C	台	25500	入柜式,占 10U 空间,48 路多线控制点+16 路总线控制点,未用的多线制控制点仍可作为总线控制点用,具有手动、自动控制功能,键盘锁功能

续表

产品名称	产品型号	单位	单价(元)	备注
		火灾报警、联动控制器及控制盘、显示盘系列产品		
联动控制盘	LD9202EN-56C	台	28500	入柜式，占10U空间，56路多线控制点＋8路总线控制点，未用的多线制控制点仍可作为总线控制点用，具有手动、自动控制功能，键盘锁功能
联动控制盘	LD9202EN-64C	台	29500	入柜式，占10U空间，最多64路多线控制点，未用的多线制控制点仍可作为总线控制点用，具有手动、自动控制功能，键盘锁功能
气体灭火控制盘(入柜)	LD5500EN-1	台	3350	入柜式，占4U空间，控制一路气体灭火，挂接二总线使用，具有手动、自动、现场控制功能。多线输出控制方式。和LD128E/EN系列控制器配合使用
气体灭火控制盘(入柜)	LD5500EN-2	台	5050	入柜式，占4U空间，控制两路气体灭火，挂接二总线使用，具有手动、自动、现场控制功能。多线输出控制方式。和LD128E/EN系列控制器配合使用
气体灭火控制盘(入柜)	LD5500EN-3	台	6650	入柜式，占4U空间，控制三路气体灭火，挂接二总线使用，具有手动、自动、现场控制功能。多线输出控制方式。和LD128E/EN系列控制器配合使用
气体灭火控制盘(入柜)	LD5500EN-4	台	8350	入柜式，占4U空间，控制四路气体灭火，挂接二总线使用，具有手动、自动、现场控制功能。多线输出控制方式。和LD128E/EN系列控制器配合使用
气体灭火控制盘(壁挂)	LD5501EN-1	台	5500	壁挂式，控制一路气体灭火，挂接二总线使用，具有手动、自动、现场控制功能。DC24V供电。多线输出控制方式。和LD128E/EN系列控制器配合使用
气体灭火控制盘(壁挂)	LD5501EN-2	台	6500	壁挂式，控制两路气体灭火，挂接二总线使用，具有手动、自动、现场控制功能。DC24V供电。多线输出控制方式。和LD128E/EN系列控制器配合使用
气体灭火控制器	LD5506EN	台	33750	壁挂式，128×64中英文液晶显示，可控制四路气体灭火分区，具有手动、自动、现场控制功能。AC220V供电。多线输出控制方式

续表

产品名称	产品型号	单位	单价(元)	备注
火灾报警、联动控制器及控制盘、显示盘系列产品				
火灾显示盘	LD128E(T)	台	5500	中文汉字显示,最多可显示 128 个故障信息和 128 个火警信息。可以跨回路、跨层显示,DC24V 供电;占总线一个地址
火灾显示盘	LD128EN(D)	台	2500	数字显示;最多可显示 99 个火警及 99 个故障信息;DC24V 供电;占总线一个地址
探测器系列产品				
点型光电感烟火灾探测器	JTY-GM-LD3000EN/A	只	369	智能型,电子编码,内置单片机,与 LD10EN 底座配套使用
防爆型光电感烟火灾探测器	JTY-GM-LD3000EN	只	698	防爆,智能型,电子编码,内置单片机,与 LD10EN 底座配套使用
点型感温火灾探测器(A2S)	JTW-ZDM-LD3300EN	只	339	智能型,具有定温特性(A2S),电子编码,内置单片机,与 LD10EN 底座配套使用
防爆型感温火灾探测器(A2S)	JTW-ZDM-LD3300EN	只	580	防爆,智能型,具有定温特性(A2S),电子编码,内置单片机,与 LD10EN 底座配套使用
点型复合式感烟感温火灾探测器(A2S)	JTF-GDF/LD3200E	只	599	智能型,感烟灵敏度可调,具有定温特性(A2S),电子编码,内置单片机,可回传曲线,与 LD10EN 底座配套使用
防爆型复合式感烟感温火灾探测器(A2S)	JTF-GDF/LD3200E	只	990	防爆,智能型,感烟灵敏度可调,具有定温特性(A2S),电子编码,内置单片机,可回传曲线,与 LD10EN 底座配套使用
点型感温火灾探测器	JTWB-ZDF/LD3300E(F)	只	309	智能型,非编码,内置单片机,与 LD12EN 底座配套使用
点型感温火灾探测器(A2R)	JTW-ZOM-LD3300EC	只	349	智能型,具有定温特性,也具有差温特性(A2R),电子编码,内置单片机,可回传曲线,与 LD10EN 底座配套使用
点型光电感烟火灾探测器	JTY-GM-LD3000EN(B)	只	640	智能型,电子编码,内置单片机,报警时自身发出报警声响,同时可控制门灯点亮,与 LD10EN(B) 底座配套使用
探测器专用底座	LD10EN(B)	只	260	配合编码探测器 LD3000EN(B) 使用
编码通用底座	LD10EN	只	30	配合除 LD3000EN(B) 以外的 EN 系列编码探测器使用

续表

产品名称	产品型号	单位	单价(元)	备注
探测器系列产品				
非编码通用底座	LD12EN	只	30	配合非编码探测器使用
独立式光电感烟火灾探测报警器	JTY-GF-LD3901/B	套	860	独立使用,感烟报警
手动火灾报警按钮系列产品				
手动火灾报警按钮	J-SAP-M-LD2000E-A	只	315	电子编码。带电话插孔。可用手报钥匙恢复,与LD20-N底座配套使用
消火栓按钮	LD2001EN	只	335	电子编码,不带电话插孔,启动消防泵。可用手报钥匙恢复,与LD20-N底座配套使用
防爆型手动火灾报警按钮	J-SAB-M-LD2000E(Ex)	套	650	电子编码,防爆型,可恢复。启动消防泵时需要配接 LD6809E 防爆隔离器使用
手报底座	LD20-N	只	35	
模块、中继器、保护隔离器系列				
输入模块	LD4400E-1	只	345	电子编码。可接入 1 个开关量信号。与LD60(N)底座配套使用
输入模块	LD4400EN-2	只	445	电子编码。可接入 2 个开关量信号。与LD60(N)底座配套使用
中继模块	LD4800E-A	台	4200	非编码,不占地址点。可配接 1～10 只编码型防爆探测器或编码型防爆手报
输入模块	LD4900E	只	355	电子编码。可配接 1～10 只非编码探测器。与LD60(N)底座配套使用
编码型红外光束探测器接口	LD4401E	只	515	电子编码。配接红外光束探测器。与LD60(X)底座配套使用
模拟量信号输入模块	LD4410E	只	525	电子编码。可接入 0～20mA 的模拟量信号。与 LD60(X)底座配套使用
输出模块	LD6804EN	只	455	电子编码。单地址,内置单片机,用于正常广播与消防广播的切换。与LD60(N)底座配套使用
中继模块	LD6806E	只	600	非编码。用于扩展总线传输能力。与LD60(N)底座配套使用
输入输出模块	LD6800EC-1	只	475	电子编码。单地址,单动作输入输出,内置单片机。与LD60(N)底座配套使用
输入输出模块	LD6800EC-2	只	655	电子编码。双地址,双动作输入输出,内置单片机。与LD60(N)底座配套使用

产品名称	产品型号	单位	单价(元)	备注
模块、中继器、保护隔离器系列				
输出模块	LD6807EC	只	475	电子编码。单地址单动作，内置单片机，用于启动声光报警器、警铃、闪灯等。与LD60(N)底座配套使用
输出模块	LD6801EC	只	280	1组有源输出24VDC/1.5A(最大)，1组无源常开、常闭节点输出，和LD6800EC-1或LD6800EC-2配合使用，与LD60(N)底座配合使用
输出模块	LD6802EC	只	350	2组有源输出24VDC/1.5A(单组最大)，2组无源常开、常闭节点输出，和LD6800EC-1或LD6800EC-2配合使用，与LD60(N)底座配合使用
总线短路保护器	LD3600EN	只	395	非编码。用于保护、隔离探测器信号二总线。与LD60(N)底座配套使用
交流隔离器	LD6808	只	350	非编码。用于控制系统直流输出和交流电的隔离
防爆隔离模块	LD6809E	套	2850	非编码。配合LD2000E(Ex)使用，用于在防爆场所启动消防泵
模块底座	LD60(N)	只	50	
模块底座	LD60(X)	只	35	
消防广播系统系列产品				
消防广播分配盘	总线消防广播分配盘(24路)	台	7500	入柜式，24个广播分路，占3U空间。每个分路均需配合输出模块LD6804EN使用。控制分路数量不够时需要增加该消防广播分配盘的数量
消防广播区域控制盘	总线消防广播区域控制盘(30路)	台	8600	入柜式，30个广播分路，占2U空间。每个分路需配合输出模块LD6804EN使用。控制分路数量不够时可增加一个消防广播扩展盘(30路)，共可以控制60个分路
消防广播区域控制盘	多线消防广播区域控制盘(8分路)	台	11500	入柜式，占3U空间。根据实际需要选择一种适用分路数的消防广播分配盘
消防广播区域控制盘	多线消防广播区域控制盘(16分路)	台	13000	
消防广播区域控制盘	多线消防广播区域控制盘(24分路)	台	14500	
消防广播录放盘	消防广播录放盘(CD录放)	台	9600	入柜式，占2U空间。两种消防广播录放盘根据需要选择其中一种使用
消防广播录放盘	消防广播录放盘(MP3)	台	10000	

续表

产品名称	产品型号	单位	单价(元)	备注
消防广播系统系列产品				
广播功率放大器	广播功率放大器(150W)	台	10800	入柜式,占3U空间。功放功率不够时可增加同型号消防广播功放盘的数量
广播功率放大器	广播功率放大器(300W)	台	12500	入柜式,占3U空间。功放功率不够时可增加同型号消防广播功放盘的数量
广播功率放大器	广播功率放大器(500W)	台	16800	入柜式,占3U空间。功放功率不够时可增加同型号消防广播功放盘的数量
扩展盘	扩展盘(31路-60路)	台	4600	入柜式,占2U空间。扩展盘从31路到60路。需配合30路总线广播区域控制盘使用
消防吸顶音箱	嵌入吸顶(3W)	只	240	嵌入吸顶。有线路监控功能
消防吸顶音箱	明装吸顶(3W)	只	240	明装吸顶。有线路监控功能
消防壁挂音箱	壁挂(3W)	只	240	壁挂。有线路监控功能
消防电话系统系列产品				
总线消防电话系统	总线消防电话主机	台	12500	入柜式,3U盘面
	总线消防电话分机	只	1000	编码型,与总线消防电话主机配合使用
	总线消防电话插孔	只	770	编码型,与总线消防电话主机配合使用
	多线消防电话分机	只	500	非编码型,应用于总线消防电话系统中,可实现总线消防电话主机的单路通话功能
	多线消防电话手柄	只	420	非编码型,应用于总线消防电话系统中,与编码型或非编码型消防电话插孔配合使用
	多线消防电话插孔	只	130	非编码型,应用于总线消防电话系统中,与非编码型消防电话手柄配合使用
多线消防电话系统	多线消防电话主机(8路)	台	14200	入柜式,8路输出,占3U空间
	多线消防电话主机(16路)	台	15800	入柜式,16路输出,占3U空间
	多线消防电话主机(24路)	台	17500	入柜式,24路输出,占3U空间
	多线消防电话主机(32路)	台	19800	入柜式,32路输出,占5U空间
	多线消防电话主机(40路)	台	21600	入柜式,40路输出,占5U空间
	多线消防电话分机	只	500	只能应用于多线消防电话系统,与多线消防电话主机YJG3040配合使用
	多线消防电话手柄	只	420	只能应用于多线消防电话系统,与多线消防电话插孔YJGF3040C配合使用
	多线消防电话插孔	只	130	只能应用于多线消防电话系统,与多线消防电话手柄YJGF3040B配合使用

产品名称	产品型号	单位	单价(元)	备注
消防网络系列产品				
通讯模块	LD6907E	套	2800	将 CAN 总线信号转换为 RS232 或 RS485 信号
通讯模块	LD6908E	套	2800	用于 E/EN 系列主机之间通讯使用，CAN 总线隔离
传输设备	LD6920	台	13800	综合 6915、6911、6919 功能，通过 RS232、CANBUS 总线将控制器动作信息转化为以太网、电话线、GPRS 模式上传中心
远程通讯转换器	LD6911	台	11800	通过电话线将控制器信息传送到控制中心
以太网络通讯转化器	LD6915	台	13800	通过以太网将控制器信息传送到控制中心
数据采集卡	LD6916	套	1800	采集并口打印机数据
远程通讯计算机接口	LD6918	台	25800	将 6911 电话线数据汇接到中心
无线网络通讯转换器	LD6919	台	14800	将 CAN 总线信息以无线方式，通过 GPRS 模块发送至中心
远程防区式报警器	LD6921	台	2580	通过电话线将控制器信息传送到控制中心，可配接无编码探测器，有 4 路无源节点，2 路有源节点
城市消防自动报警网络—服务器软件	LD CFAN Server	套	48800	适合城市消防联网，处理能力达到城市消防联网及报警的要求，与工作站、前端传输装置相连接及通讯，接收前端设备的报警信息、状态信息及传递对前端设备反控的指令信息、信息转发、定时服务、网络路由等功能
城市消防自动报警网络—工作站软件	LD CFAN Workstation	套	46800	适合城市消防联网，处理能力达到城市消防联网及报警的要求，接收、处理、管理前端设备报警及状态信息，对联网单位进行管理、设置、定时、反控等，管理、查询、打印报警信息等功能
行业消防自动报警网络—服务器软件	LD EFAN Server	套	28800	适合行业消防联网，处理能力达到行业消防联网及报警的要求，与工作站、前端传输装置相连接及通讯，接收前端设备的报警信息、状态信息及传递对前端设备反控的指令信息、信息转发、定时服务、网络路由等功能
行业消防自动报警网络—工作站软件	LD EFAN Workstation	套	26800	适合行业消防联网，处理能力达到行业消防联网及报警的要求，接收、处理、管理前端设备报警及状态信息，对联网单位进行管理、设置、定时、反控等，管理、查询、打印报警信息等功能

续表

产品名称	产品型号	单位	单价(元)	备注
消防网络系列产品				
城市(行业)消防自动报警网络—地图信息系统	LD CFAN GIS	套	32800	地图信息系统满足城市、行业区域、建筑设施等地理信息的管理、检索、无极缩放、报警定位等功能
城市(行业)消防自动报警网络—预案管理系统	LD CFAN Project	套	32800	消防联网单位基本信息、设备设施信息、应急预案、工程资料、维保信息等管理
城市(行业)消防自动报警网络—短信平台系统	LD CFAN SMSStation	套	18800	将联网单位的消防设备报警信息及状态信息以短信的方式实时发送给相关负责人，接收短信的方式查询相关信息
城市(行业)消防自动报警网络—WEB远程服务系统	LD CFAN WEB	套	36800	用户可以采用WEB的方式对消防报警信息及状态信息查询，无需安装专用软件，只需要在浏览器输入WEB中心IP地址
CRT通讯产品				
消防控制室图形显示装置	LD6901	套	60000	含CRT软件、图形绘制、电脑硬件、通讯接口硬件、智能加密钥匙
计算机彩色显示系统软件	Leader CRT	套	48000	含CRT软件、智能加密钥匙
联动电源、电池系列				
壁挂式联动电源	5A壁挂电源	台	10500	5A壁挂式
壁挂式联动电源	10A壁挂电源	台	14000	10A壁挂式
主机电源(报警、联动)	10A入柜电源	台	12100	10A入柜式,4U盘面。与LD128E/EN系列主机配合使用
主机电源(报警、联动)	20A入柜电源	台	14500	20A入柜式。4U盘面。与LD128E/EN系列主机配合使用
主机电源(报警、联动)	30A入柜电源	台	16000	30A入柜式。4U盘面。与LD128E/EN系列主机配合使用
联动备用电源	备电A	套	—	15Ah入柜式,不占盘面,内占空间8U
联动备用电源	备电B	套	—	24Ah入柜式,不占盘面,内占空间8U
联动备用电源	备电C	套	—	38Ah入柜式,不占盘面,内占空间8U
联动备用电源	备电D	套	—	50Ah入柜式,不占盘面,内占空间8U
电池	4Ah6V	节	—	
电池	2.2Ah12V	节	—	
电池	7Ah12V	节	—	
电池	10Ah12V	节	—	
电池	14Ah12V	节	—	

续表

产品名称	产品型号	单位	单价(元)	备注
\多列{机柜、端子箱、模块箱系列}					

产品名称	产品型号	单位	单价(元)	备注
\多列{**机柜、端子箱、模块箱系列**}					
标准机柜	LD5900E(B)	台	10500	适用于各系列,24U 或 28U 盘面
琴台式机柜	LD5900(C)	套	11500	适用于各系列,单面琴台柜,9U 盘面
琴台式柜双组	LD5900(D)	套	16500	适用于各系列产品,每组9U
豪华琴台组柜	LD5900(E)(1 组)	台	24000	适用各系列产品,单组木面琴台柜,9U
豪华琴台组柜	LD5900(E)(2 组)	套	31000	适用于各系列产品,2 组木面琴台柜,每组 9U
豪华琴台组柜	LD5900(E)(3 组)	套	36850	适用于各系列产品,3 组木面琴台柜,每组 9U
接线端子箱	DZX-15A	台	—	外形尺寸:330mm × 220mm × 50mm。内装15组端子
接线端子箱	DZX-30A	台	—	外形尺寸:340mm × 355mm × 50mm。内装30组端子
接线端子箱	DZX-60A	台	—	外形尺寸:550mm × 350mm × 50mm。内装60组端子
模块箱	MKX-03A	台	—	外形尺寸:400mm × 300mm × 115mm。单门,可装配 3 只模块
模块箱	MKX-06A	台	—	外形尺寸:540mm × 400mm × 115mm。双门,可装配 6 只模块
模块箱	MKX-12A	台	—	外形尺寸:700mm × 540mm × 115mm。双门,可装配 12 只模块
模块箱	MKX-16A	台	—	外形尺寸:808mm × 540mm × 115mm。双门,可装配 16 只模块
模块箱	MKX-20A	台	—	外形尺寸:916mm × 540mm × 115mm。双门,可装配 20 只模块
模块箱	MKX-28A	台	—	外形尺寸:1217mm × 540mm × 115mm。双门,可装配 28 只模块
模块箱	MKX-40A	台	—	外形尺寸:1711mm × 580mm × 115mm。双门,可装配 40 只模块
\多列{**声光警报器系列产品**}					
火灾声光警报器		只	400	非编码型,不占地址点
火灾声光警报器(编码型)		只	650	编码型,占联动点,与 E/EN 系列控制器配合使用
火灾光警报器	闪灯	只	490	
火灾声警报器	警铃	只	350	
放气指示灯	放气灯	只	750	
现场紧急启停控制按钮	LD1200A	只	1300	不占地址点,配合气体灭火系统,实现现场紧急启动和紧急停止以及现场手动/自动切换控制

续表

产品名称	产品型号	单位	单价(元)	备注
其他产品				
点型可燃气体探测器(天然气)	JTQ-BM-LD3101/B	只	1000	编码型,适用于天然气环境。须配 ES10E 项底座
家用可燃气体报警器(煤制气)	JQB-HX2132A	只	1000	非编码型,适用于煤制气环境。与 LD4400E-1 配合接入系统
家用可燃气体报警器(液化石油气)	DAP31-21X1	只	1000	非编码型,适用于液化石油气环境。与 LD4400E-1 配合接入系统
燃气报警器(天然气)底座	ES10E	只	50	配合 LD3101/B 探测器使用
空气采样探测器探测单元(标准灵敏度)	K183	台	42660	核心探测部分,实现空气的分析与烟报警
空气采样探测器显示模块	K182	只	10340	信息显示部分
空气采样探测器联网模块(不含 MODEM)	K190	套	22620	用于探测单元的局域网运行
空气采样探测器联网模块(含 MODEM)	K191	套	25640	用于探测单元的广域网运行
线型感温火灾探测器	JTW-LD-K82017F	米	—	可恢复型。与 LD4900E 配合使用
感温电缆			—	外购配套
红外光束感烟火灾探测器		套	—	外购配套
防爆红外光束感烟火灾探测器		套	—	外购配套
防爆型可燃气体探测器		套	—	外购配套
点型紫外火焰探测器		套	—	外购配套
防爆紫外火焰探测器		套	—	外购配套
防爆红外火焰探测器		套	—	外购配套
红外紫外复合火焰探测器		套	—	外购配套
室外手动报警按钮立柱	室外立柱	只	1400	
室外手动报警按钮防雨罩	防雨罩	只	500	
LD128E(M)通讯模块	电话通讯接口卡	只	100	与 JB-QB/LD128E(M) 配合使用;通过电话线进行系统联网。一般和远程监控软件和 LD6918 配合使用
LD128E(M)通讯模块	CAN 通讯接口卡	只	100	与 JB-QB/LD128E(M) 配合使用;通过 CAN 总线与公司其他控制器联网
电子编码器	LD128E-100	套	1500	适用于利达华信电子有限公司生产的各种编码型总线设备
主备功放切换模块		套	—	用于广播功率放大器的主备功放切换

主要参考文献

[1]　余辉.城乡电气工程预算员必读.北京：中国计划出版社，1992.

[2]　郎禄平编.建筑自动防灾系统.西北建筑工程学院，1993.

[3]　吴心伦.安装工程定额与预算.重庆：重庆大学出版社，1996.

[4]　李东明主编.自动消防系统设计安装手册.北京：中国计划出版社，1996.

[5]　集兴国论文.点型感烟火灾探测器原理及其性能检验及线型火灾探测器原理及其工程应用.消防技术与产品信息增刊，1996.

[6]　华东建筑设计研究院编著.智能建筑设计技术.上海：同济大学出版社，1996.

[7]　马克忠.建筑安装工程预算与施工组织.重庆大学出版社，1997.

[8]　陈一才编著.楼宇安全系统设计手册.北京：中国计划出版社，1997.

[9]　姜文源主编.建筑灭火设计手册.北京：中国建筑工业出版社，1997.

[10]　蒋永琨主编.中国消防工程手册.北京：中国建筑工业出版社，1998.

[11]　王东涛，徐立君，牛宝平，李永等编.建筑安装工程施工图集.北京：中国建筑工业出版社，1998.

[12]　梁华编著.建筑弱点工程设计手册.北京：中国建筑工业出版社，1998.

[13]　中国建筑设计研究所等.火灾报警及消防控制.北京：中国建筑标准设计研究所，1998.

[14]　陆荣华，史湛华编.建筑电气安装工长手册.北京：中国建筑工业出版社，1998.

[15]　北京市建筑设计研究院.建筑电气专业设计技术措施.北京：中国建筑工业出版社，1998.

[16]　张文焕.电气安装工程定额与预算.北京：中国建筑工业出版社，1999.

[17]　中国计划出版社编.消防技术标准规范汇编.北京：中国计划出版社，1999.

[18]　孙景芝，韩永学主编.电气消防.北京：中国建筑工业出版社，2000.

[19]　孙景芝主编.楼宇电气控制系统.北京：中国建筑工业出版社，2002.

[20]　薛颂石　智能建筑设计与施工图集(3)中国建筑工业出版社，2002.

[21]　林琅.现代建筑电气技术资质考试复习问答.北京：中国电力出版社，2002.

[22]　郑强么达主编.智能建筑设计与施工系列图集.北京：中国建筑工业出版社，2002.

[23]　朱立彤，孙兰.智能建筑设计与施工图集（5）中国建筑工业出版社，2003.

[24]　徐鹤生，周广连.消防系统工程.北京：高等教育出版社，2004.

[25]　蒋永琨，王世杰主编.高层建筑防火设计实例.北京：中国建筑工业出版社，2004.

[26]　黄文艺，刘碧峰.消防及安全防范设备安装工程预算知识问答.北京：机械工业出版社，2004.

[27]　海湾消防设施有限公司.产品样本及论文等.秦皇岛：内刊.

[28]　沈瑞珠.楼宇智能化技术.北京：中国建筑工业出版社，2004.

[29]　郑李明、徐鹤生.安全防范系统工程.北京：高等教育出版社，2004.

[30]　孙景芝主编.电气消防技术.北京：中国建筑工业出版社，2005.

[31]　孙景芝主编.消防联动系统施工.北京：中国建筑工业出版社，2005.

[32]　孙景芝，韩永学主编.电气消防.北京：中国建筑工业出版社，2006.

[33]　孙景芝主编.建筑电气消防工程.北京：电子工业出版社，2009.

[34]　孙景芝主编.电气消防技术.北京：中国建筑工业出版社，2011.

[35]　孙景芝主编.建筑智能化系统概述（第2版）.北京：高等教育出版社，2011.

[36]　《火灾自动报警系统设计规范》GB 501164—2001.

[37]　《民用建筑电气设计规范》JGJ 16—2008.

[38]　《自动喷水灭火系统设计规范》GB 50084—2001.

［39］ 《国家建筑标准设计图集》10D303-2～3.

［40］ 《火灾自动报警系统施工及验收规范》GB 50166—2007.

［41］ 《自动喷水灭火系统施工及验收规范》GB 50261—2007.

［42］ 《气体灭火系统施工及验收规范》GB 50263—2007.

［43］ 建筑电气消防系统工程设计与施工.武汉：武汉理工大学出版社，2013.